国家自然科学基金项目"江南水乡村镇低能耗住宅技术策略研究"（51278110）资助
东南大学2019年中央高校建设一流大学发展专项资助经费（3301001901C1）

江南传统建筑设计理念与现代建筑的融合创新

杨维菊　主编

中国建筑工业出版社

图书在版编目（CIP）数据

江南传统建筑设计理念与现代建筑的融合创新 / 杨维菊主编 .—北京：中国建筑工业出版社，2025.3

ISBN 978-7-112-29496-1

Ⅰ. ①江⋯　Ⅱ. ①杨⋯　Ⅲ. ①建筑设计—研究—中国　Ⅳ. ① TU2

中国国家版本馆 CIP 数据核字（2023）第 252664 号

责任编辑：黄习习　徐　冉
责任校对：赵　力

江南传统建筑设计理念与现代建筑的融合创新
杨维菊　主编

*

中国建筑工业出版社出版、发行（北京海淀三里河路 9 号）
各地新华书店、建筑书店经销
北京雅盈中佳图文设计公司制版
建工社（河北）印刷有限公司印刷

*

开本：880 毫米 × 1230 毫米　1/16　印张：$28\frac{3}{4}$　字数：966 千字
2025 年 3 月第一版　2025 年 3 月第一次印刷
定价：299.00 元
ISBN 978-7-112-29496-1
　　（41867）

版权所有　翻印必究
如有内容及印装质量问题，请与本社读者服务中心联系
电话：（010）58337283　QQ：2885381756
（地址：北京海淀三里河路 9 号中国建筑工业出版社 604 室　邮政编码：100037）

江南传统建筑 螺记
是中国几千年建筑文化的精华
它是中国也是世界的

齐康
二〇二〇年十月二十三

编委会名单

顾　问：齐　康
主　编：杨维菊
主　审：陈衍庆

编　委：冯正功　黄秋平　成玉宁　许锦峰　黄小明
　　　　周　琦　李　立　何　兼　杨维菊　顾柏男
　　　　张　奕　徐小东　孙　炜　杨　翀　高　霖
　　　　文　威　淳　庆　陈文华　周　颖　刘　纲

审　稿：徐　强　张瀛州　吴志敏　张继良　刘博敏
　　　　李向锋　吴　京　张　宏　唐超权　刘　俊
　　　　周桂祥　荣　嵘　陆　易

顾问　齐康

齐康，东南大学教授、博士生导师、建筑研究所所长，中国科学院院士，法国建筑科学院外籍院士，中国勘察设计大师（建筑），中国美术家协会会员，中国首届"梁思成建筑奖"获得者和中国首届"建筑教育奖"获得者，曾任国务院学位委员会委员，中国城市规划学会理事、常务理事，2022年荣获中国城市规划学会"终身成就奖"。

齐康院士长期从事城市规划及建筑领域的科研、设计和教学工作；最早参与我国发达地区城市化的研究及相关的城市化与城市体系研究，主张进行地区性城市设计和建筑设计，首次提出了宜居环境整体建筑学理论思想；先后主持和参与完成了住房城乡建设部、教育部和国家自然科学基金委等重点科研项目，科研成果获得国家自然科学一等奖，教育部科技进步一、二、三等奖，住房城乡建设部科技进步二等奖等科技奖励，其中"较发达地区城市化途径和小城镇技术经济政策"获住房城乡建设部科技进步二等奖，"乡镇综合规划设计方法""城镇建筑环境规划设计理论与方法""城镇环境设计"分别获得教育部科技进步奖一、二、三等奖和教育部自然科学一等奖；发表"建筑创作的社会构成""建筑意识观"等论文百余篇，著有《城市建筑》等专著二十余部。他所参与的《绿色建筑设计与技术》一书2013年获江苏省新闻出版奖一等奖。齐康院士2008年获中国文联第七届造型表演艺术成就奖，2014年获首届江苏省科学技术突出贡献奖，2015年获中国民族建筑事业终身成就奖。

齐康院士主持的建筑创作和规划设计项目多达200余项，很多作品在中国当代建筑与城市规划史上具有里程碑意义。他的主要作品有南京雨花台烈士陵园革命烈士纪念馆、碑，侵华日军南京大屠杀遇难同胞纪念馆（一期），福建武夷山庄，中国共产党代表团南京梅园新村纪念馆，江苏淮安周恩来纪念馆，河南省博物院、福建省博物院，苏中七战七捷纪念馆、沈阳"九一八"纪念馆，宁波镇海海防纪念馆，黄山国际大酒店，中国近代史遗迹博物馆文化服务区等，获得国家优秀工程设计金质奖两项、银质奖一项、铜质奖两项，部、省级奖几十项，中国建筑学会建筑创作大奖（1949—2009年）四项。他主持和参与设计的中国国学中心获得中国建筑学会建筑创作大奖（2000—2019年）。

齐康院士长期深耕教育，是中国建筑教育最为功勋卓著的教育家，为国家培养出一大批在城市规划、建筑及教育领域的杰出人才，其中包括中国工程院院士2名、中国科学院院士1名、普利兹克建筑奖获得者1名，博士、硕士一百多名，以及众多建筑院校院长、系主任、设计院长、总工等。他长期致力于推动中国传统建筑文化的传承与创新，积极主张将传统的生态理念技术与现代建筑相结合，在传承中创新，其作品中反映出深厚的中国传统建筑文化底蕴及绿色技术融合的生态思想。齐康院士是我国当代城乡规划与建筑领域成就卓越的，文化与建筑融合创新的先行者、引路人。

主编 杨维菊

杨维菊，东南大学建筑学院教授、博士生导师，东南大学绿色建筑研究所所长，技术学科学术带头人之一。现任国家科技部专家库专家、国家教育部学位中心评审专家、中国可再生能源学会太阳能专业委员会委员、江苏省建筑节能专家，国家与地方相关建筑节能标准制定的主要参加者。

杨维菊老师长期从事绿色建筑设计与技术、建筑构造设计、建筑节能技术应用、村镇住宅低能耗节能技术、太阳能与建筑一体化、美丽乡村设计与生态技术应用等方向的研究。曾获国家建设部科技进步奖、全国节能工作先进个人、江苏省科技进步奖；2006—2020年任中国建筑学会建筑师分会建筑技术委员会副主任委员；2003年、2013年分别获得东南大学林同炎奖教金与蓝风奖教金；2016年获得东南大学"三育人"先进个人。

2005—2015年连续十年五届带领学生团队参加"台达杯国际太阳能建筑设计竞赛"，指导学生及个人参赛共获得一等奖、二等奖、三等奖等近三十多项奖，被大赛组委会授予十年内唯一一位"特殊贡献奖"的指导老师。2011年9月至2013年8月组织东南大学学生团队参加了"2013年国际太阳能十项全能竞赛"（大同市），担任首席指导教师，并在大赛中获得两项一等奖。2011—2015年间带领学生多次参加绿建委组办的"绿色建筑设计竞赛"及其他设计竞赛，累计获得十五次奖项，2017年获"亚洲光伏人才培育奖"。2019年8月东南大学和江苏省建筑科学研究院合作的科研团队获得"江苏省优秀建设科技成果一等奖"，杨维菊老师担任项目负责人。

杨维菊老师先后参与编写了《夏热冬冷地区生态建筑与节能技术》《中国当代建筑大系》《村镇住宅低能耗技术应用》《阳光·能源·建筑：设计获奖方案选》等图书；出版了由齐康院士总编，杨维菊主编、陈衍庆主审的《绿色建筑设计与技术》（170万字），作为"十一五"国家重大出版工程规划项目，该书2013年获"江苏省新闻出版奖"一等奖；另外杨维菊老师主编的《建筑构造设计》（上、下册），第一版作为普通高等教育"十五"国家级规划教材，第二版被列为住房城乡建设部土建类学科专业"十三五"规划教材。

杨维菊老师从教40多年来，在国内建筑类核心刊物上发表学术论文四十余篇，担任九本书的主编。2006年主持完成江苏省住房和城乡建设厅科研项目《外墙外贴面保温系统关键技术研究》（编号JS200626）；2006—2009年，与中国建筑西南设计研究院合作完成国家自然科学基金项目《新型节能建筑围护结构热物理性能与热工设计计算研究》（编号50678163）；2013—2019年，与江苏省建筑科学研究院合作完成国家自然科学基金项目《江南水乡村镇低能耗住宅技术策略研究》（编号51278110），并获得江苏省优秀建设科技成果一等奖。发表在《建筑学报》《世界建筑》《华中建筑》《生态城市与绿色建筑》等建筑核心刊物上的学术论文有《江南水乡传统临水民居低能耗技术的传承与改造》《基于模块化设计的低能耗住宅研究——以SDC2013参赛作品为例》《建筑遮阳的系统化策略研究》《传承·开拓·交叉·融合——东南大学绿色建筑创新教学体系的研究》《青海地区绿色生态型农村住宅设计策略研究》《太阳能光电技术应用》《中国传统民居对地形顺应的生态策略》等。

主审　陈衍庆

陈衍庆，清华大学建筑学院教授，现任中国建筑学会建筑师分会建筑技术专业委员会名誉主任委员。曾任《建筑学报》编辑，《世界建筑》杂志社主编。参与第二汽车制造厂、马家河水库加固和黄龙输水工程以及毛主席纪念堂、中日友好医院、中国儿童剧场扩建等工程建设，曾获"北京市优秀教师"称号，并获教学工作优秀成果奖、优秀期刊奖和国家图书提名奖。2000年退休后，2002—2010年任中国建筑学会建筑师分会建筑技术专业委员会主任委员，主编并出版《建筑新技术》丛书、《中外可持续建筑实例》丛书、《可持续建筑技术信息》（双月刊）、《绿色建筑与建筑技术》《绿色建筑设计与技术》（齐康总编，杨维菊主编，陈衍庆主审，东南大学出版社出版），与张祖刚（原中国建筑学会秘书长）合编出版《建筑技术新论》，编辑出版《建筑师不是描图机器——一个不该被遗忘的城市规划师陈占祥》。

序一

改革开放以来，随着国民经济的飞速发展，大量的建筑项目拔地而起，我国建筑的数量和质量都跃上了一个新的台阶，许多佳作应运而生，令人欣赏，引以为豪。

纵观世界建筑的发展，都蕴含着本国的地域文化与人文思想，沿袭着本民族传统建筑的特色，并十分重视传统建筑的保护利用和继承创新；而我国更强调传统与现代的融合，创造时代的、生态的、科技的新建筑。

本书出版的初衷，就是回顾改革开放以来江南建筑的发展道路，总结实践经验，传承传统理念，把握节能减排的绿色方向，发展生态技术和科技成果，建立建筑文化的自信，推动江南建筑向着更加美好的前景奋进！

江南是我国的瑰宝之地，传统建筑中的小桥、流水、人家的意境，以人为本、天人合一的理念，以及江南园林都是设计的典范。江南地区人杰地灵，民间的能工巧匠和文人墨客都留下了宝贵的建筑珍品，值得传承和借鉴。我国建筑师的许多灵感都来自祖国这些文化宝库。

中国共产党领导下的社会主义制度，是我国建筑发展的根本保障。本书的许多优秀设计范例大都发挥了团队精神和团队优势，每一位参与者都有平等的话语权，最大限度地发挥了集体的智慧和能力。这是集体主义的胜利。

在改革开放的大潮中，中外建筑思想和实践的遭遇和碰撞，是历史的必然。中外建筑设计双方既是竞争的对手，又是合作的伙伴，可以相互尊重，相互学习，和谐共处，友好共赢。无论在我国国内，还是在海外各地，中外合作都有可喜的成果。在北京冬奥会几十个场馆的改造和新建中，中外各方团结合作，硕果累累，尤暖人心，对世界体育建筑的进步作出了重大贡献。

回眸既往，我们特别怀念我们建筑学院的各位前辈，他们在中国传统建筑的传承和创新上给我们作出了榜样，他们的爱国主义情怀与不懈的奋斗精神令人感动；他们品德高尚，学识渊博，学贯中西，技能超凡，令人仰慕。我们身为中国建筑师，肩负着创造中国新建筑的历史使命，一定要提高学养，增强技能，自强不息，为实现中华民族伟大复兴的中国梦努力奋斗！

2022 年 5 月 16 日

序二

长江流域乃中华民族远古文化发祥地之一，江南文化源远流长。理水、稻耕、聚居相互促进，孕育出江南聚落在生态、生活、生产间交互一体的远古基因。宋代已降，江南地区的经济和文化更是步入快速发展的进程，并相互促进。在独特的自然气候和地理条件下，经济发达、文化昌盛、人口密集，共同促进了江南城镇的高密度特征和江南建筑儒雅诗性的文化特征。江南传统建筑是其人居聚落的重要组成部分，其营建智慧反映在因借和调节自然气候和地形地貌、协调生产和生活的有机联系、平衡投入与品质的辩证效益等诸多方面，留下了丰厚的城乡建筑物质遗产和优秀多样的传统工艺。江南文化的另一个特点是敢于开风气之先，生产、经济、技术、文化都是如此。近代以来，江南建筑在融汇不同文化元素并结合地域条件推陈出新上，也汇成一股不容小觑的力量，构成了中国现代建筑文化在传承和发展道路上不断创新的重要地域板块。

这部《江南传统建筑设计理念与现代建筑的融合创新》在齐康院士的指导顾问下，汇集了40余位学者、专家的相关研究成果，从聚落形态与空间格局、传统民居生态设计理念和技术策略、结构选型与建造技术、水乡村镇规划、江南村镇节能适宜技术、典型住宅性能提升、室内热环境风环境优化技术、园林建筑结合分地类型的设计策略、建筑全生命周期BIM发展与综合应用、绿色建筑智能化、太阳能技术运用、工业化建筑发展、建筑雕刻技艺、高层建筑的绿色生态科技等众多维度和专题，梳理脉络、汇纳技艺、探索前瞻，不仅立体总结了江南传统建筑多层类的传统智慧，也展现了江南建筑在当代的传承、开拓和创新。本书同时还收纳了纪念性建筑、博览建筑、居住建筑、旅馆建筑、商业建筑、办公建筑、教育建筑、景观园林、医疗养生建筑、乡村营造、既有建筑改造、室内设计等类别的设计实践案例成果，展现了现代江南建筑传承创新的丰富成果。理论、方法和技术的多维度阐述与创作实践的生动呈现，彼此映照，汇为大观。

杨维菊教授在东南大学任教四十余年，并长期从事建筑技术方面的研究，近十余年来，在绿色建筑尤其是太阳能利用等领域积极探索，取得了丰硕的成果。她热心公益性学术交流和建筑新技术推广，热情厚道，人脉广泛。杨教授嘱我为本书作序，使我有机会先得开卷之利。感激之余，一方面被奉献本书的诸位学者、专家的阵容和学识所震撼，也为杨教授联络诸位同道集成融汇之功而深深感动！

地域的传统并非只是指向过去的时针，而是不断流淌向前的文化之河。汇聚、延绵、开拓、奔流，与大地相伴，与湖海相通，与时代同行。江南传统建筑博大精深，值得深入探究；江南传统建筑开放包容，需得开拓创新。创造性转化与创新性发展相互激荡，前程广阔！

韩冬青

2022年4月28日于东南大学四牌楼校区

前　言

江南地区是我国的瑰宝之地，由于其文化习俗、宗教信仰以及地理位置、气候环境等条件，传统建筑在总体布局和民居营造中呈现出形式各异的建筑风格。"天人合一"设计理念的深植，营造与技术融合的造诣，呈现出了江南传统建筑特有的地域性，集聚了江南人的智慧、灵气以及能工巧匠的营建技艺。千百年来，在尊重自然、顺应自然的生态设计理念下，江南造就了大量结合地域特点与本土材料、具有江南传统建筑文化风格的优秀作品，需要我们去保护、研究与总结，对当今建筑的文化传承与创新发展有着极好的借鉴与启示作用。

2013年4月，我们与江苏省建筑科学研究院合作申请了国家自然科学基金研究项目——"江南水乡村镇低能耗住宅技术策略研究"（51278110），从2013年8月至2016年8月，我们对江南传统建筑的现存实例进行了大量的调查和研究，走访了二十多个江南传统民居的村镇，考察了多个村镇群体组合实例，实地了解传统建筑保护、改造的现状，拍摄了大量的照片。对江南传统民居的选址环境、空间构成、生态技术应用，以及立面形式、建筑风格、结构形式等进行了深入研究，分析工程中所选用的本土材料和营造技艺，基本了解了先人们在没有规划的情况下，是如何建造出形式各异却内在统一的民居、村镇建筑，是如何考虑与周围环境融合、与自然地貌相结合的，这种有序、有先见之明的建造意识和生态技巧，反映了江南人的营建智慧和审美观念。

富有灵气的江南，山川秀丽，水网密布，建房选址都"依山傍水""临河而居""沿山筑屋，沿河构房"，与自然气脉相通，这些朴素的思路受到传统风水学说的影响，这些建造理念来源于劳动人民的自然意识和经验积累，是经过长时间的探索与实践验证形成的设计理念和方法。这些宝贵的建筑遗产值得我们去挖掘和研究。

"江南水乡村镇低能耗住宅技术策略研究"项目研究完成后，我们仍在关注对江南传统建筑的研究，重视对传统建筑的保护与利用，在保护中不断更新发展，促进传统建筑文化的传承、延续，并不断融合到现代建筑与文化活动之中。

近年来，江南传统建筑中大部分遗留的老旧房屋都得以保护，经过整体修缮、改造及加以利用，再现白墙黛瓦、小桥流水、层楼叠院等江南建筑群落的风貌，再现江南传统营造技艺与诗画交融的审美意境，成为现代人追求美好生活的理想场所。

江南传统建筑及其深厚的文化底蕴深受国内外人士的欣赏和赞叹，大量的研究论文对江南建筑的赞美溢于言表。在江南传统建筑的修缮保护与发展创新上，专家学者们提出了很多宝贵的建议与论点。在江南地区的历史风貌、建筑文脉、村镇规划、旧城改造，以及民居的修缮、改造和保护利用等方面，专家学者们有许多真知灼见。

我们查阅与研读了两百多篇文章、论文及相关专著与资料等，收获很大。老一辈建筑家杨廷宝、童寯、刘敦桢先生一直致力于江南传统建筑的研究与实践。童寯先生早在20世纪30年代初就进行了江南古典园林的研究，出版了《江南园林志》《造园史纲》等著作，是我国近代造园理论研究的开拓者。刘敦桢先生于1959年编著了《中国古代建筑简史》《苏州古典园林》等。齐康院士等在1990年编写出版的《江南水乡一个点——乡镇规划的理论与实践》一书，展现出齐康对江南传统建筑设计理念与设计手法的深入研究。江南地区崇尚民族的、自然的、本土的建筑设计思想对齐康几十年的设计工作产生深远影响，使得他创作出了很多传统与现代融合与创新的优秀建筑设计作品。段进院士（与季松、王海宁）等于2002年撰写出版的《城镇空间解析——太湖流域古镇空间结构与形态》一书，把江南太湖流域古镇的整体特点、空间结构、空间环境及水网交通等通过结构与形态两个方面进行了综合和全面的解析，对江南古镇空间形态的有机形成与空间行为影响等方面进行了非常透彻的研究，这为古城镇保护规划提供了非常有价值的指导依据。同济大学阮仪三教授对江南民居与古镇规划做了长期研究，对传统建筑的修缮、改造、保护发展方面提出了很多独到的观点。其 2014 年出版的《新场古镇——历史文化名镇的保护与传承》一书，为江南古城镇的保护与传承发展提供了非常翔实的研究成果。前面几位院士和教授的研究思路与方法都给予我们宝贵的研究基础与资源，使得我们从中获得了有益的启发与借鉴。

我们完成的国家自然科学基金项目，主要是对江南村镇住宅低能耗技术策略的研究和总结。这只是江南建筑传统智慧体系中的一部分，还有很多的专题没有深入研究。我们一直在思考的几个问题：

一、如何系统性地去分析、研究和探讨中国传统文化对江南文化与新建筑的影响？

二、如何继续探究江南传统建筑的设计理念、生态技术策略与手段，深入探讨其思想理论的根源？

三、如何进一步研究江南传统建筑文化思想的境界与尊重自然、回归自然的"天人合一"的核心思想，以及江南人生态意识的形成过程？

四、对遗存的江南传统建筑应如何发展性保护、修缮和利用？如何研究这些宝贵财富的时代价值，从而形成一些实用可行的建议与方法？

五、如何进一步探讨江南现代建筑与传统建筑的融合、发展和创新？

六、中国建筑师应如何面对新形势下的建筑创作和创新？如何去设计具有地域性、民族性和时代性的中国新建筑？

以上几点，激发我们再一次回到江南地区进行调研与探寻，对上述问题作进一步的研究并汇编成书。在此期间，我们得到了齐康院士的大力支持，一起讨论和策划了本书的大纲，并上报东南大学科研院。2019 年 9 月，经东南大学科研院讨论批准，支持出版本书。

《江南传统建筑设计理念与现代建筑的融合创新》一书得到了四十几位院士、大师、教授、高级专家、总建筑师、总工程师，以及多位博士、硕士的踊跃参与，积极汇集资料和编写，付出了大量心血与智慧。在大家的齐心协力和出版社的支持下，历时 5 年，克服许多困难，终于面世。

最后向对本书给予关心和帮助的齐康院士、何镜堂院士、程泰宁院士、冯正功大师、韩冬青大师、黄小明大师，向陈衍庆教授，向东南大学科研院、东南大学建筑学院、东南大学建筑设计研究院有限公司、江苏省建筑科学研究院有限公司、上海建筑装饰工程设计有限公司、南京长江都市建筑设计股份有限公司，向四十多位参与本书编写的作者和组员，向中国建筑工业出版社表示衷心的感谢！感谢南京金星宇节能技术有限公司和三条垄田园慢村对本书的支持和帮助！

杨维菊

2024 年 2 月 18 日于东南大学四牌楼校区

目 录

第 1 章 概述

1.1 江南地区的地理与气候特点 ·················· 001
 1.1.1 江南地区的地理特点 ·················· 001
 1.1.2 江南地区的气候特点 ·················· 003
1.2 江南地区的传统文化特征 ·················· 003
 1.2.1 江南传统文化的历史演进 ·············· 003
 1.2.2 江南传统文化的主要特征 ·············· 004
1.3 江南传统建筑的文化理念与营造意匠 ···· 004
 1.3.1 江南传统建筑的和谐自然观 ············ 005
 1.3.2 江南传统建筑的诗性美学观 ············ 005
 1.3.3 江南传统建筑的生态技术观 ············ 006
 1.3.4 江南传统建筑的营造意匠 ·············· 007
1.4 江南传统与现代建筑的融合创新 ·········· 007
 1.4.1 江南传统建筑的近现代演变 ············ 007
 1.4.2 江南传统建筑的现代表达 ·············· 009
 1.4.3 现代新技术的融合与创新 ·············· 009

第 2 章 江南传统聚落的选址与空间布局

2.1 江南传统聚落选址布局的自然哲学观 ······ 012
 2.1.1 聚落选址布局的自然文化内涵 ·········· 012
 2.1.2 江南村落选址布局 ···················· 014
2.2 江南传统聚落的空间布局形态 ·············· 018
 2.2.1 依水而居的空间布局形态 ·············· 018
 2.2.2 太湖流域聚落空间布局形态 ············ 021
 2.2.3 江南丘陵片区聚落的空间布局形态 ······ 022

第 3 章 江南传统民居的生态设计理念

3.1 江南传统民居的生态设计特征 ·············· 026
 3.1.1 适应气候 ···························· 026
 3.1.2 顺应地理 ···························· 027
 3.1.3 就地取材 ···························· 027
 3.1.4 空间宜居 ···························· 028
3.2 江南传统民居的生态空间营造 ·············· 029
 3.2.1 院落空间 ···························· 029
 3.2.2 过渡空间 ···························· 031
 3.2.3 临水空间 ···························· 032
 3.2.4 巷弄空间 ···························· 033
 3.2.5 街市空间 ···························· 033
 3.2.6 集市空间 ···························· 034
3.3 江南传统民居的生态形式美学 ·············· 035
 3.3.1 群落自然之美 ························ 035
 3.3.2 建筑诗意之美 ························ 035
 3.3.3 空间意境之美 ························ 037
 3.3.4 构造装饰之美 ························ 037

第 4 章 江南传统民居的生态技术策略

4.1 民居围护结构的生态技术 ·················· 039
 4.1.1 屋面 ································ 039
 4.1.2 墙体 ································ 041
4.2 江南民居生态技术应用策略 ················ 043
 4.2.1 民居建筑的节地策略 ·················· 043
 4.2.2 天井的微气候调节 ···················· 043
 4.2.3 檐廊的气候适应性 ···················· 044
 4.2.4 街巷空间的生态性 ···················· 044
 4.2.5 遮阳技术 ···························· 045
 4.2.6 屋面防火措施——马头墙 ·············· 046
 4.2.7 自然通风和采光 ······················ 046
 4.2.8 传统建材的生态性 ···················· 047
4.3 水体在生态环境中的效应 ·················· 047
 4.3.1 村落选址中的水体生态效应 ············ 047
 4.3.2 村落布局中的水体生态效应 ············ 048

4.3.3 建筑单体中的水体生态效应 ………… 048
4.3.4 民居雨水回收技术 ………… 049

第 5 章　江南传统民居的结构选型和建造技术

5.1 江南传统民居的结构选型 ………… 052
　　5.1.1 江南传统民居结构体系的区域性特征 … 052
　　5.1.2 江南传统木结构民居构造特征 ………… 057
5.2 江南传统民居的建造技术 ………… 064
　　5.2.1 江南传统民居的大木构架建造技术 …… 064
　　5.2.2 江南传统民居的砖瓦建造技术 ………… 068
5.3 结语 ………… 076

第 6 章　江南水乡村镇规划的发展与展望

6.1 江南水乡村镇发展的特点与趋势 ………… 077
　　6.1.1 江南水乡村镇 ………… 077
　　6.1.2 江南村镇发展面临的困境与机遇 ………… 079
　　6.1.3 水乡村镇规划发展策略或措施 ………… 080
6.2 江南村镇低能耗规划策略 ………… 082
　　6.2.1 村镇规划的低能耗导向 ………… 082
　　6.2.2 村镇规划的集约化趋势 ………… 083
　　6.2.3 村镇规划的可持续发展 ………… 085
6.3 江南实践的案例分析 ………… 087
　　6.3.1 吴中区灵湖村黄墅村（旅居型村庄发展） 087
　　6.3.2 吴江区震泽镇谢家路
　　　　（生产导向型村庄发展） ………… 088
　　6.3.3 昆山市周市镇朱家湾（居住导向型村庄） 089
　　6.3.4 经验总结 ………… 090

第 7 章　江南村镇节能住宅适宜技术研究

7.1 江南地区节能住宅采用的技术路线 ………… 091
　　7.1.1 总策略 ………… 091
　　7.1.2 节能材料应用策略 ………… 091
　　7.1.3 设备配置策略 ………… 092
7.2 江南村镇居住建筑节能应用技术 ………… 092
　　7.2.1 新型墙体与屋面材料 ………… 092
　　7.2.2 墙体保温构造 ………… 093
　　7.2.3 屋面保温隔热技术 ………… 108

　　7.2.4 门窗节能技术 ………… 110
　　7.2.5 建筑遮阳技术 ………… 112
　　7.2.6 天然采光设计 ………… 113
　　7.2.7 自然通风设计 ………… 113
7.3 主动式技术 ………… 115
　　7.3.1 暖通空调节能技术 ………… 115
　　7.3.2 电气节能技术 ………… 118
　　7.3.3 给水排水系统节水、节能技术研究 …… 119
7.4 太阳能热水利用技术 ………… 120
　　7.4.1 太阳能热水系统 ………… 120
　　7.4.2 空气源热泵热水技术 ………… 121

第 8 章　江南村镇典型建筑性能提升示范案例

8.1 江南村镇既有住宅低能耗改造项目 ……… 123
　　8.1.1 南京江宁青山社区民居低能耗改造
　　　　项目 ………… 123
　　8.1.2 上海崇明瀛东村生态改造项目 ………… 125
8.2 江南村镇新民居建设项目 ………… 128
　　8.2.1 江阴市山泉村新民居建设项目 ………… 128
　　8.2.2 上海瀛东村度假村生态住宅建设项目 … 135
8.3 上海瀛东村度假村生态公共建筑建设 …… 136
　　8.3.1 项目概况 ………… 136
　　8.3.2 生态设计 ………… 137
　　8.3.3 生态技术应用 ………… 138

第 9 章　江苏传统民居室内环境与建筑风环境优化技术研究

9.1 江苏传统民居现状 ………… 142
　　9.1.1 保存现状 ………… 142
　　9.1.2 使用现状 ………… 142
　　9.1.3 节能现状 ………… 143
　　9.1.4 传统民居室内热环境现状 ………… 143
　　9.1.5 传统民居建筑自然通风现状 ………… 144
9.2 苏州传统民居室内热环境优化技术 ……… 144
　　9.2.1 建筑布局 ………… 144
　　9.2.2 围护结构 ………… 146
　　9.2.3 遮阳系统 ………… 147
9.3 苏州传统民居自然通风优化技术 ………… 148
　　9.3.1 天井对自然通风的改善 ………… 148

- 9.3.2 备弄对自然通风的改善 ·············· 149
- 9.3.3 在山墙上开窗 ························· 149
- 9.3.4 坡屋顶的导风作用 ·················· 150
- 9.3.5 冬季传统建筑室内隔断冷风流动措施 ··· 150

9.4 结语 ··· 151
- 9.4.1 保护传统建筑风貌 ··················· 151
- 9.4.2 合理功能置换 ························· 152
- 9.4.3 提倡被动节能 ························· 152

第 10 章　江南地区建筑文化的传承与创新

10.1 江南传统建筑文化的现代性思考 ········ 154
10.2 南京汤山园博园商业街规划设计 ········ 154
- 10.2.1 场地分析 ···························· 154
- 10.2.2 设计构思 ···························· 155
- 10.2.3 场地设计——适应自然 ··········· 155
- 10.2.4 建筑设计——实现空间塑造 ······ 157
- 10.2.5 新技术与新材料——实现绿色环保 ··· 159
- 10.2.6 景观设计——适应自然 ··········· 160

10.3 苏州相城科蓝科技园项目设计 ··········· 162
- 10.3.1 项目区位以及苏州相城区的背景 ····· 162
- 10.3.2 场地分析 ···························· 162
- 10.3.3 设计构思及空间布局 ·············· 162
- 10.3.4 产品策划及运营模式 ·············· 164
- 10.3.5 建造技术与材料 ···················· 165

第 11 章　江南地区园林建筑结合分地类型的设计策略

11.1 山林地——耳里庭：闲闲即景，寂寂探春 ······························· 166
11.2 村庄地——宜兴春园：畎亩之中耽丘壑 ····························· 169
11.3 傍宅地——竹篷乡堂：安闲与护宅之佳境 ····································· 171
11.4 郊野地——风之亭：须陈风月清音，休犯山林罪过 ··························· 173
11.5 江湖地——边园：略成小筑，足征大观 ··· 176
11.6 城市地——昌里园：胡舍近方图远；得闲即诣，随兴携游 ··············· 178
11.7 总结 ·· 180

第 12 章　江南地区建筑全生命周期 BIM 发展与综合应用

12.1 建筑全生命周期 BIM 技术概述 ·········· 182
- 12.1.1 BIM 技术概述 ······················· 182
- 12.1.2 BIM 技术在国内的发展 ············ 183
- 12.1.3 BIM 技术引领建筑未来 ············ 184

12.2 BIM 在项目中的技术策略 ················· 184
- 12.2.1 BIM 引领的整合设计 ··············· 184
- 12.2.2 BIM 搭建的协同工作 ··············· 185
- 12.2.3 BIM 提档加速工程项目 ············ 185

12.3 江南地区项目高性能驱动下的 BIM 技术 ··· 185
- 12.3.1 江南地区 BIM 技术在 EPC 项目中的应用 ································ 185
- 12.3.2 江南地区 BIM 技术在历史保护项目中的应用 ························· 187
- 12.3.3 江南地区 BIM 技术在既有建筑改造项目中的应用 ··················· 189
- 12.3.4 江南地区 BIM 技术在设计施工全流程中的应用 ····················· 190

12.4 江南地区 BIM 应用的效益 ················· 192
- 12.4.1 定性效益 ···························· 192
- 12.4.2 定量效益 ···························· 193

第 13 章　江南绿色建筑中的智能化发展与应用

13.1 建筑智能化的概念、发展与趋势 ········ 194
- 13.1.1 建筑智能化的概念 ················· 194
- 13.1.2 建筑智能化的发展现状 ··········· 194
- 13.1.3 建筑智能化的发展需求 ··········· 195
- 13.1.4 智能化对江南绿色建筑的意义 ··· 195

13.2 建筑智能化设计体系 ······················· 196
- 13.2.1 信息化应用系统设计 ·············· 196
- 13.2.2 智能化集成系统设计 ·············· 196
- 13.2.3 信息设施系统设计 ················· 196
- 13.2.4 建筑设备管理系统设计 ··········· 196
- 13.2.5 公共安全系统设计 ················· 198

13.3 智能化在江南绿色建筑中的应用 ········ 199
- 13.3.1 智能化在绿色建筑全生命周期中的应用 ································ 199
- 13.3.2 智能化在江南绿色居住建筑中的应用 ··· 200
- 13.3.3 智能化在江南绿色办公建筑中的应用 ··· 201

第 14 章　江南传统建筑与太阳能技术应用

- 14.1　建筑与太阳能利用 …………… 204
- 14.2　太阳能与建筑一体化应用 ……… 205
  - 14.2.1　太阳能光伏与建筑一体化 … 205
  - 14.2.2　太阳能光热与建筑一体化 … 207
- 14.3　江南传统建筑与太阳能应用 …… 208
  - 14.3.1　建筑特征与环境 …………… 208
  - 14.3.2　建筑与光伏技术应用 ……… 210
- 14.4　建筑中的太阳能系统 …………… 213
  - 14.4.1　太阳能热水系统 …………… 214
  - 14.4.2　太阳能光伏系统 …………… 214

第 15 章　江南地区工业化建筑的发展与创新

- 15.1　江南地区建筑工业化的发展 …… 217
  - 15.1.1　江南地区建筑工业化的发展历程 …… 217
  - 15.1.2　江南地区装配式建筑的技术发展 …… 219
- 15.2　江南地区装配式建筑的基本设计方法 … 223
  - 15.2.1　标准化 ……………………… 223
  - 15.2.2　模块化 ……………………… 224
  - 15.2.3　系列化 ……………………… 225
- 15.3　江南地区装配式建筑的主要建造技术 … 226
  - 15.3.1　装配式混凝土结构建造技术 … 226
  - 15.3.2　装配式钢结构建造技术 …… 229
  - 15.3.3　装配式木结构建造技术 …… 231

第 16 章　江南传统建筑雕刻艺术的传承与创新

- 16.1　江南传统建筑的历史发展脉络 … 234
  - 16.1.1　江南水乡的建筑特色 ……… 234
  - 16.1.2　木雕艺术与江南建筑的关系 … 234
- 16.2　雕刻艺术在江南传统建筑上的应用 …… 235
  - 16.2.1　东阳木雕应用于建筑的历史记载 … 235
  - 16.2.2　东阳木雕在建筑中的表现形式 …… 235
  - 16.2.3　建筑木雕的题材选择 ……… 236
  - 16.2.4　现代建筑木雕形式与内容的变化 … 236
- 16.3　雕刻艺术在江南传统建筑上的传承 …… 237
  - 16.3.1　木雕回归建筑本源的经典案例 … 237
  - 16.3.2　建筑木雕中的创新手法 …… 237
  - 16.3.3　个木园中的木雕艺术 ……… 238
- 16.4　雕刻艺术在江南传统建筑上的创新 …… 239
  - 16.4.1　木雕与建筑环境的相互融合 … 239
  - 16.4.2　传统木雕与佛教文化的融合 … 239
  - 16.4.3　建筑木雕与环境的相辅相成 … 241
  - 16.4.4　木雕与其他艺术形式的跨界 … 241
- 16.5　雕刻艺术在江南传统建筑中的应用问题探究 …… 242

第 17 章　江南传统建筑设计理念与高层建筑的适应性创新

- 17.1　江南地区气候地理特征 ………… 244
- 17.2　江南地区传统建筑特点 ………… 244
- 17.3　江南地区高层建筑发展概要 …… 244
  - 17.3.1　租界时期（1845—1943 年）…… 244
  - 17.3.2　高层建筑发展初期（1976—1990 年）…………… 246
  - 17.3.3　高层建筑高速发展期（1991—2010 年）…………… 249
  - 17.3.4　高层建筑转型发展期（2011—2020 年）…………… 250
- 17.4　江南地区高层建筑创新 ………… 251
  - 17.4.1　文化自信 …………………… 251
  - 17.4.2　回归自然 …………………… 251
  - 17.4.3　回归人性 …………………… 251
  - 17.4.4　技术的可能 ………………… 252
- 17.5　两个优秀原创案例 ……………… 253
  - 17.5.1　中衡设计集团研发中心大楼 … 253
  - 17.5.2　新开发银行总部大楼 ……… 253

第 18 章　案例

- 18.1　纪念性建筑案例 ………………… 259
  - 18.1.1　侵华日军南京大屠杀遇难同胞纪念馆第一、二期 …………… 259
  - 18.1.2　侵华日军南京大屠杀遇难同胞纪念馆第三期 ………………… 262
  - 18.1.3　淮安周恩来纪念馆 ………… 267
  - 18.1.4　吴健雄纪念馆 ……………… 272
  - 18.1.5　费孝通江村纪念馆 ………… 276
- 18.2　博览建筑案例 …………………… 278

  18.2.1 苏州博物馆 ·················· 278
  18.2.2 苏州第二工人文化宫 ········· 282
  18.2.3 浙江美术馆 ·················· 286
 18.3 居住类建筑案例 ······················ 289
  18.3.1 朗诗杭州乐府绿色居住建筑案例 ····· 289
  18.3.2 苏州同里中达低能耗住宅 ········· 291
  18.3.3 南京西堤国际住宅小区 ··········· 296
  18.3.4 苏州相城乾唐墅——现代江南院墅的探索 ························ 302
 18.4 旅馆类建筑案例 ······················ 306
  18.4.1 独墅湖会议酒店 ················ 306
  18.4.2 阿丽拉乌镇——当代水乡体验的新探索 ························ 310
  18.4.3 湘湖逍遥庄园——设计一种山居度假生活 ······················ 314
  18.4.4 绿城小镇，山居安桃 ············ 317
 18.5 商业综合体建筑案例 ·················· 322
  18.5.1 绍兴柯桥宝龙广场 ·············· 322
  18.5.2 上海复兴路SOHO商业广场 ······· 325
 18.6 办公类建筑案例 ······················ 327
  18.6.1 中衡设计集团研发中心 ··········· 327
  18.6.2 南京江北新区砂之船综合体项目绿色创新设计 ···················· 333
 18.7 教育类建筑案例 ······················ 336
  18.7.1 苏州高新区第四中学 ············ 336
  18.7.2 "集中式"江南风格的学校建筑设计路径 ························ 340
 18.8 景观、园林与环境建筑案例 ············ 344
  18.8.1 扬州竹院茶室 ················· 344
  18.8.2 上海松江方塔园何陋轩茶室 ······ 348
  18.8.3 雨润苏州东山涵月楼 ············ 351
 18.9 医疗、养生建筑案例 ·················· 355
  18.9.1 锦溪人民医院暨昆山市老年医院建筑设计 ······················ 355
 18.10 室内设计与装潢案例 ················· 361
  18.10.1 苏州树山花间堂酒店 ··········· 361
  18.10.2 大板巷里的鲤院 ··············· 365
  18.10.3 上海崇明海和院社区中心 ······· 371
 18.11 美丽乡村案例 ······················· 376
  18.11.1 漫耕三条垄田园慢村 ··········· 376
  18.11.2 昆山无象归园 ················· 381
  18.11.3 句容市天王镇东三棚特色田园乡村规划设计与实践 ············· 384
 18.12 既有建筑改造项目案例 ··············· 388
  18.12.1 朗诗·新西郊 ················· 388
  18.12.2 苏州运河浒墅关老镇区改造 ····· 391
  18.12.3 苏州双塔市集改造 ············· 394
 18.13 传统村镇保护与发展 ················· 397
  18.13.1 南京漆桥古村落整治更新规划设计 ··· 397
  18.13.2 沙家浜唐市古镇的保护与发展 ····· 409

第19章 江南传统与现代建筑的融合与创新

 19.1 江南传统建筑理念的传承价值 ·········· 418
  19.1.1 文化价值 ···················· 418
  19.1.2 艺术价值 ···················· 419
  19.1.3 经济价值 ···················· 420
  19.1.4 历史价值 ···················· 420
 19.2 江南传统建筑文化的传承与发展 ········ 420
  19.2.1 传统民居"天人合一"建筑理念的传承 ······················ 420
  19.2.2 江南传统民居的色彩和装饰 ······ 422
  19.2.3 营造技艺与工匠精神的传承 ······ 424
 19.3 江南传统建筑的保护与创新 ············ 424
  19.3.1 江南传统建筑改造中的保护与创新 ··· 424
  19.3.2 传统江南园林的营造理念对现代建筑的影响 ···················· 427
  19.3.3 江南传统建筑的元素对新建筑创作的影响 ······················ 431
 19.4 传统建筑文化与江南现代建筑创新 ······ 432
  19.4.1 探索研究中国建筑传统文化的精粹与内涵 ···················· 432
  19.4.2 创造具有时代性和地域性的新建筑 ··· 434
  19.4.3 剖析江南新建筑的典范工程 ······ 435
结束语 ······································ 443

第1章 概述

江南一般是指中国长江中下游南岸的地理区域，其自然条件优越、物产资源丰富、商品生产发达、工业物链齐全，是中国经济、文化发展综合水平的高地。这里山清水秀、水网密布、人杰地灵，富有如诗如画般的人文与水乡景象。常言道："上有天堂，下有苏杭。"就是指江南这块美丽而富庶之地。

江南地区具有深厚的历史文化底蕴，有着"开放包容、崇文重教、尚德务实"的文化传统。江南文化在历史演进中就是兼收并蓄，从泰伯奔吴到永嘉南渡，从运河漕运到赵宋南迁，历经战乱的中华文明多次在江南深度融合、休养生息，环湖通江达海的便利交通孕育了江南人包容、纳新与勇于进取的精神特性。江南自古就有注重教育的浓郁风气，崇尚"诗礼传家""耕读传家"，诞生的科举状元几乎半分天下，使江南成为各类文人雅士的荟萃之地。江南人崇尚德行兼具，以勤恳务实为生活之本，追求"知行合一"，更是以宽宏心智与匠心追求，创造出了极具地域特色的人文成就与精湛的传统技艺。

江南地区的传统建筑以其独有的天然水系条件，形成了以江南水乡传统民居为典型特色的建筑形态与诗意风貌，展现出了"小桥流水、粉墙黛瓦、户户临水、家家枕河"的江南人家的美妙画卷。江南传统建筑在长期的发展过程中，注重对自然气候、环境条件的适应与利用，遵循人与自然和谐共生的"天人合一"的生态观，采用"因地制宜、就地取材"的生态营建方法，构建出了环境和谐、空间宜居、诗情画意的美好家园。"日出江花红胜火，春来江水绿如蓝"即是对江南景色的赞美。江南传统建筑不仅具有清雅秀美的外观特点，同时在传统聚落、建筑组合及园林景观等方面展现出大量的文化审美、空间形态和营造智慧，具有深厚的历史、文化与艺术价值。

时代的发展与现代技术的融入，促进了江南传统建筑与现代建筑的融合，产生了很多现代功能条件下的新江南建筑形式，不仅延续了传统建筑的思想理念，同时也借鉴应用了传统的建筑生态技术，创造出了一批优秀的建筑作品，推动了江南建筑的创新发展，但同时也产生了大量"貌合神离、牵强附会"的现代、传统"拼接"建筑，缺少江南传统建筑的神韵与审美。江南传统建筑文化与智慧是现代建筑发展的内在之源，江南地区在建筑规划上注重整体生态平衡与风貌控制，以及在居住、产业上的可持续发展；在建筑设计上倡导形神兼具，与环境相宜，应用新材料、新手法对传统形式进行现代演绎；在营建技术上更是采用现代结构与新型技术来提高建筑使用的安全性、耐久性，并以新能源利用技术与绿色生态技术来提升建筑的舒适性与低耗节能。

江南传统建筑是我国宝贵的文化财富，通过对江南传统建筑的文化本源、设计理念、营造方法、生态技术等方面的探寻和挖掘，以及对与现代建筑技术融合应用的研究，荟聚各类优秀案例，以励传承和弘扬江南传统建筑的文化价值、建筑艺术与营造技艺，促进江南传统建筑的保护及与现代融合的创新发展。

1.1 江南地区的地理与气候特点

1.1.1 江南地区的地理特点

江南地区在历史上主要是指以长江下游、太湖流域一带为核心的"八府一州"，广义上包括了上海市、江苏

本章执笔者：张奕、杨维菊、裴峻。

省、浙江省、安徽省、江西省等四省一市中位于长江以南的地区，狭义上则多指上海、苏南、浙北、徽南等长江以南的地区。江南地区一般是着眼于文化上的区域概念，没有明显的地理界限。

江南地区的地形地貌相对于北方地区，明显的特征就是多丘陵、多平原和密水网。江南地处长江中下游平原和丘陵，地形上呈南高北低之势，其北部地势平坦，以平原和丘陵为主，南部则分布有一些山地。

江南地区以"水网"为主要地理特征，域内水网密布、河流通达。江南人"沿河而筑、畔湖为居"，以水系为生活纽带形成了最具特色的水乡文化和民居风貌。在水网类型上主要分为两类：一类是水网平原地区，此类地区地面平坦，河网分布密集，土壤肥沃，其中陆地占主导地位，主要分布于太湖南北两侧，水陆交通条件优越，是传统农业集约化程度最高的地区和重要的粮产区；另一类为湖荡平原地区，分布于太湖周围，河流与大小湖泊密集，是典型的水乡之地，相较于水网平原地区，这类地区水资源更为充沛，水产品更为丰富。

江南地区水网的形成可分为自然形成与人工开凿两种。自然形成的水网呈现较为自由的形式，所有建筑依据水网的分布蔓延开来；人工开凿的水系主要承担交通功能，更加集中于城镇中心区域，京杭大运河这类磅礴的工程较少见。江南地区的水网具有较明显的特征：一是水网密集，分布范围较广；二是功能较为繁杂，和居民的生活关联紧密；三是水网布局较为有序，原有的自然水网在人工开凿水网的调节下能够更加有序地服务于人们的生活；四是水网类型丰富多样，因为江南地区存在多种湿地生态系统，湖泊沼泽广，随之形成的水网也形态多样（图1-1-1～图1-1-3）。但同时由于其较为单一的生态系统，与人生活的环境过于亲近，其生态稳定性易受影响，生活垃圾、污水排放等都会产生不良后果，尤其是在现代社会，这一影响更为显著。

江南水网的地理特点成就了江南灵动、秀气的自然环境，塑造了江南人温婉多情的性格和审美特性，同时也形成了清秀精巧的江南建筑形态（图1-1-4）。

图 1-1-1　乌镇水乡

图 1-1-2　南京夫子庙河景

图 1-1-3　南浔、同里古镇水乡美景

图 1-1-4 浙江南浔、苏州甪直水乡

1.1.2 江南地区的气候特点

江南地区在中国建筑热工设计分区中属夏热冬冷地区，该地区地势低平、水网密布，整体位于中纬度带，是典型的亚热带季风性湿润气候，四季分明，气候温和，雨水丰润，冬夏长、春秋短。年平均气温约15℃，年降水量为1000~1400mm，雨水充沛，年日照时数为1870~2225h。年平均相对湿度约80%，空气湿度较大，春、秋两季更显温润。

江南地区夏季高温多雨，潮湿闷热，持续时间较长，盛行东南风，7月份平均温度一般为25℃左右，历史最高绝对温度约为41℃；冬季低温少雨，盛行西北风，伴有寒风及雨雪的袭击，气温会出现陡降，但一般持续时间不长，1月份平均温度普遍在0℃以上，历史最低温度为-9.8℃。全年降雨以4月至9月最多，其中5—6月为梅雨季，通常有一个月左右的连续阴雨。区域整体日照充足、降水充沛、气温舒适、气候宜人。

江南地区的气候特点造就了江南人适应气候环境的生活方式与居住形态，空间上善于"引风导水"，建造上巧于"因材施用"，长期的经验积累中凝聚了大量"适应性"的生态技术和智慧，形成了江南地区特有的建筑形式。

1.2 江南地区的传统文化特征

1.2.1 江南传统文化的历史演进

"江南"不仅是一个地理概念，也是一个历史概念，同时还是一个内涵极其丰富的文化概念。江南作为一个文化地理区，居民的语言、生活习性、审美观念、宗教信仰等方面都具有相似性，形成了一种区别于其他文化区的地域特质，在社会发展过程中，不断接受其他区域及中外不同文化因素的影响，在取舍、交融中推动自身文化的发展，但其传统中最具代表性的文化特征总会稳定地保留、延续[1]。

江南的远古文明源远流长，与黄河流域的文化一样，是中国古代文明的主要发源地之一。新石器时代，江南就有了极其灿烂的文化，最具代表性的是宁绍地区的河姆渡文化、杭州湾以北及太湖周围的马家浜文化、南京北阴阳营文化和良渚文化等。夏商周时期，太湖平原的马桥文化与宁镇丘陵和皖南东部的湖熟文化逐渐融于一体，使得江南地区的文化面貌形成了完整、统一的状态；周太王的长子泰伯从岐山南奔江南，建都于无锡梅里，开创了吴国的历史，并将中原文化带入江南，使之相互结合。春秋战国时期，吴越争霸促进了东西南北文化的交流，青铜冶炼、造船、纺织、农业、渔业等取得了很高的成就，是江南文化成型并获得很大发展的时期。秦汉时期，中央王朝的统一以及南北方的相互迁移，使江南文化的性质开始发生改变，逐渐由尚武崇霸向尚礼崇文转变。晋唐时期，相对于战乱不断的北方，江南的社会较为安定，加上东晋、南朝政权建立在江南，经济、文化得到了巨大的发展，文学、绘画、书法、雕刻等艺术都取得了杰出的成就。隋朝大运河的开凿把江南水系与中原水系紧密联系了起来，促进了南北文化的交流，江南在全国的地位更加突出。后期的"安史之乱"进一步推动了中国经济文化重心的南移，江南自然成为与京城并立的文化中心[1]。宋代，江南的经济、文化继续保持地域优势，江南文化完全成熟稳定；蒙元时期，北方受破坏较严重，江南相对得到进一步发展；至明清时期，"南盛北衰"的局面持续推进，江南已成为全国经济、文化最发达的地区。

江南传统文化的形成受到其地理环境与社会变迁的诸多影响，在漫长的历史进程中，江南文化特征经受了由尚武向崇文的嬗变，文化地位也经历了由偏远到中心的改变[1]。

1.2.2 江南传统文化的主要特征

江南传统文化经历了长期的发展与转型，在不断的融合与重构中形成了一个具有丰富内涵的文化体系，具有显著的文化地域特色，表现在以下三个方面。

1. 刚柔兼具

江南地区山清水秀、气候温暖、水域众多，江南人普遍灵秀颖慧、清秀俊逸，这种特性在远古时期即已开始显现，大概是与"水"的特性相关，清丽自然的水乡环境造就了江南人性情柔和、情感细腻而思维敏捷的特质。青山秀水之间，不仅使人感觉敏锐、启迪遐思，更可以滋润灵性、去尘脱俗，故而江南在经济发展后，其文学艺术也快速发展，魏晋以后，涌现出众多诗人、书法家、画家等，文学作品也相应崇尚清秀俊逸与自然婉丽的风格，体现出了江南文化的柔性特点。

同时，江南人在长期征服江河湖海的过程中，养成了刚毅的品性，形成了心胸豪迈、勇武的气质。吴越的青铜宝剑锋利无比又精美非凡，将功能的刚硬与艺术的秀美巧妙结合，体现出柔中寓刚的特点。魏晋以后，江南上层社会已经普遍崇尚文教，但下层民风仍勇悍刚强，可见此时江南民间勇武犹存。另外，许多江南文士性情上都有轻狂豪迈、奔放洒脱之风，如晋之王羲之、初唐之骆宾王、盛唐之贺知章等，都体现出了江南文化的刚性特征。

2. 崇文重教

江南地区普遍崇尚文教，重视文化教育。东晋之后的江南士族多以文才相尚，晋元帝司马睿在建康设立太学，唐肃宗李亨在常州府设立江南最早的府学，北宋范仲淹在苏州府创办郡学。宋代以后，江南地区书院纷起，文风日盛，也促进了世俗民风的转变。自从科举制度创立以来，江南诞生的科举状元几乎半分天下。江南人所拥有的诗性的文化审美，也反映在对技术的精益求精上，从高超的铸剑、造船工艺，到精细的丝绸织造、刺绣等技艺，都体现出了江南人超越平庸的极致追求，崇文重教一直是江南文化最鲜明的特征。

3. 开放包容

江南文化自古就不断吸收、融合其他区域的文化。先秦时期，江南文化和楚文化及中原文化曾有过长期的交融，中原文化始终影响着江南的发展，可以说，江南文化是在与楚文化、中原文化的交融中得到发展的。江南水网密布，环湖通江达海，交通便利，造船业及航海业的大发展大大开拓了江南人的视野和交流，在兼收并蓄中孕育了江南人包容吸纳的精神品质。

江南地区在文化、艺术、教育等方面获得快速发展的同时，江南人在精神上也逐渐形成了自我认同意识，并且得到了全国其他地区民众的认同。其次，江南地区自然环境优越、物产资源丰富、营造技术高超、经济发展强势、民众生活富裕、教育科举发达、文化艺术繁荣、社会局势安定、生活唯美精细，已经成为有别于其他地区的江南印象（图1-2-1）。

1.3 江南传统建筑的文化理念与营造意匠

江南文化是江南传统建筑产生、更新和延续发展的本源动力。江南传统建筑是江南文化中物质文化与精神文

图 1-2-1 苏州水乡

化融合的外在体现，它综合了地域中人与社会、经济、自然等相互渗透的信息。江南传统建筑具有典型的江南地域特色，"小桥流水、粉墙黛瓦、户户临水、家家枕河"，呈现出一幅山水和谐、建筑诗意、环境生态的江南水乡画卷，其中也蕴藏着江南传统建筑文化的本源理念，展现了江南人的建筑美学与营造意匠。

1.3.1　江南传统建筑的和谐自然观

江南传统建筑文化原生性地形成了适应自然的意识，崇尚自然之道，将"天、地、人、居"合为一个有机的生态整体，即为汉代思想家董仲舒提出的"天人之际，合而为一"的哲学概括。"天人合一"的核心是强调人与自然和谐共生，人被视为一个小天地，自然则被视为一个大天地，两者相辅相成，人与自然在本质上是相通的，为了达到人与自然的和谐共生，万事万物皆应顺从自然规律。

"师法自然，和谐共生。"江南传统建筑的设计理念中长期存在崇尚自然的心理，在传统聚落和建筑的营造中追求"以山水为脉，以草木为毛发，以烟云为神采"的"自然观"，以自由之式在江南小山小水的俊秀自然之中寻找和构建一种与自然的融合与和谐，通过将自身消散在环境之中，寻求一种存于天地之间的状态。"依山顺水、临水而居"等反映出了朴素的和谐自然观，从而也显现出了江南传统建筑"与自然相依"的共生理念（图 1-3-1）。

1.3.2　江南传统建筑的诗性美学观

江南水乡的景色如诗如画，每当人们来到江南这块土地便会为此情此景所倾倒，江南清秀、典雅的建筑风貌更是成为画中主题，具有独特的地域形式与美学逻辑，形成人们对江南传统建筑的典型认知。江南传统文化自古崇文重教，在诗词、书法、绘画、雕刻等方面有着极高的成就，长期的熏陶和培育形成了由人的诗意情感而激发的美学意识，其审美内涵更多地在建筑中得以表现，形成了"依山傍水、沿河筑居"的动人画卷，展现了"小桥、流水、人家"诗情画意的江南建筑神韵（图 1-3-2）。

江南水乡建筑的"诗意"可以在四个方面显现。一是"水、桥、民居"的空间格局，此景可称为美好的生活空间，而且造型变化多样，亲切宜人，其空间特征展示了江南水乡人间天堂般的生活情景；二是"黑、白、灰"的

图 1-3-1　温州永嘉芙蓉古村

005

图1-3-2 苏州甪直古镇

民居色彩,以"点、线、面"的艺术手法勾画出一幅清新淡雅的中国山水画,将水乡特色渲染到极致,白墙黛瓦也许是它最为诗意与特色的所在;三是"轻、秀、雅"的建筑风格,也吻合了江南传统文化清秀、俊逸的审美气质,达到了建筑与文化的"形神统一";四是"情、趣、神"的园林意境[4],江南园林自成一套独特的体系,体现了"天人合一"的设计理念,园林中的水景、水榭、假山和亭、台、楼、阁、廊等建筑小品的映衬增加了它的空间魅力,造园技术的精工细作,园林空间"曲径通幽"的神奇变化,给人以心旷神怡的快感。

1.3.3 江南传统建筑的生态技术观

江南传统建筑经过漫长的文化融合与技术演进,形成了顺应天地自然、与环境和谐共生的朴素的"绿色"理念,积淀了大量的生态智慧和营造技术,具有极高的历史、文化价值和科学研究价值。"背山面水、依水而居"反映出了在相地择居、适应地理方面的经验,"坐北朝南、负阴抱阳"体现出建筑布局顺应气候的规律,"天始万物,地生万物"隐示了就地取材的生态观和循环利用的理念,传统建筑风水理论中强调的"藏风聚水、顺乘生气"等都显现出了遵循自然法则的生态意识和设计方法(图1-3-3)。

在江南传统建筑的长期发展中,劳动人民以其智慧与创造,积累了很多适应自然、改造环境的生态营造技术,并物化在建筑的本体之中。这种"被动式技术"长久地发挥着生态作用,提高了生活空间的舒适性与建筑自身的耐候性,同时与江南的文化审美完美地结合成一体。"院落天井"利用拔风的烟囱效应,使室内热空气在热压的作用下上升,冷空气沉降下来,形成对流通风,具有重要的内部微气候调节作用;"就地取材"表明建筑营造用材十分注重因地制宜、因材施用,材料的获取以及建造只需要"低技术"和极少量的能源消耗;"粉墙黛瓦"不仅体现了优美、独特的形式风格,同时也是结合功能与生态

图1-3-3 甪直水乡小桥

思想的体现，白色粉墙与空斗砖砌筑更有利于阳光反射与墙体隔热，屋顶采用较大的坡度和挑檐，并以青瓦正反密叠铺设，有利于江南较多雨水的下泄，可更有效地避雨和遮阳。江南传统建筑中的生态营造技术不胜枚举。江南传统建筑作为江南的"有形文化"，其一砖一瓦、一草一木均蕴含着深厚的生态智慧与精巧的营造技艺，是需要我们不断探索和学习的"生态技术观"（图1-3-4、图1-3-5）[2]。

1.3.4 江南传统建筑的营造意匠

江南传统建筑之所以具有极高的影响力与强大的生命力，不仅因为其蕴含着深厚的文化、艺术底蕴及丰富的营造思想与智慧，重要的是千百年来江南营造工匠们创造与积淀下来的精湛技艺的积累和发扬。

江南地区在建筑营造上不事张扬，专注于工艺，巧妙施用地域材料与合理的构造做法，注重建筑构件的细部节点变化，雕饰简洁、精美，具有轻巧雅致、工艺细腻的风格特点。江南各地也形成了具有各自地域特色的营造风格与典型流派，如灵秀中见精巧的苏州"香山帮"、深拗中见个性的浙江"宁波帮"、田园中见奢华的皖南徽派等，呈现出丰富的地域多样性[3]。其中"香山帮"匠人对营造技艺进行了系统的归纳和解析，形成了《营造法原》，它系统地阐述了江南传统建筑的形制、构造、配料以及工限等内容，兼及江南园林建筑的布局和构造，被称为南方建筑营造的"唯一宝典"（图1-3-6）[3]。

江南地区在园林与院落的景观营造上也具有极高的造诣。"本于自然，高于自然"是对江南园林营造境界的概括，"无意不成境，无绿不成园"反映了江南园林营造的文化与审美意境，"巧于因借，精在体宜"体现了景观塑造的巧妙，"虽由人作，宛自天开"则呈现了营造技艺的精美。江南传统建筑的营造意匠始终体现出营造技术与审美艺术的结合，将精湛的技艺融入建筑与自然美好的意境中（图1-3-7、图1-3-8）。

1.4 江南传统与现代建筑的融合创新

1.4.1 江南传统建筑的近现代演变

近代是中国由传统的封建社会向现代社会转型的重要历史变革时期，在近百年中，伴随着封建社会的解体和西方势力的入侵，社会、政治和经济状况都发生了改变，特别是西方文化的植入与传播，使人们的思想观念与生活方

图1-3-4 苏州忠王府天井

图1-3-5 苏州甪直民居

图1-3-6 白墙黛瓦的水乡民居

图1-3-7 苏州狮子林

图1-3-8 江南园林一景

式也相应发生了变化[4]。近代江南建筑在营造形式上有了中西融合的特征，同时出现了一批具有公共属性的新兴公共建筑与产业建筑，江南地区的建筑营造观念与技术也在西式观念与社会变化的影响下，发生了一定程度的改变。

从清末开始，西方的营造技术逐渐进入中国，在江南地区各通商口岸等地兴建了各式殖民地建筑，开始形成两种文化和技术的交杂混合，砖木混合结构与钢筋混凝土结构的营造方式得到了一定的应用。到民国时期，西式建筑的营造技术已经在江南沿海城市得到普及，其建筑形式与中式传统风格的结合日趋成熟，形成了一种特有的中西合璧的民国风格特征。

从建筑的结构和营造方式上看，江南地区呈现出多种形式并存的状态，基本可分为三大类：第一类是延续本地历史传统，采用江南传统营造方式的木构架建筑。这类建筑主要集中于历史比较悠久、传统文化相对较深厚的地区，以及受西方文化影响相对较少的偏远地域，保留了江南木构建筑最为传统的原生状态。第二类是将江南传统的木构架和西方的结构形式相结合，以砖木结构为主，局部采用夯土或混凝土进行营造的建筑。此类建筑一般处于对外商业、文化交流活跃的区域，设计上将西式外墙、屋顶、露台等元素与中式建筑结构形式相结合，局部混杂钢筋混凝土结构、构件，是一种相互融合的砖木混合结构形式。第三类是引进西方现代营造技术建造的砖混结构和钢筋混凝土结构建筑。这类结构形式一般用于近代银行、邮政等公共建筑，受到西洋文化和殖民文化的影响，形式基本为欧洲样式，大都由外国建筑师设计，砖石立面手法严谨、庄重，基本为钢筋混凝土结构，此结构形式广泛用于现代的体育、展览、工业等建筑之中[5]。

总体而言，由于传统建筑文化影响根深蒂固，且传统建筑木结构的适应性和传承性强，建筑体系与营造方式有着相当的稳定性和保守性，同时江南文化的开放性和包容性是传统建筑接受外来技术方法的内在动因，显现出"合而不同"的融合状态。在近现代江南传统建筑的发展演变上，其基本营造方式继承和延续了江南固有传统，同时在西方建筑文化与技术的影响下逐步呈现出多元、开放的特征（图1-4-1、图1-4-2）。

图1-4-1 南京颐和路民国公馆

图1-4-2 南京太平北路民国建筑

1.4.2 江南传统建筑的现代表达

江南传统建筑历经数千年的发展演变，有着深厚的文化底蕴和独特的形式风格，是传统建筑技术与艺术凝练的体现。江南现代建筑的创作，不仅要关注功能与技术，更应思考和注重"江南传统建筑元素"的挖掘与展现，以现代的技术与材料，以及新的理念、手法实现江南传统文化的现代表达。

江南传统建筑元素是体现江南地域文化的建筑空间、材料、结构及装饰等方面的元素或符号，是江南传统建筑最生动、最直观的表现形式。在新建筑的创作中，借鉴传统建筑的空间布局、立面造型、细部处理以及传统建筑的生态技术等，采用"借用""抽象""片段""隐喻"等现代设计手法，实现对传统建筑元素的现代诠释与传承[6]。

江南新建筑创作以及传统建筑保护应在规划群体、建筑单体、细部装饰三个层面对传统建筑元素进行体现与应用。一是在城市片区、水乡村镇、建筑群体层面，主要是传统商业街、水乡村落、历史街区的保护与改造，可以从空间布局、区域色彩、整体风格上进行整体控制与规划，保留原有的空间格局与粉墙黛瓦、小桥流水等地域元素，挖掘当地的文化特色与产业导向，修复区域传统风貌，提升时代活力；二是建筑设计可以从传统建筑中提取局部元素，将之应用于空间布局、建筑造型，充分体现传统建筑中的空间意境与形式雅韵，汲取传统建筑中的生态精髓，如"四水归堂"的天井、"曲径通幽"的连廊等，以现代的空间、材料及生态技术表达传统建筑的理念与文化情感；三是建筑构件、色彩装饰、细部层面，吸取当地传统建筑中的民俗图样、装饰纹案及构造形式等，与现代工艺及审美结合，营造传统的精工技艺与文化内涵，再现"虽由人作，宛自天开"的建筑营造佳境（图1-4-3）。

1.4.3 现代新技术的融合与创新

江南地区深厚的建筑传统文化与精湛技艺，是江南新建筑发展的文化基石，在当今江南地区建筑的现代化进程中，更应注重传统建筑的内涵与文脉传承，维护其地域

图1-4-3 杭州富阳东梓关回迁农民房

特色。随着时代的进步,产生了很多现代新技术、新理念,不仅促进了江南地区现代建筑的发展,涌现了一批现代与传统融合的江南新建筑,同时在传统建筑保护上也赋予了老建筑更强大的使用性能与生命力。众多现代新技术的应用体现了江南建筑绿色生态、智慧科技的可持续发展,主要归结在三个方面:

一是在绿色生态技术应用方面。江南传统建筑在长期的发展中积累了大量的"被动式"生态节能技术,为现代新建筑提供了丰富的生态智慧与技术借鉴,如天井的通风汇水、山墙的砖砌保温、屋顶的叠瓦避雨等。现代江南住宅注重被动式技术与主动式技术的结合,广泛采用适宜的低能耗技术,如新型的保温材料与复合的墙体保温构造技术。在传统建筑的节能改造中,同样可以在维持墙体外观的条件下提升建筑的隔热保温性能与耐候性能;太阳能集热技术和光伏技术是现代建筑中最为普遍应用的清洁能源技术,可以将太阳能转化为热能和电能,服务于建筑的热水和照明使用等。江南传统建筑屋顶形式一般为南北向的坡屋顶,契合了太阳能板的朝向和坡向,设计上可以将太阳能板与传统建筑的屋顶相结合,形成一体化的屋顶形式,最大限度地保留传统建筑的外观与特点,以获得在现代新技术条件下传统建筑性能的整体提高。

二是在智能化技术应用方面。江南传统建筑融合智能化技术,可以更好地实现"能效提高"。建筑智能化技术是以建筑物为平台,综合管理各种应用于建筑物的科学技术系统集成。现代建筑中往往融入了更多的现代功能,促进了建筑智能化的多元化应用,体现了"增效""精控""舒适""便捷"的特点,这都成了传统建筑走向"绿色生态化"的重要基础。

三是在新型工业化技术应用方面。江南地区一直是文化、经济发展最快的区域之一,江南文化传统中就有"敢为人先"的特质,是最早推动和引领建筑工业化发展的地区之一。江南的建筑产业不仅规模大且技术水平高,非常适合新型建筑工业化技术的应用,标准化、模块化、系列化的设计方法以及装配式建筑的预制装配技术,有利于建设中提质增效、减少成本、低碳环保。BIM新技术给传统建筑业带来了新的技术手段,采用BIM信息模型可以实现设计、施工及运营的全过程应用与信息传递,推动整个建设行业从传统的粗放、低效的建造模式向以全面数字化、信息化为特征的新型建造模式转变(图1-4-4、图1-4-5)。

图1-4-4 智能化应用

图1-4-5 南京江北人才公寓工业化建造

江南传统建筑是我国宝贵的建筑遗产，以其特有的"古朴清秀、典雅诗意"的地域风采，描绘出了江南人千百年来对美好生活的不懈努力与精神追求，蕴含着丰富的文化内涵与精湛的营造技艺，是留给我们的丰厚的物质与文化财富。本书期望通过对江南传统建筑的文化本源、设计理念、营造方法、生态技术等方面的探寻和挖掘，荟聚和呈现出更多的传统智慧与技艺精粹，更好地展现其文化与艺术价值，以励当代建筑师传承和弘扬江南传统建筑文化的责任与担当。

随着现代社会与科学技术的快速发展，不断涌现出新的理念、技术与方法，很多当代优秀建筑呈现出与传统建筑的融合与匠心，传统建筑也与现代技术不断结合，焕发出活力。当代中国以绿色发展为目标，在社会快速建设的同时，回归自然、保持生态、节约资源，创造更加健康、舒适的美好生活，其意正符合了江南传统建筑文化中"天人合一、和谐共生"的自然观与技术观。现代技术以其绿色、健康、智慧等多元结合的方法，为传统建筑的保护与更新提供技术途径，为在现代建筑中体现传统智慧提供技术支撑。

参考文献

[1] 景遐东. 江南文化传统的形成及其主要特征[J]. 浙江师范大学学报，2006（4）：13-19.

[2] 朱培凌. 传统民居生态智慧的延续与传承[J]. 南方建筑，2012（6）：55-58.

[3] 钱靓. 传统江南民居建筑文化传承思考[J]. 现代装饰（理论），2016（11）：186-187.

[4] 刘佳，过伟敏. 江南地区传统民居的近代化演变——以镇江民居立面为例[J]. 创意与设计，2015（5）：39-44.

[5] 吴黎梅，杨静，沈黎. 以杭州为例 江南地区近现代历史建筑营造技术特征研究[C]// 第八届中国古建营造技术保护与发展学术论坛专刊. [出版者不详]，2018：73-79.

[6] 颜红影. 中国传统建筑形式的现代表达[J]. 重庆科技学院学报（社会科学版），2011（5）：142-144. DOI: 10.1406/j.cnki.cqkjxyxbskb.2011.05.058.

图片来源

图1-1-1、图1-1-3、图1-1-4、图1-3-2~图1-3-5、图1-3-8 来源：杨维菊摄
图1-1-2 来源：张奕摄
图1-2-1 来源：裴峻摄
图1-3-1 来源：方绪明摄
图1-3-6、图1-4-1、图1-4-2 来源：李国强摄
图1-3-7 来源：吴杰摄
图1-4-3 来源：Line+ 建筑事务所
图1-4-4 来源：杨翀
图1-4-5 来源：南京长江都市建筑设计股份有限公司

第 2 章　江南传统聚落的选址与空间布局

聚落是人类聚居生产、生活的场所，是人类在发展过程中受自然、人文影响对环境进行有意识开发使用而形成的。江南聚落聚居历史源远流长，历史上的多次民族大迁徙，推动了江南片区聚落的兴起、发展与繁荣（图 2-1-1）。本章节从生态环境、风水、民俗文化等人文环境的角度出发，对江南传统聚落的选址和空间布局形态进行分析。

2.1 江南传统聚落选址布局的自然哲学观

2.1.1 聚落选址布局的自然文化内涵

传统聚落的选址、空间形态、建筑分布等是先人们顺应自然、解读天地、效法自然的具象展示，是文化历史的载体。先人利用五行八卦等玄学理论对自然地理进行分析，并与生态、人文环境相结合，综合考察地形，了解自然环境，进而加以利用和改造，形成规模不一、形态各异的聚落。

关于聚落选址的研究最早可以追溯到商周时期，起源于古老的相地术，《尚书》《诗经》等文献对古代先民选择村落与住宅选址和城邑规划的活动均有记载。春秋战国时期，择居经验在聚落选址的不断实践中逐渐得到积累和发展，《管子·乘马》篇说："凡立都者，非于大山之下，必于广川之上，高毋近旱而水用足，下毋近水而沟防省"。由此可见，从小的聚落选址到大的国都建设选址都十分重视与自然环境的关系。在聚落选址中，气候、地形、地质、水文等自然要素都是重要的考量因素，并由此形成了古时的堪舆学理论。自此之后，堪舆学理论在长期发展中，融入了民俗学、伦理学、社会学、美学等人文科学，成为我国古时传统聚落选址的重要理论基础。

图 2-1-1　桐庐深奥古村——江南传统聚落形态

本章执笔者：杨维菊、吴杰。

1. 风水观念

风水是中国古代关于村落与住宅选址和空间布局的学科，也称为"堪舆学"。"堪"为地突之意，形容的是地形，"舆"则强调的是地貌，注重对地貌的描述。所谓风水学，实际上是一门将地理、地质、景观、气候、规划、建筑等多种学科综合为一体的自然科学[1]。

天人合一、阴阳平衡、五行相生相克是中国风水学的三大原则，是前人选址城镇聚落时遵守的原则。《周易·系辞》云："天地变化，圣人效之。"传统聚落的选址及布局都会按照《周易》风水理论的方位图来确定，聚落的主要朝向也会因地制宜地进行微调，聚落的空间布局既符合传统的空间理论，又具有地方特色。"龙""砂""水""穴""向"是风水的基本五要素，是对自然环境中地形环境的解读，村庄聚落的形成需要遵循"觅龙""察砂""观水""点穴""择向"的方法，进行选址布局，强调了人与自然和谐相处的人地关系，推动了可持续发展（图2-1-2）[2]。

古代阳宅理论还对不同性质的住宅选址作了不同的规定，如出自清代吴鼒《阳宅撮要》的"凡京省府县其基阔大""凡城市地基贵高。""凡乡村大屋要河港盘旋，沙头捧揖"；出自明代王君荣《阳宅十书》的"凡宅左有流水，谓之青龙；右有长道，谓之白虎；前有汙池，谓之朱雀；后有丘陵，谓之玄武。为最贵地"。显然，阳宅理论对聚落和民居的外环境都作了较为明确的规定，而这种格局又是建立在较为实际的基础上的。图2-1-2是根据古代风水学说关于阳宅理论的要点归纳出来的几种选址模式。

关于村、宅的选址模式，它们之间有着明显的共性，都是后有靠山、前有流水（或水池）、左右有砂山护卫，构成一种相对封闭的环境单元。只是由于它们本身规模等级的差别而导致了环境模式上的差异。绝大多数城市在叙其形式时，都是从其大环境着眼的，对诸如来脉、护砂、朝案、去水等均有讲究，条理分明。村落的规模等级较城市小，故多数村落选址主要着眼于小的规模等级（村）的风水环境。宅址、村址和城址之间是一种全息互显的关系，它们有着一种共同的环境模式，这就是风水所持有的空间结构[3]。

其实，所谓的"风水宝地"，从科学的角度来解释，表达的是具有较好的自然生态环境和物质环境空间。先贤古人依托各地的自然气候条件及环境空间地形等，总结出了最有利于人类发展的空间组成形式，比如风水学中的阴阳调和、纳阳御寒，其实讲的就是光照背景下，阴面与阳面之间的融合。一方面顺应自然气候，江南传统建筑一般都坐北朝南，最大化利用自然光照和风的作用；另一方面则是顺应自然肌理有机生长，形成独具特色的街巷脉络与村落肌理，如临水聚落沿水分布，环山聚落倚山而建。以浙江兰溪市诸葛村为例，村庄又名八卦村，是典型的按照"阴阳五行"风水营造的古村落。从选址上来看，村庄四周群山环抱，地势呈西北高、东南低，四方来水形成钟池，将五要素融入其中。村庄整体布局以五行八卦为基础，全村以"太极"钟池为核心布列为"八卦图"的基准点，按照"坎、艮、震、巽、离、坤、兑、乾"规划为八个部分[3]，八条小巷八方延伸，尽显八卦之意（图2-1-3）。村庄外围祖宅山、经堂后山、擂鼓山等八座小山呈环抱之

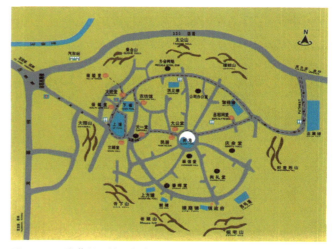

图2-1-3 诸葛村八卦风水地理示意图

图2-1-2 风水中城、村、宅的选址模式

势，形成了外八卦。为防水灾，村庄每户都建有完善的排水设施，村内有钟池、上方塘、上塘、下塘等七大池塘，起到蓄洪排水的作用。

2. 民俗习惯

民俗习惯是各地居民群体经过顺应自然环境、自身发展需求逐步形成的，反映了各地人民的生活习惯和状态。民俗习惯在长期发展中延续传承下来，具有稳定性、群体性和地方性的特征。民俗文化是古人在精神价值上的体现，对聚落地址的选择、空间布局的形态都有着重要的影响，黄历上的房签、动土、开工、上梁、入宅等表达的就是民俗文化对生产、生活的影响。如动土，出自明代陶宗仪《辍耕录·宫阙制度》："（宫城）至元八年八月十七日申时动土，明年三月十五日即工，分六门。"其意为刨地，主要是指建筑修造、竖造之事，与居民生活息息相关。

江南聚落的形态和整体空间环境在形成过程中受民俗习惯的影响，呈现不同的布局特征。如"送灶神"、赶集、踏青等民俗活动，促进了人们的交往。聚落在选址、空间组织上，必然受到这些民俗习惯的影响，开辟出聚落中心或公共活动空间；如传统公共空间——井台空间的形成，井台作为公共取水点，是居民活动、交往的公共场所，充满了生活气息。因此，各聚落中会设有规模、数量不一的公共活动空间，以满足人们的需求（图2-1-4）。

2.1.2 江南村落选址布局

江南片区地势平坦，水网密集，局部呈现出丘陵地势，不同的地形上点缀着不同形态的村镇聚落，展现着前人选址和布局的智慧。整体来看，江南村庄聚落选址主要呈现出三种典型的形式：一是原有内陆片区，在传统水网格局背景下伴水而居的聚落形式；二是以太湖为核心，依靠娄港水利工程建设形成的村镇聚落形式；三是局部丘陵地带依山而建、金城环抱的聚落形式。

山塘街滨水空间

塘马村井台空间

新湖村休闲廊架

图2-1-4 公共活动空间

1. 依水而居的聚落选址布局

1）江南聚落的独特性

古村落又称中国传统村落，是指民国之前建造的村庄，历史悠久，在建筑风貌、村落布局形式等方面保留了原有的格局，拥有丰富的历史文化资源，生动而又鲜活地记录了历史上农业生产、生活的重要痕迹，也承载着现代社会的发展与改变，是我国重要的历史文化遗产。江南片区虽广，但中心片区以太湖流域为核心，与国内其他片区的村落布局形式不同，江南村落生态水系资源丰富，枕河而居的布局形式较为典型[4]。随着多年的人口迁徙，人口集聚增长，村落格局也根据地形、生活方式等各种因素不断调整，但整体依水而居的模式并未改变。

2）江南传统聚落的选址

江南片区地势平坦，内部水网密布。密集的水系将平原分隔为多样的零散地块，造成土地资源紧张，因此，为了便于耕种、生活，村落多沿水设置，形成了典型的"小桥、流水、人家"的空间格局（图2-1-5）。村庄沿着水系分散布局，村民通过建设桥梁、使用船只来通行。传统的交通方式及圩田耕种形式影响了传统村落的布局，形成了背河而建的住宅建造形式，既能满足出行交通工具——船的停靠，也能就近使用水系资源，为生活提供方便。

传统聚落与城市的布局不同，在空间选址布局上，整体形式比较自由，多是顺应自然地形发展而成，强调的是与自然的统一协调，最大限度地利用环境优势。因村落选址要与实际地形条件情况相协调，所以现有村落的形态各有特色，生长于自然，回归于自然。水又是人类生存的命脉，为此，村庄在空间选址布局上主要依水而建，枕水而居，可以提供便利的船运交通和村民生活所需的必要水系。在选址上，挑选滨水、平坦的地势空间，减少土建的开挖量，在建筑布局上，最大限度地利用太阳光照、风、水等自然环境因素，建筑尽量做到规整布局，实现节能减排。

传统村落的传承与发展，既解读了传统生活，也改善了物质生活的情调，提升了人们精神世界的需求。如

黎里古镇

南湖区月河历史街区

塘马村

图2-1-5 "小桥、流水、人家"的空间格局

"中国第一水乡"的周庄、"水乡明珠"的同里、"五湖之汀""六泽之冲"的甪直、"辑里湖丝"的南浔等传统村落的布局选址,均是沿水择地[5],是江南水乡历史上重要的生活区域,且历经时代的变迁,村落仍保持着稳定的田园生活状态,同时在尊重原有状态的基础上,进行有机更新(图 2-1-6)。

2. 太湖流域聚落选址布局

"苏湖熟,天下足"的民谚,从侧面反映了太湖流域的富饶。现今,太湖流域地势平坦、村落密布、河网密集、土地肥沃,但时光回溯 1700 多年,太湖周边为一片滩涂与沼泽,没有现今的繁华与富庶。以太湖为核心,先民们利用自己的智慧与勤劳的双手,采用溇港等技术对沼泽地带进行改造,逐渐形成了太湖流域特有的自然肌理,加快了江南村镇聚落的形成。

1)湖滨溇港工程造就新的地形

初见不识"溇港"字,再读才知"溇港"意。溇港,字如其形,与水密切相关,是古代劳动人民变滩涂为沃土的重要举措,是太湖流域特有的古代水利工程。早在春秋时期就出现了支撑溇港建设的技术。太湖先民以竹子和木头为原材料,在滩涂和沼泽上建成两道透水的挡墙,形成初始的围堰,将围堰中间的软流质泥土挖到挡墙外围,水渗透进竹木围篱的缝隙,进行水土分离,既巩固了土地,将滩涂和沼泽转换为良田,也形成了河流,达到蓄洪排涝的效果。经过各朝各代人们的努力,至北宋时期,太湖流域已经形成了"三十六溇,七十二港"的完善的溇港水利体系,改善了太湖周边的生态环境,实现了滩涂变沃土的伟大工程。"苏湖熟,天下足",溇港水网间的圩田,为江南乃至全国提供了丰厚的粮产(图 2-1-7)[6]。

2)溇港聚落的形成

"一万里束水成溇,两千年绣田成圩。"溇港工程对太湖的蓄洪排涝、分水引排发挥了极其重要的作用,为农业的发展奠定了生态环境基础。"江东水乡,堤河两涯而田其中,谓之'圩',农家云:圩者,围也,内以围田,外以围水。盖河高而田反在水下。"南宋文学家杨万里在《圩丁词十解》中讲述了溇港水利工程对江南片区种植及村落的形成具有重要意义。传统的湿地环境中要想形成规模化的聚落,必须要对原有的水文环境进行改造,溇港就是广大劳动人民因地制宜、结合实际情况总结出的水利建设工程,梳理了河网水系,为村庄聚落的形成提供了良好的基础环境。南宋的项安世有诗曰:"港里高圩圩内田,露苗风影碧芊芊。家家绕屋载桑柳,处处通渠种芰莲。"诗句中鲜明地描述了江南片区"桑基鱼塘""桑基圩田"的景象,也对江南村落的布局进行了概念的阐述。

溇港以溇为脉,以港为衔,溇既是农业的命脉,也是村庄的灵魂。一溇一村的分布景象是太湖流域特有的村落布局形式。村庄多北倚太湖,沿溇展开,呈南北向带状排布,南部为溇港围绕而成的圩田。

以湖州市义皋溇为例,它是太湖七十二溇港中的关节点,南宽北窄呈喇叭状向北 300m 接入太湖,南接义皋各圩田,承接着灌溉、排涝的作用,也承载着交通的联系。有水、有田即有生命,义皋的"舟中市""水市"在义皋溇岸边应运而生,造就了夹河为市、沿河聚镇的市集。村庄沿市集由北向南一字展开,成为保家护院的天然屏障。村庄建筑坐北朝南,体现了江南村镇喜阳面阳的心

甪直

同里

图 2-1-6 依水而居村庄聚落形态

态。传统背景下,村庄通过河浜和乡间小道对外联系,随着社会的发展,村庄对外联系的主要方式发生变化,新建住宅沿主要道路布局,但千年传承的村落整体格局尚未改变,呈现着村落与塘浦圩田共生的空间格局(图2-1-8)。

3. 丘陵地区聚落选址布局

"法天象地"最早出现于春秋战国时期,伍子胥筑阖闾城时提出的,表达的是古人与自然和谐共处的理念。一马平川的江南平原上,仍有少量低矮的丘陵,在这片区域,聚落的选址布局明确地表现出法天象地的意识。在聚落建设时,从风水的理论和方位出发,将山与水的空间形态考虑进去,选择村庄最佳的落址点和空间形态,让山水自然为人的生产、生活服务(图2-1-9)。"觅龙、察砂、点穴、观水"等一系列风水上的操作,实际上是对山脉起伏、草木生长、水流走向等的观察,在观察地形后,将村庄选址在地势相对平坦、背靠山丘、面朝水系的区位。

从经济学的角度来讲,这样的选择其实是经济效益的最大化。地势平坦实际上减少了村庄建设时开挖基础面的工程量,大大减少了人力、物力资源的浪费;背山则让村庄有了依靠,减少阳光遮挡,增加日照;面水是对水的尊重,减少了村民取水所需耗费的人力、物力。因此,背山面水、负阴抱阳,成为人与自然和谐共存的聚落的典型选址模式。汉代青乌子《青乌先生葬经》载:"内气萌生,外气成形,内外相乘,风水自成",关注生态、尊重自然与村落的有机平衡,才能实现可持续发展。

图2-1-7 北太湖溇港图

图2-1-8 义皋村滨水照片

丘陵选址

村庄航拍

图2-1-9 丘陵片区聚落选址布局

2.2 江南传统聚落的空间布局形态

中国传统村落是中国传统文化遗产的重要载体,主要是指1980年以前建的村,村庄建筑、街巷风貌等保存较好,且具有独特的民风民俗。天人合一的哲学思想贯穿中国传统居住文化的始末,空间布局体现了以人为中心的原则,特别重视人们相互交流、交往的环境空间的设置(图2-2-1)。对村落一般是考虑从空间格局、街巷、生活方式上进行认知。在村落空间形态上,传统聚落的分布形式比较自由,顺应水势自然发展,体现了传统聚落与自然的融合和统一。江南传统聚落主要分布在平原片区,依水而建,呈现沿水系分布的布局,局部分布在丘陵地带,形成了与山水空间融合的空间环境[7]。

2.2.1 依水而居的空间布局形态

江南村落在整体布局上受到水系的影响较大,各村顺应地形,转换组合形式,或引水入村,或滨水而建,也有水陆并行的,组合形式虽各有不同,但主要形式可以分为三大类:①"一字形"水系形成的带状布局;②"十字形"河流形成的交叉式星形布局;③网状河道形成的团状布局。

1. 由"一字形"水系形成的带状布局

一字形是指一条主要水系穿村而过,或在聚落背后,或在聚落中间,聚落沿水系伸展,但整体规模不大。该主要河道既承担着主要的运输功能,也承担着商业功能。以无锡市荡口古镇为例。

荡口古镇位于锡山东南角,处于江南水网密布片区,区域风貌独具特色。镇外湖、荡、河、池星罗棋布,镇内河道纵横交错,是典型的江南水乡聚落。聚落因水而建,临水成市,北仓河与生产河形成"L"形的转折,河道两岸布满房屋,形成了"一河两街、桥梁纵横"的空间格局(图2-2-2)。

古镇是经过人工改建的布局,以河道为骨架,因水成街、因水成市,通过将水、路、桥、宅巧妙而自然地融合为一体,形成与众不同的自然空间环境特色。古镇

界州村茶室

焦言村滨水空间

界州村滨水空间

图2-2-1 村庄公共空间

内，古宅老屋黑瓦白墙，街巷狭窄，满目旧景，处处凝结着岁月沧桑。目前，古镇内北仓河沿线"一河一街""一河两街"和"前街后河"的空间格局保存较为完整（图2-2-3）。淡雅朴素、粉墙黛瓦的传统民居，错落有致的小街小巷和清幽雅致的庭院绿地形成了宁静古朴的古镇生活环境（图2-2-4）。

2. 由"十字形"河流形成的交叉式星形布局

"十字形"一般是指两条河道的交接处呈"十"或者"丁"字形状，在水系交叉口可以形成集镇、聚落的中心点位。严家桥位于无锡市东片区，隶属锡山区羊尖镇严家桥村北部，距今已有700多年的集聚史和100多年的建镇史，是20世纪二三十年代无锡著名的米码头、布码头、书码头和医药码头，在江南历史上占据重要地位，也是江南典型的因水而建、因水发展的聚落空间环境。

严家桥因河兴市，由市建镇，遂成之。村庄聚落结构、发展脉络清晰，整体可谓以永兴河为骨架的水系网络的优秀典型。村庄景观秀美，自然水系与村庄历史文化交相辉映，形成了"二横一纵"的河街相依的空间特色。后随着羊严路的开通，村庄逐步形成了由逐河而居向沿路发展的模式转变，街巷上形成了"一街三弄"的传统街巷格局和空间布局。

村落空间格局和景观是村落文化的重要体现。严家桥的公共空间多是结合重要交汇节点设置，或是水陆交接的节点，或是桥头或街巷空间拐角处，或是住宅入口处。

图2-2-2 荡口古镇空间布局

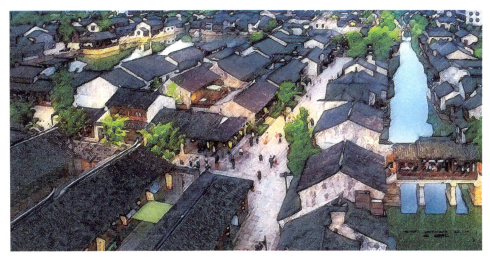

河街空间肌理

河街人视　　　　　　　　　　图2-2-3 荡口河街空间布局

在水陆交接空间，村民进行浣衣、取水、出行等满足生活所需的活动，因此，增加公共活动空间是村庄发展的必然需求。桥头或街巷拐角空间是空间发生转变、收放、接续的重要节点，适当地增加空间节点，可形成柳暗花明又一村的感觉。住宅入口处是居民最常待着的地方，也是村民交往的重要空间（图 2-2-5）。

3. 由网状河道形成的团状布局

密网形主要表现为主河在外、支流在内多向交汇的水系形式，水网四通八达。村落以水系为中心骨架，建筑随水分布，逐渐发展成为片区中心聚落。下面以昆山市周庄古镇为例。

周庄地处昆山、吴江、青浦交汇处。聚落四面环水，

图 2-2-4　荡口古镇滨水空间

形态布局示意图

街巷空间

滨水空间

图 2-2-5　严家桥空间布局

集水乡之美于一身，水系交通便利。聚落内部以后港河、中市河及南、北市河为主线，共分为四个主要片区，街市沿河流分布，水陆并行，商业繁荣，形成了规模较大、最具代表性的团型城镇（图2-2-6）[8]。

周庄古镇的核心区以居住为主，是典型的粉墙黛瓦建筑形式，镇内建筑密度较大，公共活动空间主要分布在桥口、滨水空间（图2-2-7）。镇区布局形式除了受自然水系的影响，也受到宗教文化的影响。村内有一处全福讲寺，位于镇区南侧，形成了镇区最大的公共空间[9]。

2.2.2 太湖流域聚落空间布局形态

与江南内陆片区沿水系分布的平原聚落空间布局形式不同，太湖流域片区受早前滩涂、太湖水域的影响，除了"一字形""十字形""网状"水系布局之外，聚落布局主要为面状水系形成的点状布局和圩田而居的空间布局。

1. 环湖形成的点状布局

面状的水系规模较大，聚落的空间形成主要是通过对原有湖荡的滩涂进行改造，因此环湖而居的聚落风貌各有特色，但主体呈现"湖—宅—田"的空间格局。以苏州吴江太浦河村库港村为例进行分析。

库港位于太浦河村最东部，北侧为太浦河，东、南侧紧邻雪落漾，南边为南埂上。村庄周边水系资源发达。据史书及库港陈氏家谱记载，库港古称"沙泽"，雪落漾又名雪浪湖。库港最早可追溯至南宋时期，是相对于传统的圩田而居模式，库港村庄建筑沿着大面积的水域（雪落漾）进行分布，在雪落漾沿线通过建造堤坝达到防洪排涝的效果。村庄建筑初期为单线分布，随着人口的增长，村落呈组团状发展，但村庄整体仍呈现为面水而居的模式（图2-2-8）。

2. 圩田而居的空间布局

圩田意同围田，在临太湖片区，通过溇港水利工程进行围湖造田，形成纵溇或者港、横塘的空间格局。太湖人民顺应地形将聚落建设在圩田之上，整体空间形态呈现为一字形、十字形、密网形的空间格局。

义皋村位于太湖南岸，是湖州片区最具溇港圩田风貌特色的村落，体现了太湖人民的智慧。村庄呈现出村落与塘浦圩田共生的空间格局，村落顺应地形进行建设，沿着南北向的义皋溇和东西向的运粮河展开，街水并行，是

图2-2-6　周庄空间肌理

图2-2-7　周庄滨水空间

021

图 2-2-8 厍港空间布局

图 2-2-9 义皋村局部肌理

图 2-2-10 义皋村航拍

整村的主要轴线，是村民生活的重要中轴链。空间形态上呈现出"两街夹河"和"沿河聚居"的形式，因此，水上交通成为主要出行方式（图 2-2-9）。在义皋村，传统街巷布局中，主要街巷沿水而布，也是因水上繁荣而成，船载商品、沿河叫卖，人在巷上、买在岸边，形成了江南传统的水上集市，既承载着交通，也能刺激经济活力。此外，村民在街上购物、售卖、出行，满足商业与对外出行需求。巷的等级仅次于街，是村民出入自家宅院的重要小道，串联着村内各户居民。

建筑整体面向稻田展开，形成一片田园景观。建筑群落呈片状，与农田、河流、道路形成各种聚散关系；建筑可布置在河流与农田之间，将农田作为建筑的背景，也可将建筑分散布置在农田当中，建筑围合形成院落，构成住在田间的居住模式。布局类型上，以农田作为基底，建筑分散布局形成点状，各点聚合形成居住组团与院落；建筑在农田间围合成院落，建筑围合农田形成封闭组团，建筑在农田与河道间半开敞围合（图 2-2-10）。

2.2.3 江南丘陵片区聚落的空间布局形态

江南片区以平原为主，但在浙江南部、江苏境内仍有部分丘陵地区。相较于平原片区水网纵横的地形特征，丘陵片区的聚落受山地环境的影响而呈现出不同的布局特征，主要为背山面水的团状聚落、沿山谷发展的带状聚落。东山是太湖中最大的陆连岛，是吴文化的发源地之一，亦是孕育"洞庭商帮"的摇篮，东西街及杨湾村空间呈现出两种布局形式。

1. 背山面水的团状布局

一街横卧、背山面水的格局是江南丘陵片区聚落最常见的空间布局形式。东西街位于东山半岛东北部，全长1500余米，素有"东山一条街，雨后好穿绣花鞋"的传言。东西街呈背山面水、五港通湖的空间格局。东西街自宋以来，一直是太湖两山地区的商贸中心和政治中心，在苏州沿太湖地区的历史发展中占据着举足轻重的地位。一街一巷、一宅一园、一草一木，无不沉淀着东山人崇文重商、影响外界的一段辉煌史。东西街宅院依山而筑，南北向主街横卧于青山下，五条纵向河道经渡水港连通太湖，排水行舟。

1）山、水空间关系

东西街区卧靠莫厘山，布局上互成一体。外围沿殿泾港、洞庭路、莫厘路和施巷港等处穿越街区向莫厘山形成多条视线通廊。内部响水涧巷、金嘉巷、通德里等多条纵向巷弄可直观山体，远处的山、近处的屋、脚下的青石路有"黑瓦白墙夹青山"的空间效果。

2）水、街空间关系

由溪掘港，连港成街，港街垂行，先民因用水之便，多傍山溪而居，后需排水行船，故疏浚山溪为河道，并修筑码头，码头之上均设置较大场地，用于停轿、堆货、行人休息等，周边商业店铺集中。东西新街历史文化街区呈"一街横卧，数巷纵行"的鱼骨形态，街巷格局特色鲜明，传统建筑群的街坊肌理清晰（图2-2-11、图2-2-12）。

2. 沿山谷发展的空间布局

以苏州吴中区东山镇杨湾村为例。杨湾村选址于东山半岛南端，距镇区约8km。村庄处于演武墩与湖沙山、王舍山之间，山林掩映，环境优美。杨湾先人在村庄选址上重视风水，两侧之山虽不高，但具灵秀之气，杨湾处于两山首之间，大有"双龙戏珠"之势，整体呈"扶山、扼水，聚族而居"的空间格局。建村之时，便因地制宜、科学合理地进行布局，靠山藏风纳水。村庄临水，享舟楫、灌溉、养殖之便；背山面水，挡寒潮，小气候优越；整体空间相对独立，距太湖湖面有一定的高度，隐蔽性较好，可防匪患，可避洪水（图2-2-13）。

旧时杨湾村庄整体呈背山面水的空间格局，村庄面向东南，夏有季风拂面，冬有高山挡寒，小气候甚

图2-2-11 东西历史文化街区空间格局

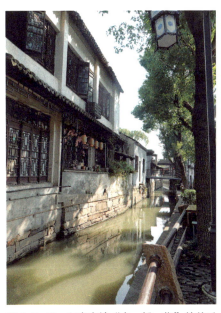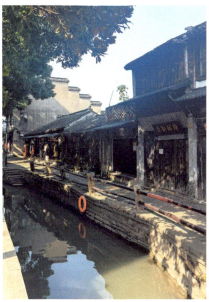

图2-2-12 甪直古镇"水，桥，街"的关系

佳。码头周边出现了一定规模的商业。20世纪70年代，杨湾村的交通发生了巨大的变化，环山公路建成通车，村庄的发展方向也因交通方式的改变而改变。村庄商业开始沿着山路发展，滨水码头的货运功能逐步退化。20世纪80年代至今，村庄新增宅基地主要集中在环山公路南侧与西侧，古街两侧商业衰退，环山公路两侧新的商业街市迅速发展，并逐步向南部环岛公路延伸（图2-2-14）。虽然现今村庄的交通格局影响了新建住宅的分布，但是背山面水的整体格局并未改变，仍呈现出"两山四水、一带一村、多点多项"的空间结构（图2-2-15）。

江南水乡水网密布、河道纵横，传统聚落的选址在尊重自然地理环境的基础上，综合考虑了人文环境的影响，体现着江南水乡的特征。基于这样的认识，江南水乡聚落在发展中，应该注重与水的关系，一方面保护聚落依托水系形成的空间格局和建筑肌理，另一方面则是强调水系与生活生产的关系，这样才能让江南传统聚落的特色传承下去，保持村庄的生态性，实现可持续发展。

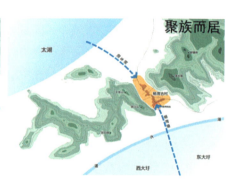

图2-2-13　杨湾村山水格局分析

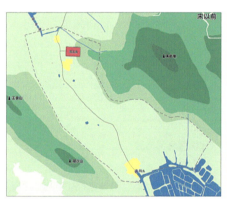

图2-2-14　杨湾村空间格局演变

图2-2-15　杨湾村空间形式

参考文献

[1] 张书恒. 长乐村传统建筑文化探析 [J]. 浙江省文物考古研究所学刊. 1997, 333.

[2] 何晓昕. 东南风水初探（中、下篇）[J]. 东南文化, 1988（5）: 116-133.

[3] 屈德印, 黄利萍. 浙江古镇聚落空间类型分析 [J]. 装饰, 2006（6）: 22-23.

[4] 阮仪三, 邵甬. 江南水乡古镇的特色与保护 [J]. 同济大学学报（人文·社会科学版）, 1996（1）: 21-28.

[5] 阮仪三, 袁菲. 从守护到传承——江南水乡古镇保护实践 30 年 [J]. 中国名城, 2016（7）: 4-7.

[6] 湖州市江河水利志编纂委员会. 湖州市水利志 [M]. 北京: 中国大百科全书出版社, 1995.

[7] 阮仪三, 黄海晨, 程俐聪. 江南水乡古镇保护与规划 [J]. 建筑学报, 1996（9）: 22-25.

[8] 阮仪三, 袁菲. 江南水乡古镇的保护与合理发展 [J]. 城市规划学刊, 2008（5）: 52-59.

[9] 陈益. 周庄 [M]. 苏州: 古吴轩出版社, 1998.

图片来源

图 2-1-1 来源: 方绪明摄

图 2-1-5、图 2-1-6、图 2-1-8、图 2-2-1、图 2-2-3、图 2-2-4、图 2-2-7、图 2-2-8、图 2-2-15 来源: 吴杰摄

图 2-1-2 来源: 刘沛林《风水: 中国人的环境观》

图 2-1-3 来源: 诸葛村

图 2-1-4 来源: 吴杰、杨维菊摄

图 2-1-7 来源: （清代）金友理《太湖备考》

图 2-1-9、图 2-2-13、图 2-2-14 来源:《苏州市东山镇杨湾历史文化名村（保护）规划》

图 2-2-2 来源: 荡口古镇公众号

图 2-2-5 来源: 左图:《无锡市严家桥历史文化名村保护规划》; 右图: 吴杰摄

图 2-2-6 来源: 吴杰绘

图 2-2-9、图 2-2-10 来源: 湖州学院人文学院公众号

图 2-2-11 来源:《苏州市东山镇东西新街历史文化街区保护规划》

图 2-2-12 来源: 徐光摄

第 3 章 江南传统民居的生态设计理念

江南传统民居的生态观源于长期的生存发展中对自然的敬畏和顺应、对环境的利用和改造。"天人合一"思想体现了人与自然和谐共生的认知凝练,"风水理论"累积了顺应自然规律的宜居逻辑,"因地制宜、就地取材"是建筑营造的生态思想和实施法则,"小桥流水、粉墙黛瓦"呈现了江南民居的生态形式与建筑风貌,"高低错落、曲径回廊"反映出了居住空间的环境情趣和人文审美。与北方建筑不同,江南民居少了些传统礼制的束缚,呈现出更多自由、开放及富有想象力的个体创作意识,在选址布局、环境利用、建筑形式、空间塑造等方面,彰显出更广泛的自然性、生态性,蕴含了丰富的生态营造技艺与传统智慧(图 3-1-1)。

3.1 江南传统民居的生态设计特征

江南地区传统民居原生性地形成了适应自然的意识,将"天、地、人、居"合为一个有机生态整体,"象天法地""巧于因借""背山面水""择水而居"等反映出了朴素的营建宜居观,也显现了江南民居"自然相依、生态相融"的共生理念,具有适应气候、顺应地理、就地取材、空间宜居等方面的生态特征(图 3-1-2)。

3.1.1 适应气候

江南传统民居为适应气候,通过长期的经验总结,在建筑择地朝向、空间布局、建筑形式等方面积累了大量简单实用的营建技术方法,以解决通风、日照、防潮、排水等问题,提高了居住的适应性和舒适性。

择地朝向:"背山面水""依水而居""坐北朝南,负阴抱阳",有利于形成良好的生态循环和微气候。背山可阻挡冬季北向寒风,面水则迎来夏季南向季风,朝阳具有良好的日照,傍水而居适合农副业的发展,具有稳定宜居的自然生态环境。

空间布局:江南民居在布局上大多聚落成簇、自然紧凑,结合地形地势自然延展,在一些沿河布置的村落中,河道又起到了风道的作用,它将适量的风引入村落的内部,使得村落内的空气得以流通顺畅。建筑的布置方式

图 3-1-1 江南传统民居

图 3-1-2 江南传统民居与自然融合(浙江建德三都镇)

本章执笔者:杨维菊、奚江琳、张奕。

和北方四合院大致相同，只是更为紧凑，形成了以"外蔽内敞、高墙窄巷"为特点的空间形态，为适应江南炎热潮湿的气候条件，房屋前后均开设了门窗以形成"穿堂风"对流，并巧妙地设置了庭院或天井来改善自然通风、采光（图3-1-3）。

建筑形式：江南气候炎热潮湿，对建筑形式产生了很大的影响。江南民居在建筑功能、形式与营造技术上有很多应对气候条件的特点，由于用地紧张，民居建筑大多院落小、开间大，并多以2层楼房为主，为便于防潮，一般底部采用砖石，上部为木结构，室内地面铺石板、磨砖等，起到吸湿防潮的作用（图3-1-4）。

江南地区雨水较多，屋顶采用较大坡度和挑檐，并以青瓦正反密叠铺设，一般坡度在24°~30°之间，有利于雨水下泄，屋顶多采用反曲线（软水）屋顶形式，可更为有效地避雨和遮阳。由于房屋紧密相连，为防止火灾蔓延，山墙往往采用硬山屋顶形式或凸出屋顶的马头墙形式，以起到防风与防火作用（图3-1-5）。

为便于通风、采光，建筑相互围合形成庭院或天井，利用拔风效应进行通风，内部门窗通常采用满开的形式，夏天可以全部打开散热，冬天可以关闭保温，房屋前后开门窗形成空气对流，院墙上也常开设漏窗。

3.1.2 顺应地理

江南传统民居十分注重对自然地理资源的利用和结合，崇尚在山清水秀的环境中相地建宅，唐代诗人孟浩然在《过故人庄》里写道："绿树村边合，青山郭外斜。"更有陶潜的"方宅十余亩，草屋八九间，榆柳荫后檐，桃李罗堂前"。

江南地区村落的选址与自然地形地势相结合，或是依山傍水，或是集聚成团，因形就势，就利避害，重视利用山水资源和地理优势为居住生活提供安全稳定的外部环境。江南地区地处以太湖为中心的水网平原地区，河网密布，湖泊众多，在滨水地带常以"河澳"为建宅基地，以"顺流"布宅而避水患。在丘陵山地，多为依山形地势形成层次错落的分散空间布局，充分利用地势条件解决自然通风、日照采光等方面的问题；在水乡平原，多以湖畔河岸构成的院落交织的集中空间形式利于节约土地资源，内部空间采用院落形式以满足通风采光需求。江南民居布局形态的多样性反映了顺应地理、因地制宜的生态理念，构建了山水交融、安居乐业的理想居住环境（图3-1-6）。

3.1.3 就地取材

"天始万物，地生万物。"江南传统民居主要建造材料有土、木、石、砖、瓦、竹、石灰、芦苇、稻草、桐油、生漆等，都是天然的生态材料，从结构用材到装修用材都十分注重因地制宜、就地取材，材料的准备以及建造只需要"低技术"和"低能耗"。

江南绝大多数地区的土壤适合夯筑，是最原始的免费建筑材料。夯土墙和灰土地面在民居中大量使用，尤其

图3-1-3　江南传统民居沿河布局

图3-1-4　江南传统民居沿河风貌

图3-1-5　江南传统民居屋顶形式

图 3-1-6 江南民居沿河顺势布置

在浙江东部、南部山区和丘陵地区，使用普遍，而且质量也好。夯土墙筑成的房子冬暖夏凉，适宜居住，所以夯土建筑在旧时江南随处可见。

石料是天然的传统建筑材料。花岗石、砂石、卵石等在江浙一带分布很广，最主要的是用作地基、铺地和筑房的材料，如石柱、石板、石砖、石围栏、石阶等。鹅卵石在江南园林铺地中使用最为广泛，天然中型卵石稍加切割后常被用来筑墙，此种筑墙方式比土砖构造更加坚固，在临水靠滩的丘陵地区使用最为广泛，就地取材，用之不竭。

江南民居建筑都采用木构架体系，木材使用主要是杉木、松木、香樟、枫木、楝木和其他杂木，也有用楠木等贵重硬木作建材的，数百年来，风雨不动，依旧牢固。江南民居中，木材不仅使用在承重结构上，也使用在围护结构和室内装修上，如大量采用通透的窗栅、门栅、廊栅、栏杆、花窗、编竹（木）门障、隔扇门、博古架等进行室内外的隔断。

江南地区丘陵纵横，植被丰裕，使得打柴烧火及沿坡建窑变得便利，所以砖瓦烧制在江南各处都有。砖瓦多为就近生产，不仅用于筑墙盖房，由于其透水性和耐磨性极佳，还用作铺地材料。在江南地区的民居中还随处可见用砖瓦拼砌的花漏窗、花瓦墙等，精巧雅致、引人入胜。

江南民居的砖墙外面大都以石灰粉刷，"粉墙黛瓦"是江南民居的典型形象特色，白色可以反射日光，石灰还有消毒、净化的作用。竹子、芦苇、稻草等植物材料在江南民居建筑中大量使用，一般用作夯土墙的骨料，可以使夯土墙更加坚固耐用，也有将竹材破剖成长条编成竹笆用作围墙、外墙等。江南民居建筑的立柱、门窗、家具等木作建材普遍使用桐油、生漆作防腐和保养处理，这也是在潮湿多雨的江南地区的建筑能够保存久远的重要原因之一（图 3-1-7）。

3.1.4 空间宜居

江南传统民居在内部空间处理上总结出了很多有益于改善居住生态环境的营造做法，可提升通风、除湿、遮阳、避雨等房屋本体的性能，提高生活空间的宜居性。

结构适用：江南民居多用到穿斗式木构架，但穿斗式构架的中心有一根通长脊柱，会使得空间使用不够灵活，在长期的观察和实践中，工匠逐渐将空间布局更加灵活的抬梁式和受力更加稳定的穿斗式结合在一起，穿斗式多用于边贴，开间中部正贴多用抬梁式，使得房屋既能有灵活的空间布局，还能科学地受力（图 3-1-8）。

室内高敞：考虑到江南地区炎热潮湿的气候特点，居室内部空间一般采用提高空间高度、扩大开间、缩小进深的做法，前后门贯通，利于"穿堂"通风换气，去热除湿。顶棚下通常不设吊顶，而是采用"彻上明造"的做法，让屋顶构造完全暴露出来，利于通风干燥，避免梁架腐朽。

天井拔风：江南民居的一个主要生态特点是巧妙地设置天井来组织自然通风采光。小巧的天井使得建筑围护结构处于阴影之下，可减少围护结构受到的太阳辐射，并通过光的反射，使得室内光线变得柔和；同时，天井受到太阳辐射，空气温度较高，内部热空气上升、冷空气下降，形成风压与热压烟囱效应，在由内向外垂直提拔的自然吸力的带动下，室内空气向外循环流动（图 3-1-9）。

地面防潮：一般采用升高台基、增大高差的方式来使建筑免受地面湿气和雨水的侵扰，结构木柱的底部采用石材制作柱础，防止木材受潮腐蚀，地面铺设石板或磨砖，起到保温吸湿、美观耐久的作用，一些建筑采用架空木地板的方式隔阻地面的湿气，提高居住的舒适性（图 3-1-10）。

墙体保温：民居建筑墙体一般采用青砖烧结的空斗墙，部分墙内填充生土，烧结砖和土的蓄热系数较大，使得墙体具有较好的热稳定性，空斗墙内的空气间层可提高墙体的热阻，起到一定的保温作用。墙体外侧普遍采用白色石灰粉刷，对阳光具有很好的反射能力，可起到很好的隔热作用，使得室内空间冬暖夏凉。

门窗可调：居室对应南向或庭院的门窗一般面积都做得比较大，常常充满整个开间，多用活动式的落地门窗，夏季可以将此门窗扇完全打开甚至取下，使得凉风最大程度地进入室内，有效地解决了夏季的通风降温问题，冬季无风的日子，也可将其打开，使得阳光洒满房间，保证室内有充足的日照（图 3-1-11）。

图 3-1-8　木构架形式

图 3-1-7　石木砖瓦材料的应用

图 3-1-9　天井形式

图 3-1-10　地面铺砖与青砖墙体

图 3-1-11　满开间可打开的门窗扇

挑檐避雨：屋顶常常有较大出檐，雨水顺着屋面飞向远处，可以有效阻挡雨水溅湿木质门窗，保护室内免受雨水的侵蚀。同时，大挑檐避免了夏季阳光的直射，也不影响冬季时室内有充足的阳光（图 3-1-12）。

3.2 江南传统民居的生态空间营造

江南传统民居的空间形态展现了人与自然融合的典型特征，"高墙深院，曲巷回廊""依河成街，枕水而居""宅中有院，院中有园"，反映了建筑空间多样的形式特点，长期的生活经验积累和技术发展演进使得江南民居在空间营造方面形成了独特的生态特性与生活逻辑。

3.2.1 院落空间

江南传统民居是以围合院落为单元平面展开的建筑组群，院落可为庭院、天井、窄院、备弄等，在院落里可以安排生产、起居、用餐、休闲、晾晒等多种用途，与室

图 3-1-12　挑檐避雨

内空间共同构成了完整的生活使用空间。在空间形态图底关系上，我们把房屋内部的空间称为"实体空间"，对于房屋、院墙围成的无顶院落则称为"虚体空间"，虚体空间的使用价值并不逊于实体空间，可直接通天接地、藏风聚气，承接阳光雨露，滋养植物花木，是更具有生态性的空间环境（图 3-2-1）。

江南民居的设计和建造，最初是凭经验采用较主观的营建方法，但随着生活方式、文化传统、区域气候特征等地域性因素的影响，经历不断的适应性调整和修正后，院落建筑的结构、构造、造型、空间尺度等设计逐渐程式化。在众多影响和制约因素里，自然条件和气候因素对其他因素都有着潜在的约束和影响，是传统建筑发展和演化中最基本的控制因素。

由于院落民居受封建礼制的制约，同时出于安全性、私密性考虑，院墙和临街的房屋一般不对外开窗，即使开窗也只是在离地很高的地方开小窗，只有大门与外界相通，因此院内便形成了一个封闭的小环境。所有房间均朝向院落开门窗，围合的院落根据地形条件和太阳高度角的影响，通过调节院落尺度、院墙和房屋高度来满足房间的通风和采光要求。

江南民居院落建筑类型较多，形式多样，多设有或大或小、或多或少的庭院，其中设置天井最为普遍。天井平面尺寸一般较小，2 层通高，易形成烟囱效应，室内热空气通过天井在热压的作用下上升，冷空气沉降下来，集聚在庭院中形成空气的层流，并逐渐渗透到周围房间中，形成热压通风，有利于降温和净化空气，具有

图 3-2-1　虚实相间的院落空间

重要的内部气候调节作用。天井四周为向内的单面坡屋顶，雨水顺屋顶流向天井，寓意水聚天心，称为"四水归堂"，地面四角会设置圆形镂空地砖，将雨水收集并排至院外，或收集作为生产生活用水，是"肥水不外流"思想的物化。

传统民居非常重视庭院的绿化，院落内布置各种各样的树木、花草、藤蔓，不仅改善了院内热环境，而且其绿化植物对院内空气、土壤、水体进行生态循环处理，可吸收二氧化碳，释放氧气，过滤灰尘。院内树木挑选落叶乔木，夏天枝繁叶茂，可阻挡阳光直射室内；冬天落叶，日光可以透射，使室内阳光充足。

从生态向度对江南传统院落的生态机制进行分析，江南传统院落存在"自然通风 + 遮阳 + 植物作用"的生态设计策略，当地气候是这种设计策略形成的原始动力，是江南传统院落独特风格的根源（图 3-2-2~ 图 3-2-4）。

图 3-2-2 传统民居院墙相对封闭

图 3-2-3 传统民居院落小景

图 3-2-4 传统民居天井

3.2.2 过渡空间

江南传统民居的过渡空间是指连接两个性质不同、围合空间不同的彼此相对独立的空间的一个"中介空间"，是建筑"灰空间"的一种类型。过渡空间可以依据其所处的位置与使用性质分为公共性的过渡空间和私密性的过渡空间，除了具有通行、停留、休闲、活动等使用功能，同时还具有避雨、遮阳、降温、通风等生态机能，成为江南民居建筑广泛应用的开敞空间。

廊棚：江南民居环境中，廊棚是应用较广的公共性过渡空间，一般在江南水乡古镇中分布最多。其形态多为单坡顶从房檐处向室外街道延伸，下以立柱支撑，主要用于通行、售卖、观景等功能，通常不会单一独立设置，而是以群体连接的方式出现，往往在河道两侧的街道上呈线状连接，高度基本保持一致，边缘与街道或河道边缘线基本重合。廊棚为街道提供了挡风避雨、遮阴纳凉的舒适空间，成为最具吸引力的街道空间（图 3-2-5）。

骑楼：骑楼是江南民居中一种典型的底层架空公共空间，其功能类同廊棚，它采用了一种建筑空间上的"减法"来塑造空间的复合性。骑楼的上层为一般民居的居室，但是底层采用架空手法，辅以立柱支撑，形成了一个可以通行和驻足停留的通道。这样既保证了上层空间的居住私密性，同时使底层空间具有通行和活动的公共性（图 3-2-6）。

檐廊：檐廊是室内与庭院的私密性过渡空间，也是一种方便生活、适应气候的处理方法。在内向封闭的建筑中，内部的联系空间往往与采光通风的组织有关。檐廊成了建筑与院落之间、室内与天井之间的过渡开敞空间，可以在热天或雨季提供舒适的户外工作和家务活动环境，而且由于冬季太阳高度角较小，檐廊不会影响到居室的正常采光和对日照的利用。檐廊所构成的开敞空间不仅有调节微气候的作用，也为建筑造型带来了生动鲜明的形式特征（图 3-2-7）。

厅堂：厅堂是江南民居中具有核心作用的功能空间，主要用于祭祀、会客、用餐和家庭起居，兼有礼仪性和

图 3-2-5　南浔传统民居沿河廊棚

图 3-2-6　德清新市古镇传统民居沿河骑楼

图 3-2-7　传统民居院落檐廊　　图 3-2-8　传统民居厅堂

实用性，体现了中国传统礼教思想对生活方式和礼仪观念的影响。厅堂居中面向天井，向阳面的隔扇一般完全开启或卸下，成为室内外交融的开敞空间，同时作为通向其他房间或院落的过渡空间，厅堂前部敞开，后接连廊，受到庭院或天井的气流作用，可获得最大程度的穿堂风，给人以冬暖夏凉的舒适感受，是家庭主要的活动场所（图 3-2-8）。

3.2.3　临水空间

江南地区水网密集、经济发达，街巷、房屋的布局依托河湖的走向自然分布，河道已成为水乡居民生活、出行、贸易、运输的重要依赖，与街道共同组成了以"水街相依"为特点的空间布局。"小桥、流水、人家"展现了江南水乡枕河而居的民居风貌。白居易的诗句"阊阖城碧铺秋草，乌鹊桥红带夕阳。处处楼前飘管吹，家家门外泊舟航"再现了当年江南水景的诗意空间。

1）临水空间的形态

"有河无街"：河道的两岸无商业街道，建筑直接背对河道布置，远看好似建筑立于水面。此种布局方式多是考虑到生活所需，同时也兼顾水路出行的便利，因此，常在后门处用条石铺筑踏步通向水面，简单一些的做法是直接在后门处使部分空间内凹形成凹廊或直接设置成一个凹口，这种做法一则可减少对河面交通空间的侵占以利于过往船只的正常通行，二则可留出自家停船与调头的空间。

另一种布置方式是由于部分河道过于狭窄，此处临水建筑不似主河道两岸建筑那样向河道悬挑以争取空间，而是直接将建筑架于河道之上，形成跨水建筑，也可利用石桥连接河道两岸，使河道成为自家院落风景的一部分。此种做法节约了用地，使建筑获得了更大的居住空间（图 3-2-9）。

"一河一街"：步行街位于河道与建筑之间，建筑则与河道水平向垂直布置，正立面大门大多朝向河道。由于水路交通不似陆路交通那样便利，直接的水上贸易也很难满足人们日常生活中对商业街市的功能需求，因此，将步行商业街布置在一侧河道与建筑之间，另一侧只有建筑而无街道。此种布局模式多用于次要水路交通干线，是水乡民居村落中常见的布局方式。

街道一侧房屋多用作店铺，方便进行日常的集市贸易，平面基本都采用纵向布置，一般为前店后宅或下店上宅的形式，室内空间利用率较高。而街道的另一侧以河道作为水路，方便货物采购与运输（图 3-2-10）。

"一河两街"：以河道为轴线，两侧均布置商业街道，在街道的两侧再布置建筑物。此种布局方式是在"一河一街"形式的基础上发展起来的较大规模的商住聚集区，既满足了陆路交通的通行功能，又可作为水路交通的运输集

示意图　　　　　　　实景

图 3-2-9 "有河无街"

示意图　　　　　　　实景

图 3-2-10 "一河一街"

示意图　　　　　　　实景

图 3-2-11 "一河两街"

散地，多见于城镇集市的主要水路干线（图 3-2-11）。

2）临水空间的生态

江南水乡传统民居大多依水而建，临水而居，除了生活便利外，临水空间带来了很多舒适感，就生态作用而言，其本身具有调节微气候的作用。

导风降温：河流水体自身是一个气候调节器，水陆之间的温差造成空气的流动，由此可平衡其温湿度。江南密布的水体与建筑之间形成了无固定方向的水陆风，夏季热风经过水面一定程度上会被冷却，降低区域的温度，使得居住环境更为舒适。出于节地的考虑，沿河建筑布局紧密，但相邻房屋之间仍留有垂直于河道的巷弄，便于形成风道以导风进入建筑纵深。

净化空气：河流水面可以固化灰尘，避免扬尘，宽敞的水体空间有利于污气、废气的排放和消散，良好、湿润的环境有利植物生长，可提供富氧的环境，是一个天然的空气净化器。

水体自洁：居民生活离不开水，传统民居一般饮用水为井水，洗衣、卫生、浇灌等大量生活用水取自河水，同时，大量废水排入河道。流动的水具有自洁生态功能，可以稀释和分解污物废水，起到降废解毒的作用。

集水排涝：在夏天雨季时，大量雨水容易引起洪涝灾害，在建筑布局时即考虑地势走向，留出排水通道，将地面雨水引入河道，起到了集水排涝的作用。

3.2.4 巷弄空间

江南传统民居由于人多地狭，出于节地考虑，建筑布局紧凑，相邻房屋之间的连接也通常较为紧密，大多仅留有容一人通行的巷弄，供分隔空间与组织通风之用。这种巷道被称为"冷巷"，两侧为相邻两栋房屋的高大且无窗或开很小高窗的山墙，具有独特的微气候生态调节功能。

白天巷道两侧的房屋吸收太阳辐射热而升温，巷道处于两侧高墙的阴影之中，导致巷内空气的升温速度低于周边，凉爽的空气得以在巷内滞留，同时，巷道内外因温度差而形成了热压差，使巷道内的气流产生微循环，从而有微风拂面的清凉感；到了夜间，房屋墙体散热，使巷内的空气得到加热，受热压差的影响，巷内的热空气又会流出巷外，形成热压通风，加速了巷内空气以及两侧山墙墙面的散热，从而达到整体降温的作用（图 3-2-12）。

3.2.5 街市空间

江南传统民居的街市是"坊市合一"的空间形态的延续，由商业店面簇拥而成，底层店面半开敞，店空间由内而外延伸，是用于商业、交往、通行的混合空间。街市一般由两侧建筑所围，或一侧建筑、一侧河道所夹，其道桥交汇处或街头巷尾接合部往往是人们停留、休息、交往、观景的场所，因此成了最为活跃、富有人文魅力的公共开敞空间。

街市两侧的建筑一般以商住合一为特点，由于受到占地空间的限制，大多形成了对应街道的小开间、大进深的建筑格局，且沿街二层基本都采用出挑的建造形式，呈现出围合的空间形态与生态特征。

1）街市空间的建筑布局

"前店后宅"：在民居商业街市中，前店后宅式布局在平面关系上与传统住宅布局大致相当，一般两至三进，建筑前部沿街为店面，后部是居住用房或作坊，如有后门通至街巷或河道，可作为生活后场空间或运送货物通道。建筑各进间为天井、厢房等，通过在店面的正中或一侧开通道以联系前后。在平面空间关系上，店铺占主导地位，店铺面向街市，交通便利，空间开放，堂屋则是居住生活的中心。

"下店上宅"：若受限于狭小地形，住宅建筑进深仅

图 3-2-12　传统民居高窄巷弄　　图 3-2-13　苏州平江路街市空间　　图 3-2-14　南京高淳老街街市空间

能安排一进，则将居住功能置于二层，底层为店铺，形成"下店上宅"式布局，中央通过楼梯连接上下两层。此类布局占地小，平面布局以紧凑为特点，流线简单，分区明确，底层的店铺成为生活的重心。

2）街市空间的生态作用

街市道路多较为狭窄，两侧一般为两层建筑，由此所形成的线性街道空间限定感强。虽然街道的空间不宽裕，但沿街的店面大部分是完全开敞的，满开间的木门扇可通排拆卸，这样既可招徕顾客，又使得建筑室内与室外相互流通、渗透。街道两侧部分建筑的二层会向街道出挑以争取空间，加上建筑深远的挑檐，使街道的纵剖面空间呈现为上小下大的金字塔形，有些建筑为争取更大的使用空间，将街道两侧建筑做成过街楼形式，这样层层出挑的形式为街道提供了遮阳避雨的场所，使建筑的廊下空间风雨无阻，适合步行和停留，利于买卖交易（图 3-2-13、图 3-2-14）。

出挑作为传统民居中较为常见的一种构造做法，对缓解房屋用地紧张有很大的好处。出挑部分的下层形成半通透的挑廊，挑廊的生态效应与檐廊相似，这种层层出挑的金字塔形空间，使街道内部形成了一个类似天井的狭长空间，具有遮阳、避雨、降温、通风的生态功能，对街市内部的微环境有明显的调节作用（图 3-2-15）。

3.2.6　集市空间

江南传统民居常常在街市巷道的交汇处进行买卖交易、休闲聊天，有些相对开阔的地方会自然演变形成较大的集市空间，现称之为广场，是居民进行买卖、集会、表演、休闲、交流等活动的聚集场所。一般较小的集市空间

图 3-2-15　街市空间通风组织示意图

只用于周边居民的生活买卖和休闲交流，而大型的集市广场往往设有戏台、表演场地等，可提供更为丰富的文娱表演活动，成为当地商业和文化活动中心，展现出丰富多元的集市空间形态（图 3-2-16、图 3-2-17）。

集市的概念早在我国周朝典籍《周易·系辞》中就有"日中为市，至天下之民，聚天下之货，交易而退"的记载，这里的"市"指的就是集市。集市广场空间的形成，一般以传统民居的村口、街角、桥头、寺庙、古树、古井等标志性交往空间为基础，不断融入商业买卖、休闲交流、表演卖艺等活动内容，逐渐扩大形成商业聚集、文娱交流的公共活动空间。广场空间具有良好的交通条件，开阔的场地可以容纳更多的人为活动，周边商铺的商业价值也较高。门面的开放与通透以及可停可观的檐廊空间成为商铺界面空间的基本形式，建筑的营造与装饰也更为精巧。

建筑与广场在空间形态上一实一虚，形成了公共性的"院落"空间，而其内外活动的交互性、包容性更强，具有空间释放与精神调动的双重作用。江南集市广场空间往往不拘泥于严谨的布局形式，随势就形，自然而成，与多种地域元素复合，具有形式上的多样性，展现出了空间"场所"的魅力与地域"形态"的风貌。

图 3-2-16 南京高淳老街广场戏台表演

图 3-2-17 南京夫子庙广场

3.3 江南传统民居的生态形式美学

"虽由人作，宛自天开"是对江南传统民居的精巧与秀美的典型描画，它生于自然，形于生态，美于诗情。江南民居契合山形水势，自由布局，其营建理念与形式审美都融合了江南的地域文化和生态特性。"小桥，流水，人家""曲径通幽处，禅房花木深"，江南自古就有崇文重教的浓郁风气，崇尚"诗礼传家""耕读传家"，从审美文化的角度看，江南文化的本质是一种诗性文化。

江南民居的村落繁衍、建筑营造、空间意境及构造装饰等，文化与审美意识深入其中，蕴含了其生态形式下的人文美学，凝练出其原生土长、古朴清秀的宜人特质（图 3-3-1）。

3.3.1 群落自然之美

江南传统民居以其群体之势深植山林、凝聚水间。"千里莺啼绿映红，水村山郭酒旗风""一江烟水照晴岚，两岸人家接画檐"，江南民居展现了绝美生态的人居美景，不仅体现了"天人合一"的生态观，同时其生态形式展现了自由和谐、虚实隐现、悦目灵动等美学特征（图 3-3-2）。

形势自然：中国传统美学观念中有"近者观形、远者观势"的思想，从江南民居整体村落的生态特质来看，很好地体现了这一审美理念。江南民居群落的生生不息、繁衍延续，其聚散自由、和谐统一的自然形态，是长期自然演进的结果，由于江南传统文化的深耕，民居建筑具有其内在深厚的文脉基因和营建理念，以遵自然之势，循营造之道，形成了和谐悦目的群体风貌，而非所谓的"上位规划"。

虚实相间：江南民居群落高低参差、错落有致，展现了以院落交织的多"孔"结构形式。建筑的"实空间"与院落的"虚空间"相互映衬，鳞次栉比的屋顶之间掩映出绿树流水，炊烟袅袅，形成了无数的极具想象力的"空隙"空间。青黑色的瓦屋顶与绿树掩映的院落虚实相间，根植于山边水间，形成了江南民居魅力独具的群落肌理。

水墨雅韵：黑、白、灰三色，是江南传统民居的主色调，在色彩理论上被称为无彩色，极易跟有彩色系的颜色搭配，同时，粉墙黛瓦的黑白搭配具有非常强的鲜明性，而多层次的灰色起到了丰富与协调的作用。江南一年四季花红柳绿，环境颜色丰富多彩，民居建筑外墙多用白色，利于反射阳光，同时，在环境的映衬下，显现出变换的光影和色彩，此时白墙无色胜有色，可谓"一白生万象"。江南民居以其特有的风韵，展现出一幅浓墨浅彩的水墨画卷（图 3-3-3）。

3.3.2 建筑诗意之美

江南传统民居是融入了地域文化的诗性建筑，"轻、秀、雅"三字概括了江南传统建筑的风格，粉墙黛瓦、翘檐阔窗，呈现细致、清雅之态。建筑的美感不仅是建筑本身的特质，更融入了山边水畔、青竹翠柳、鸟语花香的诗情画意之中（图 3-3-4）。

形态"轻"巧：江南民居一般采用砖石木构的建筑形式，以"间"为结构划分单元，考虑木构的取材和节约，一般以小体量形式建造，在建筑群落组合上也是因地

图 3-3-1 南浔传统水乡民居美景

图 3-3-3 白墙映衬（南浔古镇）

图 3-3-2 苏州传统民居　　　　　　　图 3-3-4 江南传统民居的清雅风韵（南浔古镇）

制宜、灵活拼接，呈现出形体变化丰富的特点。建筑灰白的墙、青黑的顶、上翘的屋檐、高耸的山墙，表现了向上的形意，建筑体量感既沉稳又轻盈。

情景"秀"逸：江南民居建筑的美不是孤芳自赏，它的诗情画意是体现在与环境的融合之中。小桥流水、枕河人家、白墙绿柳、交相辉映，近水楼台、倚窗听雨，展现的是一幅美好画卷，体现了江南民居与环境融合、互感的整体美，蕴含着江南人追求宁静、致远生活的诗情表达。

外观"雅"韵："粉墙黛瓦"是江南民居外观的主要特征，青瓦覆顶形成了有序的线性排列肌理，白色粉饰墙面呈现出变化的光影环境色彩。建筑造型对应了"点、线、面"构成的艺术审美，屋面、墙面、门窗扇面合成了形体界面，青瓦薄覆的马头墙、墙檐勾勒出了建筑的轮廊，门洞、窗口、漏窗成为观者的视觉焦点，将绘画中的疏密有致、画龙点睛充分体现在建筑立面构图上了。江南民居以古朴素雅的外观衬映出了丰富多彩的江南景色，以错落有致的形式体现了匠心巧思的营造心智。

3.3.3 空间意境之美

江南地区拥有"崇文重教"的书香文化，特别注重生活空间的人文情趣意境的营造。"无意不成境、无绿不成园"，境是意的载体，意是境的灵魂，在空间意境营造上多采用"借景为虚，造景为实"的方法，展现出如诗如画的人居美景。

借景：江南民居以内向型布局为特征，十分注重内部空间的景观营造，借景是拓展景观空间的重要手法——"窗含西岭千秋雪，门泊东吴万里船""园虽别内外，得景则无拘远近"，以有限空间收无限景致，借景实质上是一种审美选择。门窗一般用于通风、采光，同时也是借景运用中的视线景框，营建时巧妙地与自然景物相呼应。内部空间也常因借"透"的借景手法，漏窗、曲廊、隔扇、博古架等，增加了空间的意境与层次，步移景异，具有浓厚的想象力和吸引力，空间的"曲径通幽"常给人以心旷神怡的感受（图3-3-5）。

造景：江南民居多以小型院落为主，造景多为见缝插针、精致小巧，其意境营造、情趣取向更多地体现居者的个人审美品位。一砖一石、一草一木都可作为塑景元素，往往采用意象手法将天地自然置于其间，让观者具有深远的意境体会（图3-3-6）。

"景无情不发，情无景不生"，江南民居的造景中更多地融入了地域文化的情感与内涵。叠石为山、凿池引水、寸草生情，置景中常以"梅兰竹菊"等植物为诗情主题，体现居者的人文情怀。植物不仅是造景中的必要元素，更利于调节居住的微观生态环境，在江南传统民居院落中，无不绿树成荫、林木葱茂。

3.3.4 构造装饰之美

江南民居受传统礼制和地域文化的影响，建筑营造实用朴素、精巧清雅。构造上基本为砖石木构，尺度小巧，就地取材；装饰上色彩素雅、不施浓妆，自然而为。民居中大量富有生态功能的部位，同时具有精巧的装饰美感，"实用"与"美观"融为一体，展现出了江南人的营造智慧与技艺。

屋顶：屋面以弧形小青瓦覆盖，采用正反相扣、压三露二的构造，以保证大风大雨或阴雨连绵时防水、防漏。青瓦下有密实拼铺的望板，二者之间有空腔，形成空气流动，木板的热阻较高，此构造具有一定的隔热和保温作用，有些屋顶在椽子之间的空隙用专门精制的称作"望砖"的薄型砖覆盖，更为精致美观。

屋顶檐部构造上，为了保护檐部椽头、便于瓦面排水，设置了众瓦之底的瓦当，具有抵挡风吹、日晒、雨淋，保护木质椽头免受侵蚀，延长建筑寿命的作用，同时也是观赏建筑的重要审美部位，往往施以图案寓意平安（图3-3-7）。

门窗：向阳面的门窗扇基本是满开间开启，既是门又是窗，门扇的上部和窗扇为图案的木花格，过去通常会在单侧贴上半透明纸，或在冬季将其内外两面贴上纸，则两层纸之间约有2cm厚的空气间层，并被木格隔成许多小腔，具有一定的保温作用。门的下部采用双层木板，中

图 3-3-5 借景漏窗

图 3-3-6 苏州博物馆的造景艺术

图 3-3-8　苏州弧形瓦片拼花漏窗

图 3-3-7　屋顶檐部瓦当的装饰

图 3-3-9　建德严州古城传统民居马头墙

间同样留有约 2cm 的空气间层，并被木龙骨分隔成小腔。室内一侧为带浮雕装饰的镶板，室外一面则只是平板，可避免雨雪在表面停留。门窗扇的框边为企口的形状，使两扇之间的接缝处密封性更好，这种门窗构造是一种有效的保温措施。

漏窗：花格漏窗一般作为置景中的重要观赏点，也是景观借景与空间渗透的设计手段。漏窗通常也是一种充分利用风压的生态技术手段，用于调节院落空间的自然通风。民居漏窗花格一般不会采用石材整体镂空雕刻，而是常采用弧形青瓦进行搭配拼接，形成各式图案花纹，寓意吉祥，给人以聪慧、精巧的审美享受（图 3-3-8）。

地面：地面材料以石板、青砖为主，具有防水、耐久、吸湿的生态功能。同时，地面铺装也十分讲究，房屋的正厅堂铺地以直线条的青砖为主，严肃而大方；而后院住宅的铺地则活泼一些，采用人字纹、十字纹等；院落中的铺地材料就更加丰富，青砖、石板、卵石组合成不同的花纹，让人赏心悦目。

马头墙：江南民居房屋两端的砖墙高出屋顶，并顺着屋顶两面坡形式，将砖墙做成阶梯形状，主要用于防止火灾蔓延，起到封火的作用，又称为"封火墙"。封火墙顶上以薄瓦覆顶，作为保护和装饰，因其端部形状像仰起的马头，所以又叫"马头墙"。马头墙高低错落，富于韵律，成为江南民居建筑形象的典型特征（图 3-3-9）。

图片来源

图 3-1-1、图 3-1-4、图 3-1-5、图 3-1-7、图 3-1-8、图 3-2-7~图 3-2-11、图 3-2-13、图 3-2-14、图 3-3-5~图 3-3-7 来源：李国强摄

图 3-1-2、图 3-2-5、图 3-2-6、图 3-3-1、图 3-3-3、图 3-3-4、图 3-3-9 来源：方绪明摄

图 3-1-3、图 3-1-6、图 3-2-1、图 3-3-2 来源：裴峻摄

图 3-1-9~图 3-1-11、图 3-2-4、图 3-2-12、图 3-2-16、图 3-3-8 来源：杨维菊摄

图 3-1-12、图 3-2-2、图 3-2-3、图 3-2-17 来源：张奕摄

第4章 江南传统民居的生态技术策略

在中国传统建筑中，江南传统建筑以其独特的自然生态观和人文环境与独树一帜、别具一格的建筑风貌展现在世人面前。江南传统民居已形成自己特有的风格，充分表明了江南传统民居不仅有一套完整的生态设计理念，还蕴藏着大量的被动式生态技术和实用经验，这对我国新建筑的发展和创新起到了一定的启示作用。

4.1 民居围护结构的生态技术

为了应对江南地区夏热冬冷、年平均相对湿度较大的气候特点，早期的传统民居采用了许多自然生态技术。民居在布局上充分考虑了建筑选址、日照、自然通风、采光、防潮等问题。为了提升房屋的保温性能，早期民居的屋面往往铺设茅草或青瓦，墙体上也采取了一些保温措施。这些生态技术有效调节了建筑的局部微气候，提高了生活环境的品质。经过千百年的实践探索和经验总结，最终形成了如今江南地区高低错落、粉墙黛瓦、庭院深邃的传统聚落风貌。

4.1.1 屋面

1. 草屋面

草屋面可以分为茅草屋面和稻草屋面，在江南地区的早期传统民居中极为常见，并一直延续到现代。草作为屋面材料的生态性表现为保温、隔热效果较好，能实现屋顶的冬暖夏凉，同时，这种材料可以就地取材，成本低、施工方便（图4-1-1）。建造过程中，通常会将屋面坡度增大，或将屋面做成双坡形式，以加速草屋面的排水。然而，草屋面的防水、防火性能存在明显的不足，因此，在后期的演变过程中逐渐被瓦屋面所取代。

2. 青瓦屋面

青瓦是江南水乡最常见的屋面瓦材，经济实用、形态各异（图4-1-2）。青瓦是利用黏土烧制而成的，取材方便，易于批量制造。同时，青瓦屋面能够对屋顶进行有效的隔热保护。青瓦屋面之所以被广泛应用，还在于其适应性强，这种屋面可以与传统草屋面、现代混凝土屋面结合应用。在当代，虽然青瓦材料的瓦块太小，不利于快速施工建造，但由于它已经成为江南民居的文化符号之一，

图4-1-1 茅草屋顶

本章执笔者：杨维菊、高青、张子安。

图 4-1-2 江南传统建筑瓦屋面

为了延续、保护水乡的整体面貌，水泥瓦、石棉瓦等新型瓦材常被制作成传统青瓦的外观和形式，应用于新建以及改造民居项目中。

3. 屋面坡度

与我国其他地区相比，江南传统民居的屋面坡度相对较陡。虽然增大屋面的坡度有利于加快屋面的排水速度，但过大的坡度会影响屋面的施工建造，例如需要采取额外的瓦加固工艺。另一方面，坡度较大也会对民居建筑的自然采光、纳阳造成一定的不利影响。为了使室外阳光能够射入房间深处，江南民居屋顶的檐口会设置有一定的起翘，其目的是通过改变屋面的折变率来达到"反宇向阳"的理想屋顶形态[1]。

4. 屋面保温隔热

江南民居普遍采用"冷摊式屋顶"，即通过仰瓦和盖瓦的相互叠放，有效阻碍热量穿透屋面进入室内的过程（图 4-1-3），也有民居通过在盖瓦下设置望砖来提高屋顶的保温隔热性能（图 4-1-4）。具体的做法是将望砖挂在椽上，用粗编竹席或一些天然的植物材料作垫层。有条件的会在屋内做天花吊顶，天花多为明架天花，从而使天花与屋顶之间形成了一层隔热缓冲空间，这样可以延缓室内外之间的热交换，做到夏季隔热，冬季保温。尤其在夏季，当屋顶被太阳辐射加热后，空气间层中的空气产生温差形成热压通风，从而更好地加快屋顶散热[2][3]。

5. 屋面防水

江南传统民居的屋面防水主要依靠屋面形式与材料。山墙是民居建筑抵挡雨水侵袭的重要要素，分为硬山与悬山两种形式（图 4-1-5），硬山屋顶的抗风性能较好，悬山屋顶则在防水性能上更好[4]。在材料防水方

图 4-1-3 青瓦屋面冷摊式做法

图 4-1-4 望砖基层屋面

图 4-1-5 硬山、悬山屋顶形式

面,传统民居则是依靠青瓦。青瓦的优势在于强度大,施工简单,通常,只需在青瓦下铺防水材料,屋面就能获得很好的防水效果,并且青瓦屋面的冷摊式做法使得屋面的维护也相当便利。如果发现屋顶某处漏水,居民只需要在室内顶部移动或搭换一下瓦块即可完成修补。

4.1.2 墙体

1. 夯土墙

夯土墙具有保温效果好、耐久性高以及黏性强的特点,可以长期保持坚固,这主要归功于其采用的生土材料。生土的比热容大,导热性低,能够延缓室内外的热交换[5]。同时,生土是优质的多孔吸湿材料,生土内大量的毛细空腔极大地降低了空气中水分传播的速度,这在江南地区是非常适用的(图 4-1-6)。因此,生土材料可以自行调节、平衡温湿度。此外,生土材料的优势还在于可就地取材,是一种天然、无污染的材料。甚至在很多农村地区,拆下来的生土材料被看作良好的肥沃土壤,回归农田[6]。

2. 木板墙

江浙两省在长期的历史发展中一直都可以算是经济发达地区,因此无论是建筑技术还是用材都具有相对较高的水平。尤其是高强度的木材,可以同时用于传统建筑内部隔墙与外墙(图 4-1-7)。与夯土墙、砖墙等墙体相比,木板墙的保温隔热性能较弱,再加上对防盗等因素的考虑,木板墙一般不用于居住建筑的外墙,多用于内部隔断或内门;商业建筑中则常用木板门形成外围护结构,用于店铺风貌的展示。

3. 砖砌墙

砖砌墙在江南传统民居中是作为围护结构使用的,而非承重结构。为了获得较好的热工性能,墙体会以空斗的形式砌筑(图 4-1-8)。空斗墙内部通常填充碎石、灰土、生土或保持空腔来阻隔砖石与木构架中的不必要传热[7],这使得空斗墙的热阻值与热惰性指标都要优于其他材料。砖砌墙下多做条石基础,再粉刷石灰。条石材料耐水、耐久、耐

图 4-1-6 传统民居土坯房

图 4-1-7 传统民居外墙与木质隔墙

图 4-1-8 传统民居中的空斗墙

腐蚀性好,热阻大。条石基础下是夯土层,进一步提高了基础的隔热保温与防潮性能,非常适合江南地区夏热冬冷的气候。不同墙体材料力学性能对比见表 4-1-1。

不同墙体材料热力学性能对比表　　表 4-1-1

种类	卵石墙	竹笆墙	空斗墙	石材墙	夯土块墙
厚度	350mm	10mm	290mm	80mm	400mm
热阻值 R	0.137	0.193	0.714	0.161	0.611
热惰性指标 D	3.000	0.617	1.560	2.753	1.011
种类	卵石墙	竹笆墙	空斗墙	石材墙	夯土块墙

(来源:参考文献[8])

4. 墙体防水

墙体的防水主要是依靠墙体自身的防水能力、厚度以及防水措施,重点则在于墙体与地面接触的方式(图 4-1-9)以及接触位置的防水构造做法[9]。墙体基础的隔湿处理有多种方法,应用最为广泛的是将地面架空(图 4-1-10)。同时,结合例如石材这种高密度材料来砌筑地面,室外水与地下潮气进入建筑的难度被提高。但是,石材铺地主要用在厅堂或庭院中,卧室等起居空间通常是设置架空木地板层,以改善冬季卧室内的湿冷环境。卧室的踢脚板处还设有通风口,并铺上松散材料,如石灰、细砂或木炭,来阻止地下水上渗。在一些次要的空间,传统民居会用青砖来代替石材铺地。此外,江南传统民居在地面防潮上还存在一种独特的构造层做法,即在素土夯实以后地基铺三合土并且再夯实。

5. 门、窗

传统民居中多采用木质门窗(图 4-1-11),对外大门使用的木材较厚,能起到较好的防盗作用。建筑的窗通常选用木质花框与 3mm 厚的玻璃组合,这种组合方式能

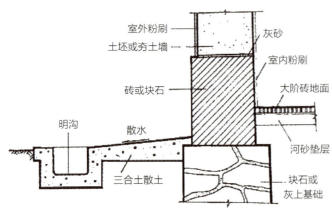

图 4-1-9　墙体防水构造

图 4-1-10　墙身与地面交接

图 4-1-11 传统民居门、窗

有效改善建筑内部的采光;由于我国古代气候较为温和,木质门窗还能促进室内外的空气流通,提高室内居住品质。然而,木质门窗自身的热工性能较弱,在环境更加复杂的今天,传统的门窗已不能满足建筑保温隔热的需求,在旧民居改造中,应充分考虑该问题,并利用新型建筑技术予以改善。

4.2 江南民居生态技术应用策略

在没有规划、没有建筑师,也没有图纸的情况下,建造房屋是一件非常困难的事情,完全靠经验、感觉来进行。但江南古代劳动人民通过一代又一代的集体智慧积累,摸索出了一套蕴藏在空间组合与构成中的民居生态技艺之道,并传承至今。因此,虽然经过时代的不断变迁,但江南民居白墙黑瓦的山水画卷始终能够保持高度的艺术统一性,并展现在世人的面前。

4.2.1 民居建筑的节地策略

江南传统民居方正规整,柱网有着严格的模数系统,开间小、进深大。平面布局比北方民居更为紧凑,占地面积小,但功能齐全。空间组织基本以天井为核心,堂屋、厢房、卧室、厨房等房间灵活布置。天井作为交通空间,避免了不必要的面积浪费。从聚落发展的角度来说,紧凑的布局更有利于保护农田耕地。另一方面,在部分临河区域,为了争取更大的建筑面积,江南民居也采用吊脚楼的建筑形式。这种形式是在民居底部悬空处设置立于水面上的立柱,为民居建筑向水面争取空间提供了可能性[10]。

4.2.2 天井的微气候调节

天井是江南民居空间构成的核心,在建筑通风、采光及降温除湿上发挥着重要作用。小尺度是江南民居天井的特点,高深的空间更利于拔风散热,典型代表是"蟹眼天井"(图 4-2-1)[11]。

1. 天井的隔热、散热作用

天井为江南传统民居的室内环境带来自然通风与采光,同时也是建筑热环境的重要缓冲区。天井的平面通常较小,两层通高,这样的比例使天井在白天受到的太阳辐射更少,间接减少了天井获得的热量,从而产生可供纳凉的空间。在夜晚,天井则可以将白天吸收了热量的建筑冷却下来[12]。另一方面,可以通过对天井采取一定措施来加强对热环境的调控,例如在天井中设置水池来达到降温的效果。同时,由于江南民居天井四周的屋面是连续的,能够更好地将室内热量引导至天井。一些宅院还在天井中设置风雨廊,增加了天井的使用功能,也提高了天井抵御室外不利气候的能力[13]。

2. 天井的通风作用

天井的设置,弥补了江南民居面宽小、进深大、难以获得自然通风的缺陷(图 4-2-2)。由于江南民居的平

图 4-2-1 "蟹眼天井"

图 4-2-2 天井

面布局按照中轴对称的方式排列，将前后门打开后会有一些穿堂风经过，天井底部便会有大量的新气流进入，加上天井顶部与室外交互，底部的污浊气体与潮湿气体会顺着天井空间向上抬升，最终排至建筑外部。根据热胀冷缩的物理规律，天井内热气上升，街巷的冷气便会补充进来，这就形成了热压通风，以达到通风换气的目的[14]。

4.2.3 檐廊的气候适应性

檐廊是江南古镇中很常见的一种公共空间，是水乡居民进行休憩、娱乐、交流的重要场所。同时，檐廊也为民居建筑提供了额外的遮阳、通风构造，具有一定的生态作用。

1. 檐廊的形式

檐廊形式多样，一般沿民居建筑正立面临水而建，或位于山墙外。临水的檐廊类似骑楼，用作连续的沿河交通空间。山墙外的檐廊则多为公共区域，配有座椅供人休憩（图 4-2-3）。两者的基本功能都是遮风避雨，为来往的居民提供诸多便利。檐廊多为 1 层，但也有 2 层的形式；当檐廊为 2 层时，既可以在底层屋檐上方搭建楼房，也可以上下两层均设檐廊，各依需要而定。

2. 檐廊的缓冲作用

檐廊对于外部气候的缓冲来自三方面。首先，江南水乡湿润多雨，为了保护民居外檐的木装修，人们常在外檐加建檐廊以遮风挡雨，保护木料不被雨水侵蚀；其次，檐廊为民居建筑提供了额外的遮阳，降低了房屋在夏季的辐射得热；再次，檐廊能够引导气流组织，尤其是在夏季，沿水系产生的风道会在檐廊之下得到加强，当民居建筑打开入口，河道风便被檐廊引入民居建筑。

4.2.4 街巷空间的生态性

江南水乡街巷的走向大多沿河或垂直于河道，而垂直于河道的一部分蜿蜒曲折的街巷被称为避弄（图 4-2-4）。避弄是规模较大的民居院落中主要轴线建筑旁狭长的纵向空间，通常与前后街巷相连，并与各进建筑或院落有开口相通，连接着各户出入口[15]。避弄加强了水平维度上的自然通风。由于宽度小，通风口较少，空气流在避弄中被

图 4-2-3　檐廊　　　　　　　　　　　　　　　　　　图 4-2-4　避弄、内过廊

压缩加速，并且避弄周围的高墙让其较少受到阳光的直射，温度变化较小。因此，避弄出入口与周围院落就形成了很大的温差，进一步加大了气压差，强化了其作为风道的功能。在竖向上，由于封火墙的高度较高，避弄也可以被视为连续的拔风井。尤其在出入口处，夏季热空气随河道进入避弄，冷却后再送至各个民居的进深深处，最终起到通风散热的作用，并形成空气交换。

江南水乡街巷的另一种形式是弄堂（图 4-2-5），弄堂通常是指民居山墙间宽 1m 左右的巷道，也称作冷巷。弄堂的原始功能是连接次要交通疏散口。由于两侧封火墙的存在，弄堂具有独立的排水系统。

4.2.5　遮阳技术

江南传统民居在适应气候、维护生态平衡、体现可持续发展上有很多的优点，传统民居的设计受到当时、当地的自然和社会因素等多方面的影响，在建筑遮阳方面呈现出不同的形态（图 4-2-6）。实际上，中国传统古建筑的造型在很大程度上都是以建筑与阳光的关系为基础来考虑的。从遮阳的形式上来说，水乡传统民居中的遮阳技术应用包括：①在窗口上面布置挡光板、竹编遮阳板、布棚、芦苇草棚等；②通过檐口的挑长达到遮阳的目的；③设置外廊。对于民居建筑单体而言，阻挡阳光进入室内的主要方法是在窗口上设置遮阳构件。但是，江南水乡处于夏热冬冷地区，过度的夏季遮阳并不利于冬季纳阳。因此，考虑到全年辐射得热的平衡，江南传统民居的遮阳多采用窗上遮阳，包括固定遮阳、活动遮阳（如可调节的遮阳板）[16]。

图 4-2-5　弄堂

图 4-2-6 江南水乡传统民居中常用遮阳

图 4-2-7 马头墙

图 4-2-8 带观音兜做法的民居

4.2.6 屋面防火措施——马头墙

江南传统民居以木结构为主,因而建筑的防火功能与措施显得非常重要,多采用高出屋面的山墙来防火,也称"封火墙"或"马头墙"[17](图 4-2-7、图 4-2-8)。马头墙可以很好地阻隔火势在民居之间的蔓延,其主要形式包括梯阶式或观音兜高墙。民居上层出挑或底层退后,从而形成骑楼。在大型民居中,可以设置环绕全宅的檐廊,即走马楼,使上下前后交通联系都很方便,对于防火也有好处。同时,民居院落多采用类似防火门的"砖门"做法。这种门是在厚厚的木门上钉有一块块磨细方砖,要是宅院外或宅中发生火灾,只要将"砖门"紧闭便能阻火于门外,以保内室的安全[18]。

4.2.7 自然通风和采光

江南地区地势平缓,水网密布,经济繁庶,这一带的民居规模相对较大,多为三至五间面阔,有多进庭院。由于地处湿热地区,良好的自然通风显得尤为重要,民居中的天井空间成为引导气流交换的重要因素。四周围合、顶部开敞的天井空间,顺应了热空气密度小、自然上升的原理(图 4-2-9)。在气候炎热的环境条件下,天井里的热空气自然上升,带动天井底部及四周建筑内部的空气流动。由于民居建筑进深不大,更加有利于空气的流通,在天井的作用下,室内外的空气流动得到了加强,形成了良好的自然通风,可以有效地降低室温和排出湿气,改善人们的生活环境。

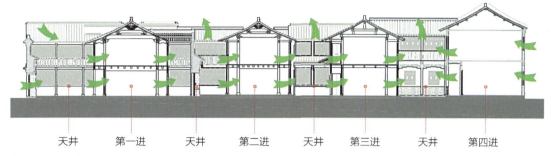

图 4-2-9 传统民居通风示意图

图 4-2-10 江南传统民居建材（竹、木、芦苇）

天井是建筑与外部环境的重要连通口，担负着重要的纽带作用，不仅仅体现在改善自然通风条件上，还为人们提供了一个良好的室内外活动空间。天井空间加大了前后建筑之间的距离，以保证每进建筑都有良好的采光条件。冬季气候寒冷时，阳光透过庭院的檐廊照进室内，室内形成了一个天然的阳光房，为冬季湿冷的江南民居增添了不少暖意。

4.2.8 传统建材的生态性

江南传统民居建筑及聚落的起源与演化都是建立在建筑材料的生态性之上的，并形成了具有独特地域性的艺术形式，例如白墙青瓦、马头墙、木架构等，都是艺术与技术的结合。木材的生态性最能够适应江南地区特有的湿热气候，因为木材的导热系数很小，保温性能良好，同时，木材强质比高，在用作围护构件时，能取得隔而不断的良好效果[19]。江浙产竹较多，竹子作为民居建材，多用作夯土墙的骨料，用以加强夯土墙的稳定性与耐久性。同时，被用作夯土墙骨料的材料还有芦苇、麦秸、稻草等，但因为这些材料具有保温隔热作用，从而更多地被用作民居的屋面材料，使得房屋冬暖夏凉（图 4-2-10）；在这些材料形成的面层下部通常为铺上油毡的望板或芦席，以防止屋面漏水。另一方面，江南传统民居采用石灰、蛎灰进行墙壁粉刷也是典型的地域性特点之一，粉刷白墙的石灰也具有消毒的功能。牡蛎类贝壳除了被加工为蛎灰用于粉刷之外，在江浙一带还被直接用作窗户的分隔材料。除以上材料外，江南传统民居能够在潮湿多雨的气候中保持较好的耐久性，还得益于有效的防护处理。江浙一些地区盛产桐油和生漆，这些材料被用于民居建筑各个部位的防水与防腐做法中。

4.3 水体在生态环境中的效应

水体是江南民居群落的核心环境要素。传统村落的规划选址、建筑单体的营造与维护，都是依托水而展开的。江南地区古代劳动人民也从中发展出了一系列符合当地自然经济和社会环境的适宜性技术（图 4-3-1）[20]。

4.3.1 村落选址中的水体生态效应

江南水乡村落的总体规划，基本是根据河道与水网的走势来布局的（图 4-3-2）。由于水网形态的不确定性，村落布局也就较为多元化。如果从一种有机体的观

图 4-3-1　苏州同里镇水体

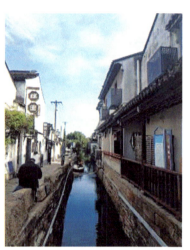

图 4-3-2　苏州平江路民居与水体的关系

念来看，地形走势就类似于村落的骨骼，支承其整个村落的布局，而河道则像血管一样。聚落的布局依河流的走势展开，因势利导地引入聚落内部河流的支流或人工开凿的水渠，蜿蜒曲折如微细血管般将民居及建筑连接在一起，形成以水系为脉络、街巷为骨架、建筑相依附的总体格局[21]。

4.3.2　村落布局中的水体生态效应

水体在江南水乡村落中发挥的首要作用是对外交通，包括人流、物资的运输。其次，河道也是重要的水乡居民生活空间，涉及的日常行为包括取水、洗衣等基础需求。因此，江南民居与水的关系相当紧密，超越了其他地区的民居，极具地域特色（图 4-3-3）。

江南水乡村落依水而建，民居建筑多朝向河道。从民居单体的排布上看，建筑更多地垂直于河道布置，其好处，或者说目的是为了满足民居建筑纵向生长的可能性，但是，民居的横向面宽被限制，最终就产生了一个个条状的连续性布局。这样，民居院落及建筑可以争取到南向或东南向的最佳朝向，有利于冬季接收更多的太阳照射。同时，又可以保证朝向与夏季风向的一致。在面向河道的时候，主导风向的来风已经经过了水体与河道的降温处理，进入民居建筑后会带来更高的舒适性。

4.3.3　建筑单体中的水体生态效应

民居建筑的朝向通常是对日照、风向及河道的综合顺应，为营造良好的微气候创造了重要的基础。但是，如何将外部有利的环境条件引入建筑内部，同时抵挡和缓冲不利条件，则需要民居建筑内部进一步地引导与调节。在

图 4-3-3　无锡荡口镇水系

这当中，中庭天井就发挥了关键的作用。江南传统民居中天井水体的形态，是非常"袖珍"的，这也与天井本身尺度不大有关。天井水体面积通常仅仅 1、2m²，具有多种形式，包括池沼窖井、太平缸或水池等。除了排走雨水、消防用水及生活用水之外，这些水体还会被用来养鱼或种植植物以美化环境。

4.3.4　民居雨水回收技术

江南水乡河网密布，降雨密集。在防治雨水和利用雨水上，江南地区古代劳动人民有着非常宝贵的智慧与经验。天井是整个民居排水系统中重要的枢纽，从屋顶汇聚的雨水大部分是流经天井再排到水沟，这就给天井水体带来了源源不断的水源。所以，江南民居在天井中挖井与北方地区并不相同，并不是为了获取地下水，而是用于储水与排水。

江南民居常见的雨水回收技术是在天井四周檐口正下方的天井底部开凿条状的回形排水沟，宽度约 30cm 左右，天井底部正中则是被水沟环绕的石砌平台，平台正中常置一个水缸或凿一个直径为 50~100cm 左右的水井[22]。部分民居会将天井铺地做成斜面，在最低位置再设置地面排水口，雨水通过排水口流入周围的地下排水沟或地下蓄水池。

典型的案例是浙江东阳卢宅村的卢宅嘉会堂（图 4-3-4）。嘉会堂前的天井全部用条石铺地。整个天井地面较低，也有排水槽，中间甬路及四周都高很多，即使下大雨，水也不会漫到房间里（图 4-3-5）。另一方面，江南民居单体中也蕴藏着丰富的雨水回收技术，例如卢宅肃雍堂。肃雍堂中应用了一种名为"勾连搭"的特殊结构，这种结构将两个顶连在一起，连接节点处设置了独特的"大沟"。这种"大沟"采用了"U"形横断面的石槽，可供流水并收集雨水（图 4-3-6）。

图 4-3-4　浙江东阳卢宅肃雍堂捷报门、卢宅街大方伯牌坊

图 4-3-5　浙江东阳卢宅肃雍堂捷报门、卢宅街大方伯牌坊及室内

图 4-3-6　卢宅与雨水收集系统

参考文献

[1] 王斌. "水"——江南部分地区传统木构民居屋顶坡度作法初探[J]. 建筑史, 2012（2）: 126-134.
[2] 毛靓. 皖南传统民居生态化建筑技术初探[D]. 哈尔滨: 东北林业大学, 2006.
[3] 杨维菊. 建筑构造设计[M]. 北京: 中国建筑工业出版社, 2005.
[4] 李娟, 刘业金. 江南水乡传统民居屋顶形式分析[J]. 绍兴文理学院学报（自然科学）, 2017, 37（3）: 19-23.
[5] 申家胜. 浅析夯土墙的应用及其营造方式[J]. 砖瓦, 2019（8）: 67-70.
[6] 李广林. 中国传统生土营建工艺演变与发展研究[D]. 北京: 北京建筑大学, 2020.
[7] 毛磊. 绍兴传统水乡民居生态适应性研究[D]. 杭州: 浙江理工大学, 2016.
[8] 马全宝. 江南木构架营造技艺比较研究[D]. 北京: 中国艺术研究院, 2013.
[9] 鲍莉. 适应气候的江南传统建筑营造策略初探——以苏州同里古镇为例[J]. 建筑师, 2008（2）: 5-12.
[10] 许锦峰, 吴志敏, 刘奕彪, 等. 江南水乡传统民居的绿色生态技术与传承策略研究[A]// 中冶建筑研究总院有限公司. 土木工程新材料、新技术及其工程应用交流会论文集（中册）. 北京: 工业建筑杂志社, 2019: 7.
[11] 李欣, 李兵营, 赵永梅. 浅谈传统民居中的天井[J]. 青岛理工大学学报, 2005（6）: 75-79.
[12] 陈培东, 陈宇, 宋德萱. 融于自然的江南传统民居开口策略与气候适应性研究[J]. 住宅科技, 2010, 30（9）: 13-16.
[13] 王建华. 基于气候条件的江南传统民居应变研究[D]. 杭州: 浙江大学, 2008.
[14] 张超. 中国江南传统民居与古罗马民居中"天井"形态比较研究[D]. 长春: 吉林建筑大学, 2018.
[15] 田银城. 传统民居庭院类型的气候适应性初探[D]. 西安: 西安建筑科技大学, 2013.
[16] 常成. 江南水乡传统临水建筑被动式技术应用研究[J]. 建筑与文化, 2018（1）: 73-74.
[17] 李聪. 江南民居建筑特色[J]. 建筑工程技术与设计, 2014.
[18] 廖蓉. 明清江南的火灾及社会应对[D]. 上海: 华东师范大学, 2008.
[19] 章国琴. 生态视野下的绍兴水乡传统民居空间形态特征研究[D]. 西安: 西安建筑科技大学, 2010.
[20] 杨维菊, 高青. 江南水乡村镇住宅低能耗技术应用研究[J]. 南方建筑, 2017（2）: 56-61.
[21] 李敏. 江南传统聚落中水体的生态应用研究[D]. 上海: 上海交通大学, 2010.
[22] 王琴. 江南民居之天井的生态解读[J]. 明日风尚, 2018（24）.

图片来源

图 4-1-1、图 4-1-3、图 4-2-7 来源：方绪明摄
图 4-1-2 来源：左图—冯正功摄；右图—方绪明摄
图 4-1-4 来源：李国强摄
图 4-1-5 来源：文威摄
图 4-1-6 来源：邢永恒摄
图 4-1-7、图 4-3-4、图 4-3-5 来源：黄小明摄
图 4-1-8、图 4-1-11、图 4-2-1、图 4-2-4～图 4-2-6、图 4-2-8、图 4-3-2、图 4-3-6 来源：杨维菊摄
图 4-1-9、图 4-1-10 来源：参考文献 [23]
图 4-2-2 来源：方绪明、杨维菊摄
图 4-2-3 来源：杨维菊、文威摄
图 4-2-9 来源：王晶绘制
图 4-3-1 来源：杨维菊、张瀛州摄
图 4-3-3 来源：苏惠年摄

第 5 章　江南传统民居的结构选型和建造技术

5.1　江南传统民居的结构选型

5.1.1　江南传统民居结构体系的区域性特征

1970 年，刘敦桢先生在《中国古代建筑史》中首次提出中国传统建筑的三个结构系统：抬梁式、穿斗式与井干式[1]。民居学说的理论逐渐丰富后，多位学者对传统建筑的构架类型进行了研究与探讨，包括从柱高、柱梁关系以及文化地理学等角度对大木构架进行了分类。但对于抬梁式木结构的定义，当代学者大多认为"柱头搁置梁头，梁头上搁置檩条"是判断一个木结构是否为抬梁式木结构的必要条件[2]。具体来说，就是各层梁之间通过垫短柱或木块来连接上下两层梁，在每层梁的两端架檩，在垂直方向上，梁逐层缩短。在最上面一层的梁中间同样在短柱之上架上脊檩。在檩条上直接架椽条，椽条之上铺望板、保温层、防水层等，或者直接铺瓦，形成屋面系统（图 5-1-1）。穿斗式木结构是在房屋进深方向的每个柱子之上搁置檩条，柱与柱之间通过穿枋将柱子连接在一起，从而构成了一榀榀框架。同理，将纵向的柱子用斗枋连接在一起，使整个房屋的柱子在横向和纵向都连接起来，形成了一个整体框架。屋面的荷载传递给檩条，檩条将其直接传递给柱子和基础。一般情况下，穿枋只起到了横向的连接作用，但个别穿枋在竖直方向受到瓜柱传递的竖向荷载作用（图 5-1-2）。

抬梁式内柱的数量少，室内空间大，建筑风格多沉稳大气，但梁的木材用料较大，力的传递路径也比较长。穿斗式相对于抬梁式来说柱距较小，用材方面要求更低，比较适合于民居的建造，且穿斗结构不仅力的传递路径较短，而且可以灵活地对其结构空间进行分割，在建造方面有较高的灵活性[3]。

江南地区建筑属南方建筑中十分重要的一个分支。从现存大量明清时期的木构建筑来看，南北建筑的发展自明清起产生较为模糊的地理分界，大致存在于淮河至长江之间。江南区域内民居的大木构架形制主要是由抬梁和穿斗两种基本结构形式演化发展而来，在保留并延续了早期唐宋建筑大木构架形制特征的基础上，将北方的抬梁体系构架做法与南方的穿斗体系构架做法相融合，发展出了具有区域差异性的构架使用状况。苏南环太湖流域的民居以使用抬梁结构居多，浙中、浙南地区民居通常使用穿斗结构，浙东民居则多存在穿斗与抬梁混合的结构模式（图 5-1-3）。

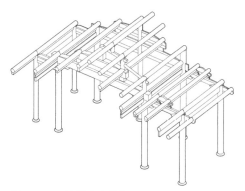
图 5-1-1　抬梁式木构架

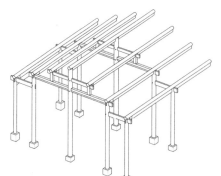
图 5-1-2　穿斗式木构架

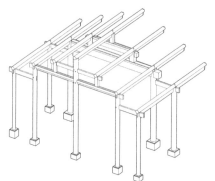
图 5-1-3　穿斗式与抬梁式混合木构架

本章执笔者：淳庆。

判断民居大木构架形制的依据主要体现在柱、梁、桁的交接方式上，大致分以下两种较为普遍的类型：第一种是柱子承托大梁，梁承托桁条，是典型的抬梁构架构造方式。第二种是梁直接插在柱上，由柱承桁条，即使是金桁下不用金柱或金童而是采用斗栱，从斗栱、山界梁和金桁交接榫卯的构造关系上看，斗栱代替了"柱"起直接承托桁条的作用，呈现出穿斗构架的构造特征。总的来说，江南地区民居结构体系的整体发展脉络较为清晰，特征显著，构架的形制存在极大的相似性，由于各地工匠流派与文化价值取向、大众审美等方面的走向不同，演化出多种亚型。

1. 民居建筑与匠作体系

在建筑营造过程中，工匠、工艺和建筑三者密不可分。由于中国工匠技艺传承采取的是师承制度，一个区域内的多数传统工匠在技术上具有一定的共同点，加上一些封建缘故与亲缘关系，在营造界形成了以匠帮为主导的建造体系。"香山帮""东阳帮"和"宁波帮"是明清时期江南地区的三大主要匠帮，他们掌握并影响了江南地区大部分区域的木构营造工艺。"香山帮"主要影响区域为苏南浙北环太湖流域的抬梁体系区。在穿斗体系区，"东阳帮"是影响范围最广、影响力较大的匠帮，技艺主要在浙中盆地与浙西新安江流域流传，该区域是徽州和吴越两种建筑文化圈交叉影响下的混合地带，民居建筑与徽派建筑有较多相似之处。浙南瓯江流域的民居木构特征与闽北相近，匠作技艺可能来自闽北地区。抬梁穿斗混合体系片区主要在浙东宁绍平原，历史上以"宁波帮"为主要匠作体系。

2. 民居结构体系的片区特征

1）环太湖流域与浙东区域

环太湖流域民居均坐落于水乡平原，共享着太湖和运河两条主要水系以及大大小小的相互连接的支流水网，船运交通便利，文化互通频繁。历史人文的相近使得苏南与浙北环太湖流域的平原水网地区在传统建筑的形制特点以及营造特点上都具有高度的相似性。该区域的匠作体系以江南三大匠帮之一的"香山帮"为主，其营造工艺以《营造法原》的文字的方式延续和传承下来。无锡、常州、扬州、南京、湖州、嘉兴、杭州、上海等周边地区均受到"香山帮"匠人和工艺的影响，传统建筑呈现出营造工艺区域上的整体一致性。

建筑大木构架以抬梁体系构架为主，兼有穿斗体系构架。构架简洁疏朗，制作精细，建筑扁作、圆作做法并重，整木和小料拼帮做法都较为普遍。扁作梁架以素面或满布雕刻的月梁为主要梁架，梁的断面除了上下尺寸一致之外，还有鳝腹状、上方泼势、两侧中栱三分等形式，整木和拼帮做法皆有。圆作梁架中，明代圆梁断面以"黄鳝肚皮鲫鱼背"为主，清代圆梁断面以"浑圆底口鲫鱼背"为主，均为整木制作。

浙东宁绍平原即宁波和绍兴所在的区域以及现在属于杭州的萧山区等区域，水网稠密，水乡特色浓郁，建筑融合了太湖流域和浙中地区的特点，在梁架体系上以抬梁和穿斗混合样式为多。建筑特征以雄浑直率、朴素简洁的风格为主，多用圆作直梁体系，较少使用斗栱及花哨的装饰，有上昂形丁头栱、脊瓜柱上置栌斗、襻间枋、鹰嘴形瓜柱等古制。

2）浙中与浙西区域

浙中金衢盆地区域主要涵盖金华、衢州所属区域以及丽水北部区域，浙西区域是新安江—富春江水系流域范围内的区域，主要包括清代的严州府区域、衢州的西部地区，具体包括：杭州的建德、淳安、富阳、桐庐和衢州的开化、江山、常山等地，皆为东阳帮体系的活跃区域，因此建筑呈现出较明显的相似性[4]。

区域内民居建筑大木构架基本属穿斗体系以及抬梁和穿斗混合体系，典型特征为用材粗大、柱梁肥硕，广泛使用圆作冬瓜梁。同时，雕刻技术在结构构件上的应用十分广泛，多见劄牵、撑栱、斗栱等与具象形式的雕刻充分结合。结构体系中，斗栱的结构作用减弱、装饰性加强，尤其是栱件向雕刻镂空花板发展。浙西民居受到徽州文化与生活习俗等多方面的影响，在平面布局和外观风貌上与徽派建筑较为相似，如建筑平面基本采用三间搭两厢的三合院和被称为"对合"的四合院模式，天井尺度小，采用"四水归堂"，比较强调砖雕门楼的装饰效果和彰显地位的作用，木作构件大多不施油漆。

3）浙南瓯江流域

浙南的山地区域内有一条瓯江贯通，属瓯越文化圈，所辖区域主要包括温州全境、丽水南部大部分区域，建筑结构属穿斗体系，传统建筑带有强烈的宋风遗韵，在建筑特征上体现出一些时代滞后性。同时，由于与福建接壤，传统建筑中也带有一些闽北传统建筑的特点。此区域的乡土耕读文化滋养深厚，建筑形制古朴，结构简洁，没有繁复雕刻，只在一些轩廊处集中一些装饰，有些区域甚至崇尚用自然曲材。该区域建筑出檐大、举折平、椽距密，常为扁椽。梁为月梁，其断面和形制更加接近《营造法式》中月梁（简称"法式月梁"）的比例特点，一般梁截面的

图 5-1-4 宋式圆栌斗

图 5-1-5 多重下昂在民居中的运用

比例接近于 2 : 3，月梁起拱形状较自然。浙南有些建筑采用减柱造，出现了横跨三开间的大横额等做法。斗栱的做法也保留了宋式的古制，如柱顶上的坐斗常采用宋式的圆栌斗形式（图 5-1-4）；多重下昂运用普遍，昂头伸出很远，多为纤细修长的象鼻昂（图 5-1-5）。

3. 民居平面形制特征

1）环太湖流域民居的平面形制

环太湖流域以传统苏式民居为主，间为基本单元，平面大多是三间到五间的单数开间，横向连成建筑物形成一落，落与正面庭院即形成一进，高墙围合多进纵深的串联单元，即组成住宅，这就是通常所指的多进住宅。这样的住宅还可以横向组合而形成多落多进的住宅，即为大宅。苏式民居按照规模大小可分为大宅、中型民居和小型民居三种类型（表 5-1-1）。

（1）大宅

在典型的私宅大院中，平面布局尤为严谨，线轴特点突出。横向建筑物组成"落"，数量一般为三间到五间，纵向建筑通常与天井组成"进"，形成"几进几落"，再以高墙围合形成住宅群。从外形上看，临街的一面比较窄，房屋都向纵深发展，所以大户传统民居都是狭长的，正立面大门简单，而侧立面山墙、马头墙和围墙高低错落。这些传统建筑从正落进去是大门（墙门或者将军门，门前有照壁）、门厅（有过厅和门房间等，一般住仆人）；第二进是轿厅，停歇主人和客人的轿子；第三进正厅是主体，为接待用房；第四和第五进供生活和起居，楼下层为起居，楼上层为卧室，有的两侧还带有厢房走廊，俗称走马楼，而闺房绣楼一般是在第五进。房屋边落上则设置花厅，花厅前辟为花园，花厅后为庭院，有假山、花石、亭子和走廊。住宅的最末部分或边落有厨房和下房，经后门通向河道。

（2）中型民居

一般中型民居受到财力和地形的影响，只有正落而没有边落，每进每落的布置不一定规范，厅堂功能也趋向于综合性。这类住宅可以说是大宅的缩略版本，大体上还是按照轴线的方向采用多进的布局形式布置主要建筑。有些建筑体的部分格局并没有完全按照传统轴线对称，有时大门不在民居正中，门厅旁侧是轿厅，正厅与内厅合并组成一体，这些布局都可以根据情况改变，体现了苏式民居的统一性和多变性。

（3）小型民居

小型民居因地制宜，布局自由，或四合院小天井，或临水而建，前街后河，有的跨河利用廊桥将上塘、下塘

苏式大宅、中型民居、小型民居之形制　　　　　　表 5-1-1

民居类型	居住人群	功能	占地面积	"进"与"落"	厅堂数量
大宅	封建社会上层人士或退休官员	起居、接待宾客、休闲娱乐、观景、防火防盗、采光、排水	约2000m²以上	大于等于5	7以上（门厅、轿厅、正厅、起居厅、走马楼、花厅）
中型民居	私营业主、小官小吏	起居、接待宾客、防火防盗、采光、排水	约500~2000m²	3~5	3~5（门厅、正厅或门厅与内厅合二为一、起居室）
小型民居	城镇平民、小商贩、小手工业者、店主等	起居、底层或前厅作商铺、贸易往来	约500m²以下	小于等于3	3以下（四合院、小天井、起居室）

连成一体。不过这类小型民居虽有特色,但年代都不会太久远。住房一般沿着天井布置,天井与河道有通风之用途,并始终保留着轴线居中的布局。

2) 徽派民居的平面形制

如前所述,浙西地区民居与徽派民居有着较为相似的构造方式以及平面组织方式。"天井厢房夹正堂"是徽派建筑中正屋的标准形制。建筑通常设三开间,进深方向分为两段。前段中间一间为天井,两边为过间;后段中间一间为正堂,两边两间为厢房。天井两边的过间在二层多变成厢房,楼下厢房位置对应楼上也是厢房,一层厢房入口空间对应二层是走廊;楼下正堂对应楼上也是正堂,当地称为"楼正堂"。楼上围绕天井会设"走马廊",其形制有一面廊,即天井靠近楼正堂处设一排栏杆;有三面廊,即天井的两个短边也设廊,另一边则是外墙;也有四面廊,如果楼下平面是对堂的形式,则楼上就会设四面连通的走马廊。用于上下交通的楼梯通常设在正堂背后(图5-1-6),另外一种楼梯设在过间(图5-1-7)。徽派建筑融合了干阑式建筑的特点,多有二层平面,少数有三层或是夹层(当地称为阁楼)。

3) 浙江民居

(1) 小型民居

浙江小型民居主要有以下几种平面形式。

一字形平面为一堂二室(图5-1-8),是浙江农村传统住宅的最基本形制,所有的平面都在这个基础上发展而来。就一字形而言,可发展成五间(图5-1-9)、七间(图5-1-10)、九间或更多的开间,无论如何总是单数,这是堂室之制所致,当中为祖堂,两旁为住房,以堂为中心,对称发展,所以总呈单数。

"L"形平面是在"一"字形平面的一个尽端向前加一两间房屋,形成一个两边长短不同的曲尺形,长边多面向好的朝向,为香火堂和房间,短边多作辅助用房,进而加少许围墙就形成了带小院的封闭住宅,这种住宅多用于农村、独家使用(图5-1-11)。一层居多,也有二层的。

"I"形平面是为适应城镇中沿街临河或前街后河的街巷而产生的特殊形制,也称街屋式或店屋式(图5-1-12)。由于民居侧墙不能开窗,在住宅进深较大的情况下,内部采光、通风依靠巧妙地开小天井、天窗来解决。

"冂"形平面,亦称三合院,是农村经济条件较好的家庭的传统住宅,正屋三间或五间,当中间为厅堂,两旁为房,两侧做出翼房(图5-1-13)。

"H"形平面,该平面和"冂"形平面的不同之处在于厢房向后发展,用作厨房,并产生了后院,家庭起居、会客在前面,相对比较杂乱的生产、家畜部分在后,功能分区彻底、明确(图5-1-14)。

以上"冂""H"两种平面的住宅,在山区,尤其是浙南山区多见,多为核心家庭,即父子两代共财同居的家庭所用。一旦孩子大了,则一对成年夫妇就要有一所独立的房子。

另外一些常见的规整形式,如"口"形、"日"形、"目"形、"田"形、穿心院式等,都是在"一"字形的基础上发展或以它为标准单元生长出来的。这些复杂的平面属于中、大型民居。

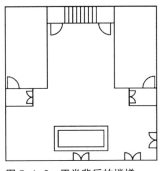

图5-1-6 正堂背后的楼梯

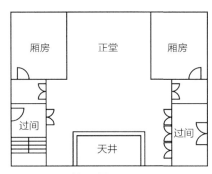

图5-1-7 过间民居

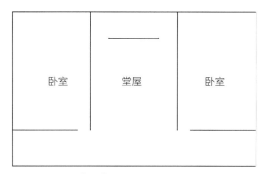

图5-1-8 一堂二室

图5-1-9 五开间一字形平面

图5-1-10 七开间一字形平面

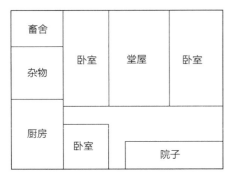
图 5-1-11 "L"形平面

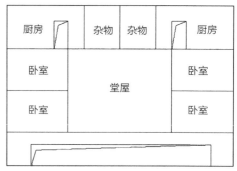

图 5-1-12 "I"形平面 　　　图 5-1-13 "冂"形平面

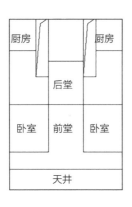

图 5-1-14 "H"形平面

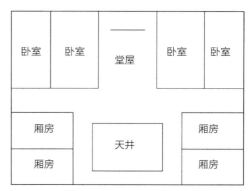

图 5-1-15 小天井、花篮厅平面形制

（2）中、大型民居

浙江中、大型民居按地形可分为水乡民居、山地民居、滨海民居、海岛民居等。按建筑规模可分为大墙门、台门、小天井、花篮厅、一字形长屋、套屋等。

大墙门、台门：分布在宁波、绍兴、台州及其周边地区。外形基本上为封闭矩形，多庭院并纵深发展，天井（院）形状规整；注重空间，大木装修相对简单；头门多为门屋、门斗与门套，一般不开在中轴线上。

小天井、花篮厅多出现在浙东南区域。其形制尊礼，平面布局程式化程度高（图5-1-15），一般都有小天井以及马头墙，建筑重装饰，尤其重视天井一圈的木雕装饰和门罩装饰。

一字形长屋多分布在历史上的浙南地区。一字形长屋横向发展，开敞通透，拥有大坡顶、大挑檐，立面丰富，四个方向都可以成为主立面，一般重结构，不作大木装饰（图5-1-16）。

套屋多分布在浙中、浙西以及浙东地区。住宅和厅堂、宗祠结合，以宗祠厅堂为中心对称发展；平面规整，累世族居，居住在里面的不是一个核心家庭，而是主干家庭、共祖家庭甚至家族（图5-1-17）。

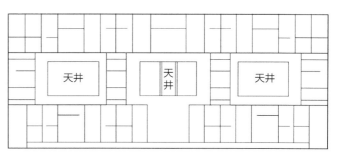

图 5-1-16 一字形长屋平面形制

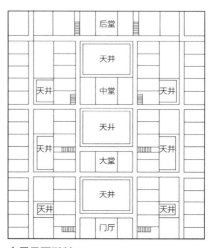

图 5-1-17 套屋平面形制

5.1.2 江南传统木结构民居构造特征

1. 传统木结构民居形制特征

"大木"是指木构架建筑的承重部分。江南传统民居的大木构架通常由柱、梁、枋、桁、斗栱等组成，结构构件的应用同时是建筑的比例尺度与形体外观的重要决定因素。江南民居大木构架主要由两种基本形式演变而成，原型均可见于宋《营造法式》中厅堂类大木作制度图样和记录清代江南地区古建筑营造做法的《营造法原》所载贴式中，在整个江南区域内通用。

一种基本形式是《营造法式》中的四架椽屋通檐用二柱（图5-1-18），在《营造法原》中则被称为内四界，构架前后对称，两柱用大梁跨四架，是江南地区采用最为普遍的构架形式。在此基础上，通过前或后加设单步廊、双步廊或两重廊进行不同的组合变化，形成种类繁多的构架亚型。

另外一种基本形式是《营造法式》中记载的"六架椽屋前乳栿后劄牵用四柱"的大木构架侧样（图5-1-19），《营造法原》中则称这一构架形式为"六界用枯金"，其特点是一内柱升高，大梁跨三架，前后廊相应地形成单步廊和双步廊，形成前后不对称的构架形式（图5-1-20）。江南地区的宋元早期建筑宁波保国寺大殿、金华天宁寺大殿、武义延福寺大殿的大木构架都采用了这一基本形式。至明清时期，这一大木构架形式在厅堂建筑中得到广泛的传承和应用，其组合变化的形式较为单一，主要集中在前后廊。

2. 民居的主要结构构件

1）梁

（1）月梁

月梁的形制多用于廊、厅、堂屋等公共空间的大梁、山界梁、轩梁等主要梁架。在早期月梁形制的基础上，江南地区民居结合地域建筑特点和审美倾向，发展出形态各异的月梁形式，以扁作月梁、法式月梁、高琴面月梁和圆作月梁（冬瓜梁）四类为主，在断面、用料、起拱、雕刻等方面存在差异。而在梁栿用料方面，除了整木制作外，还大量使用拼合的方式。江南地区拼合梁的技术以虚拼、实拼和两者相结合的方式为主，主要应用于扁作月梁、法式月梁和高琴面月梁中，而圆作的冬瓜梁均为整木制作，未采用拼合方式。月梁的拱势以冬瓜梁最为显著，梁背高高拱起，形成"弓"背状。其他类型的月梁多微微起拱，拱势顺应结构要求。

（2）劄牵

劄牵，最早出现于宋《营造法式》一书，属于梁的一种。长仅一椽，一般梁首放在梁栿上的斗栱或童柱上，梁尾插入柱身，梁首和梁尾不同高，呈斜向单步梁。这种梁的形式在江南地区保留了下来，并在不同的区域发展演变出不同的形制特征和不同的名称。苏南浙北地区沿用了《营造法原》中的名称"眉川"，形式简洁、规矩，呈斜向上弯形态，使用并不普遍。浙东、浙中、浙西、浙南等江南其他区域对此则缺乏文字记载，工匠多以其形态来称呼。浙中、浙西注重雕刻，雕刻的形状稍有差异，似象鼻，似弓背的虾，似龙眼、龙尾，因此有"象鼻架""花公背""倒挂龙"等多种不同的俗称，它在这一地区的传承和发展主要与穿斗构架由柱承桁的构造特点有关，桁条稳定性较差，易发生滚动，此梁主要用来保持两柱及两桁不产生位移，保持屋面平稳，是该区域穿斗构架中不可或缺的构件。浙东宁绍、台州地区的"劄牵"形态较为简洁，做成猫卷曲身体的样子，故称"猫儿梁"。浙南一带注重梁的弯曲形态，把它做成一头粗一头细，粗的一头插入柱身或仍置于栌斗内，细的一头置于栌斗或跳头上，兼

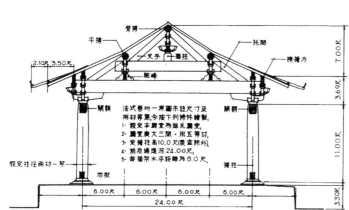

图5-1-18 《营造法式》中的四架椽屋通檐用二柱

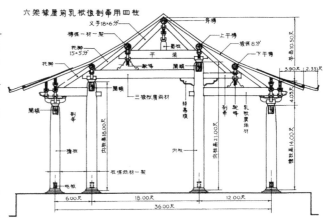

图5-1-19 《营造法式》中的六架椽屋前乳栿后劄牵用四柱

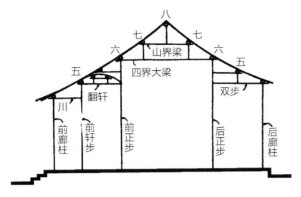

图 5-1-20 民居厅堂中前后廊数量和步架的变化

顾结构和装饰两种作用,因其形态如弯曲的虾和泥鳅,因此有"大头梁""泥鳅梁"等名称。

2)屋顶与挑檐

江南地区因多雨的气候特点,一般屋面檐口出檐较为深远,且檐口部位作为重点装饰部位,其挑檐的构件类型和做法较为多样,成为江南地区大木构架特征之一。挑檐的构件类型大致可以分为梁头出挑、斗栱出挑和撑栱出挑几类,其中梁头、撑栱出挑还用于出挑二层楼、厢、窗等。

(1)梁头出挑

梁头出挑是指梁直接悬挑出檐柱承托挑檐桁,是抬梁构架中挑檐的形式之一,在苏南、浙北、浙东等区域的古建筑中有较多实例,浙南地区也有这一挑檐形式。梁头出挑部分雕刻成各种样式,有表面浮雕的扁方木、云头、单栱等,并与插栱、荷包梁、垂莲柱等相结合,形成各种不同形式的挑檐。

(2)斗栱出挑

斗栱出挑有两种形式,一种是檐柱上坐斗栱承挑檐桁,另外一种是多重插栱挑檐。

(3)撑栱出挑

撑栱,是从柱子侧面斜向挑出的条状支撑构件,也称为"斜撑",晚期发展出了整块的三角形雕刻构件,俗称"牛腿"。从江南地区现存实物来看,早期撑栱较为简洁,呈条形、葫瓜形、壶嘴形、倒鸥形、草龙形、"S"形,后期加入雕刻,形式更为复杂,出现了回纹形、人物图案雕刻的牛腿。撑栱、牛腿等挑檐并非单独使用,早期与横枋结合承托挑檐桁,后期较为复杂,牛腿上置琴枋,琴枋前端坐花栱,其上再承雀替、挑檐桁。

3)斗栱

江南地区的斗栱,区域特征显著,具体体现在以下两个方面。

(1)宋风古制的保留

宋元时期斗栱的部分形制特征在江南各地有不同程度的保留,其中以浙南地区的斗栱与宋《营造法式》中记载的做法最为相似:①坐斗多用圆斗,栱头多用卷杀;②逐跳偷心造做法的沿用;③宋式昂和假昂的保留;④连珠斗做法的沿用。另外,还有一种古制做法"上昂挑斡",不仅在浙南地区,而且在浙中地区、浙东地区均有保留。

(2)装饰性强

做工繁冗、华丽、装饰性强是江南大部分区域斗栱的另一突出特征,主要表现在斗、栱、昂的形式上。尤其是清晚期斗栱的形式与雕刻更加繁复,其结构的意义变弱,逐渐转变为一种装饰性很强的构件,江南各地形成了各具特色的斗、栱、昂的形式。如环太湖流域发展出枫栱、凤头昂;浙中地区在圆斗、方斗的基础上发展出讹角斗、瓜棱形斗、海棠形斗等形式,栱和昂也逐渐向小巧华丽的花板形发展,明末清初出现象鼻昂、象鼻栱,清末演变出镂空花板。

3. 民居典型榫卯节点的构造特征

木材是一种天然、硬质的材料,它和石材一样,只能"雕"而不能"塑",因此单块木料在加工时只能以"减法"剔除多余部分,而不能直接以"加法"增加所需部分。有限的木料加工出的"小"构件必须通过节点彼此连接,由分散的构件或单元构架组成更"大"的建筑构架,这是榫卯节点出现的原因所在。

节点的构造方式有很多种,捆接、缔结等构造方式不仅能安全、有效地传递结构荷载,同时亦能发展出牢固、美观的节点。然而,历史经验表明:不同类型的建筑材料彼此连接,纵使在建成之初看似完美无瑕,通常也无法耐受环境和时间的重重考验。绳结、金属与木材在物理属性(温变、湿变等)和生化属性(虫害、霉变、风化、锈蚀等)等方面存在诸多差异。面对环境的复杂变化,不同材料的反应往往无法同步。因此,相比于"异质"材料的捆接和缔结,榫接的优势首先在于其利用了构件固有的"同质"材料,"同质"节点的耐久性无疑大大优于"异质"节点。同时,根据榫卯节点的结构性能研究可以发现,木构架在抗震、抗风时的能量消耗主要由榫卯节点的摩擦完成,半刚性节点的应用使得木结构建筑的抗震性能大为提高。

本小节对江南传统民居中涉及的各类榫卯节点分别从类型、力学特征等角度加以认识,并归纳、总结了江南传统民居建筑中榫卯节点的一般特征,以理解木构榫卯的科学性。

1）典型榫卯类型

不同结构类型的构件交接方式不尽相同，抬梁建筑横架与纵架差异较大，柱额、柱梁交接是构成榀架的关键节点；而穿斗建筑相对简单，横架与纵架都由穿枋串联，构造重点是穿枋与柱、穿枋之间的交接方式。本节主要以江南民居中的抬梁建筑榫卯类型为研究和表述对象。

对于南方厅堂构架的整体稳定性而言，立柱与水平联系构件的连接最为重要，具体而言，即柱与栌斗、梁、枋、串、丁头栱等构件相交构成柱网框架，是维持大木构架稳定最主要的结构部分。

（1）单侧梁、枋与柱身交接

单侧梁（或川）、枋与柱身交接常采用柱内键、敞露销以及其他各类榫卯。柱内键系于柱身卯口底皮上留一道浅槛，并于梁榫头对应处剔槽，节点具有一定的抗拉性能。安装时先搁置梁头，然后从柱身两侧打入楔子锁定（图5-1-21）。敞露销系梁头过柱自上而下楔入硬木销，节点具有一定的抗拉性能。通常硬木销上大下小，楔入时可以自行调整节点松紧，并防止脱落（图5-1-22）。

其他各类榫卯可以按照下述三种方式进行分类。

按照榫肩情况，分为无肩、抱肩或吞肩：前者即所谓"笼通榫"，适用于用材断面较小者。中者和后者又可分别分为单肩或双肩：抱肩适用于梁、枋断面较大且柱身断面较小者；吞肩适用于梁、枋断面较大且柱身断面亦较大者；单肩适合边贴；双肩适合非边贴。

按照是否过柱，分为透榫和半榫：透榫的接触面较大，因而摩擦力较大，有利于节点抗拉，但对柱身破坏亦较大；半榫的接触面较小，对柱身破坏亦较小，但几乎不能抗拉。

按照榫头高度，分为直榫和高低榫：前者适用于梁、枋断面较小且柱身断面较大者；后者用于梁、枋断面较大且柱身断面较小者。

上述几种分类可以根据具体的构件位置和用材情况分别组合设计，形成复杂多样的榫卯形式（图5-1-23~图5-1-25）。

（2）两侧梁、枋与柱身交接

两侧梁（或川）、枋同时与柱身交接常用藕批搭掌榫、聚鱼榫、互扎榫、船板扎榫、雨伞销等。藕批搭掌榫是《营造法式》中记载的一种交接方式，恰到好处地同时实现了"尽可能小的柱身开口断面"和"尽可能大的入柱构件断面"，并辅以硬木销使节点具有一定的抗拉性能；只可惜柱身两侧构件榫头厚度较小，抗剪能力略弱（图5-1-26）。聚鱼榫或可视为平置的藕批搭掌榫，不过是以构件榫头"高度"代替前者的"厚度"，硬木销因而也无法一次贯穿柱身两侧构件，遂一分为二、各自销定（图5-1-27）。

互扎榫头部带有"倒钩"，故此柱身两侧构件彼此拉接，整体性较好。安装时要求"下钩"构件先搁入，"上

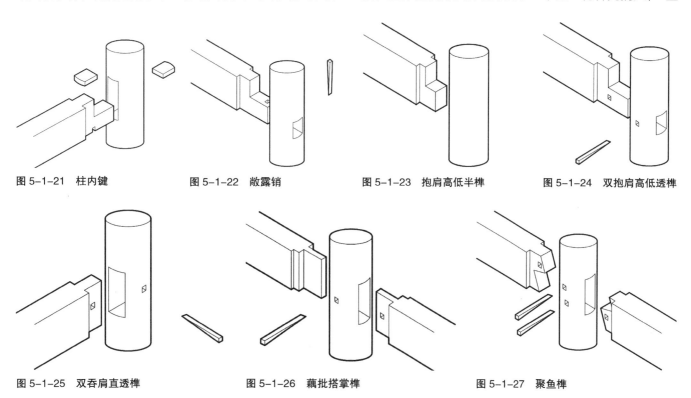

图 5-1-21　柱内键　　图 5-1-22　敞露销　　图 5-1-23　抱肩高低半榫　　图 5-1-24　双抱肩高低透榫

图 5-1-25　双吞肩直透榫　　图 5-1-26　藕批搭掌榫　　图 5-1-27　聚鱼榫

钩"构件再扣下，最后从柱身两侧打入楔子锁定，因而要求在榫卯设计中预先考虑安装顺序；楔子一般略长，可根据现场情况自行调整节点松紧，再顺柱身外皮进行截割（图5-1-28）。船板扎榫与互扎榫略同，不过交接面倾斜，构件应力沿轴线分布，变化较缓（图5-1-29）。雨伞销是一种双向雨伞头形雄榫的硬木销。柱身两侧在销头对应处剔挖雌榫。安装时，柱身两侧构件先搁入，雨伞销再卡入雌榫槽内，最后从柱身两侧打入楔子锁定（图5-1-30）。

（3）栌斗与柱身交接

江南地区常见柱头出方榫或双夹榫，方形榫头有助于防止栌斗扭转（图5-1-31），如果使用框架，则在加工上也更为简便。相较之下，北方早期则常见圆形柱头馒头榫。

（4）阑额与柱头交接

阑额与柱头交接常用直榫、燕尾榫、镊口鼓卯等形式。直榫能抗压、抗剪、抗扭，且由于榫头断面较大，抗剪、抗扭能力尤佳，几乎不能抗拉。燕尾榫能抗拉、抗压、抗剪、抗扭，但由于榫头断面较小，抗剪、抗扭能力稍弱。镊口鼓卯与燕尾榫略同，或可视为吞肩的反向燕尾榫，抗剪、抗扭能力略优于燕尾榫（图5-1-32）。

（5）柱头、梁头、檩头、机头交接

梁头下底与柱亲，剔凿口仔，与柱头结合，形成较强的整体稳定性，可有效防止梁、柱之间的滑移、滚动。梁头上底分别与檩头、机头亲，剔凿檩椀、机口，可有效防止梁、檩、机之间的滑移、滚动，一定程度上保留了梁头的有效断面（图5-1-33）。

（6）角梁做法

角梁常采用嫩戗、弦子戗等做法。

嫩戗式：千斤销从老戗底销入，经过嫩戗、菱角木、箆木，并穿出扁担木，再用竹钉销紧；千斤销把五个构件贯穿，形成一体的受力戗架。嫩戗顶端与扁担木之间以暗销连接，孩儿木用来掩盖暗销眼。可见，嫩戗发戗构造主要通过千斤销和孩儿木暗销来将老戗、嫩戗、垫木销接起来（图5-1-34）。

弦子戗式：弦子戗是在老戗端头上面接一段似嫩戗的木头，但起翘不大，一般用于不做飞椽的亭榭中。弦子戗可做直榫斜插入老戗端头，也可用勾头搭掌连接（图5-1-35）。

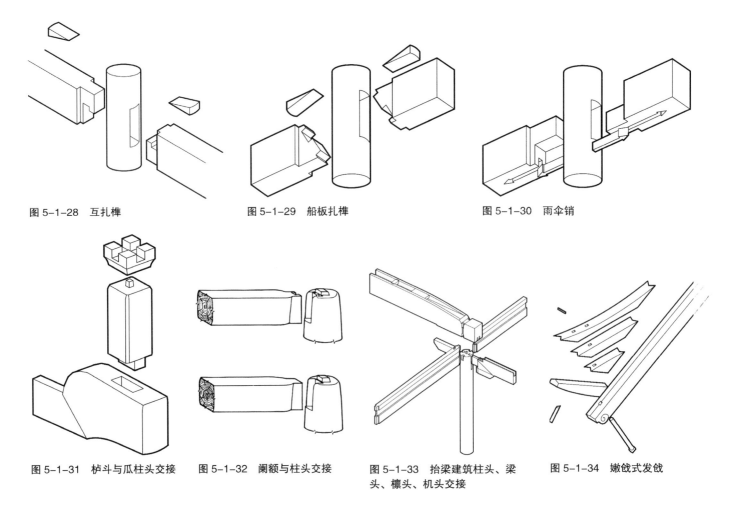

图5-1-28 互扎榫　　图5-1-29 船板扎榫　　图5-1-30 雨伞销

图5-1-31 栌斗与瓜柱头交接　　图5-1-32 阑额与柱头交接　　图5-1-33 抬梁建筑柱头、梁头、檩头、机头交接　　图5-1-34 嫩戗式发戗

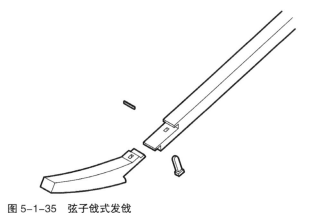

图 5-1-35　弦子戗式发戗

2）典型榫卯节点的力学特征

本小节通过对江南地区传统民居木构建筑抬梁体系和穿斗体系的实例调研分析，选择了四种典型的榫卯节点（透榫、半榫、馒头榫、瓜柱柱脚直榫）作为实验对象，通过低周反复荷载实验来研究其受力性能，并最终从强度、变形、能量三个方面判断和鉴定榫卯节点的抗震性能。

（1）典型榫卯的选取

江南地区明清时期普遍流行抬梁和穿斗两种结构类型，环太湖流域地区多使用抬梁结构，浙中、浙南地区多使用穿斗结构。抬梁建筑横架与纵架差异很大，柱额、柱梁交接是构成榀架的关键节点，多为馒头榫形式，如图 5-1-36 所示。而穿斗建筑相对简单，横架与纵架都是用穿枋串联起来，构造重点是穿枋与柱、穿枋之间的交接方式，多为半榫和透榫形式，如图 5-1-37 所示。此外，抬梁式和穿斗式木构体系中的脊瓜柱与梁架的交接方式一般均为直榫形式。

通过大量的实地测绘和调研分析，现对江南地区传统木构建筑中经常出现的透榫、半榫、馒头榫和瓜柱柱脚直榫这四种榫卯节点的特点和做法作如下总结[5, 6]。

透榫一般用在穿插构件上，例如连接檐柱和廊柱的穿插枋的端头。透榫榫头的长度一般大于柱径且会穿透柱子。有时为了减少榫卯对柱身强度的削弱，会把榫头做成大进小出的形状。做法上，榫头穿出部分为柱外皮向外出半柱径或构件自身高 1/2，榫厚等于或略小于 1/4 柱径或等于枋（或梁）厚的 1/3。透榫的三维模型如图 5-1-38（a）所示。

当要求榫头不能穿透柱子时即榫长小于柱径，这种榫卯称作半榫。半榫由前半榫和后半榫组成，有时为了加固节点会使用销钉或者替木。半榫的外形相对美观，应用也较为普遍，它可以满足标高相同的梁相交于同一根柱子的情况。做法上，通常将柱径均分为三份，将榫高均分为两份，如一端的榫上半部分长占 1/3 柱径，下半部占 2/3，则另一端的榫上半部分长占 2/3 柱径，下半部占 1/3。此外，也有两个半榫齐头碰的做法，但比较少见。半榫的三维模型如图 5-1-38（b）所示。

馒头榫一般用在柱头，是柱子与普拍枋等水平构件相交时常用的一种榫卯形式。此外，斗栱构件中斗的下底与柱头相连时也会采用馒头榫。馒头榫的主要作用是防止构件在水平方向发生位移，提高结构的整体性。做法上，馒头榫的长度一般定为柱径的 3/10，实际施工中，常根据柱径大小适当调整长短径尺寸，一般控制在柱径的 2/10~3/10 之间。榫径大多为柱径的 1/5~1/4。馒头榫的三维模型如图 5-1-38（c）所示。

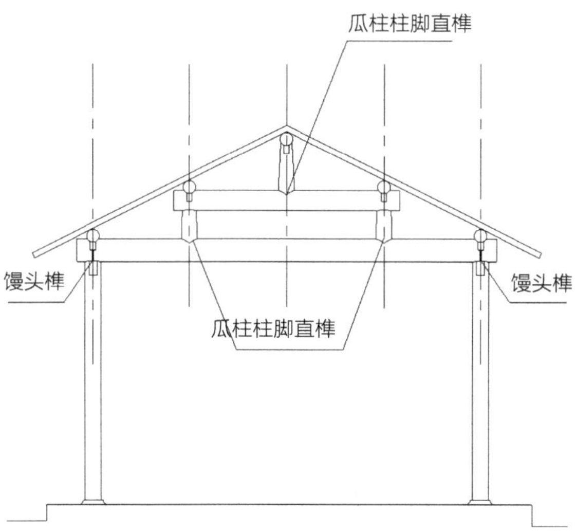

图 5-1-36　抬梁式木构架榫卯节点示意

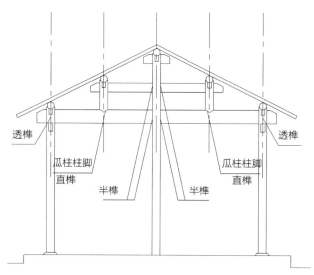

图 5-1-37　穿斗式木构架榫卯节点示意

瓜柱柱脚直榫严格说来是直榫和馒头榫的组合体，在横向上，类似直榫，在纵向上则类似馒头榫。一般用在童柱和梁架的交接处，主要是为了防止柱脚发生水平位移，加强构件间的联系，从而加强结构的整体性。做法上，榫头宽一般为瓜柱宽的1/7或1/6，高为2寸或3寸。可根据瓜柱本身大小作适当调整，但一般控制在6~8cm之间。瓜柱柱脚直榫的三维模型如图5-1-38（d）所示。

（2）典型榫卯节点受力性能的实验研究

为了获得这四种榫卯节点的极限破坏模式、滞回曲线、骨架曲线、转角刚度和结构耗能能力等，采用的实验方法为拟静力实验方法。在实验过程中，对现象进行拍照和记录并测量榫头与卯口之间发生的相对位移。在实验现象发生明显变化的关键位置（如木材断裂、榫头脱离卯口、荷载明显下降等）给予标注。实验研究的各榫卯节点的最终破坏形态总结如下。

透榫三个试件的最终破坏形态均为榫头根部折断，其中榫宽大的破坏晚，相同榫宽的情况下，抱肩式与回肩式破坏的时间几乎相同（图5-1-39）；半榫三个试件的最终破坏形态均为榫头拔出破坏，其中回肩式的比抱肩式的拔出要晚一些，同为抱肩式的情况下，斜面式的比直面式的拔出要晚一些（图5-1-40）；馒头榫两个试件的最终破坏形态为卯口破坏，其中榫头尺寸小的比大的破坏晚一些（图5-1-41）；瓜柱柱脚直榫三个试件的最终破坏形态均为榫头拔出破坏，其中榫头的宽度越大，深度越深，拔出就相对越晚（图5-1-42）。

这四种榫卯节点的 M-θ（外力—转角）骨架曲线大致可以分为三个阶段来反映榫卯节点特殊的力学特性：K_1 弹性阶段、K_2 屈服阶段和 K_3 破坏阶段，如图5-1-43所示。三个阶段临界点的转角值和特征刚度见表5-1-2。

四种榫卯节点的刚度退化规律为：馒头榫的初始刚度最大，透榫次之，半榫和瓜柱柱脚直榫则最小。从刚度退化的速率来看，透榫整个过程都较为均匀，而半榫、馒头榫、瓜柱柱脚直榫一开始退化很快，往后则渐趋平缓。从各榫卯节点的位移延性来看，瓜柱柱脚直榫的延性最好，馒头榫次之，半榫和透榫最次且半榫稍好于透榫。耗能能力上来看，瓜柱柱脚直榫的耗能能力最差，半榫最好，透榫和馒头榫则次之且二者相差不大。

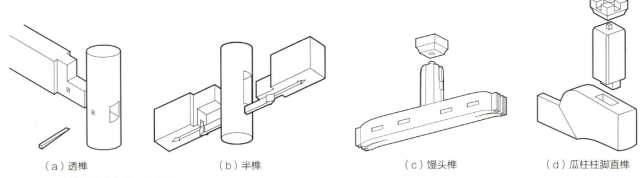

图5-1-38　四种榫卯节点的三维模型

（a）透榫1

（b）透榫2

（c）透榫3

图5-1-39　透榫节点破坏形态

（a）半榫1　　　　　　　　　　　（b）半榫2　　　　　　　　　　　（c）半榫3

图 5-1-40　半榫节点破坏形态

（a）馒头榫1　　　　　　　　　　　（b）馒头榫2

图 5-1-41　馒头榫节点破坏形态

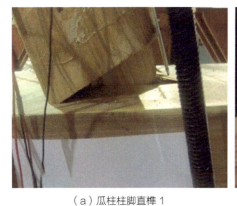 

（a）瓜柱柱脚直榫1　　　　　　　　（b）瓜柱柱脚直榫2　　　　　　　　（c）瓜柱柱脚直榫3

图 5-1-42　瓜柱柱脚直榫节点破坏形态

各榫卯节点三折线模型的特征值　　　　表 5-1-2

榫卯类型	弹性阶段 θ_y/rad	屈服阶段 θ_o/rad	破坏阶段 θ_u/rad	特征刚度/(kN·m/rad) K_1	K_2	K_3
透榫	0.048	0.093	0.128	30.991	8.293	-21.669
半榫	0.048	0.127	0.181	14.707	2.013	-3.642
馒头榫	0.015	0.092	0.136	113.903	9.801	-5.438
瓜柱柱脚直榫	0.018	0.164	0.238	18.814	1.563	-4.534

图 5-1-43　榫卯节点 M-θ 骨架曲线（三折线模型）

5.2 江南传统民居的建造技术

5.2.1 江南传统民居的大木构架建造技术

1. 营造尺及杖

杖杆是传统木作营造工艺的重要辅助工具,在各个构件的制作、亲合、校准上都有相当的重要性,也是木作、瓦作等各工种用于统一尺寸的标尺,是保证构件尺寸精确的关键。度量工具通常在建筑大木构架设计完成后就开始制作,在柱、梁、枋等大木构件的取料和制作,构件尺度校核和构件尺度校核,大木安装前柱的退桩等工作中发挥重要作用。杖杆根据功用可以分为开间杆、进深杆、架份杆、柱头杆等。开间杆、进深杆是水平距离标准杆,用于标记、丈量柱与柱间开间和进深方向的尺度,长度稍长于明间面阔尺寸,且记录的是柱中之间的距离。架份杆主要用于放样和榫头的绘制。柱头杆(图5-2-1)用于根据柱子长短画出柱头高度与榫眼尺寸。

2. 大木制作记号线

古建筑的建造过程中,通常通过简单的记号对构件的尺寸、中线、侧角、榫卯位置用墨线进行标示,而后按顺序进行安装。常见的记号线有中心线、透眼线、机面线、升线等。

中心线是传统木作营造工艺的重要参考线和控制线,用来标示垂直构件(柱等)和水平构件(梁、桁、枋等)的位置和高度,便于匠师控制和校核房屋的垂直及水平尺寸。中线是大木构架制作与安装的依据,制作构件时,需要先在构件的迎头方向弹出十字中线,在长身方向上弹出四面中线(图5-2-2)。透眼线是在需凿作透眼的边框内凿出双向对角线或单向对角线,用来对榫卯节点、枋口等

部位进行标记(图5-2-3)。升线用以标记外檐柱侧角,在竖立大木构架时,升线将会与水平面垂直,起到控制柱子向内倾斜的作用。

由于自然生长的原木处于非几何的不规则状态,为便于制作和安装,运用机面线(图5-2-4)以实现对圆梁、扁作梁及各类变截面梁等横向构件的高度标示、高度控制及尺寸校准,将原木转化为横平竖直的规则几何体系。机面线的机面尺寸一般根据梁、枋等构件的跨度大小、用材大小而定,圆梁与扁作梁也略有不同。圆梁的机面尺寸一般按照圆木直径的7/10~8/10确定,根据圆梁形式及所处位置的不同略有差异,扁作梁还要考虑梁与提栈的关系、梁面斗座的尺寸等。机面线的综合运用使得房屋高低有一定的准则,且更巧妙地处理了木材的大、小头的统一和木材的弯曲不匀等缺陷,使房屋的高度和屋面的坡度始终平行一致,在木结构的制作上也增加了灵活性。

3. 整料构件营造工艺

柱的命名首先根据榀架位置区分为正贴、次贴、边贴等,而后根据脊柱、金柱、步柱、廊柱、童柱等类别确定确切的柱位名称。根据柱位的不同,柱的营造工艺有较大区别。

1)梭柱

梭柱记载于宋《营造法式》,常见于早期木构建筑中。浙中地区的木构建筑至今仍保留着梭柱古制。梭柱常被用于民居的厅堂和祠庙等主要建筑中的内四柱、栋柱等,是江南区域传统建筑大木构架的一个突出特征。当前江南民居中所见梭柱收分较少且较为简单,柱身直径最大处高度、直径皆无定式,与《营造法式》的记载已不相同。一般情况下,梭柱的制作关键在于柱身断面最大处

图5-2-1　柱头杆的使用

图 5-2-2　柱身中线（左）
图 5-2-3　透眼线（右）

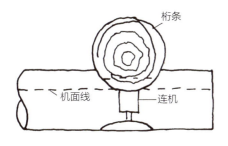
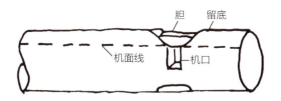

图 5-2-4　机面线

圆径的确定。梭柱先确定上、下径，然后在距柱底高度 1.2~1.5m，最大不超过 2m 处（具体位置由柱高确定）沿荒料表面向外（即远离圆心方向）偏移一定距离，一般为 1~2cm，确定柱身最大直径处，将该断面外扩后的切线分别与上、下圆径两端切线相连，以该断面为界形成上下两个呈转折形的切面，沿此切面斧劈。梭柱基本不做卷杀，通常按事先定好的上径直线向上收分[8]（图 5-2-5）。

2）童柱

童柱即为安置在横梁或枋之上的矮柱，如脊童柱、金童柱等，是江南地区传统木构架中常用的承接大梁或檩条的短柱，通常上端较细，下端逐渐变粗并做成蛤蟆嘴和雷公嘴式样（图 5-2-6）。童柱的加工与亲合过程是江南地区传统木作营造工艺的特色步骤，通过构件加工、亲合试装、校准垂直等步骤交替往复，随做随调整，力图使垂直的圆形构件（童柱）与水平的圆形构件（梁、双步、连机或桁条等）契合紧密。

4. 拼合构件营造工艺

大料的紧缺，是拼合梁产生并兴盛的实际物质原因。明代以来，拼合料开始大规模、普遍地使用，至清代更为突出。产生的主要原因：一方面，木材大料更加缺乏；另一方面是有赖于建筑技术的进步。宋元以来，大木结构的榫卯技术有了显著提高，建筑的整体稳定性增强，将之应用于梁栿拼合，亦提高了拼合料的整体坚固性，具有了良好的结构性能，能大量用于实践中。此外还有金属构件的使用。明清以来，铁钉、铁卯大量用于建筑中，使构件的拼合更容易，因而梁、柱、额包镶做法更为发达[7]。

1）拼合月梁

江南地区木构件的拼合做法，在梁栿用料上体现得较为明显。拼合梁这一现象的形成与扁作高月梁的使用有关。江南特色的月梁主要分扁作月梁、圆作月梁和拱背高琴面月梁等几类，然而拼合梁一般只适用于瘦高扁作月梁，高琴面月梁与圆作冬瓜梁则极少用拼合梁。拼合月梁的盛行区域为苏南、浙北、浙东以及浙中，常见的形式可以概括为元式月梁和明清拼帮月梁（图 5-2-7）。

2）拼合受弯构件

为解决大跨度构件受力问题，在木材整料尺寸不能满足要求的情况下，经常会采用小件拼大件的拼合做法，如在檩条与梁架的制作上出现了"拼合檩""梁两件"等

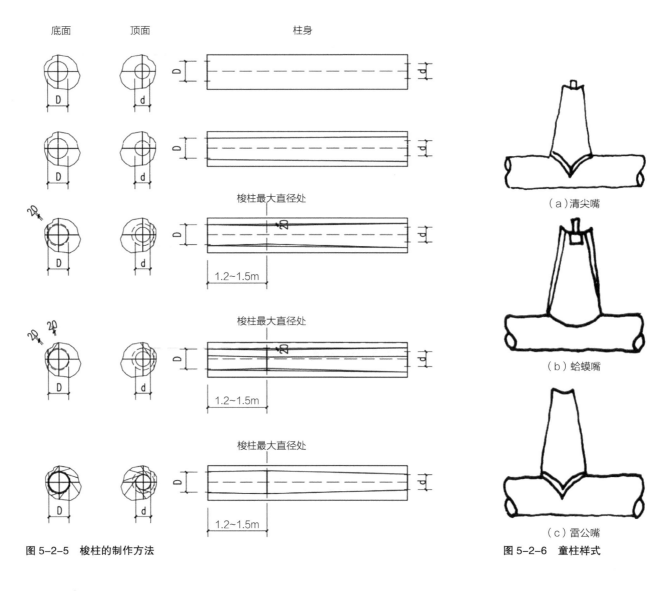

图 5-2-5 梭柱的制作方法

图 5-2-6 童柱样式

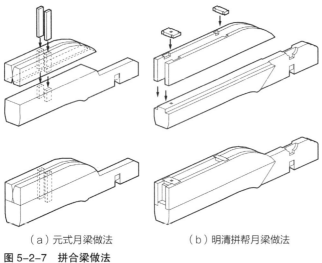

图 5-2-7 拼合梁做法

拼合构件做法，即将两个不同截面的小件利用硬木销钉或直榫拼合成大件的做法，这样可大大增强整体构件的抗弯强度与刚度。古建筑木结构中的拼合受弯构件主要

有"拼合檩"和"拼合梁"。"拼合檩"是指在两根檩条中夹小连机木（图 5-2-8a）或是一根檩条加一根随檩枋（图 5-2-8b），使用硬木销钉拼合而成；"拼合梁"做法中常见的"梁两件"是指由梁、随梁枋拼合而成（图 5-2-8c）[9]。受弯构件的拼合做法不仅能在结构上增强整体的抗弯性能，保障结构安全性，也能在视觉上增加构件的层次与变化，凸显观感艺术性。

对拼合受弯构件进行构造分析与抗弯承载力计算的过程中发现，现今木结构传统建筑的加固修缮设计中，通常会遇到某一圆截面构件承载力不足，需要加大截面形成拼合构件的情况，优先选择增设与上截面高度相等的圆截面构件进行加固，以形成图 5-2-8 所示的拼合构件，与图 5-2-8（a）和图 5-2-8（b）的截面相比，图 5-2-8（c）的截面的抗弯强度最强。

3）拼合柱

在殿庭用材不足时，可用数段小料拼合成柱。按照

(a) 檩条—檩条式拼合檩

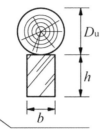

(b) 檩条—随檩枋式拼合檩

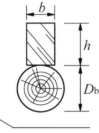

(c) "梁两件"拼合梁

图 5-2-8 三种拼合受弯构件截面

《营造法式》所载用柱制度，根据用料情况的不同，有"二段合""三段合""四段合"等，即分别以二、三、四段木料拼合。各段之间用鼓卯、鞠榫（燕尾榫）连接。鼓卯有明、暗之分：明鼓卯用于柱身表面或柱底，安装时对准各段拼料，将鞠榫扣入明鼓卯内即可。暗鼓卯用于柱身内，卯口外窄内宽，其上侧或下侧另做一内、外宽度与暗鼓卯内宽相同的方形卯口。

拼合柱安装时，应首先将鞠榫插入某段木料身上的方形卯口，沿柱身方向扣入暗鼓卯内，以填楔封住方形卯口，完成该段木料上所有暗鼓卯、鞠榫的组装后，再将另一段木料与之拼合，如法炮制，以组成更大的拼料。须注意的是：因为方形卯口与鞠榫的最大断面大小一致，安装时要求鞠榫正面插入方形卯口，因而前述组合后须得到两个半圆形截面的拼料（该半圆形截面的拼料不拘以几段更小的木料拼成），再彼此正面相对，将鞠榫插入方形卯口，如此完成整根柱子的拼装。木柱尺寸特别巨大，尚可采用圆木为心，四周拼合小料，再围以铁箍的做法。

5. 大木构件的安装方式

作为节点构造的一种类型，榫卯的本意即帮助构件实现连接，但一座大木构架中构件众多，不同构件的安装发生在建造的不同环节，因而榫卯的形式必须照顾到安装顺序的可行性。如果榫卯方向混乱，甚至出现错误，则可能导致构件无法顺利安装。因此，统一而规范的榫卯形式有利于建立安全、高效的操作规程，使得整个建造过程有条不紊。当然，在安装不受根本影响的情况下，榫卯的形式还是会更多地考虑结构方面的因素；而相应的安装顺序则会据此进行调整。

1）敲交桁条

敲交桁条是解决桁条这类圆形构件在屋角转角时相互搭接的关键工艺，常用于阳角，相交的桁条在上下端分别留 1/2 的厚度，然后交入为互交角，通常有割合角交合和吞肩相交作合这两种方式。敲交桁条工艺主要包括桁条的制作和划线、敲交桁条开口交合这两个主要步骤。

第一步：敲交桁条的划线方法一般有敲交漫割角法、敲交加吞肩法及其他三种。其区别如表 5-2-1 所示。

桁条制作的工艺工序及其注意事项　　表 5-2-1

名称	工艺工序	注意事项
敲交漫割角法	先划出中线，分别弹出十字中心线，再划出敲交开间的中心位置线和相交中心线，中心线要求上下盘通，按照不小于桁条直径 1/2 的榫卯宽度，分出榫宽线，榫厚依照弹划的中心线确定，并按照榫的对角线划出外皮对角线	划线时应当注意桁条的上下皮对角线盘通后，即可用锯锯榫开口；划线时应当分清交合头，一根桁条剔除上半部，另一根桁条剔除下半部
敲交加吞肩法	使用样板划线，把敲交的交合处做一块样板，与桁条上划出的开间交合中心线和桁条中心线对正，按样划出	划线时应当注意桁条的上下皮对角线盘通；确保桁条的水平，并把榫和割截面分别划出；划线完成后即可用锯和凿子开口
其他	—	桁条大小不同时，上述敲交漫割角法或敲交加吞肩法，划线时可以根据桁条的大小综合考虑

第二步：敲交桁条的开口交合。敲交桁条开口锯凿完成后，必须逐根进行交头试合。先把下部的桁条放在下面，放平，适当垫高并进行修正和检查，再把上部的桁条与底部桁条的卯口对正并放置上去，一边用斧慢慢击入一边检验上下两根桁条的水平和角度，并校验两根桁条的松紧情况及相交的角度是否符合；修正两根桁条的对角合角，并校验其终点与桁条的水平与垂直关系，直至两根敲交桁条的底面相平为止；再次校验两根敲交桁条的交合角度和紧密程度，确保两点：①两根桁条的交合角度相符；②两根桁条的端头中心线互相垂直、合角紧密。

2）箍头法

箍头法是解决梁与柱头这类"水平—垂直"构件搭接的关键工艺，通过箍合，使得柱头套入梁身内，梁与柱结合紧实、不松动，同时确保梁的下口接合严密、上口叉口紧密，以便确保四界大梁或六界大梁在进深方向的刚性。箍头法用于与步柱、山界梁与金柱、金川与金川童、边双步与边步柱、廊川与廊柱的箍合。

箍头主要包括如下七道工序，其中划线、开凿梁端头的做法最为基础，各个匠帮的做法不尽相同。第一步，划线。箍头法常用的划线方法有两种：量划箍柱落线法、直接点划箍头落线法。第二步，开凿梁端头。开凿梁端头的常用方法有四种，根据不同的情况采取不同的方法（表5-2-2）。第三步至第七步，箍好柱后，把柱长出的部分依照桁条样板，自机面线由高至低划出柱头净长和叉弧肩，分别锯出香炉脚和榫头；柱梁箍合完成后，依照机面线的高度，在梁的留胆处挖桁腕平刻口，并用所在位置的桁条样板划出墨线；用凿子凿去开刻和坐腕处的梁端部分，使得左右两面在梁背中线处接通；用桁条样板划出柱端的净长（按照提栈尺寸，即柱底至上梁机面线的距离）和童柱的净长（按照提栈尺寸，即下梁的机面线至上梁机面线的距离），将柱子暂时取出并用锯锯出香炉脚和榫头；柱梁箍合完成后，依照放出的长度对梁端锯净、刨平、倒大棱，对箍头的柱口处倒小棱，对香炉脚外侧的柱和童柱倒小棱。

开凿梁端头的方法及其工艺工序　　表 5-2-2

编号	适用情况	工艺工序
01	梁箍柱、梁边留有较宽的端头	用凿子把柱槽空当凿出
02	梁箍柱、梁边完整	用绕锯锯割，将梁端头需要剔除的卯口内木料锯开，然后用凿子修整，后期油漆涂刷时需要遮盖锯线缝
03	梁箍柱、柱头卯口的进锯位置处在连机口和夹堂板槽中	用绕锯开卯口后，再用凿子修整
04	柱头大于梁端或做木鱼肩式	划线，后用绕锯直接锯出柱头弧口，再用凿子修整

3）汇榫法

汇榫，即大木构件的榫眼与卯口的汇聚、亲合，通过汇榫，校验大木构架的轴线尺寸、进深和开间尺寸以及木构节点的密实度和垂直度，是校验各构件中线的重要步骤，也是解决大木构架进深、开间的尺寸定局的关键性步骤。常见的汇榫部位包括柱梁的汇榫亲合（箍头法可以被看作柱梁的汇榫亲合）、柱与一根枋子的汇榫亲合、柱与两根枋子的汇榫亲合等。主要借助大兜方尺、水平尺等校准工具及尺规工具，通过反复校核三个维度的垂直/平行关系，确保枋子、梁与柱子之间的严密的垂直关系。

汇榫主要可以概括为如下工序："就位准备"—"汇榫构件插入卯口初配"—"校正及配亲头"—"核准长度亲肩"—"插入复核"—"点出销位，凿打销眼"—"倒棱归堆"等，其中，"校正及配亲头""核准长度亲肩"及"插入复核"三道为核心工序，直接关系到汇榫结果。

5.2.2　江南传统民居的砖瓦建造技术

1. 青砖砌筑

1）组砌形式

组砌是指砖在砌体中的排列。古建筑墙面多为清水墙，组砌时既要考虑到墙体的稳定性，还要考虑墙面的美观。江南地区墙体的组砌方式可分为实滚、花滚、空斗三种。

实滚砌法是以砖扁砌，或以砖之丁头侧砌，用于房屋的坚固部位，如勒脚与楼房下层。实滚有实滚扁砌式、实滚式、实滚芦菲片式三种做法。实滚扁砌式相当于北方的卧砖砌筑，平砖顺面向外，砖块平砌，上下错缝（图5-2-9）；实滚式，江南称为"玉带墙"，平砖顺砌与侧砖丁砌间隔，上下错缝（图5-2-10）；实滚芦菲片式，又称席纹式，墙面外观如编织席纹，采用平砖顺砌与侧砖丁砌间隔，每层砌法相反（图5-2-11）。

花滚砌法即为实滚与空斗相间而砌，具体砌法是先

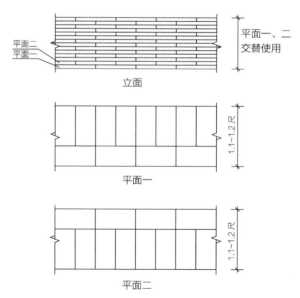

图 5-2-9　实扁砌法示意图

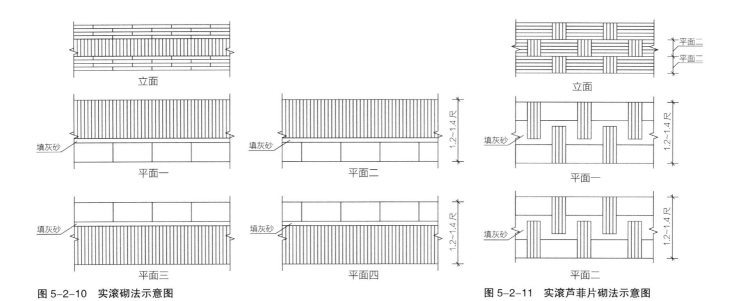

图 5-2-10 实滚砌法示意图

图 5-2-11 实滚芦菲片砌法示意图

砌二皮扁砖，其上再以砖侧砌，侧砌一层与芦菲片相似，将扁砌之砖亦侧砌成斗砖，斗砖空隙处填以碎砖和灰浆（图5-2-12）。另一种花滚砌法是实扁镶思，做法是扁砌一皮，再侧砌一层，侧墙之间立斗砖半块，空隙内填以灰浆，故虽称实扁，但也属花滚（图5-2-13）。花滚墙虽然不及实滚墙坚固，但比较省砖、经济，常用于勒脚以上墙体。

在空斗砌法中，侧砌的砖称斗砖，扁砌的砖称卧砖（也称眠砖、扁砖）。砌法分为有眠空斗墙和无眠空斗墙两种。斗砖空隙处填以碎砖和灰浆。有眠空斗墙是每隔一至三皮斗砖砌一皮眠砖，分别称为一眠一斗、一眠二斗、一眠三斗。无眠空斗墙只砌斗砖而无眠砖，所以也称全斗墙。与斗砖成垂直方向的是丁砖，丁砖又可分单丁、双

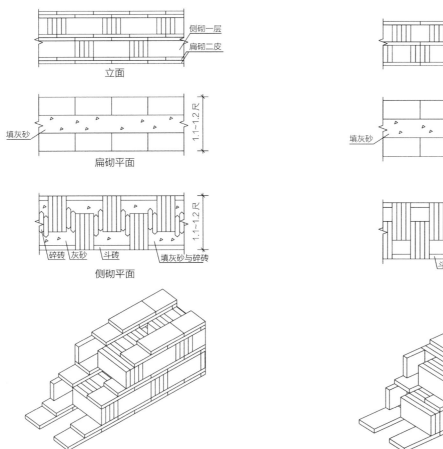

图 5-2-12 花滚砌法示意图

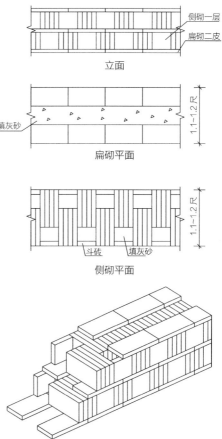

图 5-2-13 实扁镶思砌法示意图

丁、三丁、大镶思、小镶思、大合欢、小合欢等多种形式。单丁空斗先砌卧砖一皮，其上砌斗砖层作斗，丁砖为一块，即称单丁，若丁砖为两块、三块，则分别称双丁、三丁（图5-2-14）。空斗镶思，又称大镶思，做法与单丁空斗基本相同，墙厚均在一砖以上（可在1尺以上），不同之处在于空斗镶思的斗砖长半砖，而单丁空斗的斗砖长一砖（图5-2-15）。用大合欢砌筑的墙，不设卧砖，为全斗做法，其墙厚为一砖（图5-2-16）。小镶思、小合欢（图5-2-17）的做法分别与大镶思、大合欢相同，但其墙厚仅为半砖，因此，这两种砖墙只能作隔墙或用于简易房屋。

2）砌筑工艺

砌砖工艺包括斫砖、磨砖、灌浆、填料、粉刷、镶嵌、贴面等各个工艺环节，其工艺优劣关系到墙体的牢固、墙面的美观和用砖是否经济。从明清流传下来的做法，根据砌砖技术精细程度的不同，可分为磨砖对缝、磨砖勾缝、消白丝缝、带刀灰缝、糙砌等整砖砌法（表5-2-3）。

对于空斗墙的砌筑，先进行定位、找平、放线等工

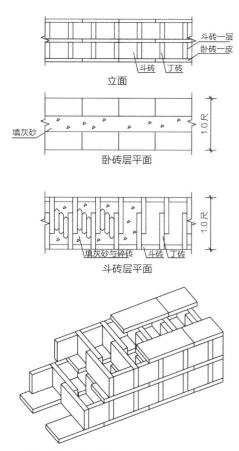

图 5-2-15 大镶思砌法示意图

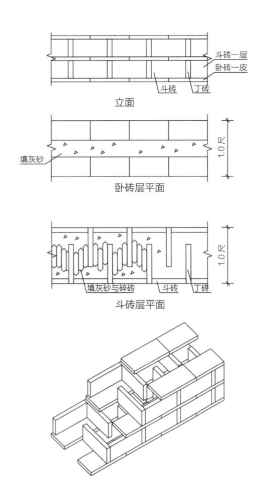

图 5-2-14 单丁砌法示意图

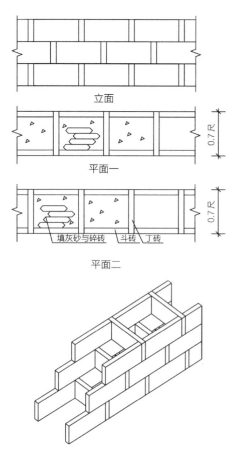

图 5-2-16 大合欢砌法示意图

作，确定墙边线和门窗洞口边线，然后在空斗墙的底层砌筑至少三皮砖的实心墙。在进行空斗墙的砌筑之前，必须先根据组砌形式进行试摆，不够整砖处，可加砌斗砖，不得砍凿斗砖。墙的转角处和丁字交接处应砌成实心墙，且应使上下皮砖互相搭砌（图5-2-18）。空斗墙的砌筑宜采用满刀灰法。有眠空斗墙中，眠砖与丁砖接触处只在两端刮灰或坐灰，其余部分不应填塞灰浆（图5-2-19）。空斗墙外墙大角应砌成锯齿状与斗砖咬槎相接，每次盘砌大角以不超过三皮斗砖为宜（图5-2-20）。

3）地域特色

由于砖的地域性差异，不同地区的民居青砖在砖砌块尺寸、墙体厚度、砌筑方式上都各具特色。苏北地区砖砌块厚度最厚，单个砌块的厚度大多在55~80mm之间，墙体厚度亦最大，在400~600mm之间。以徐州为例，砖墙如果做下碱，多用本地产青石，每层两顺一丁砌筑，内填碎砖和土；主体墙身内外用砖实砌，约每隔七层顺砖置一层丁砖，内部用土坯，局部使用印子石加固；在转角与收头处用砖封闭，以免土坯暴露（图5-2-21）。苏中地区砖砌块厚度多在20~55mm之间，类型较多，墙体厚度在270~450mm之间，以一顺一丁扁砌居多，也有空斗墙的做法（图5-2-22）。

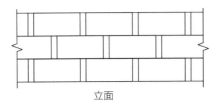
立面

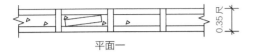
平面一

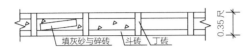
平面二

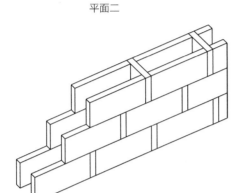

图5-2-17 小合欢砌法示意图

砌砖工艺列表　　　　　表5-2-3

	工艺名称	工艺做法	特点	用途
细砖墙	磨砖对缝（干摆）	砖缝密合，将砖块摆好后再灌灰浆，施工时需要五面磨砖。粘结材料使用桃花浆或生石灰浆，要"一层一灌，三层一抹，五层一躞"	追求"真实砖缝"，对砖的要求严格，工价高，外观有缝不见缝	常用于高等级建筑，或是比较讲究的墙体下碱及其他重要部位
	丝缝、磨砖勾缝	外露细灰缝，屋面磨砖，砖缝平直。粘结材料用老浆灰	砖面加工略为粗糙，有时和磨砖对缝结合，较费工	常作为墙上身，也常用于砖檐、梢子、影壁心、廊心等
	淌白丝缝（淌白）	砖只磨外露一面。砍砖用泼浆灰，砌好后墙面磨平，然后刷灰缝与砖色一致。粘结材料常用老浆灰或深月白灰	模仿丝缝墙外观效果。常用耕缝、打点缝或是描缝	用于一般房屋墙垣，或追求粗犷、简朴的风格
粗砖墙	带刀灰缝	用砌刀刮灰勾缝，一般砖料不砍磨，粘结材料为月白灰或白灰膏	灰缝较大（5~8mm）	垒砌一般房舍墙垣上身之用
	糙砌	砖不加工，不勾缝	灰缝较大（8~10mm），多为加抹灰面的墙体（浑水墙）的砌法	用于普通砌筑

第1、3、6皮

第2、5、7皮

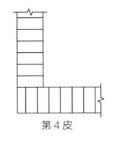
第4皮

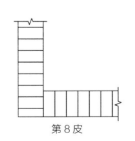
第8皮

图5-2-18 一眠三斗空斗墙转角处砌法

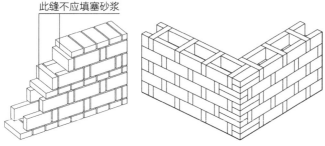

图 5-2-19 空斗墙不应填砂浆的部位　图 5-2-20 空斗墙盘角形式

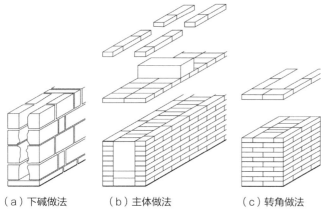

（a）下碱做法　（b）主体做法　（c）转角做法

图 5-2-21 苏北地区砌法示例

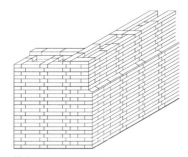

图 5-2-22 苏中地区砌法示例

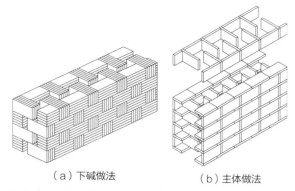

（a）下碱做法　（b）主体做法

图 5-2-23 苏南浙北地区砌法示例

苏南浙北地区砖砌块厚度多在 20~35mm 之间，长度在 205~240mm 之间，属于短而扁的类型，墙体厚度在 120~420mm 之间；墙身下部多用实扁砌法或实滚芦菲片砌法，中部主体以单丁斗子砌法为主，内填碎砖及土，至转角收边处用扁砌，起到构造柱的作用（图 5-2-23）。浙中地区的砖砌块与苏南浙北相近，但长度在 230~340mm 之间，整体上呈长而扁的形态，墙身厚度则较前者略薄，在 80~380mm 之间，大多在青砖扁砌压边的墙基上直接用空斗砌法砌筑墙身，丁砖上下堆叠，转角处则由下至上从实砌向空斗逐渐过渡以增加转角下部的强度。浙南地区的砖砌块厚度最薄，在 20~30mm 之间，长度在 170~260mm 之间，墙体厚度多在 270~300mm 之间，常以三顺一丁实扁砌法砌筑下部，主体采用空斗砌，仍为三顺一丁，丁砖对齐，中间填土，转角处增加两块丁砖来闭合墙体（图 5-2-24）。

单体建筑中墙体的不同部位也会出现不同的砌筑工艺。以南京胡家花园铭泽堂山墙为例，下部采用实滚砌至 1030mm 处，上部主体则用空斗砌法。再以浙江兰溪诸葛村春晖堂山墙为例，在紫砂石墙基上直接砌筑空斗墙，到上部需要与木柱加强联系时加入木墙牵，至墙顶端收头处则用薄砖实扁砌层层出挑，并在最上端砌出一定的角度，而在门洞处采用了水磨砖贴面的处理方式。

2. 瓦作构造

1）屋面构造工序

江南传统民居的屋面所使用的材料种类并不多，一般民居建筑仅使用仰瓦、底瓦和灰等，便可构成屋面和屋脊的各个部位。这种用同样的材料，通过不同的构造方式，满足屋面各个部位的功能需求的方式，是传统瓦作科学智慧的体现。屋面构造的主要流程为：完成大木构架→屋面材料备料加工→铺椽→铺望砖（望板）→筑脊→铺底瓦→铺盖瓦→整体检查，一般由木匠与瓦匠共同完成，木

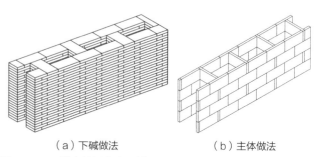

（a）下碱做法　（b）主体做法

图 5-2-24 浙南地区砌法示例

匠主要完成铺椽、望板、勒望、瓦口板、连檐等工序；瓦匠主要负责铺瓦、筑脊、灰塑脊饰等工序[10]。

（1）铺椽

椽子直接按一定间隔固定于檩条之上，承载望板或望砖、灰背、瓦等，并将其传递至檩条之上。铺椽子时，先根据建筑功能确定椽子类型和椽距，再安装施工（图5-2-25）。在江南地区民居建筑中另有其他特殊做法可代替椽子与望砖或望板，如板椽、柴子、大芭、高粱秆束等。

（2）钉瓦口板、勒望等木构件

在椽子铺好后，还要安装其他辅助木构件，如瓦口板（图5-2-26）、勒望、大小连檐、封檐板、椽头等。

（3）铺望砖（望板或苇编等）

江南地区民间传统建筑望砖屋面有几种做法：满铺望砖、屋身铺望砖与檐口铺望板混用等。根据建筑等级的不同，对望砖处理的精细度也不同，可分为细清水望砖、清水望砖、糙望与反刷望砖。清水望砖，在江南地区普遍使用。铺筑望砖前，需进行一系列处理，如造型、劈剖清理、刷色、批线等，然后再铺筑（图5-2-27、图5-2-28）。

望板屋面是指在椽子上铺望板，以钉固定（图5-2-29）。望板长随木料，厚约20mm，宽约150mm。板与板间有拼缝为佳，预留为日后使用中变形的空间。常见的木质望板由于防水措施不到位，极易产生受潮、发霉、破损等现象（图5-2-30、图5-2-31）。苇编，民间俗称为苇席、芦席等，是以空腔大芦苇编织加工而成的屋面材料。苏南环太湖流域的民居中，有将芦苇加工成苇编，以取代望板或望砖的做法。浙东民居中还有将各种地方材料用于屋面的做法，如用杉木编、竹编取代望板或望砖。

（4）垫灰——灰背、坐瓦灰

屋面灰，既可稳定瓦与下面的构造，同时也起到调节屋面曲线等作用。联结灰主要有满铺于屋面的灰背、盖瓦楞下的坐瓦灰等。在江南地区的屋面铺筑中，灰浆常常选取当地的特色材料作为辅料，并对材料进行加工，以充分发挥材料的性能（表5-2-4）。

图5-2-25 椽子铺设

图5-2-26 钉瓦口板

图5-2-27 望砖屋面构造

图5-2-28 望砖铺设

图 5-2-29　木质望板铺设　　　　　　　　图 5-2-30　木质望板受潮发霉　　图 5-2-31　木质望板外粉刷层破损

江南民居建筑屋面灰浆特色辅材　　表 5-2-4

地区	特色材料	使用方式
江苏北部	麦秸秆、麦壳	加入灰中增强拉接性能
江苏南部	稻秆	将稻秆碾碎作为纸筋灰的骨料
浙江中部	贝壳	将贝类煅烧，湿法细磨，再充分水化，所得灰称为蛎灰，用于砌筑屋脊、墙头，粉刷墙面

（5）铺瓦

铺底瓦的基本准则为小头朝下，需要借助辅助线靠直（图 5-2-32），多使用压五露五的方式。铺设滴水瓦时，需要在檐口多压一块板瓦，防滴水瓦坠落。

江南地区民居的屋面盖瓦有多种，如蝴蝶瓦、小青瓦、冷摊瓦、双层瓦、干槎瓦、灰梗瓦以及筒瓦等，每种做法不同，技术要求各异，其中以小青瓦和冷摊瓦的使用较为普遍，蝴蝶瓦的施工工序最为复杂。盖瓦的铺设流程如下：两楞底瓦铺好后，铺盖瓦，先在两楞底瓦之间筑坐瓦灰等，用灰与一些碎瓦、碎砖塞在两底瓦空隙处，沿线铺檐口花边瓦。檐口瓦与滴水瓦铺设方法类似，每次两块瓦一起铺，一块花边瓦加一块盖瓦。檐口瓦有瓦口板时，卡在其上；一般民间建筑没有瓦口板，匠人用碎瓦（节材）卡住花边瓦。盖瓦楞，主要注意瓦楞的线条，瓦楞是否直，直接影响屋面外观（图 5-2-33）。

浙东南等地由于夏热冬冷，室内小气候需要较大的流动性以满足人们对凉爽体感的需求，通常采用冷摊法铺设屋面瓦，即瓦直接铺设于椽子之上，不用望板、顺水条、挂瓦条等垫层保暖做法，使得瓦缝之间的空气能够流通，形成室内外热压差。

2）屋脊构造

屋脊构造是屋顶建造中最为重要的一步，俗称"压脊"。屋脊做得好坏与否，不仅关系着梁的保护、两面坡屋面的牢固，也与民居建筑的美观与寓意有关。处于房屋的制高点，屋脊具有保护脊檩、牢固屋面的功能性作用，也有显示屋主身份的门面作用与避祸求吉的社会心理作用。江南地区民居的屋脊做法多样，与建筑的等级、形式及装饰要求紧密结合，以不同的构造手法完成防水功能，是屋面做法科学性和艺术性的体现。

（1）屋脊构造工艺

屋脊的两个端头部分称为脊头，是屋脊部分的装饰重点，有平直与起翘两种做法。屋脊除脊头以外的部分，就是屋身，屋身的正中部分又可称为脊中，一般也是屋脊装饰的重点。板瓦屋面应首先铺设两坡顶部的瓦楞，再按照根据建筑等级设计的屋脊样式进行实际筑脊操作。筒瓦屋面筑脊的工序则在铺满屋面瓦之后。民居建筑筑脊的工艺顺序如下：第一步是拉线，找脊中和脊端头，确定位置，然后筑攀，再依次筑脊身、脊顶、脊饰，最后脊表面抹灰（图 5-2-34、图 5-2-35）。

图 5-2-32　沿辅助线铺设底瓦　　图 5-2-33　用长木条校正盖瓦楞单边靠直

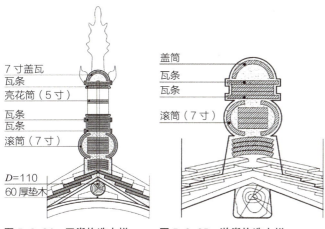

图 5-2-34　正脊构造大样　　图 5-2-35　游脊构造大样　　图 5-2-36　望砖砌筑屋脊

灰座层是整个屋脊的基座，其做法是：首先，以砖或瓦覆盖或填塞在脊檩上，然后，再在砖瓦外以灰抹平。其作用有以下几个：一是保护脊檩和望层；二是通过垫加砖瓦便可以调整曲线。线砖层是屋脊形象的主体部分，当地称之为"弦子"。其做法一般是将加工后的望砖或青砖砌于灰座层之上，形成层层平行的线脚或瓦花，是整个脊身做法的主要变化所在，一般它的层数多寡、构造繁简、立面高低、材料贵贱是主家的实力和地位的反映。其作用是压住屋瓦以及下部的椽望。盖顶层指的是屋脊最上层的一项瓦作，其做法有多种，如采用站瓦、筒瓦和磨制半圆砖等，而在江南地区主要采用的是站瓦形式，站瓦又分为直立和斜立两种。它的作用是进一步增加屋脊的压重，达到防风防雨之效。

（2）屋脊做法的地域性差异

苏北民居建筑以直坡顶为主，脊身曲度较大，脊头做法简单平直。小户人家以使用清水脊、片瓦脊为主，少量大户人家使用亮花脊做法。苏中南部民居通常脊身平直无生起，但屋脊端头起翘角度较大，以南通和泰州以东的苏中地区最为突出，溱潼、黄桥古镇等地的一些民居端头甚至翘起达到了70°。屋脊角饰较为丰富，如瓦花"福禄寿喜财"等字样，有的嵌以雕花青砖，有的为变形如意、万字、书卷，有的为堆灰浮雕或彩绘。泰兴、江都、泰州一带的"龙脊头"以瓦花堆砌、镂空、敷彩为特色，兽形、花卉、字纹均有。

苏南环太湖流域的民居的屋脊构造特征则因具体的地域而存在细微的差别。南京传统民居多使用游脊，屋脊线条由望砖砌筑，表面不抹灰（图5-2-36）。苏州民居屋脊造型丰富，有亮花脊、纹头脊等样式，屋脊的细部线条表面抹灰，棱角分明。园林建筑多使用亮花脊，脊头灰塑题材多样，造型优美。民间住宅脊身一般平直无装饰，有的人家则做"脊花"，如以瓦花饰成莲花或万年青形，以兆年年发禄，也有以"堆灰"制花卉、瑞兽和吉祥字纹，或彩绘驱邪戟、阴阳图、八仙器具等。

浙中、浙北地区民居屋脊常用游脊，脊身为最简易的攀脊做法，用片瓦叠脊，又称立瓦脊，部分大户民居使用复杂的亮花屋脊等做法[11]。立瓦脊为在屋脊处使用立放或斜立的板瓦，瓦片不仅用作装饰，也用作瓦片破损时的储备，做法为在平脊上用一扣二的方式做成脊背，而后屋脊的正中位置设置压顶脊刹，两侧瓦片堆叠向脊的中央压顶（图5-2-37）。亮花脊是用砖堆砌成滚瓦花脊，或用灰塑孔洞形成漏花样式，用于较高级的建筑中。

浙东地区的屋脊做法有两种：一种为砖材砌筑，表面抹灰，用于重要建筑。另一种为立瓦叠脊，用于一般民居的厢房、廊屋等。浙南地区气候炎热多雨，沿海民

图 5-2-37　片瓦叠脊

居屋脊多做清水脊或简易攀脊，脊头装饰较少，常使用卷草、鱼等海洋文化的象征样式，也有花朵、飞鸟等常见样式。

（3）脊饰

瓦屋压脊，一般都在脊上做点花样求美求吉。江南民居的屋脊也有以脊饰进行命名的情况，如纹头脊、哺鸡脊、鱼龙脊、龙吻脊等，其中鱼龙脊、龙吻脊的瓦条数均在五路以上，仅用于殿庭。民居正脊装饰形式多样，《营造法原》中记录有甘蔗、雌毛、纹头、哺鸡、哺龙等形式，还有寿桃、佛手、石榴、蝙蝠等形式。甘蔗脊的脊头就有回纹、如意、柳叶等多种装饰形式。甘蔗脊又称甘蔗头，也可依其装饰纹样称为如意头、柳叶头等。回纹甘蔗头用砖雕在扬州地区是一种十分普遍的做法，而在苏南地区则大多在竹节瓦的表面以纸筋灰粉出。

5.3 结语

本章通过文献调研、匠人走访、现场取样等方式，对江南传统民居的结构选型进行了研究，概括了江南传统民居结构体系的区域性特征以及江南传统木结构民居的典型构造特征，并对民居大木构架的建造技术以及砖瓦作建造技术开展了详细调查，科学调查和规范记录了江南传统民居建筑传统营造工艺的特点和工艺流程，在此基础上进一步挖掘了江南传统民居建筑榫卯节点及构件结构特性以及传统营造工艺的科学原理与存在的问题，促进了江南传统民居建筑传统营造工艺的普及和传承。

参考文献

[1] 刘敦桢. 中国古代建筑史 [M]. 北京：中国建筑工业出版社，1980.

[2] 朱光亚. 中国古代木结构谱系再研究 [C]// 第四届中国建筑史国际研讨会论文集，2007: 385-390.

[3] 崔垠. 硬山民居建筑的地域技术特色比较 [D]. 上海：同济大学，2007.

[4] 戚德耀. 浙江民居概况 [Z]// 浙江民居讨论会文件. 1962: 14.

[5] 淳庆，吕伟，王建国，等. 江浙地区抬梁和穿斗木构体系典型榫卯节点受力性能 [J]. 东南大学学报（自然科学版），2015, 45（1）：151-158.

[6] 淳庆，潘建伍，韩宜丹. 江南地区传统木构建筑半榫节点受力性能研究 [J]. 湖南大学学报（自然科学版），2016, 43（1）：124-131.

[7] 李浈. 中国传统建筑形制与工艺 [M]. 上海：同济大学出版社，2015.

[8] 田永复. 中国古建筑知识手册 [M]. 北京：中国建筑工业出版社，2019.

[9] 贾肖虎，淳庆，张承文. 古建筑木结构典型拼合构件抗弯性能计算方法研究 [J]. 工程抗震与加固改造，2020, 42（3）：143-148.

[10] 刘翠林. 江浙民间传统建筑瓦屋面营造工艺研究 [D]. 南京：东南大学，2017.

[11] 丁俊清，杨新平. 浙江民居 [M]. 北京：中国建筑工业出版社，2009.

图片来源

图 5-1-18、图 5-1-19 来源：李诫. 营造法式 [M]. 北京：中国书店，1989.

图 5-1-20 来源：姚承祖，张至刚. 营造法原 [M]. 北京：中国建筑工业出版社，1986.

其他未标注均为作者自绘/自摄。

第6章　江南水乡村镇规划的发展与展望

江南水乡传统村镇发展中主要呈现着"自下而上"的规划模式，而随着时代的发展，江南村镇急剧扩张，规划管理面临着保持水乡传统韵味与现代化发展之间的平衡的问题。在缺少"自上而下"建设模式的背景下，村镇建设存在大量浪费现象，出现了自然村落布局混乱、功能不完善，自发建设住宅占地面积大、土地浪费严重，传统文化特色在消失等问题，严重制约了可持续发展和建设。因此，加强土地管理，做好江南村镇低能耗的集约化、可持续化发展尤为重要。

6.1　江南水乡村镇发展的特点与趋势

6.1.1　江南水乡村镇

1. 传统水乡村镇的形成和发展

早在旧石器时期，江南片区就有了人类居住的痕迹。《吴越春秋》记载："在吴西北隅，名曰故吴，人民皆耕田其中。"江南村镇的雏形在春秋时期始现，但受限于水多人少地少，传统水乡发展缓慢。三国时期孙氏立国后，江南片区城市迅速发展，水乡聚落迎来初次发展机遇。西晋"士人南迁"的社会背景下，大量中原移民的迁至使江南人口迅速增长，村镇成规模发展。隋唐时期，京杭大运河的水运推动了南北方经济文化的交流，江南超然的经济地位给水乡村镇发展带来了活力。《宋书》记载："江南……地广野丰，民勤本业，一岁或稔，则数郡忘饥……丝绵布帛之饶，覆衣天下。"两宋时期，战乱将中原的精英引至江南，带来了丰富的文化，开创了全新的江南时代。明清时期，江南出现资本主义萌芽，小型村镇迅速崛起，其中以吴江、湖州片区最为典型。新中国成立后，经济的迅速发展和交通运输方式的转变，使江南片区的村镇格局发生了重大改变，村镇的发展由农副产品、手工业商品的集散地逐渐转变为乡镇的文化中心，主要展示江南水乡的传统文化。20世纪以来，乡镇企业和工业化发展为江南水乡村镇开启了新的发展模式，空间格局发生了改变。

2. 水乡村镇空间特色和演变

江南水乡拥有稠密的水网体系，村镇依水而建、以水为脉、因水成街，水与村镇丝环相扣。水系肌理不同，江南水乡空间布局上也展现出不同的空间肌理，在生态环境与人文环境上形成了统一。

1）整体空间布局

在传统的空间格局中，水网不仅是交通出行、商业贸易、灌溉生产的重要组成部分，更是居民交流、休憩的重要生活场所。村镇在空间上主要呈现三种形式：一字形、十字形和网状形。

（1）一字形空间格局演变

一字形空间格局多出现于小型规模的村落布局中，以一条主河为主轴线，贯穿整个村镇或聚落，主要建筑沿河道展开。在历史长河中，村镇或聚落的规模会沿着水系，在不改变整体形态的同时不断增长，村镇或聚落的主要交通干道走向也与水系平行一致，随着规模的扩大而不断延伸，如吴江黎里古镇、嘉兴乌镇、无锡荡口古镇聚落就是此种布局（图6-1-1）。

（2）十（丁）字形空间格局演变

十字形的空间格局发展形成的村镇规模一般为中等大小，村镇依托十字形、丁字形、井字形水系，在一侧或者两翼逐步伸展，部分十（丁）字形村镇是从两个或多个一字形村镇演变而来。相邻的若干个一字形村镇沿水系生长，规模不断扩大后彼此相连，形成中等规模的十（丁）字形村镇，此种布局的村镇在空间发展上具有一定的延展

本章执笔者：吴杰。

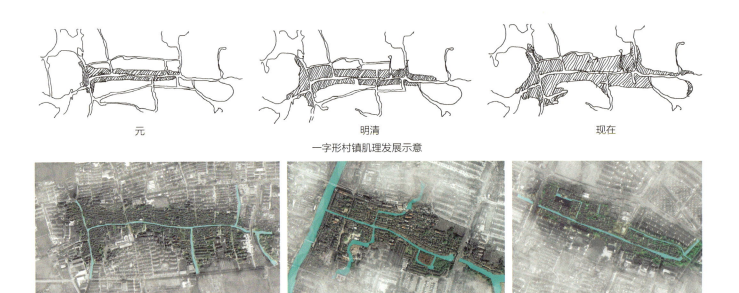

图 6-1-1 一字形——吴江黎里古镇、嘉兴乌镇、无锡荡口古镇

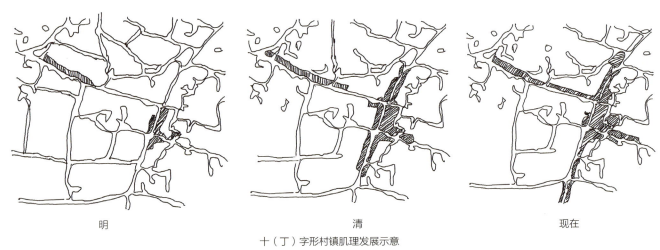

图 6-1-2 十（丁）字形——昆山周庄古镇、湖州南浔古镇

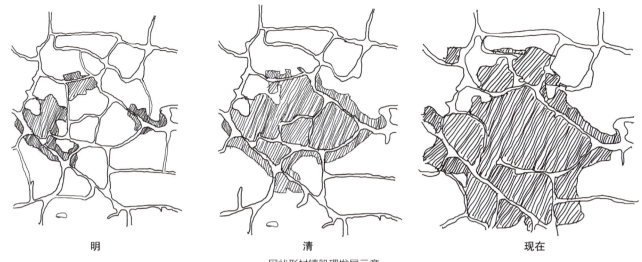

网状形村镇肌理发展示意

图 6-1-3 网状形——吴江同里

图 6-1-4 网状形——苏州甪直

性，规模相对一字形更大一点，如昆山周庄古镇、湖州南浔古镇等，都是此类布局（图 6-1-2）。

（3）网状形空间格局演变

网状形的水系呈现外河环绕，内部网状布局，村镇形成初始阶段，各组团之间分布较散，但在经济发展状态下，村镇呈块状发展，用地布局紧凑。网状水系将村庄分割为多个生活组团，村镇形态呈中心放射状向外生长，此类水网中，村镇规模一般较大，且易成为片区的中心，在经济、商业、文化上形成体系，辐射周边，吴江同里古镇、苏州甪直古镇均是此类布局形式（图 6-1-3、图 6-1-4）。

2）水巷空间格局

在水乡村镇中，街道与民居因水系而有所不同。村镇形成之初，水成为主要交通系统，水、巷、宅之间的空间肌理相对简单，但人口的增多带来了新增住宅的需求，街巷发展为"水—宅—路—宅""水—路—宅—路—水"的空间格局，但不管村庄如何发展，水一直是村镇的核心片区。近年来，水系的交通功能逐渐弱化，新建住宅开始围绕主要道路布局，改变了原有的水巷格局。

6.1.2 江南村镇发展面临的困境与机遇

1. 村镇发展对水乡风貌的影响

改革开放以来，全国经济迅速发展，江南片区经济发展更为迅猛，村镇规模急剧扩大，水系和耕地面积随之急剧减少，传统水乡村镇的空间格局受到破坏，在此，着重关注历史文化名镇名村以外的传统水乡村镇的发展。

1）传统水乡环境受到影响

工业革命以后，村镇的发展受环境影响较小，人们在村镇建设中不再遵循以前的"背水、面街、人家"的空间布局。现代村镇在短时间迅速扩大，超出了自然环境的承载力，而且在建设时，占用原有水系、耕地，破坏生态环境的情况时有发生，村镇格局受到破坏。[1]在交通系统上，新型交通工具的使用，比如家用小汽车的普及，影响或者改变了原有村镇道路尺度和街巷肌理，填河造路、建桥等更是破坏了小桥、流水的村镇风貌，并造成一定程度的水环境污染，减弱了人与水之间的联系。

2）历史延续性受到破坏

民居一直是历史延续、地域文化和特色展示的重要载体，江南以苏派建筑为主，山水环绕、曲径通幽是其典型的特征。随着十多年来外来文化、新型材料及技术的应用，有些追求现代生活气息的人就打破了传统风格的延续，新建住宅从类型到风貌呈现了多元化的风格。此外，对村镇中原有丰富历史底蕴的建筑，人们并未重视其存在的历史价值，随意的改造或者拆除都应该被阻止。

2. 水乡村镇发展的机遇

1）乡村振兴背景下的水乡村镇发展动态

党的十九大报告提出实施乡村振兴战略，村镇规划作为乡村振兴战略的一项基础性工作，是实施乡村振兴战略的重要举措。这些年，我国在乡村振兴方面，特别是针对传统村镇的保护与发展方面出台了一系列的利好政策，为村镇的发展做出了指导性要求，特别在规划层面，"多规合一"的实用性村庄规划①对传统的村庄土地利用规划、建设规划等的有机融合提出了新的要求，按照先规划后建设的原则，通盘考虑土地利用、产业发展、居民点布局、人居环境整治、生态保护和历史文化传承等，可以说"实用性村庄规划"在很大程度上为村镇的发展提供了经济、技术、政策上新的支持，也为江南水乡村镇的规划发展、低能耗建设给予了一定支撑。

2）城乡融合背景下的水乡村镇发展需求

从党的十八届三中全会提出"健全城乡发展一体化体制机制"，到党的二十届三中全会要求"完善城乡融合发展体制机制"，我国的村镇发展在全面深化城乡融合发展中迎来新机遇。城乡融合发展是中国式现代化村镇发展的必然要求。一方面，要坚持"生态优先、绿色发展"，明确相关底线管控要求，保护水乡村镇的特色价值。另一方面，要在存量规划的背景下，稳步提高土地使用效率，鼓励用地功能复合，从水乡村镇特色资源禀赋出发，从"城"和"乡"的角度两头入手，为村镇发展注入新时代活力。

3）全域旅游背景下的水乡村镇发展后劲

全域旅游是指在一定片区范围内，以旅游业为优势产业，从区域范围内旅游、产业、经济、配套服务设施、政策等方面进行统筹考虑，对片区进行全方位、系统化的分析，将片区资源进行有机整合、产业融合及共享，以此推动区域的协调发展。在全域旅游背景下，江南水乡村镇可以结合区域特征进行组团发展，强调"旅游+"的带动能量，打破传统产业与新兴产业间的壁垒，扩大旅游与文化、农业、工业、交通等各行各业之间的联系，实现全产业覆盖，充分发挥旅游业的拉动与催化作用，为江南村镇的发展带来人气，实现全民参与、全民受益，增加游客的获得感和居民的幸福感，也为村镇之间的共享共建发展提供机遇。

6.1.3 水乡村镇规划发展策略或措施

江南经济发达，人文荟萃，水乡地区在改革开放后的发展浪潮中，依托不同的资源禀赋，逐步形成了功能植入、内在整治、产业协同等不同发展模式的村镇类型。

1. 功能植入型村镇

近几年，国家旅游发展趋势从传统的出国游、城市游已转为城乡旅游。村镇依托特色资源和文化根基，积极推动生态休闲旅游、乡村文创等功能，推动三产融合发展。以苏州市吴江区环长漾旅游发展集聚区为例（图6-1-5），环长漾片区借力资本，依靠农民，创新发展新时代乡村旅游。

片区发展以水为界，研究视角拓至庙港延伸区块、震泽古镇延伸区块、中医康养小镇延伸区块，集传统文化与生态资源于一身。在旅游产业上，依托江村及周边的独特资源，提炼优势文化，整合包装，形成新江村大文化体系，推动江村乡村振兴。环长漾旅游集聚区的村镇发展，

---

① 国土空间规划体系中，实用性村庄规划是城镇开发边界外乡村地区的详细规划，是整合原村庄规划、村庄建设规划、村土地利用规划、土地整治规划等形成的"多规合一"的法定规划，是乡村地区开展国土空间开发保护活动、实施国土空间用途管制、核发乡村建设项目规划许可、进行各项建设等的依据。

图 6-1-5 苏州市吴江区环长漾片区规划

以江村为文化内核,突破江村空间,联动环长漾带特色田园乡村,形成了"研学培训、蚕艺度假、田园康养"的吴江乡村画卷,锻造"乡建圣地"品牌(图 6-1-6)。

2. 内在整治型村镇

江南大部分村镇仍是以居住导向型为主,近年来,一系列村庄综合环境整治提升工程从村镇的基础设施入手,提升村镇生活品质,打造了良好的人居环境。以吴江的亭子港为例,村庄是叶家港村的自然村,位于七十二港从东往西数的第十九条,是典型的太湖溇港形成的居住型村落。村庄以居住为主,延续了传统的肌理。近年来,村庄实施了多次综合环境整治工程,仍保留着传统的空间格局。村庄建设过程中充分挖掘溇港文化、水乡文化、传统民风民俗文化等,并紧紧抓住"太湖溇港"主题,提取溇港的形与艺、"桑基鱼塘"的圩田文化元素,在驳岸设计、墙面彩绘、景观小品等方面进行具象展示(图 6-1-7)。

3. 产业协同型村镇

产业协同型的村镇一般可分为农业导向型、工业导向型以及三产服务业导向型三类,新时代的江南水乡村镇以农业导向型并结合农文旅产业发展居多,尤其是现代农业导向型村镇具有特色资源突出、农业产业融合发展的特点,村镇逐渐转向规模化、集中化种植为主,同时兼顾农产品加工、休闲服务业融合发展,实现农业一、二、三产

图 6-1-6 环长漾水乡照片
(左图:水上栈道;右上:滨水景观;右下:导视系统)

图 6-1-7 亭子港村村庄环境
（左图：滨水空间；右上：驳岸设计；右下：墙面彩绘）

之间的融合发展。现代农业导向型的村镇规划，需要经历现状认知、农业产业规划、村镇体系规划三个阶段。

以苏州市吴江区新湖村为例，作为现代农业产业园，以农业生产为本底，种植、培育蔬菜水果等经济农作物，是典型的农业生产导向型的村庄。在村庄发展中，始终紧抓自身产品特色与优势，以柑橘果树种植、林木生产等主导产业，培育新型高产的农业产品，同时积极推进农业生产服务化，提高农业的附加价值，提供更多的就业岗位，增强农业产品的市场竞争力（图6-1-8）。

6.2 江南村镇低能耗规划策略

6.2.1 村镇规划的低能耗导向

不管是旅游导向型、居住导向型还是生产导向型村镇，在快速村镇化的大背景下，人地矛盾不断加剧，土地资源呈稀缺状态，村镇规划方法与技术直接影响江南村镇的低能耗发展前景，主要涉及建设用地选择、发展规模、用地布局、道路交通、空间布局、地域历史文化的传承等

图 6-1-8 新湖农业园（吴杰摄）
（左上：富民小径空间设计效果图；中上：富民小径空间；右上：乡村主入口空间设计效果图；左下：乡村主入口空间；中下：滨水空间；右下：林下空间）

多方面，应将科学发展观、可持续发展的理念贯穿其中，尤其是农户住宅，是总体布局、交通联系以及配套服务设施等体系的核心服务对象，因此，在规划先行的管理模式下，低能耗准则能否落实，首先应当立足于村镇住宅规划的合理性，尤其是江南地区村庄建设以实践归纳为基础，着重提炼住宅基地的集约化、村镇规划中的节地、生态以及环保等可持续原则，作为江南村镇低能耗规划的重要策略（图6-2-1）。

6.2.2 村镇规划的集约化趋势

集约化是指在限量建设用地的前提下，建筑群体形成高效、紧凑、有序的功能结构组织模式。[2] 用地是村庄建设的载体，用地集约化是实现节地规划的重要举措。村镇规划需立足于多规合一，为可持续发展、住宅更新发展提供上位指引。农村生活水平随着经济的发展不断提高，村民对住宅面积的需求也逐年增加，因此，挖掘利用村庄存量用地，合理控制宅基地面积、人均居住用地面积，并构建高效集约的村镇道路系统、公共服务设施的布局，是村镇节地规划的重点[3]。而优化公共设施、道路系统，建立住宅人均用地指标体系，合理提高村镇住宅建筑密度、土地容积率等，是调控宅基地面积的有效手段，也是村镇住宅节地规划能否准确落实的重要因素（图6-2-2、图6-2-3）。

1. 配套服务设施的合理布置

村镇的分布形式、道路格局以及景观节点，都与公共配套服务设施紧密联系，是村庄节地集约化发展的重要控制指标，良好的规划布局、齐全的设施配备、宜人的绿化环境是村镇未来良好发展的重要基础，特别是江南村镇聚落河网纵横，路网在满足使用要求基础上，更应顺应地理环境，才能打造复合空间，配备更多的功能设施，提高土地利用率。因此，合理布置村庄公共服务设施，是实现村镇节地规划的重要因子。对于公共服务设施的配套，布局与规模的确定需要遵循两个原则：一是要充分考虑经济性和利用率，结合服务半径、村镇人口规模，合理布点，并力争做到小而全，进而形成相对完善的服务体系；二是要重视自然资源的承载力，结合村镇发展需求，尤其是规划布局有新兴集聚居民点的村镇，可以在双评估和双评价的体系下，合理确定村镇配套服务设施规模（图6-2-4）。

图6-2-1　左图：常州市溧阳唐马村规划总平面图；右图上：唐马村水、路、田空间效果；右图下：唐马村宅前屋后空间

图 6-2-2 无锡市厚桥街道谢埭村荡渔新规划总平面图及设计效果图

图 6-2-3 无锡市厚桥街道谢埭荡村渔新集约化建设鸟瞰效果

图 6-2-4 左：无锡市羊尖镇丽安村规划总平面图；右上：无锡市羊尖镇丽安村休憩活动中心；右下：无锡市羊尖镇丽安村村民服务中心建设成效

2. 规划建设指标的合理控制

从农耕文明时代开始，江南水乡的村镇布局方式就呈现出"依水而居"的格局。伴随着传统村镇布局的自然发展、演变，也会出现村民乱占耕地、盲目建造房屋的情况，形成了一些村镇肌理分散布局、不均匀的现象，加剧了乡村人多地少的矛盾，在现代城乡规划体系下，容积率、建筑密度以及人均建设用地面积是村庄节地规划的重要衡量指标，不仅能反映土地的利用率，也能体现村民生活的舒适度。为缓解人地紧张的关系，释放出更多的土地容量，建筑由零散到集聚、低层到多层，在保证日照和防灾、疏散等安全要求的前提下，通过合理控制容积率和建筑密度，并严格控制人均建设用地上限等手段，来提高土地的综合利用率，增加土地利用效益。

3. 宅基宅院宅房的管理引导

宅基地是指村镇住户用作住宅基地而占有、利用本集体所有的土地，包括已建房屋或决定用于建造房屋的土地。宅基地面积过大、布局不合理都会造成建筑布局分散，降低土地的利用效率。此外，少量村民在异地新建住宅后，钻政策空子保留了原有宅基地，起到了不好的示范效应，影响人居生活环境建设的可持续发展。因此，在规划建设过程中，需要对宅基地的面积、拆建退地等进行严格把控，确保形成良性循环。

宅院和宅房是在宅基地确定的基础上，依据村镇的传统格局、住宅面积、户型朝向、风貌管控等要求，在民房新建、翻建、改建时管控落实好宅院的具体范围、形式，宅房的户型形式、面积大小、立面风貌。

因此，村镇住宅的布局方式、院落形式、户型样式，尤其是宅基地占地面积的大小，直接影响村庄用地利用的集约程度，加强宅基地管理、合理控制宅基地面积是村镇节地规划的重点，是保护村民利益、推动村庄建设和发展旅游的重要基础。

以无锡市锡北镇农房翻建政策要求为例，现状已建宅基地面积超过200m²家庭，改造时严格依据"三原原则"，即原址、原高度、原面积整修加固，通过立面改造以及环境整治提升居住环境；重新翻建时，需要严格执行新的宅基地标准（宅基地面积不超过135m²，建筑基底占地面积不超过94.5m²），改善村民居住环境，优化居住空间尺度。在新的宅基地内部空间设计中，需要打破传统院落形式，以开敞院落为主，在场地外进行自家果蔬、花卉种植，既减少宅基地的面积，达到节地的效果，又能美化村庄景观，展示劳动与收获的成果（图6-2-5、图6-2-6）。

6.2.3 村镇规划的可持续发展

村镇规划的可持续发展可分为两个方面：一方面是指住宅的可持续发展，村镇住宅的设计建设过程中应坚持生态、环保、节能、节地的绿色建筑要求，使用环保型建设材料。另一方面指的是在住宅建设项目的选址、规划、设计、建造、运行、维护、更新、拆除、回收的整个全生命周期中，应贯彻可持续发展的理念。为村镇居民提供健康、适用和高效的生活空间，最终实现人与自然和谐共生，使村镇可持续发展的思路取得成效。

1. 规划技术的可持续

1）村镇规划的环境协调

村镇布局规划中，要充分利用自然条件，创造良好的气候环境、居住环境和邻里交往场所。村镇住宅建筑既要考虑内部空间的功能，也要考虑建筑体形、尺度比例、空间组合、建筑朝向、周边绿化环境、建筑与整体环境以及风格的协调等。对传统居住形态要遵循"保护中

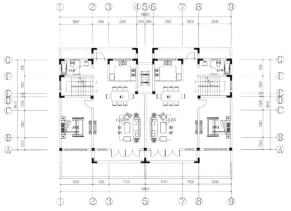

图6-2-5 农宅设计引导图（无锡市锡北镇新明村村庄户型一层平面图）

图 6-2-6　无锡市锡北镇新明村钱更巷、单更巷规划总平面和规划鸟瞰图

发展""改变而不摒弃"的有机更新策略，保护村落文脉、村落肌理的可持续性。[4] 景观设计应成为村民与自然环境取得良好联系的桥梁，扩大人与自然的接触界面，促进他们的和谐相处。随着村民生活水平的提高，村民对绿化环境的要求越来越高，因此在进行景观设计时，要注重植物造景。村庄绿化培植应以经济型乡土植物为主，搭配多元化地被植物，营造多功能、科学化、结构合理的植物群落。

2）村镇规划的生态技术

江南属于夏热冬冷气候区域，全年湿度较大，江南村镇的生态规划策略应该首先根据气候特征进行建筑选址，在保障良好日照和通风的前提下，通过科学选址来预防做好防潮防湿的相关工作。住宅单体建筑则可从热工性能、自然通风、遮阳效果三个主要方面展开研究，特别是目前江南村镇地区对新能源的使用率还较低，利用形式一般以太阳能热水器为主，因此对太阳能的光电利用可充分考虑与建筑进行一体化设计，将住宅改造升级成为调节式的"太阳房"，并在阳台安装活动玻璃，夏季敞开通风，冬季封闭保暖，这种设计可对冬季住宅室内保温起到更好的效果。

此外，江南水乡村镇布局，水资源的合理保护与利用也是设计需要考量的重要因素。首先，在保障居民用水量的同时，尽可能降低水资源消耗量，整体规划应倡导节水理念。在节水规划方案中优先考虑节水器具、节水设施，如果不能达到节水率要求，那么就要综合考虑建设中水回收系统和雨水收集利用系统[5]。其次是实现村镇生态系统的自我修复功能，保障自然环境和生态系统的和谐稳定，江南村镇大部分都是水乡，在景观规划设计中，可将水体和绿化结合考虑布置，作为改善村民居住环境的重要手段。

2. 经济发展的可持续

长远来看，注重村镇农村住宅的生态效益也能带来良好的经济效益，符合我国社会主义新农村建设的生态文明要求。结合地域农房特点和住户生活所需，融合一、二、三产业，根据不同村镇自身特点，可沿内部水系打造文化体验观光轴，形成果蔬生产片区、渔业文化片区、特色文化片区、休闲娱乐片区等，传承地域文化特色的同时，保护好村庄传统民俗，为村民提供节事庆典场所，并为民间手艺人提供创作工坊，继承发扬传统工艺，培育创新并展示民间非物质文化遗产，在促进村镇经济可持续发展的同时，重塑田园风光，回归人与自然和谐共融。

3. 资源利用的可持续

村镇的规划建设，应当调查分析自身及周围的自然环境资源，关注土地资源中的存量建设用地规模和耕地利用效率，并注重挖掘当地可再生能源的利用潜力。随着江南村镇人口的不断增长以及经济的持续发展，水乡传统村镇的耕地总量面积在 2018 年前不断下降。工业造成土地资源污染，生态环境持续恶化，农业生产对土地的保护也不力，土地中各种有机质和大量元素流失，使得土地质量和土地生产力持续下降。因此，在耕地中应提升灌溉工程的质量，提高防旱、防洪能力，并相应采取生物手段和科技手段等对农村土地进行相应改造。对于生态村镇的规划建设，更应优先采用各种可再生能源，如太阳能、地热能、风能、生物质能等。以太阳能为例，太阳能发电是一种可再生能源，还具有可再生、能量大、普及广的特点，过去由于太阳能晶板价格较贵、成本高，江南水乡村镇用得还不多，随着社会的发展，太阳能技术的应用会越来越普遍，例如太阳能路灯、庭院灯、标识牌等。

6.3 江南实践的案例分析

江南传统聚落形式尊重水系自然肌理条件，体现着前辈匠人深刻的营造智慧。现今，在新的村镇规划时需要充分适应地形气候条件，重视传统空间结构、人文气息等方面的问题，充分尊重自然的地域、地貌、气候等，才能发挥村镇规划的效用，以吴中区黄墅村、吴江区谢家路和昆山市朱家湾为例进行分析。

6.3.1 吴中区灵湖村黄墅村（旅居型村庄发展）

保持传统不是一成不变地修复古色古香的村落，传统水乡村庄的发展需要结合自身资源，挖潜利用，在现代机遇与传统理念的碰撞下，营造出有生命力的村庄。黄墅村位于临苏州市吴中区湖镇西南部，西邻太湖，北依园博园，周边森林、水域、农田环绕，生态环境优越，是典型的传统江南水村。村庄发展中，黄墅村紧握周边太湖旅游资源的红利，通过挖掘自身生态、文化资源，打造"多元森林、匠心黄墅"的旅居型村庄。

黄墅村有着江南田园与粉墙黛瓦相结合的太湖村落景观。近年来，村庄在发展过程中进行存量规划，保留并延续村庄传统肌理，进行综合环境整治，包括水系疏浚沟通、公共街巷空间治理、菜地田园梳理等，见缝插针，对零散用地进行因地制宜的设计，补充完善公共服务设施，使村庄、水系、田园等区域分明的同时又能交相辉映，展示了水乡的生态环境和人文气息，提高了居民的幸福感（图6-3-1、图6-3-2）。

对于村庄内闲置建筑，黄墅村运用新型生态技术，通过预制装配式、太阳能板等节能减排技术进行改造，并

图6-3-1 村庄滨水空间（左：滨水驳岸；右：桥梁空间）

图6-3-2 街巷空间（左：石板路小巷；右：临水街巷）

将多余的旧砖旧瓦，通过不同拼接形式，运用在庭院景观中，既塑造了乡村的特色景观，也充分体现了可持续发展的理念，实现低能耗发展（图6-3-3）。

6.3.2 吴江区震泽镇谢家路（生产导向型村庄发展）

谢家路拥有"两湖抱一村"的生态禀赋，是江南水乡水韵桑田的代表区域。村庄紧邻中国丝绸小镇，是重要的丝绸原料和桑蚕文化基地。近年来，谢家路的规划发展中，始终坚持以"水韵桑田村"为建设目标，通过文化、旅游、农业的创新发展，突破传统乡村单一的发展模式，推进村庄风貌再提升与村级文化旅游资源深度利用，全力推动三产的融合发展，绘出一幅现代版的蚕桑耕织图（图6-3-4）。

在用地上，谢家路严格控制村庄的生长边界和建设用地规模，原则上不再新增宅基地配给，完善村庄规划范围内道路等设施和产业用地配套，保证村庄发展"小而精"。在农业生产用地层面，通过深化村民自治机制，推进合作社等模式建设，对村庄周边桑田等生产用地进行统一收储、统一规划、统一开发、统一运作，建设富有特色的体验式休闲田园，进一步提升农民收入，进而实现农业生产从"小而散"到"合而强"的转变，促成土地的集约化发展（图6-3-5）。

图6-3-3　闲置建筑改造（左：儿童之家；右：党务村务工作站）

图6-3-4　谢家路整体环境

图 6-3-5 村庄公共空间（左上：柴米多自然教育中心；右上：五亩田民宿；左下：滨水栈道；右下：苏小花田园餐吧）

图 6-3-6 村庄整体环境

图 6-3-7 翻建建筑效果

6.3.3 昆山市周市镇朱家湾（居住导向型村庄）

昆山从市域规划－镇村布局规划－村庄规划－农房设计出发，在遵循省级规范的同时，因地制宜，建立起健全的农房规划建设管理机制，规范审批及验收流程。以朱家湾为代表的江南水乡传统聚落村庄注重人与自然的和谐统一，充分尊重现状水系肌理。在历史发展过程中，传统的空间肌理体现出顽强的生命力和应变力，村庄布置以南向沿河浜的线性建筑布局，体现出江南水乡的亲水性（图6-3-6）。

朱家湾在村庄规划中的按时序翻建，既延续了传统民居的朝向布局，同时也充分反映对传统自然风水及气候的适应性。规划挖掘村庄的存量用地，协调处理、补充设计，按时序、结合宅间空地进行翻建，做到紧凑布局，增加原有建筑密度，提高土地的集约度。同时通过点状绿地和村民宅前屋后空间进行设计，进一步增强村庄的宜居性，提高村民的幸福感（图6-3-7、图6-3-8）。

图 6-3-8 村庄入口空间

6.3.4 经验总结

村镇规划的根本目的在于通过对用地的宏观规划，协调人与自然、人与土地、人与产业之间的矛盾，中和经济发展的短期利益与长远利益。江南水乡相较于其他区域村落来说，重点在于其与水系的关系，因此在提高土地的利用率、集约化程度时，需总结水网地形与村落内部关联性，从存量用地、产业发展、宅基地面积等多种方面进行相关引导和指标控制。

从多规合一的角度出发，村镇规划必须与土地利用总体规划、镇村布局规划等相关规划相协调，将整村作为一个有机整体进行统筹考虑，确定居民点的等级、布局和发展方向。村镇集约发展要着重考虑村庄与水系的关系，保护其传统水乡的特征，注重生态保护，理清四线，服务配套设施的服务半径要合理，区域层级布局也需完整，协调经济产业影响，以人为本，为村民的生产生活提供便利。

江南水乡建筑形态呈现简单的矩形状，新旧建筑更替在一定程度上影响着内部空间的亲水性。传统建筑设计中，建筑结构轻盈、布局紧凑，装饰以淡雅为主、屋面轻巧，能与水面形成良好的互动关系。建筑新建或改造时，在保障使用需求和确保安全性的前提下，减小建筑面宽、加大进深，同时利用新型环保建筑材料等，运用"复式"、隐蔽空间做储藏室，实现内部空间完全利用，减少建筑的外围面积，节约用地。

参考文献

[1] 黄春. 江南水乡城镇系统的延续与发展 [D]. 南京：南京工业大学, 2005.

[2] 韩冬青. 城市·建筑一体化设计 [M]. 南京：东南大学出版社, 2003.

[3] 冯薇. 村镇规划设计中土地的集约利用 .[J]. 江西农业大学学报（社会科学版）, 2007（3）: 72-75.

[4] 董娟. 可持续发展的村镇住宅节地设计策略探讨 [J]. 建筑学报, 2009（11）: 86-90.

[5] 陈欣玉, 孟丽, 夏金山, 王瑷玲. 基于建筑密度的农村院落空间布局分异研究 [J]. 北京农业职业学院学报, 2017.1（31）: 74-79.

图片来源

图 6-1-5 来源：吴江环长漾片区总体规划
图 6-2-1 左图来源：唐马村特色田园乡村规划
其他未标注均为作者自绘 / 自摄。

第7章 江南村镇节能住宅适宜技术研究

随着我国科技的腾飞和经济的高速发展，江南村镇住宅的居住环境和空间需求将会得到进一步的改善和满足。近二十年来，我国建筑业通过推进建筑节能与绿色建筑的发展，追求以最少的能源资源消耗，为广大村镇居民提供更加优越的工作、生活空间，完善建筑的使用功能，在减少碳排放量的同时，不断增强村镇发展的获得感、幸福感和安全感。

但目前，我们的建筑仍存在一些问题，如对本土文化的传承考虑不够，对气候适应性考虑得不到位，地域风格特征体现得不够等问题。因此，我们提倡构建地域性传统建筑文化与现代绿色建筑技术的融合创新研究，对促进我国绿色建筑与社会协调发展，改善城镇居住环境和减少能源资源的浪费具有重要的意义，是建设高品质绿色建筑的有力措施和发展方向。

江南村镇节能住宅对绿化环境、空间利用以及通风、采光、遮阳、供暖、隔热和建筑的电气化、低能耗等都提出了新的要求。为实现江南村镇建筑的本土化、现代化和可持续发展的目标，同时也为了响应"党的二十大"提出的规划要求："推动绿色发展，促进人与自然和谐共生""尊重自然、顺应自然、保护自然，是全面建设社会主义现代化国家的内在要求。必须牢固树立和践行绿水青山就是金山银山的理念，站在人与自然和谐共生的高度谋划发展"，[1]应进一步传承江南传统建筑地域特征，倡导绿色建筑技术结合本土化特色，开展技术创新，在传承中求发展，在发展中求创新，推动江南村镇节能住宅向"低碳、环保、可持续发展"的目标大踏步迈进。

7.1 江南地区节能住宅采用的技术路线[①]

江南地区居住建筑的节能技术体系主要包括被动式和主动式技术体系。从气候区域来看，江南地区为典型的夏热冬冷气候区，被动式技术需兼顾采光、通风、隔热、散热，冬季对日照等有多项需求，涉及围护结构设计、建筑遮阳、天然采光、自然通风设计等。主动式技术则包含暖通空调设计、给水排水设计、电气设计等方面。应从江南独特的气候地理环境和生活习俗特征入手，分析江南民居室内热环境调控的需求和相应的技术路线，采用被动为主、主动优化的技术路线[2]。

7.1.1 总策略

江南地区为典型的夏热冬冷气候区，夏季和过渡季通过遮阳、隔热实现有效的防热，利用自然通风辅以机械通风（电扇）达到有效散热，维系建筑室内热环境；冬季通过提高围护结构的热阻、减少渗风、增强门窗气密性来提高冬季的热舒适性，减少空调能耗。

7.1.2 节能材料应用策略

从材料的角度来看，目前江南地区所采用的主流建筑保温材料都适用。墙体保温的构造主要为外保温、内保温、自保温以及组合保温，其选用原则和技术措施宜满足以下要求：

（1）保温层的安全和耐久为主要影响因素时，宜采用保温层内置的方式，包括自保温、内保温及自内组合保温；

---

① 本节执笔者：杨维菊、沙晓冬、单锦春、张华。

（2）热反应速度为主要影响因素时，宜采用内保温和自内组合保温方式；

（3）热桥处理为主要影响因素时，宜采用内外组合保温和外保温方式。

建筑的轻质外墙及屋面宜使用建筑反射隔热涂料，东、西的重质外墙及屋面宜使用建筑反射隔热涂料。

屋面的保温、隔热宜采用下列措施：

（1）宜采用种植屋面或架空隔热屋面等构造，种植屋面不宜采用倒置式屋面；

（2）宜采用平、坡屋顶结合的构造形式，合理利用屋顶空间，屋顶可设置花架，种植攀缘植物、盆栽植物、箱栽植物等；

（3）面层宜采用浅色或建筑用反射隔热涂料[2]。

7.1.3 设备配置策略

在设备方面，全国尤其是江南地区的民居其实要求不高，民居中的人们基于气候环境和生活习俗，习惯于部分时间、部分空间采用空调来应对极端气候。空调设备以分体空调为主，房间空调器的全年能源消耗效率（APF）不得低于表7-1-1规定的能效指标；单冷型房间空调器的制冷季节能源消耗效率（SEER）不得低于表7-1-1规定的能效指标。

房间空调器能效指标　　表7-1-1

容量/W	单冷型	热泵型
	制冷季节能源消耗效率 ($SEER$)[(W·h)/(W·h)]	全年能源消耗效率 (APF)[(W·h)/(W·h)]
$CC \leq 4500$	5.40	4.50
$4500 < CC \leq 7100$	5.10	4.00
$7100 < CC \leq 14000$	4.70	3.70

资料来源：《夏热冬冷地区低能耗住宅建筑技术标准》T/CABEE 004-2021

7.2 江南村镇居住建筑节能应用技术[①]

7.2.1 新型墙体与屋面材料

1. 新型墙体材料

新型墙体材料是指符合国家产业政策和产业导向，以非黏土为主要原料生产的用于建筑物墙体的建筑材料，有利于节约土地和资源综合利用，有利于环境保护和改善建筑功能。新型墙体材料应具有良好的保温隔热和节能效果，有利于改善室内热环境，提升环境舒适度，并具有很好的社会经济效益和环境效益。新型墙体材料可分为三大类：非黏土砖、建筑砌块、建筑板材。在村镇建设中，推行新型墙体材料应当遵循技术创新、资源综合利用、节能环保和因地制宜的原则。

江苏、浙江两省是最早使用新型墙材的地区，使用较多的节能墙体材料主要有烧结多孔砖、页岩砖、加气混凝土砌块、轻骨料混凝土保温砌块、小型混凝土空心砌块等（图7-2-1）。这些墙材与过去的黏土砖墙相比，更为环保并节约土地资源。在物理性能上，具有质轻、隔热、隔声、保温、无甲醛、无苯、无污染等特点。部分新型复合节能墙体材料还集防火、防水、防潮、隔声、隔热、保温等多种功能于一体，装配简单、快捷的有节能砖、节能砌块和节能墙板。

2. 新型保温屋面材料

屋面是建筑顶层外围护结构，不仅要经受自然界常年的风吹雨打，而且在夏季还是受到太阳辐射最强的部位。顶层房间通过屋面的失热比重较大，所以屋面保温层宜选用吸水率低、密度和导热系数小，并有一定强度的保温材料（图7-2-2）。

3. 新型保温隔热材料

江南地区常用的隔热保温材料有：挤塑型聚苯乙烯

（a）烧结多孔砖　　　　　　　　（b）空心砌块　　　　　（c）页岩砖

图7-2-1　新型墙体材料

---

① 本节执笔者：杨维菊、魏燕丽、高菁、孙小曦、梁世格、陈忠范。

加气混凝土砌块

真石漆保温一体板

挤塑型泡沫板

铝板保温一体板

图 7-2-2　新型屋面材料

泡沫塑料板（挤塑板）、模塑聚苯乙烯泡沫板（普通泡沫板、EPS 板）、现喷硬泡聚氨酯、硬泡聚氨酯保温板（制品）、泡沫混凝土（泡沫砂浆）、轻骨料保温混凝土（陶粒混凝土等）、矿棉岩棉板、酚醛树脂板等（图 7-2-3）。

7.2.2　墙体保温构造

江南传统民居外墙通常采用青砖空斗墙，为了保温，中间填充碎砖、灰土等。这种做法可适应当时、当地的气候条件，而且在江南历史上没有发生过地震的记录，所以一直采用这种墙体材料建造房屋。江南传统民居结构形式以木结构、砖木结构为多，这些传统建筑至今保留了上千年。由于气候环境和地质情况的不断变化，现在江南地区的墙体构造做法已有好几种，住宅的墙体不但要具有一定的强度，而且还要满足保温、隔热、防潮、防水的构造要求。以下主要介绍现在江南地区典型的外墙外保温、外墙内保温、外墙自保温、外墙板保温（ALC 板等）的构造。

1. 外墙外保温

1）外墙外保温构造做法

外墙外保温是在外墙外侧涂抹、喷涂、粘贴或锚固、吊挂保温材料形成的保温系统。外保温墙体能有效地控制室内外热交换，是目前较为成熟的节能技术措施。外保温系统的保温层设置在墙体外侧，可保护墙体结构，并通过逐层渐变的形式消纳应变、释放应力，提高外保温系统的耐久性。采用外保温做法可防止冷桥现象。目前，外墙外保温在江南地区住宅建筑中的应用非常广泛。

（1）挤塑型聚苯板外保温

挤塑板是具有均匀表层及闭孔式蜂窝结构的泡沫塑料板材（图 7-2-4）。这种结构的保温材料具有强度高、密度大、导热系数低及一定的蒸汽渗透率等性能，相比于其他类型的保温材料具有突出的优势。国内现行关于挤塑板材料性能的标准主要有三个：《挤塑聚苯板（XPS）薄抹灰外墙外保温系统材料》GB/T 30595-2014、《绝热用挤塑聚苯乙烯泡沫塑料（XPS）》GB/T 10801.2-2018、《挤塑聚苯板薄抹灰外墙外保温系统用砂浆》JC/T 2084-2011。

（2）岩棉保温板外保温

岩棉是一种优质高效的保温材料，具有良好的保温隔热、隔声及吸声性能，同时具有导热系数小、不燃烧、防火无毒、化学性能稳定、使用周期长等突出的优点

复合材料保温砌块

EPS 保温板

改性型热固性 EPS 板

石墨 EPS 板

岩棉板

图 7-2-3　常见的保温材料

（图 7-2-5）。同时，岩棉具有吸水性大、易剥离等与有机保温材料不同的特点。目前，国家现行岩棉外保温技术相关标准主要有《岩棉薄抹灰外墙外保温工程技术标准》JGJ/T 480-2019、《岩棉薄抹灰外墙外保温系统材料》JG/T 483-2015、《建筑外墙外保温用岩棉制品》GB/T 25975-2018、《建筑防火隔离带用岩棉制品》JC/T 2292-2014、《岩棉外墙外保温系统用粘结、抹面砂浆》JC/T 2559-2020 等。

（3）聚氨酯保温板外保温

硬泡聚氨酯为热固性保温材料，闭孔率在92%以上，具有导热系数小、抗压强度高、吸水率低等优点，因而被广泛应用于新建居住建筑、公共建筑和既有建筑节能改造的外墙外保温工程中。用于保温工程的硬泡聚氨酯根据成型工艺主要有喷涂硬泡聚氨酯和硬泡聚氨酯板等。喷涂硬泡聚氨酯主要是指现场使用专用设备在外墙基层上连续多遍喷涂发泡聚氨酯后形成的无接缝硬质泡沫体。

目前，涉及硬泡聚氨酯薄抹灰外保温的国家标准和行业标准主要有：《硬泡聚氨酯保温防水工程技术规范》GB 50404-2017（其前一版本是《硬泡聚氨酯保温防水工程技术规范》GB 50404-2007）、《外墙外保温工程技术标准》JGJ 144-2019（其前一版本是《外墙外保温工程技术规程》JGJ 144-2004 等。

2）工程案例

（1）苏州吴江低能耗住宅（图 7-2-6）

该低能耗住宅楼为了达到高性能保温的目标，采用了多种节能技术措施：①外墙外保温；②智能化控制；

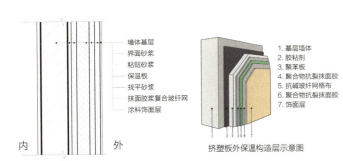

图 7-2-4　挤塑板外墙外保温构造

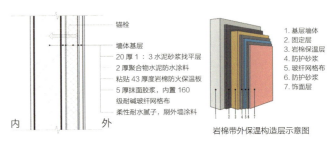

图 7-2-5　岩棉保温板外墙外保温基本构造

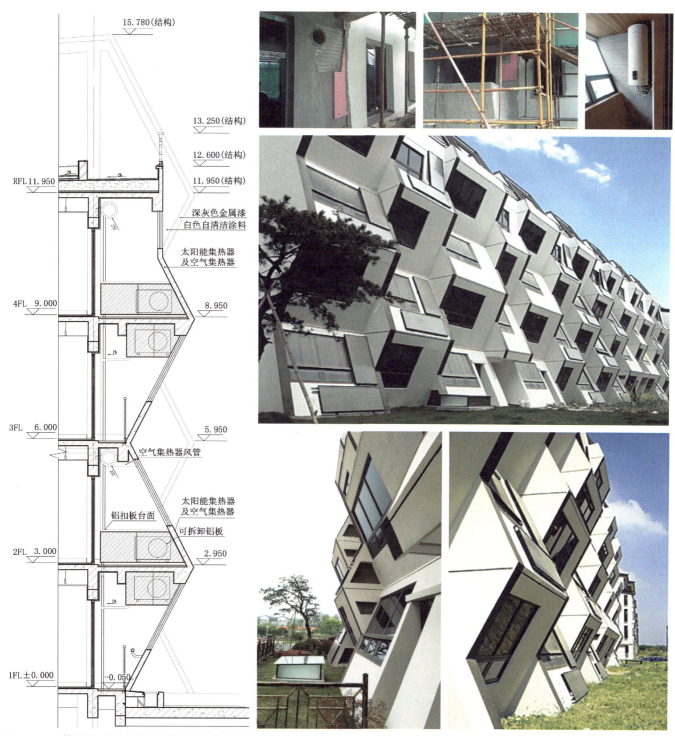

图 7-2-6 苏州吴江低能耗住宅外墙外保温做法

③利用太阳能给每户提供热水;④利用太阳能光电为楼内和庭院提供照明。其中,住宅的外保温是在外墙粘贴40mm厚挤塑聚苯板,保温效果较好。在传热阻和热惰性指标上,外墙保温性能的工程设计值显著优于规范限值要求。本工程获评国家"二星级"低能耗住宅。

(2)南京汤山住宅项目(图7-2-7、图7-2-8)

汤山住宅项目外墙采用200mm厚砂加气混凝土砌块(B06级)外贴30mm厚、导热系数为0.065W/(m·K)的发泡水泥板。外墙传热系数加权平均值为1.17W/(m^2·K),小于规范限制。

(3)上海崇明岛节能住宅楼(图7-2-9~图7-2-11)

(4)上海东原璞阅(图7-2-12)

项目根据《绿色建筑评价标准》GB/T 50378-2019中绿色建筑评价指标体系的要求进行设计,屋面保温材料

图 7-2-7 南京住宅项目规划总图与建成照片

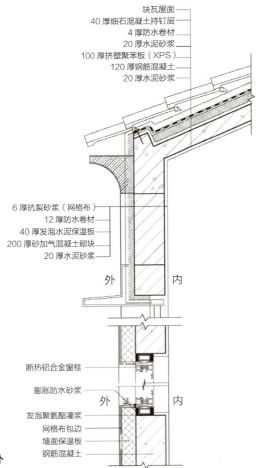

块瓦屋面
40 厚细石混凝土持钉层
4 厚防水卷材
20 厚水泥砂浆
100 厚挤塑聚苯板（XPS）
120 厚钢筋混凝土
20 厚水泥砂浆

6 厚抗裂砂浆（网格布）
12 厚防水卷材
40 厚发泡水泥保温板
200 厚砂加气混凝土砌块
20 厚水泥砂浆

外　内

断热铝合金窗框
膨胀防水砂浆

外　内

发泡聚氨酯灌浆
网格布包边
墙面保温板
钢筋混凝土

图 7-2-8 南京住宅项目外墙外保温及窗口保温做法

图 7-2-9 上海崇明岛节能住宅楼墙体施工现场照片

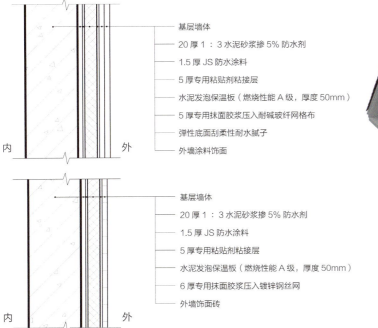

图 7-2-10 上海崇明岛节能住宅楼墙体做法

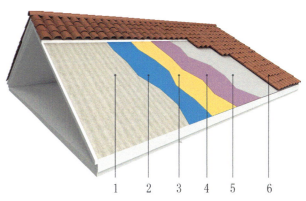

1. 钢筋混凝土屋面板
2. 1.5 厚改性沥青防水卷材
3. 3 厚 APP 改性沥青防水卷材
4. 挤塑聚苯乙烯保温板
5. 40 厚 C25 细石混凝土，内配双向 Φ4@200 钢筋网片
6. 瓦屋面

图 7-2-11 上海崇明岛节能住宅楼屋面做法

图 7-2-12 上海市奉贤区庄行镇东原璞阅

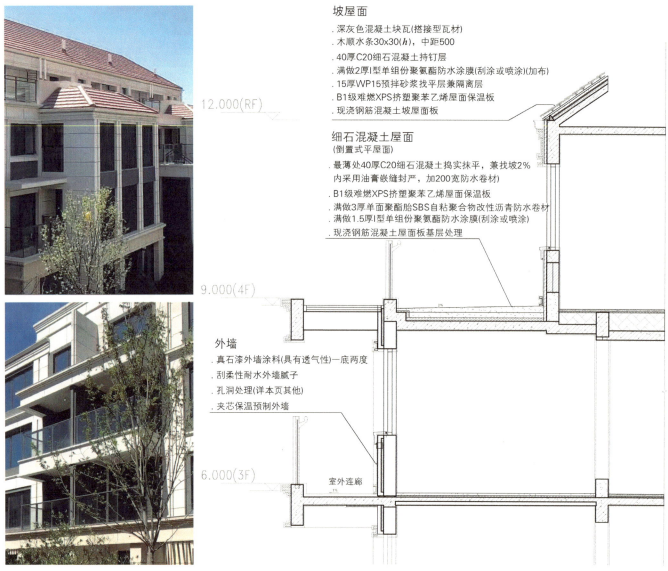

图 7-2-12 上海市奉贤区庄行镇东原璞阅（续）

采用燃烧性能为 B1 级的 XPS 挤塑聚苯板，预制外墙采用夹芯保温装配式外墙外保温系统，玻璃采用中空玻璃内置百叶，绿色建筑定位为一星级绿色建筑。

（5）浙江省湖州市长兴县朗诗太湖绿建基地布鲁克实验楼（图 7-2-13）

（6）南通万年青绿色科技养生公馆（图 7-2-14）

公馆外墙采用贴砌增强竖丝岩棉复合板外墙外保温系统。

（7）南京世茂滨江新城项目（图 7-2-15）

项目外墙采用胶粉聚苯颗粒保温浆料外保温系统。

（8）无锡金属合金制品研发生产基地（图 7-2-16）

项目外墙采用胶粉聚苯颗粒贴砌石墨聚苯板外保温系统。

（9）苏州罗普斯金项目（图 7-2-17）

项目外墙采用粘贴石墨聚苯板被动式外保温系统。

2. 外墙内保温

外墙内保温是将保温材料设置在外墙内侧的墙体保温形式，典型的外墙内保温基本构造见图 7-2-18、图 7-2-19。外墙内保温的优点是施工较为方便，构造简单、灵活，不受气候变化的影响，而且造价也较低，所以在节能住宅和旧房改造中使用较多。需要注意的是，采用这种做法时必须对热桥部位做好保温处理，如框架结构中设置的钢筋混凝土梁和柱，外墙周边的钢筋混凝土圈梁和柱以及屋顶檐口、墙体勒脚、楼板与外墙连接部位等。

3. 外墙自保温

外墙墙体自保温是采用热阻较大的墙体材料，如轻

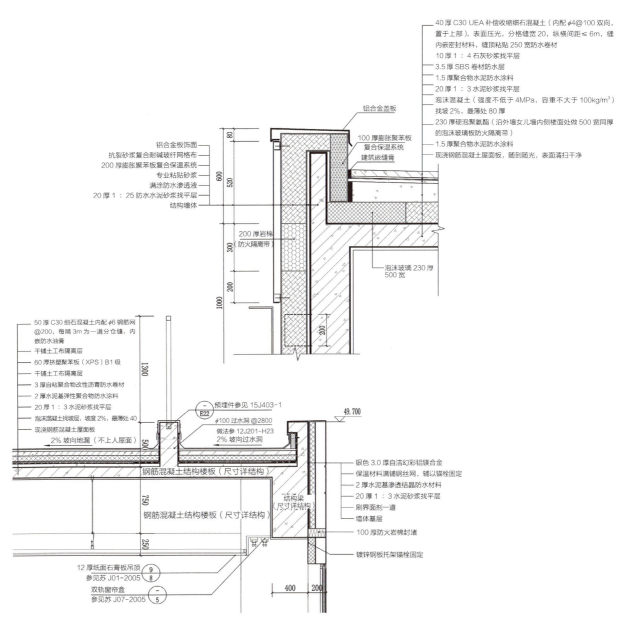

图 7-2-13　布鲁克实验楼屋面保温防水基本构造及保温防水施工现场

图 7-2-14　南通万年青绿色科技养生公馆

图 7-2-15　南京世茂滨江新城项目

图 7-2-16　无锡金属合金制品研发生产基地

图 7-2-17　苏州罗普斯金项目

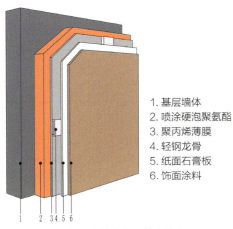

图 7-2-18 典型外墙内保温基本构造

1. 基层墙体
2. 喷涂硬泡聚氨酯
3. 聚丙烯薄膜
4. 轻钢龙骨
5. 纸面石膏板
6. 饰面涂料

图 7-2-19 聚氨酯内保温

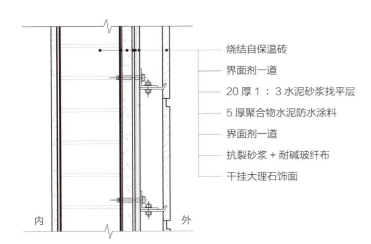

图 7-2-20 典型外墙自保温构造做法

左图标注：烧结自保温砖；界面剂一道；20厚1:3水泥砂浆找平层；5厚聚合物水泥防水涂料；界面剂一道；抗裂砂浆+耐碱玻纤布；干挂大理石饰面

右图标注：
1. 自保温墙体
2. 界面剂
3. 找平层
4. 抗裂砂浆
5. 耐碱玻纤网格布或热镀锌钢丝网
6. 柔性防水腻子
7. 饰面层（涂料或面砖）

集料混凝土砌块、复合保温砌块、蒸压加气混凝土砌块、烧结保温砖（砌块）等，组成的墙体保温形式，典型的外墙自保温基本构造见图7-2-20。

1）保温混凝土复合砌块

根据《自保温混凝土复合砌块》JG/T 407-2013对自保温混凝土复合砌块的规定为：通过在骨料中加入轻质骨料和（或）在实心混凝土块孔洞中填插保温材料等工艺生产的，其所砌筑墙体具有保温功能的混凝土小型空心砌块，简称自保温砌块。

按自保温砌块复合类型可分为Ⅰ、Ⅱ、Ⅲ三类：

Ⅰ类：在骨料中复合轻质骨料制成的自保温砌块；

Ⅱ类：在孔洞中填插保温材料制成的自保温砌块；

图 7-2-21 自保温砌块

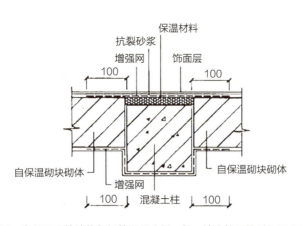
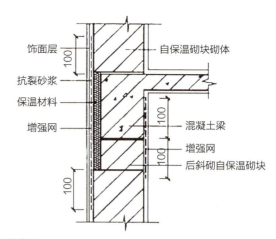

图 7-2-22　自保温砌块墙体与钢筋混凝土梁、柱、墙交接面抗裂加强处理示意图

Ⅲ类：在骨料中复合轻质骨料且在孔洞中填插保温材料制成的自保温砌块。

按自保温砌块孔的排数分为三类：单排孔、双排孔、多排孔（图 7-2-21）。

外墙自保温构造特点：

a. 外墙自保温热桥处理构造见图 7-2-22。

b. 框架结构填充自保温材料，加气混凝土砌块、自保温混凝土复合砌块除自重外，不承受建筑荷载。

c. 自保温墙体内外两侧普通抹灰砂浆厚抹灰，不同材料墙体交界处附加配筋增强。不同材料墙体交界处的附加配筋可以是耐碱玻纤网格布，也可以是热镀锌钢丝网。

2）SJN 组合自保温墙体技术体系

利用就地固废资源研发生产新型墙体材料是江南地区的特点，例如 SJN 组合自保温墙体技术体系（简称"SJN 体系"）。这一技术体系由一系列自保温砌体和

图 7-2-23　轻质节能砖与复合保温板

现浇混凝土复合自保温构件（墙体）构成（图 7-2-23、图 7-2-24）。其中，自保温砌体是由轻质节能砖、轻质砂浆砌筑构成的承重、非承重、夹芯和贴砌自保温砌体；现浇混凝土复合自保温构件（墙体）则是由复合保温板与混凝土梁、柱、剪力墙等通过防腐水平拉筋一起浇筑构成的融为"皮肉关系"的复合自保温构件（墙体）（图 7-2-25~图 7-2-27）。

（a）淤泥节能空心砖

（b）复合保温板

图 7-2-24　SJN 组合自保温墙体技术

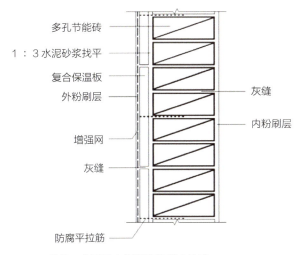

图 7-2-25 承重、非承重自保温砌体基本构造

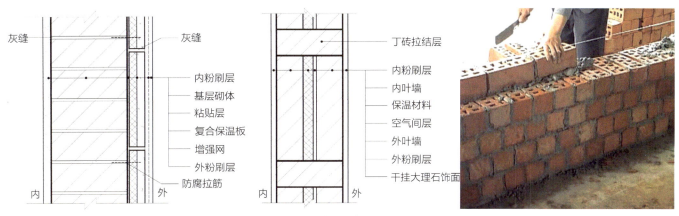

图 7-2-26 夹芯自保温砌体（左一）与贴砌自保温砌体（左二）基本构造

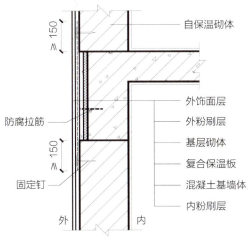
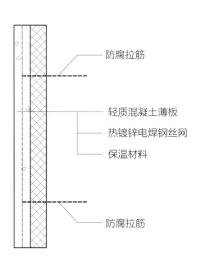

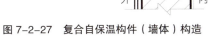

图 7-2-27 复合自保温构件（墙体）构造

图 7-2-28 苏州东山镇林清苑

3）工程应用

（1）苏州东山镇林清苑（图 7-2-28）

林清苑外墙的保温隔热采用外墙自保温体系，选择了保温性能好的模塑聚苯板和无机泡沫玻璃保温板。模塑聚苯板、无机泡沫玻璃保温板这两种保温材料均有环保、安全、节约和舒适的特点，具有密度小，强度高，导热系数小等物理性质，同时还具有保温、隔热、吸声、防潮、防水、防火、耐酸碱、密度小、机械强度高等一系列优越性能，常年使用不会变质，本身又可以起到防火、抗震作用，安全可靠，经久耐用。

（2）苏州昆山·青春驿站（图 7-2-29）

SJN 体系应用的典型案例是苏州昆山·青春驿站项目，该项目采用剪力墙结构，建筑面积为 $2.5 \times 10^4 m^2$。

4. 外墙板保温

1）蒸压轻质加气混凝土（ALC）板

ALC 板属于一种新型复合材料。ALC 外围护体系可将绝大部分施工现场操作的工序转移到工厂，采用自动化、机械化、标准化的加工模式进行生产，现场通过简单安装就可形成集保温、隔声、防火及装饰等功能于一体的外墙自保温装饰系统。基于装配式绿色建筑的江南乡村建筑 ALC 外围护结构设计体系可分为以下几种类型。

（1）装配一体化高保温大板墙体

装配一体化高保温大板墙体是基于 ALC 双层墙体系，在工厂完成装配的预制墙体构件；采用 ALC 外侧墙板 + 保温层 + ALC 内侧墙板的多层复合墙体构造，在工厂完成装配安装，最后在现场完成吊装施工并与主体结构有效连接。内置的保温板的材料可随实际需求调整，如岩棉保温板、XPS 挤塑保温板等均可作为内置的保温材料（图 7-2-30、图 7-2-31）。

图 7-2-29 苏州昆山·青春驿站

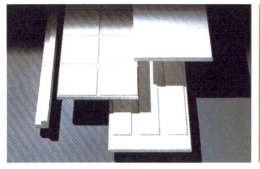

图 7-2-30　装配一体化高保温大板墙体

镇江别墅项目

苏州别墅项目

图 7-2-31　装配一体化高保温大板墙体应用项目

（2）蒸压轻质加气混凝土墙板

蒸压轻质加气混凝土墙板是以硅砂、水泥、石灰为主要原材料，经过钢筋网片增强，高温高压、蒸汽养护而成的多气孔混凝土制品，具有轻质高强、隔热保温、耐火隔声、抗震抗渗以及环保等优势。

（3）江南乡村建筑（三层及以下）ALC板自承重结构体系的建造工艺

目前，建筑建造工艺从结构类型上来说主要有混凝土框架结构、砖混结构、钢结构、轻钢结构、木结构等，无论何种结构形式都需要围护结构与之匹配后才能形成完整的建筑，而传统秦砖汉瓦的乡村建筑建造方式与这些结构类型对比，虽然居住品质有所降低，但造价却非常低廉，这也是现代建造工艺在乡村中推广往往阻力重重的主要因素之一。江南地区也不例外。

ALC围护板材自承重结构体系在充分发挥ALC作为围护结构的优良性能的同时，有效地开发了其力学上的可承重的特点（胚体内部双层双向钢筋网片铺设），将围护与结构两者有机结合，在确保建筑安全性、舒适性的基础上，进一步省去了传统结构工艺的成本，有效地解决了现代建筑工艺在乡村住宅中推广的造价问题。

（4）蒸压轻质加气混凝土（ALC）双层墙体

蒸压加气混凝土双层墙体，是一种采用ALC外侧墙板+空气层或保温层+ALC内侧墙板的多层复合墙体安装体系。如图7-2-32所示，ALC墙板中，构造层a根据设计要求充分发挥建筑物外墙的围护、保温、装饰一体化作用；空气层或保温层（b）的材料和厚度可随实际需求调整，如岩棉保温板、XPS挤塑保温板等均可作为填充材料，根据设计要求充分发挥保温、隔热作用；构造层c根据设计要求起到保温、装饰作用。ALC双层墙体在实际工程中的应用如图7-2-33所示。

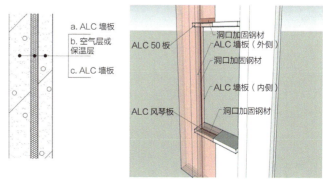

图 7-2-32　工程应用实景

图 7-2-33 南京浦口大众健康城

（5）蒸压轻质加气混凝土（ALC）装饰一体化单层墙体

蒸压轻质加气混凝土（ALC）装饰一体化板是一种以水泥、石灰、硅砂为主要原料，经过高温高压蒸汽养护后的多孔混凝土材料，同时，复合各种满足建筑外立面装饰要求的装饰层，包括板面雕刻花纹、复合瓷砖、复合超薄石材等，其在实际工程中的应用如图 7-2-34 所示。

（6）针对江南乡村老旧建筑外围护结构的改造工艺

江南自古以来就是中国传统建筑的聚集地，在进行整体建筑内外改造提升居住品质的同时，应最大程度地保留或还原其传统建筑的历史风貌；采用蒸压轻质加气混凝土（ALC）板来进行老旧建筑的外围护改造不仅可以美化居住环境，而且可最大程度保证外立面原有的风格不变，同时提升建筑改造后的居住品质。

a. 陶粒混凝土外墙板（图 7-2-35）：自重较轻、强度高，保温、隔热、隔声、防水、防火、抗渗、抗老化、抗震、抗折、耐酸碱等性能好，生产和使用过程中环保，

南京江宁百家湖别墅

南京旭建模块化房屋样板示范栋

图 7-2-34 蒸压轻质加气混凝土（ALC）装饰一体化单层墙体工程应用

图 7-2-35 陶粒混凝土外墙板实景

图 7-2-36 纤维水泥外墙挂板实景

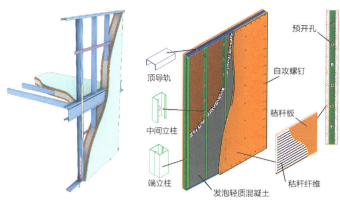
图 7-2-37 装配式冷弯型钢—FLC 自保温墙板构造

加工方便,安装和作业施工容易,建设周期短。

b. 纤维水泥外墙挂板(图 7-2-36):纤维水泥外墙板防火防腐,材料自重比较大,安装一般需要加龙骨,表面需粉刷涂料,外观效果取决于涂料的年限,而其保温性能则要靠内外部保温材料的性能,保温效果好。

2)发泡轻质混凝土(FLC)墙板

FLC 墙板是一种采用轻质、高强发泡混凝土代替传统的普通混凝土,并内设冷弯型钢或双层双向钢筋网片作为钢骨架,形成的一种新型高性能自保温复合墙板。根据 FLC 墙板的构造形式不同,可分为以下两种类型。

(1)装配式冷弯型钢—FLC 自保温墙板体系

装配式冷弯型钢—FLC 自保温墙板,是一种基于传统的冷弯薄壁型钢结构,在墙体空腔内填充发泡轻质混凝土(FLC 新型材料)构建而成的新型自保温承重墙板。其多层复合墙体构造采用保温防水镁秸生态墙板(墙体外侧)+冷弯型钢骨架与 FLC 芯层+节能环保的秸秆墙面板(墙体内层)的三明治构造形式,如图 7-2-37 所示。装配式冷弯型钢—FLC 自保温墙板体系,相比于传统的冷弯型钢空心墙体系,具有轻质高强、保温隔热、耐火隔声、抗震以及环保等优势[3]。

由于发泡轻质混凝土 FLC 新型承重保温一体化材料,导热系数仅为 0.11W/(m·K),厚度 190mm 的冷弯型钢—FLC 自保温墙板能够满足我国夏热冬冷地区建筑节能 65% 的要求,其墙体密度约为 655kg/m³,且抗震性能能够确保江南地区五层及以下房屋的安全性[4-5],典型的工程应用案例如图 7-2-38 所示。

(2)江南乡村建筑装配式冷弯型钢—FLC 自保温承重结构体系的建造工艺

冷弯型钢—FLC 自保温承重结构体系采用现有的装配整体式建造方法。江苏省泰州市高港区许庄街道乔杨社区住宅采用此结构体系,总建筑面积为 172m²,共分两层,设计由东南大学设计院与陈忠范教授共同完成,并由中建钢构江苏有限公司完成施工,工程总造价约为 30 万元,其施工流程如图 7-2-39 所示。在确保建筑安全性、舒适性的基础上,冷弯型钢—FLC 自保温承重结构体系能够节约传统乡村建筑的建造成本,装配整体式建造工艺有效地解决了现代装配式建造技术在乡村住宅中推广应用的问题,降低了住宅建筑的造价[6]。

(3)FLC 墙板外围护体系

发泡轻质混凝土(FLC)条板,是一种采用轻质、高强发泡混凝土作为浆料[7],内设双层双向钢筋网片增强,一体浇筑而成的高性能保温墙板产品,设计的标准化

图 7-2-38 江苏泰州高港区许庄街道乔杨社区村镇住宅

墙板的冷弯型钢骨架　　FLC 墙体构件　　墙板装配　　住宅

图 7-2-39　冷弯型钢—FLC 自保温承重结构体系的建造工艺流程

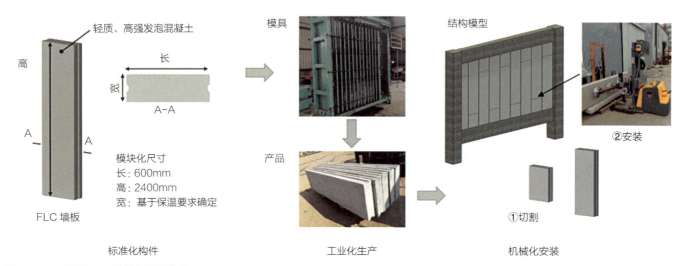

图 7-2-40　预制 FLC 墙板外围护体系

尺寸可以满足大多数工程中填充墙板的尺寸要求。FLC 墙板外围护体系采用配套的标准化浇筑模具进行工业化生产[8]，现场通过吸盘式条板安装机实现 FLC 墙板的快速拼装，形成集轻质高强、保温隔声、耐火抗震等功能于一体的外围护自保温系统[9]，其构造形式及其加工流程如图 7-2-40 所示。

密度等级为 A07 的 FLC 墙板的导热系数仅为 0.12 W/(m·K)，主要应用于我国夏热冬冷地区的住宅建筑。对于体形系数小于 0.4 的建筑，150mm 厚的墙板可满足夏热冬冷地区 65% 的节能率要求；对于体形系数大于等于 0.4 的建筑，200mm 厚的墙板即可满足[10]。FLC 墙板在清水中的最大冻融次数可达 25 次，质量吸水率仅为 17.2%，体积吸水率为 12.6%，碳化系数为 1.19，满足大多数现行轻质板材规范的要求[11]。其典型的工程应用如图 7-2-41 所示。

7.2.3　屋面保温隔热技术

屋面作为建筑外侧的围护结构，是建筑保温隔热体系的一个重要组成部分，其保温隔热性能直接影响到建筑

图 7-2-41　苏州吴江智慧城市产业化基地

的舒适性。

1. 平屋面保温隔热

平屋面的隔热技术有：①采用浅色涂料涂刷屋面；②屋面铺设保温板，外加防水做法；③设置阁楼层；④架空屋面；⑤绿化屋面等。平屋面的保温技术按保温层的位置分为正置式保温屋顶和倒置式保温屋顶两种做法。

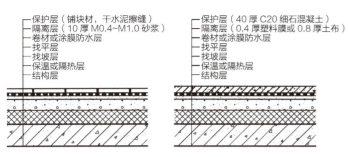

图 7-2-42 常规上人屋面构造做法

图 7-2-44 平屋顶架设的隔热板

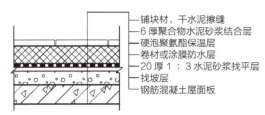

（a）发泡聚氨酯上人屋面倒置式　　（b）保温隔热上人屋面倒置式

图 7-2-43 倒置式保温屋面构造做法

其中，正置式保温屋顶是传统平屋顶的一般做法，是将保温层放在屋面防水层之下，结构层之上，形成多种材料和构造层次结合的封闭保温做法（图 7-2-42）。正置式保温屋面又可分为上人与不上人两种做法。倒置式保温屋面是把保温层覆盖在屋面防水层之上的做法。目前用得较多的保温材料有闭孔泡沫玻璃、硬质聚氨酯泡沫板、挤塑型聚苯乙烯泡沫板（XPS）等（图 7-2-43）。倒置式保温屋面做法，由于保温层设置在防水层上部，防水层可得到充分保护，不与外界环境直接接触，受气温变化及外界影响小，可长期避免防水层的变形、开裂等，延长防水层的使用年限。

屋顶隔热构造的做法有：①实体材料隔热；②通风间层屋面；③蓄水隔热屋面；④植被隔热屋面。

实体材料隔热是通过实体材料提高围护结构的热阻和热惰性指标（图 7-2-44）。

通风间层屋面有两种做法。架空隔热间层即将通风层做在屋面上，一般采用砖、混凝土块作为垫层，上铺混凝土薄板等材料。架空隔热间层在南方地区是传统的屋顶隔热做法，但这种做法不宜在寒冷地区采用，一般隔热板距屋面的净高为 240~300mm，架空板与女儿墙之间的距离不应小于 250mm；当屋面宽度大于 10m 时，架空隔热层中部应设置通风屋脊。吊顶通风间层，是利用吊顶和屋顶之间的空气间层通风排热，也可在吊顶层上面设置隔热材料，如隔声棉等。此外，也有在吊顶面层贴铝箔等热反射材料，同时设置通风间层的做法，效果更好（图 7-2-45）。

蓄水隔热屋面是在平屋顶上蓄积一定高度的水层，利用水吸收大量太阳辐射热后蒸发散热，从而减少屋顶吸

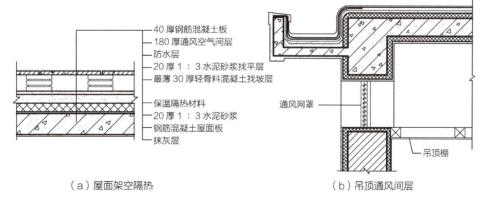

（a）屋面架空隔热　　（b）吊顶通风间层

图 7-2-45 通风架空隔热层做法

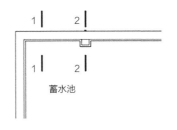
(a) 蓄水屋面局部平面

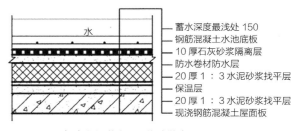
(b) 保温蓄水屋面构造做法

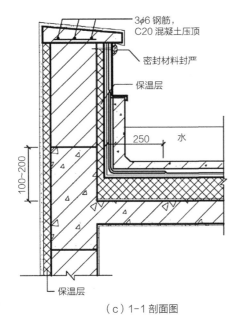

图 7-2-46 蓄水屋面　　　　（c）1-1 剖面图

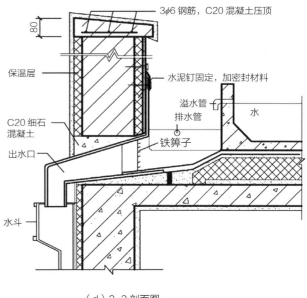
（d）2-2 剖面图

收的热能，达到降温、隔热的目的（图 7-2-46）。

植被隔热屋面，又称种植屋面，是隔热性能比较好的一种做法。它是在平屋顶防水层上种植花卉、草皮等植物，借助植物吸收阳光和遮挡阳光的双重功能来达到降温、隔热的目的。种植屋面构造层由下至上主要由保护层、排（蓄）水层、过滤层、基质层、植被层组成（图 7-2-47）。

2. 坡屋顶保温隔热构造

江南传统民居基本上都是坡屋面、小瓦屋面，造型有特色。过去江南地区的民居没有采取保温、隔热措施，主要对防水比较重视。坡屋顶做法有两种：一种是屋架结构的坡屋顶，另一种是现浇的坡屋顶。保温层一般布置在瓦材和檩条之间，或铺设在顶棚上面（图 7-2-48）。

以沥青瓦为例，也可将保温材料铺设在屋面板之上，尤其在屋檐、檐沟部位，有利于整体性的保温（图 7-2-49、图 7-2-50）。

上千年来，江南没有发生过大的自然灾害，所以建筑基本上以木结构为主，墙体多为空心砖墙，里面填充碎砖，坡屋顶铺钉木板条，保温的措施比较简单，但也能适应和应对当时的气候环境。近二三十年来，随着中国经济的发展，科技的腾飞，人民生活水平有了很大的提高，老房子已不能完全适应人们生活需求的变化，需要对其进行现代化改造。新建住宅大部分是节能住宅。

7.2.4　门窗节能技术

1. 节能门窗

江南传统民居一般采用小瓦屋顶、空斗墙、木屋架、挑檐、披檐以及各式各样的木门窗，还设置有廊、天井、弄堂等过渡缓冲空间，以减少太阳辐射，达到遮阳、采光和通风的多重效果。随着时代的发展，江南现代村镇住宅仍在传承和发扬传统民居的生态遮阳技术，如在建筑形体上采用阳台、廊道等部品构件来代替传统民居中的挑檐等遮阳做法。在此基础上，江南现代村镇住宅还改良和优化了传统低能耗遮阳技术，如采用高性能材料降低门窗传热系数、设置活动外遮阳设施等（图 7-2-51）。

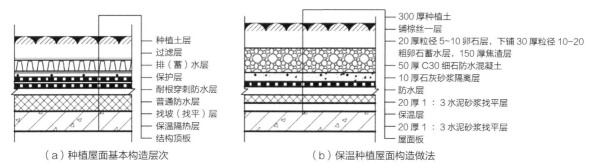

图 7-2-47 植被隔热屋面

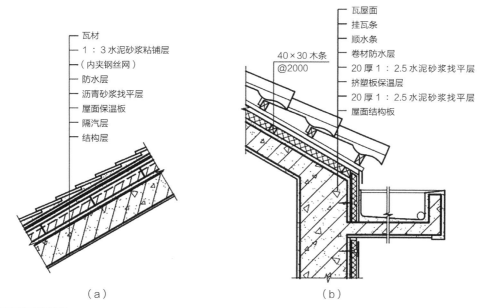

图 7-2-48 现浇坡屋顶保温做法

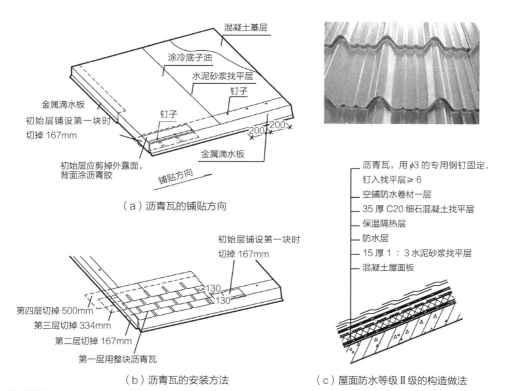

图 7-2-49 沥青瓦构造做法

图 7-2-50 沥青瓦现场施工

2. 窗框缝隙的密封技术

江南地区夏季辐射强度大、时间长,玻璃的选用应考虑阻挡太阳辐射进入室内。在外门窗保温、隔热方面,可采用标准化外窗,窗框采用低导热系数材料,充入惰性气体的中空玻璃使用暖边间隔条密封,窗框与墙体之间的缝隙填充高效防水保温材料,可进一步提高热阻和隔声性能(图 7-2-52)。

7.2.5 建筑遮阳技术

1. 遮阳的功能

遮阳是建筑隔热、保温与通风的综合需求,其功能包括减少太阳能辐射热、避免产生眩光、改善夏季热舒适性等。

遮阳对太阳辐射的影响:太阳辐射主要通过透明的门窗射入建筑室内,使室内热环境恶化,并增加空调能耗。为了提高居住的舒适度,同时考虑节能,做好窗户的遮阳是十分必要的。

遮阳对室内温度的影响:遮阳对阻止室内温度上升和减小室内温度波动有明显作用。

遮阳对采光的影响:从建筑物自然采光的角度来看,遮阳会阻挡直射阳光,可防止眩光,使室内照度均匀分布,有助于视觉的正常工作。

2. 遮阳的形式

根据遮阳设施与窗户的相对位置,遮阳可分为内遮

图 7-2-51 节能门窗

图 7-2-52 卷帘窗的剖面

阳、中置遮阳、外遮阳三大类。一般来说，外遮阳的效果最好，它可以将绝大部分太阳辐射挡在窗外。此外，还有绿化遮阳等遮阳形式。

1）内遮阳

江南现在的住宅内遮阳做法有多种，如竹帘、挡板、窗户外装木质百叶等。在条件较好的小区，为了外观的整齐、美观，都统一安装百叶卷帘窗等，实用、方便、效果较好。室内遮阳的方式分为铝制卷帘、布帘、木帘等（图 7-2-53）。室内遮阳不仅可有效阻挡阳光直射，而且也可防止阳光暴晒和室内眩光，从而使室内阳光更加柔和、更加舒适，减少空调能耗。

2）外遮阳

江南地区建筑外遮阳的方式有水平遮阳、垂直遮阳和综合遮阳。外遮阳材料选用耐候性能强、散热快的材料为好，其中，铝合金和织物材质应用广泛。铝制卷帘能有效隔离95%以上的太阳辐射热，解决室内温室效应问题。帘片内可填充聚氨酯发泡材料，以有效降低室内外换热效率；铝制百叶遮光率可达80%以上，可有效阻挡阳光直射；织物卷帘带有细密网孔，可以有效隔离阳光与热量，遮阳率达到50%~90%（视织物面料网孔大小而定），营造适宜的室内温度环境，减少空调能耗（图 7-2-54）。

3）绿化遮阳

墙面采用植被隔热是指用藤本植物等来装饰建筑物和构筑物立面的一种绿化形式（图 7-2-55）。随着绿色植物的攀爬，附着在墙面上会形成丰富多彩的绿化墙面。外墙绿化可减弱太阳辐射对墙体的影响，降低墙体的内表面温度，另外还可提高空气湿度、滞尘、改善微气候等。植被覆盖墙面的绿化形式，既可起到外墙隔热作用，同时又美化了城市。

7.2.6 天然采光设计

天然采光直接影响使用者的生理和心理健康，利用天然采光是建筑被动式节能措施中重要的技术手段，能够有效降低照明能耗，改善室内环境。江南传统民居天然采光的主要技术措施为天井和门窗。通过设置采光天井、天窗、老虎窗等（图 7-2-56），使阳光从高处进入房间，增大采光面积。现代江南村镇住宅通常坐北朝南，通过设置窗墙比较大的落地窗等增强建筑的天然采光效果，同时兼顾实用性和美观性。

7.2.7 自然通风设计

江南传统民居在选址时注意顺应自然，依水而建；在布局上，民居之间的街道狭窄而冗长，多与夏季主导风向一致或与河道垂直，便于夏季的室外通风；民居多根据当地的主导风向，选择良好的朝向，巧妙地组织院落、天井，引风入内。开敞的河道、狭长的街巷与民居的院落、天井共同组成传统民居的引风系统（图 7-2-57）。

为适应当地的湿热气候，传统民居对外相对封闭，外开门窗较小，内部天井狭窄，以阻挡夏季阳光进入民居

（a）木制卷帘

（b）铝制卷帘

（c）布帘遮阳

图 7-2-53　室内遮阳

（a）百叶卷帘　　　　　　　　（b）铝制百叶卷帘　　　　　　　　（c）织物卷帘

（d）铝制卷帘　　　　　　　　　　　　　　（e）铝制百叶

图7-2-54　室外遮阳

图7-2-55　墙面绿化　　　　　　　　　　　　　　　　　　　　　　图7-2-56　天井

内部；同时兼顾通风的需求，在布局上，民居多朝向河流、街巷，便于接纳外来风，并利用天井、走廊、门窗等组成通风系统，引风入室，改善室内的微气候环境。

通过多次调研得知，传统民居中组织通风的方式主要有两种：一种是依靠天井组织通风，另一种是依靠天井和冷巷共同组织通风。依靠天井组织通风的多为三合院、四合院，面宽窄、进深长的狭长民居多依靠天井和冷巷共同组织通风（图7-2-58）。现代江南民居多朝向当地的主导风向，依靠门、窗等开口引风入内，依靠水平方向的空间来组织通风，也有部分民居利用楼梯等垂直交通空间来加强通风。调研中发现，现代民居多采用"一"字形布局，利用民居前后对开的门窗形成穿堂风；也有民居采用

（a）传统临水民居

（b）庭院式传统民居

（c）现代临水民居

图 7-2-57　传统民居引风系统类型

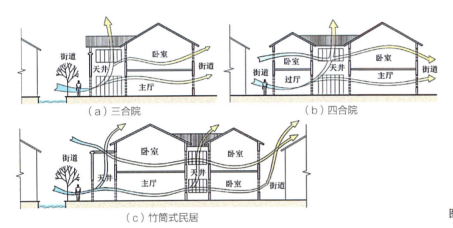

（a）三合院

（b）四合院

（c）竹筒式民居

图 7-2-58　依靠天井和冷巷共同组织通风

"L"形布局（图 7-2-59），其前端伸出的部分一般布置在外来风的下风向，会收拢更多的风进入建筑内部。部分民居通过布置家居、隔断等来划分室内空间，减少隔墙设计，在室内形成贯通的风道，改善室内的自然通风。

现代江南住宅在设计中既要注意建筑的朝向和通风，也要注意室内采光的问题。一般住宅要达到"三明"，即明厅、明卧、明厕，在条件受限制的情况下，也要作适当的处理，达到间接采光的效果。住宅室内舒适度的提高，与隔热、保温、通风和采光的设计是分不开的。

7.3　主动式技术[①]

7.3.1　暖通空调节能技术

早期由于经济条件落后，暖通空调设备跟不上，江南村镇居民通常夏天开窗通风或利用电风扇通风，冬天大多利用晒太阳、电热毯或电热油汀取暖。随着社会经济水平的不断提高，江南村镇居民对生活居住环境的要求越来越高。为了满足人们对生活居住环境的需要，适应时代的

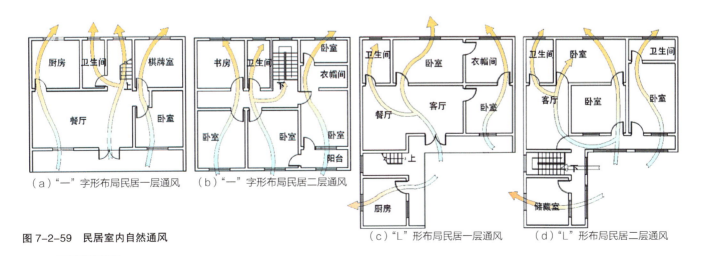

（a）"一"字形布局民居一层通风　　（b）"一"字形布局民居二层通风　　（c）"L"形布局民居一层通风　　（d）"L"形布局民居二层通风

图 7-2-59　民居室内自然通风

---

① 本节执笔者：龚德建、程阳、叶飞。

发展，我们对江南村镇居民的生活居住环境保障技术作了一些研究和实践。

当采用被动技术达不到室内生活居住环境的需要时，暖通空调专业就要采用各种技术手段，一方面确保满足人们对室内生活居住环境的需要并符合《建筑环境通用规范》GB 55016-2021等规范标准的要求；另一方面，暖通空调系统应符合节能减排、低碳环保的要求。

1. 冷热源

江南村镇居住建筑的冷热源主要包括：家用燃气热水锅炉、水冷式冷水机组、土壤源热泵冷热水系统、空气源热泵冷热水系统、空气源变制冷剂流量一拖多空调系统等。下面对各冷热源系统的优缺点作一个介绍：

（1）家用燃气热水锅炉（图7-3-1）

优点：燃气热水锅炉的价格低，加热速度快且水温比较稳定，锅炉体积比较小，一家一户独立自成系统，可同时解决供暖和热水供应问题。燃气热水锅炉实现了产热和供热分离，锅炉一般安装在厨房，与浴室分离，避免了洗浴过程中产生燃气泄漏的危险。住户热水供暖系统灵活性强，使用独立，供暖温度和供暖时间都可自行调节、控制，各个房间温度可按需求自动控制，无锅炉房和室外供热管网，可节约室外供热管网的投资费用；按天然气耗量收费，用气量可由用户自行控制。燃气热水锅炉供热系统热效率高，供暖循环泵能耗低。

缺点：燃气热水锅炉安装不太方便，要在外墙上打洞安装排烟管等，使用天然气，可能发生漏气现象，危及人体健康。

（2）水冷式冷水机组

优点：系统简单、成熟，运行可靠；系统造价相对较低。

缺点：需要制冷机房，系统调节性能较差，出现"大马拉小车"的现象，特别是小负荷状态下，系统可能无法正常运行，系统运行费用较高。

（3）土壤源热泵冷热水系统

优点：一机多用，同时满足供冷和供热的需求。由于土壤温度相对稳定，土壤源热泵机组的运行能效较常规冷水机组要高，COP（Coefficient of Performance）为5.5~6.2，是绿色环保节能的冷热源系统；土壤源热泵的环境效益显著。

缺点：土壤源热泵冷热水系统造价高；土壤源热泵冷热水系统对施工要求高；需要预先对地热环境进行测试；设计时必须严格处理好土壤冷热平衡问题，否则系统运行几年后可能会失效。

（4）空气源热泵冷热水系统（图7-3-2）

优点：节省设备机房所占的面积。系统具有冷暖合一、一机两用的功能；系统操作简单。

缺点：与水冷式冷水机组相比，能效比较低，COP为2.8~3.2，运行费用高，一次性投资较高；由于空气源热泵型冷、热水机组靠空气冷却，受室外环境影响比较大，设备易腐蚀、寿命短。空气源热泵冷热水系统冬季供热时的设计条件为室外温度不低于7℃，低于此温度时，机组效率急剧下降；热泵机组有噪声污染；夏天当空气温度高于35℃时，机组效率开始下降，室外空气温度越高，机组制冷能效越低，能耗越高；常规空气源热泵型冷热水系统存在"大马拉小车"问题。

（5）空气源变制冷剂流量一拖多空调系统（图7-3-3）

优点：节省设备机房所占的面积；系统具有冷暖合一、一机两用的功能，操作简单，调节性能好，使用方便，不需要专门的操作人员。部分负荷时运行灵活、方便，能效高。

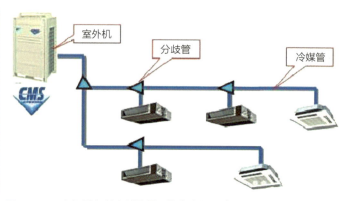

图7-3-1 家用燃气热水锅炉　　图7-3-2 空气源热泵冷热水系统机组　　图7-3-3 空气源变制冷剂流量一拖多空调系统

缺点：配电功耗大，一次性投资大。变制冷剂流量一拖多空调系统靠空气冷却，受环境影响较大，设备易腐蚀、寿命短；冬季供热时的设计条件为室外温度不低于7℃，低于此温度时，机组能效下降；夏天当空气温度高于35℃时，机组能效开始下降，空气温度越高，机组制冷能效越低，能耗越大；冷媒直接送入室内末端蒸发，任何环节出现泄漏，系统将瘫痪，检漏及修复都较困难。

2. 空调供暖末端

随着国民经济的不断发展，人们的生活水平不断提高，江南村镇居住建筑大多设置空调系统，具体形式如下。

（1）分体空调（图7-3-4）

江南村镇居住建筑大多设计预留分体空调安装位置及电气条件，由居民根据自己的经济条件及节能要求购买合适的分体空调器，安装使用。

（2）高效家用空气源变制冷剂流量一拖多多联空调系统

随着经济的发展、生活水平的提高，人们对空调舒适性的要求不断提高，采用分体空调已不能满足人们的需求，高效家用空气源变制冷剂流量一拖多多联空调系统应运而生，一台室外机可以带多个室内机，室内机形式多样，无论从美观还是室内空气环境舒适性上均优于分体空调。

（3）家用热水锅炉地面辐射供暖系统（图7-3-5）

江南村镇居住建筑冬季室内比较湿冷，随着经济的发展及暖通设备和技术的进步，采用家用热水锅炉的地面辐射供暖系统在江南村镇居住建筑中使用越来越普遍。

（4）风机盘管+地面辐射供暖系统（图7-3-6）

夏季采用风机盘管供冷，冬季采用地面辐射供暖系统供暖的空调系统在江南村镇居住建筑中使用越来越多。

（5）土壤源变制冷剂流量一拖多多联空调系统+地面辐射供暖系统。这种组合采用地源热泵冷、热水系统作为冷热源，夏季采用水源变制冷剂流量一拖多多联空调系统供冷，冬季采用地面辐射供暖系统供暖。这一组合集地源热泵和水源变制冷剂流量一拖多多联空调系统的优点于一体，使用更加灵活、方便，效率高，更加绿色、节能、环保。这个系统还可以提供卫生热水。近年来在江南村镇居住建筑中也有不少应用项目。

（6）光伏储能多联机空调系统（图7-3-7）

光伏储能多联机空调系统适用于别墅等人均使用面积较大的居住建筑，可以满足人们对生活品质的高要求。可以利用屋顶、墙面等空间设置太阳能光伏板，产生经济效益的同时降低建筑能耗，节能减排。

（7）空气源热泵天氟地暖两联供系统（图7-3-8）

随着产品不断升级，产品质量及可靠性不断提高，近年来在江南村镇居住建筑中使用空气源热泵天氟地暖两联供系统的项目不断增加。空气源热泵天氟地暖两联供系统具有空气源热泵型冷热水机组和空气源变制冷剂流量一拖多空调系统及地面辐射供暖系统的优点，节能减排，是一项在居住建筑中可持续发展的空调供暖系统应用技术，其应用前景广阔。

（8）调湿新风系统+天棚辐射供冷（夏季）+地面辐射供暖系统（冬季）（图7-3-9）

采用温湿度独立控制技术，室内湿负荷由调湿新风系统承担，室内（显热）温度由天棚辐射供冷系统承担（夏季），冬季采用地面辐射供暖系统。本系统的关键技术是室内湿度控制，防止室内结露发霉。本系统具有节能、环保等优点，但系统安装要求比较高，初投资比较大。

3. 通风系统

为解决空气品质问题，所有采用家用集中空调系统的江南村镇居住建筑均设置集中新风处理系统。考虑到节

图7-3-4　分体空调（左）
图7-3-5　地面辐射供暖系统（右）

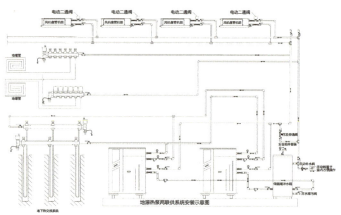

图 7-3-6　地源热泵空调、地暖、热水供应系统原理图

图 7-3-7　光伏板安装实体图

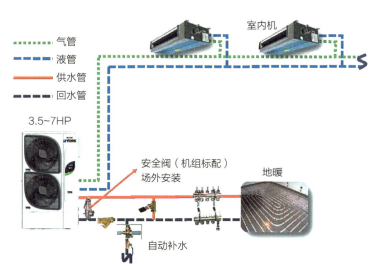

图 7-3-8　空气源热泵天氟地暖两联供系统图

图 7-3-9　天棚辐射供冷系统

能减排，新风处理机组形式有：排风热回收新风机组、调湿新风处理机组、直膨式新风处理机组等，根据空调系统形式、居民的经济条件、居民对空气品质的要求选择新风处理机组。选择新风处理机组应确保室内空气品质符合《建筑环境通用规范》的要求。

7.3.2　电气节能技术

1. 建筑电气节能设计的原则

电气系统的节能设计应在满足建筑使用功能，保证供电可靠与电能质量的前提下，通过合理的设备选用及配置、科学的管理及控制，提高能源利用率，减少能源消耗。

节能设计方案应对初期投资、运行费用、投资回收年限等因素进行综合经济技术比较，通过对比分析得出最合理的方式，促进经济效益最大化的实现。

电气系统宜选用技术先进、成熟、可靠，损耗低、谐波发射量少、能效高、经济合理的节能产品。

2. 建筑电气节能措施

1）电气系统优化设计

长期以来，江南地区绝大多数农村住宅以自建自筹的方式建造，以分散式单体住宅为主，因此，村镇住宅建筑区域的供电范围较大，一般设有多个配变电所。供配电系统的节能措施能在根本上解决节能问题，并且不影响村镇的正常供电。

（1）江南村镇供配电系统按负荷性质、用电容量和发展规划以及当地供电条件，合理确定配电设计方案。

（2）配电所应靠近负荷中心，并合理安排线路的敷设路径；合理选择供电电压，供配电系统应尽量简单、可靠。

（3）根据负荷情况合理选择变压器容量、台数，按经济运行原则灵活投切变压器。

2）主要电气设备节能措施

（1）电力变压器节能

变压器的能效等级不应低于现行国家标准《电力变压器能效限定值及能效等级》GB 20052-2020 规定的 3 级。应根据供电场所的不同合理设置变压器的数量，避免发生一台变压器超负荷工作和变压器过多而轻载的情况，进而有效降低电能的损耗。

（2）线路损耗节能

在电能传输的过程中，通过电流实现电能的传送和电磁能量转换，电流通过导线或电气设备时会产生功率损耗，功率损耗的大小与线路的负载和长度有关。应尽量选用电阻率较小的导线，铜导线较佳，铝导线次之，可以将系统的功率充分提高，进而有效降低线路的损耗。

（3）照明节能措施

江南村镇住宅在照明设计中应加强对自然光的利用，积极配合建筑专业，采用透光率较好的玻璃门窗等。充分、合理地利用自然光，使之与室内人工照明有机地结合，从而减少室内照明的使用。

照明节能设计应以实施绿色照明工程为基点，通过科学、合理的设计方法，选用高效照明光源、灯具和电器附件，合理有效地进行智能化控制，以达到节约能源、保护环境的目的。

照明节能设计时合理选择照明光源、灯具，可以有效实现建筑电气的节能。根据光源的光效、色温、显色指数、寿命和价格选择高效节能型光源。针对场所的不同选择不同的光源：高度较低的室内场所，应选用 T 系列细管径直管荧光灯、节能灯或 LED 灯等光源；高度较高的室内场所，应选择节能荧光灯、三基色荧光灯；室外照明选择安全、高效、寿命长、稳定的光源，避免光污染，充分利用太阳能作为光源。室内照明功率密度值（LPD）满足《建筑照明设计标准》GB/T 50034-2024 规定的目标值。建筑夜景照明的照明功率密度限值符合《城市夜景照明设计规范》JGJ/T 163-2008 的有关规定。

采用高效光源和低能耗、性能优的光源用电附件，如电子镇流器、节能型电感镇流器、电子触发器以及电子变压器等，灯具功率因数均要求大于 0.9。荧光灯宜选用带有无功补偿的灯具，紧凑型荧光灯优先选用电子镇流器，荧光灯镇流器的能效应符合《普通照明用气体放电灯用镇流器能效限定值及能效等级》GB 17896-2022 中的评价值；气体放电灯宜采用电子触发器，金卤灯镇流器的能效应符合《普通照明用气体放电灯用镇流器能效限定值及能效等级》GB 17896-2022 中的评价值。

照明设计根据建筑物的使用情况及天然采光状况采取分区、分组、定时、感应等节能控制措施（图 7-3-10），采取分散与集中、手动与自动相结合的方式。灯光线路设计需与智能照明节能控制系统相关联，可以根据平常的使用习惯配置灯光的控制，还可以应用远程控制系统，实现对灯光或场景的远程控制；在室内空间的一些特殊部位，可以采用人体感应、声控、光控及智能化控制等手段，减少照明灯具的开启时间；智能照明节能控制系统还能够实现对灯光的灵活调节，可通过设定淡入淡出时间，实现 0~100% 不同程度的灯光亮度。合理地采用照明控制技术，可以比传统照明技术降低 40%~80% 的能耗。

3）光伏建筑一体化应用

光伏建筑一体化技术将光伏发电系统组件与建筑屋面构件或建筑立面构件一体化集成，融建筑功能和光伏发电功能于一体（图 7-3-11~ 图 7-3-13），不仅可以有效降低建筑的化石能源消耗，还可以提高可再生能源的利用率，进一步降低建筑碳排放。

7.3.3 给水排水系统节水、节能技术研究

随着村镇经济的发展，给水排水系统已成为江南现代村镇住宅建筑的重要组成部分。节水节能设计中不仅要考虑给水排水系统的使用功能，还要关注水资源的综合利用和节能减排。

1. 给水排水系统中的节水技术措施

综合考虑当地的气象资料、地质条件、水资源情况和现有市政管线资料等，制定合理的水资源利用方案，综合利用各种水资源。

图 7-3-10　智能家居控制系统

图 7-3-11　杭州湘湖别墅光伏瓦　　图 7-3-12　光伏阳光房案例　　图 7-3-13　光伏阳光房案例

根据水平衡测试的要求，水表需分级安装。按照不同用途和物业管理要求，设单独水表计量。水表数据上传监测系统。

选用密闭性能好的阀门和供水设备；采用耐腐蚀性强、耐久性能优良的管材与管件。有效防止供水管网渗漏，减小管网漏失量。

选用符合现行国家行业标准《节水型生活用水器具》CJ/T 164-2014 的节水型卫生洁具及配水件。

通过设置减压阀、减压孔板等措施，合理限定各用水点水压，减少超压出流造成的水资源浪费。

生活水箱上设置溢流报警设备，防止故障期间水流溢出造成浪费。

室外绿化采用微喷、滴灌方式浇洒，以小流量均匀、准确地输送到土壤表面或植物根部的土壤层。同时设置土壤湿度感应器和雨天关闭装置，避免雨天重复灌溉。

江南地区属于亚热带湿润气候区，雨量充沛，水资源丰富。基于节约传统水资源的理念，根据实际情况，将路面和屋面等处的雨水作为非传统水源进行收集、处理、回用。遵循"简单、适用"的原则进行雨水处理，达到现行标准《城市污水再生利用 城市杂用水水质》GB/T 18920-2020 及《城市污水再生利用 景观环境用水水质》GB/T 18921-2019 后，用于绿化浇灌、道路广场冲洗等。

2. 给水排水系统中的节能技术措施

为了节约能源，降低二次供水负荷，减少生活饮用水水质二次污染的可能，住宅底层充分利用市政给水管网压力直接供水。

生活供水二次加压系统选用全自动变频调速恒压变量供水设备。

住宅内热水系统优先选用太阳能和空气源热泵等可再生能源。以南京为例，南京属于 3 类偏下的日照区，太阳能热水系统可全年 210 天无能耗运行，仅 155 天需要采用辅助电加热或者其他的加热方式弥补阴雨和冬季极端天气的不足。

3. 减少排放也是一种节能措施

由于现有村镇排水系统对水体污染的处理能力有限，因此，减少水污染排放，提高污染物去除效率，也是一种节能措施。

科学合理、因地制宜地选用渗、滞、蓄、净、用、排相结合的海绵设施，如植草沟、渗管/渠、植被缓冲带、雨水花园、透水铺装、绿色屋面等，构建自然积存、自然渗透的海绵雨水系统。减少雨水径流污染，缓解内涝风险，有效提升水循环系统的自然调蓄和自然涵养能力，实现小雨不积水、大雨不内涝。雨水资源的综合利用，对保障村镇经济和生态环境的可持续发展将产生深远影响。

7.4　太阳能热水利用技术

7.4.1　太阳能热水系统

太阳能是永不枯竭的清洁可再生能源，是以后人类可期待的、最有希望的能源之一。太阳能热水系统是利用太阳能集热器采集太阳辐射热量，在阳光的照射下使太阳的光能充分转化为热能。太阳能热水系统主要由太阳能集热器、储水保温水箱、管道保温系统、自动控制系统和其他外部设备（如循环泵、电磁阀等）组成。一般采用以下3 种太阳能热水系统：分户太阳能热水系统，集中集热、分户储热系统，集中集热、集中供热系统。

分户太阳能热水系统按集热器安装位置不同，主要分为阳台安装与屋顶安装两种方式。一般建筑顶部楼层采用屋顶安装方式，建筑下部楼层采用阳台安装方式

（图7-4-1、图7-4-2）。分户太阳能热水系统管路简单，系统相对独立，设备造价低，后期维护费用少。但是容易受到相邻建筑的日照遮挡影响，安装位置和安装面积受建筑立面限制较多。

集中集热、分户储热系统是指太阳能集热器集中、统一规划设置在住宅屋顶，储热水箱、辅助加热等设备分户独立安装在各住户内。集中集热、分户储热系统与建筑协调相对容易，辅助热源能耗可以分户计量。前期投资比分户太阳能热水系统高，管线较多，对建筑层高有一定影响。系统开始运行后，集中集热部分产生的费用几乎不受入住人数影响。因此，入住率不高时，造成单位热水收费标准提高。

集中集热、集中供热系统的太阳能集热器、储热水箱及辅助加热等设备集中设置，加热后的热水直接送到各个住户。住户内部不再单独设置任何水加热设备。集中集热、集中供热系统使用舒适度高，节能效果明显。户内没有水加热设备，对后期室内装修影响小。但前期投资大，系统单位运行能耗、热水供应价格与入住率息息相关，后期需专业人员进行维护管理。

太阳能热水系统形式多样，应根据经济规模、使用功能、生活习惯及建筑立面设计等要求，进行综合评价后选择。

7.4.2 空气源热泵热水技术

空气热源取之不竭，用之不尽，具有安全、节能、舒适、环保的优点。空气源热泵热水机组由压缩机、蒸发器、冷凝器、膨胀阀等部件组成，并灌入环保制冷工质。空气源热泵热水系统如图7-4-3所示。

低温低压的液态冷媒经过蒸发器（空气热交换器）吸收空气中的热量，由液态变为低温低压的气态冷媒（冷媒从空气中吸收的热量设为Q_2）。低温低压的气态冷媒，通过少量的电能输入，由压缩机进行压缩，变为高温高压的气态冷媒（压缩机的压缩功转化的热量设为Q_1）。高温高压的气态冷媒与冷水进行热交换，冷媒在常温下被冷却，冷凝为液态。此过程中，冷媒放出的热量使冷水得到加热（冷水吸收的热量设为Q_3）。换热后的高压液态冷媒通过膨胀阀减压，由于压力下降，冷媒回到了比外界温度低的低温低压的液态，又具有了再次吸热蒸发的能力。如此重复循环工作，使冷水的温度不断升高，直到获得所需温度的生活热水。根据能量守恒定律得：$Q_3=Q_1+Q_2$。热泵热水机

图7-4-1　2011南京市住宅建筑太阳能光热一体化竞赛一等奖方案

图7-4-2　苏州吴江低能耗住宅分户太阳能热水系统

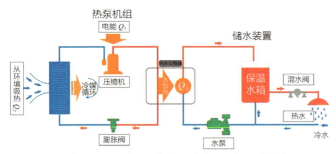

Q_3（获得的热量）= Q_1（输入电能）+ Q_2（环境热能）

图 7-4-3　空气源热泵热水系统示意图

组的制热量 $Q_3=Q_1+Q_2$，$Q_3>Q_1$，说明最终用来加热冷水的热量要大于压缩机工作消耗的电能，其间的差值就是从周围环境中吸收来的热量。

空气源热泵是一种高效节能的制热装置，在 -7~40℃ 的环境温度下，可全天候使用，不受阴、雨、雪等恶劣天气的影响。无任何燃烧外排物，不会对人体、环境造成损害，社会效益良好。节能效果突出，夏季制热效率高达到 400% 以上。

通过对空气源热泵工作原理的分析，我们可以知道，空气源热泵热水系统受温度影响明显。环境温度较低时，制热速度慢，热效率不高，在冬冷夏热的江南地区，冬季容易结霜，需配备辅助热源或延长空气源热泵工作时间，来满足冬季极端天气的需求。

参考文献

[1] 高举中国特色社会主义伟大旗帜　为全面建设社会主义现代化国家而团结奋斗——在中国共产党第二十次全国代表大会上的报告（2022年10月16日）习近平.

[2] 夏热冬冷地区居住建筑节能设计标准：JGJ 134-2010[S].

[3] 徐志峰. 装配整体式秸秆板轻钢高强泡沫混凝土剪力墙抗震性能研究 [D]. 南京：东南大学，2018.

[4] XU Z F, CHEN Z F, YANG S H. Seismic behavior of cold-formed steel high-strength foamed concrete shear walls with straw boards[J]. Thin-Walled Structures, 124（2018）: 350-365.

[5] 徐志峰, 陈忠范, 朱松松, 等. 秸秆板轻钢高强泡沫混凝土剪力墙轴心受压性能研究[J]. 工程力学, 2018, 35（7）: 219-231.

[6] 陈忠范, 叶继红, 黄东升, 等. 工业化村镇建筑 [M]. 南京：东南大学出版社，2017.

[7] 陈忠范, 丁小蒙, 殷之棋, 等. 硅烷偶联剂-粉煤灰漂珠轻质高强泡沫混凝土及制备方法: CN107602018B[P]. 2019-12-10.

[8] 陈忠范, 丁小蒙, 赵振宇. 模组模具浇筑轻质高强发泡混凝土的不塌模: CN212045221U[P]. 2020-12-01.

[9] 陈忠范, 赵振宇, 丁小蒙. 预制轻质高强泡沫混凝土填充墙板外墙自保温系统: CN211286074U[P]. 2020-08-18.

[10] 赵振宇. 发泡混凝土预制填充墙板力学性能研究 [D]. 南京：东南大学，2019.

[11] 程龙. 装配式发泡混凝土填充墙耐久性试验研究 [D]. 南京：东南大学，2019.

图片来源

图 7-2-1、图 7-2-6、图 7-2-51、图 7-2-56、图 7-3-7、图 7-4-1 来源：杨维菊摄

图 7-2-2、图 7-2-50 来源：沙晓冬摄

图 7-2-3 来源：魏燕丽、高青摄

图 7-2-4、图 7-2-5、图 7-2-18、图 7-2-20 来源：南京旭建

图 7-2-7、图 7-2-8 来源：张金水摄

图 7-2-9~ 图 7-2-11 来源：王鹏摄

图 7-2-12 来源：上海杰地建筑设计有限公司，设计师：江芳、王晨

图 7-2-13 来源：江苏省建筑设计研究院诺亚工作室

图 7-2-14~ 图 7-2-16 来源：北京振利

图 7-2-17 来源：瑞和泰达

图 7-2-19 来源：文威摄

图 7-2-21、图 7-2-22 来源:《外墙外保温技术与标准》

图 7-2-23~ 图 7-2-27、图 7-2-29 来源：南通市建设新技术开发推广中心

图 7-2-28 来源：赵书杰摄

图 7-2-30、图 7-2-31、图 7-2-33~ 图 7-2-36 来源：孙小曦摄

图 7-2-32 来源：孙小曦绘

图 7-2-37 来源：陈忠范绘

图 7-2-38~ 图 7-2-41 来源：陈忠范摄

图 7-2-42、图 7-2-48 来源：沙晓冬绘

图 7-2-43、图 7-2-45~ 图 7-2-47、图 7-2-49 来源：沙晓冬、杨云绘

图 7-2-44 来源：沙晓冬摄

图 7-2-52~ 图 7-2-54 来源：梁世格摄

图 7-2-55、图 7-4-2 来源：高青摄

图 7-2-57 来源：张华摄

图 7-2-58、图 7-2-59 来源：张华绘

图 7-3-1、图 7-3-2、图 7-3-5、图 7-3-9 来源：陈聪摄

图 7-3-6 来源：陈聪绘

图 7-3-3、图 7-3-4 来源：龚德建摄

图 7-3-8 来源：龚德建摄

图 7-3-10 来源：叶飞摄

图 7-3-11~ 图 7-3-13 来源：龙焱能源科技（杭州）有限公司

图 7-4-3 来源：程洁绘

第8章 江南村镇典型建筑性能提升示范案例

8.1 江南村镇既有住宅低能耗改造项目

8.1.1 南京江宁青山社区民居低能耗改造项目

1. 项目概况

青山社区民居低能耗改造项目位于南京市江宁区淳化街道青山社区上堰村,属于夏热冬冷地区。建筑为南北朝向,建于 2000 年左右,为村民自有居住用房。两栋改造建筑均为 2 层,其中 1 号民居建筑面积 118.57m²,2 号民居建筑面积 208.54m²,两栋建筑均为砖混结构。原外墙材料为 240mm 厚的普通黏土烧结砖,屋面为瓦屋面,无保温措施。房主于 2005 年左右对该楼进行过局部改造,将原单层木窗更换为铝合金单层玻璃窗。建筑用能主要是电能,供暖空调系统采用分体空调,电线、闭路电视线等相关线缆零乱地分布在建筑外立面。照明系统采用普通节能灯,住户只有一个总表计量总耗电量(图 8-1-1~图 8-1-3)。

2. 改造前问题分析与性能检测

1)主要存在问题

两栋民居均存在能耗较大、室内热环境差等诸多问题,具体如下:围护结构墙体、门窗均没有采取保温隔热措施,热工性能差。2 号民居屋面为普通瓦屋面,未做吊顶,1 号屋面保温性能虽较好,但达不到现行居建节能标准要求,导致室内热舒适性差,供暖空调能耗较高。1 号民居邻近进村道路及村广场,车流量较大,存在一定的噪声污染,影响居民的居住生活。建筑南立面采用瓷砖、涂料饰面,其他立面均采用水泥砂浆抹面,并且线缆零乱地分布在外立面,建筑立面美观度较差。

2)改造前围护结构热工性能现场检测

2016 年 8 月 16~24 日,采用现场传热系数检测仪对 1 号民居进行房屋外围护结构热工性能现场检测(图 8-1-4),仪器每 20 分钟记录一次数据(每日检测最高温度)。

对检测结果进行分析,当室外空气温度超过 37℃时,1 号民居南墙内表面的温度就极可能大于 35℃。外墙内表面温度变化趋势与室外空气温度相似。

因此,1 号民居改造前外围护结构内表面温度不满足《江苏省居住建筑热环境和节能设计标准》DGJ32J 71-

图 8-1-1 民居改造前外观(左:1 号民居;右:2 号民居)

图 8-1-2 1 号民居平面图(左:一层平面;右:二层平面)

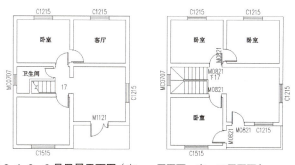

图 8-1-3 2 号民居平面图(左:一层平面;右:二层平面)

图 8-1-4 现场传热系数检测仪

2014 中"夏季自然通风情况下建筑物外围护结构内表面温度不高于 35℃"的设计指标。

3. 改造技术实施

针对两栋民居存在的问题，结合户主的装修想法，经过沟通和研究，设计人员决定以节能改造和改善室内环境质量为主要目的，经技术分析和经济性分析比较，制定了两栋民居的低能耗改造措施。

1）外墙节能改造

两栋民居均为砖混结构，原围护结构外墙大部分为普通黏土烧结砖，1 号民居外墙总面积约为 203.5m²，2 号民居外墙总面积约为 208.54m²。原立面大部分为水泥砂浆抹面，美观度较差，所以决定采用外保温的形式对外墙进行节能改造。外墙外保温材料采用石墨聚苯板，石墨聚苯板的聚苯乙烯颗粒形式的小黑珠里含有发泡剂，可使其膨胀。

2）外窗节能改造

两栋民居原外窗大部分为铝合金单层玻璃窗，个别外窗为单层玻璃木窗，保温性能较差，气密性较差。改造时，外窗更换为隔热铝合金 5mm+19mmA（百叶）+5mm（A 为空气层），传热系数由 6.4W/(m²·K) 降低到 2.6W/(m²·K)，气密性达到 6 级。窗洞口等主要节点的规范安装处理可避免外墙渗漏，在外窗更换的过程中，采用防水安装的方式。

3）遮阳节能改造

在夏热冬冷地区，外窗遮阳系统是有效的建筑节能措施。夏季通过窗户进入室内的太阳辐射热构成了空调的主要负荷，设置外遮阳，尤其是活动外遮阳是减少太阳辐射热进入室内、实现节能的有效手段。合理设置遮阳装置能遮挡和反射 70%~85% 的太阳辐射热，使得建筑空调能耗降低约 30%。在冬季可收起遮阳，让阳光与热辐射透过窗户进入室内，减少室内供暖负荷并保证采光。内置百叶的遮阳系数可达 0.2 左右，节能效果极佳。

本工程采用中置遮阳中空玻璃窗，将百叶窗帘整体安装在中空玻璃内，手动控制百叶窗帘，可升降或翻转的遮阳系统。该系统遮阳效果好，抗风能力强，耐用，维护费用低，不影响建筑立面。

4. 改造实施效果分析

两栋民居改造前后的热工性能和供暖及空调耗电量指标见表 8-1-1~表 8-1-4。

1 号民居围护结构改造前后热工性能指标　表 8-1-1

部位	平均传热阻/(m²·K/W)		热惰性指标		备注
	改造前	改造后	改造前	改造后	
外墙体	0.46	1.75	3.46	4.27	考虑热桥后平均值
屋面	0.26	1.0	1.26	3.06	—
外门窗（东向）	1/6.40	1/2.60	—	—	—
外门窗（西向）	1/6.40	1/2.60	—	—	—
外门窗（南向）	1/6.40	1/2.60	—	—	—
外门窗（北向）	1/6.40	1/2.60	—	—	—
分户门	1/6.50	1/6.50	—	—	—
分户墙	0.41	0.41	2.06	2.06	—

2 号民居围护结构改造前后热工性能指标　表 8-1-2

部位	平均传热阻/(m²·K/W)		热惰性指标		备注
	改造前	改造后	改造前	改造后	
外墙体	0.47	1.75	3.49	4.28	考虑热桥后平均值
屋面	0.26	1.0	1.26	3.06	—
外门窗（东向）	1/6.40	1/2.60	—	—	—
外门窗（西向）	1/6.40	1/2.60	—	—	—
外门窗（南向）	1/6.40	1/2.60	—	—	—
外门窗（北向）	1/6.40	1/2.60	—	—	—
分户门	1/6.50	1/6.50	—	—	—
分户墙	0.41	0.41	2.06	2.06	—

通过模拟，可得出改造后民居的外围护结构热工性能指标大幅提升，改造后建筑能耗相比改造前降低约 30%。改造结合美丽乡村建设，营造了恬静安然的乡村生活氛围，获得了较好的视觉效果（图 8-1-5）。

改造后节能型门窗热工性能参数 表 8-1-3

指标	断热铝合金中空玻璃推拉窗 （5mm+19A 内置遮阳百叶 +5mm）
传热系数（K 值）	2.6
隔声 /dB	30
气密性	6 级
水密性	5 级
抗风压	4 级
遮阳系数	0.20（开启遮阳时）/0.70（关闭遮阳时）

1 号、2 号民居供暖及空调耗电量指标对比 表 8-1-4

项目		供暖期 耗电量指标 / (kW·h/m²)	空调降温期 耗电量指标 / (kW·h/m²)
1 号民居	改造前	10.2	11.5
	改造后	7.0	8.1
2 号民居	改造前	9.9	11.3
	改造后	6.8	8.2

图 8-1-5 民居改造后外观（左：1 号民居；右：2 号民居）

两栋民居作为低能耗改造示范工程，基本达到节能率 50%，基本满足了《江苏省居住建筑热环境和节能设计标准》的规定。改造后，围护结构热工性能和室内环境质量显著提升，起到了良好的示范作用。1 号民居院内有一栋建筑年代、结构形式等相似的建筑，选取其为对照建筑。2016 年 12 月 28 日~2017 年 1 月 6 日采用室内温湿度自动记录器对两栋建筑的室内温湿度进行测试，分别选取两栋建筑的一层客厅及二层卧室进行对比分析，所测试房间温湿度平均值对比见表 8-1-5、表 8-1-6。

综上，改造后的 1 号民居相对于未改造民居室内热环境性能得到了提升。其中，改造后的 1 号民居室内平均温度提高 1℃ 以上，室内墙体内表面平均温度提高 3℃ 以上，室内相对湿度降低 3% 以上，且室内温湿度的波动较未改造建筑有明显的改善。

测试房间墙体内表面温度对比 表 8-1-5

部位	内表面温度 /℃		室外空气温度 /℃
	1 号民居	1 号对照民居	
东墙	8.9	5.3	6.8
南墙	9.0	5.5	
西墙	8.5	5.0	
北墙	7.5	4.7	

测试房间温湿度平均值对比 表 8-1-6

项目	温度 /℃		相对湿度 /%	
	1 号民居	1 号对照民居	1 号民居	1 号对照民居
一层客厅	8.1	7.1	78.2	82.9
二层卧室	8.2	6.9	80.3	83.9

8.1.2 上海崇明瀛东村生态改造项目

1. 项目概况

上海瀛东村生态改造项目包括民居 48 幢，均为单体独栋 2 层别墅式（图 8-1-6、图 8-1-7），住宅建筑平面均源于一个标准模式，建筑外轮廓及功能布局大致相同。户均建筑面积近 300m²，总建筑面积为 14600m²。建筑年代自 1993 年至今不等，住宅主要朝向西南，宅基地内部设院墙，以 L 形布局自然围合成较为开敞的前院。建筑采用砖混结构，加盖预置楼板及木结构屋顶，外墙饰面多为面砖，部分采用涂料或水刷石等，外墙均为黏土实心砖砌筑的空斗墙，屋面均为斜屋面挂瓦，外窗有钢窗、铝合金窗、塑料窗和木窗四类单玻窗，外门有木门、钢门和铝合金门。由于墙体缺乏保温设计，冬季西北向房间十分寒冷。住宅层高 3.6m，高敞的空间使得冬季室内温度更低。屋顶是在钢筋混凝土平屋顶上加建而成，坡屋顶内闷顶两侧三角形山花用混凝土封闭，通风效果差。建筑普遍缺乏防水设计，存在漏雨现象。空调室外机摆放位置较为随意。太阳能热水器在村里使用较为普遍。

2. 生态改造实施

瀛东村中双层住宅建筑平面均源于标准模式，因此以典型住宅为研究对象（图 8-1-8）。改造涉及围护结构、空调、可再生能源等多项技术。

1）地域文化特色改造

改造时完全保持了原有住宅的布局模式和使用方式，未改变原有屋顶的形式。利用原有屋架，保留了屋顶形式

图 8-1-6　瀛东村现状

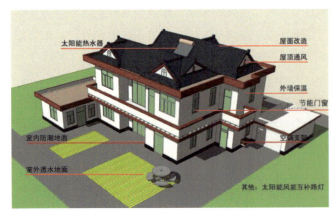

图 8-1-7　瀛东村典型住宅平面图

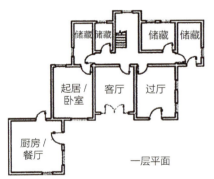

图 8-1-8　改造方案

的丰富多样性；同时，保留了现有住宅的挑檐、檐沟、阳台板等处丰富的装饰图案。总体而言，统一了瓦、墙、门窗的色彩，保留了细部装饰、平面布局，使整个住宅群既统一，又有变化，既有时代特征，又有当地风貌，体现出了属地居住文化特色（图 8-1-9）。

2）室外改造

对原有住宅室外场地进行改造，原先为了满足晒谷等需要采用纯水泥地面，夏季在太阳的照射下，热量反射强烈，而且在下雨时，雨水迅速向四周排散，无形中增加了雨水反灌室内的可能性。故改造时，将原有水泥

图 8-1-9 节能改造前后实景图

地面适当减小,加设渗水混凝土地面,既可减少夏季太阳光的强烈反射,又可在下雨时及时将雨水渗入地下。通过使用不同颜色的渗水混凝土地面,弱化村内千篇一律的室外地面形象。同时,在住宅改造中,还增设了室外空调机的机架、晒衣架等设施,为住户提供更为完善的服务。

3)太阳能热水改造

现有住户大部分安装了太阳能热水器,但是由于使用年限及产品质量等问题,导致这些太阳能热水器的实际使用效率不高,失去了应有的功效。改造时,先对村里现有的太阳能热水器进行调查,对于出现问题的进行替换。尽量使太阳能热水器的角度与屋面相结合,在实用的前提下尽量达到美观。考虑到经济性,优先采用分体式太阳能热水器。3 号楼住户目前未安装太阳能热水器,改造时其安装 24 管 1800mm 型 250L 容量热水器,满足一家五口人对生活热水的正常使用需求。

4)风光互补路灯改造

由于村里原有路灯及电线已老化,年久失修,改造时把原有露明电线全部埋入地下,并结合道路两侧的绿化带,安装风光互补路灯,美化村容村貌,充分利用可再生能源。新型能源高效利用照明结合瀛东村生态人居工程示范,建设成为一个太阳能照明示范工程,解决生态人居工程示范园区内道路交通的照明问题。

路灯道路总长度约 1km。该示范地块沿河而建,园区内多为独栋低能耗别墅,示范园区外围为宽 5m 的园区主干道,主要用于园区内部机动车、非机动车及行人低速通行。由于园区周边照明设施缺乏,本项目提高了道路照明标准,将其归于次干路范畴。关于风光互补路灯灯源(负载)、太阳电池阵列、风力发电机组等工程化应用的选型及匹配性研究,本项目新型能源高效利用照明风光互补配置情况如表 8-1-7 所示。

新型能源高效利用照明风光互补路灯配置表　表 8-1-7

产品名称	规格	数量	主要性能指标
风力发电机	400W/24V	1 台	发电起始风速 3m/s
太阳电池组件	85W	2 块	单晶硅
光源	陶瓷金卤灯 35W/24V	1 套	含灯具及镇流器
铅酸阀控蓄电池	12V/150Ah	2 只	免维护铅酸蓄电池
灯杆	杆高 8m	1 根	灯高 6m
风光互补控制器	WS2400	1 只	含泄荷器
地脚笼	22 号	1 套	4 根 22 号 7 字地脚螺栓焊接而成
蓄电池箱	防腐防锈	1 只	—
配件	电缆及配件	1 套	配件含抱箍、不锈钢螺栓、水密端子等

配置的风光互补路灯间隔 20m 排布于园区主干道之上,单侧布置在道路的内侧,距离道路边缘 650mm(图 8-1-10、图 8-1-11),园区约 1km 的主干道路上共布置 47 盏风光互补路灯,可满足园区日常照明及交通功能要求。

新型能源高效利用风光互补路灯固定在地脚笼和混凝土构筑的基础上,灯杆高 8m,顶部为 400W 风力发电机组,灯杆 6.5m 高处为太阳能电池组件,采用 1 月份最佳倾角 46° 布置,灯具采用截光型灯具,灯源为陶瓷金卤灯,灯源高度 6m。

配置风光互补路灯在全年太阳辐射最弱的 1 月份可满足连续 5 个阴雨天正常工作,负载日持续工作时间为 10 个小时,对于夜晚时间较长的冬季,可采用分时段调控功能,延长照明时间及蓄电池使用年限。

图 8-1-10　高效利用照明路灯布置图

图 8-1-11　风光互补路灯图

8.2　江南村镇新民居建设项目

8.2.1　江阴市山泉村新民居建设项目

江阴市山泉村于2010年进行了新民居建设改造，是江阴市新农村建设过程中首个推广应用非黏土新型墙材的示范村，也是研究新农村建设新墙材应用的首要对象。

1. 项目概况

山泉村地处江阴市周庄镇东南部，与向阳、华西相接。经调研，山泉村旧民居存在无规划、无设计、无节能措施、环境差等通病，具体包括：没有统一规划下的民居，土地利用率不高。如图 8-2-1、图 8-2-2 所示，房前屋后闲置了一些土地。旧民居建造从设计、施工到材料都缺乏控制和管理，造成建筑质量差。房屋门窗和围护结构的材料都不过关，严重影响了建筑质量。缺乏统一规划的农村，相关配套设施水平低，造成整体居住环境较差，如图 8-2-3 所示。

2. 项目建设理念

通过对山泉村的详细调查与研究，广泛听取群众意见，提出了以下新民居建设理念：

1）节约土地、集约用地

2010年，山泉村本着节约土地、集约用地的原则，根据全村795户村民的意愿，进行了全村的新农村住宅总体规划，设计建造高层、多层、连体、单体、空中别墅五种户型。

2）积极使用新墙材

山泉村于2007年投资3000万元建成年产25万 m^3 的粉煤灰蒸压加气混凝土砌砖全自动生产线，可替代黏土砖1.8亿块标砖，年节约土地近300亩，年综合利用粉煤灰18万吨，为江阴市发展新型墙材、实施节能减排发

图 8-2-1　山泉村旧民居1

图 8-2-2　山泉村旧民居2

图 8-2-3 山泉村旧民居房前屋后垃圾

挥了重要作用。

为积极响应国家政策，充分利用本地资源，山泉村在新民居改造建设过程中，全面禁止使用黏土砖，推广应用非黏土新型墙材。

3）人性化设计

老年公寓的设计体现了群众智慧。经过集体商量，结合现代老年人和年轻人的生活习惯，将老年公寓设置于多层建筑的一楼，其子女住在楼上。这样的考虑和设计使得生活既独立又联系，方便了老人日常起居，使居住生活更加和谐。

4）绿色建筑设计

鉴于绿色建筑在农村建筑中的应用率较低，为提高建筑质量，改善环境脏乱差的现状，山泉村在新民居建设中引入绿色建筑概念，秉承"四节一环保"的可持续发展理念，因地制宜，采用各项绿色节能技术。

3. 新墙材和保温材料应用

山泉村在新农村建设过程中，全面禁止使用黏土砖，大力推广使用新型墙体材料和保温隔热材料。因此，针对多孔砖、加气混凝土砌块、混凝土砌块、XPS板、石膏板、岩棉板等几种类型，从技术适宜性、经济适宜性、环境适宜性三方面进行分析。

1）技术适宜性

各种新型墙体材料和保温隔热材料的原料特性、加工方式、功能用途等不一，下面将从热工性能、耐久耐候性、可替代性三方面进行技术适宜性分析。

（1）热工性能

黏土砖的导热系数为0.58，由表8-2-1可知，多孔砖的热工性能较黏土砖略有提升；砌块类墙材的保温隔热性能约是黏土砖的3倍；XPS板和岩棉板均具有良好的保温隔热性能；石膏板可用于内保温、内隔墙和内装饰，兼具保温隔热性能。

（2）耐久性、耐候性

由表8-2-2可知，多孔砖经焙烧而成，孔的尺寸小而数量多，非孔洞部分砖体较密实，具有较高的强度，其耐久性、耐候性和稳定性等综合性能较好；砌块类墙材的耐候性、抗渗性和耐火性能均良好，可以与建筑主体结构

几类新型墙体和保温材料的热工性能对比　　　　　　　　　　　　　　　　表 8-2-1

墙材类别	导热系数 λ/[W/(m·K)]	蓄热系数 S/[W/(m²·K)]	热阻 R/[(m²·K)/W]	备注
多孔砖（粉煤灰，厚240mm）	0.50	7.82	—	受温度、容重、含水率、孔洞率、孔洞形状、孔洞排列等影响
加气混凝土砌块（厚200mm）	0.20	3.60	1.00	单位体积重量是黏土砖的1/3
混凝土砌块（厚200mm）	0.22	3.59	0.91	
XPS板（厚30mm）	0.03	0.54	1.00	闭孔蜂窝结构
石膏板（厚30mm）	0.33	5.14	0.09	—
岩棉板（厚30mm）	0.040	0.700	0.75	—

几类新型墙体和保温材料的耐久性、耐候性对比　　　　　　　　　　　　　　　　　　　　　表 8-2-2

墙材类别	耐候（高温、碳化、冻融、氯盐）	抗渗	耐火（防火等级）	备注
多孔砖	最好	最好	好	透气性好，健康舒适
加气混凝土砌块	一般	一般	好	—
混凝土空心砌块	较好	较好	好	—
XPS 板	好	好	B 级	—
石膏板	一般	一般	较好	隔声、隔热、轻质、保温、收缩率小
岩棉板	较好	不好	A 级	—

同寿命。

2）经济适宜性

新型墙体材料和保温隔热材料的应用和推广，除了其性能需符合人们对健康、安全、舒适的要求外，其生产和使用成本也需符合人们的消费水平。不同类型的成本参考价见表 8-2-3。

由表 8-2-3 可知，各类新型墙材折算成标准砖的价格为 0.13~0.24 元/块。这还不包括在使用新墙材时一些设计、施工中由于墙体自重轻、节省工序和缩短建设工期等因素所节约的建筑成本，因此使用新型墙材不会增加建筑成本反而降低了建筑成本。

3）环境适宜性

各类材料综合利用废弃物的情况见表 8-2-4。

上述新型墙体材料和保温材料充分利用了矿业废弃物、工业废弃物、城市废弃物等固体废弃物制得，不仅很好地处理了环境垃圾，也使得废弃物变废为宝，减少了二氧化碳排放，为区域污染物排放控制做出了贡献，具有较好的经济效益和环境效益。

综上所述，经过技术、经济和环境适宜性分析后，针对新型墙体材料和保温隔热材料的特点，在外墙、内墙、地面等部位选取了相应的适宜的材料，使用情况见表 8-2-5。

几类新型墙体和保温材料的经济成本对比　　表 8-2-3

类别	市场售价（参考值）
多孔砖	350~500 元/m³
加气混凝土砌块	300~450 元/m³
混凝土空心砌块	200 元/m³
XPS 板	350~450 元/m³
石膏板	550~900 元/m³
岩棉板	2500~6000 元/吨

几类新型墙体和保温材料的废弃物利用情况　　表 8-2-4

墙材类别	可利用废弃物名称	废弃物主要来源
烧结多孔砖	页岩尾矿、煤矸石、炉渣、粉煤灰、淤泥、秸秆、建筑垃圾、生活污泥	矿业废弃物：页岩尾矿、煤矸石；工业废弃物：粉煤灰、锅炉炉渣；农业废弃物：秸秆；城乡废弃物：河湖淤泥、生活污泥、建筑垃圾
加气混凝土砌块	粉煤灰、尾矿砂和脱硫石膏	矿业废弃物：尾矿砂、矿渣；工业废弃物：粉煤灰、工业废弃电石渣、碱渣等、化工厂废石膏
混凝土空心砌块	煤矸石、钢渣、锅炉炉渣、建筑垃圾	矿业废弃物：煤矸石；工业废弃物：粉煤灰、钢渣、锅炉炉渣；城乡废弃物：建筑垃圾
再生骨料	建筑垃圾	城乡废弃物：建筑垃圾
石膏板	脱硫石膏、磷石膏、氟石膏、钛石膏	工业附产石膏
岩棉板	铁尾矿	矿业废弃物：铁尾矿

山泉村各类型建筑墙材的使用　　　　　　　　　　　　　　　　　　　　　　　　　　表 8-2-5

区域	外墙	内墙	地面
步行街	砂加气砌块、岩棉板	蒸压加气混凝土砌块	XPS
单体住宅	ALC 加气混凝土砌块、岩棉板	粉煤灰加气混凝土砌块	—
多层	粉煤灰加气混凝土砌块、岩棉板	粉煤灰加气混凝土砌块	—
共建房	砂加气砌块、岩棉板	蒸压加气混凝土砌块	XPS
会议中心	MU5 水泥多孔砖	MU5、ALC 加气混凝土砌块	碎石垫层、混凝土垫层、XPS
联排住宅	粉煤灰加气混凝土砌块、岩棉板	粉煤灰加气混凝土砌块	—
门面房	粉煤灰加气混凝土砌块、岩棉板	粉煤灰加气混凝土砌块	XPS
小高层	粉煤灰加气混凝土砌块、岩棉板	粉煤灰加气混凝土砌块	—

4. 绿色建筑技术应用

1）新民居节地技术

山泉村村域面积为 2.3km²。合理的规划布局，能有效地利用不可再生的土地资源。在民居规划阶段，科学的规划布局，合理的建筑密度、容积率、间距都是节地的有效手段。旧民居中，住宅以低层为主，人均居住用地指标约 80m²。新民居人均居住用地指标规划如下：低层宜低于 55m²，多层宜低于 36m²，中高层宜低于 31m²，高层宜低于 19m²。新民居经过集约统一规划，由原来的占地 982 亩变为 452 亩，节约土地面积 530 亩。

2）新民居节能技术

新民居参照居住建筑节能设计标准，采用被动式建筑节能设计方式，形成了农村特色的新民居节能建筑。技术体系包含三个方面：自然采光、通风和遮阳；围护结构优化；可再生能源利用。

自然采光、通风和遮阳设计中，综合考虑采光、日照和通风，确定新民居的最佳朝向宜为南偏西 5° 至南偏东 30° 之间。建筑内部的通风和遮阳则通过优化平面设计来实现。此外，室外的绿化与透水铺装也能有效缓解建筑场地的热岛效应。围护结构优化主要通过控制房屋的体形系数、窗墙比及提高热工性能来实现。可再生能源利用形式主要为太阳能光热利用和地源热泵利用。

3）新民居节材技术

除了推广新型墙体材料和保温隔热材料外，新民居建设中还应实现就地取材，尽量利用苏南地区本土的建筑材料。此外，新民居一般用于自住，少部分用于出租，所以在建设中宜充分考虑土建和装修工程一体化设计施工，不破坏和拆除已有的建筑构件及设施。

4）新民居节水技术

相较于旧民居，新民居的雨水径流系数普遍较高。因此，在规划时应考虑地面透水技术，对于场地内非机动车行路面、公共活动场所、人行道、露天停车场等的铺地，应合理采用植草砖、透水混凝土、混凝土透水砖等透水材料，也可采用景观池、湖等，增加雨水渗透量，减少径流量，彰显江南水乡特色。

此外，新民居在规划阶段应考虑到住宅水资源的采补平衡，在建造过程中要采取措施，建造村镇住宅的雨水收集利用、生活废水集中处理等系统。尽量实现洁净供水只用于生活饮用及洗漱，其他用水以回收水为主的住宅用水系统。

5）新民居室内环境控制技术

合理优化建筑的平面布局和开窗的位置，有利于室内获得良好的日照，优化自然采光和通风。此外，外遮阳形式因地制宜，采用挑檐、外遮阳格窗等传统建筑构造技术，防止夏季太阳辐射透过窗户玻璃直接进入室内，营造符合苏南地域特色的冬暖夏凉、舒适健康的居住环境。

6）新民居运营管理技术

新民居的环境需要依靠科学的运营管理技术才能实现。绿化管理和垃圾管理是实现新民居有效运维的技术手段。

在绿化管理方面，制定绿化管理制度。采用无公害病虫害防治技术，规范杀虫剂、除草剂、化肥、农药等化学药品的使用，有效避免对土壤和地下水环境的损害。确保栽种和移植的树木成活率大于 90%，植物生长状态良好。

在垃圾管理方面，制定垃圾管理制度。对垃圾物流进行有效控制，对废品进行分类收集，防止垃圾无序倾倒和二次污染。所有固体废弃物的管理遵照"分类回收、集中保管、统一处理"的原则进行。另外，新民居的厨房、卫生间的生活污水集中处理排放，彻底改变农村卫生"脏、乱、差"的面貌。

5. 室内环境实测分析

山泉村在统一规划下，呈现出了崭新的风貌（图 8-2-4）。为了验证山泉村合理设计建筑结构、布局，广泛应用新型墙材，充分利用可再生能源技术等的实际效果，新民居建成后选取多层建筑五层的一个套室以及一栋单体别墅进行了舒适度测试，测试时间分别为 2013 年 7 月 4 日（晴朗天气）和 7 月 5 日（阴雨天气），测试内容包括室内的风速、照度、湿度、空气温度及东西向墙体和屋顶的内外壁面温度（表 8-2-6）。

1）新民居多层建筑

选取新民居多层住宅五层的一个套室内从南面阳台至北面厨房的区域进行测试，测试各节点处的照度、温湿度及风速，且均在自然通风条件下进行测试。此外，测试东西向墙体内外壁面温度、平屋顶的内外壁面温度和坡屋顶的外壁面温度及其内表面温度。测试结果见表 8-2-6、图 8-2-5。

图 8-2-4 山泉村新貌

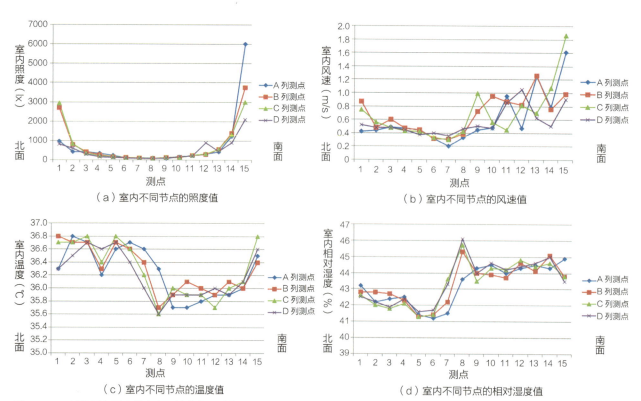

（a）室内不同节点的照度值

（b）室内不同节点的风速值

（c）室内不同节点的温度值

（d）室内不同节点的相对湿度值

图 8-2-5 新民居多层建筑室内环境参数实测值

屋顶壁面温度测试　　表 8-2-6

参数	测试时间	
	11:50~12:10	14:10
室外空气温度	38.9℃	36.7℃
平屋顶外表面温度	58.8~63.1℃	55~58℃
平屋顶内表面温度	34.2~36℃	37.0℃
坡屋顶外表面温度	35.2~36.5℃	37.8~38℃
坡屋顶下方的表面温度	34℃	34.9~35℃

（1）在自然通风条件下，西墙和屋顶的内壁面温度均低于国家标准《民用建筑热工设计规范》GB 50176-2016 中规定的 37.1℃，且西墙的内外壁面温差约为 6℃ 左右，平屋顶的内外壁面温差达到了 24.6~27.1℃。当室外有严重烘烤感时，墙体和屋顶可通过隔热措施减少室外传至室内的热量，降低室内温度，提高室内热舒适性。

（2）在各向窗户均无遮阳的条件下，室内最大照度出现在南面靠近阳台的位置，为 6000lx，从南面阳台向室内中间照度值逐渐降低，由于北面厨房有窗户，所以照度值又逐渐增大。最低点出现在离南面约 7m 的位置，照度值为 68lx，高于《建筑采光设计标准》GB 50033-2013 的要求。

（3）在自然通风条件下，从南向北风速逐渐降低，靠近南面阳台约 4m 以内的节点，风速都在 0.8m/s 以上。风速最低点则出现在离南面阳台约 8m 且靠近西墙的位置，为 0.2m/s。从中间位置向北，风速都在 0.5m/s 左右，室内靠近东墙或西墙的风速要比中间位置的小，总体来看，室内南北通透使得自然通风效果较好。

（4）在自然通风条件下，北面温度稍高于南面，室内温差仅 1.2℃，说明室内温度波动较小，温度分布比较均匀；南面湿度稍高于北面。

2）新民居别墅

选取别墅的一楼客厅、二楼露台进行测试，测试各节点处的温湿度、风速及照度，且均在自然通风条件下进行测试。此外，测试一楼东西向墙体的内外壁面温度及二楼露台的内外壁面温度。测试结果见表 8-2-7 和表 8-2-8，二楼南面小卧室的环境参数见图 8-2-6。

测试的室外环境参数（测试时间 12:20）　　表 8-2-7

室外空气温度	28.5℃
室外相对湿度	80.5%
室外风速	1.3m/s
室外照度	12637lx

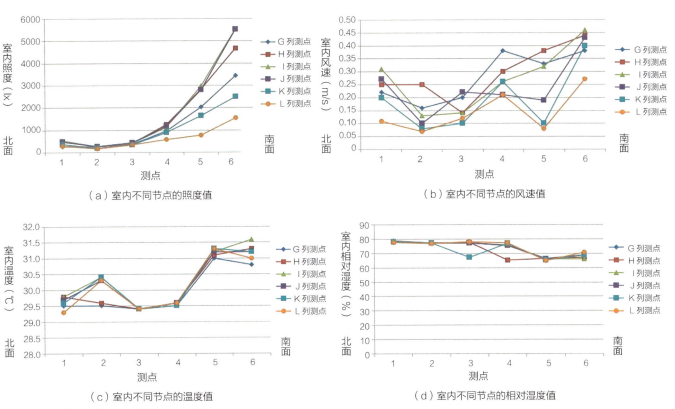

图 8-2-6　新民居别墅室内环境参数实测值

测试的墙体和露台内外壁面温度
（测试时间 13：10） 表 8-2-8

	二楼墙体		二楼露台	
	东墙	西墙	测点1	测点2
内壁面	30.7℃	31℃	32.5℃	32.8℃
外壁面	—	26.6℃	29.3℃	28.9℃

（1）由于测试时间为阴雨天，所以卧室内各点照度值均较低。在各向窗户均无遮阳的条件下，最大照度出现在南面靠近阳台的位置，为 5535lx，从南面阳台至卧室内照度值逐渐降低，最低点出现在离南面约 4m 且靠近东墙的位置，照度值为 175lx，采光系数为 1.3%，高于《建筑采光设计标准》GB 50033-2013 中的要求。

（2）在自然通风条件下，从南向北风速呈现逐渐降低的趋势，靠近南面阳台的节点风速较大，都在 0.25m/s 以上，最大点达到了 0.46m/s，小于夏季室外平均风速 2.8m/s，风速最低点则出现在卧室墙角的位置，为 0.07m/s。

（3）在自然通风条件下，卧室的温度较稳定，最高温度为 31.6℃，最低温度为 29.4℃，室内温差为 2.2℃。由于测试时间为阴雨天且室外风速较大，靠近阳台的位置点由于通风效果好，其湿度要低于北面。而卧室内靠近北面的位置点由于没有窗户，所以相对湿度较大，达到了 78.8%。

6. 节能减排效益分析

1）节能效益分析

基于新民居建设的节能设计指标，对山泉村旧民居和新民居进行能耗模拟，得到新民居建设的节能效益。

（1）新墙材节地节能效益分析

新型墙体材料能够代替实心黏土砖，减少土地开挖和破坏。经统计，山泉村新民居中的单体住宅、联排住宅、小高层及多层住宅使用新墙材的外围护结构墙体和内部隔墙的总面积约为 326852m²，见表 8-2-10。每生产 60.6 万块实心黏土砖需要取土挖地 1 亩（按取土 2m 深计算），而每平方米建筑墙体（240mm 墙）需要 164 块标准砖（240mm×115mm×53mm）。因此，山泉村共减少使用实心黏土砖约 5.36 亿块，节约土地面积约 88.5 亩（表 8-2-9）。

此外，与新型墙体材料相比，每生产 1 万块传统实心黏土砖，多消耗 0.62 吨标煤。因此，山泉村使用新墙材可减少消耗约 3323 吨标煤。同时，新型墙体材料的应用可提升建筑围护结构的热工性能。通过模拟计算得出，新墙材的使用可降低建筑能耗 10% 左右，见表 8-2-10。

新墙材应用节地计算 表 8-2-9

建筑类型	幢数	外墙与内墙总面积 /（m²/幢）	总面积 /m²	节约土地量 /亩
单体	99	792.63	78470	21.2
联排	16	2010.33	32165	8.7
小高层	3	8561.32	25684	6.9
多层	43	4431.00	190533	51.5
总计	—	—	326852	88.5

新墙材节能贡献模拟结果 表 8-2-10

建筑类型	旧民居 /（kWh/m²）	提升围护结构性能 /（kWh/m²）	性能提升 /%
联排	76.5	65.2	14.8
单体	92.6	85.6	7.6
高层	52.4	42.5	18.9
多层	50.6	46.1	8.9
老年公寓	50.6	46.1	8.9

（2）建筑节能技术节能效益分析

对各类型新旧民居的建筑能耗进行模拟，得到如表 8-2-11 所示的建筑能耗。由表 8-2-11 可知，新民居通过应用建筑节能技术，建筑能耗在旧民居的基础上下降约 30%，并且满足了建筑节能 50% 的要求。

新旧民居建筑节能模拟结果对比 表 8-2-11

建筑类型	建筑能耗模拟 /（kWh/m²）		
	旧民居	新民居	节能幅度 /%
联排	76.5	48.9	36.1
单体	92.6	59.4	35.9
高层	52.4	36.8	29.8
多层	50.6	38.6	23.7
老年公寓	50.6	38.6	23.7

（3）机电系统节能效益分析

新民居实际能耗包含了暖通空调、热水、炊事、家用电器等的能耗，经调查分析，暖通空调系统能耗约占居住建筑能耗的 50% 左右。根据江苏省居住建筑能耗调查结果，以 40kWh/m² 为建筑能耗基础，则新民居能耗总体下降约为 15% 左右。

新民居热水系统全部采用太阳能热水系统，太阳能热水的保证率为 50% 以上。因此，全年可再生能源建筑应用的节能水平保守估计为 3kWh/m²。

（4）综合节能效益分析

新墙材使用在利废的基础上，达到节能的目的。其建筑节能的贡献率达到40%~50%，为新民居建筑节能的主要手段。此外，新民居实际节能量约为9kWh/m²。

2）减排效益分析

山泉村使用新墙材可减少消耗约3317.6t标煤。因此，山泉村使用新墙材的减排量约为：二氧化碳8692.11t，二氧化硫28.20t，粉尘24.55t。

建筑整体减碳量约为893.4tce/a，其中约180 tce/a的减碳量是由于新墙材的使用而节省的（表8-2-12、表8-2-13）。

建筑每年减碳量		表8-2-12
项目	节能量/（万kWh/a）	减碳量/（tce/a）
建筑节能	165	595.6
可再生能源应用	83	297.8
合计	—	893.4

建筑节能减排量计算			表8-2-13
节约标煤量/（tce/a）	二氧化碳/（t/a）	二氧化硫/（t/a）	粉尘/（t/a）
893.0	2205.7	17.9	8.9

8.2.2 上海瀛东村度假村生态住宅建设项目

1. 项目概况

上海瀛东村生态度假区位于瀛东村西北一侧，是为服务旅游产业而进行的一项重大建设工程，住宅建设包括32幢居住建筑（图8-2-7）。本案例重点介绍3幢砖混结构生态住宅（称为甲楼、乙楼、戊楼）、2幢纯木结构生态住宅（丙楼、丁楼），如图8-2-8所示。

甲楼、乙楼的房型和外观完全一致，为单层独立式住宅形式；丙楼、丁楼的房型和外观完全一致，为二层木结构独立式住宅形式；戊楼为多层住宅形式。整个基地地势平坦，绿化丰富。住宅含有客厅、餐厅、书房、主次卧室等，建设目标是建筑节能率达到65%以上。

2. 生态住宅设计

1）外观造型设计

借鉴传统民居形式：在建筑的外形处理上，借鉴了传统长三角地区民居的一些特点，如灰瓦、灰砖、白色的外墙，在窗格的处理上也借鉴了长三角地区传统建筑上的一些图案，建筑具有朴素、宁静的外观效果。

运用地方材料：在外墙上，局部采用了当地农村普遍使用的竹篱笆，使人能体会到浓郁的乡土建筑韵味。

突出生态设计理念：在外观上，将生态技术或者生态设计措施作为外观设计的有机组成内容，尽量达到技术与艺术的完美结合。将自带装饰面层的保温板直接用作外墙饰面，将分体式太阳能热水器的集热板与屋顶紧密结合，将攀爬植物的木构架作为西立面设计的有机组成内容等（图8-2-9）。

2）建筑节能设计

甲楼、戊楼建筑外墙采用了淤泥烧结保温空心砖及装饰一体化保温系统组成的复合保温体系，该砌体作为节能建筑的外围护墙体，外贴30mm装饰一体化外墙外保温板，外墙综合传热系数达到0.67W/（m²·K）。外

图8-2-7 瀛东村度假村效果图

(a) 甲、乙楼　　　　　　　　　(b) 丙、丁楼　　　　　　　　　(c) 戊楼

图 8-2-8　瀛东村生态住宅

(a) 甲、乙楼　　　　　　　　　(b) 丙、丁楼　　　　　　　　　(c) 戊楼

图 8-2-9　瀛东村生态住宅建成外观

图 8-2-10　装配式木结构效果图

窗采用断热铝合金 6+12A+6，东、南、西面外加活动卷帘遮阳。具体指标参数高于《居住建筑节能设计标准》DGJ08-205-2011 的性能要求，达到节能 65% 以上。在丙、丁楼的西侧外墙，设置了花架，通过攀缘植物减少西晒对建筑的影响。

3）装配式木结构

建筑主体结构采用原木材料，结构稳定、寿命长并且结实耐久。木结构建筑由于自身结构轻盈，具有很强的弹性回复性能，当主体结构在基础发生位移时，可由自身的弹性进行复位，坚固抗震。

木结构外墙采用多层复合墙体，由 7 种具有保温、防潮、隔热功能的材料组成，屋顶和地面均经过保温、隔热处理。结合高效节能型门窗，另加外遮阳提高了建筑整体的保温性、隔热性和隔声性，使室内环境"冬暖夏凉"，完全符合节能、环保要求。

建筑主要结构件和连接件均为工厂标准化生产或预制。施工时，将预制好的内外墙体、地面、楼面桁架、屋顶檐条以及带标准槽的专用板集中运送到现场拼装。装配施工简单、快捷，施工期短。主体结构安装仅耗时 30 天。采用拼装性结构，设计灵活，建筑平面布置可根据不同需求，对非承重结构进行任意调整，以改变室内的区域和功能（图 8-2-10）。

8.3　上海瀛东村度假村生态公共建筑建设

8.3.1　项目概况

上海瀛东村生态度假区公共建筑由 1 幢接待中心和 1 幢会议中心组成。瀛东村生态度假区接待中心（图 8-3-1）位于示范区的东北角。基地周边地势平坦，绿化丰富，建筑整体为钢结构，坡屋顶，金属瓦，白墙面，清新素雅。建筑形态呈半包围的空间结构，主入口一侧有一圈外廊

图 8-3-1 瀛东村生态度假区接待中心

有机组织各个功能空间,各功能空间围绕室外中央广场布置。接待中心主体为一层,内部局部有夹层,主入口朝向南偏东52°,功能包含接待大厅、多功能厅、大小会议室以及小型超市等。接待中心的建设目标是:室内环境达标率100%,建筑节能率达到60%以上。其建筑面积和各项数据见表 8-3-1。

接待中心相关建筑数据　　　表 8-3-1

建筑面积	平面外轮廓周长	层高	外门窗面积	坡屋顶面积
1432.77m²	242.1m	4.65m	336.4m²	1789.1m²

8.3.2 生态设计

1. 接待中心

1)建筑设计

接待中心设计的总体理念是将现代设计理念、生态技术与乡土气息结合起来,力争创造一个放松心灵的空间。首先,注重借鉴传统民居形式。在外形处理上,运用现代建筑空间的表现方式,如高低错落、虚实掩映等,创造多视点变化的、层次丰富的建筑空间效果。在外观设计上,采用了坡顶、灰色金属屋面、灰砖、白色外墙,运用现代设计理念,以现代钢构建筑演绎传统建筑韵味。其次,突出生态设计理念,将生态技术作为外观设计的有机组成内容,尽量达到技术与艺术的完美结合。如太阳能光伏电池板作为屋面的有机组成部分,完美地实现了建筑太阳能一体化的目标(图 8-3-2)。

2)建筑结构

由于接待中心建筑跨度较大,达16m,如果用钢筋混凝土结构,梁柱截面将会很大,室内效果也会相对笨重。为了获取一种相对精致的感觉,接待中心建筑地上部分采用了钢结构形式,同传统的钢筋混凝土框架结构相比,尽管造价较高,但这种结构具有质量易控、施工工期短、充分利用建筑空间以及材料再利用、可循环使用等优势。

3)室内设计

室内设计首先,致力于创造丰富的空间效果:利用建筑已有的空间效果,在整体、统一的空间内部创造丰富的层次。其次,注重传统特色的现代演绎:以现代构造方式,重构传统材料。注重传统材料与生态技术的结合,为空间提供生态、清馨、美观的界面。如大堂空间中运用了传统江南园林的理念,多功能厅和会议室中强调将传统材料通过现代构造方式进行重构。

4)节能设计

接待中心采用了自保温体系块状复合墙体,厚度为150mm,热阻为 0.69 m²·K/W。外窗采用断热铝合金 6+12A+6,玻璃表面涂膜,传热系数为 2.8W/(m²·K),南向有外挑 2m 的遮阳长廊,外遮阳系数为 0.7。屋面采用一体化钢屋面,内嵌75mm 厚保温棉、防水卷材及金属屋面板,整体厚度为 210mm,热阻为 1.74 m²·K/W。

2. 会议中心

会议中心的布局吸取了传统合院住宅的特色,建筑外观带有一些传统韵味,在体现生态设计理念和传统建筑风貌方面作了尝试(图 8-3-3)。

会所在平面布局上,吸取了崇明传统民居的合院形式,整幢建筑呈凹字形对称布局,前面设有门廊,中间留有内院,具有传统民居的空间韵味。外形处理上,高低错落,采用了坡顶、灰色金属屋面、白色外墙涂料,运用现代设计理念演绎传统建筑的韵味。所有房间均有大面积的窗户,所有窗户均可开启,最大限度地获取自然通风和天

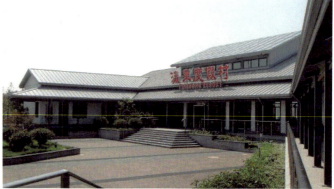

图 8-3-2　接待中心建成效果

图 8-3-3　生态会议中心建筑设计

然采光。窗户采用断桥铝合金框双层中空玻璃窗。外墙仍然采用 150mm 厚轻型自保温墙板，施工方便快捷，同时又可减轻建筑自重。屋面也采用钢屋面，大气轻盈。整幢建筑采用了钢结构，大大减轻了建筑自重，施工快捷。

室内设计充分利用已有建筑空间效果，致力于营造简洁、自然、大气的特色。同时，在设计中充分考虑了快速施工的需要，尽可能采用预制成品构件。

8.3.3 生态技术应用

1. 高效照明系统

度假村采用了 LED 照明系统和太阳能风光互补路灯及草坪灯等。瀛东村接待中心大厅和会议室采用高效节能 LED 光源，结合先进的智能照明控制系统，实现了对不同使用区域、不同使用要求进行照明控制的效果。

1）接待大厅照明控制

大厅灯具的选用和灯光布置应最大限度地为宾客提供一个舒适、优雅、端庄的光环境。大厅照明控制系统采用智能调光模块、智能控制面板，具有照明、手动调光、自动调光等功能。根据不同的时间和外部环境，可以通过软件编程设定不同的灯光效果，灯光可以根据需要进行开启变换，达到节能的效果。通过智能控制面板，可预设多种灯光效果，组合成不同的灯光场景。当需要改变灯光场景时，只需按一下按键，就可以实现灯光场景的改变。

2）会议室照明智能控制

会议室采用智能照明控制系统，通过对各照明回路进行调光控制，预先设计多种灯光场景，满足会议室在不同使用场合、不同事宜下的灯光效果，可以根据需要手动选择或实现定时控制。

3）公共区域照明控制

公共区域的照明最能体现智能照明的节能特点。智能照明系统预设 1/2、1/3 场景，根据现场情况自由切换。也可预设时间控制，在白天，室外日光充足，只需要开启 1/2 或 1/3 场景模式，这样，最大限度地节约了能源。

项目应用了三种不同的照明能源管理策略。对于时间控制策略，可避免非工作时间内无人区域仍然开启照明负载所带来的能源消耗，预计可节省 15% 的照明能源；对于动静感应，可避免非工作时间内或节假日中无人区域开启照明负载所带来的能源消耗，预计可节省 20% 的能源；而对于日光节省的策略，可避免在日光充足的情况下仍然打开照明负载所造成的照明能源消耗。

2. 社区能源监测系统

建成投入使用后的接待中心由物业进行管理，监控室需要全景监控，值班和其他设备也需要人员参与。为了有效节省人力，强调人机互动，除了必要的巡视和值班以外，尽量减少人员对各类设备运行的控制，接待中心采用了楼宇智能控制系统。

瀛东生态度假村能源监测系统采用分布式架构对接待中心及5栋示范别墅的各类能源、环境、可再生能源系统数据进行实时采集、监测和管理，系统可兼容多种异构数据源和各种通信；研究不同采集对象接口标准协议的集成框架，建立了区域性、大规模数据采集和处理的软硬件系统。通过该系统的数据处理和分析功能，实时对能源消耗与分布状况进行采集与监测，量化可再生能源的应用效果，将成果可视化地体现在节能展示平台的终端上，获得了极佳的视觉展示效果。节能展示系统能反映瀛东度假村、示范别墅的能源使用状况及各类节能设备的节能效果和实际应用情况，包括节能展示、系统监测、远程控制、系统设置四大部分。

3. 太阳能光电一体化技术

1）系统设计

在光电系统设计中，电池板屋顶采用最佳倾角，最大化利用太阳辐照量，采用太阳能光伏发电并网系统，尽可能缩短电缆长度，最终将直流部分的线路损耗控制在4%以内。光电系统在材料、色彩等方面尽可能与建筑物完美结合。

接待中心采用了嵌入式太阳能光伏屋面，有效地将太阳能光伏电池板与塑钢框架结合在一起，取代传统屋面材料，既节约能源、节约"土地"，又节约材料和人工，同时还与江南农村院落黛瓦白墙的主调吻合，从而为度假村增添了一道具有典型生态意义的亮丽风景。

太阳能屋面光伏系统分为两种形式：第一种是作为独立的屋面，架立于接待大厅上方高出金属屋面部分；第二种是同金属屋面紧密结合，无论在高度还是保温、防水上都同步处理，真正做到"一体化"。

瀛东度假村安装太阳能光伏发电系统的北侧屋顶面积约162m²，引入光伏并网发电系统的总功率约20kW，所发电力通过并网逆变器与电网相连，白天如有多余电力即输入电网，晚上、阴雨天等由电网向用电器内供电。

在设置了此种屋面系统之后，不仅使原本就曲折多变的建筑屋面变得更加丰富和美观，同时，太阳能通过光伏发电板的转换，成为电能，并入供电回路，供接待中心内部使用。瀛东度假村内配备监控系统，对运行数据进行测试及记录，并用适当的屏幕显示光电系统的运行情况。

2）光伏组件及安装

本项目采用120块170Wp高效单晶硅太阳能电池板，2组13串3并后，1组14串3并，接入阵列汇流箱，系统总功率20400Wp。太阳能电池方阵朝南，倾斜角度25°。光电屋面构件能承接屋面防水功能，将屋面防水分解为防径流、防滴漏、防渗透。在结构上，嵌入防渗条，再按照一定规格、尺寸进行裁剪，组合成框架系统，既便于镶嵌光伏组件，又利于接纳、导引径流，防止滴漏和渗透（图8-3-4）。

3）性能测试

光伏组件测试时段为2011年3月30日中午12:00—13:59。测试得出：测试期间系统发电量为27.3kWh，系统综合发电效率为9.8%（图8-3-5）。

自2010年底完工以来，通过能耗监测系统对系统发电功率及发电量进行实时监测，2011年累计发电19338kWh，月均发电1611.5kWh，全年日均发电量为53kWh。3—9月太阳辐射强度较大，发电量较高，其中6月是梅雨季、8月是台风季，发电量显著降低。

2011年7月典型月累计发电1950kWh，平均日发电量62.9kWh，最高值为92kWh，最低值为22kWh，受天气状况影响有较大波动。发电功率在正午时达到峰值，峰值基本在13~15kW范围内波动。

4. 地源热泵空调系统

1）系统设计

接待中心空调系统采用了土壤源热泵空调系统，该系统由土壤源热泵机组、地下埋管换热器系统、辐射顶板末端及除湿新风系统四个部分组成。夏季室内设计温度25~26℃，相对湿度55%；冬季室内设计温度18~22℃，相对湿度50%。接待中心空调夏季设计负荷为258kW，冬季设计热负荷为179kW。土壤源热泵地下使用52口井，井深100m，采用双U式埋管。

2）地源热泵系统的综合性能测试与分析

冬季典型测试工况下，接待中心室内平均温度为20.2℃，平均相对湿度为33.9%。夏季典型工况下，接待中心室内平均温度为21.1℃。

5. 风光互补路灯

风光互补LED路灯安装位置为瀛东度假村内基本道路与停车场，其中，基本道路采用27套单杆单头风光互

图 8-3-4　光伏组件施工现场

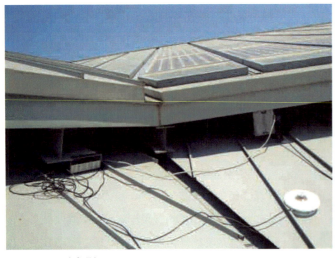

图 8-3-5　测试现场

补 LED 路灯，停车场采用 6 套单杆双头风光互补 LED 路灯，总计 33 套风光互补 LED 路灯系统配置如表 8-3-2 所示。

采用混凝土浇灌的形式，在坑洞中植入风光互补地脚笼，地脚笼与接地角钢焊接。地脚笼与风光互补路灯底座通过高强度螺栓固定，基础右半部分用于固定控制箱体。设置蓄电池放置坑，将蓄电池埋入地下，使得地面灯杆安全、美观（图 8-3-6、图 8-3-7）。

图 8-3-6 LED 风光互补路灯

图 8-3-7 LED 风光互补路灯夜景

新型能源高效利用照明风光互补路灯配置表　　　表 8-3-2

名称	描述
路灯类型	风光互补型 LED 路灯
每天使用时间	12 小时
控制方式	天黑自动开灯，天亮自动关灯，智能节电模式，无需人工值守，演示功能
光源功率	30W
光源材质	高亮度 LED 专用光源
路灯总高	8m/10m
发电设备	300~350W 风力发电机及晶硅太阳能板
储电设备	12V 240Ah 太阳能路灯专用胶体蓄电池
控制设备	太阳能风光互补专用控制器
连续阴雨天	支持 5 天

第 9 章 江苏传统民居室内环境与建筑风环境优化技术研究

9.1 江苏传统民居现状

9.1.1 保存现状

江苏的传统民居以苏州民居为代表，其特点是：选址多前门临街、后门依河；总体布局为封闭式院落组合，小者三进，大者七至九进，中轴线上依次为大门、轿厅、大厅、上房，左右两侧轴线设花厅、书房、花园之类；外观粉墙黛瓦，朴实无华，内部装修精雕细琢，精益求精；宅园结合，环境雅洁，再配以楹联、匾额等，充满了浓厚的文化气息。

苏州传统民居大多为明清建筑，经历了百年的风雨后，建筑主体受损严重，文保建筑大多已修复，保存情况较好，但控保建筑由于资金等一系列问题，导致其年久失修，保存情况不容乐观。通过调研与资料查阅，发现苏州古民居处于良好以上水平的占 21% 左右，状况堪忧的占 20%，58% 的处于一般水平，只是得到了苏州市容市貌工程的维护，主体结构内部空间并没有修复，内部居住条件差（图 9-1-1、图 9-1-2）。

9.1.2 使用现状

调查的传统民居中，大多数都在正常使用，其中居住类占大部分，其他被用作商业、办公建筑或博物馆等公共建筑。少部分古民居处于闲置状态，基本废弃不用，无人居住，无人保护。

经过修复后用于商业、博物馆等公共功能的古民居使用情况较好，只有少数商铺存在擅自打墙，随意设置广

图 9-1-1 陆润庠故居现状图

图 9-1-2 许宅现状图

本章执笔者：赵书杰、张华、杨若玲。

图 9-1-3 肖家巷桑宅现状图 1

图 9-1-4 肖家巷桑宅现状图 2

告牌的行为，破坏了原有风貌。

居住类传统民居使用现状较差（图 9-1-3、图 9-1-4），此类建筑大多为保障型房，存在以下问题。

问题 1：建筑本体衰败，长期缺乏维护，存在安全隐患。

问题 2：居住人口密集，院落分割，乱搭乱建，人均居住面积少，平均每处建筑要容纳 30 多户居民，居住者对原有建筑布局破坏较严重，造成了通风不畅、采光不足、阴冷潮湿、基础设施配套滞后等一系列问题。居民普遍反映不满，其中让居民最不满的就是夏季炎热，通风较差，约占 67%，还有 20% 的居民认为冬季居住阴冷潮湿，只有 13% 的居民认为居住较舒适。

根据对居民的问卷调查可得知，居住在内部的居民大多数知道该建筑为控保建筑，但了解相关条例的不多，仅有 16% 的居民了解相关条例，接受过古建保护教育的更是仅有 8%。

9.1.3 节能现状

虽然如今绿色建筑已经在苏州如雨后春笋般拔地而起，但应用绿色建筑技术于苏州传统民居改造之中的还是相当少的，如今用于居住的传统民居几乎没有任何节能手段，生活条件较差。近些年修复的一批作为公共建筑的传统民居或多或少运用了节能手段，如潘祖荫故居，修复后改建成了花间堂旅社，外窗使用了双层中空玻璃，空调系统使用了地源热泵系统，地源热泵系统与地下进行热交换，以此来制冷、供暖，与传统空调系统相比，大大降低了能源的消耗（图 9-1-5、图 9-1-6）。

9.1.4 传统民居室内热环境现状

根据调查问卷与测试得知，传统民居室内热环境普遍不佳，其中居住功能的古民居对室内热环境要求高，但

图 9-1-5 花间堂旅社

图 9-1-6 花间堂空调地源热泵系统

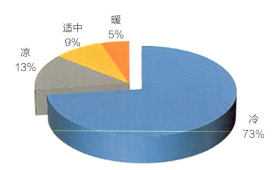

图 9-1-7 热环境居民满意程度图（冬季）

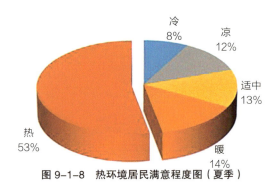

图 9-1-8 热环境居民满意程度图（夏季）

由于以下原因，其室内热环境反而是不理想的，近 73% 的居民反映冬季室内寒冷潮湿（图 9-1-7），53% 的居民反映夏季室内炎热（图 9-1-8）。

1）建筑密封性低

这是传统民居无法避免的软肋，即使是新修复的传统民居也因为木结构等问题存在较严重的漏风现象，无法做到较好密封。

2）围护结构破损

由于长时间的风吹日晒，导致传统民居结构老化，再加上维护措施跟不上，更有人为破坏的因素，围护结构现状不佳。

3）内部随意搭建

内部随意搭建是由于人们缺乏对传统民居的保护意识，再加上对传统民居利用不合理导致的。

9.1.5 传统民居建筑自然通风现状

古建筑本身的局限性导致建筑的空间有限，人们随着生活、工作方式的不断变化，对古建筑空间的拓展、改造也屡见不鲜。拓展空间的方式多为采用玻璃顶棚封住天井。现今天井的使用状态主要分为两种：第一种是不改变天井的围合现状，仍取其通风采光的优点；另一种则是在天井上增加玻璃顶棚，扩大了建筑的使用面积，但是通风和采光效果均大大降低（图 9-1-9、图 9-1-10）。

街巷空间的风环境满足人体舒适度的要求和人体对于空气质量的要求，但是街巷内建筑物的自然通风能力较差，建筑内部不能形成良好的风压通风。

在夏季，由于建筑室内通风不畅，导致空气质量不佳；在冬季，由于建筑密封性较差，在室内感到寒冷，人体舒适度较低。

9.2 苏州传统民居室内热环境优化技术

9.2.1 建筑布局

1. 建筑朝向

建筑朝向合理与否直接关系到建筑采光、太阳辐射、通风等一系列问题，这些因素都与建筑室内热环境息息相关。合理的朝向能使建筑采光良好，减少灯具布置，合理疏导

图 9-1-9 报国寺天井的改造

图 9-1-10 丁宅天井的改造

图 9-2-1　潘祖荫故居（花间堂）庭院图

图 9-2-2　潘祖荫故居（花间堂）庭院图

外部风量，促进建筑通风，并在冬季获得较多的太阳辐射。

2. 外部景观布局

苏州传统民居中普遍存在天井、蟹眼天井、冷巷和庭院，其中天井、蟹眼天井与冷巷的主要功能为采光、通风，利用温度差产生拔风效应，调节古民居内部的微气候。庭院景观、植被、水体与地面铺装的布置是否合理，不仅影响美观，还直接影响到微气候的优劣，间接影响室内热环境的舒适与否（图 9-2-1、图 9-2-2）。

同时天井、蟹眼天井、冷巷和庭院水体可在白天蓄热、晚间发热，配合植被可较好地疏导室内热量。部分古民居改造后，天井地面只作简单铺装，天井的作用被大大减弱了。在未修复的古民居中，天井中搭建了各种简易棚屋或设置了晾衣架，这些棚屋大多用作厨房或者卫生间，这些临时搭建的设施严重影响了天井的拔风效应，夏季室内便会显得闷热潮湿（图 9-2-3、图 9-2-4）。

3. 内部空间布局

传统民居建筑内部空间布局是根据其当时的建筑功能而来的，一般古民居原始面积较大且只属于一户，因此，房间功能分布、开敞程度并无不合理之处。随后，经过岁月的更替，许多古民居成了廉租房、安置房，一座建筑往往因为容纳了过多的住户而造成拥挤，且因为居民无古建筑保护意识，导致了对建筑的随意改造，直接破坏了建筑的内部空间布局，使室内热环境日益恶化。

如图 9-2-5、图 9-2-6 所示，秦宅在修复前室内隔断混乱，形成了许多狭长的空间，房间长宽比接近 4∶1，房间内因此产生了潮湿、闷热、采光差等一系列问题。在天井中有随意搭建的空间，损坏了天井结构，破坏了拔风效应，使整个古民居的室内热环境恶化。在改造修复后，秦宅恢复了旧有宽敞、明亮的空间形式，一定程度上改善了室内热环境。

图 9-2-3　王宅现状图

图 9-2-4　叶天士故居现状图

图 9-2-5　秦宅修复前平面图

图 9-2-6　秦宅修复后平面图

9.2.2 围护结构

围护结构的优劣决定了一个建筑室内热环境舒适与否，通过上文对被动式节能的分析，我们已知，在自然条件下，提高墙体蓄热便能提高室内热环境舒适度，更何况在室内供暖或制冷的情况下。围护结构承担了隔热与保温的重任。

1. 屋面

屋面是建筑物屋顶的表面，主要是指屋脊与屋檐之间的部分，这一部分占据了屋顶的较大面积，接受太阳辐射最多，但往往热工性能不如墙体，在夏季导致屋内温度过高，到冬季，由于保温性能差而导致室内热量外逃，降低了室内舒适度。苏州古民居大多采用硬山双坡屋顶，屋面用瓦为小青瓦，小青瓦有大瓦（20cm×20cm）、小瓦（18cm×18cm或16cm×16cm）之分，大瓦为底瓦，小瓦为盖瓦。屋面一般做法为：屋架上搁置檩条，檩条上布置望板或者望砖，其上铺灰，防止小青瓦向下滑落，之后将底瓦摆上，再将盖瓦直接摆放在底瓦垄间。苏州古城区内保留至今的古民居大多规模较大，采用以上屋面做法。规模较小的民居不作铺灰与望板，会直接将瓦铺设在檩条上。

现保存良好的古民居，修复前，瓦面与望砖都有不同程度的破损，修复后，以潘祖荫故居屋面做法为最佳，其屋面上采用了在座灰与望板之间加入无机骨料保温砂浆和防水卷材相结合的屋面防水保温层，以此来提高屋面的热工性能（图9-2-7、图9-2-8）。

综上所述：屋面改善做法为总体上保留原有传统做法。

①在修复屋面时回收老旧小青瓦，剔除旧有座灰。
②替换破损望砖。
③在望砖之上增加一层无机骨料保温砂浆和防水卷材相结合的防水保温层。
④使用耐久性强的水泥石灰砂浆替换原有座灰。
⑤按传统做法铺设小青瓦。

2. 地坪

通常说来，苏州传统民居的地坪处理分为室内和室外两类。室内地坪要防潮和易于保洁。富贵人家的一层厅堂一般使用三合土与石灰做垫层，表面刷桐油，铺方砖；普通民居一般使用木地板，表面刷桐油。厢房和楼二层铺木地板，辅助以油漆。由于木板拼接总会存在缝隙，密封性不强，而且木板较薄，不足以满足隔声与保温需求。

综上所述，地坪改善做法如下（主要针对木地板）。

①一层推荐使用三合土与石灰垫层，刷桐油，铺方砖的做法，如果要使用木地板，则推荐将木地板架空，能较好地降低室内湿度。
②二层木地板修复时拆除老旧木板，于底层木板之间加入保温隔热层。
③在保温层上方再加一层木板。
④按照传统做法辅助以油漆。

3. 外墙

苏州传统民居外墙一般以青砖为主要材料，宽度在275~385mm之间，采用石砌基础，低处砌实滚，向上逐渐转为花滚和空斗。实滚即实体墙，空斗即空心墙，花滚则是将两者结合相间砌筑的方式。空斗还分全斗无眠、一眠一斗、一眠二斗、一眠三斗四种不同的类型，有些空斗墙中间还会添加填充物，如碎砖瓦、黄土等。最后，墙表面刷白色石灰。

冬季，墙体在有阳光、温度高的白天，对接收到的太阳辐射能进行吸收和储存，当夜晚来临，温度降低，墙体逐渐释放白天存储的热量，从而避免过大的温度波动，以达到调节室内温度平衡的效果。夏季，外墙阻隔外在热量传入室内（图9-2-9、图9-2-10）。

综上所述，外墙改善做法如下。

①在修复外墙时，回收破损青砖。
②按传统工艺砌墙。

图9-2-7 潘祖荫故居屋顶修复前

图9-2-8 潘祖荫故居屋顶修复后

图9-2-9 潘祖荫故居外墙面

图 9-2-10　东麒麟巷 17 号华宅外墙面

图 9-2-11　卫道观前潘宅门窗

图 9-2-12　潘祖荫故居门窗

③选取质量轻、蓄热系数较小的泡沫混凝土填充空斗墙。

④墙体内侧贴保温层。

⑤墙表面刷白色石灰。

4. 隔墙

苏州传统民居内部隔墙多由木板拼接而成，大多结构简单且厚度不够，无法达到保温隔热与隔声的要求，冬季供暖与夏季制冷时，会大量增加空调能耗。

隔墙改善做法有以下两种。

做法一为保留传统做法：

①修复旧有隔墙木板；

②外贴保温层或者留空气腔；

③在外贴面上再覆盖一层木板；

④油漆两遍。

第二种做法：将隔墙改为轻质墙或石膏板墙，用现代技术解决各户间的传热、隔声问题，减少相互干扰。

5. 门窗

门窗在苏州传统民居室内热环境中起到十分关键的作用。苏州传统民居的门窗基本为木质外框配单层玻璃，开窗面积大、单层玻璃传热系数高、木门窗气密性差等原因造成了冬季、夏季室内热环境的恶化与能耗的增加，改造门窗时，必须在兼顾古民居原有风貌的基础上进行，不能破坏其传统风貌，类似更改为铝合金或者塑钢窗的方式不可取。门窗改善做法的主要方向是提高房屋的密封性，提高门窗的整体保温性能（图 9-2-11、图 9-2-12）。

综上所述，门窗改善做法如下。

①修复老旧木板，木板拼接需平整；

②使用双层 Low-E 中空玻璃替代原有单层玻璃；

③使用密封条密封门窗开启部分，密封胶密封门窗不可开启部分；

④双层油漆。

9.2.3　遮阳系统

苏州地区由于夏季日照时数较多，太阳高度角较大，导致民居建筑接收的太阳辐射总量较大，因此，苏州民居需要利用遮阳手法来防晒降温，达到舒适的室内热环境。

遮阳是防止直射阳光照入室内以减少透入的太阳辐射量，防止夏季室内过热，特别是为避免局部过热、避免产生眩光以及保护物品而采取的一种建筑措施。建筑围护结构中许多部位在夏季都暴露在太阳辐射之下，因此，建筑的屋顶、外墙、门窗等均需要进行遮阳处理。遮阳构件还可以遮盖墙面开口部分，造成空气压力差，加速室内空气流通，以增强通风换气效果。在节能方面，建筑遮阳是最为立竿见影的有效方法，而且遮阳构件是影响建筑形体和美感的重要要素。

1. 门窗遮阳

在我国传统民居中，用于遮阳的方法很多，如在窗口悬挂窗帘，利用门窗构件自身遮阳以及窗扇开启方式的调节变化，利用窗前绿化、雨篷、挑檐、阳台、外廊及墙面花格都可以收到一定的遮阳效果（图 9-2-13、图 9-2-14）。

2. 廊道遮阳

廊道是建筑室内与室外联系的过渡空间，分为前廊、后廊、侧廊、回廊、边廊、爬山廊等形式，主要用于交通，兼有遮阳、避雨的功能，还有组织通风、采光和组织景观等作用。东、西立面如果没有邻屋遮阳，通常都建外廊。外廊遮挡了太阳辐射，使外墙和关闭的门窗避免吸收太阳辐射热而升温，使打开的门窗避免引入大量的太阳辐射热。从建筑技术的角度来讲，外走廊和凸阳台等起水平式遮阳作用；凹阳台起综合式遮阳作用；外廊或阳台上部加垂帘起水平和部分挡板式遮阳作用；设置垂直翻窗，玻璃上贴遮阳薄膜或在走廊的壁面上设置一定深度

图 9-2-13　卫道观前潘宅窗花格遮阳

图 9-2-16　费仲琛故居廊道檐口遮阳

图 9-2-14　卫道观前潘宅窗利用檐口遮阳　　图 9-2-15　卫道观前潘宅外廊遮阳

图 9-2-17　华宅墙体屋檐遮阳

的蜂窝形陶制构件，可起挡板式遮阳作用（图 9-2-15、图 9-2-16）。

3. 外墙遮阳

外墙遮阳的方法有：利用屋檐给外墙遮阳、外墙自身遮阳和外墙借他墙遮阳。其共同之处是充分利用建筑之间和建筑自身的构件来产生阴影，形成互遮阳和自遮阳，达到减少屋顶和墙面得热的目的（图 9-2-17）。通常是利用建筑物的排列、间距、高低和廊檐设置等方法，使屋与屋之间因高低错落而互相遮蔽，直接或间接遮挡阳光。具体而言，在特定的气候环境下，缩小建筑间距，使前幢建筑成为遮阳物体而形成"冷巷"，利用马头墙、檐廊产生自身阴影，使建筑之间的庭院或巷道形成阴凉的区域。东、西墙就靠纵巷两侧的房屋相互遮阳，前、后墙就靠横巷两侧的房屋相互遮阳。

9.3　苏州传统民居自然通风优化技术

为了适应当地的气候环境，改善民居的通风效果，传统民居分别采取了不同的设计措施。在选址上，顺应自然，依山就势或依水而建，创造良好的通风效果；在布局上，根据当地的主导风向，选择良好的朝向和布局，引风入内。在单体的建造中，利用建筑的空间组织，促进民居的自然通风，天井、备弄是传统民居空间组织中常用的促

 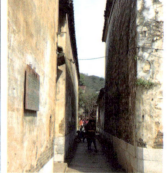

图 9-3-1　苏州民居中的天井和备弄

进通风的过渡空间（图 9-3-1）。另外，山墙的开窗、坡屋顶的导风、室内隔断等措施也会影响民居的通风。

9.3.1　天井对自然通风的改善

南方的天井可以说是中国古建筑的一大特色，它的处理手法有四种，即前天井、中天井、后天井、侧天井。前天井是利用备弄、通风围墙以取得进风口；后天井则解决出风口；中天井、侧天井则尽量缩小间距，以遮挡日照。在苏州地区，古建筑中除常见的天井形式以外，在比较封闭的室内还有一些面积比较小的天井，左右并列出现，俗称为"蟹眼天井"。

天井通常呈筒状，成为建筑与外界的连通口，由于天井内受太阳直射的机会较少，因此形成了室内的阴凉环

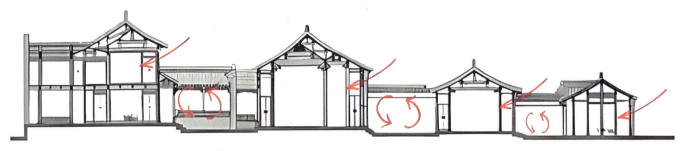

图 9-3-2 礼耕堂西一路天井的通风方法示意图

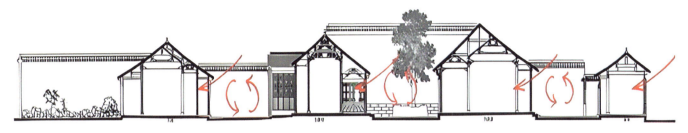

图 9-3-3 状元博物馆西路天井的通风方法示意图

图 9-3-4 卫道观西路天井的通风方法示意图

境，同时，天井内自由对流比较活跃，热空气上升，造成室内外存在温差，形成热压通风。民居建筑中有单天井和多天井之分。

通过图 9-3-2~图 9-3-4 三个案例，可以看出，风吹进古城区后，在障碍物的层层遮挡下，风速与风向都发生了很大的改变，在天井内，空气流动出现旋涡区，然后贯通室内，由于建筑的排列和天井的位置与尺寸发生变化，风速在局部区域增大，加速了空气流动。

在较为封闭的大厅内，增加了蟹眼天井。蟹眼天井改变了建筑的平面布局，在平面上门窗不完全对齐可以提升气流在室内分布的均匀性。此外，天井的尺寸也影响着天井内的风速变化，较大的天井明显比较小的天井内部风速大。

9.3.2 备弄对自然通风的改善

单设置天井只有进风口，将天井与备弄以及通风围墙相结合，就可以解决出风口的问题。多天井结合开敞的厅堂和贯通的廊道，形成通风系统，可以通过自身的循环解决进风口和出风口的问题，妥善地协调民居与气候的关系（图 9-3-5、图 9-3-6）。

备弄沿建筑纵深方向布置，内部狭窄，无遮挡。在功能上，备弄一方面将建筑的各功能用房联系起来；另一方面又能与天井连接，实现自然通风。

在建筑群中，备弄中的风速频率最高，风速较大，因此，在古建筑使用中，建议将备弄直接对着巷口的门打开，使巷道内的气流无阻碍地吹进备弄，并且在不影响传统建筑风貌的情况下尽可能增加通风围墙上漏窗的数量，提高建筑内部的舒适度。

9.3.3 在山墙上开窗

由于古建筑本身具有完整的通风系统，通透的围护结构和天井、通风围墙、备弄可以带来良好的通风效果。但是由于古建筑功能的变更、建筑私密性的增强和人们对建筑物舒适度要求的改变，建筑本身的形式又局限于古建筑保护的要求，在使用时，风环境往往达不到其本身优化的效果。尤其是当建筑的开间和进深过大时，自然风在流

图 9-3-5　吴廷琛故居备弄结合天井　　图 9-3-6　陆润庠故居备弄结合天井　　图 9-3-7　德裕堂张宅山墙面开窗

动的过程中风速降低，推动空气的能力下降，进风口和出风口之间不能形成良好的穿堂风作用。为更好地将风引入室内，可在建筑的山墙开窗（图 9-3-7）。

当房间有两个通风口时，避免进风口和出风口的直通，避免进、出风口都开在负压墙面一侧。合理地布置门窗开口位置及窗户的朝向，使进入室内的气流改变运动方向，增大气流在房间内的流动区域，创造良好的通风条件，避免房间内产生静风区。

窗口宽度一般应控制在房间宽度的 1/3~2/3 之间，开口的大小为地板面积的 15%~25% 时，室内通风效果较好。

通过窗的开启大小对空气流量进行控制，通过窗的不同开启方式对进入室内的空气进行引导或制约。根据房间的类型，合理地选择门窗的型号及开启方式。

9.3.4　坡屋顶的导风作用

对于传统民居来说，如果建筑的进深太大，穿堂风就会难以到达后部单元，而坡屋面具有导风作用，因此，古建筑通过坡屋面的长、短坡相结合，在天井的两侧形成高度差，较高的建筑迎风，当天井的尺寸一定时，即使受到前一进建筑的风影区的干扰，仍然会有一部分风进入后一进建筑内部，增强建筑的室内通风。

由于古城内用地紧张，门厅朝向街道或巷口开门，后半部分难以利用到穿堂风。这时应调整屋面的进深和组合，使之前低后高，尽量减小风影区对后进建筑的影响，使风顺着逐渐升高的建筑屋面流动，结合每一进天井的拔风作用，有利于建筑的进风与出风（图 9-3-8）。

9.3.5　冬季传统建筑室内隔断冷风流动措施

江南地区冬季潮湿寒冷，在防寒上，衣物是人体的第一层防护屏障，建筑是人体的第二层防护屏障。传统建筑以木材作为主要的结构材料，木结构灵活多变，但是在长期的使用过程中，由于木材变形或结构本身的原因导致建筑的各部位出现缝隙，导致冬季建筑的气密性变差，冷风灌入室内，被加热后再与室外冷空气交换后逸出，使得室内舒适性大大降低。建筑外门窗的热损失主要体现在三个方面：①热传导，即通过玻璃和窗框的热传导损失；②热对流，通过建筑外门窗缝隙的空气热渗透损失；③热辐射，通过玻璃和窗框的热辐射损失。在现代，古建筑的使用趋向于简单，长期使用空调也使人们的穿衣习惯发生改变，此时，提高建筑的保暖性尤为重要，主要是加强建筑的防寒作用。

1. 室内隔断设置

在室内适当位置设置隔断，可以改善室内风环境。

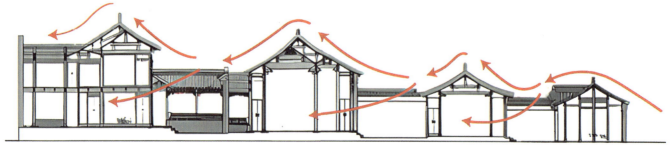

图 9-3-8　礼耕堂坡屋顶导风作用

正如位于平江区钮家巷的苏州状元文化博物馆——潘世恩故居，主人潘世恩 25 岁就中了状元，清朝大学士，潘世恩故居是古凤池园的一部分，现是省级文物保护单位，还曾是太平天国英王陈玉成的寓所，建筑面积 1825m²，有纱帽厅、鸳鸯厅、女厅、正厅、楼厅等规格较高、功能齐全的建筑。状元博物馆占地面积约 1000m²，陈列面积约 600m²，是一座全面介绍姑苏状元人物群体、探寻人物关系渊源、研究状元文化、展示珍贵状元文物的专题类博物馆。该展馆主要展览服饰、书籍字画和饰品等，为保证各厅之间的连续性，在展览期间，大门开敞，空调出风口布置在展览台下，厅堂的前后门正对开门，保证了风在房间内对流穿过，展品处于接近静风的区域（图 9-3-9）。

2. 设置气密性门窗

古建筑的门窗最常见是隔扇，苏式古建筑往往在正面的所有立柱之间安装隔扇门，或者在两柱的下半段砌砖墙，墙上安装隔扇，成为隔扇窗。在古建筑中，建筑门窗的材料是木材，木材在长期使用的过程中易产生变形，增大了空气透过门窗缝隙的概率，导致气密性差，古建筑的门窗数量众多，虽然在夏季通风效果较好，但是在冬季，如果对门窗不加防风处理，则会大大降低室内的舒适度。

提高门窗的节能性能应从提高保温性能和气密性能两方面综合考虑。要提高门窗的气密性，可以通过提高门窗的装配质量，在生产和加工时尽量缩小框与扇之间的空隙；选择有足够的拉伸强度和韧性，还具有良好的耐热性能和耐老化性能的密封材料。门窗框的四边与墙体之间的空隙，通常使用聚氨酯发泡体进行填充，另外，应用较多的密封材料还有硅胶、三元乙丙胶条等；提高气密性，减小室内外温度的热交换，玻璃采用中空结构，或在玻璃表面贴膜或涂漆膜也是减少能量损失最有效的措施。

3. 局部渗入冷风部位采用气密性材料

易渗入冷风的位置，除了门窗之外，建筑的屋面层、地面层以及新增加的生活设施的位置都容易有冷风渗入。因此，可在建筑的原材料中作一些微调来提高建筑的气密性。

处理屋顶时，在望砖和小青瓦之间采用浇钢丝网水泥砂浆，钢丝网水泥砂浆是以钢丝网或钢丝网和加筋为增强材，以水泥砂浆为基材组合而成的一种薄壁结构材料，它能填充瓦与望砖之间的空隙，阻隔室外的灰尘和室内外气流的热交换。

9.4 结语

9.4.1 保护传统建筑风貌

结合《苏州古建筑保护条例》《中华人民共和国文物保护法》《中华人民共和国文物保护法实施细则》等相关法规，在进行传统民居热环境与风环境优化时，坚持做到改造有依据，最大限度地复原建筑原有的风貌，力争与整个历史街区的气息氛围融为一体。对传统民居建筑及环境采取"修旧如旧"的原则，不破坏风貌，充分尊重原有历史环境，保护好整体环境气氛，充分保留故居的历史信息，以体现区域空间的统一性及建筑历史的连续性，并为合理利用这一建筑遗产创造条件，实现保护与改善的双赢。

图 9-3-9 修复后的苏州状元博物馆

9.4.2 合理功能置换

根据苏州市规划局发布的"苏州古城——7、15、20、21、22、28、29、30、41号街坊控制性详细规划"可以了解到苏州市规划局正在引导古城区控保、文保建筑进行功能置换，从安置房、廉租房向商业、文化建筑转化，积极引导普通民居转型为传统民俗建筑，并设法改善老街区生活环境与配套设施。从室内热环境的角度看，此次规划有助于室内热环境的改善，对未来同类民居室内热环境改善具有指导性意义，将从属不明的低端住宅转化为从属明确的公共建筑，可以极大改善建筑现状，由居住功能转化为公共建筑也一定程度上降低了对室内热环境的要求。从改善室内风环境的角度看，功能由居住建筑改向公共建筑，增加了室内隔断设置，有利于对室内风环境的优化，但鉴于当前平江路、山塘街的商业运作，古民居的功能置换改造必须遵守相关规范，不能破坏原有建筑风貌。

9.4.3 提倡被动节能

被动式建筑节能技术是指以非机械电气设备干预手段实现建筑能耗降低的节能技术，具体指在建筑规划设计中通过对建筑朝向的合理布置、遮阳的设置、建筑围护结构的保温隔热技术、有利于自然通风的建筑开口设计等实现建筑需要的供暖、空调、通风等能耗的降低。被动式节能本身就融于苏州传统民居的营造技术之中，重新发掘它的作用，便能在不破坏建筑风貌的情况下，最大程度地节约能耗。

通过被动式节能分项分析（图9-4-1）可知，在冬季无供暖条件下，被动式节能无法解决舒适度问题，但在夏季与过渡季节效果显著，自然通风与较好的围护结构可以极大地增加全年舒适比，其中墙体蓄热增加使全年过渡季节舒适比增加了近10个百分点，自然通风的增加更是让夏季与过渡季节的舒适比增加了近15个百分点。

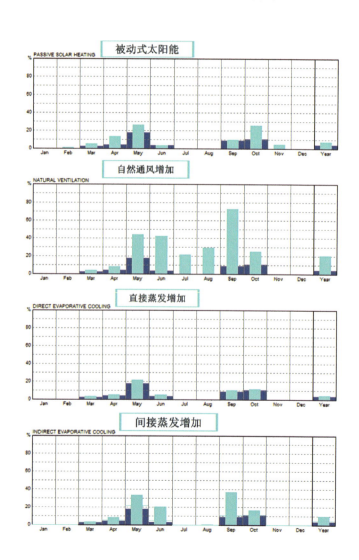

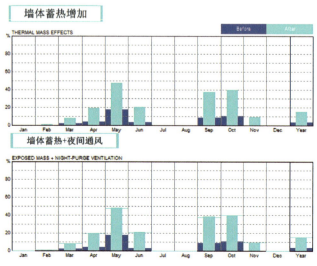

图9-4-1 被动式节能分项分析柱状图

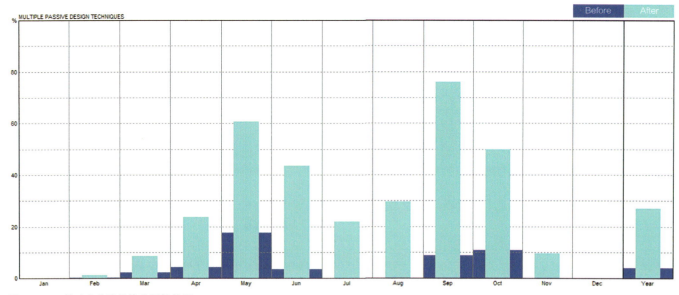

图 9-4-2　被动式节能总体分析柱状图

通过被动式节能总体分析可知（图 9-4-2），全年无需任何调节措施的舒适时间比约为 5%，主要集中在 4 月至 6 月与 9 月至 10 月间，在 6 项被动式节能手段下，全年舒适时间比约为 28%，提高了近 23%，其中 5 月的舒适比达到了 61%，9 月的舒适比达到了 76%，这都极大地改善了室内热环境并减少了能耗。

综上所述，被动式节能是改善室内热环境和风环境的关键一环，也是研究改善策略必须遵循的方向，合理运用被动式节能技术来调节室内热环境，能更经济地达到可持续发展的目的。

第 10 章　江南地区建筑文化的传承与创新

10.1　江南传统建筑文化的现代性思考

江南地区的自然条件得天独厚，是中华民族孕育深厚传统文化的绝佳宝地。在中国 3000 多年的历史记载当中，江南文化占据了华夏大地历史文化的半壁江山，其历史传承、人文情怀、宗教意识、科学技术、文学艺术等都包含了浓厚的文化底蕴。中国农耕文明的发展与江南地区有着密不可分的关系。江南地区作为中国农业最发达的地区之一，拥有极其优良的自然条件，密布的水网、充沛的降雨、较高的地下水位以及相对平缓的地势创造了适宜耕种的环境。有农业的地方就有人文发展，江南地区成了一个自然地理条件与人文发展相得益彰的地区，也奠定了江南传统建筑的重要性及独特性。

江南传统建筑作为地方乡土建筑的重要组成部分，在建筑学上有很高的学术地位与研究价值，其建造技术、空间、材料的有机结合，文化特性的展现以及对工匠精神的坚持等都充分展现了人文和自然景观的契合，同时，江南建筑也在这种文化传承、发展中形成了特定的模式。本章将通过介绍两个建筑案例来探讨江南传统建筑文化的传承。传统建筑文化需要在新时代中应用，在新空间中塑造，去伪存真，去粗取精，让优秀的建筑空间和技术观念更好地满足现代需求。

第一个案例为 2019—2021 年建设的南京汤山园博园商业街项目，位于具有典型江南地貌特点的南京东郊汤山。场地地形略有起伏，东西向长约 300m，呈现出约 16m 的高差。该项目的设计尊重场地的天然条件，争取对环境的最小干扰，尝试依山就势地形成场地融合、人工与自然和谐共存的关系，在尺度上通过塑造小尺度建筑形成一个蜿蜒曲折、步移景异的休闲商业空间。此外，该项目还通过现代建造技术——模数化建造、工业化装配、钢结构以及节能的幕墙表皮等，让标准化与多样性、大规模建造与精致的手工艺间达到一种平衡。传统精神的现代表现、尺度的观念、大规模建造共同成就了这个作品。

第二个案例为苏州相城科蓝科技园项目，位于苏州的高层高密度商业性产业园区内。它与传统建筑的文化和形态有很大的区别，因此无法机械地模仿传统建筑的构图方式。在苏州这个人文荟萃的城市，该项目的设计希望通过空间组织、标准化单元、水平和垂直两个方向的立体空间布局来形成一种传统的文脉和肌理，通过公共空间、半公共空间、私密空间的序列布局以及园林中室内外空间的处理体现中国传统精神。在院落空间的处理上，该项目在水平和垂直方向布置了位于建筑内外的多种院落，在这种正负虚实之间形成了一种有趣的组合，满足了现代条件下新建筑的供应需求。该项目以现代建筑为载体，灵活运用传统江南建筑的建造手法，为江南传统建筑的传承与创新提供了更多的可能性。

上述两个案例作出了一些卓有成效的探索，同时也存在一些遗憾、缺陷。我们需要去思考如何通过恰当的方式来探究传统为现代生活服务的途径。人类社会从传统手工艺时代到后工业时代经历了巨大的变革，当代人文理念及社会组织方式的变化时刻提醒着我们，在新条件下想要传承传统空间的组织关系无法依靠简单的模仿，而是需要进行深刻的人类学方面的思考。

10.2　南京汤山园博园商业街规划设计

10.2.1　场地分析

汤山园博园商业街是江苏园艺博览会博览园项目配套商业街，位于汤山园博园核心区段的西北角，2 号入口形象展示区西侧，依山而建。南京地处江南地区，场地所

本章执笔者：周琦。

图 10-2-1　基地卫星图

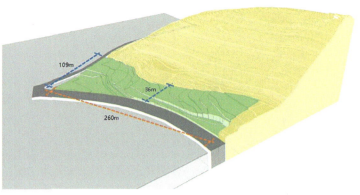

图 10-2-2　场地高差示意图

在的汤山地区是低山、丘陵、岗地和小平原交错的综合地貌。场地呈狭长形分布，东西长度约 300m，南北宽度从 100m 到 30m 不等。场地十分靠近南侧山体，地势具有高差，整体由南侧的山坡过渡到北侧湖山村相对平缓的自然环境。场地内部自西向东逐渐降低，西南方向最高点高程为 36.4m，东北方向最低点高程为 19.2m，呈现出约 16m 的高差，属于坡高与坡长比约为 6% 的缓坡地。场地周边景观视野开阔，风景宜人，北侧是 19m 宽的双向车行道，割裂了商业街与北侧地块，阻碍了与北侧地块的交通联系（图 10-2-1、图 10-2-2）。

10.2.2　设计构思

在城市层面，项目寻求与场地周边肌理、自然生态环境相协调的设计策略。一方面，让新建筑融入汤山的自然坡地景观中。通过巧妙地处理坡地高差，控制建筑组团自然散落的姿态，塑造跌水与植被相映成趣的景观效果，同时充分考虑建筑与自然环境的视线联系以及公共空间的开合关系。另一方面，研究小尺度传统商业街舒适的空间布局，打造具有江南特色的宜人舒适的商业街，并注重人的体验感，设置景观节点与建筑小品，形成一处服务于园博园又具有江南街巷空间特色的建筑群。

在建筑层面，使用装配式钢结构体系，创新性地运用现代材料，快速高效地实现江南传统街巷的尺度与空间组织。项目通过技术研究与创新做法体现时代性与高效率，传承江南建筑的形式美学精髓。商业街里的建筑利用现代技术诠释传统商业街巷的空间感，同时可以较方便地实现维修、更换和重新布局（图 10-2-3）。

10.2.3　场地设计——适应自然

汤山园博园商业街项目通过场地设计来适应汤山周边的自然环境，延续周边的场所精神与传统江南街巷的意境。设计综合考虑了坡地的处理方式、建筑的接地方式、内部与外部的交通组织、街巷空间形态的塑造等方面。

园博园商业街顺应地势，充分考虑了坡地这一自然要素。在场地高差的处理上，最大限度地减少土方量以达到最环保的效果，不同标高的台地获得与原本自然条件最相符的场地。建筑沿着台地布置，以室外梯段和踏步作为路径连接不同高度，打造拾级而上、适宜游走的商业街道空间。街道结合有收有放的内部广场及开阔的外部场地形成一条自由蔓延的绿色通廊，打造蜿蜒曲折、高低错落、富有空间趣味性的商业街。在场地的南侧，靠近山体处还设置了挡土墙，预留了道路作为预防灾害的缓冲地带；在场地的东侧，顺应地势形成了地下车库的范围及其出入口（图 10-2-4）。

园博园商业街将场地处理为几个不同标高的台地，每一个台地的范围都较大，可以容纳一些建筑。因此，建筑大多采用直接接地的方式，放置在不同标高的台地上，形成不同标高的建筑组团，它们之间又通过台阶连接。场

图 10-2-3　鸟瞰图

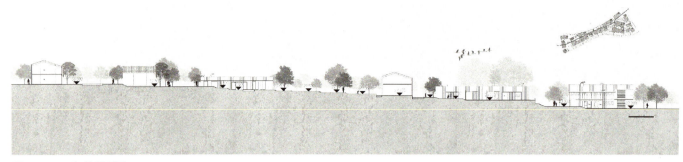

图 10-2-4　场地剖面图

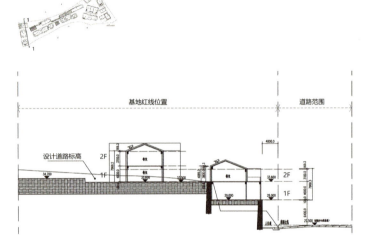

图 10-2-5　场地纵剖面一

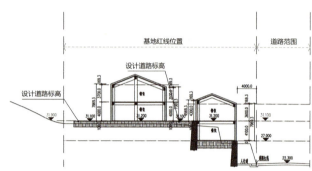

图 10-2-6　场地纵剖面二

地内部与北侧道路存在高差，形成了一道陡坎，此处的建筑则通过内部不同楼层的转化巧妙化解高差。游客可以从与场地内部街道相接的地坪进入建筑的二层，再通过室内的楼梯下至北侧的车行道旁；部分建筑还可通过室内从二层下至一层，进入另一个标高的景观平台，获得独特的体验（图 10-2-5、图 10-2-6）。

园博园商业街还考虑了车流与人流的双重流线。在进入园区的游客路线上，街道巧妙地设置了人行与停车入口，塑造了内部的行走流线，使游客能获得更便捷的交通体验。主入口空间位于东北侧，邻近园博园的 2 号出入口，在入口广场附近设置的半地下停车场能容纳约 88 辆车，解决了部分客户、游人以及经营者的停车问题。机动车不能驶入园博园商业街内部，实现了人车分流。整个场地形成了鱼骨状路径，使所有商业空间更便捷、更可达，易于吸引不同方向的人流。场地主要流线沿东西向蔓延，次要流线则往南北向发散，易于营造良好的商业氛围。南向靠近山体处设置了消防通道，为场地的消防提供保障，同时也可供行动障碍者的轮椅通行（图 10-2-7~图 10-2-9）。

园博园商业街结合场地东西向较狭长、南北向较窄的地形特征，吸收传统街巷的形态，在场地中塑造了线形商业街空间形态，并在入口处和结束处放大，形成了哑铃状的结构。在东北侧圣湖西路和花田路交汇入口处设置开敞广场，与周边区域明显区分，结合喷泉、树木、雕塑等景观设施，形成园博园商业街空间序列的开始，吸引周边游客进入商业街场地中。之后，街道通过宽窄变化、高低起伏、拾级而上的线性空间引导游客前行，线性街道的两侧又点缀着一些景观小品，形成了空间的过渡。在哑铃状空间的另一侧，设置独具特色的木制景观亭、戏台空间与

图 10-2-7　商业街流线分析图

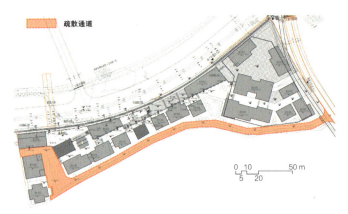

图 10-2-8 商业街消防车道示意图

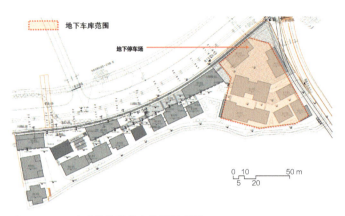

图 10-2-9 商业街地下停车范围示意图

观景平台，作为空间的高潮，再一次聚集人流。最后，以可眺望远景的轻盈的钢结构景观廊桥这一标志物，结束整个空间序列，同时沟通了两侧的场地。整个空间序列与水这一元素相伴，水在序列的不同位置衍化出不同的形态。此外，街道根据场地地形适当增加了转折，一方面增大了商铺的总长度，另一方面充分利用建筑之间的空隙，形成了一些起伏和开敞的公共空间。为形成一个有节奏感的空间关系，街道选择了混合交错式的建筑单元组合方式（图 10-2-10）。

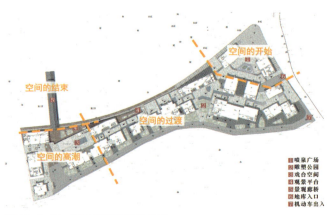

图 10-2-10 商业街空间序列分析

图 10-2-11 远观景观廊桥

图 10-2-12 回望商业街

在天际线的塑造上，园博园商业街结合场地和建筑的剖面设计，延续山势，形成了整体自西向东北逐渐降低，局部偶尔有跳跃的天际线，与原先自然延续的天际线融为一体（图 10-2-11、图 10-2-12）。

10.2.4 建筑设计——实现空间塑造

园博园商业街项目通过对平面、立面、建筑形态的研究，在保证建筑本身满足功能需求的基础上，塑造江南传统街巷的空间感受，注重游客的体验感。

园博园商业街建筑群是由一层至两层的单体组成，以 8.4m 作为基本模数，变形衍生，形成开间适宜、进深大小与地形相匹配，且面积符合预期功能需求的公共餐饮空间。设计采用现代化的建造手段，对传统建筑形式进行抽象凝练，重新造型后以现代的、小尺度的形式，展现在人们面前（图 10-2-13~图 10-2-15）。

园博园商业街在立面设计中充分考虑了对传统江南建筑形式与色彩的呼应。传统江南建筑基本以黑、白、灰

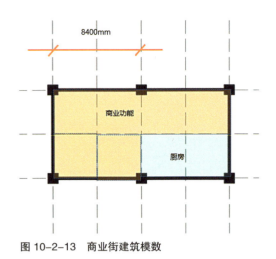

图 10-2-13　商业街建筑模数

为主，常在屋顶、窗檐上应用灰瓦，在窗户、柱廊中运用木材，采用坡屋顶的屋顶形式，呈现出造型轻盈、立面简洁的效果。虽然园博园商业街采用了许多现代的建筑材料，但在色彩选择上与江南传统建筑色彩一致，以灰色色调为主，木色为辅；使用青灰色钛锌屋面板、木色木纹铝板、透明玻璃等材质；采用双坡顶的屋顶形式；运用现代的构成手段对传统建筑形式进行抽象凝练；通过简洁的

竖条纹格栅，塑造了虚实对比的立面关系。这些手段延续了江南建筑的特点，形成了富有江南建筑街巷意蕴的形式（图 10-2-16~ 图 10-2-19）。

材料与色彩的选择，除了使商业街具有传统江南色彩关系和强烈时代特色之外，还可以改变游客的心理。主色调青灰色给人平静而自然的感觉，并能很好地融入环境；木色给人温暖亲切的感觉，而玻璃能烘托出恬静安详的氛围，适宜应用于商业空间。设计中还通过控制实体墙面与玻璃幕墙的比例来营造通透、开放的商业氛围，控制沿内街的建筑界面，使之统一而又富有变化，吸引游客走入街道内部（图 10-2-20、图 10-2-21）。

传统江南商业街中的建筑大多是一层或两层高，宽高比（D/H）控制在 1：1~2：1 之间，因此，园博园商业街主街延续了类似的传统街道的宽高比，使商业街空间在较热闹的同时，给人以安定感与舒适感。入口广场的宽高比（D/H）从大于 2：1 向 1：1~2：1 之间过渡，从较为开敞的入口空间转变为吸引人流进入的街巷尺度，增加游览的内聚感（图 10-2-22）。

南传统街巷中有许多可供休息、活动的公共空间，

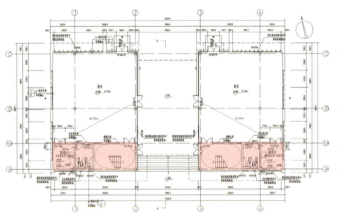

图 10-2-14　商业街建筑 1~4 号一层平面图

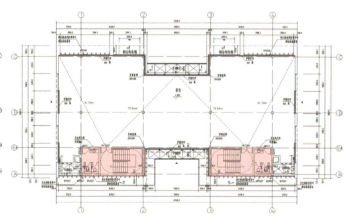

图 10-2-15　商业街建筑 1~4 号二层平面图

图 10-2-16　商业街材质示意

图 10-2-17　商业街虚实对比

图 10-2-18 商业街实景一　　图 10-2-19 商业街实景二　　图 10-2-20 商业街建筑立面　　图 10-2-21 商业街街巷尺度

图 10-2-22 商业街街巷宽高示意图

如檐下空间、骑楼、景观亭等，这些公共空间联系了商铺与外界的游人。园博园商业街在单体的形态上，通过一层与二层之间的错动形成可供停留驻足的公共空间；增大屋顶挑檐的宽度，形成可纳凉避雨的檐下空间；立面向上翻折形成入口灰空间；通过建筑二层悬挑、景观亭塑造等方式，形成更多可供观景的场所。这些做法本身也成了景致中的一部分（图 10-2-23、图 10-2-24）。

10.2.5　新技术与新材料——实现绿色环保

汤山园博园商业街项目应用全装配式钢框架结构体系，使用大量预制构件，选择绿色环保的新技术与新材料，实现了又快又好的建造，同时为塑造灵活统一的空间、用现代语言延续传统江南街巷意象提供了支撑（图 10-2-25、图 10-2-26）。

园博园商业街的大量构件提前预制，使施工工作得到前置，有利于进行装配式施工，可极大地缩短建造时间，相对便捷的操作使得施工的过程和质量更可控。项目运用了热轧的方钢、H 型钢等结构构件，结构性能较好，自重较轻，承载力较强，相比于钢筋混凝土结构可以支持更大的跨度和更高的高度，使项目能实现大量灰空间的塑造和形体的错动。

园博园商业街项目使用了保温、隔热、防水一体的金属围合系统——钛锌板金属结构直立缝屋面板，具有防水保温性能好、安装方便、板材强度大的优点，还能无缝转折，杜绝了缝隙可能带来的保温防水难处理的困扰。项目大量运用了玻璃、铝单板等材料形成幕墙体系，在减轻自重的同时，实现了立面设计中想的具有江南传统立面特点的虚实变化和色彩对比（图 10-2-27）。

大量的预制围护构件与新型屋面材料在保证施工速度的同时也保证了空间品质。装配式钢框架结构体系能方便地实现维修、更换和重新布局。与一般的混凝土结构房屋不超过 50% 的装配率相比，园博园商业街项目的装配率可达 90% 以上。

整个项目应用了全装配、模数化、工业化的建造方式。一方面加快施工进度，降低建造成本，更加环保节

图 10-2-23 商业街灰空间　　图 10-2-24 商业街景观廊桥　　图 10-2-25 建筑照片　　图 10-2-26 街巷节点照片

图 10-2-27　商业街建筑屋面构造

能;另一方面通过技术的研究与创新体现时代性与高效率,用现代的技术诠释传统商业街的空间感,用装配式体系模拟出江南街巷的氛围。

10.2.6　景观设计——适应自然

汤山园博园商业街项目还注重景观设计,从人的视觉与空间感受出发,通过景观节点的设置、地面铺装的设计及植物配置等,进一步强化江南传统街巷的空间意象。

整个园博园商业街以"山 + 水"为景观设计概念。园博园商业街依山傍水,项目景观充分利用地形,结合山、水进行设计。商业主街串联起大大小小的游憩空间。项目设计了 3 个主要景观节点,多个景观次节点穿插其中,节奏有序,形成韵律。入口处设置喷泉广场,中端设有雕塑公园,尾端以戏台空间作为升华。近景和远景相互融合,相互渗透,一步一景。内部的步行街以主街为轴,次巷为网,主街两侧水景穿插,分布大小不一的开敞空间。主街提供游人休憩的场所,开敞空间错落有致,相映成趣;次巷中的植物景观设置合理,精致可人。场地内建筑错落,场地外景观渗透至内部(图 10-2-28~图 10-2-31)。

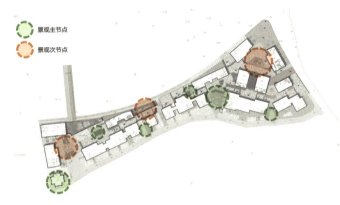

图 10-2-28　商业街景观节点　　　　　　　　　　图 10-2-29　商业街景观空间

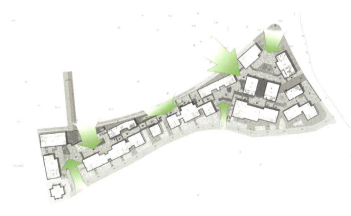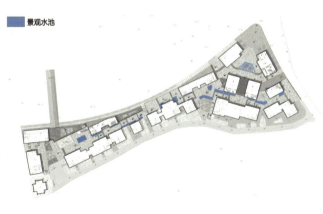

图 10-2-30　商业街景观渗透　　　　　　　　　　图 10-2-31　商业街景观水池

图 10-2-32　商业街景观空间一　　　图 10-2-33　商业街景观空间二　　　图 10-2-34　商业街景观廊桥效果图

"小桥、流水、人家"是人们对江南传统聚落特色的普遍印象，水和桥都是江南建筑群组中的重要组成部分。在汤山园博园商业街的北侧原本就有水系穿过，因此，项目中引入了大量水景，水成了场地中重要的组成部分。设计中设置了静态与动态两种形态的水系。静态的水池采用了较为规整的形状，如在三面围合的入口空间的中心，搭配喷泉形成了特色水池；在戏台空间的东侧，结合喷泉形成了长方形戏台喷泉水池，两者相互呼应。平静温和的水面与周边道路上川流不息、游人如织的热闹画面形成对比，喷泉可在特定的时刻从静态转变为动态，与游客之间产生互动，吸引人流聚集。动态的水系为沿商业主街两侧设置的跌水池，水流叮咚，自由穿梭于整个环境之中，增加游人在商业街中的游街趣味。场地内引入各种形态的水景，营造出亲切宜人的氛围（图 10-2-32、图 10-2-33）。

场地与北侧景观空地被一条双向车道割裂，两侧联系不便，因此，设计上，在场地靠近西侧的车行道上架设了一座景观廊桥。廊桥是廊与桥的结合，它既具有交通通行的功能，又有休息停留、凭栏远眺的功能，并且还有优美多样的造型。在传统江南建筑中，廊桥一般具有轻盈的造型和开敞的立面姿态。屋顶与细部的形式通常采用当地建筑风格，并与自然融为一体，如苏州拙政园中的"小飞虹"。园博园商业街项目中的景观廊桥采用钢结构，与商业街建筑的屋顶做法类似，形成重檐双坡顶。立面通过玻璃栏板塑造通透开敞的形态，桥身利用横向格栅在遮挡部分主体结构的同时产生横向延伸的感觉，还通过透空塑造轻盈感。这座景观廊桥的色彩也简单淡雅，以深灰色为主，点缀木色。游人能站在景观廊桥上回望商业街，远眺园博园，也能通过廊桥穿行至对侧，再通过楼梯或电梯到达地面，享受自然景观（图 10-2-34）。

园博园内部戏台空间中的景观亭，进深六椽，还原了宋式大木作抬梁式的传统做法。因地形限制与功能需要，在面阔三间并用玻璃封闭四周形成透明休憩空间的同时，向外延伸一个开间形成可遮阳避雨的入口灰空间。游客经过可互动的静水池，通过灰空间进入景观亭内部。景观亭在传统的做法中融入现代的材料，使新与旧产生对话（图 10-2-35、图 10-2-36）。

整个园博园商业街的设计持续了较长时间，作了许多探索。在之前的方案中曾尝试将 30~50 座原汁原味的皖南民居系统性地植入项目场地内，摒弃"假古董"做法，以真实的材料、做法展示传统民居的魅力。挪移古建筑组合成传统街巷的方式使皖南民居为汤山文化旅游事业所用，为人们提供休憩的新场所，古为今用，使旧建筑与新功能结合。在这种方式中安排各分区功能，创造既有历

图 10-2-35　商业街景观亭　　　　　　　　　　　　　　图 10-2-36　商业街景观

史风韵，又舒适优美，适合多种活动的新场所。场地内部也曾构想过塑造自由曲线形商业街，强化空间的流动性与趣味性，但这种构想不如折线形商业街更能适应地形与高差变化。最终的定稿方案考虑到从建筑设计到落地建成的时间非常有限，周边自然环境及山坡地等环境要素不容忽视，因此，在项目方案推进时选用了快速建造、低环境污染、顺应地势的方法。通过选用装配式钢结构、采用性能较好的新材料和构件等手段，为加快施工进度、降低建造成本奠定了基础，以实现功能和满足使用需求。最终方案用现代的材料快速高效地实现了传统街区的尺度关系和空间组织，用现代的技术诠释了传统商业街的空间感，并能较方便地实现维修、更换和重新布局；通过技术的研究与创新体现了时代性与高效率，传承了江南建筑的形式美学精髓。此外，最终方案还选用性能较好的新材料和构件运用在围护体系上，以提升建筑的舒适度（图10-2-37）。

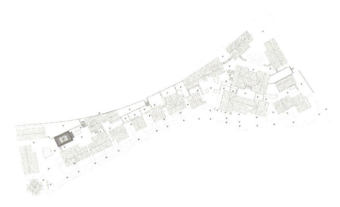

图 10-2-37 汤山园博园商业街总平面图

园博园商业街内部塑造了折线形主街，形成了高低错落的、形态丰富的街巷商业空间，结合众多的景观节点与穿插跌落的水系使整体空间更具江南街巷的韵味，使游客置身于现代而又传统的空间之中。

10.3 苏州相城科蓝科技园项目设计

10.3.1 项目区位以及苏州相城区的背景

苏州自古以来便是中国最繁荣的贸易中心之一。其优越的自然条件和人文环境吸引了众多领域的人才，为苏州的经济发展做出了贡献。在近代，苏州以工业发展而闻名，这也为苏州如今实现如此高的GDP奠定了基础。苏州相城区是展示该市当今经济发展最合适的代表，它具有江南地区的标志性历史，也是多种高科技产业发展的高新地区。

相城区位于苏州南部，占地约489.96km²，占苏州市总面积的5.84%。它坐拥极为丰富的水系资源，包括阳澄湖、太湖、漕湖等，水域面积占该地区总面积的40%；其生态环境优美，具有38.7%的绿地率，城市和水域、植被和谐相处，创建了国家级生态区。

10.3.2 场地分析

苏州科蓝科技园是一个讲述江南传统建筑文化传承与创新的作品。该项目坐落于江南传统水乡的代表城市之一——苏州。江南素以"繁荣水乡"著称，从古到今，"江南"始终代表富饶的水乡景象，建筑与"水"的关系成为研究江南传统建筑文化的重要元素。该项目场地位于相城区安元路与织锦路的交界口，总面积约28613m²。场地东侧有一条完整的沿街河流水系，提供良好的自然景观。距离场地大约300m处有轨道交通站点，是人群到达场地的主要交通手段。场地周边住宅小区居多，附近有学校，具有发展商业的潜力（图10-3-1、图10-3-2）。

图 10-3-1 场地卫星关系图

10.3.3 设计构思及空间布局

1. 院落空间

科蓝科技园的空间布置与场地有很好的匹配性。一

图 10-3-2 场地周边照片

方面，该项目的沿河街景与建筑的院落围合产生空间互动；另一方面，建筑空间本身有三种形态：一栋高层建筑，一栋多层建筑以及三栋独立院落式低层建筑。三种形态的建筑里都具有独特的传统空间含义。

在高层建筑里，标准办公空间皆为围绕中心核心筒而布置，其空间组织方式有中国传统建筑的秩序感和主次感，尤其是轴线与主次空间及序列空间之间有良好的呼应。此外，在高层建筑的顶部有屋顶花园式空间，把中国落地的院落形态放置在空中从而对其传统的空间组织进行表达。多层建筑是一个线性空间，沿着水平方向展开的同时又有着单元划分的空间。每个单元都有自己的垂直交通从而把中国传统的单元式建筑在水平方向串联起来。多层建筑屋顶上的空中花园与高层建筑上的做法类似，使建筑屋顶上有更好的街景和院落空间。低层建筑也遵循了江南传统的院落空间形态：低层建筑的院落围合，尤其是其中两栋（由空中桥梁连接）的共建形成了趣味空间，在两栋楼中间留有一定的空隙从而使其形成各自的私家院落，同时向河边借景（图 10-3-3）。

2. 借景于水

建筑群体的布局采取了江南传统依水而建的借景手法。建筑群整体面对水系景观时所采取的借景方式为低层建筑傍水，多层与高层建筑则坐落于低层建筑群之后。通过这种方式，每栋建筑都能观赏到更远处的河景，类似江南传统的依水建筑群借景的手法。从群体来看，总体布局和单体建筑都能体现一种传统的设计手法。由内部形成空间的围合所产生的内向景观与依靠借景所产生的外向景观结合，内向与外向景观相互渗透，使建筑与景观合二为一，是江南传统文化的传承与创新（图 10-3-4、图 10-3-5）。

图 10-3-3 鸟瞰效果图

图 10-3-4 人视效果图一

图 10-3-5 人视效果图二

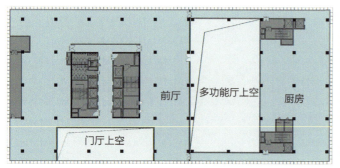

图 10-3-6　高层科研办公楼二层平面图　　　　图 10-3-7　高层科研办公楼标准层平面图

3. 模数空间，景观渗透

单体严格按照 8.7m 为单元的柱网划分，形成现代高效的办公空间。整个建筑群的地面裙房多用于商业，也为公共空间；其上的办公层为半公共空间，最高层的独栋空间则为私密空间。这种垂直功能划分的方式不仅可以最大化地利用空间，而且空间与人流的关系也能更加清晰地表达（图 10-3-6、图 10-3-7）。

从空间利用层面来说，该项目停车系统和部分辅助空间（如会议和餐饮空间）放置于地下。高层与多层之间的地下一层停车区域后期可进行改造，变更为会议、食堂、多功能厅等功能空间，可满足本项目办公人员的会议需求和就餐需求；地下一层非机动车夹层可改造为储藏、娱乐等功能；其他区域均为设备用房和机动车停车区域，其中地下二层根据人防需求配置一定面积的人防区域（图 10-3-8～图 10-3-10）。

10.3.4　产品策划及运营模式

苏州科蓝科技园作为一个坐落于传统江南城市的项目，同时兼顾现代品质，这种现代性体现出一种立足当下、面向未来的模式。这种模式包含两个特点：其一为建筑尺度与土地规模都较为庞大，属于高层建筑群；其二为项目功能上是一个以金融业态为主的金融办公体系，并附有一部分第三产业的服务。

项目的运营模式及其经济行为是该作品作为一个创新性设计的重要元素。科蓝软件公司是在信息时代以人工智能为主导的大环境中的高科技公司，国家在财政扶持方面将会对这样的公司有一些政策倾斜，给予优质的土地并将其产业引导进核心开发区，在产生税收的基础上激发苏州整体区域的高科技产业的活力。项目坐落的苏州相城新区开发区平均土地单价为 31786.1 元/m²，楼面单

图 10-3-8　一层平面图

图 10-3-9　地下空间及改造分析图

图 10-3-10　交通分析图

价为 15999.97 元/m²（以苏地 2020-WG-59 号地块为例）。而科蓝作为一个高科技企业则可以申请将地块批准为高科技研发用地，并使其楼面价格降低至平均 1000 元/m²，是正常房地产价格的 1/16。在运营层面，楼面 50% 的面积用于销售，50% 的面积用于持有。在产品策划里，整个建筑群中的一栋多层建筑，三栋独立院落式低层建筑及屋顶花园式楼层均用于销售，其余部分自持，各占面积约 68000m²，其销售价格作为办公物业能高达 15000~20000 元/m²。即使除去土地成本及建造成本（约 5000 元/m²），该公司的资金投入将会在两年的时间内迅速回本，再加上其预售的行为可以使它作为房地产产业获得巨大的利润。从社会的角度看，科蓝使当地政府获得了产业发展，企业本身则获得了在苏州这个经济发达、人才聚集地区的公司总部，并获取了高科技人才作为职员，解决了就业问题，同时企业本身也获得了巨大的利益，从而创造了一个社会与企业双赢的局面。因此，这样一个低成本、高密度的建筑形态决定了科蓝经济运作的成功，同时作为房地产开发也是一个很成功的案例。

10.3.5　建造技术与材料

作为一个尺度较为庞大的工程项目，如何能高效率并保证质量地建设是该项目需要考虑的一个要素。在建筑技术与空间配置方面，本项目充分地表达了现代性与新颖性。项目采用混凝土装配式体系，建筑框架本身以及玻璃幕墙体系全部采用装配式，在技术上努力探究装配式建筑组件的应用。在以 8.7m 为单位的柱网的排列下，所有组件都是一种模数，因此，建筑组件都可以在工厂批量预制。这种装配式施工能极大地缩短建造过程中的耗时，同时，构件的品质有了一定保障，成品的精度和质量均较高，不仅可大大提高施工效率、降低建造成本，同时也体现了时代精神下的一种工业化效果，降低了环境污染。预制组件运输方便，装配简单，只需要现场根据图纸便可快捷操作，从而使施工过程更加可控，更加安全。建筑整体拥有高达 80% 以上的装配率。

在幕墙材料上，玻璃采用的是双层中空玻璃，格栅则是采用 20mm 厚阳极氧化铝格栅，色调均为适合高科技企业形象的海军灰。这种材料的格栅幕墙可以有效地做到保温隔热，能为建筑本体创造出一个冬暖夏凉的空间环境，从而大大地减少了建筑能源的消耗（图 10-3-11~图 10-3-13）。

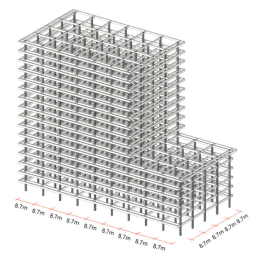

图 10-3-11　建筑结构框架模型图

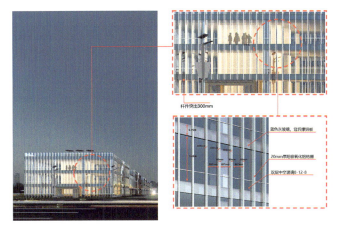

图 10-3-12　幕墙分析图一

图 10-3-13　幕墙分析图二

图片来源

本章图片来源于周琦工作室。

第 11 章 江南地区园林建筑结合分地类型的设计策略

计成在《园冶》中以"相地"为开篇，说明了园林与分地类型的密切关系。"相地"一章，将园林地分为六类：山林地、城市地、乡村地、郊野地、傍宅地、江湖地，介绍了场地的类型对园林设计的影响，在于一系列相关的条件，包括景致的差异、与城市或自然的远近、交通的难易、植物类型、生活方式等，这些条件蕴含着场地的潜力，塑造了各类园林的特性差异。在今天的江南地区，这些条件已然发生了很大的变化。表面上看，园林已不仅仅是传统的类型，园林建筑也已突破了传统的形制。但如果我们承认园林是一种生活态度[1]，就能在当代的社会生活中看到传统园林建筑与现代景观建筑之间明显的延续性，与《园冶》中从"相地"出发的类型化思路一脉相承，从分地类型—社会聚落—功能—空间—技术的嵌套关系来讨论，现代社会的条件就可以由现代的空间设计方法引入现代的景观建筑设计策略之中，并与传统园林的意象联系起来。以下小节将以当代的案例就此展开讨论。

11.1 山林地——耳里庭[①]：闲闲即景，寂寂探春

山林本身一直是传统造园模仿的对象。叠山凿池等精巧的园林设计方法最初就是为了将现实的自然条件改造为理想之地而生的诸多策略。但在真实的山林地中，困难不在于模仿，反而在于如何通过巧妙的点缀把控，塑造人工的边界，让人的感知有效应对既有的自然景致。在历史上，这一园林类型因尺度较大，需耗时耗力地建设和维护，往往与寺庙、书院、行宫相关联。在当代则发展出了更多的功能类型，既可以是作为房地产项目的别墅庄园，也可以是自得其乐的民宅民宿。它们采用的空间—技术策略往往也很不同：前者更在意材料和设备的标准化，以追求最佳的舒适度；而后者可能因其价格低廉的材料技术，对空间经济学的要求，反而更能激发身体与山林真实的接触。此处以耳里庭为例。

1. 地形/场地结构与生境：山林远郊，藏露不一、凹凸两相

耳里庭位于江西德安县长岭聂家山间隙地，贫瘠的冲沟内，是业主太爷分田到户时期，为了能有独立的自然边界，避免与他人产生纠纷，特意选择的，偏远闭塞，与周边村庄曲折相连。2016 年国道开通后，场地因靠近国道，具有了更便利的交通，但设计师设计的出发点仍然来自于山林地这一分地类型的意象（图 11-1-1）。

如设计师所言，初见此地，"狭弯如肠，三面环山，远近不一。东南远山，被大片阡陌耕地铺远，只可依稀望其剪影；西南中景之山，仅隔一块低洼稻田，横陈则见田垄山姿；北山余脉，已逼近基地，山腰的竹树斜枝，已出挑在这块基地上空。"但细看之下，"它虽被东高西低的两

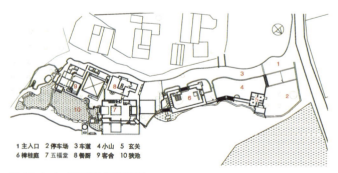

1 主入口 2 停车场 3 车道 4 小山 5 玄关
6 棒桂庭 7 五福堂 8 餐厨 9 客舍 10 狭池

图 11-1-1　耳里庭总平面图

本章执笔者：陈洁萍，东南大学建筑学院副教授；张倚云、吴晓安，东南大学建筑学院研究生。
① 项目名称：耳里庭，项目地点：江西德安，设计师：董豫赣，建筑面积：105m²。

块台地夹在高凹之间，其自身却并无明显落差，大概只算是山林旁的一块用地。"[2] 其东高出半层的台地之上，散置着几幢邻里住宅，其西低下半层的洼地之间，是几块南北跌落的稻田。地形尽端逼近山的北段是业主当年养猪的场地，它们凹入东坡北山之间。仅余两圈相接为L形的毛石残基。"场地地貌构造出藏露不一、凹凸两相的地景特征"，识别出如此的场地结构，直接影响了设计师随后的园宅布局。

场地上植物生境并无突出特色，多为构树、杨树，点缀几株桂花、黄连，几片菜地、稻田。但在设计师看来，却都是能化平庸为神奇的景观资源。

一方面是由于业主的个人经历，场地上的植物生境被代入了浓厚的个人情感。例如猪圈残墙间的七八株杂木是业主数十年前亲手种植的，如今"粗如碗盆且疏密不一，将这片场地藏于疏影密荫之间"，业主感慨道："每次想起这块养猪之地，总有神清气爽的居住记忆，有适合终老的地气。"这使得设计师有心塑造一处"宅园合一的庭院"[2]。

再如当年沿猪圈基座边缘而种的构树，意外地围出一块8m见方的林荫空地，在群木之间开辟出一方林下方庭。而西南角的一棵野生构树，低曲近人，成为设计师以家具建筑的手法，在自然树林中构造生活起居场景的起兴契机。

2. 社会生活：主屋堂堂，客舍幽静，兼具宅园与礼乐

耳里庭是业主与全家十几口人团聚生活的场所，并希望能作为祖产传承，展现传统的家族观念。这一生活方式，与场地结构及场地条件，共同影响了设计师的场地经营。最初的"宅园合一"的想法受到了挑战，转变为"宅园分立"的模式，以五福堂（传统堂屋四合院的形制）应对凸地，展现家族礼制的克己复礼；以园（客舍及茶舍）藏于凹地，实现游园的乐趣。

但现实与预期并不完全一致。耳里庭建成入住以来，多半是业主夫妇与幼子常住，偶尔会招待朋友和访客。业主的长子与岳父偶尔回来，并不会住在五福堂内的卧室里，偏喜客舍独处。客舍前树下方庭、半亭连廊反而成了最受欢迎的家庭居室。这一紧凑布局的"宅园"组合兼顾了"分立"与"合一"，"四合院承担的以礼入分的秩序，被园林以乐而和的通融所冲淡。在或静或喧的庭园，居者不但可选择匹配自己性情的居所，园林路径的多样曲折，也使居者可选择独处与交往的自由。"和而不同，耳里庭正是如此，既实现了业主把一大家人聚在一起居住的愿望，又让每一代人有了自己独处的空间（图11-1-2、图11-1-3）。

图11-1-2 耳里庭五福堂平面图

1 茶室
2 桌榻
3 客厅
4 天井
5 狭弄
6 角门
7 玄关
8 卧室
9 盥洗
10 月台
11 瀑布

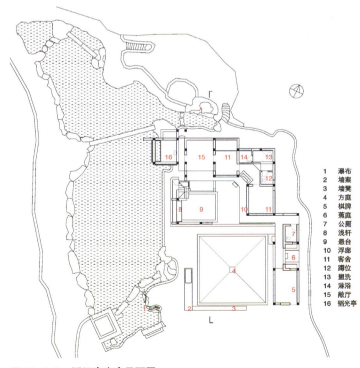

图11-1-3 耳里庭客舍平面图

1 瀑布
2 墙案
3 墙凳
4 方庭
5 棋牌
6 蕉庭
7 公厕
8 浅轩
9 悬台
10 浮廊
11 客舍
12 蹲位
13 盥洗
14 淋浴
15 敞厅
16 韬光亭

3. 空间组织模式：对仗经营，互锁互扣，随形制器

如此"分立又合一"的宅园是如何实现的？"对仗经营，互锁互扣，随形制器"正是耳里庭以现代的空间设计方法回应传统园林中的山林地意象的策略。远山近景、杂木田渠、残墙断瓦，场地上零落的条件都被细致地考虑进观看、游玩、倚靠的机会中，通过"高低、疏密、上下""基地的凹凸、林木的疏密、山水的藏露"等诸多意象的对仗起兴，"将被房间捆成的乡间别墅，拆解为几组功能，散置于狭长基地内，切分出疏密有致的宅园场景"。[2] 以小的代价，四两拨千斤，将零碎景象片段的潜力放大，也让人最充分地与自然环境接触，产生共鸣。

例如在客舍前方庭树下，"西南两侧各起一堵高低不一的家具矮墙，南墙低如条凳，砂浆抹平，以供庭南庭北双向落座；西墙高如条案，案嵌水池，以供庭中洗瓜漱果之需。它们交角于那株构树的斜枝曲影间，并为生活其间的身体提供林荫庇护。西部高案，向北延伸一半，空出的一半可供方庭观望西边田园山水；南边低凳，向东延伸，止于方庭东南密集对生的两株杂木，并将所夹的米余空间，逼成连接方庭与餐厅的玄关，以就方庭户外聚餐的生活便利。"[2]

又如"以高脊掏空框景，强化以坡顶借景。借助场地内原有的两条猪圈残墙高差经营山台起伏的高下感知，构造一段类台地的基座意象。"[2]

再如为了游园在客舍屋顶上专设的半屋廊，可再下穿至坡顶斜脊下二层夹层空间，高度恰好足够倚美人靠回望对角庭院，夹层下仅以最小层高布置卫生间、盥洗室，实为见缝插针，化无用为精彩。屋脊上的半屋廊也恰好创造了观看山坡上黄连木的最佳视角，斜直的枝丫也陡增奇趣。

4. 建筑技术：精打细算，物尽其用

耳里庭设计经费极为有限，为了节省经费，设计师使用的大部分材料皆"就物而为"："所有庭石，皆为业主在别处工地所掘回"；将捡来的两根混凝土电线杆当成长桥的结构龙骨以节省结构费用；"池西驳石以基础毛石，近水简易为之，池东所驳庭池间的半层高差，虽有峭壁之势，所余山石，不足尽驳，矿步以北的高岸，亦以毛石驳成"。只在最关键之处控制把握，"仅就矿步接庭的道左，以一块巨石收束毛石高岸，一块独石，竟带出池岸乃至方庭尽石的山脉气象，这是其地景之谋，其嵌入蹬道之间的余高，则为入池扶手之用。"[2] 混凝土现浇成粗大的檐椽，虽然与传统形制极为不同，但与抬高的室外地面相比，压低的室内地面却恰好渲染了阴翳的氛围。设计师还激赞业主将自己捡来的磨盘嵌在树间隙地。各类废材的即景应用更是带来了地形景物对仗起兴的丰富情节（图11-1-4、图11-1-5）。

5. 小结

耳里庭处于坡脚野地，山林地为其主要特征，也兼具傍宅地、乡村地的特征。场地承载了业主的记忆，也寄托了业主对未来理想生活的期待。场地远离城市，经费有限，故采用极简至朴的材料和建造方式，延续董豫赣老师随形制器的设计策略，以现场一潭一石几树便成居室庭院游步道。景不在精美，散落各处，在各种身体姿态的偶遇中，一枝一叶更添山野之趣。

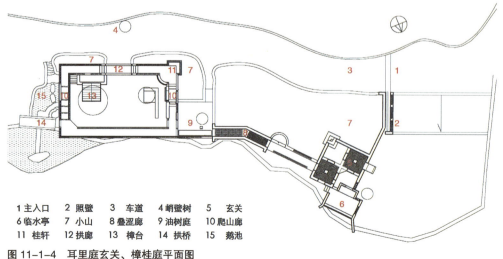

1 主入口	2 照壁	3 车道	4 峭壁树	5 玄关
6 临水亭	7 小山	8 叠涩廊	9 油树庭	10 爬山廊
11 桂轩	12 拱廊	13 樟台	14 拱桥	15 鹅池

图 11-1-4 耳里庭玄关、樟桂庭平面图

图 11-1-5 耳里庭客舍角门外视场景

11.2 村庄地——宜兴春园[①]：畎亩之中耽丘壑

当代江南村庄经历着巨大的转变，长江三角洲城市群作为长江经济带这一重大国家战略发展区域的一部分，在交通、产业和生活方式上，都与传统乡村形成了鲜明对比。纵横交错的快速交通系统通常以高架形式跨越田野，重新分配了区域的空间可达性；一二三产业的融合发展改变了传统的生产模式，并带来现代乡村旅游的经济增长点，深刻改变了农村社群的生活方式。现代江南村庄地的造园是在这一背景下进行的，在此以宜兴丁蜀春园为例进行分析。

1. 社会环境：连接环湖绿道与现代农庄

环太湖区域具有丰富的生态景观资源，同时也进行着高强度的城市建设，两者之间的矛盾体现在诸多方面。为了解决环太湖地区旅游发展同质化及分散化等问题，并对环太湖区域的城乡一体化作出探索，提高区域发展的整体竞争力，江、浙两省共同商议并于2011年合作开展了《环太湖风景路规划》的编制工作，对环湖岸线5km以内区域进行研究，建立环湖绿道。

春园作为太湖绿道的游客中心之一，位于宜兴丁蜀镇东侧宜兴现代农业产业园区内，靠近国兰、莲花等培育基地。与最近的定溪村老街相距仅400m，东侧距离太湖岸线约500m。场地西侧300m外，在村庄与绿道之间，长深高速的高架桥和省道S230溇边线斜插而过。虽然城市快速道路紧贴地块经过，但场地的公共交通条件并没有真正得到改善。附近公交班次极少，车站在高架桥下，简陋不便。相邻的定溪村仍然处于闭塞的状态，虽有良好的区位和景观资源，却没有被充分利用。宜兴现代农业产业园的社会经济效益也尚未显现。建设春园，将服务于太湖绿道的游憩需求，并希望借助环太湖自行车赛、慢行游憩等社会活动，吸引外地游客，为当地居民提供新的就业机会，改善周边村庄生活。而春园本身，也希望与农业产业园的功能互补，能承担苔藓兰花的种植与养护，形成可游可用可生产的现代园林。

2. 地形特征：环太湖湿地水田，阡陌交通

场地兼具当代村庄地、郊野地的特征，地形平坦，视野开阔，田渠交错，阡陌交通，常见鹭鸟齐飞，水岸植物丛生，仍然具有曾经的江南乡村景致，也是典型的环太湖湿地水田生境，衔接了水陆生态系统，是鱼类、昆虫、鸟类以及多种植物等生存繁衍的重要场所，是城市生态多样性的重要基地。

长深高速的高架桥和省道S230溇边线，切割、凌驾于阡陌纵横的田野之上，树立起一个强硬的人工边界，让湖滨柔美连续的自然场景戛然而止，村庄也被屏蔽在道路另一侧。场地因此显得特征模糊、暧昧，亟需确立一个新的标志，一个有场地氛围和历史感的空间的"型"。

3. 空间组织模式：半园半房、架构与分地

为了创造这样一个特殊的"型"，设计师没有拘泥于一般的游客服务中心的限制，而是用一个半开放的"半园半房"来应对弹性的边界，强调以"园林六则"[②]的方法建立内在秩序，探讨现代造园之法，"在一片空旷之地造园"，"找到一种严格的确定感"[3]，再反射回场地，应对"现生活模式之变"。若以空间组织模式具体来看，"半园半房"这一"型"——房中有园、园中含房的意象是依靠"架构"与"分地"并举的方法实现的。也就是说，由屋顶的意象与分地策略相互调整、紧密配合、共同作用来实现（图11-2-1）。

春园用地4200m²，东西向，窄而长，置于空旷而又特征模糊的场地上。一个特殊的架构可以在场地上确立出一处特殊位置，并让人看见。因此，设计师"首先以4个坡顶不断起落构成一组复坡，各个坡顶彼此交叠，形成一系列或高或低的覆盖和覆盖之中的留白，形成了场地上的特殊而细致的架构"（图11-2-2）。复坡被精心设计，"特意采用了两个钢构架和两个混凝土的构架彼此交叠在一起的方式"。这样的做法既可以用颜色区分轻重，也可以让架构灵活应对地面分地的类型变化。"春园中各个坡顶的叠合之处都依势而成，从东至西不断上升，但各坡的重心似乎在不断上下移动，有的一坡之内还似乎藏了阁楼，形成又一复坡。所有这些动作都是为了让架构形成的

[①] 项目名称：宜兴春园，项目地点：江苏宜兴，设计师：葛明，建筑面积：950m²。

[②] 园林六则"分别是：第一"现生活模式之变"，第二"型"，第三"万物"，第四"结构、材料、坡法"，第五"起势"，第六"真假"。

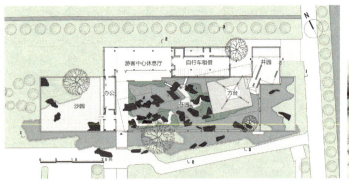

图 11-2-1　春园平面图

图 11-2-2　春园效果图

覆盖和水石之间的距离可以相互调节。"

与架构同时启动的，是分地的策略。分地首先是为了在整个场地上显现出特殊、有差异的"土地"，设计师特别设计了框地的形式，六个大小、高低、材质不一的框交错重叠，让墙内外的地产生差异巨大而又紧密联系的关系，不仅反映在立面上，也反映在平面上。南面一字排开高低间隔的三个框与内部转角置入的架构共同形成最大、最完整的立面，应对南侧草地上可能举办大型车赛的活动场地。背后的小院与覆盖则围合出停放自行车和厕所等功能空间或场地。左右的矮墙分出干湿、高低不同的内部，最大的框墙内则留出最大的开放水院。框墙覆盖交错重叠的边界处或置入功能空间，或形成特殊缝隙，尤其是贯穿一圈的水平缝隙，几乎不是为了框住内部空间，更像是要"框出外部景致，在空旷的野地中确立自身的角落"。这些分地策略"以架构为参照，水土互含，分成池、岛、坡、台、坑等各种类别，在场地内高低错落，形成与复坡繁复的对应"，从而得到"房中有园、园中含房"以及"舒展而又曲折尽致"的意象（图11-2-3、图11-2-4）。

为了突出架构与分地的平衡，一方面架构以特定的坡法形成分节，经过精心设计的几何形态的叠合的复坡可以调节架构形成的覆盖和水石之间的距离，"使整体既有室内性（Domesticity），又有园子感"；另一方面，架构的支撑被刻意地弱化，10cm的钢柱被刷成黑色。最后，为了调节空间尺度感而捆绑的麻绳正好在高台的视线齐平处截断钢柱，更突出了它服务于上下水平分层、半园半房的抽象概念的作用。

4. 建筑技术：连接作为表意中介

春园作为设计师探讨适应现代生活模式之变的园林实验，不仅在空间上进行了大胆的尝试，在技术运用上也进行了复杂的实验，以期让材料、结构、技术都能与空间匹配。因为"园林的方法是对房屋与自然两分的反思，它注重自然与人工物的关联，试图在两者之间建立一种特定的连续关系，并在这种关系中重新理解房屋"。"造园意味着不能设计好了再寻找建造的办法来处理它，因为造园的过程本身就是让自然和人工物建立有效联系的过程。"精心设计和展现这一联系过程，就是设计师所说的"让野性的特征保持在人文化的建筑中间，把在大地上建造的意义体现出来，成了帮助产生意义的中介"，即"连接"（Articulation）[3]。

图 11-2-3　春园内景

图 11-2-4　春园西立面

首先是针对人工物混合运用钢结构体系、混凝土结构体系与砌筑体系，探讨三种人工物结构体系之间碰撞出的张力所具有的表现力。框墙采用砌筑体系，以凸显其半透明的背景作用。混凝土方台与井园以整体浇筑出的厚实体量与钢结构的主屋架形成黑白对比、轻重对比，但方台上的混凝土四坡顶用中心发散的斜梁支撑挑战了传统的混凝土受力原型，钢结构屋架利用坡度和吊顶创造出了具有阴影变化丰富的覆盖，甚至透光的阁楼，也是为了在变形中强调顶与地的特殊的连接，保留了一定的粗糙感来保持"野性"。

其次是植石，与置石的不同在于它在特殊的覆盖下，可观、可游、可赏玩。石块以池水、雨水与水雾滋润，生长着苔藓，池水墨石缠绕，天光雨水渗透，时而为岛，时而为山，时而为屋，屋顶排水也被组织成为一种有表现力的半室内景象。

建造过程也体现了这种纠缠，先立柱础与池底，再植石，最后加顶，这种做法使人工结构体与水石等自然物紧密契合。

人工物系统通过不同的结构体系以及复坡形态形成分节，再与水石、天光、空气等自然物相互作用，在阴影和缝隙中创造了连接的机会。此时的空间特征建立了自然与人工之间的特定关联，但与传统园林所具有的空间特征已大相径庭，具有了现代性。

5. 小结

在兼具郊野地和村庄地的分地类型上，春园要服务于当代区域性生活和产业升级的社会需求，在空间模式上采用形态复合、空间开放的"架构"与套叠起伏的"分地"策略，形成"半园半房"，探讨在现代技术条件下，园林还可以如何关联人工与自然。而园林的存续特别依赖有效的维护、管理。在疫情影响下，社会活动组织变少，影响了建筑的使用和维护。

11.3 傍宅地——竹篷乡堂[①]：安闲与护宅之佳境

傍宅地是现存传统江南园林中最常见的一种类型，它展现了明清以来文人商贾的日常生活、礼仪秩序与自然追求的共存，意味着私人生活与外部环境的隔离，是安闲与护宅兼具的空间场所。在竹篷乡堂这一案例中，我们发现了一种可以与之比拟的分地类型，它是一处紧邻老宅的半开放公共空间，废弃的宅院是设计的起点，也是场所氛围的重要依托。但在现代的社会环境中，护宅与安闲功能的服务对象已扩大至整个古村，并在古村落的"活态"遗产保护中承担起了传承文化技术等更为重要的角色（图11-3-1）。

1. 分地类型与地形生境：街角傍宅地，依山而建，街巷曲折，水渠相连

竹篷乡堂位于安徽省绩溪县家朋乡尚村，该村自唐末各士大夫迁入以来已有千年历史，是如今皖南罕见的"十姓九祠"千年传统村落，依山而建，街巷曲折狭窄，民宅鳞次栉比，高差被消解在错落的宅基地上。位于前街的高家老屋因年久失修，主体已坍塌，仅留有高家老宅门头、部分外墙与室内天井的台基地面，成为街巷拐角的一处空隙地。宅地约190m^2，东倚邻舍，西邻陡巷，南高北低，高差约1.5m，北侧有一道水渠顺着村巷东西延伸，水边宅旁点缀少许植物，周边民居布局紧凑，私宅院落多，开放空间少，是一种以人工建成环境为主的分地类型。

设计团队选择此处作为尚村传统村落保护规划的启动项目，并没有简单地恢复原有住宅，而是利用场地所在区位和地形条件，将其改造为一处"村民公共客厅"，不仅是为了改善周边空间格局，让场地成为村民们可以聚会交流的开放场所，更有长远的希望隐藏其后。

2. 社会生活：社区合作，复兴村落

尚村虽是第四批国家级传统村落，但随着城镇化的

图11-3-1 竹篷乡堂

[①] 项目名称：竹篷乡堂，项目地点：安徽绩溪，设计单位：素朴建筑工作室，建筑面积：150m^2。

不断推进，仍然受到了严重的冲击，表现为现有产业结构单一、村民收入较低、人口外流严重、老龄化现象严重，村落发展的动力不足。古建民居由于自然与人为因素而面临损毁、老化与被遗弃的局面。另一方面，尚村的优点体现为村落格局保存良好，文化底蕴深厚，手工艺匠人众多，并有自明清开始逐渐形成的良好的乡村自治管理体系，延续至今。

面对尚村的优劣势，项目团队发挥了"人治"的力量，将社区组织建设引导入空间改造的启动项目中，希望以竹篷乡堂的改造为契机，循序渐进地开展村庄人居环境整治、产业提升发展、传统风貌保护与民居修复等工作，逐步建立尚村保护与发展的长效机制，以引导尚村实现未来的可持续发展。

首先，多学科合作的项目团队在村落现有理事会的基础上，协助村民成立了传统村落保护发展经济合作社，引导村民建立风险共担、收益共享的机制，为后续传统村落保护工作的推进奠定了群众基础。其次，在具体启动项目上，推动公众参与，"引导合作社以流转的方式获得高家老屋遗址使用权，并号召村民共同筹资建设"，组织当地手工艺人发挥特长，参与项目建设、前期策划以及后期运营。

这一社区组织建设的思路也影响了设计所采用的各种策略原则，通过"古料新用，就地取材；变房为院，邻里互通；尊重肌理，适当加固；结竹为伞，融入自然"来营造一个长效的公共场所。

3. 空间组织模式：变房为院，结竹为伞

为了增加空间吸引力，竹篷乡堂采用了开放的空间组织模式，在场地上用六根柱子形成竹伞支撑起一片屋顶，高高出挑，覆盖在场地上原有的院墙和门头之上，既展现出通透的空间效果，又依托旧墙暗示出了不同的场地区域和场所记忆，既是村民和游客休憩聊天、娱乐聚会的公共空间，还兼备村民集会活动、村庄历史文化展示的功能。高家老宅的门楼将竹篷空间自然地分成了内外两部分。门楼外的部分更具公共属性，和竹楼前的平台广场共同构成了村路系统的一部分，也是村民可驻足交谈和自由娱乐的场所，在门楼外侧，乡亲们无论闲聊还是K歌，都能聚集人气。门楼内的部分是相对内向、私密的场所，

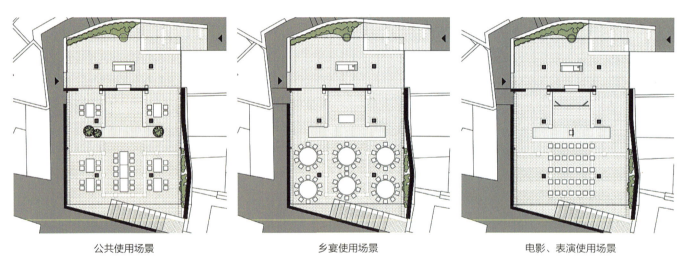

公共使用场景　　　　　　　　乡宴使用场景　　　　　　　　电影、表演使用场景

图11-3-2　竹篷乡堂平面图

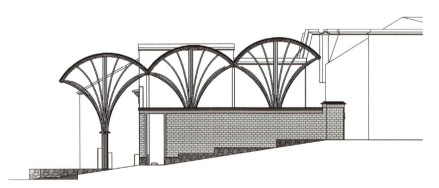

图11-3-3　竹篷乡堂立面图

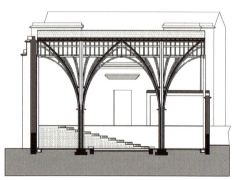

图11-3-4　竹篷乡堂剖面图

可以摆乡宴，社团议事，办小餐厅，放电影。凸字形的明堂又将内部空间分出前后：靠着门楼的凸字形明堂是前场，是乡宴时的舞台、社团议事时的发言前台、放电影时的投影屏幕；明堂以外的空间是后场，是宾客区、观众席（图11-3-2）。

顶棚覆盖了近150m²的场地，分为三跨圆拱乌篷，由六根柱子居中支撑，是为了减小顶棚尺度，以接近传统民居进深的跨度，与民居尺度相融。由北向南逐渐升高，最高约9m的拱篷既贴合了地形的变化，也提供了观赏南侧毗邻的徽派宅院的视角（图11-3-3、图11-3-4）。

4. 建筑技术：古料新用，就地取材，公众参与，技术传承

为了增强公共空间的凝聚力，竹篷乡堂最大限度地利用了场地原有的材料，以保留场所历史与记忆，培养村民的参与感。

一方面，用古建修复的技术手段对原高家老宅沿院落外围的部分墙体进行加固，结合竹篷的设计方案，将有安全隐患的老墙二层部分拆除，墙顶以钢筋混凝土压顶加固，并在顶部搭青瓦马头以防止雨水渗入墙体；另一方面，充分发挥了当地工匠的传统建造特长，如穿斗泥墙、马头墙的修补和加固，前场景观墙的石砌，砖石铺地、明沟砌筑、明堂木盖板恢复等，都再次运用了传统的工法工艺。

除此之外，设计团队还对当地传统的竹构建造工艺进行了形式与工法上的创新。形式上采用了单元化的竹伞，5m见方，中心竹竿束柱端部发散形成弧线伞骨，相邻竹伞形成尖拱。6把竹伞通过钢构件彼此支撑，并与混凝土基础相连。这一单元形式易于组合拼装建造和更新，也能最大限度地减少对老宅的影响。工法上，采用现代竹构工艺以防腐防蛀，施工中既要依靠工厂预制与工匠现场调整竹材曲率、长度，也要借助竹与钢构件的插、栓、锚、钉、绑等现代的建构方式，加强竹结构的稳定性和整体性。

为了实现技术传承，让村民全程参与项目的建设实施和管理维护是此项目中重要的一环。开始阶段，村民负责清理场地，识别可以利用的材料；建造阶段，发挥当地石匠、泥瓦匠的传统手艺特长，由本地村民组成的土建施工团队与外请的专业竹构施工方一起合作，各施所长。整

个过程充分调动了村民的积极性，又传授了现代的、科学的建造流程。许多村民由最初的观望，变为积极地融入，参与到家具组装、场地清理布置、绿植栽种、细部装饰等工作中，真正成了竹篷的主人，为后续的使用和更新奠定了良好的基础。

5. 小结

竹篷乡堂身处亟待复兴的传统村落中，场地局促，为了完善村庄的公共开放空间格局，将住宅用地转换为庭院，建成一处傍宅地上的公共客厅，承担起村落中人群聚会场所的功能，提升了用地的价值。结合当地技术传统和社会条件，采用单元化的现代竹构技术营造了秩序清晰、特征鲜明的开放空间形式，又通过保留原有老物件凝聚村民的场所记忆，通过公众参与实现技术的传承发展，最终实现了"环境—社会—经济"这3个基本点上的目标。

11.4 郊野地——风之亭[①]：须陈风月清音，休犯山林罪过

郊野之地，去城不远，若造园做驿站休息地，更是可以不分主客，随性游玩，自有洒脱之风。风之亭这一案例，是2019年第二届全国高校竹设计建造大赛的获奖作品之一，也是14所高校助力安吉美丽乡建的社会活动组成之一。取其在郊野遗址公园路径上供人休憩之意象，对比郊野地之园林的当代衍变，探讨多重目的下，材料技术的变化如何推动形态的发展，并延续传统的空间意境。

1. 分地类型与地形生境：郊野遗址公园，路口小坡空地

风之亭位于浙江省安吉县龙山源古城村的安吉古城遗址公园内。这一遗址公园位于安吉县城以北7km，东侧离杭长高速和马良县道1.5km，虽处于郊野，但辐射范围广泛。遗址公园占地7000余亩，处于天龙山丘陵地带、太湖西苕溪流域，包含浙北文明的发源地——安吉古城遗址、八亩墩越国贵族墓葬群等国家文保单位，组成自然山体、墓葬封土、壕沟水体、茶山农田、村落溪流等多重乡野景色。

安吉古城遗址及周边墓葬群属于大遗址，是由文物

[①] 项目名称：风之亭，项目地点：浙江安吉，设计单位：同济大学，建筑面积：约230m²。

本体和背景环境构成的，文物本体除了地面可见的封土壕沟外，还有埋藏在茶山农田下的地下遗存。出于文物保护的原真性原则，丘陵山野的背景环境需要尽量保持原状。因此，风之亭选址为一拆除废弃砖房的基地，可以尽量减少砍伐松树，并能修复裸地，与西侧烧烤台地组成活动场地。基地紧靠景区主路，向北300m就可达八亩墩墓葬遗址，西侧则与公园各区相连。选址颇具"公共潜质"[4]，是让这一设施可以被最大化利用的契机。基地内部西低东高，道路一侧的坡度约为13%，绝对高差约3m。部分地面被简易地平整过，东部、南部都有明显的陡坡。地形丰富，松林环抱，则是小筑塑造鲜明场所特征的机会（图11-4-1）。

2. 社会生活：遗址公园与教学基地

从更大的范围来看，选择遗址公园作为2019年"全国高校建造大赛"的基地之一具有多重目的。

首先，对安吉而言，如何通过具有影响力、艺术性和学术高度的竞赛及文化事件推动城市更新、打造城市品牌、提升城市影响力，是关注的焦点。因此，大赛与安吉县文化旅游和乡村建设振兴项目相结合，发挥安吉竹乡的特色，希望以设计的力量助推美丽乡村建设、竹文化和竹产业的发展，激励更多建筑院校师生、设计师深入认知并应用"安吉竹"，推行绿色、低碳、健康的生活方式，促进生产、生活、生态的融合[5]。

其次，对大遗址公园而言，保护规划不仅涉及广阔的空间规模，更涉及社会管理、人口迁移、产业调整等文物部门难以独自解决的问题，与城乡经济和社会可持续发展关系密切[6]。安吉县将此任务移交房产开发公司，自遗址公园2013年建成以来，通过保护性开发形成了一片结合自然与人文游赏的公园。在新的遗址保护理念的影响下，业主希望借力全国性的建造大赛，为公园增加优质的服务设施，塑造"网红"景点，扩大影响力。因此，功能的设想经历了从"考古研学亭"到更灵活的开放式构想，希望结合周边采摘、烧烤、露营等活动，在这里建造一座可供人休憩、清洗果蔬器具，并容纳小型演出和团建活动的建筑。

再次，对于参赛高校而言，设计和建造实践与落地项目相结合，满足了在实践中学习，锻炼团队的目的。竞赛提出以当地竹材为限定条件，并提供实地建造的帮助，为高校师生探讨特殊的结构—空间—形态—建造之间的密切互动，创造了一次难得的机会（图14-4-2）。

3. 建筑技术：限定与突破

安吉被称为"竹乡"，竹林塑造了优美的环境，也是重要的物产资源，是安吉县环境和经济之间的重要衔接点。竹材虽然具有"产量大、可塑性强（可同时抗轴向力和抗弯）、加工周期短、低碳环保等"优势，外形上与木材十分相似的加工竹材的应用前景良好，但"原竹"结构也有明显的劣势——"非标准材、构造困难、不防火、材料稳定性差、结构可靠性差、耐候性差"，使原竹的应用在国内受到很大的限制，与东南亚地区富有表现力的原竹建筑差距甚远。因此，大赛规定了以原竹作为主材进行建造，希望突破传统视角，创新竹结构形式，探讨竹产业转型升级的可能途径。

风之亭在原竹的材料限制下，借助小体量构筑物的便利，将原竹的特性通过合理的结构选型与组合，转换为大胆的空间形态，并与场地坡度互成，塑造了独特的场所氛围。

图11-4-1 场地周边情况

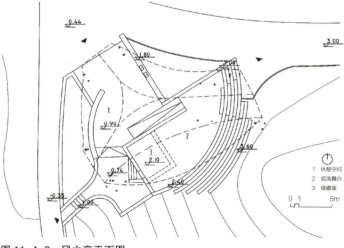

图11-4-2 风之亭平面图

首先，设计团队研究了原竹结构的优劣势，形成了强化组合形成复合受力构件的想法；再通过对场地的理解形成模糊的空间意图，预判合理的结构形式；这之后，建筑与结构专业在不断的讨论中对空间和结构进行整合。

最终，他们放弃了框架与排架结构，代之以一个变异的"嵌入场地的帐篷"结构：三道"脊梁"相交，再与边拱、端部人形支撑组合形成类三角形覆盖的整体形态。为了形成尽量大的跨度，减少内部落柱，由端部三个人形结构支撑三道弦支主梁，人字柱采用毛竹（刚度大，不易弯），柱脚岔开，形成竖向承重及抗侧力体系。每道主梁由6根较小直径的红竹捆扎形成上弦杆，钢索拉接形成下弦杆。主梁在中心三角相交处形成弧形分叉，重新分组捆扎加固，既解决了原竹复杂的构造问题，又自然形成了三道曲梁和居中的三角天井这一清晰的形式。端头的人形支撑杆件在向中心聚拢的过程中被逐渐抬起，形成三个拱形外边，与三个端部共同对应外部环境的不同方向，形成差异化的流通空间。再结合地形的台地高差，错位配置构架与地形的关系，让每条边界各具特性，陡坡舞台一侧屋面开口的最终跨度由16m增大到25m左右，所以采用一榀空间竹拱桁架替代原来的单拱方案。相应地，由于地形的影响，伸向陡坡处最平、最远的12m主梁上增加了一组内部的人形支撑来提高结构效率。由主梁、边拱和人形支撑组成的边界之间，以较小直径的红竹作为檩条热弯拉接，形成起伏的空间曲面，既强化了整体结构，也实现了轻盈的覆盖。檩条上铺设竹席，强化"风拂竹帘"的概念，上铺防水卷材及沥青瓦，解决了曲面的防潮和排水问题。

构造节点在师生与工匠的讨论中既有传承也有发展，原竹构筑物的形态，钢、竹、索的结合都具有独创性；建造也结合了手工和机械化操作，让高校师生获得了全过程的实践学习（图11-4-3、图11-4-4）。

4. 空间组织模式：曲面覆盖形成连续变化空间

设计以"嵌入场地的帐篷"为初始概念，希望"以人字形的帐篷为原型，提供在自然中庇护的感受；最终的形态好像风拂过，帘子鼓胀起来，也是'风之亭'名字的由来"。这一意象，出于对前述竹材特性与场地的考虑，在空间组织模式上也形成了既有清晰的概念，又有在地性的空间效果。具体来看，可以分解为顶与地的关系。

顶——在张弦竹梁+人字柱的组合结构的支撑下，亭子的内部空间实现了一个230m²、完整曲面之下的连

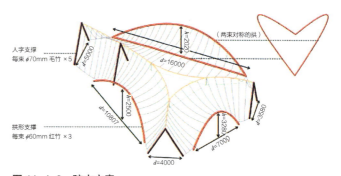

图11-4-3　弦支方案

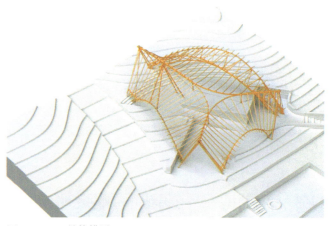

图11-4-4　结构模型

续体，最高处8m左右，空间的收放由顶面的起伏和地面的错动构成。通过几个不规则的、长短不一的杆件落在高低台地上来调节，可以说是杆件调节的空间组织模式。但由于竹材的特性形成的弯拱使杆件对空间感知具有三维的影响，人字柱是其中的突变，形成对比。

地——为了减少土方工程量，最终方案是结合场地陡坡将两个主要平台的标高差定为1.2m，用坡道连接，意图是希望人们可以高高低低地自由穿梭。高平台作为小剧场，可以容纳近百人席地而坐。后部环形座位嵌入山体。人们可以轻易地走上山坡，远眺田野。低一些的平台是品茶休憩的场所。挡土墙结合水池设计，可以满足清洗加工的需求。到了采摘季，可以和西边的烧烤台地联动使用，最终地形方案从高处到低处依次为观演舞台和休憩空间。

顶与地的调配——设计方案经过顶与地的对应与调配的发展，是由于上层顶面要对应更大的遗址公园的布局，而基地本身的地形起伏有局部特征，两者并不是简单匹配，需要经过有意识的调整来凸显各自特点并塑造空间特征。连续曲面的类三角形顶面有三个端部，三条拱边，分别对应遗址、园区和田野，建立与更大场地的联系。而

最终地形的处理则强化了边缘与中心的对比，边缘压缩台地，与落地柱脚形成紧凑的空间，让出开敞的中心部分，与三角形天井对应，形成了差异化的场地与空间。

5. 小结

风之亭是一个多方共赢的结果，设计过程既是竹材这一限定材料决定的，也是遗址公园内不确定的使用方式决定的，还是场地高差变化的地形导致的。最终呈现的结果兼具"长久性、功能性、在地性"，探索了"竹材特性、构思创意、结构形式、融合场地等方面"的问题[5]。清晰的意象、独特的空间体验实现了业主希望获得的网红效应，成为后续遗址公园的一个宣传亮点。城郊遗址公园这一特殊的场地既提供了高校教学的基地、发挥创造力的平台，也在较大的辐射影响范围内扩大了安吉地域物产、人文的影响力，并与社会教育相结合，推动传统新技术的发展，建设了美丽乡村，是一次成功的产学融合的尝试。

11.5 江湖地——边园①：略成小筑，足征大观

曾经的江湖地，因为大自然的力量，是最纯粹的自然地，在江湖边筑园，就是要借人工的一点力，体会这自然潮汐涨落的伟力。但当代的江湖，自然岸线不断萎缩，码头、堤岸等人造设施频繁更替。虽江水依旧涨落，仍然壮观可叹，但历史上遗留下来的人工痕迹和城市生活，却已改变或者说丰富了我们对江湖地的感受。那些莫名不起眼的遗存，也可以成为激发设计的重要线索。边园即是一例（图11-5-1）。

1. 分地类型与地形生境：废弃码头，无名之地

场地位于上海杨浦区杨树浦路2524号杨树浦煤气厂码头，原本是黄浦江边为运送生产煤气的原料而设的煤炭卸载码头，其上约90m长、4m高的混凝土墙是为了防止煤炭滑落水中而设计建造的，为了在煤炭卸载时从高处倾倒呈圆锥状，向外铺开时不至于落到高桩码头和防汛墙之间的缝隙里。沿着残留的长长的混凝土墙体，草籽落入覆盖着煤块、混凝土块和尘土的缝隙，长成参天大树，与长墙相互依存，成了废墟般具有特殊意义的风景。

这种风景正逐渐从上海近年来具有精致化倾向的城市更新中逐渐消失。作为一个由工业用途转为城市公共空间的水岸更新项目，它是上海过去大半个世纪繁忙的工业活动的历史见证，保持住既有的风景特质尤为重要（图11-5-2）。

2. 社会生活：地景化的城市自然演化边界

"边园"一名的由来是因为它地处杨浦区的边缘地带，而"园"的主题来自于建筑师长期以来对"园林"的情有独钟。

法文的"passage"也许更为符合这个建筑的空间行为：可以任意停留或穿过的散步廊或通道。那种意义间的模糊与游移恰恰就在揭示着事物的本质：这是一个闲逛者（Flaneur）的场所。边园（Riverside Passage）命名的模糊反映着空间的多义，暗示着停留、漫步与观看三种动机。从场地中一面留存的长墙开始，边园构建起了一

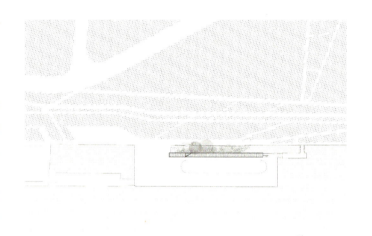

图11-5-1 边园区位图

图11-5-2 边园鸟瞰

---

① 项目名称：边园，项目地点：上海杨浦区杨树浦路2524号杨树浦煤气厂码头，设计单位：大舍建筑设计事务所，建筑面积：268m²。

段生气勃勃的城市日常生活与幽冥安谧的野生之景并置而互相观照的体验[7]。码头遗存挡煤墙前的场地被处理成旱冰场，形成了市民活动的公共场地，容纳着人们的多样活动。而最终"悬置"在混凝土墙残段之上的长廊的实际使用还在于为这片旱冰场或者其他活动提供一个观众看台。临江一侧生气勃勃的城市日常景观构成了主要的观看对象，另一侧屋面与长墙之间的窄缝所渗透出的绿意仍时不时地吸引着视线，在另一种高度回望这一刚刚经过的景观。黄浦江是一个背景，这堵墙也成了背景，它成了人们在高处看江的廊，也作为旱冰场的看台，或者反过来，高处的廊也是一个舞台，上演着人们可以漫步穿越或者呆坐一个午后的日常剧幕。黄浦江也因此从一个工业的运输航道回归了上海人的日常生活。

3. 空间组织模式：一墙分隔，大小分化

设计依托旧有的混凝土墙组织了两道纵长的路径，屋面倾斜地覆压，赋予两侧不同的尺度：一侧逼向邻近的防护墙，封闭成内部的景园；另一侧被轻盈地架起，于端头收拢成以供观赏的亭台。建筑师创造出一片受到庇护的稳定空间，体验者可以全身心投入地欣赏景观。封闭的墙体、屋面的下檐、身边的护栏形成三道没入深处的引线，强化着空间的线性延伸。

一侧的混凝土墙面每隔一段距离形成一个切口，令人想起苏州古典园林复廊上的花窗。廊道的另一侧是保持原状的树林（包括地面上的混凝土残块），树林背后是另一道遗存的混凝土挡墙，俨然构成了"园林"之"内部性"不可或缺的一道围合边界，尽管这个围合只是象征性的。树林结束之处是一条场地原有的水质浑浊的河道，延伸至远方，野趣横生却又不乏宁静、幽闭。与此同时，透过屋面与混凝土墙面之间的狭缝，光线在屋顶结构的钢板底面形成了几分颇具神秘色彩的晕泽，这是在苏州古典园林中难以获得的微妙体验。这段廊道即是整个"边园"仍然维持着某种"园林性"的关键所在，展现着建筑师对苏州古典园林精髓的心领神会以及不同凡响的审美趣味和现代处理技巧。

一个单坡的屋顶通过墙顶和一侧高 2.5m 的廊柱支撑定义了墙内和墙外的空间，整体建筑面积达 268m²。墙内是码头地面上的檐廊，墙外则是挑空的看江的高廊。一边的檐口是压低的，一边的檐口是扬起的，对应着观看尺度和远近的不同。在长墙的西侧端头，则是一个坐在墙上向三面出挑的亭，这里的观景方向是不确定的。失去卸煤功能的空旷码头被打磨成了光滑的旱冰场，

它和看江的廊又构成了另一重近距离的空间对应。临江一侧生气勃勃的城市日常景观构成了主要的观看对象，另一侧屋面与长墙之间的窄缝所渗透出的绿意仍时不时地吸引着视线，在另一种高度回望这一刚刚经过的景观（图 11-5-3）。

4. 建筑技术：延续与对比

结构调查发现，挡墙牢固地连接在原有的高桩码头平台上，全长约 90m，在距离南端约 4m 处，码头平台设置了伸缩缝，而墙体也随同设缝分离。经检测，墙体的混凝土强度及配筋尚可，能够在改造后继续使用。建筑师的改造方案是在墙体临江一侧设置通长的出挑平台，平台顶覆盖倾斜的屋面并一直延伸到墙后侧，倾斜的屋檐在墙后围合出了庭院的感觉。随着屋檐的延展，斜屋面最终恢复成平屋面，同时将游人通过楼梯从墙后的地面带回到临江的平台，最终形成围绕墙体的游览环路。

建筑师对结构的需求在于以精致、简朴的结构回应墙体的沧桑与场地的野趣。在结构的纯技术层面，其难度包含倾斜屋面很容易受到江边大风的影响，结构需要跨越原有墙体的伸缩缝以及如何实现精巧的构件与节点。对于倾斜屋面的受风问题与精细构件间存在的矛盾，在仔细考量后发现，建筑师将屋面与墙顶脱开的空间处理恰好可以形成气流通道，而建筑师希望墙背侧的屋面出挑足够大的距离，恰好也可以使屋面在自重下形成向后倾覆的弯矩，因此前排立柱变为自重下受拉，以便实现纤细的截面。屋檐与挡墙间的气流通道可以减小屋面正向迎风时的风阻。

经初步计算分析，方案确定了屋面、立柱、平台、栏杆均作为结构构件。素钢板＋反肋＋实心钢立柱的结

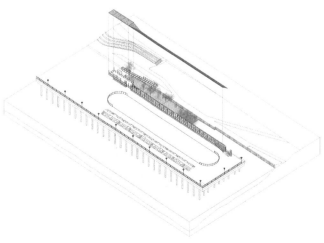

图 11-5-3 边园轴测图

构系统是建筑师与结构师对以往项目的延续。墙体正面迎风时向后倾覆，使平台细柱维持受拉，但是当墙体背侧迎风时，下垂的屋檐更容易兜风上掀，细长立柱可能因此过度受压，如何抗风成为棘手的问题。

建筑师起初考虑过加大屋面自重、加大屋面反肋尺寸以及增加檐口抗风拉索等，但最终结合场地，关注到了在挡墙背侧不远处的废弃防汛墙。场地环境对风的流向是有影响的，曾经的防汛墙是否可以充当防风墙成为关键。经过 CFD 计算验证，挡墙恰好起到了预期的挡风作用，防汛墙围合出庭院空间的同时，也成为结构抗风的必要措施。处理新增结构跨越挡墙伸缩缝的问题时，考虑到建筑的尺度比例，并未将端部的 4m 墙体拆除处理，而是设置了兼顾座椅的结构反梁来跨越分缝。释放伸缩变形的构造为：在端部挡墙的背侧新增立柱，承受平台的竖向力，平台端部设置"U"形箍板"抱住"原有挡墙，利用挡墙防止平台向外倾覆，箍板与墙体在顺墙方向留有变形余量，确保码头平台板的伸缩自如。结构的节点设计中充分利用建筑面层以及构件安装顺序来隐蔽螺栓的痕迹。在近距离体验时，这些处理减少了加固连接件的视觉干扰。

5. 小结

边园作为江湖地类型，场地濒临黄浦滨江，地面、墙体与介入的结构物一同形成了新的整体，人们可以任意停留或穿过，昔日的煤码头成为今日都市闲逛者的场所。设计采用的纤细钢结构柱作为支承结构，支承了薄钢板屋顶，也被原本的混凝土长墙支承。柱梁如一个个风景的框，在人们的移动中框出不同时代的证物，结构构件虽然全部暴露可见，但是在对建筑品读的第一感受中却似乎被忽略，成为"透明"的存在。混凝土墙由原本单一的防侧力功能性构件变成了复合受力的构件，同时也分隔着空间、提供着尺度，从城市的基础设施转化为日常的公共空间[8]。作为废弃物的旧墙又一次获得了存在的意义，不再是埋没于大地之中的孤独设立：对内封闭着静谧的景园，对外则成为旱冰场的边界。"墙"的界域属性（以及结构属性）被重新激活，并投入到更新了的场所体系之中。在这个旧煤气厂码头的场地上，废墟与风景正在融合，结构在与建筑及场地的因借互动中自然而然地设计完成，并成为上海工业时代的象征。

11.6 城市地——昌里园①：胡舍近方图远；得闲即诣，随兴携游

当代城市中新建的偏安一隅的园林已不多见，但在城市更新中逐渐出现了一类特殊的分地类型可与之对比，它们往往位于城市发展建设中残余的边角空地，由于规模小或条件限制，无法转化为建设用地，常常作为城市开放空间和绿地系统中的一部分出现，它们与周边城市居民的日常生活关系密切，这为它们成为当代的城市园林创造了条件，闹中取静，不必远行，就近就能随心携游。而它们塑造的特定邻里关系维持了当代都市生活的勃勃生机。在此，以昌里园为例进行分析。

1. 分地类型与地形生境：街角缝隙，城市荒地

浦东新区周家渡街道的周边是一片高密度生活街区，拥有许多非常典型的大型居住社区。2018 年整治违规建筑时将南码头路东侧的一排商业店铺拆除，剩下了一段 350 多米长的圆弧形荒地被围墙围住。这一段单调、冗长的围墙不仅对城市界面形象具有负面的影响，其在小区内部也留下了一段段封闭的杂草丛生地。面对城市边角缝隙空间的问题，这段闲置废弃场地成了一个打造特殊的城市园林的契机。

2. 社会生活：激活街道，弥合社区

城市地昌里园位于昌五小区边缘，同时位于周家渡街道高密度生活街区中间，周边有非常典型的大型居住社区。昌里园的功能主要是解决这段 350 多米长的围墙面对城市形成的单调、冗长的界面，重塑城市边界，激发街道活力。场地所在昌五小区建于 20 世纪 90 年代，是高密度的居住小区，内部绿地用于解决停车问题，因而缺少社区公共活动空间。参考苏州园林，作为城市边界的昌五社区围墙被设计成为一处富有生活气息的线形园林，使得这一条 6~8m 宽窄不等的空隙地从小区的边缘转变成为这片社区的中心花园。

昌里园沿南码头路东侧沿街展开，具有非常强的可进入性。曲折开合的空间容纳了因地制宜的场所节点：它们有些是为买菜回家的居民提供的休息敞廊，有些是为小区入口提供的缓冲地带，有些是为放学的儿童提供的读书庭院，有些则成为老年人相聚聊天的街头会客厅（图 11-6-1、图 11-6-2）。

---

① 项目名称：上海昌里园，项目地点：上海浦东新区，设计单位：梓耘斋建筑，建筑面积：790m²。

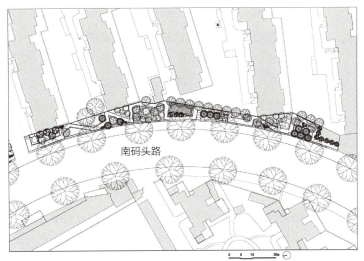

图 11-6-1　昌里园南段平面图

图 11-6-2　昌里园剖面图

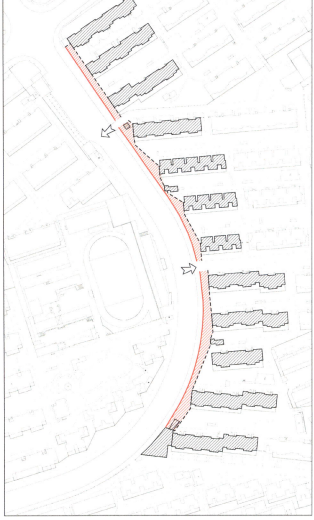

图 11-6-3　平面方案生成

3. 空间组织模式：曲折进退，线形园林

昌里园借鉴了苏州园林——沧浪亭面对葑溪的城市界面，由于采用复廊围墙而显得灵动，富有生气；拙政园东院的波形廊上下起伏，本身就成了一道亮丽的风景特写，使得作为城市界面的昌五社区围墙有机会成为一处 6~8m 宽窄不等的富有生活气息的线形园林，昌里园从小区的边缘转变成为这片社区的中心花园。

在具体的改造设计过程中，建筑师首先确立了折线形的游园路径。根据沿街店面和沿街住宅楼的排列、围墙内外的树木环境和街道功能、游廊的走向相应地内外凹凸，不仅与小区内部的环境形成了呼应，扩展了视野，同时也为街道提供拓展性的口袋空间。这样，每一处的段落空间在获得功能性价值的同时，也将小区内外的环境交织起来，在无形之中就消解了围墙所带来的隔断感，使这道围墙园林成为内部社区居民和外部街道游客都能获得参与感的中心性场所空间，重新构想的曲折界线将场地分别与内部社区与外部街道的空间结合起来。接着根据场地的特定条件进一步调整界线，并由此发展成为一条行走路线，最终形成方案成果（图 11-6-3）。

其中北段小区北侧出入口将岗亭及凉廊纳入新建游廊，共同形成了院落边界；入口西侧的转折游廊代替原有金属栏杆，成为新的人行通道。中段节点改造的折线游廊将绿树浓荫处留出折角下沉院落，在人行道一侧花池内凹形成公交车候车区，原状的功能与景观均得以保留并嵌入街道生活从而得到呈现。在靠近二层居民阳台处留出三角形庭院，取消原定镂空多孔砖墙，将社区的封闭边界改为沿折廊设置，并在梯形廊处增开三角形内院，在满足居民安全与采光诉求的同时，丰富游廊内部的景观。南段节点结合居民的采光诉求，实施方案在靠近居民天井处调整了折廊走向并取消了原定的镂空多孔砖墙，将社区的封闭边界改为沿折廊设置，调整后的折廊空间由一处内向庭院转变为面对街道的开敞廊亭。通过这些手法，现状狭长的异形场地实现了集约化的利用。

4. 建筑技术：易建造、易维护的钢结构体系

为了应对城市社区对场所的高频率使用和粗放的管理方式，昌里园采用了经济耐用的建造材料，易建造、易维护。在 2100m² 的景观用地中，景观构筑物占地 790m²，并使用钢结构作为框架，迅速搭建；使用砌块，或垂直作为砌体隔断墙，或平放作为镂空花窗；用多孔砖构筑台阶；用水泥砂浆铺地。为保证整体统一性，将整个长廊刷成白色，使之更具现代感。

5. 小结

昌里园位于高密度生活街区中的城市地，场地作为一种兼具美好愿景和灵活操作的园林策略，在昌里园的实践中得到了充分的呈现。设计参考苏州园林设计出一处富有生活气息的线形园林，重塑城市边界，激发街道活力。这一设想通过钢结构和砌块填充搭建完成，并通过对建筑间距和高度、开口和退让位置、交叠空间的仔细斟酌，使得这一条狭长的异形空隙地从小区的边缘转变成为社区的中心花园。园林中所采用的因借体宜、随类赋彩的策略，也被用来应对在社区工作中所必须面对的不确定因素，这样的策略使得昌里园在实施过程中可以根据居民的意见进行积极调整，也可以将公交车站的候车功能等周边因素灵活地纳入其中，同时，也不损失原有的、富有园林意趣的理想场景。它不仅作为一种设计手法将各方面的不同因素融合成为一道风景，而且也通过由它所激发的社区共同参与为将来进一步的社会交融发展打下一个坚实的基础。

11.7 总结

《园冶·相地篇》描述的六种分地类型都由一系列特定的植物、建筑和构筑物构成，有不同的关于边界的描述，并用语言暗示了特定的结构关系。虽然它们并没有提供具体的形态策略，但提示了产生场地结构的机会。因此，与其说是相"不同的"地来做园林，不如说这六种分地类型其实就是六种存在于纸面、待幻化的园林类型，具有特定的指向，又具有开放性。

"现生活模式之变 / Changing of Living Mode"[3] 无疑是当代江南园林建设的新背景。在新的生产条件、生产主体、观念立场、工具、驱动力等条件下，虽然一方山水仍在，但当代江南园林建筑的设计策略与传统园林中的建筑设计已有了很大的差别，在已有的大量实践中都展现了这种变化。在这些变化的条件下，如何继承将园林看作一种生活态度的文化传统？

本章试以《园冶·相地篇》为线索，分析当代的园林建筑，意图依据分地类型—社会聚落—功能—空间—技术的嵌套关系来建立其中的设计逻辑。在耳里庭案例中可见山林地的"天然之趣"，被设计师施以随形制器的空间组织策略，物尽其用的技术手段，暗合"不烦人事"，却塑造出宅园与礼乐兼顾的现代园林生活场景。春园案例中，面对当代江南农庄的产业融合与升级，面对被区域发展破坏而变得面目模糊的环太湖田园景观，以现代材料与技术，采用形态复合、空间开放的"架构"与套叠起伏的"分地"策略，形成"半园半房"的空间模式，建立新的场地结构，成为一处关联人工与自然的实验场，为未来的发展留下诸多可能。竹篷乡堂案例建于皖南千年古村聚落之中，一方面通过结竹为伞、变房为院的空间组织策略，为村落打开一处公共客厅，另一方面，古料新用，就地取材，引导村民参与改造建设全过程，实现了技术传承，从而将街角坍塌的老屋宅基地改建为"安闲护宅"的现代旁宅院。风之亭案例位于郊野遗址公园中的路口小坡空地之上，由高校竞赛团队在限定用材、时间有限、功能不确定和起伏地形的限制条件下，采用结构形态复合但空间意象清晰的竹构，既满足了教学实践，又推动了当地竹材技术的创新，还创造了遗址公园内一处网红服务点，实现了产学融合的目标。边园案例位于黄浦江边，结合场地后工业化的历史记忆，以形式极简的空间和设计策略，实现了当代上海"略成小筑，足征大观"的江湖地园林意境。昌里园案例则将当代大都市中的城市隙地，通过曲折进退的墙体，利用工业化快速建造技术改造成了见缝插针的社区公园，激活街道，弥合社区。

在这些案例中，不同的分地类型影响了设计者针对社会聚落—功能—空间—技术提出的策略，并且显示出了这些策略彼此的嵌套关系，清晰展现了每一环节作出策略选择的依据与最终设计结果呈现的关系。梳理这一嵌套关系的逻辑，也许可以帮助我们更好地建立立场，作出判断，并找到更合适的设计爆破点，突破思维定势，创造出新的形式。

参考文献

[1] 王澍，陆文宇. 循环建造的诗意 建造一个与自然相似的世界 [J]. 时代建筑，2012（2）：66-69.

[2] 董豫赣. 庭园与场景：耳里庭造园记 兼评筱原一男 [M]. 上海：上海人民出版社，2020.

[3] 葛明. 微园记 [J]. 建筑学报，2015（12）：35-37.

[4] 张婷，邓希帆，彭超. 整合的构架——"风之亭"的设计与反思 [J]. 新建筑，2020，193（6）：95-99.

[5] 梁晓晨. 竹建构的无限创造——记 2019 第二届全国高校竹设计建造大赛 [J]. 新建筑，2020，188（1）：150-153.

[6] 朱光亚，等. 建筑遗产保护学 [M]. 南京：东南大学出版社，2019.

[7] 莫万莉. 边园中的基本元素 [J]. 时代建筑，2020（3）：100-107.

[8] 柳亦春. 结构的体现 一段思考与实践的侧面概述 [J]. 时代建筑，2020（3）：32-37.

图片来源

图 11-1-1~ 图 11-1-4 来源：董豫赣提供

图 11-1-5 来源：曾仁臻摄

图 11-2-1~ 图 11-2-3 来源：葛明工作室提供

图 11-2-4 来源：韩思源摄

图 11-3-1~ 图 11-3-4 来源：素朴建筑工作室提供

图 11-4-1~ 图 11-4-4 来源：同济大学建筑与城市规划学院"风之亭"设计小组提供

图 11-5-1~ 图 11-5-3 来源：大舍建筑事务所提供

图 11-6-1~ 图 11-6-3 来源：梓耘斋建筑提供

第 12 章　江南地区建筑全生命周期 BIM 发展与综合应用

12.1　建筑全生命周期 BIM 技术概述

12.1.1　BIM 技术概述

随着计算机软硬件的普及和通信与网络技术突飞猛进的发展，传统的工程建造业也在寻求摆脱落后生产模式的解决方案，因此，以 BIM（Building Information Modeling）为代表的新兴信息技术应运而生。这种全新的建筑全生命周期方案有效解决了建设行业的诸多问题，大刀阔斧地改变了当前工程建设的模式，推动整个建设行业从传统的粗放、低效的建造模式向以全面数字化、信息化为特征的新型建造模式转变。

1. BIM 的概念

BIM（Building Information Modeling）——建筑信息模型，其核心思想最早是由"BIM 之父"美国乔治亚理工学院伊斯特曼[1]（C. Eastman）教授在 1975 年关于"建筑描述系统"（Building Description System）的论文中提出的。2002 年，由美国建筑师杰里·莱瑟琳[2]（J. Laiserlin）发展为目前涵盖 BIM 理论和技术的概念。

在项目设计阶段，使用 BIM 技术可以在计算机上模拟创建 1 : 1 动态三维信息模型，持续构建的数字化模型支持项目整个阶段的设计与校核，可以减少规划与设计阶段出现的误差。这些信息将带来多方面的用途，如指导施工、材料预制加工、模拟建筑真实的建造运营等。各方建设主体通过使用 BIM 技术，进一步完善建筑设计、施工、运营维护等全过程管理，达到提高建设效率、降低项目风险、改善管理绩效的目的（图 12-1-1）。

2. BIM 技术的特点

1）信息化

BIM 的模型信息化体现在信息的完备性、信息的一致性和信息的关联性三个方面。模型除了对工程对象进行 3D 几何信息和拓扑关系的描述外，还包括完整的工程

图 12-1-1　BIM 在建筑全生命周期服务流程

本章执笔者：梁晓丹。

信息描述，如对象名称、结构类型、建筑材料、工程性能等设计信息，施工工序、进度、成本、质量以及人力、机械、材料资源等施工信息，工程安全性能、材料耐久性能等维护信息，对象之间的工程逻辑关系等。信息模型中的对象是可识别且相互关联的，系统能够对模型的信息进行统计和分析，并生成相应的图形和文档。如果模型中的某个对象发生变化，与之关联的所有对象都会随之更新，以保持模型的完整性。

2）可视化

模型的可视化在以往的一些建筑类模型中也有不同程度的体现，但是BIM提供的可视化的思路是让以往在图纸上的线条式构件变成一种三维的立体实物图形展示在人们的面前，此外还可以让构件之间形成互动的可视性。这种可视性不仅能有效展示建筑效果，还能生成工程所需的各项报表，更具有在可视化状态下，项目设计、建造、运营过程中的沟通、讨论、决策等方面的应用价值。

3）协调性

在设计时，由于各专业设计师之间的沟通不到位，往往会出现施工中各专业之间的碰撞问题，例如结构设计中的梁等构件在施工中妨碍设备专业的管道布置等。BIM建筑信息模型可在建筑物建造前期将各专业模型汇集在一个整体中，进行碰撞检查，并生成碰撞检测报告及协调数据。

4）模拟性

BIM不仅可以模拟设计出的建筑物，还可以模拟难以在真实世界中进行的操作。在设计阶段可以对设计上所需数据进行模拟分析，如日照分析、节能分析、热能传导模拟；在施工阶段可以进行4D（3D模型中加入项目发展时间）施工模拟，根据施工足迹设计来模拟实际施工，从而确定合理的施工方案；后期运营阶段可以对物业进行维护管理，如在建筑使用期间发生管道或管件损坏的情况，可以查看模型查找问题的原因并进行维修。

5）优化性

BIM是在工程全生命周期内的综合应用，整个项目从设计到运营维护的过程实际上是不断优化的过程，受"信息、复杂程度、时间"三方面的影响，没有准确的信息是做不出合理的优化结果的。BIM模型提供了建筑物的实际存在的信息，这些信息使复杂的项目进一步优化成为可能：通过把项目设计和投资回报分析相结合，计算出设计变化对投资回报的影响，使得业主明确哪种项目设计

图12-1-2 BIM在建筑全生命周期的优化性

方案更适合自身的需要（图12-1-2）。

6）可出图性

BIM可自动生成建筑各专业二维设计图纸，这些图纸中构件的关系与模型实体始终保持关联，当模型发生变化，图纸也随之变化，保证图纸的正确性与及时性。

12.1.2 BIM技术在国内的发展

1. BIM在国内的发展情况

从国内BIM的发展历程看，可以大致分三个阶段：1998—2005年"概念导入期"，2006—2010年"理论研究与初步应用阶段"，2011年至今"快速发展及深度应用期"[3]。国内BIM的整体发展趋势极为不稳定，在刚一开始的"概念导入期"，BIM在建筑设计领域并不为大家所认可。因为BIM软件的建模思维和操作模式打破了传统的计算机设计和绘图软件的思维模式和操作方法；同时，在设计费面临巨大市场竞争的前提下，BIM反而给设计工作带来了更大的工作量，内部和外部都没有给BIM的发展创造好的前提条件。但是，在随后的几年进入了BIM发展的第二阶段，这个概念被研究人员作为新领域进行探索，被越来越多的软件销售商"炒作"，BIM一下子成了"高、精、尖"的代表，成为各单位竞相发展的热门领域。大型单位成立独立的BIM相关部门，小型公司在推广时也都不忘加上自己有BIM能力方面的介绍，BIM的概念甚至成为一些项目的"噱头"，但是，BIM的真正价值在发展中期阶段并没有充分发挥出来，还是处于点式或片段化地应用BIM相关软件操作的阶段。BIM进入"快速发展及深度应用期"后，我国出台的BIM相关

政策越来越关注落地性、实操性，带动BIM的发展更加健康，应用更加深化。同时，越来越多的业主可更加客观地看待BIM，愿意为BIM付出额外的费用，也对BIM的增值服务提出了更高的期待。这一系列变化都为国内BIM的发展提供了更良性的环境，同时也提出了更高的要求。

2. BIM在江南地区的发展情况

近5年来，在《中国建筑施工行业信息化发展报告（2015）——BIM深度应用与发展》[4]和住房和城乡建设部印发《2016—2020年建筑业信息化发展纲要》[5]的大背景下，BIM在江南地区呈现出高速度、高质量的发展。因为江南地区属于经济发达地区，如上海中心、迪士尼、南京火车南站、南京证大喜玛拉雅中心、苏州现代传媒广场、杭州来福士中心等投资高、难度大、周期长的大型项目在全国的占比也相对较多。此类项目对全生命周期中各项数据信息的采集、加工、分析的需求也更为强烈，运用BIM技术能够提高信息化效率，有效做到信息在项目全生命周期的传递，实现可持续的目标。

在江南地区，BIM技术的采用呈现出量大的优势，但也明显体现出了发展不协调的问题。项目全生命周期中与BIM相关的环节和涉及的专业领域都很多，如设计、施工、项目管理、项目运营等。BIM的协同作用得到全面发挥的项目并不多，大部分项目的BIM还是按照传统的模式，各阶段割裂地进行，降低了项目实施效率。此外，产生这一问题的另一原因是我国BIM起步较晚，相关标准和规范尚较缺乏，这种发展背景与江南地区BIM的快速发展不协调。不可否认的是江南地区的BIM发展对BIM相关政策的制定具有推动意义。

12.1.3　BIM技术引领建筑未来

2017年联合国发布的《世界人口展望》（修订版）显示："2050年世界人口将达到近100亿，且75%的人口生活在城市。"按照这个预测，建筑业仍将保持民生支柱产业地位，其将面临前所未有的发展机遇。据麦肯锡公司近期的研究显示："如果建筑业能够在项目全生命周期中完全数字化、信息化，那么每年节约的成本将达1.2万亿美元，占全世界建筑业总产值的10%。"同时，在不断更新的过程中，信息化的BIM建筑模型通过数字化的技术手段，不再是单向的被操作，而是会在过程中反馈。数字化、信息化的发展使人、计算机模型、实体建筑之间形成了联动与互动。BIM技术在建筑行业中并不是简单地将信息集成，而是一种对数字信息的建立、应用、传递、分析的动态过程，它解决了建筑物信息的惟一性问题，让构件信息成了计算机可处理的信息，在图元复用性上实现了质的飞跃，在相当程度上实现了建筑物信息的连续性，在积累了足够的数据之后可以对数据的真实性进行判别。这些数字信息可以运用到策划、设计、建造、运营的数字化当中并支持其集成管理，为项目的实施提升了工作效率，减少了错误与风险，所以，BIM技术在建筑业的发展潜力巨大，势必引领建筑业整体的发展与变化。

12.2　BIM在项目中的技术策略

12.2.1　BIM引领的整合设计

BIM引领的整合设计是信息化三维的全专业整合技术，是BIM技术发展到一定阶段的产物，它打破了在BIM技术发展初期，BIM相关技术人员是在建筑、结构、给水排水、暖通、电气、景观等专业完成各自设计图纸后才介入，对各专业图纸进行叠加和确认的后置式工作次序和模式。BIM引领的整合设计是在设计伊始，BIM就像一个不可或缺的板块一样，直接参与到设计和施工之中，创造性地进行项目创新、技术提升，发掘BIM在建筑全生命周期中的价值。

BIM的整合技术可以分为：

（1）以BIM技术为依托、BIM模型为载体的各专业之间的整合，包括：建筑、结构、景观、室内等专业相互之间的整合。设计阶段，各个专业围绕BIM信息化模型开展协同工作和技术交底，提高工作效率。同时，利用BIM进行碰撞检查，各专业之间的碰撞错误率可以大大降低。

（2）BIM技术在项目各环节之间的整合，包括：BIM在设计阶段的整合、BIM在施工阶段的整合以及利用BIM技术对设计、施工的双向反馈。BIM技术的协同、整合作用，可以有效解决或优化设计与施工中的重大问题，对可预见的施工问题进行前置性解决。在施工阶段，可以利用BIM技术对施工图进行深化图纸的复核验证，对不经济、不合理的内容反馈进行修改。在施工方案的组织设计中，可利用BIM进行建模的虚拟施工，优化设计及施工。BIM 在整个过程中的整合，起到了搭接各阶段工作桥梁的纽带作用。

12.2.2　BIM 搭建的协同工作

以 BIM 为核心的三维协同平台进行综合协同，打破了设计各专业之间、设计与施工之间相对孤立的工作模式，其平台工作可以在较短的时间和成本下快速校验、专项分析，并实现结果的多向反馈，提升工作效率和准确度。BIM 给设计、施工、运营等各方、各环节提供了一个共同对话的平台，各方不再是孤立的阶段，而在 BIM 的协同机制下，在三维协同平台上不仅可以进行自身的专项工作，还可以协同复核、及时沟通，大大提高了工作效率，节约了时间成本，使项目多方可共享工作成果。

BIM 技术与 VR、AR 技术的协同（BIM+VR\BIM+AR）目前在建筑业中的应用也越来越广泛。BIM 设计模型可以方便地转化为 VR 数据，与 VR 头显设备进行集成，可以实现很好的沉浸式体验效果。从 BIM 到 VR 的工作过程得到极大的简化，降低了技术理解的门槛，可帮助设计师在工作过程中更好地理解和优化方案方便项目协作各方的直观理解，实现项目现场的可视化管理。

12.2.3　BIM 提档加速工程项目

高质量的测绘是项目精准的保障。高精度的场地测绘建立在有效集成高分辨率影像、三维激光扫描等现实捕捉技术和地理信息数据的基础上。将项目集成现实捕捉、地理信息和 BIM 技术进行虚拟化的设施模型进行运维与安全管理，可极大地减少后期的返工，提高运维的效率，保证项目的准确性。

随着建筑工业化与人工智能的迭代发展和相互融合，通过 BIM 模型和协作平台的结合，依靠来自 BIM 的信息化数据，使得自动砌砖机器人、数模控制的钢筋网铺设和焊接机器人、无人操作的挖土机等都得到了最好的应用。它们帮助建筑行业减少了不必要的浪费，促进了资源的节约。建筑工业化极大地提高了现场施工效率，保证了工序，实现了各个模块的实时追踪和检查。

BIM 技术和模型数据为物联网和分析技术提供了基础。传感器和 GPS 的集成除了准确定位目标和及时获取信息外，将其加载到 BIM 模型上，还可以实时地分析建筑设施的性能，准确地了解施工现场的情况，从而及时发现并解决问题。

12.3　江南地区项目高性能驱动下的 BIM 技术

建筑可以体现历史的发展，传承当地的文化与物质文明，更能反映一个国家的发展水平，所以越来越多的技术被投入到建筑行业中来。BIM 技术作为一种现代化的信息技术，不是单纯的信息集成，而是用数字化的信息方式在设计、管理、施工、运营等各环节进行集成与整合，并助力建筑设计水平的提高，完善实施过程中的管理手段，改进建造施工技术，降低后期运营风险等。

2018 年 4 月，习近平总书记在"深入推动长江经济带发展座谈会"上提出长江经济带要探索生态优先、绿色发展的新路。建筑业是长江经济带，特别是江南地区重点城市（上海、南京、杭州、苏州等）发展的重要组成部分，2005—2015 年，其建筑业占总产值的比重不断增长——从 4% 到 6%，建筑业在江南地区的地位越来越重要。但是长期以来，建筑业无论在技术层面还是模式层面，一直表现出低利润、高风险、粗放、发散的特点。在国内，发展速度相对较快的江南地区建筑业越来越注重建筑性能，越来越高的要求下，若依旧采用普通的表格和文本、线条绘制的物理图纸已经不能表达各方面高性能的技术特征，同时，设计的"智慧"在很大程度上都被隐藏了起来，所以数字化、信息化以及各工作内容和工作阶段相互搭接的技术应运而生，BIM 技术在江南地区也得到了快速的发展，同时推动行业高速迈进信息、协同、智能的未来。

12.3.1　江南地区 BIM 技术在 EPC 项目中的应用

EPC 项目是业主将设计、采购、施工、试运营等一系列工作整体打包给某一家总承包商，总承包商在总体管理的模式下负责项目各个阶段的管理工作，达到统一管理、节约成本、缩短建设工期、提质增效的目的[6]。但是，目前国内建筑师在 EPC 项目中的设计效果的呈现，材料、设备的性能、质量，工期成本的把握，施工现场的协调管理等方面从业经验不足，再加上目前国内的设计施工和招投标等的相关管理制度仍未完善，项目实施难度进一步增大。为解决这一问题，近年来，住房和城乡建设部大力推进工程总承包（EPC）和建筑师负责制，上海作为走在前列的先行先试者，积极推行相关政策与试点。BIM 应用于 EPC 工程全生命周期可提升建筑的品质，进行精益设计，将设计作为全生命周期的"龙头"，从源头上注入集约的因素，让建筑业的可持续发展事半功倍。BIM 技术在建筑师引领下的 EPC 项目中，无论从建筑形象的实现度、室内外一体化的全局控制，还是工程造价的集约化方面都可以更好地达到方案的初期设想。

在众多案例中，上海建科集团股份有限公司莘庄园区建设的十号楼项目（图 12-3-1）根据《上海市工程总承包试点项目管理办法》（沪建建管（2016）1151 号）和《上海市工程总承包试点项目管理办法实施要点》（沪建建管（2017）433 号），是全上海第一批第一个工程总承包试点项目，同时也是示范项目中开工最早、体量最大的一个。上海建科建筑设计院作为工程总承包单位，联合上海建科项目管理、上海建科工程造价团队一起组建了 BIM 团队，全过程使用 BIM，从设计组织、施工管理等多方面尝试探索一条适合多方合作共建的先进路线，为后续工程总承包项目提供了丰富经验与指导意义。

1. BIM 在总承包施工筹划中的应用

上海建科集团股份有限公司十号楼项目（图 12-3-2）北楼采用 PC 装配式施工。装配式建造不仅需要精细的设计构造，完善的管理流程在整个建造体系中显得更为重要。总承包单位需要从图纸的设计到工厂的生产加工，到运输的可能性，再到现场的堆场与吊装，最后到安装，全程控制，充分考虑其施工的组织经济性与适宜性。该项目应用 BIM 虚拟仿真技术，在施工前进行工序模拟，事先排除现场施工隐患，优化施工工序，实现了高效管理。

2. BIM 在装配式构件中的应用

装配式对标准化、参数化的要求很高，BIM 技术在这些方面具有明显的优势。BIM 团队与装配式团队抛弃

图 12-3-1　十号楼实拍图

图 12-3-2　预制混凝土夹芯保温外挂墙板实拍图

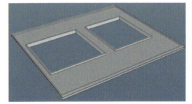 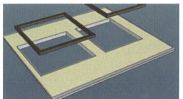 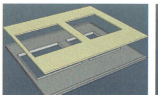 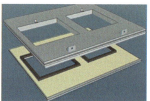

图 12-3-3　BIM 预制构件分层示意图

了传统的设计手段，通过 BIM 模型一起介入装配式深化设计，动态调整预制范围和拆分预制构建。

该项目北楼南北立面采用预制混凝土夹芯保温外挂墙板+金属遮阳外框的设计，体现出了序列的韵律感和科技感，金属外框不仅仅是装饰构件，同时也是遮阳外框，可起到很好的遮阳作用。但是，建筑在追求美观与节能效果的同时，给装配式构建的制作与运输造成了很大的困难。所以本项目应用了 BIM 三维建模和拆分技术，依托专业的施工经验，对单板尺寸为 4.175m×3.7m、重量为 7.4t 的预制混凝土夹芯保温外挂墙板，在工程施工前进行模拟预拼装（图 12-3-3），预先发现问题、解决问题，以专业的技术力量使工期得到保证。

3. BIM 在钢筋节点碰撞中的应用

整个项目运用 BIM 模拟预拼装技术，提前发现并解决钢筋冲突、预留钢筋长度不足、预制构件尺寸和位置错误以及预埋铁件偏差等问题，以专业的技术能力保证了项目顺利按期完工。

4. BIM 技术在工程总承包管理中的成效

项目从"建筑师负责"的视角出发，以 BIM 技术为依托，借助设计牵头的 EPC 管理模式，在设计阶段进行限价设计，与造价在 BIM 平台上进行联动，在保证质量的前提下，将造价控制在合理范围内。同时，BIM 技术为施工策划的前置提供了有效的途径，在施工图阶段，施工就可以利用 BIM 平台提前进行施工策划与组织，反馈给设计，融入设计中，减少施工中不必要的浪费。在施工阶段，设计与施工的沟通并不局限于二维蓝图，而是利用 BIM 设计模型施工深化后，进行三维可视化交底，降低了沟通壁垒，减少了理解偏差。BIM 为工程总承包的管理模式提供了条件，全方位探索了"技术创新"与"模式创新"。BIM 技术在项目设计、建设、运营管理、维护的过程中，体现了生态反哺、精密制造、智能运营、安全舒适的要求，实现了园区的智能化和精细化管理功能，做到了先进性、经济性和实用性的统一。

12.3.2　江南地区 BIM 技术在历史保护项目中的应用

在江南地区，那些至今仍旧充满生命力的历史城市，一直处于不断更新的过程中[7][8]。其中，上海经历了 20 世纪 80—90 年代的大规模快速建设阶段后，开始全面实施建筑文化遗产的保护。2002 年 7 月，上海颁布了《上海市历史文化风貌区和优秀历史建筑保护条例》，保护范围由单体建筑扩展到历史文化风貌区。2016 年编制完成的《上海市城市总体规划（2016—2040）》中强调："做好历史文化保护基础上探索渐进式、可持续的有机更新模式，促进空间利用向集约紧凑、功能复合、低碳高效转变。"[9] 这对历史保护项目的保护、改善的能力和技术都提出了新要求。历史建筑保护工作的难点和重点是惟一性、不可替代性和破坏过程的不可逆性。"修旧如故、以存其真"，尊重文物建筑的历史、科学和艺术价值，以文物保护为前提和目的是历史建筑保护的修缮工程坚持的原则。在其保护实施过程中，"保护是核心，技术是前提，管理是保障"。因此，在保护修缮的过程中，BIM 技术主要结合三维激光扫描、720° 全景漫游、建筑结构信息数字模型化等多项技术来保存建筑信息，为后续的改造设计、运行维护和管理提供便利条件。

近年来，在江南地区，历史保护项目运用 BIM 技术的案例很多，其中，较具代表性的要数上海宋庆龄故居纪念馆保护性修缮项目，是综合应用了 BIM+ 技术的典型。上海宋庆龄故居纪念馆是全国重点文物保护单位、国家 AAAA 级旅游景区、上海市重点文物保护单位、上海

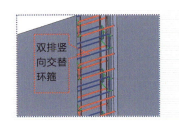 

图 12-3-4　BIM 在钢筋节点碰撞中的应用

图 12-3-5　主楼南侧点云模型（无贴图）

图 12-3-6　宋庆龄故居整体三维实景模型

市爱国主义教育基地和红色旅游基地。馆藏的万余件珍贵文物见证了宋庆龄为国为民、奋斗不息的一生和她勇敢无畏、坚贞不屈、无私奉献的高尚品格。主楼内外具有历史意义的附属景观等均是管理部门保护的主要对象。

本次修缮重点就主楼室内空间格局和装饰式样、材质、工艺等按原貌予以维护维修，配套升级空调系统、安保弱电以及院内附属设施，以便更好地实现对故居的有效管理和合理利用，使其真实性、完整性得到有效保护和延续传承。此外，对纪念馆在公共服务设施功能方面也需进行较大的改善和提升。

利用全景3D激光扫描技术对宋庆龄故居内部的各个建筑外立面、花园、道路、古樟树等室外场景及主楼、辅楼进行扫描，再利用BIM模型技术，通过后期处理形成数字化物理空间点云模型（图 12-3-5），真实还原被扫描物体的空间坐标信息，只需在电脑前点击鼠标，即可轻松获取被扫描物体的大地坐标及空间距离信息，为馆内运营维护提供便利条件。

1. BIM 技术 + 倾斜摄影测量技术

基于倾斜摄影测量技术对宋庆龄故居上方进行低空影像采集，利用无人机在空中采集不同方位的影像，通过软件进行重构和拼接得到三维实景模型（图 12-3-6）。基于 GIS 平台的三维实景模型，可分析周边遮挡的影响、日照影响、设计施工的影响等。对于文物保护建筑而言，利用三维实景建模，能够根据实景完整地保存建筑外侧和庭院内的所有物件的尺寸、纹理、颜色等信息。

2. BIM 技术 +3D 激光扫描技术

BIM 技术 +3D 激光扫描技术的结合主要是利用 3D 激光扫描仪对目标建筑物的物体表面各个点开展详细的测量，进而提供物体的三维点云数据信息。不同于单点测量，3D 激光扫描技术能够针对目标对象开展十分密集的测量，从而获取该物体大量、丰富的数据点，形成点云。利用采集的数据对宋庆龄故居的主楼、辅楼的室内建筑及室外主要的物体通过 BIM 软件进行深化建模，形成数字化建筑信息模型（图 12-3-7）。BIM 模型不仅可以形象地再现被扫描的物体，而且通过 BIM 软件可以对模型中的任意构件进行属性定义，添加历史信息、历史实景图片及不同阶段的修缮记录等，为形成数字化信息档案及房屋后期的修缮维护管理提供极大的便利。

3. BIM 技术 + 智能传感技术

宋庆龄故居纪念馆的整体 BIM 模型建立了 720° 全景展示（图 12-3-8），可以直观展示园区建筑、道路、水体、绿化等主体构成的空间分布情况（图 12-3-9），用户可通过全景图查看宋庆龄故居的真实现状，拥有身临其境的视觉效果。BIM 模型与电子地图管理及文物管理模块相结合，配合智能传感技术，关联了相应的实物，对各文物进行了三维可视化的信息化管理。

上海宋庆龄故居纪念馆保护性修缮项目综合运用了 BIM 技术与 GIS、倾斜摄影测量技术、3D 激光扫描技术等的协调配合，有效地将不同类型传感器上获得的数据与 BIM 模型相结合，是新一代信息化技术在既有建筑改造案例中的充分展示，为同类项目的改造与更新提供了指导

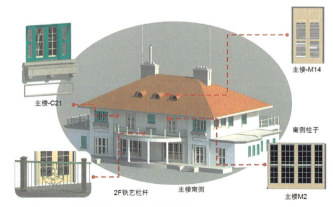

图 12-3-7　宋庆龄故居主楼 BIM 模型

图 12-3-8　平台总体 BIM 模型

图 12-3-9　BIM 模型场地平面

和技术借鉴，高效提升了历史建筑保护的运维效率。

12.3.3　江南地区 BIM 技术在既有建筑改造项目中的应用

既有建筑改造目前在大型城市中消化存量、提升品质建设方面，投入占比越来越高。城市建设的主要目标转向城市更新。在江南地区，如上海、南京、杭州、苏州等城市都是国家名列前茅的大型城市，盘活其存量，更新城市既有建筑成为各省市建筑领域近几年发展的重点。城市通过对工业用地或工业建筑的转型、转性，建设生态空间用地。同时，怎样在既有建筑中使用新技术、新方法、新工艺来提高工作效率、提升建筑品质、体现建筑价值成为本领域专家和专业技术人员的重点研究方向。

其中，上海的毛巾二厂改造福利院项目是中心城区将废旧的工业厂房改造成民用建筑的成功典范（图 12-3-10）。该项目地处上海老静安区，是上海的贵胄领地、高端商业区和对外交流的重要窗口，也是全市所公认的"高品位商务区"和"高品质生活居住区"。上海市毛巾二厂基地仅由一条弄堂与城市干道相连，与周边居住区、菜市场、学校紧邻，环境复杂，用地紧张，制约和限制条件较多。如何在螺蛳壳里做道场，更好地发挥城市存量价值，成为建筑技术领域研究和开拓的重点。

1. BIM 正向出图技术

该项目在 2014 年就已经尝试了 BIM 技术的正向出图。当时国内利用 BIM 软件做正向出图的设计院非常少，大家都还处于探索期。上海建科建筑设计院在该项目启动 BIM 正向设计之前，做了大量的策划和准备工作，包括文件系统、设计分工、角色权限等工作[10]。和现在市场上很多 BIM 专项团队二次翻模不同的是，BIM 正向出图技术可以解决，改造项目因为缺少三维空间的层次性和

图 12-3-10　上海市毛巾二厂改造后照片

构建信息而导致的设计不完备等问题，同时可以提升设计的精度和准确性。但是，对建筑师也提出了更高的要求：需要建筑师亲自在 BIM 软件中设计、检查、修正和验证。和传统的二维出图相比，在概念—方案—初步设计—施工图的整个流程中，工作量和工作时间都有很大的增加，可能对于市场经济来说，性价比是一个重要的衡量条件。但是，在 BIM 技术需要大力发展之时，是否能承担这份社会责任，就显得尤为重要了。同时，利用合适的项目进行研究探索，对总结经验来讲也是一个重要的考虑因素，所以毛巾二厂改造福利院作为一个既有建筑改造项目，充分

利用BIM技术十分适宜。为什么这么说呢？因为对于改造项目的设计来讲，改造的设计过程是一个"发现问题—解决问题—发明创作—匹配适宜"的过程。BIM的信息化技术可以真实、客观地反映项目的现实情况，帮助建筑师综合、全面地认识和发现问题。

简单地看，BIM正向出图似乎设计效率不升反降，其中一个重要原因就是传统的二维图纸信息量较小，但其实BIM技术的正向设计所产生的设计成果信息量丰富、完善，在设计出图的同时已经完成了校正和验证的过程，所以毛巾二厂改造福利院项目在建设过程中因为设计而产生的变更几乎为零。

2. BIM的可视化分析技术

可视化在建筑行业中非常必要，所见即所得有效解决了项目各方信息沟通不畅的问题。基于BIM技术的可视化成果是以设计工作模型作为基础生成的，可有效地对复杂问题进行直观展现。特别适宜在既有建筑改造项目中解决"建筑与周围环境""建筑与建筑""建筑自身"之间的矛盾问题（图12-3-11）。

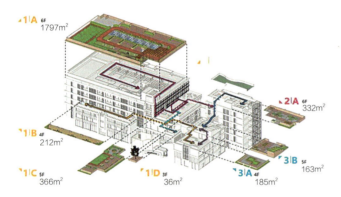

图12-3-11　上海市毛巾二厂BIM模型分析图

本项目的BIM模型在整个方案创作过程中，很好地呈现了空间活化、流线组织、层次进退的关系，为"旧物新用、尺度适宜、环境宜人"提供了有效的解决途径和展示方法（图12-3-12）。

图12-3-12　一号楼东南立面改造前后对比

12.3.4　江南地区BIM技术在设计施工全流程中的应用

BIM作为目前建筑领域前沿的技术工具，助力新技术、新工艺责无旁贷。目前，设计师都在充分挖掘BIM的信息化性能，发挥研发技术创新和设计理念创新相融合的双驱动引擎作用，展示"设计创造价值"的核心竞争力。这也是江南地区近几年各大设计单位潜心提升BIM技术的一个重要方面。

中心城区既有居住建筑的改造设计就是要在复杂、受限的周围环境中，既保留建筑的基本形态，同时充分挖掘设计创造价值的优势，发挥城市更新提质增效的价值。在上海南浦大桥旁的高层改造项目——东樱花苑项目，将BIM技术作为驱动技术与艺术双引擎的内力，实现了建筑整体的更新改造技术的研发创新和精益营造。

1. BIM技术协同结构深化

东樱花苑项目的两栋塔楼需要在高度不变、外立面造型不影响周围环境的前提下从以前日本松下电工公司的小户型租赁式公寓改为出售型的单元式大户型现代住宅。设计通过梳理建筑空间、体量的关系，利用BIM软件的信息化计算，对两栋塔楼以加层和低区插层的方式来增加住宅可售面积，提升经济效益。

通过BIM软件进行合理化分析和可行性计算，对原来分别独立的两个地下车库进行连通和扩建模拟，在满足商品住宅所需车位的同时，提升车位数量和地下空间利用率，解决中心城区居住区停车难的问题，提升住宅品质。

2. BIM技术助力结构技艺

既有建筑改造依靠提升安全性、提升抗震性来延长建筑寿命。东樱花苑项目的塔楼中庭通过楼板开洞（图12-3-13）增设空中花园，改变楼、电梯位置（核心

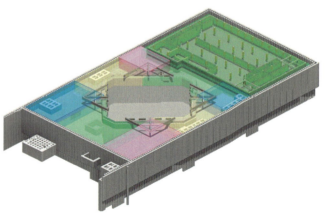

图12-3-13　BIM模型的塔楼楼板开洞

筒由集中式改为分散式）等方式合理优化结构体系，满足建筑功能需求，达到建筑形式美的目的（图 12-3-14）。结构设计通过开展地震波的弹性时程分析、弹塑性静力分析（Pushover），通过抗震超限专项审查。根据实际情况，因地制宜地采用了混凝土结构、钢结构、钢骨混凝土组合结构、钢管混凝土组合结构、压型钢板组合结构、调谐质量阻尼器（TMD）结构减震系统等多种结构形式，从工程全过程运行的角度分别制定了保护拆除、结构加固、桩筏改造、临时围护、监测保护、变形控制等结构实施方案和施工控制要求，多项技术突破常规，具有创新价值（图 12-3-15）。

3. BIM 技术优化机电系统

项目通过 BIM 技术优化了给水排水设计管线从水管井到入户的走向和标高问题并兼顾了建筑的美观效果。电气设计重点考虑项目的改造与新建部分结合，并与 BIM 技术充分融合，提升设计效能和经济性，打造智慧智能居家应用。

4. BIM 技术控制工程成本

该项目采用全过程 BIM 技术（图 12-3-16）优化设计成果，辅助工程量统计，提升施工效能。东樱花苑作为典型的既有建筑改造项目，最大的特点就是其现场实际情况与原图纸有很大的区别，所以设计需要在拆除、加固

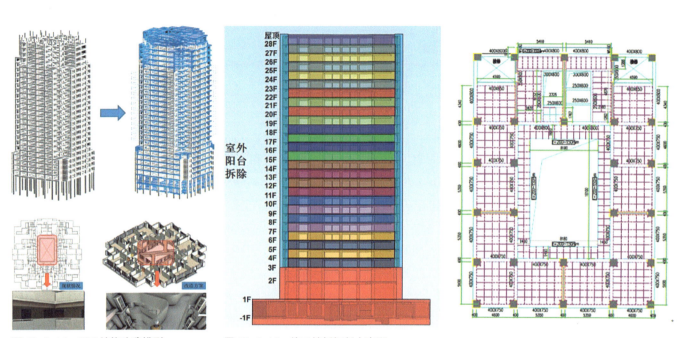

图 12-3-14 BIM 结构改造模型　　图 12-3-15 施工楼板切割方案图

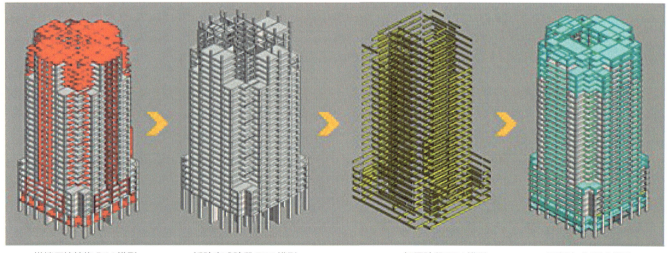

塔楼原始结构 BIM 模型　　拆除完成阶段 BIM 模型　　加固阶段 BIM 模型　　更新完成 BIM 模型

图 12-3-16 全过程 BIM 模型

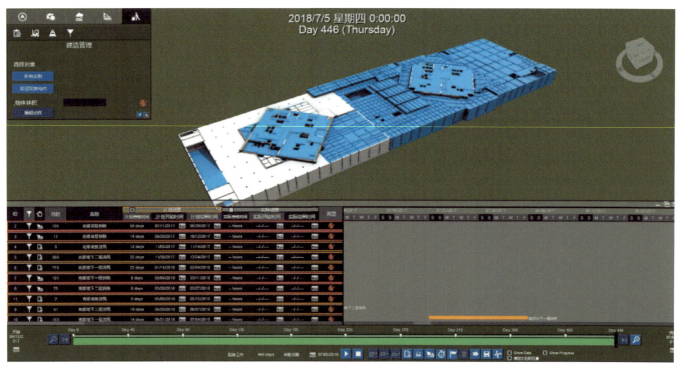

图 12-3-17　BIM 技术的施工进度模拟

的过程中，根据现场实际情况，动态调整方案。BIM 设计在此时体现出了最大的协同性，实时更新，及时发现问题，整个过程中解决各类设计图纸问题 234 处，节约工期约 60 天。在机电深化设计及工程量计算方面，结合现场检测以及原始图纸复核 BIM 模型，通过模型输出详细的工程量统计表，协助建设方完成精确的成本估算，节约时间约 30%，提高了工作效率。

在施工阶段，利用 BIM 技术对施工进度进行 4D 动态模拟（图 12-3-17），复核施工方案可行性，达到未建先试，优化施工组织方案的目的；还可以直观、精确地反映整个建筑的施工过程，掌握施工进度，优化施工资源以及科学布置场地。同时，利用三维可视化交底可增强对施工现场危险源的预测、管理，提高现场施工的安全管理效率，降低事故率。

东樱花苑项目利用全过程 BIM 技术为城市更新提质增效提供了新的方法，对江南地区众多亟待更新提升的高层旧有住宅起到了借鉴作用，为实现社会、经济和环境的可持续发展作出了有意义的探索。

12.4　江南地区 BIM 应用的效益

近年来，在长三角一体化联盟的政策主导下，在建筑总量高和大项目相对集中的大背景下，江南地区 BIM 技术在建筑行业从策划设计到施工运维，应用场景越来越广泛，为建筑的健康诞生、高质生产、高效运维提供基础。Autodesk 副总裁菲利普·伯恩斯坦（Phil Bernstein）说："BIM 对全球建筑行业生产力和经济效益的提升已被广泛认可，对它的认识也愈加深入。"到目前为止，BIM 带来的诸多价值和效益已经有目共睹，加上它与其他一些数字化技术的结合，可助力建筑行业开启智能化、可持续发展的新天地，推动行业高速迈进绿色、协同、智能的未来。

12.4.1　定性效益

全过程咨询、工程总承包、建筑师负责制的制度改革下，BIM 的价值在于改变了建筑师、业主、施工方之间的协作关系及生产过程中的配合方式。这种改变让建筑师不仅仅引领设计，更有机会借助 BIM 技术把控施工过程。在江南地区，以建设总量高作为基础、以先进的技术积累和平台作为支持、以大量优秀的技术人员作为保障，BIM 等相关的科学技术得到了前所未有的应用和开发。同时，在这里高水平的建设方相对较多，他们把 BIM 的优点与精益施工、高品质运营的原则相结合，减少了浪费与返工，形成了更好的工作流程，注重实施和

BIM 各种应用的投资回报率调查表　　　　表 12-4-1

	提高施工安全	有效持续发展	有益人才招募	加快设计审核	推动预制构建	减少项目成本	缩短项目周期	促进团队协作	提高个人效率
设计师	13%	47%	46%	35%	19%	62%	68%	74%	79%
工程师	13%	20%	28%	28%	22%	41%	50%	65%	59%
承包商	57%	36%	37%	48%	81%	78%	79%	71%	85%
业主	33%	67%	17%	50%	50%	83%	50%	100%	50%
合计	33%	37%	37%	40%	48%	65%	68%	74%	77%

（来源：《McGraw2012 北美 BIM 价值报告》）

资产保值增效。

12.4.2 定量效益

根据麦格劳·希尔公司在北美的 BIM 价值调查（表 12-4-1）对 BIM 的价值进行了量化。BIM 对建筑业起到了积极的影响，它对不同角色、不同方面的影响收效虽不尽相同，但是每项的合计数均超高 30% 以上，有些方面达到了 70% 以上之高，这足以看出 BIM 对建筑行业影响巨大。同时可以发现，BIM 在促进团队协作方面，无论对设计阶段、施工阶段还是业主管理都起到了突出的作用，投资回报率最低也达 65%，最高达到了 100%，足以证明 BIM 软件的价值不仅仅是绘图工具，BIM 技术的价值也不仅仅是建立 BIM 模型。

在江南地区，通过与多家企业的合作与沟通，大家也越来越体会到 BIM 的价值所在，虽然目前没有精准的数据，但是政府、业主方、设计方、施工方等都已经把 BIM 列为一个必要项进行考虑，很多项目在策划初期，就已经在投资方面列支了 BIM 的投入费用。上海市政府在推广 BIM 应用的过程中，要求从 2017 年底开始投资 1 亿元、单体建筑面积 2 万 m^2 以上的重大工程、政府工程，均需采用 BIM 技术，足以看出上海市政府对 BIM 政策推行之广，在国内也属史无前例。

尽管文中的数据与案例都表现出了目前 BIM 在江南地区的深远发展，但是我们依旧清晰地看到 BIM 的实施是持续性的，在我国还具有巨大的潜力及提升的空间。

参考文献

[1] EASTMAN C. The use of computers instead of drawings[J]. AIA Journal，1975，63（3）：46-50.
[2] L AISERIN J.Comparing Pommes and Naranjas[J]. The Laiserin Letter TM，2002. http：//www.laiserin.com/features/issue15/ feature01.php.
[3] 左明威 . 多种 BIM 技术实施软件在当前桥梁工程中的应用研究[D]. 重庆：重庆交通大学，2019.
[4] 住房和城乡建设部信息中心 . 中国建筑施工行业信息化发展报告（2015）—— BIM 深度应用与发展 [R]. 2015.
[5] 住房和城乡建设部 . 2016—2020 年建筑业信息化发展纲要 [R]. 2016.
[6] 陶虹旭 .EPC（设计—采购—施工）总承包模式下的工程建设项目造价控制重点解析 [J]. 价值工程，2018，37（15）：29-30.
[7] 郑时龄 . 上海的城市更新与历史建筑保护 [J]. 中国科学院院刊，2017，32（7）：690-695.
[8] CHANG R D，SOEBARTO V，ZHAO Z Y，et al. Facilitating the transition to susutainable construction Chinese policies [J]. Joumal of Cleaner Production，2016，131：534-544.
[9] 上海市城市总体规划编制工作领导小组办公室 . 上海市城市总体规划 .（2016—2040）[2017-06-20].
[10] 梁晓丹 . 常州绿色产业集聚示范区绿色研发中心设计研究 [J]. 建筑学报，2016，11：104-107.

图片来源

图 12-1-1 来源：BIM2.0 教程建筑全生命期综合应用
图 12-1-2、图 12-3-1～图 12-3-17 来源：上海建科建筑设计院

第 13 章　江南绿色建筑中的智能化发展与应用

13.1　建筑智能化的概念、发展与趋势

13.1.1　建筑智能化的概念

随着我国经济的高速增长及信息技术的飞速发展，人们对建筑的关注点已经从最初的环境、交通、房型等基本生存需求逐渐演变为对外交流、信息服务、安全防范等有关社交、安全、尊重等更高层次的需求。这就要求传统建筑在原有使用功能的基础上，采用先进的科技手段延伸其服务功能，于是，建筑智能化这一建筑技术与信息技术相结合的产物逐渐发展壮大，为人们全新的生活方式和生活需求保驾护航。

建筑智能化以建筑物为平台，将各种信息技术如通信技术、控制技术、多媒体技术、计算机技术等与建筑技术结合在一起，让建筑更加安全、舒适、高效、便利，从而达到满足使用者更高层次生活需求的目的（图 13-1-1）。

《智能建筑设计标准》GB 50314-2015 对智能建筑的定义如下："以建筑物为平台，基于对各类智能化信息的综合运用，集架构、系统、应用、管理及优化组合为一体，具有感知、传输、记忆、推理、判断和决策的综合智慧能力，形成以人、建筑、环境互为协调的整合体，为人们提供安全、高效、便利及可持续发展功能环境的建筑。"

13.1.2　建筑智能化的发展现状

20 世纪 90 年代，我国开始了建筑智能化的研究工作，目前智能化的整体水平已经有了大幅提高。各地智能化建筑大量涌现，其中不乏技术含量较高的智能化建筑（图 13-1-2）和建筑群。可以说，无论是从数量还是从质量上来看，建筑智能化的发展已经迈上了崭新的台阶。与此同时，国家也相继出台了一系列的政策、法规来规范市场，让建筑智能化的发展更加健康有序。目前，建筑智能化已经迅速发展为一个极具潜力的新兴产业，成为国家经济实力和科技力量的体现。

但是，过快的发展速度也导致了各种问题的产生，比如智能化水平参差不齐、智能化系统不够稳定、智能化功能与需求不匹配等。造成这种局面的原因主要有以下几个。

（1）建设单位对建筑智能化的认知水平和认知层次不足，片面追求系统的高、大、全，导致建成后有相当比例的智能化子系统并不符合建筑功能需求而被迫闲置，造

图 13-1-1　建筑智能化系统组成

图 13-1-2　具有八大办公智慧体系的朗诗绿色中心

本章执笔者：杨翀。

成经济上的浪费。

（2）建筑智能化设计与建筑设计相互脱节。建筑设计单位往往并不配备智能化设计的相关人员，只能将该部分设计留给智能化系统工程商，但后者介入的时间远远落后于建筑设计，这就造成了二者配合困难，施工图成果质量不高，比如监控点位设置不合理、所选设备精度达不到要求、系统集成度不高等问题。

（3）建设单位重建设投入、轻运行管理的情况较为普遍。建设方在建设过程中投入资金打造技术、产品先进的智能化系统，但在系统投入使用后并不重视或不懂如何重视运行管理，相关工作人员管理意识落后、技术水平低下，对设备的维护不到位，导致设备故障率较高，影响系统的正常运行，这就使智能化系统不能发挥出真正应有的作用。

13.1.3　建筑智能化的发展需求

为了提高城市发展质量、转变城市现有发展方式，国家大力倡导"智慧城市"理念，制定并公布了试点城市名单，把建设智慧城市作为未来的发展重点之一。以建筑智能化为技术核心的智能建筑作为智慧城市的组成部分，在智慧城市建设的推动下，必然会呈现出良好的发展态势。同时，随着社会的进步、经济的发展、技术的创新、大数据及云计算等基础设施的不断完善以及人工智能和机器学习技术的进步，人们对智能化建筑的需求越来越迫切，需求量越来越大。

不同的使用者对建筑智能化的需求不尽相同，这就促使智能化向着多元化、多领域方向发展。以办公建筑为例，建筑智能化的内容通常包括完善的办公自动化系统，基于建筑物自身的局域网络数据、通信传输通道，可靠的联结外部网络或云端设备的广域网络数据、通信传输体系以及针对建筑物内部办公环境的各参数监测、调节系统等。这些系统共同作用，可以为日常办公提供稳定可靠的技术支撑，营造出节能环保、健康舒适的办公环境。

对于住宅小区，建筑智能化则围绕着业主的各项服务需求来确定和建设。例如安防和技防系统中报警信号的传输与储存，住宅区信息集成（如机动车、非机动车日常管理，物业费缴存记录等），物业管理的各项设备（如水泵、电梯、机械车位）的运维状态，用水、用气、用电等数据的监测等。由于日常生活的方方面面繁琐复杂，住宅区的智能化需要规范化、模块化，并具备较好的系统扩展性，以方便物业管理方根据业主的要求对系统进行调整、升级，为建设智能住宅区打下良好的基础。

随着经济的快速发展，我国的建筑智能化将是一种必然趋势，开发商、系统集成商以及设备供应商都将受益于其广阔的市场前景。同时，建筑智能化也是绿色建筑发展的重要前提条件。

13.1.4　智能化对江南绿色建筑的意义

与传统建筑相比，绿色建筑能够提供更加健康、适用、高效的使用空间，也能够更好地节约资源、保护环境。基于此，国家大力倡导绿色建筑，各省市建设主管部门则结合当地实际情况制定了绿色建筑的设计、评价标准，而公众对绿色建筑的关注度、认知水平、信心以及需求也在逐年提高。

建筑智能化以建筑物为平台，以信息技术为基础，是实现绿色建筑的技术要点之一，也是促进绿色建筑指标落实的重要手段[1]。从绿色建筑评价体系的角度看，建筑智能化在健康舒适、生活便利、资源节约等方面起着非常重要的作用，尤其是在智慧运行方面，智能家居监控、智能环境设备监控服务系统，比如照明控制、家电控制、安全报警、环境监测等，已渐渐与人们的生活变得密不可分。从绿色建筑的全生命周期的维度来看，从前期的规划设计阶段开始，到中期的施工阶段，再到后期的运营维护阶段，智能化都是必不可少的内容。

对江南地区的绿色建筑而言，建筑智能化则有着更加重要的意义。江南地区通常是指江苏和安徽南部、浙江北部、江西东部以及上海等地，在建筑热工设计区划上属于典型的夏热冬冷地区。该地区以夏季防热为主，适当兼顾冬季保温，所以空调系统的能耗在总能耗中占据相当大的比重。而空调系统是提供舒适的工作、生活环境的主要设备系统，具有数量大、种类多、分布广的特点，通过设置智能化空调监控系统对建筑物所有空调设备进行管理和监控，并根据季节变化及个性化需求及时控制设备运行，实现节能（图13-1-3）。同时，江南地区经济发达，照明时间长，照明系统能耗大，通过智能化设计，利用控制程序自动控制照明时间，结合检测感应技术控制灯具启闭，从而实现节能。

除对建筑节能有较大贡献外，建筑智能化也是实现江南地区绿色建筑节水、节材、节地、环境保护等目标必不可少的技术手段，而物联网技术、5G技术的出现，又

图 13-1-3　江南地区某绿色建筑大堂实景图

将使智能化系统更加高效、快捷和便利，为江南绿色建筑的可持续发展保驾护航。

13.2　建筑智能化设计体系

智能化系统通常分为信息化应用系统、智能化集成系统、信息设施系统、建筑设备管理系统、公共安全系统、机房工程等几个部分（图13-2-1）。这些系统相辅相成，贯穿绿色建筑的全生命周期，有利于建筑综合性能的提高。因江南地区的经济状况、地理位置、气候特征等方面的特殊性，江南绿色建筑对智能化系统，尤其是智能化集成系统、建筑设备管理系统、公共安全系统等的需求、依赖更加明显。

图 13-2-1　智能化系统组成框架

13.2.1　信息化应用系统设计

信息化应用系统是江南绿色建筑中智慧运行和智能化物业管理所不可或缺的基础条件。该系统将各自分立的子系统变为云端下数据可共享的系统，针对实际的使用需求，整合、分析过往数据并提出解决方案。管理者可以直观地对比各个方案的优缺点，并形成智能化、流程化的管理程序。通过对各类问题的处理，智能化应用系统还可以不断地进化，将各类问题分门别类，同时为多个地区、多个部门的管理者提供决策依据，提高协同工作的效率。

13.2.2　智能化集成系统设计

智能化集成系统是江南绿色建筑运营和管理的重要技术手段。该系统把建筑设备管理系统、物业运营管理系统等各子系统的信息数据通过接口和网络技术集成到统一的信息平台上，用相同的操作系统和软件界面进行集中监控，管理人员可以根据各自的权限在计算机终端上查看设备的运行情况，设定设备运行参数等，如通过终端计算机查看空气中的$PM_{2.5}$、苯、甲醛等有害物质的实时浓度和历史浓度，风机等设备的运行状态和保养情况以及建筑物各类资源的消耗情况等。

该系统还可以通过统一信息平台实现跨系统信息资源共享，实现不同系统间的联动，如智能照明系统与电动遮阳卷帘系统间的联动。智能化集成系统解决了各系统间的互联互通、互操作性问题，真正实现了建筑智能化的目标。

13.2.3　信息设施系统设计

信息设施系统是建筑智能化的基础设施，其完善程度和性能优劣决定了建筑的智能程度，是智能化建设工程的重点所在（图13-2-2）。

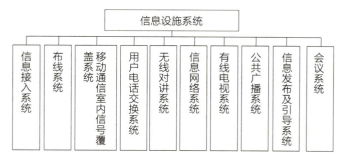

图 13-2-2　信息设施系统组成框架图

信息设施系统中的布线系统是绿色建筑的神经网络，它将语音、图像、数据及建筑设备监控管理信息用统一的传输线缆、标准的配线设备和连接硬件综合到一套布线系统中，为信息通信设备传输信号提供物理链路，为系统集成提供硬件基础。在江南绿色建筑中采用一套通用的布线系统，可以在施工时节省大量线缆和重复劳动，有利于施工阶段的资源节约，也可以为各子系统灵活组网及扩展提供有利条件。

13.2.4　建筑设备管理系统设计

建筑设备管理系统包含建筑设备监控系统和建筑能耗监管系统（图13-2-3）。

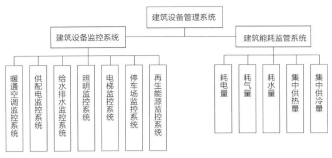

图 13-2-3　建筑设备管理系统组成框架图

1. 建筑设备监控系统设计

建筑设备监控系统是实现江南绿色建筑节能减排目标的重要手段之一,其主要功能是对建筑物内的变配电、照明控制、电梯、暖通空调、给水排水等系统进行信号采集和监测、控制,实现设备系统自动化运行,同时将设备的运行、维护保养等信息上传至管理中心,为下一步优化管理和运行策略提供数据支持。

1)暖通空调监控系统设计

暖通空调监控系统是将分布在各监控设备现场的智能控制器通过通信网络连接起来,实现对被控制设备的集中管理、操作和就地控制功能的智能化监控系统(图 13-2-4)。该系统中,空气质量传感器可及时调整新风风量以改善空气品质,温湿度传感器可适时检测和调节室内温湿度,人体感应探测器可根据室内人员情况自动开关空调系统。

对江南绿色建筑而言,夏热冬冷的气候特征决定了空调要采用冬天制热、夏天制冷的冷暖型空调设备,并按二者中最大负荷需求选用,但实际上一年中的大部分时间里空调都处于最大负荷之下,造成了能源浪费。暖通空调监控系统通过对空调系统中的表冷阀的开度情况进行分析,得出空调末端负荷的使用情况,进而调节主机的输出总负荷,使空调系统处于最佳运行状态,同时根据不同季节的气候特点制定不同的控制策略,使空调系统与新风系统能够相互配合,始终处于最佳运行状态。暖通空调监控系统的应用,使江南绿色建筑能够兼顾健康舒适和节能环保两大需求。

2)照明监控系统设计

照明监控系统根据照明功能需求设定不同的控制程序,通过计算机技术进行自动控制,并结合传感器技术控制灯具的开关。如通过设在功能区的控制触摸屏进行本地控制,通过与人体感应探测器联动实现人到灯亮、人走延时关闭,通过与照度传感器配合使用自动开启灯具,同时,用户也可以根据自己的需求设置个性化的控制模式。

江南地区照明能耗大,照明监控系统的应用能够有效提高江南绿色建筑中照明系统的节能水平。

3)智能遮阳系统设计

江南地区夏季时间长、太阳辐射强度大,建筑遮阳系统必不可少,智能遮阳系统更是江南绿色建筑的首选。智能遮阳系统由遮阳百叶、驱动电机、室外多角度阳光跟踪器以及控制器组成,自动检测阳光的强度、角度,按预设的建筑物的位置、体形、朝向及周边建筑群的日照影响模型,依据不同季节、不同时段的气象、日照数据进行综合分析计算,自动控制遮阳百叶的升降或旋转角度,达到遮阳效果(图 13-2-5)。智能遮阳系统在夏季可以有效降低空调能耗,在冬季可以降低供暖能耗,同时还能减轻光污染,营造健康舒适的生活、工作环境。

建筑设备监控系统包含了诸多子系统,本节仅介绍与江南绿色建筑有着密切关系的几个系统。随着数据处理、无线传输、新型传感器等技术的发展,会出现各种专业化的监控系统,促使江南绿色建筑的智能化水平不断提高。

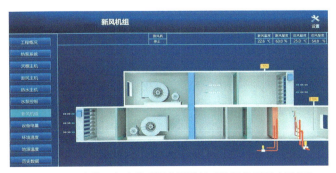

图 13-2-4　江南某绿色建筑暖通空调监控系统显示界面(局部)

图 13-2-5　智能遮阳卷帘示意

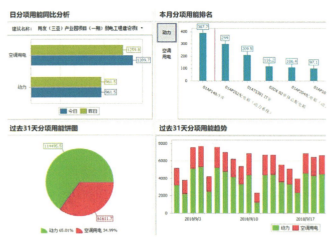

图 13-2-6　建筑能耗监管系统典型分析界面（局部）

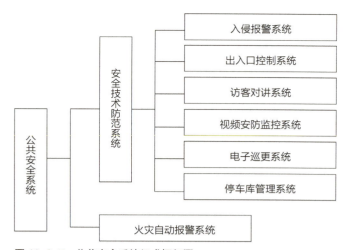

图 13-2-7　公共安全系统组成框架图

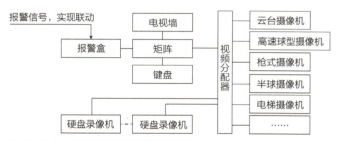

图 13-2-8　典型视频监控系统示意图

2. 建筑能耗监管系统设计

建筑能耗监测管理系统采用先进的通信技术和计算机软硬件技术等，以电、水、气等能源介质为监测对象，对绿色建筑的用电、用水、用气等进行实时采集、计量以及计算分析，结合实际运行需求和能源价格政策，科学地选择和制定能耗控制管理办法，实现能源和节能管理的数字化、网络化、可视化（图 13-2-6）。

建筑能耗监测管理系统可以帮助管理者掌握能源使用成本，提升管理效率，降低运营成本，达到科学用能、降耗的目的，为江南绿色建筑全生命周期内的智慧运行提供辅助支撑。随着碳达峰、碳中和概念的提出，江南绿色建筑，尤其是超低能耗建筑将会加速发展，这对建筑能耗监管系统提出了更高的要求，对建筑能耗监管系统的发展有较大的促进作用。

13.2.5　公共安全系统设计

建筑公共安全防范系统是在人力设防的基础上，借助高科技的技术手段形成的综合安全防范体系，一般由安全技术防范系统、火灾自动报警系统组成（图 13-2-7）。通过多个系统的共同作用，公共安全系统可以有效保障江南绿色建筑使用者的人身安全、财产安全以及心理上的安全。

1. 安全技术防范系统设计

安全技术防范系统通过出入口控制系统、入侵报警系统、视频安防监控系统（图 13-2-8）、电子巡更系统等子系统的配合使用，能够满足建筑使用者对安全生活的需求，对江南绿色建筑的智慧运行也有着重要的贡献。如出入口控制系统采用密码识别、卡片识别、生物识别、蓝牙识别等多种门禁控制方式，对使用者进行多级控制，并具有联网实时监控功能，将识别信息与磁力锁（电控锁）相结合，进而由识别信息代替常规钥匙，再配合电脑进行智能化管理，既可以保障使用者的安全，又为使用者提供了便利。

2. 火灾自动报警系统设计

火灾自动报警系统通过设置在建筑物内部的火灾探测器实时监视建筑物安全，通过捕捉探测范围内火灾所产生的烟雾、温度、火焰等向系统发出报警信号，设在管理中心的火灾报警控制器接到报警信号后发出声光报警信号并强制点亮疏散通道上的疏散标志灯和应急照明，有效疏导人员撤离，确保人身安全，同时启动消防灭火设备进行灭火，关闭防火门等防止火灾范围扩大，降低财产损失（图 13-2-9）。

江南地区经济发达，城市化速度快，体量庞大、功能复杂的绿色建筑层出不穷，这些建筑火灾隐患大，发生火灾造成的危害更大，火灾自动报警系统是保证江南绿色建筑安全运行、保护人身安全和财产安全的重要措施。

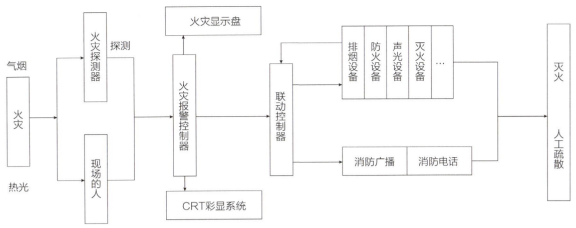

图 13-2-9 典型火灾自动报警系统示意图

13.3 智能化在江南绿色建筑中的应用

13.3.1 智能化在绿色建筑全生命周期中的应用

受经济发展、技术进步以及生活方式变化的影响，绿色建筑愈发受到青睐，它能够将保护环境和节约资源贯穿于整个生命周期，同时也能够为使用者提供健康、适用和高效的使用空间，而基于通信技术、计算机技术、自动控制技术等的智能化已成为其重要的技术手段和组成部分。在绿色建筑的整个生命周期内，智能化技术在规划设计、施工、运营管理等各个阶段均可发挥重要作用。

1. 规划设计阶段中的智能化应用

在土地开发前的规划阶段，借助科技含量高、技术成熟的设备和软件进行模拟计算，可以充分利用周边的自然资源，同时也可以将对环境的损害降至最低。

在设计初期，运用BIM技术可以分析建筑的不同朝向对能耗的影响，确定建筑最佳朝向（图13-3-1），也可以对建筑体形进行分析，优化建筑外形，选用合适的建筑材料厚度，减少建筑能耗。运用BIM的三维数字模型，可以有效规避二维施工图纸的错漏碰缺，提高图纸质量，避免施工反复和资源浪费。

在利用水资源方面，通过设置雨水收集系统收集雨水，经处理后的雨水可重复利用，如浇灌绿化、清洗车辆等；也可以采用自动浇灌系统，根据土壤湿度来控制系统的自动运行，达到节水的目的。

电气照明是绿色建筑的重要组成部分，设计时采用智能照明系统，根据建筑使用功能的不同性质和特点，按

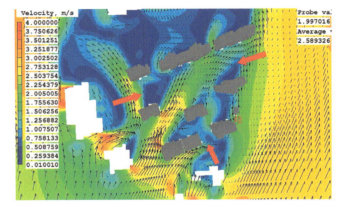

图 13-3-1 夏季风环境模拟分析图

照预先设定的照明控制程序，对照明设施进行分类、分区域控制，并根据照度要求对灯具亮度进行调节，从而实现节能。

暖通空调系统的作用是保证建筑环境具有适宜的温湿度和良好的空气品质，为用户营造一个舒适、健康的工作、生活环境，同时，它又是能耗大户，在节能方面具有很大的潜力。设置暖通空调监控系统，对所有相关设备进行全面管理，监测设备工作状态和运行参数，并根据负荷情况及时作出调整，实现节能。

2. 施工阶段的智能化应用

在施工阶段应用智能化管理系统（图13-3-2），能够大大提高管理效率，控制成本，减少不必要的资源消耗。施工过程中应用智能化系统，可以对施工进程进行检测，判断是否与施工计划一致；可以对已施工完成部分进行信息收集，判断是否与设计图纸一致；可以对重要位置实施视频监控，便于管理人员掌握具体施工情况，及时规范不当行为。采用智能化技术，可以解决工程建设中出现

图 13-3-2　智能化施工管理系统（局部）

的"监管力度不强、监控手段落后"等问题，进而提高管理效率、管理水平，确保项目安全顺利地完成。

工程施工过程中容易产生施工粉尘，造成环境污染，在施工场地应用智能化环境监测系统和降尘除霾系统可以有效缓解污染，具有节能高效、成本低廉的优势。环境监测系统可以 24 小时监督、检测建筑施工现场空气质量，并将相关数据传输到智能化系统中进行分析汇总，当某项数据异常时，可及时提醒管理人员，并自动开启降尘除霾系统。

3. 运营管理阶段的智能化应用

绿色建筑中应用了大量的智能化设备，在项目运行阶段，这些设备通过信息网络系统集成到数据管理中心。数据管理中心对设备、环境、消防、安防、通信等设施设备进行自动管控和合理使用、定期维保，确保设备始终可靠、安全、经济地运行，延长设备使用寿命。在数据管理中，实时数据以图表的形式展现，对异常数据及时报警，提醒管理人员进行处理；通过数据分析，优化设备运行过程，合理节约能源，同时有助于进行精细化管理，为客户提供优质服务，提高物业价值。

总之，将建筑智能化技术应用到绿色建筑的规划、设计、施工以及运营管理中，可以实现绿色建筑的现代化建设，保障绿色建筑理念的落实，促进绿色建筑行业的发展，反过来也可以为信息技术的发展提供契机，达到共赢的效果。

13.3.2　智能化在江南绿色居住建筑中的应用

随着生活水平的提高，人们对居住品质的要求也越来越高，健康、舒适、安全、便利的智能化绿色居住建筑更是受到了人们的普遍欢迎。在居住建筑中，人的安全感需要安全防范系统来支撑，健康性、舒适性由暖通空调监控系统来保障，便利性靠智能化网络技术的运用来实现。

应充分考量居住建筑的使用目的和功能需求，用"以人为本"的设计理念来构建智能化系统。

下面以江南地区某居住小区为例，讨论智能化系统在绿色居住建筑中的应用。

该小区位于杭州市下城区，位置优越、交通方便，总建筑面积 8 万 m^2，含 8 栋高层住宅。地产商以绿色三星建筑为目标，拟创造一个"四季舒适"的居住小区。在这一前提下，我们以智能家居系统、安全防范系统和智能化管理系统为主构建智能化系统。

智能家居系统主要由家居控制器（图 13-3-3）、智能网关、布线系统、末端控制器以及相应的控制软件组成。家居控制器是整个系统的"指挥中心"，利用先进的计算机技术、网络通信技术、智能网关等将与家居生活有关的各智能化子系统集成在一起，进行智能控制和管理。通过可视对讲门禁系统、防盗入侵报警系统、火灾报警系统、生活服务信息发布系统、环境监测系统、家电管理系统等子系统分工协作，给用户创造一个安全、健康、舒适、便利的生活环境。

（1）安全性：家居控制器具有各类安防设施报警信号（红外、门磁、燃气报警、火灾报警、紧急求助按钮等）的接入端口。在住户开启布防的前提下，若触发报警器，则报警信号通过小区局域网上传至安保中心主机，在主机上显示报警信息，同时发出声光信号提醒管理人员及时处理，为住户提供安全保障。老人在家急需帮助并按下紧急求助按钮时，报警信号通过小区局域网上传至安保中心主机，及时通知小区物业管理人员提供援助。

（2）健康性：户内主要功能房间设置多参数传感器（图 13-3-4），实时检测空气质量，当 CO_2 等有害气体含量或 $PM_{2.5}$ 浓度超标时，会发出警报，联动开启新风机提供新鲜空气、开启排风机排出有害气体，保持一个健康

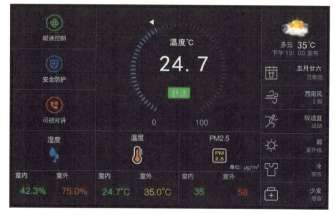

图 13-3-3　典型家居控制器显示界面

图 13-3-4　多参数传感器

图 13-3-5　客厅智能照明

的居家环境。

（3）舒适性：空调系统通过家居控制器自主设置室内的温湿度，当室内温湿度过高或过低时，自动打开空调的相应功能，为客户提供一个舒适的温湿度环境。照明系统可通过家居控制器在客厅、餐厅（图 13-3-5）、影音室等重要区域预设各种生活场景和调光模式，来营造不同的灯光环境，给人以舒适完美的视觉享受。在门厅、起居室、家庭室等室内人工照明与室外自然光结合区域，系统可以进行相应的自然光补偿，当自然光照度低于或高于一定数值时，可联动开启或关闭电动窗帘，营造舒适的光环境。

（4）便利性：家居控制器通过网关与互联网连接，让住户可以通过手机客户端进行网上购物、远程教育、远程医疗以及远程控制智能家居设备等，实现人机交互的全新家居生活体验，充分体现生活的便利性。

在住宅中应用智能化系统，能够给用户带来舒适、便利的生活体验和安全、健康的生活环境，足不出户就能实现购物、娱乐、信息浏览等个性化需求，让物业管理更具人性化、精细化和智能化，同时节省人力成本，带来了良好的经济效益，充分体现了建筑智能化对绿色居住建筑的重要性。

13.3.3　智能化在江南绿色办公建筑中的应用

绿色办公建筑能够为用户提供健康、高效的工作环境，有益于身心的健康发展，有助于工作效率的提高。智能化技术的运用则可以全面促进绿色办公建筑综合性能的提升。

下面以江南地区某旧改办公楼为例，分析智能化技术在绿色办公建筑中的运用。

1. BIM 技术在绿色办公建筑设计初期的应用

根据项目所处地理位置及环境，在设计初期利用 BIM 技术建立三维数字模型，进行声、光、热、风环境模拟分析（图 13-3-6），并根据分析结果，选择最优改造方案，为改建成绿色办公建筑创造先决条件。

2. 智能照明监控系统在绿色办公建筑中的应用

传统的照明控制技术在控制灯具的开关时，不能根据周围光环境的变化自动调节灯具的发光强度，容易造成办公区域照度不稳定，光线的均匀度差；而不合适的光照会使人产生眩晕感，引起头痛、疲劳，增加压力和焦虑，影响员工的身心健康。在充分利用自然光线的同时引入智能照明监控系统，可以营造一个良好、舒适的光环境。

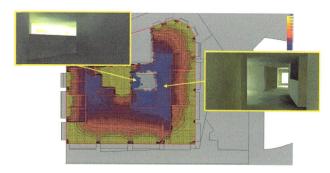
图 13-3-6　项目热环境模拟分析图

根据办公区、会议区、洽谈区等不同使用需求确定不同的工作区照度，然后通过智能照明监控系统中的照度传感器对所在区照度进行实时监测，并通过计算适时调节灯具亮度、联动调节智能遮阳百叶窗的开启角度。通过红外人体感应技术探测室内人员活动情况，自动开启或熄灭相关区域的灯具。

智能、灵活、高效的照明监控系统，能够为办公人员提供舒适的光环境，减轻环境因素对员工心理的不良影响，同时通过智能控制降低建筑照明能耗、节约能源，实现绿色办公建筑所要求的舒适、节能（图13-3-7）。

3. 暖通空调监控系统在绿色办公建筑中的应用

暖通空调系统是为绿色办公建筑提供舒适使用环境的主要设施，但其能耗在建筑总能耗中占据较大比例。通过暖通空调监控系统可以提高暖通空调系统的使用效率，大大降低能耗。

本项目采用温湿度独立控制空调系统，用新风系统控制室内湿度，用辐射系统控制室内温度。辐射系统冬/夏季采用低温热水/高温冷水处理温度，可明显提高机器能效比。暖通空调监控系统通过检测室内外的温湿度，自动调节空调或新风系统，控制新风量及冷水流量，既满足了室内空气环境舒适度的要求，又达到了节能的目的。当室内的空气受到污染时，暖通空调监控系统控制新风机加大新风的输入，同时控制排风机提高室内换气频率，确保室内空气品质优良。

暖通空调监控系统对建筑所有暖通空调设备进行监控、管理，并根据室内环境变化，通过优化控制策略及时调节各设备运行状态，提高设备及系统效率，降低系统能耗，满足了绿色办公建筑舒适、健康、节能的需求。

4. 电梯监控系统在绿色办公建筑中的应用

电梯监控系统采用智能化的电梯群控方式，由计算机控制并统一调度、管理多部电梯的运行指令，根据系统设定的运行方式和建筑内实际呼梯指令产生最优派梯决策。与独立运行的电梯控制系统相比，电梯监控系统可以有效改善客流调度及运输效果，避免资源浪费、电梯损耗不均的情况发生。电梯监控系统还与消防系统协同工作，发生火灾险情时，普通电梯直接迫降首层，打开电梯门，疏散电梯中的乘客，同时切断电源，停用普通电梯，而消防电梯迫降首层待命，供消防人员应急使用。

电梯监控系统为绿色办公建筑提供便利的同时，也避免了资源浪费。

5. 能耗监管系统在绿色办公建筑中的应用

本项目对空调机组、照明插座系统设置了远传智能电表，实时记录用电情况并上传至数据管理中心进行收集、整理、分析，识别用电高峰时段及相关用电设备，然后通过设备监控系统对设备进行优化控制，在不影响使用效果的前提下，削峰填谷，降低使用成本。在给水系统的进水端及楼层支管设置远传智能水表及管网压力传感器，实时计量用水量和检测水压，数据汇总后同样经数据管理中心整理、分析，与历史数据进行对比，发现异常及时处理，避免水资源浪费。

能耗监管系统可以实时监控建筑能源使用情况，通过数据分析，优化设备运行模式，提高设备使用效率（图13-3-8），达到绿色建筑节能减排的目的。

6. 公共安全系统在绿色办公建筑中的应用

本项目公共安全系统由火灾自动报警及联动系统、出入口控制系统、视频监控系统及离线式巡更系统组成。

火灾自动报警及联动系统根据本项目建筑装修材料的燃烧特性选用了离子感烟探测器，在火灾初期能够作出快速响应，发出警报信号；同时将信号传输给火灾联动控制器，火灾联动控制器联动点亮疏散指示标志灯及应急照明灯，启动应急广播，引导人员疏散；并启动消防水泵、防排烟风机，关闭防火门和防火卷帘等其他限

图13-3-7 办公区智能照明实景图

图13-3-8 能耗监管系统显示界面（局部）

制火势、防止火灾扩大的设施。火灾自动报警系统能够在火灾初期发现险情，并联动各灭火设施将其控制、消灭在起始阶段，尽可能地保障楼内人员生命及财产安全，减少损失。

出入口控制系统采用人脸识别系统，同时结合了考勤打卡功能，该系统由前端人脸识别设备、人脸识别门禁控制系统、考勤管理软件以及前台访客登记端等部分组成。通过管理软件录入人脸白名单，设置门禁通行时间段和考勤规则，实现了内部人员刷脸快速通行功能，解决了员工的打卡考勤问题，同时可以防止外来人员随意进入，满足安全防范需求，也可减轻管理人员的工作负担。

在大楼的电梯厅、楼梯口、门厅、弱电机房等重要场所设置视频监控系统，提高安保效率，并与离线式巡更系统相结合，构筑安全、高效的安全防范系统。

绿色办公建筑中，综合运用各智能化系统，能够为人们营造出资源节约、舒适健康、生活便利、环境适宜的工作、生活空间，充分体现了建筑智能化系统的重要性。

参考文献

[1] 王娜. 建筑智能化与绿色建筑[J]. 智能建筑与城市信息，2014（1）：24-27.

第 14 章　江南传统建筑与太阳能技术应用

14.1　建筑与太阳能利用

太阳能资源评估分析对能源的有效应用十分重要，也是指导太阳能与建筑融合系统的设计基础之一。目前已有的各类精确的太阳能资源评估与能量输出预测系统软件，对于复杂安装的太阳能系统也能很好地处理，进而，设计者们可以进行大量探索性的、创造性的太阳能应用设计，比如曲面光伏系统、柔性光伏发电系统等。太阳辐射能资源，主要可以从地面气象站、公共气象数据库和商业气象（辐射）软件包等处获取。对于特定区域，还可以根据需要设立即时太阳能辐射与气象监测站，以满足资源评估与系统设计需要。

建筑上的太阳能资源评估除了考虑建筑中人们的能源需求外，也要满足视觉舒适性以及考虑建筑物环境的温度舒适性。建筑师用得最多的软件是日光（Daylight）分析类软件，在整个建筑设计过程中都有应用，主要用于建筑采光的分析；其次是被动式太阳能加热评估分析软件，主要用于阳光房设计；另一类用于主、被动式太阳能建筑系统设计的软件是能源效益类软件（Energy Efficiency），此软件的使用须有构成该地区光辐照资源分析的气象数据。因而，进行建筑微环境的太阳能资源评估，比如江南传统建筑，不仅包括建筑自身结构，还有建筑所处的经纬度、朝向、树荫等因素。准确评估建筑上各位置的太阳能资源，对于太阳能技术的选择与应用，意义重大。当前，对于建筑微环境的太阳能资源评估常采用以下几种软件，可以比较准确地完整仿真，为太阳能的充分、合理应用提供依据。

1. 建筑性能分析软件

Ecotect Analysis 软件是一款功能全面的可持续设计及分析工具，其中包含应用广泛的仿真和分析功能，能够提高建筑的性能。用户可以利用三维表现功能进行交互式分析，模拟日照、阴影、反射和采光等因素对环境的影响（图 14-1-1）。

Ecotect 适用于建筑设计师、规划设计师在建筑规划设计早期和中期，通过计算机模拟分析进行方案比选，实现建筑设计方案的优化和提升，引入生态和节能理念，实现舒适度高而又生态节能的建筑设计，主要功能如下：

（1）建筑热环境分析：①建筑区域的温度空间分布分析；②建筑区域的舒适度指数分析；③建筑区域的逐时温度分析；④建筑区域的得/失热途经分析；⑤建筑冷、热负荷分析；⑥建筑围护结构得/失热分析；⑦通风得/失热分析，直接太阳得热分析；⑧间接太阳得/失热分析；⑨建筑供暖/制冷度日数分析；⑩建筑能耗分析。

（2）建筑光环境分析：①建筑天然采光系数的空间分布分析；②建筑天然采光照度分析；③建筑人工照明照度分析；④输出到专业光学分析软件中进行深度的光学渲染分析等。

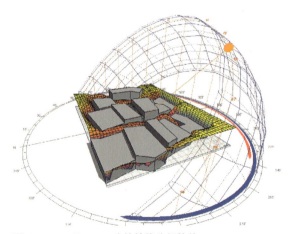

图 14-1-1　Ecotect 建筑性能分析软件

本章执笔者：陈文华、刘奎。

（3）日照分析：①建筑窗体日照时间分析；②建筑群的光影变化情况；③建筑群之间的遮蔽情况分析；④某段时间的平均太阳辐射、累积太阳辐射等。

（4）气象数据分析：①逐时气象参数：温度、相对湿度、风向、风速、风频、太阳辐射等的分析；②最佳建筑朝向分析；③建筑被动式生态技术的策略分析等。

2. 建筑光环境分析软件

Radiance 是美国能源部下属的劳伦斯伯克利国家实验室（LBNL）于20世纪90年代初开发的一款优秀的建筑采光和照明模拟软件，采用了蒙特卡洛算法优化的反向光线追踪引擎。Ecotect 中内置了 Radiance 的输出和控制功能，这大大拓展了 Ecotect 的应用范围，并且为用户提供了更多的选择。Radiance 广泛地应用于建筑采光模拟和分析，其产生的图像效果完全可以媲美高级商业渲染软件，并且比后者更接近真实的物理光环境。Radiance 中提供了包括人眼、云图和线图在内的高级图像分析处理功能，它可以从计算图像中提取相应的信息进行综合处理（图14-1-2）。

3. 自然采光模拟分析软件

建筑自然采光模拟分析软件 PKPM-Daylight 延续了 PKPM 同系列产品节能设计分析软件 PBECA 的模型导入与建模功能，能与 PKPM 建筑节能设计分析软件 PBECA、节能审查软件、负荷分析软件、能效测评软件实现模型共享，提升了产品的容错性、易用性、稳定性、智能性和灵活性。同时结合目前国内建筑采光设计要求，PKPM-Daylight 新增了群体建模、主动采光设置、采光参数设置等功能，从引导设计和采光指标自我检查两方面来规范设计师的设计行为，并为审图人员及绿色建筑评审人员提供了评价依据（图14-1-3）。

4. 能源效益软件

PVsyst 是光伏系统仿真模拟软件，专为建筑师、工程师和研究人员使用，能够对各类光伏发电系统进行建模仿真，分析影响发电量的各种因素，并最终计算得出光伏发电系统的发电量。该软件含有 NASA 和 Meteonorm 气象资源库、国内外组件数据库、平衡系统（BOS）设备数据库及定量分析工具等。PVsyst 同样适用于建筑光伏系统设计，依据江南传统建筑的结构特点，可以对光伏组件的排布进行合理设计。因季节以及太阳在一天内的位置不同，所设置的光伏矩阵难免在某些时候存在局部阴影的影响，由软件输出可视化的光辐照资源具体分布情况，可辅助光伏系统电气设计（图14-1-4）。

图 14-1-2　Radiance 软件日光分析

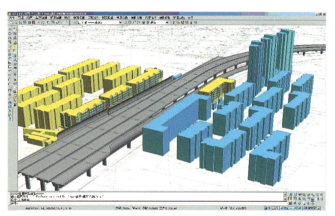

图 14-1-3　PKPM-Daylight 软件

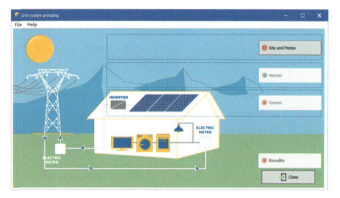

图 14-1-4　PVsyst 能源效益软件

14.2　太阳能与建筑一体化应用

14.2.1　太阳能光伏与建筑一体化

1. 光伏组件

太阳能光伏发电的基本单元为光伏组件（Module），这些标准组件可以作为建筑"安装型"（BAPV）系统安装。但从建筑业或者建筑师的角度，需要与建筑更加完美融合的光伏应用技术与产品，这就可能需要定制组件（BIPV）。主要光伏组件形式与应用见表14-2-1。

2. 光伏构件

建筑光伏构件如同建筑构件一样，是建筑物或构筑物的功能的一部分，如遮阳、防水、保温的外围护结构等，并且能够用来代替建筑围护结构，如屋顶、天窗、幕墙等传统建筑材料，增加必要的设备构成建筑光伏一体化发电系统（BIPV），还能为建筑带来节能、主动电力产出的能源效益。表 14-2-2 为目前建筑领域的主要光伏构件形式。

主要光伏组件形式与应用　　　　　　　　　　　　　　　　　　　　　　　　　　　　表 14-2-1

分类	标准光伏组件	应用场景	特征
单玻标准组件			组件一致性好，发电输出稳定可靠，经济性好，适用于追求电站最大收益的环境
双玻光伏组件			适于平屋顶安装，双面发电，单位面积能量收益更高
柔性光伏组件			重量小，可适用于曲面屋顶，可进行胶粘安装，不打穿屋面

主要光伏构件形式　　　　　　　　　　　　　　　　　　　　　　　　　　　　表 14-2-2

分类	光伏建材构件	应用场景	特征
太阳能玻璃（Solar Glazing）			安装于平屋顶、坡屋顶、立面，替换原有透光部分，兼具采光与发电功能
平面光伏瓦			安装于平屋顶或坡屋顶，具备隔热、防水、保温功能

续表

分类	光伏建材构件	应用场景	特征
曲面光伏瓦			光伏瓦片色泽一致、美观，相对积尘少，遮挡功率损失较少，全屋面安装或部分替换安装
光伏墙砖、地砖			安装于地面、建筑立面，增色建筑外观，额外电力产出，提升能源效益
光伏膜			可用于传统屋面、金属屋面、坡屋面，单位质量小，安装简单，提供可观能源收益

3. 光伏一体化的集成要求

建筑与光伏构件能够在以下三方面融合与集成（图 14-2-1）。

功能集成，是指光伏构件能够替代建筑围护结构，满足耐候、隔热、隔声等建筑保护功能性要求。

美学集成，即满足建筑标志、结构和组成细节的建筑语言/形态设计规则，建筑光伏系统的解决方案也应该能够满足这种美学融合需求。

能源收益，与传统建筑构件不同，建筑光伏构件连接相关设备可组成完整的光伏发电系统，还能够为用户持续地产出绿色电力。

14.2.2 太阳能光热与建筑一体化

太阳能集热器构件化，即太阳能集热器与建筑一体化，是近几十年以来国内外研究开发的热门领域之一，尤其在欧洲地区，多年前就已经开始研究如何将太阳能集热装置与建筑围护结构一体化，并进行了多项专题

图 14-2-1 屋面光伏瓦发电系统

研究。集热器与建筑围护结构一体化后，可以让建筑的保温水平获得大幅提高，而且由于建筑构件减少了风雨侵蚀和温度剧烈变化产生的应力，寿命也有所提高，太阳能集热器与建筑的一体化将对整个建筑行业产生影响（表14-2-3）。

14.3 江南传统建筑与太阳能应用

14.3.1 建筑特征与环境

1. 建筑布局与特征

江南地区气候温和湿润、水域丰富，城镇及乡村传

几种主要构件化的太阳能集热器及特征　　　　　　　　　　表14-2-3

集热器类型	图示	应用系统	功能适用
平板型集热器			立面安装，光伏电力与空气集热器，室内供暖
真空集热管型集热器			阳台安装，太阳能热水系统
平板型集热器：标准型与构件型			屋面嵌入式安装，生活热水产出
太阳墙			立面安装，空气集热器，室内供暖
集热板			平屋顶、斜屋顶一体化安装，适用于传统建筑
标准型平板型集热器			建筑遮阳，构件化应用
PV/T集热器			光伏光热一体化集热器，屋面安装，综合能源效率高

图 14-3-1 江南传统建筑

统民居建筑大多利用地形,自由灵活地散列在流水萦绕的隙地上,临河依水而建或跨溪而筑。民居建筑的共同特点都是坐北朝南,房屋高、墙身薄、出檐深、门窗高大,利于通风,注重内采光;以木梁承重,以砖、石、土砌护墙(少见以木为墙);以堂屋为中心,以雕梁画栋和装饰屋顶、檐口见长。江南民居普遍采用的平面布局方式和北方的四合院大致相同,只是布置紧凑,院落占地面积较小,以适应人口密度较高,要求少占农田的特点(图 14-3-1)。

庭院建筑的适应性非常广泛,以房屋建筑空间为主体,再由房屋向心而筑,围合成庭院,庭院规模可大可小。以庭院为基本"空间原型",又可以进行纵向或横向的不断拓展组合,最大的如北京故宫,普通的如各个不同地区的合院民居,其范围十分之广。

居住庭院由于地理、气候、历史、习俗等原因可分为北方的"四合院"和南方的"天井院"两种院落建筑样式。它们都是以房屋围合院子的空间组织形式,是庭院的不同表现形式。这是符合中国古代社会的文化观念,也满足家庭生活需要的庭院建筑形式,在长期的发展过程中逐渐被定型,成为传统建筑的基本模式。江南的"天井院"是将四周的房屋连接在一起,中间围成一个小天井。纵深院院相套,形成院落,通常是由四合院变形的合院式建筑,四周房屋连接在一起。这一带冬冷夏热,梅雨绵绵,人口密集,因而房屋多建为两到三层,中留狭小天井,既可通风透雨,又可降温防寒(图 14-3-2、图 14-3-3)。

2. 生态设计与低能耗模式

江南传统建筑无论是从选址、朝向、风环境的营造还是水环境的塑造、绿化的布置上,无不显露出设计与自然结合的宗旨。充分利用自然冷热源,最大限度地亲近自然。立足地域性气候条件及材料,进行适应性技术融合,如夯土墙、架空底层及夹层瓦屋面。此外,传统建筑还充分利用了复合围护结构及空间。如此,大多数的传统建筑在冬季和夏季都呈现出不同的特点,人们根据气候变化,对围护结构进行相应的改变,如冬季提高门窗的密封性,夏季更多地利用北向空间,冬季更多地利用南向空间等。江南传统建筑生态设计最终着眼于以人为本,根据住户的自身需求进行搭建,符合人们的生活习惯,同时与当地的风土融为一体。

针对各地独特的气候条件和地域资源特点,存在下述新民居低能耗的模式。

(1)建筑本体节能:降低建筑能耗需求,通过提高围护结构的保温隔热性能,如外墙外保温、双层窗,降低建筑的冷、热负荷需求。

(2)被动式设计:最大化地通过被动的方式,利用自然能源,如结合地域气候特点,形成独特的建筑形式,如被动式下向通风技术、可调节的遮阳等。

(3)可再生能源的综合利用技术,如:太阳能热水

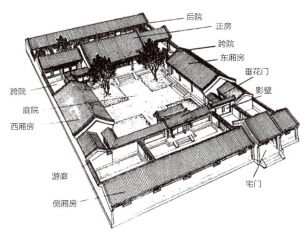

图 14-3-2 北方四合院

图 14-3-3 传统天井院

系统，从最简便的闷晒式热水袋，到真空管及平板集热器，将其融入建筑；提高安全性及全年利用率，同时与建筑设计结合，形成舒适的洗浴空间。此外，如光伏发电等技术，尽可能地采用集成技术。又如光伏电热联用技术，可提高光伏发电的效率，同时利用热能，降低成本。

（4）高效的建筑主动供能系统：采用高效的供暖锅炉，考虑到传统建筑的特点，有针对性地进行相应设备的选取，同时考虑可再生能源利用技术的融入。住户也不能单纯通过安装分体式空调进行制冷，应基于良好的建筑本体节能设计，以被动式为主，主动技术为辅，利用适宜的自然能源，同时，综合利用可再生能源技术，解决新民居的用能需求，保护好乡村的优美环境。

3. 建筑环境与太阳辐射能

建筑环境可分为建筑内环境和建筑外环境，为了控制室内环境而利用当地的室外空气、太阳能、地热能、地下水储能、风能等，均需依赖当地的外部环境与气候条件（图14-3-4）。

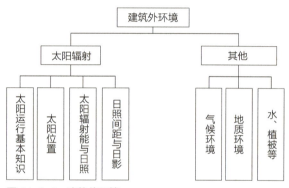

图14-3-4　建筑外环境

建筑外环境涉及太阳能、气候环境、地质环境、水环境等，而气候环境也直接或间接受到太阳能的影响。室内热湿环境受到室外环境的影响非常大，同时，针对愈来愈普遍的太阳能主动利用以供应建筑热水、供暖或空调等微环境需求，需要对建筑屋面及所处庭院外环境作比较精确的太阳辐射能资源评估（图14-3-5）。

江南传统民居建筑在将居住者的人文环境融会贯通的同时，也在设计形式上适当利用阳光、通风等自然因素来创造出最接近四季居住的舒适环境。因此，在应用太阳能技术时，需要对建筑微环境与太阳能资源进行系统化的评估与设计，以满足适用、美观、社会与经济效益的多方协调，达到最佳收益。

14.3.2　建筑与光伏技术应用

1. 建材与建筑光伏构件

太阳能光伏电池片需要根据不同环境要求进行封装，并经过相关标准的认证后，才具有实际应用的性能，是一种独立的发电组件（Module），而当其满足建筑应用的要求时，可以称为光伏构件（Components）。通过将发电组件串联、并联组成矩阵，最终组合成为一定规模的太阳能发电系统，可以是大规模的地面电站系统，也可以是在建筑中安装的光伏建筑一体化系统。

建筑光伏材料极大地丰富了建筑材料的创新选用，比如玻璃是一种反映建筑与光概念的材料，但光伏构件替换玻璃后，通过透光率变化、电力产出、颜色调节，重新定义了建筑材料，增加了创新元素。实际上，光伏组件/构件的生产商在光伏组件的设计与生产上，也是在竭尽全力生产已经在相当程度上被认同为建材的替代产品，向已经被采用的建筑材料靠近，这些要素主要是颜色，包括色温、色饱和度等。

传统江南建筑大部分采用屋面瓦，既有平面瓦也有曲面瓦，通常由陶土材料制作，有些屋面瓦表面色饱和度极高，使得建筑整体给人留下一种永恒的、记忆深刻的固有印象。若要将传统瓦片或屋面由光伏瓦片替代，由于光伏瓦片效率上的考虑一般不具有亮丽的、饱和的颜色，因此选择上有时兼具矛盾、冲突和妥协（图14-3-6）。

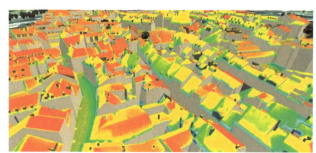

图14-3-5　太阳能资源与屋顶热工分析

图14-3-6　左为新式陶瓷瓦，右为传统屋面瓦

于建筑屋面安装的光伏产品，通常直接采用金属构件，将普通标准组件安装于屋面上，称为"附着式"光伏组件，是一种组件性价比最高的系统，因而大量被采用，但外观效果上会影响原先的建筑风格。为改善光伏组件与建筑的融合度，将一般的普通标准组件边框改进成可与建筑瓦片结构扣合的结构，这种平板组件的安装面与原建筑瓦片结构基本在同一个屋面，称之为嵌入式（In-roof Mounted）光伏系统。嵌入式光伏构件多为平面，近年来也有采用柔性电池芯片制造成曲面光伏瓦的设计。光伏瓦可以根据屋面瓦的尺寸进行设计制造，但鉴于对光伏组件生产成本的优化，一般较普通瓦片尺寸大。同传统屋面瓦一样，光伏瓦也可以具有隔热、保温、防水等功能。

2. 光伏构件的应用

1）屋面与光伏瓦

江南传统民居建筑屋面青瓦有拱形的、平面的或半个圆筒形的。光伏瓦若要替换屋面青瓦，必须适应传统青瓦的尺寸与模数，不宜使用大尺寸的平面光伏瓦。平面、曲面、波形光伏瓦依据太阳能光伏电池电气参数进行设计，尺寸与外观接近青瓦，可与传统建筑屋面进行集成设计（表14-3-1）。

如前所述，屋面部分的太阳能辐照资源能较好地满足光伏发电系统的能源收益条件，且能够较好地与建筑融合。光伏瓦片的安装不同于传统瓦片，除具备传统瓦片的隔热保温功能外，光伏瓦因其形态、结构各异，具备不同

江南传统建筑光伏瓦选型（参考） 表14-3-1

光伏瓦类型	图示	屋面光伏瓦系统	应用方式
平面光伏瓦			根据屋顶倾角、结构实际特征，可完全替换原屋面瓦
曲面光伏瓦			安装于坡屋面，可局部或全部替换原屋面瓦
			可对原屋面瓦进行部分或全部替换
平面光伏瓦（波形）			光伏瓦基体材料可以为陶瓷材料、有机材料，根据区域气候条件、原建筑瓦结构等因素进行全屋面替换应用
曲面光伏瓦		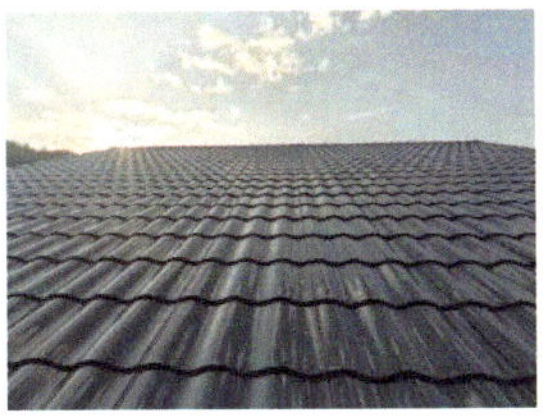	全屋面安装或局部替换

的安装方式。光伏瓦需要将发电线缆连接，并且走线要隐蔽、防水、防火。光伏瓦与屋面之间需具备一定的间隙，保证通风功能，将光伏瓦背面热量尽可能多地扩散出去，以减少光伏电池的工作温度与输出的负效应影响，有助于光伏瓦发电系统效能的提升。

2）墙面与光伏砖

光伏发电幕墙在江南建筑墙面有所应用。为适应传统建筑风格要求，保留和体现一些建筑本征，光伏产品的开发研究人员还设计和制造了光伏砖。光伏砖是一类建材型光伏构件，对于建筑应用而言，是将组件芯片"像素化"（Pixelated）的延伸。结合电池芯片颜色的改变，可以有很多适应建筑师要求的创意。光伏砖需要吸收一定光谱的太阳辐射能，电池表面颜色通常为深色，多与传统建筑的砖墙色质不同，见图14-3-7，从外部看，光伏砖的尺寸与传统建筑砖也不同，因而，光伏砖的最终使用需要结合江南地区传统建筑的外墙特征，细致安装排布后，追求各方一致的满意效果。

3）建筑遮阳

对传统建筑的改造升级，并不局限在屋面、立面上，也可在建筑局部增添功能与色彩，比如遮阳。建筑遮阳是为了达到节约能源和改善室内环境的目的而采取的技术手段，在《建筑遮阳系列标准应用实施指南编制研究》中，对建筑遮阳的定义是：为了避免阳光直射室内，防止局部过热和眩光的产生以及保护物品而采取的建筑措施。广义上，建筑遮阳是综合考虑建筑功能与技术以及形态配置，并与相关建筑构件、配件及建筑外环境互为补充、共同作用的系统。建筑遮阳简单而有效，是建筑节能的关键技术之一。随着建筑技术的发展和遮阳产品的研发应用，建筑遮阳技术在公共建筑和居住建筑中的应用将越来越广泛。

江南传统建筑依然可能进行遮阳改造，建筑遮阳技术已然成为建筑适应环境、改善室内环境的必然。建筑遮阳是夏季隔热最有效的措施，对减少空调能耗发挥着重要作用；在冬季，合理的建筑遮阳做法可以在一定程度上降低供暖能耗。与此同时，建筑遮阳对调节室内光环境效果明显，可防止眩光产生、节约照明能耗。此外，建筑遮阳对促进自然通风等都有积极作用。在传统建筑中，大挑檐、大坡屋顶、宽廊道、大阳台、挡板构件等都具有遮阳、蔽雨、通风、采光等功能，对于需要遮阳的部分，融合采用光伏遮阳技术是非常好的解决办法（图14-3-8）。

4）能源效益优化

用于江南传统建筑上的光伏构件，为适应建筑方位、外观美学、结构走线等，光伏发电瓦的输出平顺性以及效率受到一定的制约。通常建筑的阴坡、局部阴影遮挡是常见的，需很好地予以解决。根据太阳能光伏电池的类型，解决的办法也有所不同，涉及光伏瓦构件和光伏系统两个方向。光伏瓦应该合理排布布局，组串应该设置旁路二极管，且与阴影的发展方向一致，见图14-3-9、图14-3-10；系统的解决办法是根据阴影影响矩阵的情况，合理设置独立的MPPT来解决，使用微型逆变器技术也是很好的办法之一，可以更加精准地对每一片瓦片或构件进行跟踪和优化输出。助力发电输出的解决方案可以由光伏行业专业人员根据具体项目案例给出针对性的解决办法。

3. 太阳能光热技术的应用

太阳能热水器、空气集热器等可以最常用的方式附着在建筑屋顶、立面或阳台等布置。此种安装方式只是简单地将光热技术加以利用，虽然能够给用户带来热水、供暖等能源收益，但对于建筑环境、外观的影响是显而易见的，与此同时，为整个城市或乡村的建筑规划与美感带来不和谐、不一致，甚至是破坏性的影响。

江南传统建筑形态美是长久的文化沉积的结果，任何对建筑的改造升级都是不同要素的融通，太阳能集热

图14-3-7 光伏墙砖效果

图14-3-8 光伏遮阳构件

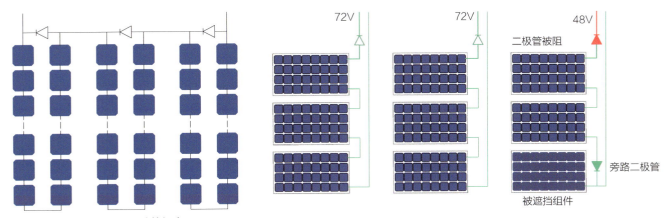

图 14-3-9 光伏组件阴影遮挡解决

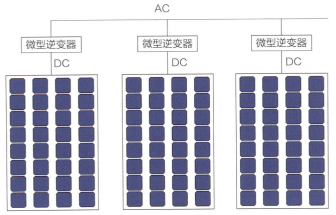

图 14-3-10 光伏瓦系统阴影遮挡解决

图 14-3-11 屋面嵌入式太阳能集热器

图 14-3-12 全屋面太阳能集热器构件

器的设计重点仍然是对功能与风格的把握，要合理安排与布局。太阳能集热器的设置的技术要求较为严苛，如对倾角的要求，接迎太阳照射的方向要求等。太阳能集热器位置的设置不仅影响系统的有效运行，还直接影响到建筑的外观。这无疑对建筑设计提出了挑战。江南传统建筑中瓦屋面占大多数，不同于与传统建筑瓦片同尺寸的光伏瓦片技术，太阳能集热器构件做不到瓦片尺寸规格的产品，如上所述，屋顶完全由大尺寸的平板式集热器构件构筑，如此就完全失去了建筑材料的原生态性质，所以需要业主与太阳能企业等关联方共同参与方案的优化。

对于江南传统建筑，除了屋面上设置太阳能集热装置之外，还可以在建筑的其他部位或院落，进行合理的太阳能集热装置设置。比如外墙面设置可以尽量安排好集热器的位置（窗间或窗下），调整集热器与墙面的比例，并将太阳能集热器与墙面外装饰材料的色彩、风格有机结合，处理好与周围墙面、窗子的分块关系。此外，太阳能集热器可安置在庭院地面上、建筑廊架上或遮阳的凉亭板上，也可安装在建筑屋顶的飘板上等建筑允许的、能充分接受阳光照射的部位。需因地制宜地考虑其安放位置，并在设置时满足太阳能热水系统包括集热器设置的技术要求（图 14-3-11、图 14-3-12）。

14.4 建筑中的太阳能系统

太阳能具有间歇性、波动性、能流密度低等特点，任何形式的太阳能技术与产品在应用时都面临需求与供给的匹配性、稳定性问题。尤其是在既有建筑区域设置太阳能产品，面临可安装区域的局限，同时其能源供应的稳定性、与建筑美学的结合性也是太阳能产品应用要考虑的重要因素，二者能否很好地融合主要涉及以下方面。

14.4.1 太阳能热水系统

1. 太阳能保证率

太阳能保证率指系统中太阳能部分提供的能量除以系统的总负荷[系统中太阳能提供的能量单位为焦耳（J）]，目前主要用于太阳能热利用领域，太阳能保证率实际上是系统来自太阳能的有效得热量Q_u与系统所需热负荷L之比。即：

$$f = \frac{Q_u}{L} = \frac{F_R A}{L} \int^{\Delta t} [I_T = (\tau\alpha) - U_L(T_i - T_a)]^+ dt$$

（14-4-1）

式中：F_R为太阳能集热器热转移因子；A为太阳能集热器面积，m^2；I_T为照射在太阳能集热器表面的总辐射量，$J/m^2 \cdot h$；τ为太阳能集热器罩系统透射系数；α为太阳能集热器吸收板表面的吸收系数；U_L为太阳能集热器热损失系数，$W/m^2 \cdot ℃$；T_i为太阳能集热器进口流体温度，℃；T_a为室外空气温度，℃；Δt为所讨论的时间周期，h。

上式中，括号外上角的"+"号，表示仅考虑正值，也就是说只有当集热板吸收的太阳能大于它向周围环境散失的热量时，才开泵使系统运行。受制于太阳能资源自身的特点，太阳能热利用系统必定要考虑太阳能供应占比情况。江南传统建筑中太阳能光热技术的应用，首先要对可安装区域的太阳能资源进行评估，基于经济性原则与方案可靠性，确定建筑冷热负荷由太阳能光热提供的比例。

2. 太阳能光热瓦系统

近年来，太阳能应用的实践线索显示，江南传统建筑上太阳能光热技术与相关产品的应用与大众的期望有差距，产生此种结果最主要的因素就是构件化集热器的外观、性能与建筑自身的特征不能很好地结合。此外还有构件化太阳能集热产品的种类不够丰富，系统复杂，安装、施工成本高等，需要各相关方不断努力克服以上这些短板（图14-4-1）。

14.4.2 太阳能光伏系统

近年来，太阳能光伏技术的应用及市场范围不断扩大。太阳能光伏技术一定程度上可以满足建筑美学、构造上的要求。光伏技术应用于既有建筑或新建建筑已出现越来越多的成熟方案及案例。光伏构成建筑主、被动节能体系，可原地发电、就地用电，在一定距离范围内可以节省电站送电网的能耗；系统电力产出时也多是用电高峰期，可以缓解供电压力；光伏面板安装在建筑结构上，可以减少墙体夏季得热，从而降低建筑的能耗。

按光伏组件的排布和安装方式，应用于建筑上的光伏系统可分为建筑附加光伏系统（BAPV）和与建筑功能集成光伏系统（BIPV）。其中BIPV系统能够用来代替建筑围护结构如屋顶、天窗、幕墙等，即光伏组件构件化，成为建材型光伏构件，实现光伏系统与建筑美学及功能的更好融合（图14-4-2）。

然而，BIPV产品的实际应用却面临着诸多阻碍。首先，当前光伏产品需要满足建筑师的创意要求，生产不易标准化，导致成本相对较高；建筑上的安装应用受限于可安装区域，不能达到系统最佳输出所需要的倾角、朝向、尺寸等；建筑光伏系统还需考虑后期的运维以及与建筑在寿命期内基本一致的稳定性。江南传统建筑体系的庭院布局、建筑结构、建筑材料、色彩与色饱和度等承袭自传统文化积淀，又结合了现代元素，太阳能产品若能很好地融入其中，将会更好满足江南传统建筑体系的应用要求（图14-4-3）。

1. 太阳能辐射分析

太阳光是太阳能系统的惟一能量来源，太阳与地球处于持续的相对运动状态，因此，地面所接收到的太阳辐

图14-4-1 建材型光热瓦产品

图14-4-2 光伏附着屋顶安装

图 14-4-3 建材型光伏构件系统

射量每时每刻都在发生变化。无论何种形式的光伏系统，都需要在设计之初掌握当地的太阳辐射情况，以使系统更加有效地发挥作用。在设计中比较受关注的参数是太阳辐射强度和月平均日辐射量。前者反映太阳投射到单位面积上的辐射能量，后者表示单位时间内太阳投射到单位面积上的辐射能量。太阳光资源分析是太阳能应用的第一步，中国江南地区位于北半球（北回归线至北纬30°），太阳能应用以冬至日为最低极限设计条件。以一栋二层南向江南民居为例，假设屋面面积为160m²，首先利用软件对其光资源进行分析，得以比较准确地获取屋面不同方位的资源情况，能够为各方位选择合适的太阳能构件提供依据，得以在设计之初就能够对整栋建筑的太阳能系统的能源效益进行评估（图14-4-4~图14-4-7）。

2. 光伏瓦发电系统（图14-4-8）

光伏瓦发电系统对能源效益的评估可以在设计之初进行，见式（14-4-2）。按照当今的太阳能电池技术及封装水平，每平方米光伏瓦峰值功率约为120W。在浙江地区，太阳能年峰值小时数平均约为1100h，则每平方米光伏瓦全年可发电115kWh，以上述二层江南民居160m²屋面光伏瓦系统为例，全年可发电1.8万度以上。

$$L = W \times H \times \eta \qquad (14-4-2)$$

式中：L 为屋面光伏系统年发电量，kWh；W 为光伏电站装机容量，kW；H 为年峰值小时数，h；η 为光伏电站系统总效率。

光伏瓦一般以25℃为最佳工作温度，在温度超过最佳工作温度之后，其输出功率会随着温度的上升而下降。

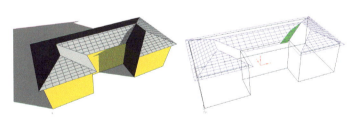

图 14-4-4 冬至日早上8时的日照与阴影

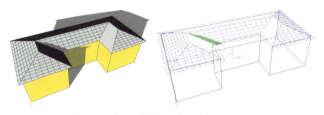

图 14-4-5 冬至日下午4时的日照与阴影

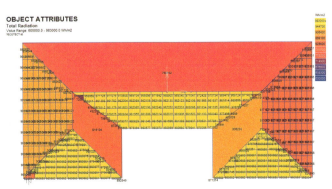

图 14-4-6 屋面不同方案太阳能资源分析

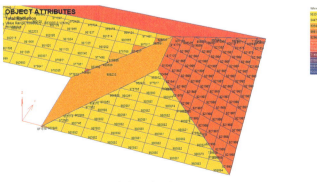

图 14-4-7 屋面太阳能辐射强度分析

图 14-4-8　屋面曲面光伏瓦系统

图 14-4-9　嵌入式平面光伏瓦

图 14-4-10　反射小的曲面发电瓦

周围温度每上升 1℃，光伏组件的工作效率将下降大约 0.4%。目前，解决温度问题的方法有 2 种：一种是采用非晶硅、碲化镉、铜铟镓硒等温度系数低的太阳能电池材料组建屋面瓦光伏系统，另一种方法就是为屋面瓦光伏系统预留散热的缝隙，利用空气的流动带走热量，同时需要对系统结构和电气安全性进行校核。

3. 光伏发电瓦

江南传统民居适宜在屋面应用光伏发电瓦，为保持建筑风格的一致性，宜选用嵌入式光伏瓦。嵌入式光伏瓦分为平面光伏瓦、曲面光伏瓦。在色泽上选用反射小、色饱和度适中的光伏瓦。当今，光伏瓦产品也有了越来越多的选择，实际应用中，需要根据建筑环境的总体需求确认具体规格与尺寸（图 14-4-9、图 14-4-10）。

光伏瓦结构仿传统瓦片，单块重量接近传统瓦片，质量较轻，屋面承重条件完全满足，能够隔热降温，其夏季室温比采用传统屋面瓦的建筑室温低 5~8℃，从而能够大幅降低室内空调的使用频率，减少建筑能耗（图 14-4-11、图 14-4-12）。

江南传统建筑多由屋脊构成多斜面，且屋顶的形状各异。曲面光伏瓦片与传统陶釉材料在外观形态上较为接近，但系统成本高，安装也较为复杂。平面嵌入式光伏瓦的系统一致性较好，成本相对较低，光伏发电产出也更高，因而实际应用相对较多。

鉴于光伏电池封装性能的不同以及光伏组件的受光一致性要求，也有光伏产品开发设计师采用平、曲面结合的办法进行光伏瓦设计，将发电和拱脊安装分成两个部分，即光伏电池层压在一片光伏瓦组件里，这样可以综合发电量、结构排水以及外形构成脊拱效果（图 14-4-13）。

江南传统建筑在选用太阳能光伏光热应用技术时，需根据其实际应用场景的辐照资源情况确定可安装区域，进而选用合适的光伏光热构件，满足建筑外视效果的要求，具有合理的光伏光热产出回报，同时具有较好的建筑安全、节能保温以及遮阳等性能。这样的光伏光热建筑一体化系统就是一项较为成功的应用。

图 14-4-11　隔热降温结构示意图

图 14-4-12　某曲面瓦 U 形挡水条

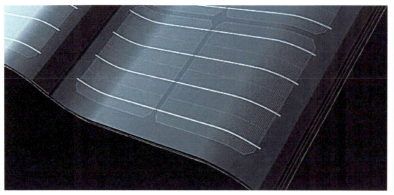

图 14-4-13　平面封装组件与拱脊安装结构

第 15 章 江南地区工业化建筑的发展与创新

15.1 江南地区建筑工业化的发展

建筑工业化,指按照大工业生产方式改造建筑业,使之逐步从手工业生产转向社会化大生产的过程。它的基本途径是建筑标准化、构配件生产工厂化、施工机械化和组织管理科学化,并逐步采用现代科学技术的新成果,以提高劳动生产率,加快建设速度,降低工程成本,提高工程质量。

工业化建筑就是指采用以"标准化设计、工厂化生产、装配化施工、成品化装修、信息化管理"为主要特征的工业化生产方式建造的建筑。工业化建筑不仅强调施工技术手段,更重视生产建造方式,不仅包括主体结构的工业化,也包括内装和外围护结构的工业化。装配式建筑就是现代工业化生产方式的代表,按照建造结构分类,主要包括装配式混凝土结构、装配式钢结构、装配式木结构建筑等。

江南地区一直以来都是文化、经济发展最快的区域,建筑产业规模始终居于全国前列。建筑业作为国民经济的支柱产业和富民安民的基础产业,在拉动经济增长、促进社会就业、提升建筑品质等方面发挥了重要作用。基于国家在建筑产业领域的发展战略和政策推动,江南地区的建筑产业现代化得到了快速发展,建筑工业化水平相对较高,一直是国家建筑工业化整体发展中处于引领地位的区域之一。

15.1.1 江南地区建筑工业化的发展历程

江南地区建筑工业化的发展,融入了国家建筑工业化的整体发展进程中,伴随着不同历史时期社会经济发展的不同要求和变化,历经漫长而曲折的道路,总体上分为三个发展阶段:

1. 探索发展期(1950—1989 年)

我国的建筑工业化始于 20 世纪 50 年代,正处于经济恢复与城市建设全面复兴时期,城市住房与基础设施严重不足,在苏联的"一种快速解决住房短缺的方法"的建筑工业化思想影响下,江南地区响应国家建筑业的发展要求,走上了预制装配式的发展道路。随后迅速建立起建筑生产工厂化和机械化的初步基础,以大量建设且快速解决居住问题为发展目标,重点创立了建筑工业化的住宅结构体系和标准设计技术,采用预制构件的砖混结构体系推动住宅的大量建设(图 15-1-1)。

从 20 世纪 70 年代开始,多种装配式建筑体系得到快速发展和应用。如砖混结构的多层住宅中大量采用低碳冷拔钢丝预应力混凝土圆孔板,用钢量少,施工时不需要支模,通过简易设备甚至人工即可完成安装,施工速度快,板材制作技术简单,易于大规模生产,是当时装配式体系中使用最广的构件产品;东欧引进的装配式大板住宅体系,其内外墙板、楼板均在预制厂预制成混凝土大板,现场拼装,施工中无需模板和支架,施工速度快,有效地满足了当时发展高层住宅建设的需求(图 15-1-2);在

图 15-1-1 早期住宅区

本章执笔者:张奕、高青、张子安。

图 15-1-2 早期大板建筑施工

图 15-1-3 国家小康住宅示范小区南京月牙湖花园

公共建筑中采用了装配式框架结构体系，其框架梁采用预制的花篮梁，柱为现浇柱，楼板为预制预应力空心板；单层工业厂房建筑中普遍采用装配式混凝土排架结构体系，主体构件为预制混凝土排架柱、预制预应力混凝土吊车梁、预制后张预应力混凝土屋架和预应力大型屋面板等。

随着人民住房条件和生活环境的快速提高，装配式建筑技术水平已不能适应新形势的建设发展需求，解决建设数量与工程施工质量相矛盾的问题成为当务之急，全社会逐渐形成了通过设计质量来解决工程质量问题的建设指导思想，提出以建筑设计标准化、构件生产工业化、施工机械化以及墙体材料改革为重点，逐步建立起系列化的预制构件标准图集，可进行多种类型的民用与工业建筑构件标准化生产。生产技术上，预制件的生产也从手工为主向机械制作，再向机械化流水线生产方式过渡，设计时可按标准图集选用，预制构件厂按标准图集生产加工，施工单位按标准图集进行构件采购，初步形成了预制构件的标准化与产品化。这个时期，装配式建筑产业经历了一个由低到高的发展过程，同时在大规模的建设过程中，采用的建筑工业化方式也在不断适应和变化。

2. 阶段停滞期（1990—2005 年）

早期装配式混凝土结构体系很好地适应了当时国内建筑技术发展的需要，在完成量大面广的建设之后，其性能方面暴露出了单一、粗劣以及难以满足日益多样性的功能和使用需求等问题，与此同时，预制板砖混结构房屋、预制装配式单层工业厂房等在唐山大地震中破坏严重，使人们对于装配式体系的抗震性能产生担忧。20 世纪 90 年代以后，从南方发源的现浇钢筋混凝土结构体系开始流行，这种现场制作混凝土模板、现场浇筑混凝土的施工体系，包括现浇框架结构、现浇剪力墙结构以及两者的结合等施工体系得到了较大的发展。相反，装配式建筑的发展逐渐进入阶段性停滞期。

1995 年，国家提出了"住宅产业现代化"的发展目标，启动了 2000 年小康型城乡住宅科技产业工程项目，是以科技为先导，以示范小区建设为载体，加快住宅建设从粗放型向集约型转变，提高住宅质量，推进住宅产业现代化（图 15-1-3）。

通过"由量到质"的发展过程，江南地区将居住功能品质提高和外部环境改善作为发展重点，通过国家小康住宅示范小区的引领，提高了总体工程质量，同时进行了工业化技术和理论体系研究、部品技术的系统应用以及整体性实践的项目尝试，对江南地区的住宅工业化建设起到了进一步的推动作用。

3. 转型推进期（2006 年至今）

21 世纪以来，建筑业作为国民经济的支柱产业，对城乡就业及改善城镇居民居住条件发挥着积极作用，但存在着资源消耗高，环境影响大，技术创新不足，劳动生产率不高，劳动力严重短缺等问题。与此同时，我国住房制度和供给体制发生了根本性变化，住宅商品化对住宅工业化产生了巨大影响，全社会资源环境意识的加强促进了住宅建设从观念到技术的巨变。加快建筑产业的转型升级，发展新型建筑工业化与建造方式，使建筑业从过去依靠规模扩张、低价劳动成本、不注重环境保护的发展模式向依靠质量、提高效益转变，成为推动建筑工业化发展的新动力（图 15-1-4）。

建筑产业现代化是新时期的发展目标，是以工业化、信息化、智能化为支撑，整合投融资、规划设计、构件部品生产和运输、施工建造和运营管理等产业链，实现建筑业生产方式和产业组织方式的创新和变革，全面提高建

图 15-1-4　工厂化预制与装配化建造

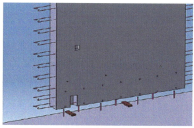

图 15-1-5　装配式建筑的信息化技术应用

筑工程的质量、安全、效率和效益，促进建筑业实现节能减排、节约资源和保护环境的动态可持续发展。主要任务是通过标准化设计、工厂化生产、装配化施工、一体化装修、信息化管理和智能化应用，转变建筑生产方式，促进建筑业转型升级（图 15-1-5）。

现阶段装配式建筑代表了新一轮建筑业的科技革命和产业变革方向，江南地区正在大力推动装配式建筑的发展，在国家建筑产业化政策引导和市场需求下，作为重点推进的长三角地区出台了多项政策，地方政府积极推动，企业积极参与，涌现出一批装配式设计、生产、施工的龙头企业，极大地促进了装配式建筑的技术研究与推广应用，通过不断探索科学的技术体系与绿色建造方法，推进建筑工业化的可持续发展。

15.1.2　江南地区装配式建筑的技术发展

江南地区的建筑工业化建设，在不同的社会经济发展阶段以及不同的居住问题解决方针的影响下，历经漫长、曲折的道路，装配式建造技术也随之在摸索实践、引进吸收、自主研发中逐步提高。江南地区的装配式建筑技术相较于国内其他地区一直发展较快，如南京大地建设集团在 1998 年从法国引进了"预制预应力混凝土装配整体式框架结构体系"[世构（Scope）体系]，通过消化、吸收和创新，形成了新型结构体系设计、生产及施工成套技术，是国内新型建筑工业化发展中最早引进，也是目前发展应用最成熟的技术之一。纵观装配式建筑技术的发展，总体上呈现出由单一的建筑结构预制技术体系向建筑系统集成技术体系转变与提升的过程。

1. 建筑结构预制技术体系发展的阶段

20 世纪 50 年代开始，国家基本处于以数量需求建设为中心、以建筑结构预制化技术为主要特征的工业化时期，基础设施严重短缺，住宅建设全面复兴，呈现出快速、低成本建设的研究与住宅工业化相结合的情形。江南地区积极推行标准化、工厂化、机械化的预制构件和装配式建筑，进行了多种类型住宅结构工业化体系及技术的研发与实践。到了 20 世纪 70 年代，大型砌块、楼板、墙

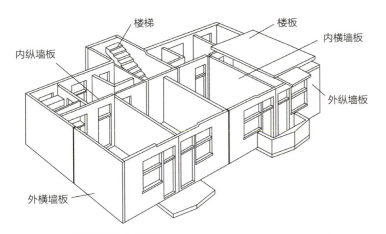

图 15-1-6 大板装配式住宅体系

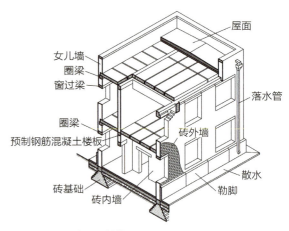

图 15-1-7 砖混建筑体系

板等结构构件的施工技术得到了发展,且涌现出了系列化、工业化的住宅体系。其中砖混住宅体系、大型砌块住宅体系、大板装配式住宅体系、大模板(内浇外挂式的住宅体系)和框架轻板住宅体系等工业化住宅体系均得到了比较广泛的应用(图 15-1-6、图 15-1-7)。

改革开放以后,国外住宅工业化"建筑体系"的概念被关注。同时,基于 SAR(Stiching Architecten Research)住宅体系的标准化、系列化和多样化的研究与实践探索得以开展,将住宅分为支撑体与填充体,展现了工业化方式的空间灵活性和适应性成果。20 世纪 80 年代开启了开放建筑与建筑体系研究实践时期,清华大学张守仪教授将 SAR 支撑体住宅理论方法介绍到国内,1983 年,建筑学术刊物上对日本的 KEP(Kodan Experimental Housing Project,国家统筹实验性住宅计划开发)和 CHS(Century Housing System,百年住宅体系)建筑体系进行了介绍;1985 年,东南大学鲍家声教授在无锡设计了支撑体住宅并出版《支撑体住宅》一书;1991 年,马韵玉教授主持了"八五"重点研究课题"住宅建筑通用体系成套技术"与适应性住宅通用填充体的研究及实践项目,推动了早期建筑体系技术的研发工作(图 15-1-8、图 15-1-9)。

2. 建筑系统集成技术体系发展的阶段

21 世纪以来进入了以质量转型升级发展为中心、以建立建筑体系集成化技术为主要特征的产业化发展阶段。

为了加快住宅建设从粗放型向集约型转变,推进住宅产业化,江南地区响应国家政策,积极采用和推广先进适用的工业化成套技术,推行住宅装修工业化,健全住宅装修的标准化。万科等企业结合住宅工业化生产,在上海、南京等地开展了多项集合住宅建筑主体工业化建造技术和内装部品集成的工程实践。经过多年的建筑工业化探索,初创了装配式住宅建筑预制混凝土体系(PC)、钢结构体系、混合结构体系和内装部品集成体系等(图 15-1-10、图 15-1-11)。

同时,研发和编制了以"建筑通用体系"为主线的

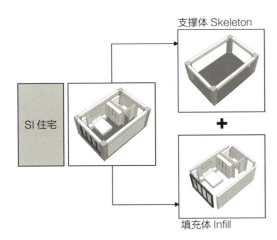

图 15-1-8 SI 住宅理论

图 15-1-9 无锡支撑体住宅实践

图 15-1-10 万科南京上坊全预制装配式住宅实践

图 15-1-11 万科上海城花新园工业化住宅实践

多种标准、规范等，提出了我国工业化住宅"百年住居LC（Lifecycle Housing System）住宅体系"和适用于保障性住房的新型建筑部品NBP（New Building Parts System）通用体系，发展了可持续的SI住宅建筑体系（Skeleton支撑体和Infill填充体相分离）的应用和推广，推动了新型工业化集合住宅体系与应用集成技术的创新发展。

3. 装配式结构主要类型的技术发展情况

从我国装配式建筑的技术发展过程来看，主要技术路线为"引进吸收后再创新"。早期先后形成了装配式混凝土工业建筑、砖混（砌块）空心板建筑、钢结构工业建筑、装配式混凝土大板多高层住宅等工业化建造方式，并在特定时期内发挥了重要作用。虽然从20世纪90年代开始普遍推行现浇混凝土结构，各类工业化建造方式的应用均有所减少，但现浇混凝土结构的发展也在不断"工业化"：模板从木模、小钢模发展到全钢（钢木、钢塑）大模板及爬模、滑模等工具模板体系，可达到结构免抹灰的铝模系统应用范围逐渐扩大，超高层建筑施工已开始应用国际领先的智能化施工装备集成平台；从混凝土现场搅拌到全面应用预拌混凝土、预拌砂浆，自密实混凝土的应用有效降低了作业强度并提高了效率与质量；钢筋焊接网与成型钢筋专业配送的推广应用，实现了节约材料与劳动力的双重效果；混凝土结构本身，高性能外加剂、再生骨料、型钢结构与组合结构等的应用也可提高性能与质量，其积累的大量技术与经验都将成为新型建筑工业化发展的基础。

结合装配式建筑技术的发展与应用情况，可按结构构件类型分为：装配式混凝土结构、装配式钢结构和装配式木结构建筑等（图15-1-12）。

1）装配式混凝土结构

装配式混凝土结构是我国工业化建筑应用最广的类型。在结构体系上，从国外引进了法国的世构体系、澳大利亚的"全预制装配整体式剪力墙结构（NPC）体系"、

图 15-1-12 三种装配式结构类型建筑（混凝土结构、钢结构、木结构）

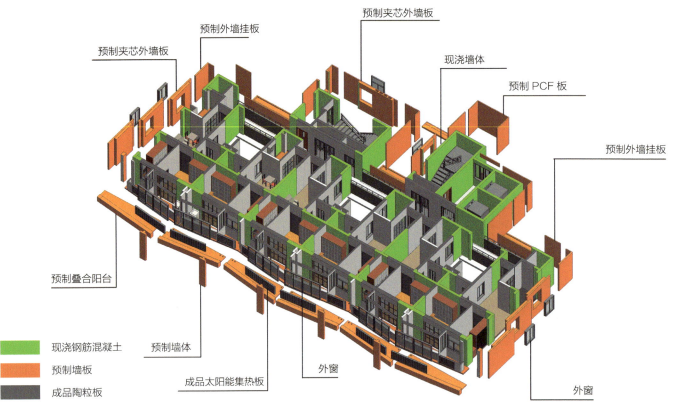

图 15-1-13　装配式混凝土结构类型

德国的双皮墙体系等。按结构形式分类，预制装配式混凝土结构可以分为框架结构和剪力墙结构（图 15-1-13）。

2005 年之后，国内由万科集团等地产公司发起，在借鉴国外技术及工程经验的基础上，从应用住宅预制外墙挂板开始，成功开发了符合国情的高层装配式混凝土住宅结构体系。考虑到我国住宅的建设与居住习惯以及与现有设计、施工方式的衔接，装配式混凝土住宅的结构体系大多为剪力墙结构，并采用了"等同现浇"的设计与建造方式。楼板采用钢筋桁架叠合楼板或预应力叠合楼板；墙体采用夹芯（三明治）承重剪力墙、外模板（PCF）承重剪力墙、无保温承重剪力墙及外挂非承重墙板、嵌入式非承重外墙、预制非承重内墙等；承重剪力墙、预制墙板竖向钢筋连接又分为钢筋套筒灌浆、浆锚搭接、机械连接等不同方式。

目前，装配式混凝土结构体系主要有以下几大类型：①叠合剪力墙（PCF）体系是将工厂预制墙体部分与现场现浇部分叠合成整体的一种剪力墙构造体系；②现浇外挂体系是外围护部分（非结构受力构件）采用预制构件现场装配（非叠合）的体系；③装配整体式框架体系是全部或部分框架采用预制构件现场装配的体系；④装配整体式剪力墙体系是剪力墙结构中全部或部分剪力墙采用预制构件现场装配的体系；⑤装配整体式框架-剪力墙（核心筒）体系是框架-剪力墙（核心筒）结构中全部或部分框架采用预制构件现场装配的体系。

2）装配式钢结构

钢结构作为一种预制化、工厂化程度高的结构形式，最易于实现工业化方式建造。目前在民用建筑和工业建筑中已得到推广应用，其应用比例已达 5% 左右。在民用建筑方面，国内大跨度公共建筑如体育馆、会展中心、航站楼、大型火车站的站房与雨篷都普遍采用钢结构，高层建筑也有一部分采用钢结构，超高层建筑基本都采用外钢框架+混凝土核心筒的混合结构体系；在工业建筑方面，大多数工业建筑都采用钢结构，单层工业厂房大量采用轻型门式刚架或钢结构排架体系，多层重型工业厂房也都采用钢框架结构。在传统结构形式如高层钢结构、空间钢结构继续快速发展的同时，新结构形式和技术如钢板剪力墙结构、张弦梁、张弦桁架、预应力钢结构、钢结构住宅等不断出现并快速发展（图 15-1-14）。

3）装配式木结构

20 世纪 50—70 年代，由于国家基本建设的需要，木材作为取材容易的地方性建筑材料得到大量的应用，木结构建筑在很多地区占有相当大的比重。当时，木结构建筑不仅用于民用和公共建筑，还大量应用于工业厂房。基本上采用的都是方木原木结构，主要用于建筑屋面的木屋

图 15-1-14　装配式钢结构类型　　　　图 15-1-15　装配式木结构应用

架和木桁架系统。20 世纪 80—90 年代，随着其他材料的出现以及对森林过度采伐造成的资源短缺等原因，木结构建筑的设计和施工技术发展变得十分缓慢，木材在建筑结构中的应用也呈下降趋势，木结构技术的研究处于停滞不前的状况。

从 1998 年开始，为保护森林资源，国家实施天然资源保护工程，大幅度调减木材砍伐总量。但随着环保、绿色的发展需要以及国外木结构技术的发展，国家采取了一系列鼓励木材进口的措施来维持木材的供需平衡，大量进口木材在工程建设中得到广泛应用。目前，我国木结构建筑主要应用于传统民居、低层住宅、综合建筑等三层及以下建筑。

随着木结构建造技术和配套加工设备的发展，工厂预制具有工期短、质量可控和节约成本等优点，工厂预制木结构已经基本代替了现场制作，成为木结构建筑加工制作的主要形式。目前，装配式木结构建筑的加工预制主要有构件预制、板块式预制、模块化预制和移动木结构等形式。装配式木结构建筑依据结构构件采用的材料类型可分为轻型木结构、胶合木结构、方木原木结构、木结构组合建筑等（图 15-1-15）。

目前，装配式木结构建筑在江南地区得到了广泛应用，很多在空间形式上具有特色的大型多层公共建筑已采用木结构建造，但木结构技术体系的研究还相对落后，处于发展的初期。发展装配式木结构建筑必须与地域基础条件相结合，充分发挥木结构在绿色建筑、低碳建筑中的应用优势，推进木结构装配式技术的可持续发展。

15.2　江南地区装配式建筑的基本设计方法

江南地区的装配式建筑设计，结合了本地区的产业基础与技术条件，在产业目标的要求下，采用标准化、模块化、系列化的设计方法，做到了建筑基本单元、部品构件、连接构造及设备管线的标准化、模块化与系列化，实现了"少规格、多组合"技术目标下的提质增效。

15.2.1　标准化

标准化是建筑工业化建造的前提，通过对建筑的基本通用单元、功能空间进行标准化设计以及对结构构件的尺寸、规格、重量、工法、检验方法施行统一规定的标准，建立统一的建筑模数。江南地区的建筑工业化发展较快，将标准化设计作为装配式建筑设计的基础，建筑基本单元、预制构件、建筑部品等设计一直遵循高重复率、少规格、多组合的要求，部品部件采用标准化接口，达到适用、经济、美观的设计要求，达到新型建筑工业化及绿色建造的要求。

从装配式建筑设计的前期技术策划阶段开始到构件深化设计阶段的全过程，建立"建筑是由预制构件与部品部件组合而成"的设计观念，运用模数化、模块化的设计方法由小到大组合形成建筑整体，以模数化尺寸控制主体构件和部品，优化、归并同类构件以减少种类，以实现装配式建筑更高的统一性。装配式建筑设计应在标准化设计的基础上实现系列化和多样化，在平面、立面及细部设计等方面，充分利用标准化、模块化组合的设计方法，一样可以创造出富有韵律和生动多样的建筑形式（图 15-2-1）。

以南京万科九都荟项目为例，该建筑采用标准化设计，平面核心筒和办公单元的布置规则方整，重复率很高，立面运用标准化构件进行错位组合，体现出了现代化的构成美感，为结构构件的标准化提供了很好的条件。该项目的主体结构的预制率达到 65.1%，建筑整体装配率

图 15-2-1　标准化构件形成丰富造型立面

为83.0%，被评为"江苏省建筑产业现代化示范项目"，如图15-2-2所示。

15.2.2　模块化

模块化是建筑工业化建造的关键，它通过结合不同工业化生产的功能模块来实现整体功能，如南京丁家庄二期A28保障性住房就是采用模块组合的设计方法，由厨房、卫生间等子模块组合为标准居住模块，再与核心筒等组合为标准层模块，进而形成建筑整体（图15-2-3）。这些功能模块可独立设计，甚至可以从建筑结构体中分离，模块之间的组合设计也可采用多种方式，使得模块能够被用到类似模块的其他组合建筑中，实现彼此的兼容。

模块化建筑体系可广泛用于住宅、办公楼、酒店等建筑，也可以灵活地与传统混凝土现浇的建造方式相结合。以镇江市威信广厦模块住宅工业有限公司的产品为代表的模块化建筑体系（图15-2-4），将建筑的功能空间划分成不同尺寸、适宜运输的多面体空间模块，根据标准化生产流程和严格的质量控制体系，在车间流水生产线上制作完成室内精装修。模块运输至现场后只需完成模块的吊装、连接、外墙装饰以及市政绿化的施工，这彻底改变了传

　预制柱定位成型　　预制梁定位成型　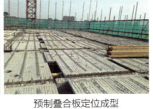　预制叠合板定位成型

图 15-2-2　南京万科九都荟项目

图 15-2-3　住宅建筑的模块化设计

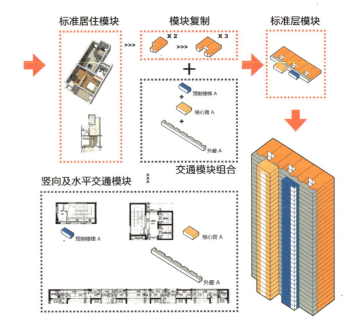

图 15-2-4 镇江市港南路模块化公租房项目

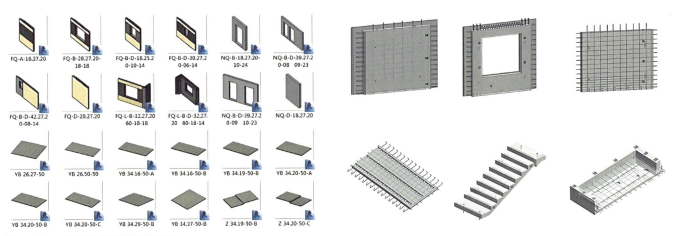

图 15-2-5 预制构件系列化产品库

统建筑体系的生产工艺和建造方法，体现出了工业化程度高、适用性广泛、建筑寿命长、环保效果显著、性价比高、建造周期短等优势。

15.2.3 系列化

系列化是建筑工业化建造的必然，只有在标准化的基础上形成系列化，才能在建造过程中适应建筑功能与要求，使装配式建筑良好地发展。在设计上应对建筑的基本单元、连接构造、构件配件及设备管线等进行体系化设计，形成不同规格的系列化产品，适应不同的需求和建造。江南地区建筑工业化制造企业较多，制备水平也相对较高，只有系列化、规模化生产，才可以降低成本，取得较好的经济效益。

装配式建筑的系列化有利于实现技术适应性和经济合理性，一是通过减少构件的种类、提高构件的数量来保证规模化的高重复率，二是通过规定种类的系列来提高适应需求的标准化程度，同样利于工业化生产与建造，提高生产效率和降低造价（图 15-2-5）。

系列化设计还有利于实现建筑构件（部品）的通用性及互换性，使通用化的部件适用于不同单体建筑，适应造型的多变性，满足建筑的个性化需求（图 15-2-6）。

图 15-2-6 保利住宅产品造型系列化设计

15.3 江南地区装配式建筑的主要建造技术

江南地区建筑工业化的长期发展，积累了大量的装配式建造技术，在建筑技术创新上主要体现在建筑的大开间、大跨度空间技术方面，在基本结构不变的条件下，能够灵活地分隔内部的空间，实现建筑全生命周期内使用的"不变应万变"。从建筑工业化的标准化、模块化和系列化设计研究中不难发现，在现有技术条件的基础上，无论采用何种材料、结构的建筑工业化建造方式，都是要实现建筑大空间灵活使用的基本功能，这也是装配式建筑结构体的基本要求。下面以钢筋混凝土结构、钢结构和木结构三种类型为例阐述江南地区实现工业化大跨度、大开间的结构技术方法与关键技术。

15.3.1 装配式混凝土结构建造技术

1. 钢筋混凝土结构的主要类型

装配式钢筋混凝土结构主要分为框架结构、剪力墙结构与筒体结构，并在此基础上形成了多种结构类型（图 15-3-1）以及主要预制构件表（表 15-3-1）。

装配式钢筋混凝土结构水平构件主要是梁和楼板。

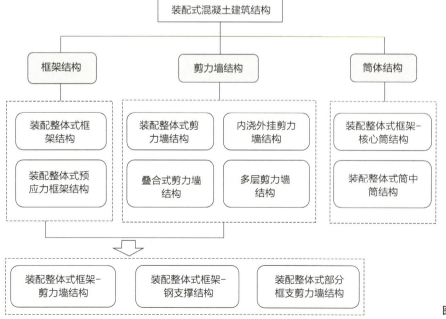

图 15-3-1 装配式混凝土建筑结构类型图

装配式混凝土结构的主要预制构件表　　　　表15-3-1

水平预制构件	外形	竖向预制构件	外形
钢筋桁架单向叠合板用底板		预制柱	
钢筋桁架双向叠合板用底板		预制实心剪力墙	
叠合阳台板用底板		预制夹芯保温剪力墙	
预制楼梯		双面叠合剪力墙	
预制梁		预制夹芯保温外填充墙板	
预制飘窗		预制外填充墙板	

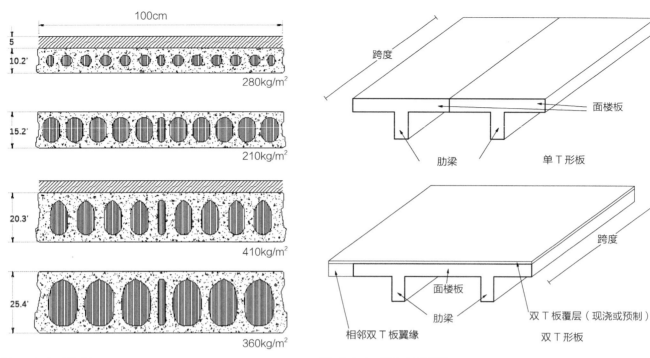

图 15-3-2　SP 板

图 15-3-3　预应力 T 形板

出于对建筑空间功能的需要，楼板采用比建筑跨度大的尺寸。现有的预制混凝土楼板主要分为全预制、半预制半现浇和全现浇三类。

1）全预制大跨度楼板

全预制大跨度楼板是指在工厂内完成楼板构件的布筋和浇筑养护工作，运输到现场后只需完成构件的定位和连接工作。实现大跨度的全预制楼板主要包括 SP 预应力空心楼板和预应力 T 形混凝土板（图 15-3-2、图 15-3-3）。

2）预制与现浇结合大跨度楼板

预制与现浇结合楼板即指混凝土叠合式装配整体结构，分成工厂预制构件部分和现浇部分，是目前广泛使用的类型。其中预制构件部分在工厂内制作完成，运输就位后再在其上绑扎钢筋浇筑现浇部分，完成全部构件。叠合楼板预制部分板厚为 50~70mm（图 15-3-4），现浇部分厚度为 70~100mm，跨度可达到开间所需跨度，即 5.4~6.6m，或更长一些。这种结构的优点是主要受力构件在工厂加工制作，机械化程度高，因此板底面平整，结构整体性好。此外，预制构件可以成为现浇施工时的模板，减少了模板和人工。此结构预制部分的构件相比全预制混凝土构件尺寸小、重量轻、体积小，因而灵活性和适用性更强。但是这种结构的缺点是需要二次浇筑，新旧混凝土协同工作问题需要进一步实验研究。此外就是预制与现浇的叠合面要有大量的钢筋向外露出，带来了成品保护

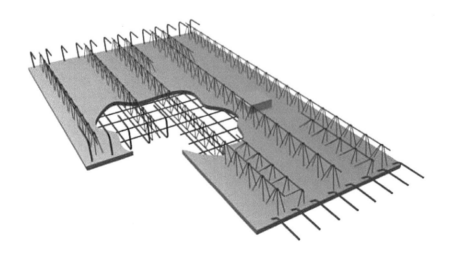

图 15-3-4　叠合楼板

图 15-3-5 钢筋预制全现浇楼板

的困难和节点连接工序较多的问题。

3）全现浇大跨度楼板

全现浇楼板是指在工厂或现场完成楼板构件的钢筋绑扎，再浇筑混凝土形成整体的楼板，如图 15-3-5 所示。这种楼板凭借整体性好、刚度大和抗震效果好等优势在建筑结构中应用最早，但带来的是现场钢筋绑扎、支模量大，难以大规模工业化生产，施工受气候条件影响大等缺点。因此，随着建筑技术的发展，全预制和叠合板取代了全现浇楼板，将构件在工厂加工完成，提高了构件质量，避免了大部分现场支模工作。但随着地震后对装配式结构的反思，诸如结构整体性差、易渗漏、不利于抗震等，使其大规模应用受到广泛质疑。近年来，国内特别是在商品建筑的建设中又重新开始采用全现浇钢筋混凝土楼板，旨在解决楼板抗震和渗漏问题。综上所述，整浇式和预制式都有其优缺点，因此取长补短是发展钢筋混凝土大跨度楼板的必由之路。

2. 大跨度钢筋混凝土结构技术难点

1）复杂形体的构件拆分

在大跨度楼板的设计阶段，需要对楼板预制部分进行标准化拆分，当建筑物的形体较为复杂时如何对大跨度楼板进行标准化拆分，进而在实现楼板大跨度的同时，兼顾构件生产的经济性和运输方便性？

2）楼板开洞

大跨度楼板难免会根据房间功能局部开设洞口，对于较小的洞口可采用附加钢筋的方式加强洞口四周的承载力，而较大的洞口需要通过受力分析来决定是否增设支撑结构，这就影响了结构构件的分布。

3）等同现浇

目前，预制装配式结构的计算分析一般遵循"等同现浇"的原理，然而，对于大跨度预制楼板，"等同现浇"的适用性依然是专家学者争论的焦点。随着楼板跨度的增大，叠合楼板的叠合面也会产生易开裂等问题。

4）拼缝处理

预制装配式楼板之间的拼缝通常采用砂浆进行填补，但嵌缝材料与预制构件刚度差别较大，沿拼缝方向容易产生裂缝，影响整体性，不利于抗震，需要对现有的拼缝构造进行改进。

5）定位连接

大跨度预制楼板在工厂内完成加工制作，再运输至现场进行构件的定位和连接。预制楼板往往尺寸大、质量大，工厂与施工现场存在一定的运输距离，这就给构件吊装、物流运送带来了困难。需要在定位和连接的过程中保持构件的完整性，是推广预制大跨度楼板技术不可忽视的重要方面。

15.3.2 装配式钢结构建造技术

1. 大跨钢结构的主要结构形式

钢结构目前已经形成了一整套较为成熟的建筑技术，在众多的建筑结构类型中，钢结构建筑以其工厂化生产、自重轻、抗震性能好、施工周期短、环境污染少等诸多优点，得到了社会的广泛使用。

大跨度空间钢结构的主要结构基本单元可以分为梁单元、杆单元、板壳单元、索单元和膜单元。其中，梁单元、杆单元、板壳单元均为刚性结构单元，而索单元、膜单元为柔性结构单元。判断大跨度空间结构是否高效、合理需遵循几点原则：①是否充分利用了空间结构效能；②尽量采用拉、压杆单元，少用梁单元；③尽量采用拉杆，少用压杆。

2. 大跨钢结构建筑的主要构件和结构体系

相比其他结构形式，钢结构预制加工工艺使其容易满足构件尺寸标准化、精确度高和现场快捷可靠连接的要求，钢结构本身就是理想的装配式结构体系。装配式钢结构建筑体系是以钢柱及钢梁作为主要承重构件，经过工厂加工，现场进行装配的一种建筑体系。钢结构建筑的特点在于以工厂机械化生产的钢梁、钢柱为结构受力骨架，同时配以轻质、保温、隔热、高强度的墙体作为围护结构建造而成。

钢结构体系装配式建筑结构体主要由各种规格的型钢组成。型钢是一种有一定截面形状和尺寸的条形钢材，是钢材四大品种（板、管、型、丝）之一。根据断面形状，型钢分为简单断面型钢和复杂断面型钢。前者指方

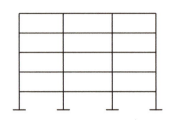

图 15-3-6 纯钢框架形式

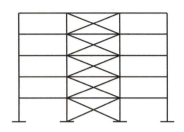

图 15-3-7 框架支撑形式

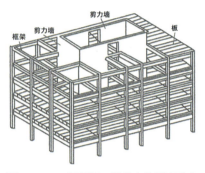
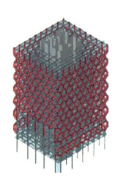

图 15-3-8 钢框架—混凝土抗震墙形式

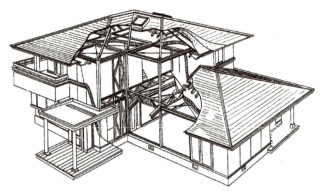

图 15-3-9 柱梁式轻钢结构

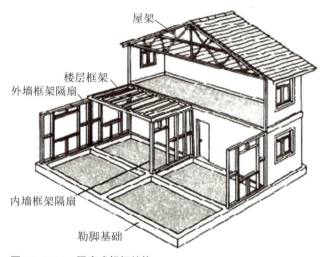

图 15-3-10 隔扇式轻钢结构

钢、圆钢、扁钢、角钢、六角型钢等；后者指工字钢、槽钢、钢轨、窗框钢、弯曲型钢等。型钢是组成钢结构体系装配式建筑的主要结构构件。根据所承受的围护材料的轻重可以分为重钢结构和轻钢结构建筑。

重钢结构主要用于中高层钢结构建筑，其采用的结构体系主要分为四种：①纯钢框架形式，如图15-3-6所示；②框架支撑形式，如图15-3-7所示；③型钢混凝土组合形式；④钢框架—混凝土抗震墙形式，如图15-3-8所示。

轻钢结构通常应用于低层（3层以下），采用轻型钢框架体系或冷弯薄壁型钢密排柱结构体系，以轻型复合墙体作为外围护结构所组成的房屋。轻型钢结构建筑施工方便，使用薄壁型钢，用钢量较低，而且内部空间使用较为灵活。其结构形式可以分为柱梁式、隔扇式、混合式和盒子式等几种。

1）柱梁式

柱梁式即采用轻钢结构的柱子、梁和桁架组合的房屋支承骨架，节点多采用节点板和螺栓进行连接，为了加强整体骨架的稳定性和抗风能力，在墙体、楼层及屋顶层的必要部分设置斜向支撑或拉杆，如图15-3-9所示。

2）隔扇式

隔扇式是将承重墙、外围护墙和楼板按模数划分为若干单元的轻钢隔扇，进而构成房屋的支撑骨架，如图15-3-10所示。

3）混合式和盒子式

混合式是外墙采用隔扇，内部采用柱梁而混合构成的骨架体系（图15-3-11）。盒子式是在工厂把轻钢型材组装成盒形框架构件，再运到工地装配成建筑的支承骨架，以这个骨架为基础，最后安装楼板、内板墙、屋顶、顶棚等构件（图15-3-12）。钢筋混凝土结构也有盒子式的类型，只不过将支承骨架的材料替换为钢筋混凝土预制构件。

3. 钢结构的连接

钢结构是通过高强度螺栓或焊接使楼板、梁、柱和支撑等构件在空间中协同受力形成的骨架体系，建筑构件组成了结构的主要受力骨架，通过节点的联系作用，构成了完美的整体钢结构。连接节点按连接构件的类别分为梁+梁拼接节点，柱+柱拼接节点，梁+柱连接节点，柱脚连接节点等。钢结构建筑的连接节点按受力方式的类别分为刚性连接节点、铰接连接节点等。钢结构建筑的连接节点按连接方法的类别分为焊缝连接节点、高强度螺栓连接节点（图15-3-13）、栓焊混合连接节点。

15.3.3 装配式木结构建造技术

1. 现代木结构建筑的主要类型

江南地区木结构建筑在传统上采用断面较大的原木作为主材，形成梁柱式的框架结构承受荷载。随着大型原木资源的减少以及构件加工技术的提升，目前大量采用的是以加工复合材为主的现代木结构形式。现代木结构建筑的主要结构构件均采用标准化的木材或工程木产品，构件连接节点采用金属连接件连接，包括承重构件均采用木材或木材制品制作的纯木结构和木结构构件与钢结构构件混合承重的钢木混合结构等。结构构件在工厂加工完成后到现场安装，具有装配式建筑的特点，符合绿色低碳的发展要求。同时，现代木结构在大跨度、大体量方面都有很大的突破，不仅广泛应用于住宅中，还大量用于体育建筑、博览建筑等公共建筑中，随之产生了许多继承和异于传统的结构形式，如框架结构、桁架结构、拱结构、悬索结构、网架结构、薄壳结构等，其主要结构形式及应用见表15-3-2。

现代木结构在材料上分为承重材（框架或剪力墙等）和面材两种。锯材（图15-3-14）、集成材（图15-3-15）和顺向层积材（LVL，图15-3-16）可用作承重主材，而胶合板（图15-3-17）、纤维板等可用作面材。集成材、顺向层积材都是以原木为原料，经过工厂的加工处理，形成大断面、高强度、干燥、品质稳定的结构型材，可替代原木用作大型建筑的竖向支撑结构。而胶合板的高强度、高隔声性、高耐热性、强

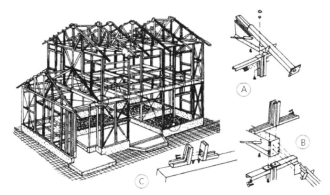

图15-3-11 混合式轻钢结构

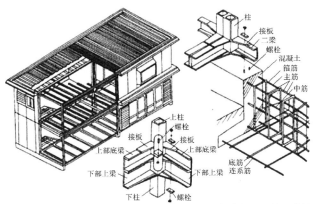

（a）盒子框架组装形式 （b）上下框架连接 （c）框架与基础连接

图15-3-12 盒子式轻钢结构

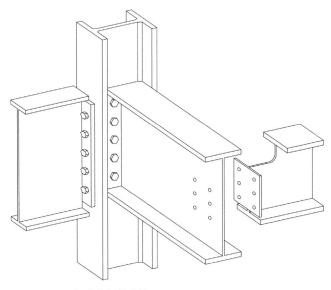

图15-3-13 钢结构螺栓连接

现代木结构主要结构形式及应用　　　　　　　　　　　　表15-3-2

建筑类型	井干式木结构	轻型木结构	梁柱-支撑	梁柱-剪力墙	CLT剪力墙	核心筒-木结构
低层建筑	√	√	√	√		
多层建筑		√	√	√	√	
高层建筑			√	√	√	√
大跨建筑	网壳结构、张弦结构、拱结构及桁架结构					

注：CLT剪力墙为以正交胶合木作为剪力墙的一种结构形式。

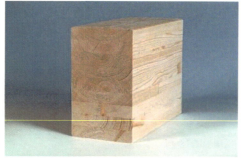

图 15-3-14　锯材（左）
图 15-3-15　集成材（右）

图 15-3-16　顺向层积材（LVL）（左）
图 15-3-17　胶合板（右）

图 15-3-18　螺钉连接（左）
图 15-3-19　螺栓连接（右）

耐火性以及易施工性，使其逐步取代锯材板成为建筑的横向承载结构。采用这种木制横竖材料所形成的结构可以形成大空间、多样化的建筑设计。同时，连接部位的节点预制使得大批量生产成为可能，连接部位可为榫卯结构或钢构连接件等。

2. 现代木结构的主要构件与连接

现代木结构从结构形式上又分为重型梁柱木结构和轻型桁架木结构。重型木结构是指用较大尺寸或断面的工程木产品作为梁、柱的木框架，墙体采用木骨架等组合材料的建筑结构，其承载系统由梁和柱构成；轻型木结构是指用标准的规格材、木基结构板材或石膏板制作、建造的木框架单层或多层建筑结构，其承载系统由墙骨柱和木构架墙体构成。

木结构构件通过不同的工程木与其他结构材料的复合，如利用不同受力特点的木材组合形成工程木组合梁，也可将钢筋、FRP 等材料采用水平粘贴、竖嵌增强、拉挤成型等方法形成增强性木梁等，提高了构件的受弯、压弯性能，实现了理想的结构性能和美观外形。

现代木结构构件的连接类型主要有钉连接、螺钉连接、螺栓连接、销连接、裂环与剪板连接、齿板连接和植筋连接等，其中前四种为销轴类连接，也是现代木结构中常用的连接方式（图 15-3-18~ 图 15-3-23）。

在实际工程中常常还有特殊的金属连接件，其结构分工通常是将木结构作为主体结构，钢结构作为辅助结构穿插于木结构之间，同时应用于节点设计之中。钢筋混凝土结构则往往作为建筑的基座和墙体，避免木结构直接与地面接触并增强建筑整体的稳定性。

参考文献

[1] 汪杰，等. 装配式混凝土建筑设计与应用 [M]. 南京：东南大学出版社，2018.

[2] 刘东卫. 装配式建筑系统集成与设计建造方法 [M]. 北京：中国建筑工业出版社，2020.

图 15-3-20　销连接　　图 15-3-21　裂环与剪板连接　　图 15-3-22　齿板连接　　图 15-3-23　植筋连接

[3] 中国建筑标准设计研究院. 装配式建筑系列标准应用实施指南 装配式混凝土结构建筑 [M]. 北京：中国计划出版社，2016.

[4] 江苏省住房和城乡建设厅，江苏省住房和城乡建设厅科技发展中心. 装配式建筑技术手册（混凝土结构分册）设计篇 [M]. 北京：中国建筑工业出版社，2021.

[5] 卢旦，马俊杰. 预制大跨度混凝土楼板技术 [J]. 建设科技，2018（4）: 88-91.

[6] 朱坤. 高效大跨度预应力叠合板的研究 [D]. 西安：西安建筑科技大学，2005.

[7] 张宏，朱宏宇，吴京，等. 构件成型·定位·连接与空间和形式生成 [M]. 南京：东南大学出版社，2016.

[8] 王仕统. 大跨度空间钢结构的概念设计与结构哲学 [C]// 工程科技论坛. 北京：2005.

[9] 马飞鹤. 高层钢结构住宅标准构件库和节点库的研发 [D]. 太原：太原理工大学，2017.

图片来源

图 15-1-1、图 15-1-2 来源：钟友援摄
图 15-1-4 来源：远大住工
图 15-1-9 来源：万科建筑研究中心
图 15-2-4 来源：威信广厦模块住宅工业有限公司
图 15-2-6 来源：保利地产
图 15-3-4 来源：德国艾巴维公司
图 15-3-14~ 图 15-3-17 来源：木材出口协会
其他未标注均为作者自绘 / 自摄或作者提供

第 16 章　江南传统建筑雕刻艺术的传承与创新

木雕艺术与江南建筑装饰自古以来存在着不可分割的联系,以东阳木雕为例,它因建筑而获得存在价值,又随着建筑技术的发展而不断丰富其雕刻技法与表现形式。木雕艺术如何更好地应用于建筑装饰中,如何适应新时代的装饰要求?本章将以东阳木雕为例,论述木雕艺术在建筑装饰中的应用与发展、传承与创新。

16.1　江南传统建筑的历史发展脉络

16.1.1　江南水乡的建筑特色

几千年来,江南水乡的人们将其生产与生活方式以及其物质和精神活动投影到民居建筑上,造就了江南水乡独特的建筑品格及基本特征。它们以黑、白、灰为色彩基调,以大屋顶、木结构、四合院为基本形制,以门、院、屋三段式为基本空间模式,以天井、水井、巷弄为基本意味,穿插着错落有致的观音兜、马头墙,敦厚的门台,原木色的格窗等细节,本着经济实用原则与绿色环保理念,就地取材,以小青瓦、木材、石材、泥为主要材料,量材而用,施工工艺精湛。同时,与自然环境相契合,构造出了小桥、流水、人家的温馨意境,呈现出了雅致、轻巧、秀美的江南水乡民居风格(图 16-1-1)。

木雕、砖雕、石雕是金华自古闻名的传统建筑三雕,可谓鬼斧神工。三雕技艺早在唐代以前就已非常成熟,以东阳的建筑匠人为主,不但在婺州大地上营造了颇具江南地方特色的江南古宅民居,其营造技艺还遍布邻近的皖、杭、赣等地区(图 16-1-2)。

16.1.2　木雕艺术与江南建筑的关系

江南水乡灵动优美,江南传统建筑的风格亦以典雅俊秀而闻名。在典型的江南传统建筑风格中,木雕装饰是其最为显著的特点。木雕在建筑中的运用,让江南传统建筑的文化气息以一种优美的、具体而幽微的方式展现出来,雕刻的纹理间深藏文明的肌理和民族的精神,令人赏玩不尽、回味无穷(图 16-1-3)。

木雕源于建筑且应用广泛,历来与古建筑、寺庙、木结构装饰配件相得益彰,既起到了加固木结构的作用,也影衬出了木雕装饰的艺术魅力。作为良渚文化的传承

图 16-1-1　传统江南民居

图 16-1-2　江南民居的砖雕门楼

图 16-1-3　东阳史家庄花厅

本章执笔者:黄小明。

图 16-1-4　东阳史家庄花厅一

图 16-1-5　东阳史家庄花厅二

地,浙江中部地区的东阳木雕从唐代开始就被作为"国礼"馈赠给外国使臣,历经数千年的发展,东阳木雕的技艺更为娴熟,文化及艺术气息更为浓厚(图 16-1-4)。

东阳木雕是中国传统木雕艺术体系之一脉,其产生、发展必然经历了一个漫长的历史过程。根据现在的文献和考古资料,一般把东阳木雕的起源定于唐代,发展于宋代,鼎盛于明清,距今已有 1200 多年历史(图 16-1-5)。

16.2 雕刻艺术在江南传统建筑上的应用

16.2.1 东阳木雕应用于建筑的历史记载

在《新唐书·百官志》中对于东阳木雕有这样的叙述:"凡景星、庆云为大瑞,其名物六十四。"也就是说,最迟不晚于唐朝时期,东阳地区的木雕不仅已形成规模,而且其在造型上也能够充分地展现出艺术性价值(图 16-2-1)。

东阳的"冯家楼"(唐太和年间 / 公元 827—835 年)是文献中记载较早的唐代东阳建筑,也是今之东阳木雕技艺的源头之一。据清道光年间的《东阳县志》记载:"冯家楼,在县东十二里,唐冯宿、冯定居第。"又引明隆庆《东阳县志》云:"旧时高楼画栏照耀人目,其下步廊几半里许。"唐代东阳人冯宿曾任剑南节度使、吏部尚书,其弟冯定曾任工部尚书,毫无疑问是名门望族,从志书描述中可猜想其雕饰之精美。在民国时期,冯宿在东阳的墓葬被盗,曾有随葬木俑出土;同时被盗的还有唐代宰相舒元舆(公元 791—835 年)的墓葬,亦出土有圆雕木俑。这说明东阳木雕在当时已用于建筑装饰和随葬品。

16.2.2 东阳木雕在建筑中的表现形式

在传统建筑装饰方面,木雕的作用依附于厅堂、居宅、祠堂、庙宇、园林、牌坊等建筑形式而存在,梁架、藻井、牛腿、门窗、隔扇等建筑结构都是木雕艺术的表现空间。东阳木雕因建筑而获得存在价值,并随着建筑技术的发展而不断丰富雕刻技法与表现形式(图 16-2-2)。

图 16-2-1　东阳卢宅内部木结构

图 16-2-2　东阳马上桥花厅

明代，东阳木雕已然形成成熟的技术体系，木雕技艺可灵活应用于宫殿、庙宇、祠堂、宅院以及家具装饰。东阳遗存的明代建筑不少于40处，诸多明代建筑可以见证这一时期木雕艺术的发展情况。如始建于明景泰七年（1456年）的卢宅肃雍堂、始建于明永乐年间的郭宅永贞堂以及白坦村雍和堂、大园村宗德堂、吴宁镇吴姓旧花厅、东岳庙等多处。遗存建筑包含了宅、祠、堂、厅、庙、坊等多种类型，装饰部位主要在牛腿、梁、枋、栱、升、斗以及锁腰板、裙板、隔扇花心、门窗等处。卢宅是全国重点文保单位，位于东阳市东郊的卢宅村，是一个较完整的明、清住宅建筑群。肃雍堂是卢宅的核心，建造6年而成，以九进院落呈工字形布局，纵深320m，为国内民居之最。其建筑构件雕饰华丽，集木雕、砖雕、石刻、彩绘艺术于一体。肃雍堂的木雕题材，花鸟、走兽、人物皆有，构图完整，线条准确，体现出较高水平。

清代是东阳木雕发展的黄金期，不仅在东阳当地，国内大量宫殿、园林、宅居建筑的修建都有东阳木雕艺人参与。据《东阳木雕历史调查研究参考资料》载："清代中叶仅浙江东阳就有400余名木雕艺人在北京故宫从事建筑装修和制作陈列品。"王仲奋在《东阳木雕与宫殿装饰》中写道："第一批东阳工匠进北京是在明代永乐初期，应召进宫雕制宫灯。最后一批是在清代末年，进宫装修宫殿。"清嘉庆、道光年间，东阳木雕技艺不断精进，题材渐趋广泛，艺术风格也由粗入精、由简而繁，继承传统的"雕花体"和取意绘画的"画工体"形成两大流派（图16-2-3）。

16.2.3　建筑木雕的题材选择

东阳遗存的清代建筑中有木雕装饰的有160多处，如白坦村务本堂、马上桥村一经堂、中图江村致和堂等。这些建筑上的木雕装饰与之前相比，题材上更加丰富，山水人物、花鸟鱼虫、祥禽瑞兽、吉祥图案应有尽有。尤其是取材于文学作品、历史故事、民间传说的情节性作品增多，如取材于《红楼梦》《三国演义》等文学作品的，有关"岳飞抗金""木兰从军"等历史故事的以及有关"白蛇传""嫦娥奔月""牛郎织女""八仙"等民间传说的，极大地拓展了东阳木雕的艺术表现空间。当然，表现名胜古迹、地方民俗的题材也比较多。如白坦村务本堂的六块绦环板就雕刻了扬谷、采桑、养蚕、缫丝等农事活动，富有生活情趣。此外，这一时期的木雕艺人技法更加娴熟，能够把握比较复杂和精细的作品，注重立意和画面构图，细节刻画能力提高。针对所雕对象的不同功能和部位，木雕艺人往往能因材施艺，因地制宜，实现了实用性和审美性的融合互补。除建筑木雕外，装饰性的屏风、壁挂等也得到较快发展（图16-2-4）。

16.2.4　现代建筑木雕形式与内容的变化

中华人民共和国成立后，东阳木雕在建筑中的应用经历了"此消彼长"：一方面是民间建筑中的木雕应用趋于减少，另一方面则是大型公共场所，尤其是高端政务场所中的木雕应用日趋增多。同时，木雕艺术应用于建筑装饰的形式和内容也随之发生了极大的变化，并取得了很大的成功。此前，由东阳木雕匠人创作的杭州G20峰会主会场、萧山机场专用候机楼、西湖国宾馆宴会厅等场所的大型壁挂以及上合组织青岛峰会主会场的37幅木雕挂屏等装饰品，皆以木雕语言诠释了"新时代"的国际友谊理念和治国理政名言，展现了中国神韵和大国风范。

图16-2-3　五狮戏球三架梁

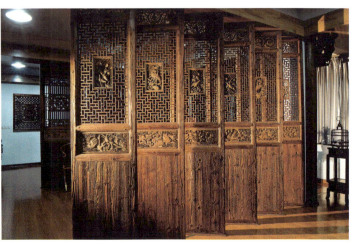

图16-2-4　明清时期建筑门窗上的雕刻

图 16-2-5　上合组织青岛峰会主会场木雕装饰一

图 16-2-6　上合组织青岛峰会主会场木雕装饰二

这一类现代高端场所中的木雕装饰应用案例都颇为成功（图 16-2-5、图 16-2-6）。

16.3　雕刻艺术在江南传统建筑上的传承

16.3.1　木雕回归建筑本源的经典案例

为了深入探索东阳木雕应用于江南建筑中所体现的交融、契合之奥妙，思考和研究雕刻艺术在建筑设计上的传承与创新，东阳木雕匠人们在各个建筑装饰项目中不断践行着自己关于木雕艺术应用于建筑的理念和原则。其中最具有代表性的作品是一座以木结构建筑为主的江南园林——个木园。在设计、打造个木园时，设计师力图通过这次实验让木雕回归建筑本身。由此，个木园内的建筑原料均为木材，运用中国传统榫卯技术打造坚固而可呼吸的木结构建筑（图 16-3-1）。

个木园是在建筑中结合木雕、石雕、砖雕等传统工艺，融会以木雕为主的传统文化样式的精髓，将生活空间的天造地设与人工巧思结合的完整成果，个木园将中国北方"四合院"及南方"十三间"的建筑形制巧妙结合，其中的竹林、戏台、亭台楼榭以及一些文人雅集空间的设计，无不展现出丰富多样的中国元素，是以木雕艺术为出发点的一次系统实践，它所体现的是从空间到装饰，从居、游到艺的系统美学观，这是一种在现代空间中重新解读"装饰""装饰性""装饰艺术"在木雕艺术中的"变革"作用，并在新空间中既延绵传统精华，又与现代绘画结合，结合具体功能通达求变的努力（图 16-3-2）。

16.3.2　建筑木雕中的创新手法

个木园坐北朝南，整座建筑分为戏台、厅堂、后院三进，计有房屋 31 间，隔扇门 165 扇，核心部分为两层砖木结构的雕花楼。在院落布局上，上首一排 7 间主房一字排开，居中的明间设为客厅，两侧次间和再次间分别为茶室、书房、楼梯间等。其与两侧的厢房借助廊檐沟通，形成一个整体，这是对东阳传统民居"十八间头"的创新。正对正屋有 5 间倒座房。厅堂为三开间，九架梁。明间开间为 1.6 丈（约 5.3m），取意"一路顺"。两侧增建耳房各 1 间，用作厨房和库房，耳房后部各留小天井，与厅堂浑然一体。大厅与雕花楼院落之间设有圆洞门的雕花门楼，俗称"小台门"。厅前正南空地上设彩绘古戏楼，

图 16-3-1　东阳个木园外景

图 16-3-2　个木园内景

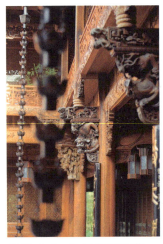

图 16-3-3　个木园内的雕花

图 16-3-4　个木园内景

也是移建了附近村落拆迁的清中期古戏楼（图 16-3-3）。

在个木园的营造中，多处营造创新了传统手法，大大提升了建筑的舒适度。比如在营建尺寸上，雕花楼堂屋面阔 7 间，各间宽 4.5m，间深 6m，层高 3.6m，较传统规制面阔更宽，进深则略减，层高又稍作增加，显得宽敞明亮。后墙上开大窗户，增大了采光面积，促进了空气流通。7 间堂屋虽是封口屋，但通过设宽达 2m 的檐廊，抬高檐口高度，扩大庭院面积，安装玻璃的雕花落地隔扇门，使自然光能充分进入屋内，显得宽敞明亮，冬暖夏凉。这些做法赋予了传统建筑以更加人性化的功能追求。设计者在二楼将承托一楼顶棚的楼栅作了加密处理，每架从 4 根增至 5 根，共有 50 根，以便承受更多重力。因为开间加宽，为防止楼板中部受力日久而下陷，楼栅中央巧妙设置"穿带"，起到了承托作用。另外，在一楼顶棚和二楼地板之间设"夹芯层"，安装地暖和隔热膜，用于供暖、减振、降噪。雕花楼还建有 500m² 的地下室，用于大型作品创作、举行会议和体育锻炼，这也是区别于传统建筑的创设（图 16-3-4）。

木雕艺术在建筑装饰中的极致运用可以说是个木园的亮点和艺术性的集中体现，其"木雕装饰，独树一帜"，将东阳木雕的清水木雕艺术发挥到了极致，图样优美、布局均匀、牵连牢固，令整座木结构建筑繁花似锦、华丽稳健。

16.3.3　个木园中的木雕艺术

除了建筑布局和结构外，个木园的亮点和艺术性还体现在木雕作品上，它不仅是一座建筑，更是一座集中了不同木雕技法、木雕题材的艺术展厅和博物馆，眼所及处精品迭现，是实现"诗意的栖居"的载体。以雕花楼为代表，梁枋上深雕古代传统风格的山水、花鸟、戏曲人物等内容，一楼檐廊口沿每根立柱均有牛腿挑檐斜撑，共计 10 只牛腿，均雕刻狮、鹿、麒麟以及福禄寿等吉祥题材。楼下檐廊共有 16 根冬瓜梁，梁中部浅雕山水、人物等图案。檐廊顶部装饰平顶天花，以圆形雕刻的"团花"、花结组成，共有 296 块"连年有余"图案的雕花板。165 扇隔扇门采用浅雕、镂空雕技法精心雕饰图案。中部隔窗运用攒斗工艺，将短木料用榫卯联结成"一根藤"和"六棱格"等图案，通透疏朗；格纹中间嵌有双面雕刻花板。格窗上部为镂空雕夹堂板；下部为薄雕绦环板，浅雕吉祥图案。门下部裙板浅雕吉祥图案。整幢雕花楼的设计符合东阳木雕传统民居"有雕斯为贵，无刻不成屋"的美学观（图 16-3-5、图 16-3-6）。

在个木园中，视线所及之处，无不雕花，高处简约，低处精致，隔断剔透。雕刻的传统题材寓意吉祥、活泼、

图 16-3-5　个木园门窗上的雕花

图 16-3-6 个木园走廊上的雕花

和谐；同时，创新性地引入中国传统山水名画，令人得享"居一室而游天下"之乐。这座园子的建成是对东阳木雕技艺在江南传统建筑装饰中的应用程度的探知。

16.4 雕刻艺术在江南传统建筑上的创新

16.4.1 木雕与建筑环境的相互融合

对于木雕艺术的创作，"情景主义"的应用较为广泛，"情景主义"即在设计上倾向于塑造情景，激发人的感情，使人因景生情，从而产生共鸣。因此，在木雕艺术的创作中，必须充分考虑与环境的相融程度，以个人对建筑周围的自然和文化进行分析和解读，以木雕的内容对环境进行表达，让环境融入木雕艺术，又让这木雕艺术真正融入建筑，渲染出建筑与环境、文化相恰的氛围。这样的木雕创作将会令每一个建筑独一无二。

16.4.2 传统木雕与佛教文化的融合

1998 年 10 月，安徽九华山大愿文化园启动建设，其第二期的核心景点弘愿堂内部大量采用了木雕装饰。弘愿堂总建筑面积 20000 多平方米，占地约 46000m^2，是国内最大的地藏文化展示中心（图 16-4-1）。其建筑外观体现的是徽州传统民居特色，而东阳传统民居和徽州传统民居同根同源，徽州地区现存的许多明清时期建筑就由"东阳帮"建造。国家文物局专家杜仙洲老先生赞美东阳传统民居是"粉墙黛瓦马头墙，镂空牛腿浮雕廊，阴刻雀替龙须梁，风景人物雕满堂"。设计师决定把这些经典符号搬进弘愿堂，把东阳传统建筑民居的梁、枋、柱、牛腿、雀替、挂落等引入佛陀世界，实现传统工艺与佛教文化的和谐统一。

在弘愿堂地上二楼，设计师打造了一条挂落隔断的浮雕廊，以徽州地区最盛行的倒挂狮子（俗称"狮衬"）作为镂空牛腿；采用浙江地区常见的冬瓜梁连接柱子，冬瓜梁两端阴刻龙须纹；梁下安装雀替，阴刻莲花图案。浮雕廊墙壁被设计成传统民居的照壁形式，"照壁心"以砖雕拼成圆形洞窗，内嵌深浮雕的地藏文化图案，用东阳木雕讲述地藏菩萨本迹故事及金地藏卓锡九华的故事，并用 10 幅人物图案表现九华山地藏文化历史衍变过程中的重要人物及重大文化传承事件，让人对九华山地藏文化一目了然（图 16-4-2）。

藻井也是木雕艺术大显身手的地方。设计师在长廊顶部的圆形藻井用高浮雕技法雕刻荷花图案，荷花花瓣饱

图 16-4-1 安徽九华山大愿文化园木雕装饰一

图 16-4-2 安徽九华山大愿文化园木雕装饰二

图 16-4-3　安徽九华山大愿文化园木雕装饰三

图 16-4-4　南京牛首山千佛殿

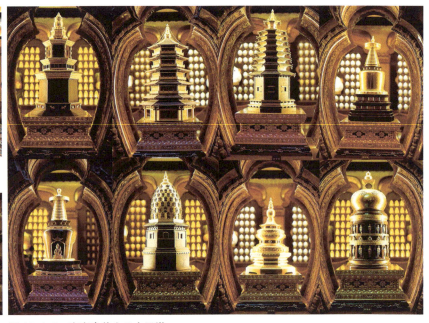

图 16-4-5　南京牛首山八大灵塔

满、舒展自然。在弘愿堂贵宾接待室及讲经堂内的圆形莲花壁龛，以浮雕、镂空雕、半圆雕等传统技法融入背景装饰，营造空灵通透的效果。墙面壁龛的整体外观是一把"钥匙"，钥匙头部设计雕刻莲花图案，具有以佛法开启心门的深刻寓意。

弘愿堂一楼中庭墙壁上设置了多座佛龛，采用了莲瓣造型，稍显单调。设计师借用了徽州传统民居窗户上的防雨罩形式，在佛龛上也加个"雨罩"，做成佛教徒所戴的"毗卢帽"（即"五佛冠"）形状，完工后效果极佳（图 16-4-3）。

设计师希望在弘愿堂的木雕装饰中可以看到 3 种鲜明的文化体系："一是安徽九华山地藏文化体系，二是源自东阳传统营造的徽州传统民居文化体系，三是佛教通识文化体系。"九华山项目是东阳木雕与佛教艺术在当代实现新融合的典范案例，这个创新案例被业界称为"雕刀下的梵唱"。

同样是中国佛教名山，牛首山文化底蕴深厚，是佛教牛头禅宗的开教处和发祥地。佛顶宫高 9 层，其中地下 6 层是核心区域，这里有供奉佛顶骨舍利的圣塔。以圣塔为中心，设计师绕墙设计了 8 座以金丝楠木老料制作的莲瓣造型的佛龛，里面安放了 8 座灵塔（图 16-4-4、图 16-4-5）。

8 座灵塔采用了不同的设计风格，有亭阁式塔、楼阁式塔、密檐式塔、藏式塔、金刚宝座塔、花塔、傣族塔、印度佛塔等形制，以体现佛教的不同流派。在佛塔的结构设计上，设计师受到了山西应县辽代木塔榫卯结构的启示，8 座灵塔均采用榫卯工艺制作木构架，塔内主要构件全部采用手工制作，构件之间的节点以榫卯吻合，构成富有弹性的框架。灵塔上雕刻佛教故事，表达佛教主题。佛顶宫地宫第 6 层虽然是核心区，但并不对游客开放。游客只能到地宫第 5 层，进入地宫第 5 层的通道被设计成"万佛廊"。

整条通道分为 12 个空间，以木雕月梁和落地罩分隔，装饰内容以佛教主题和传统图案为主。这里使用的月梁体量较大，以整根圆木制成，长 7.2m，每根胸径粗达 2m 左右。以东阳木雕中的浮雕技法雕刻了荷花、佛教法器、佛教故事等装饰图案。这些图案位于月梁的前、后、底部观赏区。月梁两端的阴刻龙须线也作了优化，改造成卷云纹形式，与底下的龙头雀替实现了统一（图 16-4-6）。

图 16-4-6　南京牛首山万佛廊

由于万佛廊的月梁体量巨大，自重高达数吨，如何安装就成了要解决的一个难题。"在传统营造技艺中，月梁安装时需先用两根立柱夹住月梁两端的榫头，再用柱中梢固定。立柱的高度至少与月梁安装的高度相同。但在佛顶宫，通道上的柱子较之月梁安装位置低2m左右。这就是说，月梁必须悬挂在高达7m的屋顶。"后经无数次模拟实验，营造团队在月梁内部嵌入两根螺杆，把月梁牢牢地"吊"在通道顶部钢架上；然后，在立柱上部增设高约1m的童柱，安装上龙形雀替作为装饰，从而完美地解决了这一问题。当然，新的问题也出现了，那就是龙形雀替容易给人以有龙头没龙身的"断头龙"之感，经过研究，最终以贴片雕技法雕刻云纹，一片片贴在"立柱"上，营造出龙腾云雾中的神秘感，更是破解了"断头龙"的缺憾。

16.4.3　建筑木雕与环境的相辅相成

在个木园中，设计师对建筑木结构上雕刻图案的内容、内涵表达等方面也作了创新调整。比如将园中种植的柿树与竹子的形象融入建筑装饰的木雕艺术中，以表达"事事如意、竹报平安"的寓意，艺术与现实相互呼应、相得益彰，在内涵层次和情感表达上都更进了一层。以此呈现的个木园，令所有来访者都不禁感叹"它本来就存在于大地上"，浑然天成一般。

木雕艺术在建筑装饰中的应用发展至今，已不仅仅局限于在梁架、藻井、牛腿、门窗、隔扇等建筑构件上进行雕刻，以木雕之能展现其他工艺之形所创造出的木雕装饰，是江南传统建筑中木雕艺术的创新表达。在这类建筑装饰中，应当注意木雕艺术要与其他工艺有机结合。

16.4.4　木雕与其他艺术形式的跨界

木雕作为客体艺术，具有广泛兼容的特色，不仅可以自如地衔接传统与现代、生活与艺术，除了在江南建筑上的应用外，在场景应用方面、在江南建筑的装饰方面，还能牵手其他艺术形式比如书画、陶瓷、竹编等，玩转混搭与跨界风，达成内涵（意境）与形式（物象）的创新表达（图16-4-7）。

1. 摄影与木雕艺术的融合

传统江南园林中，一般会采用人造景观，景观的虚实结合其实与摄影中的虚实结合有异曲同工之妙，设计师

图16-4-7　东阳木雕作品《年年有余》

从摄影取景、对焦中获得启发，首创"取景框木雕"，丰富了东阳木雕的表现形式和装饰范围，彰显了东阳木雕的人文气质与古典情境。

2. 陶艺与木雕艺术的融合

在中国传统民居的天井中，人们喜欢放两个大陶缸，以承接雨水、涵养鱼荷、保护风水。陶缸的这种文化功能，能否通过木雕移植到现代建筑内部，以形式的突破达成文化的传承？以水缸养荷的造景手法创作的东阳木雕作品《宝月金荷》——一口直径1.5m、体高1.08m的水缸里，伸展出一簇通体贴金的荷花荷叶。整个作品高度达到3m多，造型之奔放，色泽之夺目，引来无数人与它合影。令众人都意想不到的是，这只水缸是用椴木制作的，缸体上的4幅山水图案以深浮雕技法雕刻而成，并用竹丝镶嵌技艺装饰边缘，缸沿则用大红酸枝箍口。满缸亭亭玉立的荷花、荷叶、莲蓬，都用椴木雕刻而成，贴上24K金，雍容华贵。陶艺+木雕，不是简单地把陶瓷的材质与木雕结合，而是"去其形而取其境"，最终形成新的形式、营造新的意境（图16-4-8）。

3. 竹艺与木雕艺术的融合

在浙江东阳地区，竹编与木雕是当地特色，匠人们对竹艺加木雕的混搭早就有过尝试，主要是把竹编如竹丝镶嵌、竹簧雕刻等融入木雕作品，形成竹木结合工艺。但这种尝试只能让跨界停留于"形式主义"，很难表达个人的文化心境。所以，换一种方式的传承是挖掘历史上竹

图 16-4-8　东阳木雕作品《宝月金荷》　　图 16-4-9　杭州西湖雷峰塔内部装饰

工艺的经典表现形式，并用木雕代替。于是，有东阳木雕匠人设计出了竹简木雕，并成功应用于杭州雷峰塔的内部装饰。利用竹简作为文字载体的功能，雕刻诗词和绘画；同时，利用竹编可自如弯曲包覆的特点，攻克了曲面木雕装饰的难题，达到了省工、省材又不开裂的效果，令其隽永的形象与西湖的柔媚环境两相交融、相得益彰（图 16-4-9、图 16-4-10）。

技艺的传承以及创新、嬗变，最终的目标是用新颖的物象表达创作者的心境，体现对外部环境的思考与领悟。当人们对建筑进行木雕艺术应用时，不妨对建筑功能、环境文化多加理解，对木雕技艺进行创新，对木雕艺术展现形式进行再创造，如此，江南传统建筑中木雕艺术的应用将因此具有无限的可能性。

16.5　雕刻艺术在江南传统建筑中的应用问题探究

江南建筑中的雕刻艺术的形成经过了漫长的历史时期，具有特殊的地域特色与鲜明的水乡特征，本文以东阳木雕艺术在江南建筑中的应用为例，系统阐述了雕刻艺术（主要是东阳木雕）在安徽九华山大愿文化园、南京牛首山、浙江东阳个木园、浙江杭州雷峰塔、杭州G20峰会主会场、2018年上合组织峰会主会场建筑中的应用以及东阳木雕艺术在建筑场景中的应用。

东阳木雕源于建筑，随着时代的变迁，作为江南传统建筑雕刻艺术的一种形态，东阳木雕又不完全等同于石雕、砖雕。雕刻艺术在江南传统建筑中的应用，可协助改善或增强建筑空间的表现力，将东方美学融入江南建筑中，是雕刻艺术回归建筑必然要承担的历史使命（图 16-5-1、图 16-5-2）。

图 16-4-10　杭州西湖雷峰塔内部装饰

图 16-5-1 东阳卢宅一

图 16-5-2 东阳卢宅二

建筑是一门功能艺术，依附于它的雕刻艺术应生活场景而生，江南地区丰富的地域人文特色让雕刻艺术，尤其是木雕艺术遍布江南建筑之中，成为一种建筑视觉语言，促进了建筑物的历史文化传承，丰富了其美好的祈福精神内涵，遵循建筑程式的自由表达更使江南建筑艺术成为中国建筑发展史中不可或缺的一环，雕刻艺术应用于江南建筑的魅力大概也就在此！

图片来源

图 16-1-1、图 16-1-2、图 16-3-1~图 16-3-6，图 16-4-4~图 16-4-8 来源：李鹏摄

图 16-4-1~图 16-4-3，图 16-4-9、图 16-4-10 来源：应杭华摄

其余均为黄小明摄。

第 17 章 江南传统建筑设计理念与高层建筑的适应性创新

17.1 江南地区气候地理特征

江南地区在文化、地理、气候等不同领域的定义下，范围各不相同，广义的江南多指长江中下游南岸区域，狭义的江南主要指长江下游的东部平原地区。本章讨论的江南主要聚焦于东部平原地区的长三角三个中心城市，因为高层建筑在这个地区相对集聚，具有典型性。

江南地区南高北低，南部多山，北部平坦，东部沿海，河道纵横，湖泊棋布。江南处于亚热带向暖温带过渡的地区，气候温暖湿润，冬冷夏热，四季分明。

17.2 江南地区传统建筑特点

江南地区得天独厚的自然环境以及江南人民的勤劳造就了今天江南的富庶；中国历史上的三次南迁，促使南北文化、技术融合、交流，终于形成了独立而完整的江南文化，也形成了江南传统建筑的主要特点。

天人合一，道法自然。顺应自然，利用自然的客观规律，达到人与自然的和谐相处，这是中国传统哲学的最高境界。反映在选址方面，江南建筑"择水而居""背山面水"；反映在单体方面，建筑平面布局则利用天井等院落空间组织自然通风；围绕院落布置的居住空间，也反映了人与自然的和谐哲学（图 17-2-1）。

因地制宜，巧于因借。江南建筑不拘一格，依山就势，因势利导，灵活布局；江南园林更是达到了借景寓情的人文境界（图 17-2-2）。

清新素雅，精致温婉。江南建筑材料大都因地制宜，就地取材，多采用石、砖、木等天然材料的本来面目，但选料讲究，做工精细，雕梁画栋，不事矫饰。建筑风格上，粉墙黛瓦，返璞归真，融于自然，反映了江南人民闲适、恬静的生活情趣（图 17-2-3）。

17.3 江南地区高层建筑发展概要

17.3.1 租界时期（1845—1943 年）

高层建筑起源于美国。1885 年，世界上第一幢真正意义上的高层建筑——芝加哥家庭生命保险公司大楼诞

图 17-2-1 天人合一，道法自然

图 17-2-2 因地制宜，巧于因借

图 17-2-3 清新素雅，精致温婉

本章执笔者：黄秋平。

图 17-3-1　沙逊大厦

图 17-3-2　汇丰银行

图 17-3-3　海关大楼

生。随后，高层建筑伴随着西方的坚船利炮来到了中国。上海作为中国最早的"五口通商"口岸之一，直至 1929 年，第一幢高层建筑——沙逊大厦（今和平饭店）才在外滩落成（图 17-3-1）。20 世纪 20—30 年代，上海迎来了高层建筑建设的繁荣时期。截至 1938 年，上海共建成 10 层以上高层建筑 31 座，主要集中在当年英美租界的外滩沿线，因而今日外滩面貌在这一时期已基本形成，使这一时期的上海成为远东最繁华的城市。同一时期，江南地区的南京、杭州、宁波等主要城市则没有高层建筑出现。

这一时期上海高层建筑的发展具有以下几个特点。

（1）这一时期的高层建筑是由外国人建造和使用的，它基本上是美国高层建筑的简单翻版。高层建筑的功能主要是金融办公、大型商业、公寓以及酒店，炫耀着资本的富有和奢华。

（2）高层建筑的设计和建造垄断在少数洋行手中。以公和洋行为代表，在外滩 20 世纪 20—30 年代建造的全部建筑中，公和洋行的作品占一半以上。

（3）这一时期建筑风格从新古典主义、装饰艺术风格到早期现代主义的变化，反映了西方建筑风格的变化。

如 1923 年建成的汇丰银行（图 17-3-2）为新古典主义横竖三段式——入口拱廊，中间柱廊，顶部穹顶。1925 年建成的海关大楼（图 17-3-3），顶部高耸的钟塔，方形的体量，层层收进的建筑处理流露出装饰艺术派的手法。1934 年建成的国际饭店，立面深褐色面砖形成的竖线条以及顶部的退台式处理则是美国 20 世纪 20 年代装饰艺术派摩天楼的直接翻版；同年建成的百老汇大厦（今上海大厦）（图 17-3-4），立面上整齐的方窗、极少的外立面装饰，基本上是现代建筑的雏形。

（4）这一时期也出现了一些高层建筑与中国传统建筑结合的形式。如 1932 年的亚洲文会大楼（图 17-3-5），顶部和入口上部出现了中国传统装饰母题；1937 年建成的外滩中国银行大厦（图 17-3-6），则是西方装饰艺术派的摩天楼扣上中国传统蓝色琉璃瓦四角攒尖顶，结合檐下石头斗栱装饰以及中国传统镂花格窗等元素符号。

（5）结构技术方面，高层建筑结构普遍采用钢筋混

图 17-3-4　百老汇大厦

图 17-3-5　亚洲文会大楼

图 17-3-6　外滩中国银行大厦

图 17-3-7　国际饭店

凝土框架结构、钢结构，有的局部采用比钢结构轻三分之一的铝合金框架结构，结构技术达到了当时远东的最高水平。因而建筑高度从 13 层的沙逊大厦发展到了 24 层、83.8m 高的远东第一高楼国际饭店（图 17-3-7），这一高度记录一直保持了将近 50 年。

（6）设备方面，高层建筑室内普遍安装升降电梯，设置消火栓及自动喷淋灭火装置等。

（7）外墙装饰材料从传统的天然石材过渡到现代的陶砖。这一时期，外墙装饰材料发展出了水刷石工艺（图 17-3-8），可代替天然石材装饰柱等，这种水刷石工艺被命名为 "Shanghai plaster"，远传到东南亚一带，代表了上海水平、江南智慧。

图 17-3-8　水刷石工艺

17.3.2　高层建筑发展初期（1976—1990 年）

1949—1976 年，高层建筑的建设处于停顿状态。

1978 年 12 月，党的十一届三中全会提出"对内改革，对外开放"的政策，我国转入以经济建设为中心的发展方向，建筑业开始起步。

改革开放后最早一批高层建筑也在上海率先建成，1980 年，由上海民用建筑设计院设计的第一个高层建筑——长阳饭店（图 17-3-9）建成，10 层；1985 年，江南地区的第一幢全玻璃幕墙建筑——由华东建筑设计院设计的上海联谊大厦（图 17-3-10）建成，这是首次应用高层建筑标准层中央核心筒的经典平面模式。1983 年，南京领全国之先，建成江南地区第一幢超高层酒店建筑——金陵饭店（图 17-3-11），共 37 层，高 110m。1986 年，杭州建成了高 14 层的黄龙饭店。表 17-3-1 列出了截至 1990 年，上海、南京、杭州建成的主要高层建筑。

这个时期的高层建筑发展具有以下主要特点。

（1）由于开放初期酒店宾馆建筑的需求量，并且其可以快速有效地吸引外资，因而酒店宾馆建筑成为建设主体，占比达 62%。

（2）这一时期的高层建筑设计 50% 以上由国内设计院原创完成，虽然开始是小心翼翼的探索，但出现了属于这个时代的一批优秀建筑，体现了老一辈建筑师深厚的建

图 17-3-9　长阳饭店

图 17-3-10　上海联谊大厦

图 17-3-11　南京金陵饭店

江南代表城市主要高层公共建筑一览表　　表 17-3-1

	排序	项目名称	高度/层数	建成时期
上海	1	长阳饭店	42.7m/11层	1980
	2	上海宾馆	90.5m/30层	1983
	3	振兴大楼	44.8m/16层	1983
	4	春光大楼	56m/20层	1983
	5	中船九院大楼	45.7m/13层	1983
	6	上海海鸥饭店	52m/11层	1984
	7	上海联谊大厦	74.25m/19层	1984
	8	包兆龙图书馆	74.25m/19层	1985
	9	上海华亭宾馆	90m/28层	1986
	10	上海金沙江大酒店	41.6m/12层	1986
	11	瑞金大楼	107m/29层	1987
	12	华东电力大楼	125m/30层	1987
	13	上海市政协大楼	72.6m/21层	1987
	14	上海电信大楼	131m/24层	1987
	15	锦江分馆	153m/46层	1988
	16	上海远洋宾馆	105m/32层	1988
	17	上海静安希尔顿酒店	144m/43层	1988
	18	新锦江大酒店	154m/45层	1988
	19	上海虹桥宾馆	103m/34层	1988
	20	展览中心北馆主楼	165m/48层	1989
	21	上海联合大厦	129m/36层	1989
	22	上海物资贸易中心	114m/33层	1989
	23	上海花园饭店	123m/34层	1989
	24	爱建公寓3号	104m/31层	1989
	25	上海城市酒店	103m/27层	1989
	26	上海银河宾馆	108m/35层	1989
	27	金陵综合业务楼	140m/37层	1990
	28	上海商城	164.8m/48层	1990
	29	三湘大厦	57.6m/17层	1990
	30	上海建国宾馆	87m/23层	1990
	31	启华大厦	72m	1990
	32	同济大学图书馆	50m/11层	1990
	33	外贸谈判大楼	107m/33层	1990
	34	扬子江大饭店	128m/39层	1990
	35	贵都酒店	106m/29层	1990
	36	上海锦沧文华大酒店	105m/30层	1990
杭州	1	杭州黄龙饭店	11层	1983
	2	杭州之江饭店	102m/32层	1990
南京	1	南京丁山宾馆	8层	1977
	2	南京金陵饭店	35层	1982

来源：黄秋平团队。

筑文化底蕴和文化自信，展示了老一辈建筑师对高层建筑与中国传统建筑理念结合的创新探索。

杭州黄龙饭店：14层，总建筑面积11万 m^2，566间客房，1986年建成，由程泰宁院士设计（图17-3-12、图17-3-13）。方案构思从城市与自然的大环境出发，在总平面布置上借鉴中国画的"留白"手法，使场地南侧的西湖和宝石山的自然环境与北侧的城市空间渗透融合，追求整体气韵的连贯（图17-3-14）。围绕中心庭院，总体三组六个单元呈分散式布局，将传统江南院落

图 17-3-12 杭州黄龙饭店

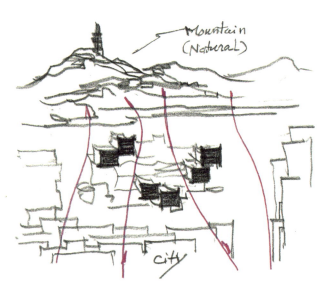

图 17-3-13 总体概念手绘

图 17-3-14 杭州黄龙饭店总平面图

空间布局与现代酒店功能创新结合，创造了移步换景、时隐时现的传统园林意境，传递着传统水墨山水的朦胧韵致。这些无形形态的营造，强化了建筑空间的艺术魅力。

上海电信大楼：24层，130.6m高，总建筑面积 4.9 万 m^2，1988年建成，由蔡镇钰大师设计（图 17-3-15）。建筑结构外露，结构外框采用密柱"T形"异形柱，自然形成立面竖线条，柱顶部与镂空花篮梁自然交接，立面密柱及顶部厚檐真实反映了两个受力的筒体结构，却又呈现出细腻优美的江南木结构建筑的神韵，是现代结构技术与传统建筑形式创新结合的优秀案例。

（3）这一时期的中外合作设计带来了新的设计理念和新的技术。国内设计市场兼收并蓄，博采众长，百花齐放。

上海商城：164m高，总建筑面积 18.5 万 m^2，1990年建成，由美国约翰·波特曼事务所设计（图 17-3-16）。功能上包括了酒店、办公、公寓、剧场、零售商店、餐饮、展览和幼儿园等，可以满足人们对生活、工作、购物和娱乐的基本需求。建筑总体布局呈稳定的"山"字形。整个建筑底部架空，其中穿插中国园林山水自然元素，拱形门楼、暗红色的柱子、模仿木构穿斗形式的柱顶等传统元素符号的拼贴，使得现代建筑超大尺度空间与江南园林

图17-3-15　上海电信大楼

图17-3-16　上海商城全景

图17-3-17　上海商城内庭院

的精致小巧有机结合，为城市中心提供了可供人们交流休憩的开放公共空间，是高密度超高层开发与城市环境相结合的优秀案例（图17-3-17）。

（4）继1983年南京第一幢超高层建筑金陵饭店成功建设，上海集中建成了一批以酒店为主要功能的超高层建筑。超高层建筑以其居高临下的姿态、土地高效利用的优势，迅速成为政府和开发商改变城市形象、炫耀资本实力的工具，呈一发不可收拾的态势。

这个时期高层技术创新主要表现在结构和建筑设备、材料方面：

（1）结构体系日趋成熟。高层建筑结构由框架、框架+剪力墙发展到框筒、筒中筒、束筒体系；微型计算机的结构计算替代人工计算的革命性变化，大大提高了设计效率，为高层建筑向更高、更大规模发展提供了可能。

（2）高层建筑的出现有赖于电梯的发明。南京金陵饭店的电梯速度已达4.0m/s，为国内第一部高速电梯。其他设备技术，如空调、消防、通信技术等也快速发展。

（3）高层建筑平面逐渐演化成为中心核心筒模式，有利于功能区域的采光、通风。

（4）玻璃幕墙在这个时期的出现和应用，是一次建筑技术的革命性改变，它使结构框架与外墙分离，使外立面设计脱离了框架的约束，建筑立面设计变得自由。伴随玻璃幕墙出现的新材料，如染色玻璃、反射玻璃、铝板等，使建筑立面的表现更加丰富。

17.3.3　高层建筑高速发展期（1991—2010年）

1990年，国务院决策开发上海浦东新区，是高层建筑大规模建设的标志性事件。浦东新区以陆家嘴金融贸易区为核心的6.8km²范围内，迅速崛起了一批高层、超高层办公、金融建筑，如中国人民银行、中国银行、中国工商银行、交通银行、浦东发展银行等，1999年建成的88层、420m高的金茂大厦，一时成为上海乃至中国的跨世纪标志性建筑。

1994年，中国和新加坡合作的苏州工业园区落户苏州和上海之间的金鸡湖地区，截至2010年，共建成近8000万m²建筑。

2001年，杭州钱江新城启动，总规划面积21km²，建筑面积800万m²。

2002年，南京的河西中央商务区宣布开始规划建设，总规划面积22km²，总建筑面积600万m²。截至2010年，已完成241万m²。

至此，高层建筑已在江南地区遍地开花，呈一发而不可收的蔓延趋势。

这一时期高层建筑发展的主要特点如下：

（1）随着1986年国家政策《中外合作设计工程项目暂行规定》的出台，国外建筑设计公司蜂拥进入国内市场，高层建筑，特别是超高层建筑方案一边倒地由境外设计公司设计，国内设计单位只做深化施工图。国外设计公司的设计水平良莠不齐，国内的设计盲目跟风，有些项目水土不服。

（2）高层建筑刚开始以开发区集聚的形式成片出现，随后迅速扩展到城市的各个角落以及县城和郊区，城市像摊大饼一样向外拓展，高层建筑的发展呈现出无序和狂热。高层建筑改变了城市尺度、城市轮廓，也改变了人们的工作生活习惯。

（3）超高层建筑成为各大城市展示经济实力的工具，

建筑高度不断刷新。截至 2010 年底，上海环球金融中心将高度刷新到 492m，位居第一，南京紫峰大厦达到 450m，杭州浙江财富中心西塔达到 258m。

（4）这一时期高层建筑的发展比较强调数量的增长和建造速度，因而容易降低质量要求，所幸在技术和材料方面创新不断：

（1）设计技术的革命性变化促进了建筑设计的发展，20 世纪 90 年代初，CAD 技术已基本普及，计算机已经突破原始的手工画图的生理尺度限制，使单体建筑的规模在电脑里任意缩放，不断扩大。

（2）超高层结构技术体系已经成熟；超高层抗风防震的阻尼技术应用于上海环球金融中心。

（3）应用于环球金融中心的高速电梯速度达 10m/s。双层轿厢、电梯产能等产品和概念不断创新，以满足不断长高的建筑需求。

（4）Low-E 玻璃节能产品开始得到重视和应用，双层呼吸式玻璃幕墙、单元幕墙、索网幕墙、陶板、超白玻璃等玻璃幕墙外围护技术和材料的出现，在丰富了建筑表现的同时，也走向了玻璃幕墙泛滥的一面。

这一时期的金茂大厦和紫峰大厦两个项目体现了超高层建筑与中国传统建筑、地域文化相结合的努力和成果。

上海金茂大厦（图 17-3-18）：88 层，420m 高，总建筑面积 12 万 m^2。由美国 SOM 公司设计，外观造型取意于中国传统多层密檐塔，细部用层层叠叠的不锈钢材料演绎木结构穿斗构造，形神皆备。

南京紫峰大厦（图 17-3-19）：89 层，450m 高，2010 年建成，由美国 KPF 建筑事务所设计。立面设计包含三种中国元素：龙文化、扬子江及园林城市。龙鳞式单元幕墙板块，蓝绿两组玻璃勾画出了"虎踞龙盘"模样的外立面。

17.3.4　高层建筑转型发展期（2011—2020 年）

经改革开放后近 30 年的高速发展，高层建筑的建设终于开始了转型思考。促成转型思考的大背景是世界范围内对于气候环境的关注和行动以及 1999 年在北京召开的第 20 届世界建筑师大会。

图 17-3-18　上海金茂大厦

图 17-3-19　南京紫峰大厦

自20世纪60年代保罗·索拉里第一次提出"生态建筑"概念以来,世界范围内对生态环境保护越来越重视,1987年,世界环境与发展委员会发布《我们共同的未来》,报告第一次提出"可持续发展"概念;1992年,我国签署了《联合国气候变化框架公约》;2006年,我国颁布了《绿色建筑评价标准》,促使建筑师开始思考建筑与生态环境问题,并开展实践和探索。

第20届北京世界建筑师大会的主题是"面向21世纪的建筑",大会多角度阐述了可持续发展及生态环境、建筑与城市一体化、创造新的地域建筑文化、高新技术与适宜技术相结合等广泛议题。大会特别指出:"1990年代起,计划经济向市场经济转型过程中出现了盲目抄袭,迷失基本理论和目标的弊端。"

关于高层建筑,放在新千年的时代背景下反思,存在以下主要问题:

(1)高层建筑的可持续问题。高层建筑虽具有土地高效利用的优势,但通常被认为是高能耗的,因为大量人员、物品需要克服重力消耗能源。高能耗的高层建筑的建设,如何转变为可持续发展的?

(2)高层建筑的人性化问题。高层建筑有限的标准层面积和封闭的外墙,使生活和工作在高层建筑中的人们远离地面,既割裂了人与自然的联系,也割裂了人与人之间相互作用的复杂性和随机性。

(3)高层建筑的地域性问题。高层建筑的发展有135年的历程,它起源于美国,但无论其所处的地理位置如何,它仍然会反映出其美国起源。但世界各地的地理和人文差异巨大,因而新世纪高层建筑的发展应该适应地域环境气候特点,满足不同地域的生活习惯,具有地域建筑文化内涵。

17.4 江南地区高层建筑创新

17.4.1 文化自信

建筑创新首先是观念的创新,理论的创新。理论创新的前提是文化自觉和文化自信。程泰宁大师认为,价值和评价标准的同质化,导致西方化,阻碍当前建筑创新的思想。没有文化自觉就没有文化自信。经过改革开放40多年的建筑实践和反思证明,几千年根植于中国的传统哲学依然是建筑创新的源泉。高层建筑不能是一个简单的复制过程,而是在中国的现代性和都市条件下的"中国化"。中国的建筑设计作品必须不断探索并追寻中国丰富的建筑文化内涵。

17.4.2 回归自然

《北京宪章》指出:"人与自然和谐共存、科技与人文同步前进将是未来建筑发展的趋势。"这与中国传统哲学中的"天人合一"一脉相承,回归人的自然属性,是一种更整体化、更全面的理性。创造顺应自然的高层建筑环境应是未来高层建筑的发展方向和建筑设计的目标。

江南建筑中的天井具有自然采光和拔风作用,高层建筑上下风压差大,利用烟囱效应可以合理有效地组织自然通风,可以降低建筑能耗。事实上,东方人更喜欢有自然吹风感,因而高层建筑全封闭的幕墙不适合江南地域建筑传统。

新开发银行总部大楼(图17-4-1)主楼沿外墙设全电动可开启窗,保证90%的功能房间具有柔和的、方便可控的自然通风。设计探索了超高层建筑自然通风的生态可能。

17.4.3 回归人性

随着人们的环境意识的加强,高层建筑除满足最基

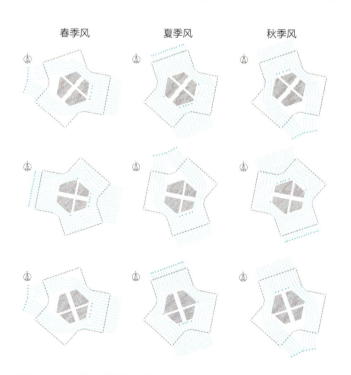

图17-4-1 新开发银行自然通风设计

本的办公等功能外，还需要满足交流、运动、艺术、阅读等人的生活和工作需要。除了形态、空间、比例、材料、色彩外，高层建筑更应创造自然景观和公共空间，创造一种气氛和情感，回归人的社会属性。在高层建筑的不同区域插入不同中庭的设计手法开始出现，以中央核心筒为主流的高层建筑空间构成模式受到挑战。高层建筑空间组织灵活多样，设计更关注使用上的开放性和灵活性，注意室内外绿化空间的引入和设计，高层建筑开始具有较明显的区域特色。

上海中心利用双层幕墙 1~10m 间距，共设置了 8 个空中大堂（图 17-4-2），空中大堂的功能包括商业、餐饮、书店、博物馆、展览观光等，为人们提供了舒适、惬意的社会交流空间。垂直城市概念的引入，是超高层建筑人性化设计方面的一种尝试。

17.4.4 技术的可能

世界范围的数字化革命，特别是以大数据、移动互联网、人工智能、云计算、智慧城市等为代表的数字技术发展风起云涌；中国制造业完整产业链的发展，为建筑创

图 17-4-2 上海中心空中大堂

新发展提供了支持。

（1）设计技术：参数化设计从某种程度上改变了建筑师的设计思维和方法；各类模拟分析软件帮助设计更精准、定量地分析建筑与场地的各种物理环境；城市大数据、数字建筑、智慧建造、智慧运营等领域已有一定的成果积累。

（2）材料定制技术：从 CAD 到 CAM 的制造技术以及 3D 打印技术可以满足任意形状、任意材料的构件的制作和安装。

（3）智能化技术：太阳能追踪遮阳系统、智能照明控制技术、远程无线控制系统、无人驾驶技术等，可提供更加便利、节能和人性化的服务，正深刻改变着人们的生活。

（4）太阳能技术：太阳能板技术从单晶硅、多晶硅到 CIGS 薄膜太阳能电池，中国拥有全球最完整的太阳能产业链；太阳能一体化技术已得到广泛应用。

当今，可持续发展已经成为人类社会发展的基本共识和共同选择，2020 年，中国政府向世界承诺了"双碳"目标，为新时代可持续建筑的发展指明了方向。"天人合一"，这一具有古老的中国文明及东方特质的生态智慧，为高层建筑的生态适应性创新提供了系统的理论、方法和实践。

17.5 两个优秀原创案例

17.5.1 中衡设计集团研发中心大楼

详见本书 18.6.1。

17.5.2 新开发银行总部大楼

1. 项目背景

新开发银行作为第一个入驻上海的政府间多边国际组织，具有重要的国际影响力。在有限的用地与高密度开发的背景下，有效组织复合功能，为来自世界各地的员工提供高品质办公环境与开放包容的交流平台是建筑设计的目的。作为牵引上海向国际金融中心迈进的重要动力，新开发银行总部大楼的形象塑造以及其企业文化和价值理念的彰显是业主对于建筑设计的重要诉求。在回应城市空间结构的同时，体现新开发银行的价值理念，是本项目面临的挑战（图 17-5-1）。

图 17-5-1 新开发银行总部大楼全景

本项目位于上海浦东世博园 A11-01 地块，建设用地面积 12067.4m²。地块西北侧为国展路，东南为雪野路，西南为高科西路，东北侧紧邻 A11-02 地块，为该项目发展备用地。项目总建筑面积 126423.1m²，地上计容建筑面积 80489.56m²，建成后满足约 2000 人的办公需求。

2. 回应城市的总体布局

为实现观江视线的均好性，世博 A 片区的建筑塔楼错落布置，呈"品"字形结构。本项目主体塔楼设置于基地西侧，与北侧两栋塔楼组成"品"字结构，有机融入了 A 片区整体空间布局。A 片区规划的视线通廊及核心绿谷形成了"三横一纵"的空间结构。为延续北侧视觉通廊，裙房与塔楼分开设置，塔楼靠近高科西路，裙房靠近二期绿地。为保持基地所处生态功能带的连续性，基地两侧连通绿带空间。裙房部分底层架空向二期开敞，衔接绿带景观融入机构价值理念的设计概念（图 17-5-2~图 17-5-5）。

3. 回应企业价值的建筑形体

建筑设计概念源于新开发银行的企业价值理念，三角形象征稳定和平衡，旋转产生动力，代表创新和发展。

图 17-5-2 世博 A 片区门户

图 17-5-3 作为世博 A 片区南户的新开发银行

图 17-5-4 分置的建筑形体延续规划城市通廊 1

图 17-5-5 分置的建筑形体延续规划城市通廊 2

方案平面在三角形母题的基础上适当变形,以适应功能使用的需求,建筑体量竖向旋转生长,创造丰富、动感的建筑造型,诠释使用机构"创新、平等、透明、可持续"的文化价值理念。建筑平面不断旋转上升,形成了稳重而富有变化的五段造型(图 17-5-6)。

立面设计则强调竖向线条,利用材料虚实对比达到 50% 玻墙比的要求,以稳定有序的竖向线条象征高效与秩序。底部与中部保持竖向分割一致性,突出顶部轻盈、透明的特质(图 17-5-7)。

4. 功能与空间设计

总部办公鼓励员工之间的交流,因此,新开发银行的公共空间系统强调多样性和可达性。公共空间系统分为景观平台、高区中庭、旋转边庭及公共服务街道 4 个部分,提供了多样的交流空间,以促进不同背景、文化的员工之间的交流互动,塑造总部办公楼的整体气质。景观平台被分别设置在不同高度的楼层,以创造亲近自然的室外休憩、交流空间,其中塔楼部分在 9 层、15 层、21 层、27 层及 30 层各设 3 处景观平台,可在垂直方向获得不

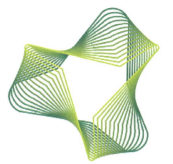
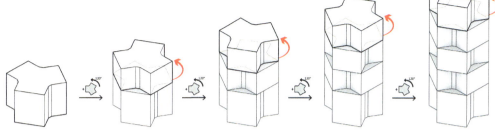

图 17-5-6　新开发银行标志　　图 17-5-7　主体塔楼形体生成

同角度的景观资源。裙楼分别在 4 层南北两侧、5 层连廊处设置室外休息平台。此外，普通办公区在每层设置两个通高边庭，边庭具有良好的自然采光和视野，边庭内设置螺旋楼梯，以加强相邻楼层部门之间的联系，边庭沿建筑外边旋转上升形成连续的室内公共空间。28~30 层高管办公区设置 3 层通高中庭，由连续的螺旋楼梯连接，结合走廊、天窗与电梯等候厅塑造高区富有活力的空间氛围。建筑还分别在 4 层及地下 1 层设置公共服务街，串联公共配套服务区各功能单元，并结合竖向交通形成内部立体公共活动环路（图 17-5-8~图 17-5-13）。

5. 江南意蕴的传承与创新

1) 空中庭院——360°共享花园

塔楼主体建筑随体量变化，自然在 9 层、15 层、21 层、27 层形成了景观平台层，每层设 3 处朝向不同的室外平台，整个建筑沿垂直方向设置 5 段共 17 个室外屋顶花园，穿插在不同高度处的"地面"空间，为使用者带来了社会交往的可能。不同朝向的景观平台形成了 360°的观景空间，平台围护结构均为玻璃栏板，兼顾安全性与视线通透性，可确保员工无遮挡地欣赏城市远景。景观平台与本层休息区相连，作为室内公共空间的外部延

图 17-5-8　高区螺旋楼梯与采光天窗　　图 17-5-9　高区螺旋楼梯与采光天窗　　图 17-5-10　高区螺旋楼梯与采光天窗

图 17-5-11　高区阶梯空间　　图 17-5-12　四层公共服务街　　图 17-5-13　四层公共服务街

续，在高层办公楼内打造独特的空中庭院，员工可随时移步室外，感受丰富的空间体验，放松身心（图 17-5-14、图 17-5-15）。

各层景观平台中种植的植被随高度提升呈现出差异特色，自下而上形成常绿植物（9层）—浪漫鲜花（15层）—针叶地被（21层）—苔地草坪（27层）—禅意旱溪（30层）的变化，以模拟自然界中高山垂直生态聚落的变化趋势，保证位于不同楼层的景观平台具有较强的辨识度（图 17-5-16）。

结合均布于塔楼的室内边庭，各层办公人员上下步行不超过3层均可到达室外景观平台，体现了高区景观设置的均好性，也促使办公人员在大楼中行走，以形成更加健康的"办公生态"。为优化空中庭院的休憩体验，景观平台栏板设计有意增大了扶手的水平宽度，便于员工交谈时倚靠与放置物品。园林中游憩、慢行、驻足停留、凭栏倚靠的体验在超高层办公楼中得以实现（图 17-5-17~图 17-5-19）。

2）地面景观——水绿融合延续江南意蕴

塔楼室外环绕大堂设置圆形水景，与环形的景观铺地结合，在场地上围绕塔楼形成了完整的几何形，通过抽象图形强调塔楼的主体性与向心感，同时也是大堂室内空间的外部延伸。围绕水池点缀的喷泉时而为水面增加扩散的涟漪，与环绕建筑种植的植物共同在喧嚣的城市中心塑造出一片带有江南气质的自然景观（图 17-5-20）。

3）幕墙与材料——本土文化与地域性

新开发银行总部大楼坚持以可持续设计原则为导向，

图 17-5-14 空中庭院与独立办公室

图 17-5-15 空中庭院

图 17-5-16 多层次景观平台

图 17-5-17 室内边庭一

图 17-5-18 室内边庭二

图 17-5-19 空中的园林景观

图 17-5-20 环绕塔楼的景观水池

图 17-5-21 主体塔楼陶板幕墙细部

力求塑造舒适宜人的办公环境，主要办公空间均可实现自然通风与采光，控制建筑能耗。立面通过采光单元与通风单元两种单元式幕墙的组合的虚实对比，构成简洁的竖向线条。幕墙实体通风单元设置电动平开窗，外挂异形釉面定制陶板，结合陶板两侧设置的金属格栅，为高层建筑导入柔和风。这种单元式实体"呼吸"幕墙对内可实现办公空间的自然通风，减少高层建筑封闭空间长期使用空调带来的不适感，对外可保持建筑立面完整、纯净（图 17-5-21）。

选择异形釉面定制陶板作为立面主要材料，是中国本土传统建筑材料在当代建筑营造中的全新演绎，是通过材料语言体现建筑本土气质与人文精神的尝试，以低调的方式将中国元素与安静的江南建筑特质融合于现代化的总部办公大楼之中，同时强调了金融机构庄重的气质与建筑在世博 A 片区内的独一性。

参考文献

[1] 伍江. 上海百年建筑史 1840—1949[M]. 2 版. 上海：同济大学出版社，1997.

[2] 《上海八十年代高层建筑》上海市建设委员会

图片来源

图 17-2-1 来源：如室

图 17-2-2 来源：殷启民摄

图 17-2-3 来源：China-designer

图 17-3-1 来源：莱顿大学

图 17-3-2 来源：汇丰历史网站

图 17-3-3 来源：virtualshanghai

图 17-3-4 来源：John Smith's. 百老汇大厦 [EB/OL].（2006-08-09）. http://thepaper-prod-oldimagefromnfs.oss-cn-shanghai.aliyuncs.com/image/44/433/828.jpg

图 17-3-5 来源：乌戈·罗迪纳. BREATHE WALK DIE [M]. ISBN: 978-3-03764-409-6. 荣格出版社（2015）. 封面

图 17-3-6 来源：图游华夏网

图 17-3-7 来源：文汇网摄影：张挺，周俊超 摄

图 17-3-8 来源：Wikimedia Commons.

图 17-3-9、图 17-3-10 来源：上海市建设委员会. 上海八十年代高层建筑 [M]. 上海：上海科学技术文献出版社，1991.

图 17-3-11 来源：P-T-GROUP 巴马丹拿. 南京金陵饭店 [EB/OL]. https://web.p-t-group.com/en/project-detail.php?projects_id=163&projects_category_id=5&projects_name=Jinling%20Hotel.

图 17-3-12~ 图 17-3-14 来源：CCTN 筑境设计

图 17-3-15 来源：陆杰摄，澎湃新闻

图 17-3-16、图 17-3-17 来源：约翰·波特曼建筑设计事务所

图 17-3-18 来源：SOM China

图 17-3-19 来源：陈铭 摄

图 17-4-2 来源：上海中心大厦官网

图 17-5-1~ 图 17-5-5，图 17-5-8~ 图 17-5-14，图 17-5-20、图 17-5-21 来源：10 studio 摄

图 17-5-6 来源：https://www.ndb.int

图 17-5-15~ 图 17-5-18 来源：VIEW 摄

图 17-5-19 来源：齐志一摄

第 18 章 案例

18.1 纪念性建筑案例

18.1.1 侵华日军南京大屠杀遇难同胞纪念馆第一、二期[①]

对于战争灾难的反思成为和平年代令人重视的主题，侵华日军南京大屠杀更是一个不可被遗忘的历史灾难性事件。众所周知，记忆、回忆是人类基本的生理机能，但它同时也是一种历史文化现象，关涉历史主体在时间意识中的情感，更类似于我们常说的"历史感"。

围绕南京大屠杀这一历史事件来看，我们通过记忆中的经验证据最终可以确证这个陈述语句：1937—1945 年，侵华日寇的暴行令人发指，残忍杀害了大量的中国百姓。每一个消逝的生命，都是一段被战争无情斩断的鲜活人生，建筑纪念物给读者悲恸和忧郁的心理感受。

以侵华日军南京大屠杀遇难同胞纪念馆第一、二期工程为例，建筑与所处自然环境和人文环境的关系，是设计过程中必须充分关注和解决的重要问题之一，特别是在一个原已形成大屠杀遗址的环境中设计建造新建筑，其难度可能更大。一个成功的建筑设计必须在环境中领会建筑的使用功能与形象特征，确定建筑的角色，在制约中寻求关联和适度的突破，从而将新的空间秩序合适地融入原有的空间序列之中[1]。

1. 建筑与所处人文环境的关系

南京大屠杀遇难同胞纪念馆是一座隶属于南京市的地方性纪念馆，但由于承载着南京大屠杀历史记忆和国家公祭的重任，建馆 36 年来，经过三期建设工程，目前已经建设成为国际一流的历史纪念馆[2]。第一、二期工程为齐康院士设计，地点设在当年集中掩埋南京大屠杀死难者的 13 个掩埋场地之一——江东门茶亭东街万人坑遗址。遗址场地为边长百余米的近似正方形，由北向南缓慢倾斜，由东向西变陡，高差 3m（图 18-1-1-1）。第三期工程由何镜堂院士领衔的华南理工大学建筑设计研究院团队设计，设计风格上与已建成的纪念馆协调、呼应，又凸显了自己的特色。

大屠杀纪念馆第一、二期工程总体布局抓住了"生"与"死"对比的主题，将纪念馆主体建筑布置在馆址的东北角——场地的最高点位置，面向城市街道。人们进入入口广场，映入眼帘的是镌刻有"侵华日军南京大屠杀遇难同胞纪念馆"的花岗石墙面。沿右侧拾级而上，迎面是以中、英、日三种文字镌刻的黑色大字"遇难者 300000"（图 18-1-1-3），给人以极为强烈的印象。

凭吊者登上主体建筑大厅的屋顶平台，仰望无垠的天空、俯瞰空旷的墓场，瞬间把来自喧闹、繁华的人们引入了一个陌生的悲惨世界，这一巨大变化，产生了沉重的

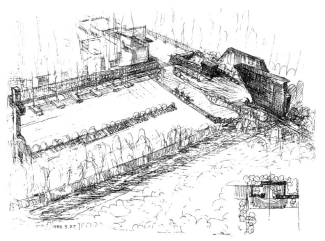

图 18-1-1-1　南京大屠杀纪念馆草图

[①] 本节执笔者：张宏、刘聪。

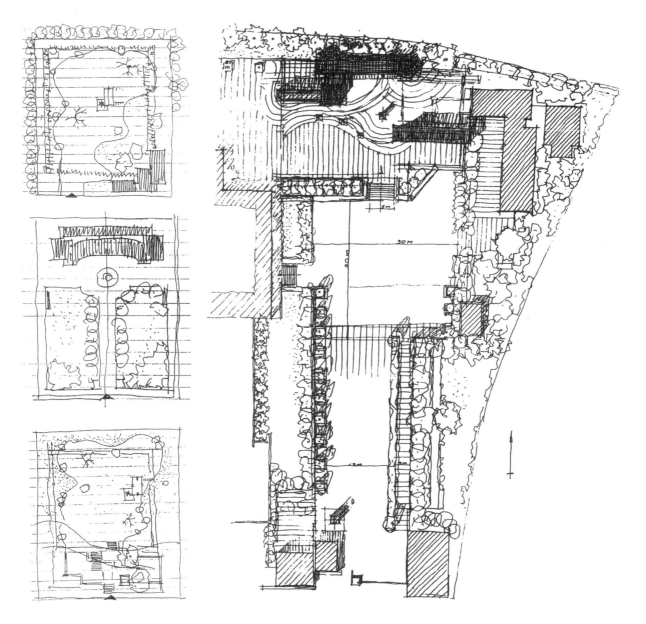

图 18-1-1-2　南京大屠杀纪念馆平面草图

压迫感，震动着每个人的心弦。站在这高高的屋顶上，凭吊者看到墙内大片鹅卵石铺地，寸草不生，几棵枯树一动不动地伫立着，枯树的后面是一个母亲的塑像，她悲痛无力地伸着手，找寻她失去的娇儿（图 18-1-1-4）。在她后面，是半地下的遗骨陈列室，造型像一口巨大的棺椁[3]。强烈的死亡气氛得到了充分的渲染，而墙外种植的常青树和墙内沿路径、墙边鹅卵石铺地边沿的片片碧草，又让人感到生机和生命，一种"野火烧不尽"的无限生命力和顽强不屈的斗争精神紧紧地扣住了"生"和"死"的主题。

遇难者名单纪念墙是另一个重要作品。作为遇难同胞纪念馆，纪念的是南京大屠杀遇难同胞，无论是从同类型场馆和原真性的角度，还是从尊重个体生命的角度来看，都应该有一座"遇难者名录"纪念墙，俗称"哭墙"。纪念墙采用呈 L 形的厚重高墙，用灰白色花岗石垒砌而成。纪念墙的特点是中间各用三块平整的方形花岗石块砌成对称性的两堵石柱，中间留有一条石缝，底部有一个石雕无字花圈（图 18-1-1-5）。墙面是不规则的，凸凹不平，还有意识地留出了不规则的石洞，透出墙后面的绿色，代表生命的绿色[4]，墙面上镌刻着南京大屠杀遇难者的实名录。

2. 建筑与所处自然环境的关系

沿着参观路径，静静地，按照秩序进入一个个地下展区。通过前厅、通道，以音像、光线、色彩及场景逐渐转暗等手段，营造出过渡氛围，"渐进式"地将观众引

图 18-1-1-3　纪念墙 1

图 18-1-1-4　卵石广场

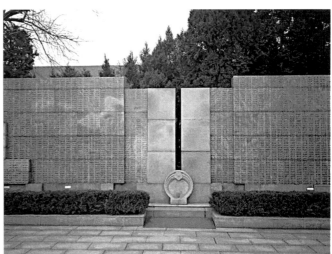

图 18-1-1-5　纪念墙 2

入陈列室。外形为棺椁的遗骨陈列室内陈列着建馆时从"万人坑"中挖掘出的部分遇难者遗骨。呈墓穴形状的半地下史料陈列大厅内，陈列着一千余件历史照片、文物、图表和见证资料，运用灯箱、沙盘、泥塑、油画、复原景观、多媒体触摸屏、电影电视等现代陈列手段，进行原生态的历史呈现[5]。展厅的结束大厅侧面墙上的灯上贴有一位位遇难者的遗像，随着一盏灯的亮起，一位遇难者的遗像浮现于眼前，每隔 12 秒，就有一滴水从高空落下，随即，灯熄灭了，遗像也消失了。"滴答""滴答"……这声音让每一个参观者的心因为惊骇、愤懑而颤栗。这一设计思路来源于当年大屠杀的 6 个星期中有 30 多万同胞遇难，如果按秒计算，意味着每隔 12 秒就有一个生命消逝。

整个馆区的最后一个环节是和平广场。当大屠杀的幸存者试图去回忆这一悲痛的经历时，由于记忆太过恐怖、痛苦，可能会给幸存者带来第二次创伤，这种创伤还会演变成一种极端形式，痛苦的过去无法通过遗忘来抹平。因此，此处的广场一改前面黑色的主格调，呈现宁静的白色。而且通过前面灰暗的铺垫，明亮、开阔的和平广场使人心中顿时充满希望。此处的水体不同于外围水体在黑色的映衬下呈现出的压抑、肃穆，而是开阔、平和的（图18-1-1-6）。出口处有两棵银杏树，寓意健康长寿。正对着的是一个母亲抱着孩子的雕像，这与馆外的家破人亡的雕像形成了对比，一个是通过战争造成的惨状间接反衬主题，一个是通过手举和平鸽直接呼吁和平，两者表达的都是人们对和平的期望，由前面的追溯历史过渡到展望未来。

3. 结语

这座纪念馆将关于大屠杀的情感、联想汇聚成参观者自身的领悟，使其尽可能地身临其境般贴近大屠杀事件本身，这也是用建筑的语言所进行的历史呈现。历史不会因时代变迁而改变，事实也不会因抵赖而消失，这座建筑无时无刻不在提醒着参观者，千万不要忘记那段历史！前事不忘，后事之师！

18.1.2 侵华日军南京大屠杀遇难同胞纪念馆第三期[①]

为了纪念2015年世界反法西斯战争胜利暨中国人民抗日战争胜利70周年，南京市政府启动侵华日军南京大屠杀遇难同胞纪念馆三期扩容工程——世界反法西斯战争

图18-1-1-6 和平广场

图18-1-1-7 南京大屠杀纪念馆草图及实景

---

① 本节执笔者：韩雨晨。

中国战区胜利纪念馆（简称"纪念馆三期"），由何镜堂院士团队设计。2013年启动设计，2015年竣工使用。

1. 城市与纪念

纪念馆三期的主题是纪念抗战胜利，设计主张改变纪念性建筑沉重、肃穆的城市形象，以开放、柔和、绿色的地景式公园形态融入城市生活，以日常化的纪念性诠释胜利的喜悦、展现和平的场景。纪念馆三期的设计场地位于江东路与水西门大街两条主干道的交叉口东北角，紧邻纪念馆二期开敞的和平广场，地处江东商业文化旅游中心区，路口另外三个象限均为繁华的休闲商业街区。在这种城市环境下，该设计采用覆土的地景式建筑形态，有效地消减了建筑体量对和平广场及周边城市商业空间的压迫感，以柔和的建筑曲线与绿化景观营造了宁静、平和、开放、包容的城市形象，以自然流动的空间与移步异景的序列呈现出了江南生活精致、高雅、自由、无界的文化特质（图18-1-2-1）。

场地中心是椭圆形的纪念广场，代表中国抗战胜利和"圆满"的愿景。场地的三个角向上提起，使纪念广场四周地形自外向内微微起坡，仅保留与和平广场相连的西南角的通达性，形成半围合空间，市民可以在其中休憩、漫步、交流，结合步行桥与"胜利之路"的路径设计，兼顾了纪念广场的聚合性与城市开放性。重塑的地形之下容纳了纪念馆的主要功能空间（图18-1-2-2）。

2. 延伸与升华

侵华日军南京大屠杀遇难同胞纪念馆一共有三期：一期为齐康院士设计，建于1985年；二期为何镜堂院士设计，建于2007年；纪念馆三期延续了前两期的空间叙事序列——纪念广场、死亡之庭、祭祀院落、和平广场，最终以胜利广场为全部参观流线画上圆满的句号（图18-1-2-3），移步异景，彰显江南空间叙事。与一、二期凝重的空间、硬朗的体量、压抑的氛围形成对比，纪念馆三期以柔和、开放的空间形态缓解前部序列肃穆、悲痛的基调，使参观者强烈的悲愤情绪在此得到有效的舒缓与升华，以融入繁华城市的胜利之景唤起人们对生活的热爱以及对和平的渴望（图18-1-2-4）。

3. 场所与活动

"一个广场、一方公园、一条道路"是纪念馆三期营造的核心城市场所，容纳纪念、休息、漫步、集会等

图18-1-2-1　侵华日军南京大屠杀遇难同胞纪念馆三期鸟瞰

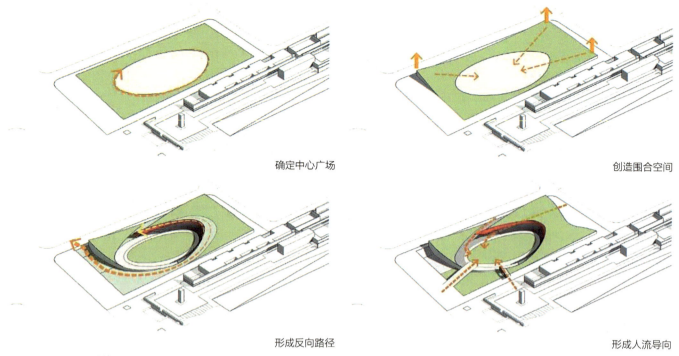

确定中心广场　　　　　　　　　　　　　　　　　　　　　　创造围合空间

形成反向路径　　　　　　　　　　　　　　　　　　　　　　形成人流导向

图 18-1-2-2　场地策略与建筑形态生成

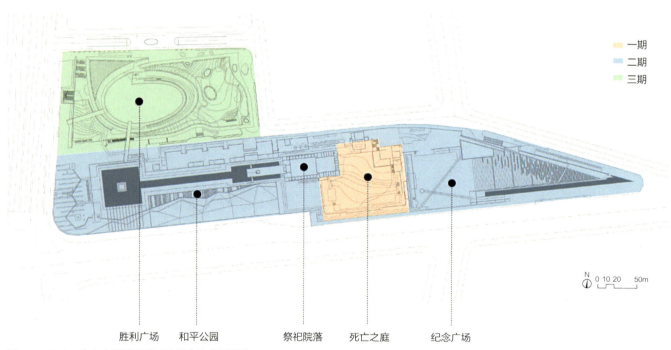

■ 一期
■ 二期
■ 三期

胜利广场　　和平公园　　祭祀院落　　死亡之庭　　纪念广场

图 18-1-2-3　南京大屠杀遇难同胞纪念馆总平面图

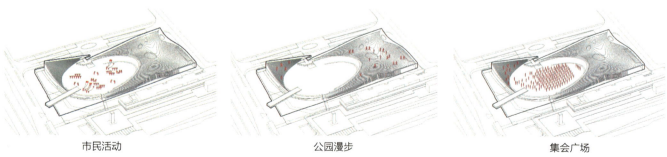

市民活动　　　　　　　　　公园漫步　　　　　　　　　集会广场

图 18-1-2-4　场所与活动

264

活动，在纪念馆闭馆后，依然对城市开放。"一个广场"指椭圆形的胜利广场，这里不仅为开阔的市民提供日常活动场地，还可举办8000人集会等大型纪念活动。"一方公园"是指胜利广场四周起伏的坡地公园，为市民和参观者提供了游憩、漫步、亲近自然的宜人场所（图18-1-2-5）。"一条道路"是指环绕胜利广场而进入纪念馆内部的室外坡道，名为"胜利之路"，是纪念馆三期串联各空间场所的核心参观流线。这条道路随着坡地缓缓上升，夹在暗红色的弧形"胜利之墙"与地景建筑之间，形成了峡谷式的空间效果，最终到达顶端巨大的悬挑平台，豁然开朗，俯瞰胜利广场、回望纪念馆全貌、远眺城市景观（图18-1-2-6）。树木掩映下的坡地公园宛若起伏的青山，青草覆盖的椭圆形广场如同平静的湖面，得一悠长环路盘于其间，环山、镜水、幽径，以山水江南的秀美意境展现、升华今日和平的美好图景。

4. 复合与绿色

有限土地的复合利用，绿色技术的集成运用，体现了纪念馆三期的可持续设计理念。

该设计打破了传统纪念性建筑"用地独立、功能单一"的建设模式，不再受限于独立而专属的纪念性空间形态，而是集成多种城市功能，形成一个复合开放的纪念综

一个广场

一方公园

一条道路

图18-1-2-5 核心场所

纪念广场

死亡之庭

祭祀院落

和平广场　　　　　　　　　　　　　　　　　胜利广场

图18-1-2-6 一期、二期、三期重要空间序列

265

合体。于外整合公园、广场、绿地、交通等城市设施，于内集成展示、观演、互动体验、贵宾接待、商业配套、办公、大巴车站、社会车库、自行车库等使用功能。多种功能空间立体组合于场地之内，实现了土地的复合集约利用（图 18-1-2-7）。

该设计从方案初始阶段就明确了绿色低碳的理念，以多种被动式设计策略调节场地微气候，通过下沉广场、采光天井等设计改善地下空间的采光与通风条件。采用覆土厚度达 1.5m 的种植屋面及覆土厚度 0.5m 的绿化广场，使场地绿化总覆盖率高于 50%，有利于蓄水、保温及调节微气候环境。建筑还运用太阳能光伏发电、中水回收利用、透水混凝土地面、拔风效应等多种低碳设计策略，创造出了节能环保的绿色纪念建筑（图 18-1-2-8、图 18-1-2-9）。

5. 结语

侵华日军南京大屠杀遇难同胞纪念馆三期设计体现了现代纪念性建筑设计的新趋势，凸显了城市的公共性，功能复合多元化，空间舒适宜人，兼顾日常与纪念等多种使用场景，强调绿色可持续发展。纪念馆突破了传统纪念性建筑肃穆的距离感，以开放、亲和的场所体验延伸了纪念馆一期、二期的叙事序列，以融入城市的姿态表达了对当今和平景象的歌颂。纪念馆以大山水画境的空间格局、融入自然的环境氛围、移步异景的场所体验、适应气候的设计策略体现了江南建筑自然、精致、流动、宜居的文化特质。

图 18-1-2-7　立体复合的多功能空间整合

下沉广场

种植屋面

透水混凝土地面

拔风效应

采光天井

地下车库采光天井

图 18-1-2-8　绿色建筑设计策略

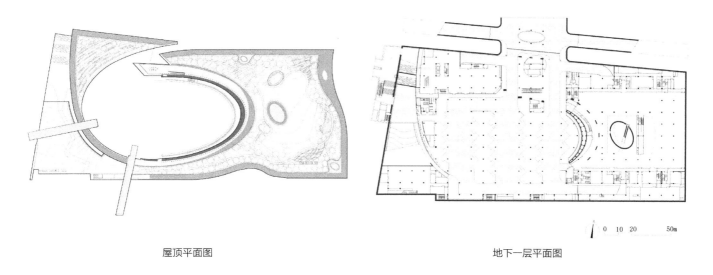

屋顶平面图　　　　　　　　　　　　地下一层平面图

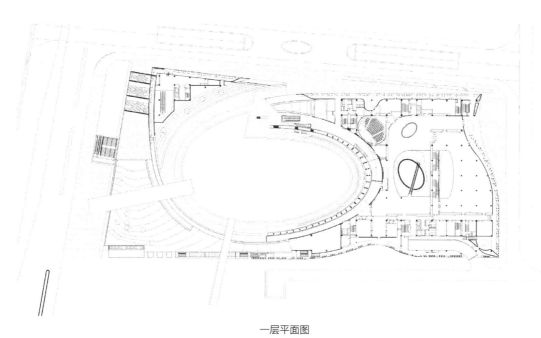

一层平面图

图 18-1-2-9　平面图

18.1.3　淮安周恩来纪念馆[①]

淮安古名"淮阴、楚州"，始于秦，是一座拥有2200余年历史的文化名城，曾是漕运枢纽、盐运要冲，驻有漕运总督府、江南河道总督府，历史上与苏州、杭州、扬州并称为运河沿线的"四大都市"，有着"南船北马，九省通衢"之誉。淮安，寓意淮水安澜，是一座与水结缘的城市，也是一代伟人周恩来总理的家乡。古时淮安府有三个城池，随时代变迁，北边的城池变成了一片水面，水面中间为田埂，人称桃花垠。周恩来纪念馆便建于这景色优美、风光旖旎的桃花垠之上。纪念馆被环湖包围着，仿佛在娓娓道来淮安城对周恩来总理如水般细腻温润的爱戴与思念。

1. 水天一色的建筑群设计规划——和谐与交融

淮安周恩来纪念馆建筑群（图 18-1-3-1），位于江苏省淮安市城北桃花垠，由齐康院士带领东南大学周恩来纪念馆项目团队设计创作，于1988年3月5日奠基兴建，1992年1月6日落成、正式对外开放，由邓

---

① 本节执笔者：张宏、蒋博雅。

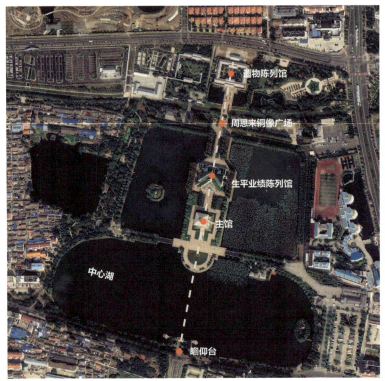
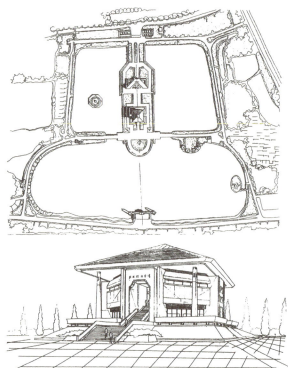

图 18-1-3-1　淮安周恩来纪念馆建筑群轴线

小平同志题写馆名，为全国爱国主义教育示范基地。齐康院士的设计构思奇妙、匠心独运，把淮安周恩来纪念馆设计得不仅庄严、肃穆，而且表达了国民对周总理的深切怀念。

纪念性建筑群体的总体规划设计是一个在尊重历史人物的基础上，尽可能从设计表达手法上去还原纪念人物的历史故事、去传达深刻的纪念意义的过程。齐康院士认为，尽管纪念建筑在意义表达上的方式众多，表象纷繁，但建筑设计者需要在建筑创作上具有高层次的意义感的意识，注入创作者所能表达并体察的精神等级，从精神上把意义表现到创作中去[10]。因此，为了体现出精神意义层面的建筑创作艺术性，淮安周恩来纪念馆的群体设计将以总体环境设计作为纪念建筑设计的语言基调，经过多轮设计构思，最终决定以水天一色的建筑群及其环境为主题，设计一座具有象征意义的、永恒的、纪念性和艺术性交融的纪念馆建筑群。

在总体规划中，淮安周恩来纪念馆建筑群占地面积40万 m^2，水域面积约为28万 m^2。设计的中心思想是将纪念建筑群和环境的轴线融于城市之中[2]。在纪念馆的南北800m长的中轴线上，形成了瞻仰台、人工湖、主馆（瞻仰馆）、附馆（生平业绩陈列馆）、铜像广场以及遗物陈列馆等纪念性建筑组成的建筑群，与桃花垠人工湖以及环湖四周的大片绿地共同组成了融入城市的纪念环境。

2. 方圆组合的建筑形式表达——贯穿与传承

纪念建筑的艺术造型是在抽象和象征中寻求和探索一种合适的外化形式，而这种艺术形式以一种感性直觉为基础、为媒介构成形态[10]。淮安周恩来纪念馆（图 18-1-3-2）在建筑平面形式的表达上，结合了中国传统"天圆地方"的思维，将方形置于"中轴岛"的圆形外堤中，并采用与锥形屋顶结合的设计手法，使得方圆组合的建筑形式形成了强烈的设计对比，并且在方形置于圆形的情境中更加突出了方的形象，从精神层面也传达了一种"正直""中和""包容""围合"的思想。淮安周恩来纪念馆在建筑立面形式表达上采用柱式居多，同时巧妙地对柱式进行旋转变换以打破对传统"纪念亭"的理解，如纪念大厅将四方体旋转45°，使得外围方形与内部方形柱廊相连接，实现了实方体和虚方体的交叉合一，从设计层面来凸显建筑形体的体积感和空间感，并在精神层面也象征了一种"贯穿""传递""承前启后"的思想。当走进周恩来纪念馆建筑群时，不仅能体会到一种地方传统与艺术相融合的设计思维，一种包容的、和谐的思想精髓，更能体会到一种来自周恩来总理的永恒伟大、光荣不朽的精神熏陶。

1）瞻仰台

从最北边的瞻仰台（图 18-1-3-3）望向淮安周恩来纪念馆主馆，这里既是跨湖向北边延伸纪念轴线至城市环境的起点，同时，东西连通的永怀路穿越其间，使北面周边城市环境与纪念岛相互呼应。沿着轴线向南发展，犹如一张有力的"弓"，通过东西边弯道纪念桥连接纪念主馆。这正是齐康院士设计纪念环境的主题：从水平面上生长出一座岛，从岛上又长出一座建筑，自然与建筑相得益彰。

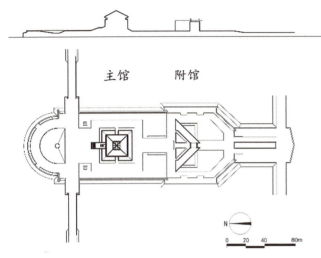

图 18-1-3-2　淮安周恩来纪念馆平面图

图 18-1-3-3　淮安周恩来纪念馆瞻仰台

图 18-1-3-4　淮安周恩来纪念馆主馆入口

2）周恩来纪念馆主馆

顺着瞻仰台向南望可以看到周恩来纪念馆主馆入口（图 18-1-3-4），纪念馆建筑面积为 1918m²。从建筑风格来看，独具匠心，主馆将我国传统建筑特点与地域特色融合在一起，用象征性的建筑语言向我们描述了一代伟人周恩来总理的人格风范——务实创新、艰苦朴素、实事求是、坚韧不拔。中央多级台阶从草坡中缓慢攀升至主馆建筑底部基座，基座犹如从繁茂大地中生长出来，花岗石建筑材质抽象地映射出纯粹挺拔、庄重肃穆的建筑特性，与周边大面积的平整的草坪于色彩、质感等对比中寻求统一，诠释了周恩来总理永远扎根祖国大地的伟大精神。

周恩来纪念馆主馆（图 18-1-3-5、图 18-1-3-6）采用了方圆结合的设计思想，建筑空间呈外四方形、内

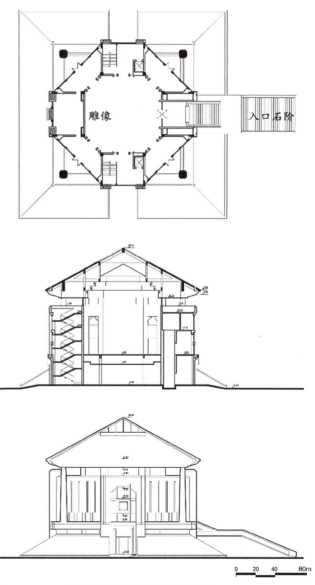

图 18-1-3-5　淮安周恩来纪念馆主馆平立剖图

269

八角形。不同于中山陵和美国林肯纪念堂等纪念性建筑的设计，纪念馆采用了半开敞的四柱大厅，使四周与环境相融合，高度与雨花台纪念馆、中山陵祭堂的高度相等。简洁的四柱形式凸显了主馆的体积感和空间感，四柱加顶为亭，同时纪念大厅将四方体旋转了45°，破除了过于凝重的建筑体量，贯穿而统一。屋顶的造型并非简单的四坡，而是利用"架"透出屋顶的天空，大厅内采光就是来自于配有外层蓝色镜面玻璃和内层乳白色玻璃的天顶。齐康院士正是想通过这种形、体、面结合的设计手法来探求中西建筑融合过程中古代传统建筑的踪影。

在淮安周恩来纪念馆的设计过程中，齐康院士认为："我们设想的是以这种人们所熟悉的比例陪衬关系，结合现代建筑手法的运用，同时扎根于中国文化，来表达一位伟大人物的形象。"四方八面体蕴含着周恩来总理的精神力量，也象征着"恩来精神"已经超越特定的历史情境，被赋予了关于理想信念、人生价值和社会实践等不同层次的、丰富的新时代内涵。四根粗壮的花岗岩石柱蕴含着周恩来总理生前曾提出的要在我国实现"四个现代化"的宏伟设想。这不仅是他终身奋斗的目标，也是他留给全党和全国人民的政治遗产。四根花岗岩石柱支撑着四坡屋顶，使人联想起古老的江淮平原上提水灌田的牛车棚，寓意周恩来总理一生鞠躬尽瘁为人民。同时，这四根柱子支撑着四坡屋顶的形状像极了他当年离开淮安家乡时运河岸边的待渡亭。1910年他离家时曾在岸边的待渡亭候船，然后登舟北上，他百年之后又回到故乡的"待渡亭"，落叶归根，从而弥补他生前未回故乡的缺憾。

3）主馆石阶与周恩来总理汉白玉雕像

淮安周恩来纪念馆主馆的石阶（图18-1-3-7）由苏州金山石制成，呈现出的暖色调与墙面、栏杆的白色形成鲜明的色彩对比。建筑屋顶高度为26m，建筑的台座高4m，建筑柱高为11m，柱间跨度为22m。主馆室内大厅净层高达12m，非常适用于举办纪念活动、安置周恩来总理汉白玉雕像。大厅地面采用灰色磨光花岗石，与墙壁同一色泽，和谐统一的环境色调更加烘托出厅内庄严肃穆的氛围。不仅如此，材料的质感也均衡统一，厅外的四角平台的地坪仍用细面白色花岗石，并利用平面构成延伸至大厅的四角，使厅内外地坪的空间感贯通融合。

图18-1-3-6　淮安周恩来纪念馆主馆

图18-1-3-7　淮安周恩来纪念馆主馆石阶

大厅内周恩来总理全身汉白玉雕像（图18-1-3-8）是整个纪念大厅的中心，底座高1.5m，像高2.7m，总高4.3m。这个高度是人们进入大厅瞻仰时最理想的视觉高度。墙面和天棚的边框为浅蓝灰色，为室内营造出一种宁静、肃穆、亲切的氛围。坐像描绘的是周恩来总理坐在山岩之上，身披大衣，手执"四个现代化"宏伟蓝图，神态自如，沉思而精神焕发地凝视着祖国的未来。

4）周恩来纪念馆附馆

主馆往北，是周恩来纪念馆附馆（图18-1-3-9、图18-1-3-10），平面呈"人"字形，自然伸向主馆，呈拱卫之势。设计附馆的目的在于与主馆建筑群体相配合、相呼应。在总体上呈环抱之势，这种含蓄的建筑性格表达与富有装饰感的设计，既体现了附馆在整体规划设计中的衬托作用，同时，在寓意上，"人"字形表达了周恩来总理爱人民的内涵。在附馆正南边，有一座"一"字形的牌坊，起着主、附馆之间环境空间的连接承启作

图 18-1-3-8　周恩来总理汉白玉雕像

图 18-1-3-9　淮安周恩来纪念馆附馆

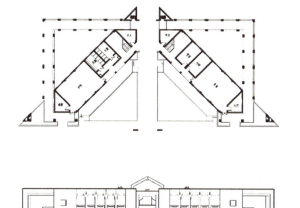

图 18-1-3-10　淮安周恩来纪念馆附馆平立图

用。2008年纪念周恩来总理诞辰110周年之时，附馆被改造成周恩来总理生平业绩陈列馆，在扩建时，从建筑高度、空间体量、立面造型等方面考虑，最终以文脉延续与空间创新作为设计的主要基调[11]。

在文脉延续上，扩建部分与原附馆建筑采用了联结与围合的方法，形成了一个整体。首先，对人字楼南立面进行整修，保持立面风格与主馆相互呼应；然后，对其北立面进行改造，与新的扩建建筑实现联结。联结分为实联与虚联两种方法。一方面进行虚联，中轴线一层上留出八边形庭院，到了二层，由于原附馆"人"字楼的架空门洞处理形成局部覆盖，庭院在平面形态上演化为六边形，形成了错动丰富的竖向空间效果；另一方面，东西两边则通过有玻璃天窗的出入口门厅和天桥进行实联，由于玻璃天窗有一部分覆盖室外庭院形成了出入口雨篷，其连续的空间形态使室内外的中庭与庭院空间具有了自然的过渡，产生了流动空间的丰富体验。在空间创新上，为适应审美主体从特定人群向社会大众的多元化转变，并回应这一趋势下的审美诉求，在对周恩来总理生平业绩陈列馆的持续设计中，在保留纪念建筑语汇形成的相对静止的瞻仰性空间的基础上，通过朴实的外观与丰富、细腻的内部空间，来探寻原附馆"人"字楼建筑对形式上的地方性、民族性以及"永恒的人物精神"表达的延续。

淮安是举世仰慕的一代伟人周恩来总理的故乡，这里留下了周恩来总理童年时代的足迹。淮安又是一座有着悠久文化历史的名城。自然环境、文化传承与恩来精神在这一纪念性建筑群设计中得到了很好的呈现。方案设计通过对这些要素的纳入和象征性设计手法的应用，使得纪念性建筑创作思维上升到了一个新的高度，既让参观者在精神、情感上获得共鸣，又让建筑设计作品具备了高层次的意义感，彰显了周恩来总理巨大的精神能量。

18.1.4 吴健雄纪念馆[①]

1999年，为纪念吴健雄伟大的一生及辉煌的科学成就，东南大学报请中共中央、国务院批准，在校园内建造吴健雄纪念馆。吴健雄先生早年就读于南京中央大学，作为核物理学家，在β衰变研究领域具有世界性的贡献，素有"东方居里夫人"之称，于1975年获美国最高科学荣誉——国家科学奖章。1997年2月16日，吴健雄先生因病在纽约的家中逝世，其夫袁家骝先生希望将吴先生的纪念物从美国送回祖国，由她的母校保存。本工程是经国务院批准的中国第一个华人科学家纪念馆，设计负责人为高民权和马晓东二位先生，笔者非常荣幸能在他们严谨而细致的指导下参与这项设计。

1. 项目背景

项目选址于南京东南大学四牌楼老校区的中心区域，其周边建筑多建于民国时期，例如：其东北侧的大礼堂始建于1930年，由英国公和洋行设计，并于1965年，由杨廷宝先生主持设计了大礼堂两翼加建工程；南侧的老图书馆建于1923年，该建筑被称为中国20世纪初期图书馆建筑的优秀作品之一，亦为杨廷宝先生设计（图18-1-4-1），建筑布局严谨，轴线关系明确。该项目的设计需要具有自身特色且要与周边环境协调，确实是一次极有挑战性的设计实践。

其后，本项目进行了校内公开招标，在7个方案之中，高民权教授领衔设计的方案被选为中标方案及实施方案。袁家骝先生转呈贝聿铭先生批阅，在贝先生表示"这个方案很好"后进行施工图设计。2002年5月31日，正值东南大学百年校庆之日，吴健雄纪念馆落成开馆，以其独特而优美的姿态融于东南大学四牌楼老校区之中（图18-1-4-2）。

2. 总图布局

其时，东南大学四牌楼校区内已经建筑林立，并无太多可建设用地的选择，也有建议将此馆设于台湾省的中央大学内。据说正因袁家骝先生的坚持——他认为现在的东南大学四牌楼校区正是吴先生早年读书的地方——当时的校领导胡凌云书记与顾冠群校长十分重视，最后选定将大礼堂西南侧原为球场的一块约$1650m^2$的用地用作建馆的场地。

方案从校区整体环境入手。基地旁边即为东南大学四牌楼校区的标志性建筑——1931年底竣工的东南大学

图18-1-4-1　东南大学四牌楼校区中心区域鸟瞰
①吴健雄纪念馆；②中心水池；③振动实验室；④大礼堂；⑤健雄院；⑥老图书馆；⑦中大院

[①] 本节执笔者：裴峻。

图 18-1-4-2 吴健雄纪念馆外貌

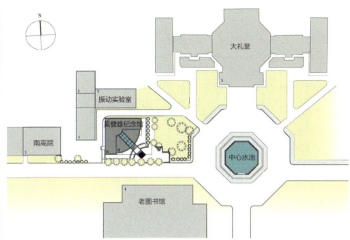

图 18-1-4-3 总平面图

大礼堂,该建筑坐北朝南,与学校南大门构成校园的主要轴线。吴健雄纪念馆选址于大礼堂西侧,与大礼堂及其东侧的健雄院共同形成东南大学中心广场空间。方案设计始终以"辅"的姿态处理与大礼堂及主轴线的关系,依据西北侧的振动实验室进行完形处理,与北侧南高院的南墙收齐,西山墙则与老图书馆西面墙收齐,使得建筑与环境尽可能形成良好的关系。具体操作是建筑尽量向西退,兼顾广场、道路与人员流向的关系,创造了一个 45°斜向轴线,这样的处理,在有限的条件下为大礼堂前留出了最大的绿地空间(图 18-1-4-3)。

3. 设计构思

项目设计秉持着去建一座现代纪念馆的初衷,以几何的形体组合形成了庄重朴实、简洁对称的建筑造型,弧形实墙嵌入玻璃墙体,形成强烈的曲直、虚实对比,弧形的暖灰色烧毛面花岗石饰面隐喻着吴健雄温柔、典雅的性格和理性、智慧的特质(图 18-1-4-4)。为与南面老图书馆协调,本建筑将 4 层弧形部分后退,以使得主体建筑高度与其檐部等高,体现本建筑对于周边建筑的尊重。

纪念馆建筑面积为 2060m²,地上 4 层,一至三层为展厅,四层为办公及研究用房,地下一层设 200 座讲演堂、珍品保管库及设备用房等(图 18-1-4-5~图 18-1-4-7)。

平面的圆弧部分空间采用全钢结构(图 18-1-4-8),设两层空中展廊,采用钢结构玻璃楼面(图 18-1-4-9)在当时还是很有创新性的做法,整个空中展廊由屋面的钢梁吊起,在施工图设计中结构及设备专业与建筑专业紧密配合,最终创造了令人满意的展陈空间效果。四层的菱形窗在呼应结构形态的同时有着对江南的地域建筑的隐喻(图 18-1-4-10、图 18-1-4-11)。

通达 3 层的共享中庭,采光顶与透明玻璃幕墙

图 18-1-4-4 吴健雄纪念馆入口

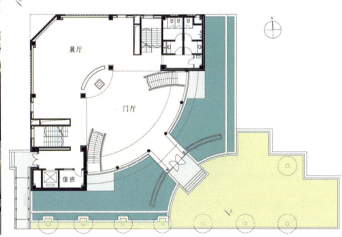

图 18-1-4-5 一层平面图

273

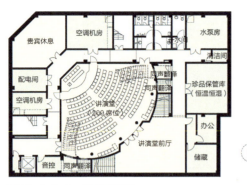

图 18-1-4-6　二层平面图

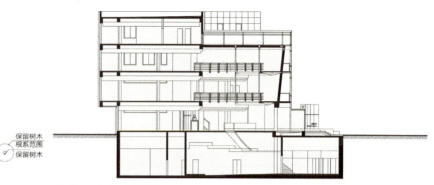

图 18-1-4-7　剖面图

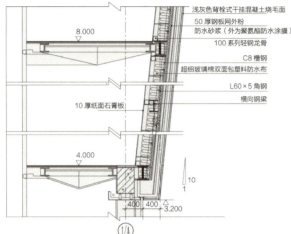

图 18-1-4-8　外墙大样图

图 18-1-4-9　空中展廊

图 18-1-4-10　室内空间效果 1

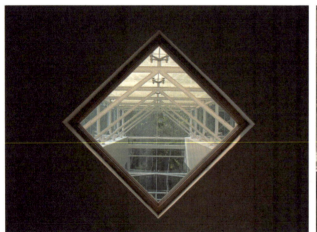

图 18-1-4-11　室内空间效果 2

图 18-1-4-12　入口看大礼堂

图 18-1-4-13　中庭

合而为一，形成竖向的通透空间，巧妙地将南面的老图书馆与大礼堂引入建筑，产生新老建筑的交流（图 18-1-4-12）。天光倾泻而下，照在全白色背景承托下的、由吴为山先生所作的吴健雄先生的雕塑之上，形成了空间的纪念性效果（图 18-1-4-13）。

建筑设计在石材划分、墙体构造等细节方面十分考究，开窗采用与石材幕墙平齐的设计，在与环境相协调的同时，大胆采用现代的简洁手法，真实地展现建筑形象。对于场地环境的考虑也是颇费心思，仔细定位周边树木，基地内对于方案有着特殊纪念意义的紫薇加以保留。以反弧形墙面及隐喻着"红地毯"的暗红色拉槽花岗石铺地形成建筑入口的导向性，静静的水面隔开了建筑与校园

图 18-1-4-14　由水池看向吴健雄纪念馆

的道路，以增强建筑的纪念性。后采纳齐康院士在方案研讨会上的建议，将入口广场东侧边界由原设计中的弧线形改为最终实施的折线形，对于铺地的设计也精确到每一块 20cm 见方切角的弹石。

4. 中心水池设计

由于吴健雄纪念馆的成功中标，设计团队也直接

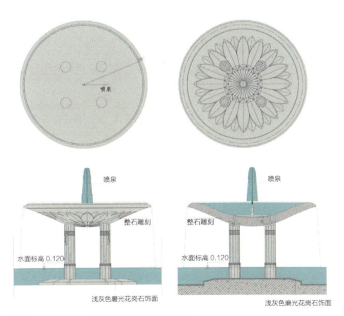

图 18-1-4-17　中心水池喷泉平面图、立面图、剖面图

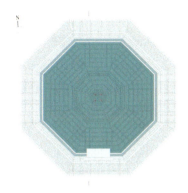

图 18-1-4-15　中心水池平面图

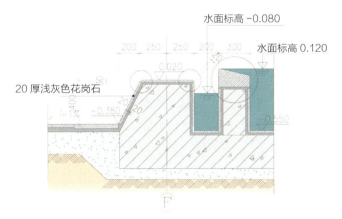

图 18-1-4-16　中心水池池壁大样图

拿到了中心水池（图 18-1-4-14）的设计。其位于东南大学四牌楼老校区的中心，社会影响力极大，设计难度可想而知。纪念馆周边均为西式折中主义的建筑，因此中心水池设计采用了西式喷水池的基本形式（图 18-1-4-15~ 图 18-1-4-17）。同时，根据历史变迁，中心广场有着绿地、雕塑广场等形态，但其基本的八边形是一直延续的。喷泉设计采用四柱托盆的形式也是一种创新，可以留出面向大礼堂中间大门的视线通

图 18-1-4-18　由水池看向大礼堂

275

廊。中心托盆为整石雕刻，保证其内水溢出时可以均匀流淌，其高度利用视线分析与在现场做1:1模型共同控制，与三段式的大礼堂形成呼应关系。水池整体设计为循环溢水池，形成镜面的效果，四周的池壁设计为适合小坐、休憩的场所（图18-1-4-18）。

18.1.5 费孝通江村纪念馆[①]

江村是太湖东南沿岸的一个普通村落，它本名开弦弓村，因村落布局形似弯弓而得名。江村之名缘于费孝通先生1936年对开弦弓村展开的人类学调查，随后《江村经济》一书的出版使江村之名远播海内外。1981年，费孝通先生再访江村并于此重新开启中断二十余年的中国乡村研究，开弦弓村因此见证了费孝通这位卓越的社会学家两次学术生命的开始。2010年初，为了纪念费孝通先生诞辰100周年，吴江市人民政府决定在开弦弓村建造费孝通江村纪念馆。

江村是个典型的江南水乡村落，弓形的小清河蜿蜒穿行，构成村落的基本生活空间：河边农宅与树丛参差错落，倒映在水中形成安静舒缓的乡间景致。现实的建造场地与记忆中的村落印象不同，纪念馆的建设用地是村落边缘的一块废弃农田，地势低洼，荒草丛生，周边建筑混杂。通过深入的现状分析，场地蕴含的信息逐步获得解读：随着村落周边交通条件的改善，这块靠近庙震公路和沪杭高速公路的场地存在着转化为新的村落公共中心的空间潜力（图18-1-5-1、图18-1-5-2）。于是，我们将纪念馆的设计策略立足于"改善民生、服务江村"这个根本目标，将纪念馆建设视为优化村落公共空间的重要契机。

纪念馆主体建筑面积不到2000m²，主要陈列内容由费孝通展厅、费达生展厅及江村历史文化陈列馆等三部分构成。按照一般思路，通常会集中布局以追求较为高大的纪念性建筑体量。但是在充分考察场地特点之后，场地北侧几株茂盛的香樟树引起了我们的注意，并成了决定建筑布局的最关键因素（图18-1-5-3）。

这些香樟树是村落的重要景观标识节点，也是连接村落最主要的跨河桥梁的枢纽，如果被纪念馆建筑遮挡，将严重降低村落空间的识别性。于是，方案形成了建筑布局化整为零，舍集中而求分散，占住两翼、让出中间香樟树景观视廊的基本构思。建筑群体沿场地周边布置，在整合空间边界的同时围合出了中心场地。建筑没有与周边的农贸市场、村委会和小学校隔离，而是适度连通，使得纪念馆作为村民必经之路，真正成为村落的公共场所（图18-1-5-4）。

纪念馆以费孝通展厅作为主馆（图18-1-5-5），紧

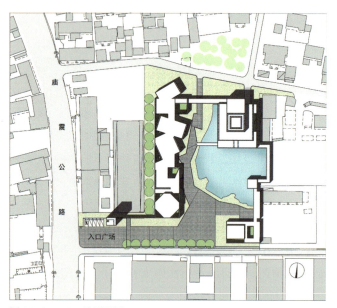

图18-1-5-1 总平面图

图18-1-5-2 鸟瞰图

图18-1-5-3 香樟树主导了建筑布局

[①] 本节执笔者：李立。

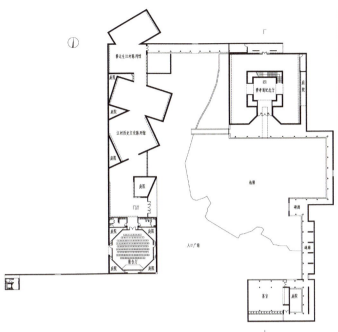

图 18-1-5-5　主馆安静的倒影

图 18-1-5-4　费孝通纪念馆平面图

图 18-1-5-6　间隙组织与对景关系

图 18-1-5-7　夜幕中的主馆影像　　　　　图 18-1-5-8　主馆中庭　图 18-1-5-9　主馆入口门廊的空间关系

邻东侧的村委会和村办小学布置。将费达生展厅和江村历史文化陈列馆作为附馆，紧贴西侧的农贸市场布置。为获得小尺度的建筑体量、呼应传统江南村落的空间形式，建筑化解为若干与村落住宅面宽近似的11m左右进深的形体组合。附馆的展览单元以不同角度的扭转作为对弓形村落布局的回应，并通过扭转间隙组织精确的对景处理，给分散的建筑群体增强了视觉张力，丰富了行进中的空间体验（图 18-1-5-6）。

主馆围绕一个两层高的方形中庭展开，这是纪念性建筑的常见布局（图 18-1-5-7、图 18-1-5-8）。入口通过两层挑高的门廊形成充满仪式感的灰空间，结合立面缝隙关系和屋顶天窗，阳光倾泻而下，形成变幻莫测的光影关系，营造出丰富的空间体验（图 18-1-5-9）。进入主馆，与常见的静态观瞻的中庭不同的是，这里不仅有形体上外与内的流通，还组织了一条回形流线环绕中庭到达二层的眺望平台。在这条流线中，一个人视高度的镂空缝隙贯通方形的四角，使人在连贯的运动中感知空间透视的变化，折射出费老"行行重行行"的学术实践历程（图 18-1-5-10、图 18-1-5-11）。建筑色彩回归了江南乡村的粉墙黛瓦意象，意在给场地周边日渐混杂的乡村建筑色彩明确出一个整体的背景（图 18-1-5-12）。

室内公共空间设计与建筑设计、结构设计是一次性完成的，如悬挂结构的设计实现了空间的缝隙效果，结构反梁的运用获得了无需吊顶的平整顶板。这样做的主要目的，一方面是考虑到室内外是不可分割的整体，创造更为完整连贯的空间意象，另一方面是考虑到乡村建造的实际情况，尽量减少施工工序，有效降低工程造价，缩短施工周期。此外，室内设计充分考虑了自然光的运用，在公共空间和展厅均布置了适量的采光天窗，毕竟对乡村而言，自然光是更为可持续的现实选择。

建筑类型作为社会生活积淀在建筑上的反映，是增强空间组织的深层社会认同的有效手段。纪念馆的建筑类型以堂、廊、亭、弄、院、桥等元素回应了江南乡村建筑特点，但最终形成的并不是一个松散的庭院式建筑。尤其

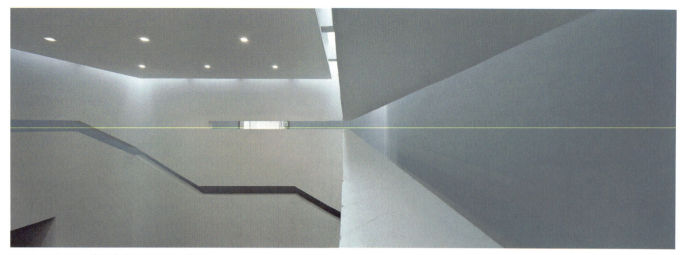

图 18-1-5-10　缝隙内外感知透视的变化

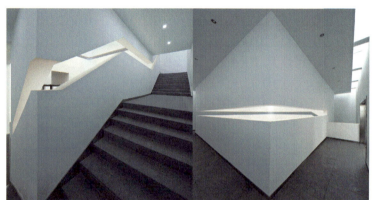

图 18-1-5-11　回形流线的阶梯与缝隙

图 18-1-5-12　江南建筑元素

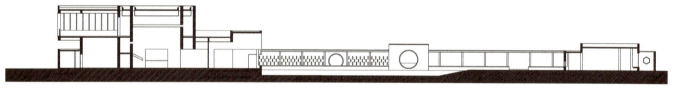

图 18-1-5-13　费孝通纪念馆剖面图

是在建筑内外之间增加了"廊"这一中间层次的过渡空间（图 18-1-5-13），在廊柱后奔跑的儿童、在棋亭中对弈的老人、在茶室中品茗的游客，所有这些元素的结合极大地增进了建筑的公共属性，为容纳多种形式的村落活动提供了可能。

延续村落文脉、增进村落活力，在此基础上实现村落空间与社会的可持续发展，是费孝通江村纪念馆建筑创作的立足点，也是践行费老"志在富民"理想的一次尝试。它传递的是"服务乡村、甘做配角"的设计理念，最终实现建筑与村落空间的真正融合。

18.2　博览建筑案例

18.2.1　苏州博物馆[①]

关键是如何做到"苏州味"和创新之间的平衡，我们在"苏而新，中而新"方面花了很大的工夫，譬如我们不用瓦片就是这个道理。和石材相比，瓦片易碎，又不易保养。我所采用的青色花岗石材既便于护养，又与苏州的粉墙黛瓦格外协调。另外，在建筑的高低处理上也做了一些文章。高低起伏、错落有致也是苏州古城的

---

① 本节执笔者：顾柏男。

一大特点。

——贝聿铭

1. 项目背景

苏州博物馆位于有着 2500 年历史的苏州古城区，北侧紧邻世界文化遗产之一的拙政园，东侧毗邻建于清代的全国重点文物保护单位太平天国忠王府（原苏州博物馆），南侧为东北街，西侧为齐门路，总占地面积约 1 万 m^2，总建筑面积约 1.7 万 m^2。

苏州博物馆新馆是世界著名建筑大师贝聿铭晚年的倾心之作。博物馆的选址从 1999 年至 2002 年历时近 3 年，最终选定了这块承载了太多历史及城市期许的基地。如何整治和改善拙政园所处的历史街区现状环境，并结合忠王府这样的国家级文物保护建筑，带动自东北街河南侧至混堂弄北侧一带的老旧街区的保护更新，形成苏州古城区新的文化核心等一系列问题，成为建筑设计本身以外的附加寓意。2006 年 10 月，苏州博物馆新馆正式对外开放（图 18-2-1-1）。

2. 与城市的关系

新馆与城市道路的关系，没有像常见的公共建筑那样采用大尺度的退让形成集散广场，而是遵循苏州古街区的尺度来控制。新馆邻齐门路围墙直接落在建筑控制线上（退齐门路 5m），作为第一界面。东北端与忠王府、小姐楼衔接的部分也只留出了 4m 左右的消防通道，保留二者之间的功能联系。新馆与补园之间的共用围墙，作了平行折线的处理，以最大限度地利用现状。同时，新馆中空间体量较大的展厅、大厅，在布局上尽可能退到第二、第三进，这样将沿街界面高度尽量控制在 4.5m 左右，从而与城市形成谦让关系，使人行走在它周边没有任何压迫感，与苏州古城小巧的尺度相接近。从空中俯瞰，建筑整体处在由西往东的主轴线上，"厅堂""院落""回廊"非常有序列感。新馆建筑群与北侧一墙之隔的拙政园，通过主入口形成的前庭院和南北主轴线上的水景主庭院遥相呼应。基于对苏州古街区肌理、古典园林及吴文化的敏锐感悟，新馆建筑设计通过单纯和简约的手法，从整体出发并着重于建筑细微之处的推敲，使得整个建筑群与周边既融洽又不失特色。

博物馆的主入口设在东北街，人们在门前驻足时，可以看到青石路面一直延伸到南侧东北街河河埠头，路旁边一眼古井留给世人无限的遐想。这与新馆入口处前庭院形成了空间的对话和延续，步入其中，仿佛进入了园林的府第，简洁淡雅的色调，粉墙、青石瓦、钢构及玻璃，

图 18-2-1-1　鸟瞰模型图

伴随着清风扑面，有宾至如归之感（图 18-2-1-2）。

3. 功能与布局

新馆建筑群坐北朝南，平面布置可分为地上一、二层和地下一层两个部分。地上部分由入口南北中轴线分为东、中、西三大块：中部为入口庭院、中央大厅和山水主庭院，西部为院落式的主展区，东部为办公行政区、商店休息区及部分临时展厅。地下部分为博物馆辅助功能用房（如修复、馆藏、多功能厅等）以及博物馆的设备用房、停车库等。

除了南北主轴线外，进入建筑内部后，东西向轴线关系也非常明显。以中央大厅为主节点，向西是一进进院落式的展厅，参观者的路线（南廊）将其串联起来，间或穿插几个大小不一的内庭院，游走在展厅与展厅之间的间隙中，人们的视觉不禁会被内廊上的一个个景窗所吸引，菱形或方形的窗外都精心地与庭院中的景树或假山形成对景。两座主展厅之间，也就是中央大厅的西侧尽端处，是参观路线中人们视线转换的节点——莲花池。莲花池紧靠着连接一、二层的主楼梯，走上悬挑的楼梯大平台就可以通往二楼的两个展厅。莲花池的背景是一面三层高

图 18-2-1-2　齐门路与东北街交叉口实景图

图 18-2-1-3　博物馆主入口前庭院实景图

图 18-2-1-4　博物馆中心庭院实景图

的"流水"瀑布，深色的石壁构成的水渠形成了抽象艺术的构图，泉水淙淙曲折而下，阳光透过屋顶天窗洒下，投射出层层涟漪，颇有唐诗《流杯渠》的韵味。中央大厅以东，步行十几米，经过博物馆商店后豁然开朗，进入了充满天光和绿荫的紫藤园，人们三三两两地散坐其中，或休憩或交谈，正对面就是富有禅意的茶室，茶室似乎永远比内院更静谧。环绕紫藤园的回廊通向贵宾室和图书馆，贵宾室与图书馆之间巧妙地镶嵌着几个内庭院，更具幽静和私密感。在这块区域的正上方二楼，即为博物馆的行政办公区，它与公共展区各自成独立区域（图 18-2-1-3~图 18-2-1-10）。

新馆与东侧的"太平天国忠王府"是一种谦逊的对话关系，没有刻意的互相融合，但又相辅相成。当人们完成对新馆的参观步入忠王府时，空间在转换，时空也在转换，眼前的彩绘、壁画、文物则在新馆与旧馆间延续，修葺一新的忠王府已俨然以历史的姿态融入了博物馆新馆之中（图 18-2-1-11~图 18-2-1-13）。

4. 传承与创新

"让自然光做设计"是独特的贝氏"建筑语言"。新馆的屋顶以钢结构形式展现，精巧的钢质细部构件、独特的造型特征，打破了传统苏式屋面对光的束缚。由外及内，涉及室内装饰设计时，小到馆内每一处标识的文字的字体样式、大小、排列形式，大到家具、展具的材质、色彩及陈设以及定制的拉索吊灯如何与屋顶结合等细节，无不经过反复推敲而确定。屋顶原木色的金属遮光条将光线细腻化，根据展品对直射光、漫射光、反射光等的需求而区分，日出至日落，步行于馆中，过滤后的自然光柔和且始终在变化，交织的光影使得静止的展品也多出了一分灵气，室内外的空间交融使得建筑端庄、高雅、灵动（图 18-2-1-14、图 18-2-1-15）。

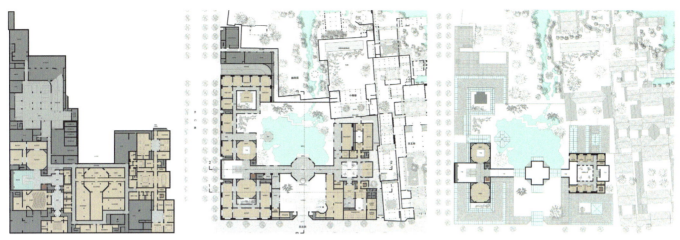

图 18-2-1-5 博物馆地下一层平面图　图 18-2-1-6 博物馆首层平面图　　　　　　图 18-2-1-7 博物馆二层平面图

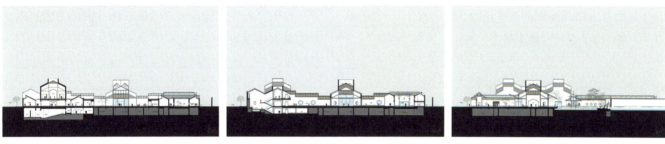

图 18-2-1-8 1-1 剖面图（前庭处东西剖面图）　图 18-2-1-9 2-2 剖面（大堂处东西剖面图）　图 18-2-1-10 3-3 剖面（大堂处南北剖面图）

图 18-2-1-11 展厅外小庭院对景　　　　　　　　　　　　图 18-2-1-12 莲花池"流水"　图 18-2-1-13 从大堂处看紫藤园
　　　　　　　　　　　　　　　　　　　　　　　　　　　瀑布与悬挑楼梯

新馆设计在注重传承苏式传统建筑形式和色彩的同时，更着眼于博物馆的空间尺度。苏州博物馆的馆藏文物以小件工艺品为特色。这也就形成了贝聿铭对博物馆新馆的尺度比例关系的独到见解："中而新，苏而新""不高不大不突出"。设计以简单的几何形作为内外造型的母体元素反复运用，几个八角形平面的大厅，通过立体的体块切割，既使得屋顶的体量感缩小，又使得建筑空间变幻莫测。天窗以及屋面钢结构造型简洁有力，简单却又不失精致，有很强的视觉冲击力。屋顶以"蒙古灰"烧毛板切割成菱形体块，干挂在不锈钢板做成的坡屋面上，并与墙身连成一体。远远看去，屋面的纹理若有若无，近看又觉得非常凝重，整体大胆沉稳，意蕴深刻。

位于中央大厅北部的主庭院，占地约为总占地的五分之一，取意于北宋书画家米芾的山水画，借鉴的是传统苏州古典园林造园手法的精华。从主门厅的大玻璃望出去，北面拙政园高大的围墙就像一张绵长的画纸，"以壁

图 18-2-1-14　二楼展厅屋顶及内部细节　　图 18-2-1-15　主大厅定制的拉索吊灯与采光屋顶的关系　　图 18-2-1-16　博物馆中心庭院"山水"景观

为纸,以石为绘",枯石、假山、白墙给人静谧淡然之感,然而水面又是灵动的,行走的游客和水面的涟漪,伫立其中的钢构玻璃顶八角亭倒影在水中,鱼戏莲间,竹影婆娑,一幅立体的现代创意水墨画(图 18-2-1-16)。

18.2.2　苏州第二工人文化宫①

1. 项目背景

苏州第二工人文化宫位于苏州北部新城——相城区。其功能涵盖职工服务、文化艺术、体育健身、教育培训、配套服务五大板块,占地面积约 46500m²,总建筑面积 80744.42m²,其中,地上 56703m²,地下 24040m²,总高度 23.8m。场地呈"L"状,西侧为城市主干道广济北路,北侧邻玉成路,南侧有朝阳河东西流淌。建筑整体呈南北走势,跨朝阳河经景观双桥联系至主入口"工匠广场"。

苏州工人文化宫始建于 1956 年,选址于沧浪亭附近的南禅寺遗址处。1958 年建成后,曾万人空巷。改革开放以来,随着精神文化生活日益丰富,可选择的活动场所日趋增多,工人文化宫逐渐走向冷清与落寞。现今,随着互联网时代的快速发展,人们的精神文化生活从线下转为线上与线下结合,工人文化宫面临着冲击与转型(图 18-2-2-1、图 18-2-2-2)。

2. 苏州地域性特征的现代诠释

1)造型——取自苏州民居的设计理念

本案试图建立场地的地域性身份,在苏州古城之中找寻设计语言,取传统民居之精粹。苏州宅院,以天井、小院、小弄等进行组织,空间脉络清晰、精致。整体而言,

图 18-2-2-1　东北视角鸟瞰

图 18-2-2-2　总平面图

---

① 本节执笔者:冯正功、高霖。

图 18-2-2-3 姑苏城图景

苏州宅院连续延绵，折顶拟山。屋面体量、高度、形式因厅、堂、室、廊而高低错落，叠错咬合（图18-2-2-3）。

其一，苏州宅院起承转合，表现为与山川相合的自然之"势"，常见于描写苏州的水墨画卷与诗词之中。设计即在新建筑之中重构这种苏州图景。本案以连续的钢结构折屋面与灰色金属瓦为建筑造型，奠定了苏州宅院起伏叠合的状态。其中，又局部将屋面打开，留"空白"作为外庭，或以"玻璃"为覆作为内庭。

其二，宅院之间街疏阔而巷深狭，宅院内部则以"备弄"来组织，生活有序自得。本案因借其理，以"街""巷""备弄"组织庞杂的功能，将文化、艺术、运动、教育、服务、商业等先行打散，后予以合理的分区与连接。"街""巷"与"备弄"自身，作为传统日常生活发生的地方，在新建筑中同样承担着交通联系、公共活动、交流展示等作用。如是，繁复的功能被合理地组织在连续的屋面之下，自外而内建立起了新建筑的"苏州"身份。

其三，苏州宅院在适应自然气候的做法与细腻表达中多着重墨，注重照顾人的感受。新建筑的檐口以木色铝板与自上而下大小递减的铝方管来拟合传统建筑的檐口形态，并通过檐口的进退与收分关系来弱化因内部梁高带来的整体比例失调。墙面则表现为三种形式：白色石材隐喻"粉墙"，玻璃幕墙上看似无序却暗藏规律的分隔致意"格窗"，而纯木色饰面则照应闭合的"户牖"（图18-2-2-4~图18-2-2-8）。

2）立意——面向自然的立体园林构建

本案希望创造"心向自然"的场所，不事雕琢，重在"立意"，如同造园。新建筑造型之时，功能已有妥善安排。园林营建于其中，遵循多维园景的建构。封闭、半封闭、开放的园皆有，规模不一，意趣相应。园林不仅是建筑的组成，还是与建筑互相成就的空间状态。有些立于高处的小园景观，仅仅是退台覆土形成的多层植物系统，其中一草一木都被精心安排着，各就其位。于是，置身于文化宫中的人，目之所及均以自然景物为界。这其中，变的是园林的形态及其与建筑的关系，不变的是人们"心向自然"的审美哲学（图18-2-2-9、图18-2-2-10）。

传统的苏州民居沿水系有机生长，发展街巷，形成彼此照应的聚落形态。本案尝试以现代理性的空间方法重新思考建筑与人的关系。各功能区域之中，单元式功能区块被纵横有序的"街巷"合理组织，形成聚落。区块内部应对不同的需求及不确定的可变性，区块之间的共享空间则是建构一处多维度漫步式体验场所：24m通高，近10000m²无柱空间；流线型的白色"桥"悬于中庭之中，70余米跨度无立柱支撑。如是，空间从结构束缚中被完整地释放出来，获得自由、疏阔、明朗的空间感。悬"桥"作为不同维度上联系各处的通路，其末端落地形成可行、可坐、可立的台阶。若遇表演等活动，它又可作为舞台或是观众席。悬"桥"一侧为中心庭院，

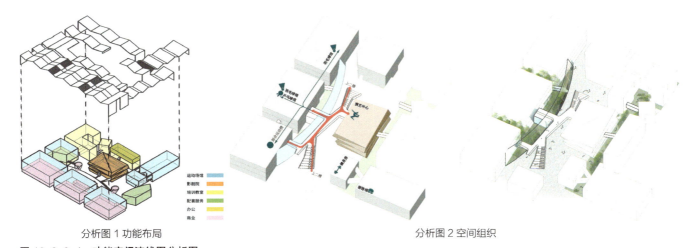

分析图1 功能布局　　　　　　　　　　　　分析图2 空间组织

图 18-2-2-4　功能空间流线图分析图

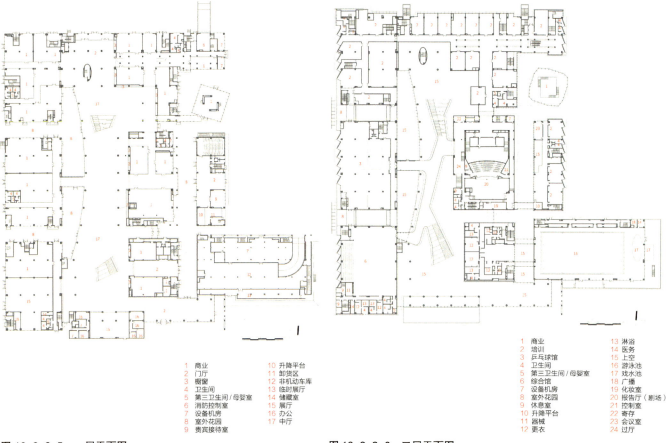

1 商业	10 升降平台	1 商业	13 淋浴
2 门厅	11 卸货区	2 培训	14 医务
3 橱窗	12 非机动车库	3 乒乓球馆	15 上空
4 卫生间	13 临时展厅	4 卫生间	16 游泳池
5 第三卫生间/母婴室	14 储藏室	5 第三卫生间/母婴室	17 戏水池
6 消防控制室	15 展厅	6 综合馆	18 广场
7 设备机房	16 办公	7 设备机房	19 化妆室
8 室外花园	17 中厅	8 室外花园	20 报告厅（剧场）
9 贵宾接待室		9 休息室	21 控制室
		10 升降平台	22 寄存
		11 器械	23 会议室
		12 更衣	24 过厅

图 18-2-2-5　一层平面图　　　　　　　　图 18-2-2-6　二层平面图

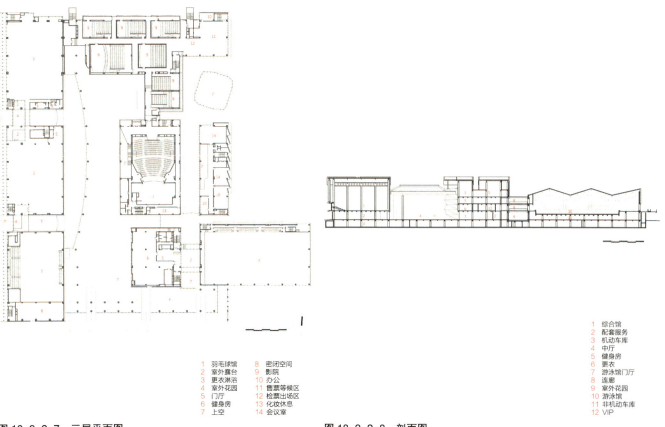

1 羽毛球馆	8 密闭空间	1 综合馆	
2 室外露台	9 影院	2 配套服务	
3 更衣淋浴	10 办公	3 机动车库	
4 室外花园	11 售票等候区	4 中厅	
5 门厅	12 检票出场区	5 健身房	
6 健身房	13 化妆休息	6 更衣	
7 上空	14 会议室	7 游泳馆门厅	
		8 连廊	
		9 室外花园	
		10 游泳馆	
		11 非机动车库	
		12 VIP	

图 18-2-2-7　三层平面图　　　　　　　　图 18-2-2-8　剖面图

图 18-2-2-9　文化宫中的园林意境

图 18-2-2-10　中厅空间

通过17m高的弧线形玻璃肋支撑的幕墙获得景致与视野；另一侧则是木质饰面包裹的各处功能空间，与白色厅堂之中的木质界面于对比之中获得亲密与熟稔。这里与各处园林相通，与多重景观视景相续，获得自外而内的连续性漫步体验，如同古人游园，不独为某一处景致，而是寻索漫步于园林的闲适与步移景异的自得。新建筑应当建立一处内与外全天候公共活动空间。而这一处多维共享的"内部"，与建筑南侧广场构建的开放明阔的"外部"，提供了南北轴线上自外而内的连续性观游体验（图18-2-2-11、图18-2-2-12）。

图 18-2-2-11　悬桥

图 18-2-2-12　中厅空间场景

3. 结语

正如帕拉第奥在《建筑四书》中所阐明：建筑的实质即是道德与责任的实践。城市中的建筑，尤其是重要的大型城市公共建筑，需要承担其社会责任。这要求建筑师不应只关注建筑本身，而应关注其深层逻辑：建筑与城市的关系、人与自然的关系、传统的延续、气候的回应、建构的真实等问题。保证建筑品质的同时，在延续与创新中坚守建筑师的责任。

通过连绵坡屋面的苏州街巷聚落、多维共享的院落、游园式的园林意境和致意传统的匠心建构，苏州第二工人文化宫的空间实践，一方面营造了全天候的活动场所：影院、剧场、羽毛球馆、篮球馆、乒乓球馆、游泳馆、健身馆、培训教室等，为举办丰富广大职工群众精神文化生活的各类体育比赛、职工文化展演等活动搭建了多层次的舞台；另一方面，重释了地域性在延续中创新的设计精神与人文价值，试图通过建筑特色空间的塑造唤醒城市记忆，重新建构起人对城市的归属感。

18.2.3　浙江美术馆[①]

浙江美术馆选址于美丽的西子湖畔，背靠苍翠的玉皇山万松岭，紧邻南宋皇宫遗址，环境得天独厚。在如此优美的环境中建造大型的公共文化建筑，对建筑师来说无疑是很大的挑战。对于美术馆的设计和定位，在项目开始之初即提出应遵循"宜藏不宜露"的原则，同时应具有中国风格、时代气息和中国气质的美，希望让美术馆与周边自然环境融为一体。

1. 创作构思

程泰宁院士在2002年接到浙江美术馆的设计邀请，当时的他并没有做好准备。这样的地标建筑工程，程院士本着做就一定做好的心态，在当时自己"毫无状态"的情况下，婉拒了馆方的设计邀请，转而受邀以评委的身份参与到美术馆的建设中。在参与评标的过程中，程院士一直在思考，到底什么形式，什么样的建筑真正适合这个场地，适合美术馆的气质。第一轮多姿多彩的设计方案中，有现代、极简主义风格的，有灵活运用中国传统建筑符号和语言的，也有比较抽象的、强调几何形体的。面对这些指向性比较明显的方案，程院士认为如果一个方案可以归入某种特定的类型，那么它所能蕴含的艺术容量也会受到限制。一个好的方案应该能突破固有建筑风格、设计语言与视觉感知的局限，才能更好地提升它的艺术感染力。想到这里，程院士联想到钱钟书先生所说的"通感"的概念。按钱先生所说："然寻常官感，时复'互用'，心理学命曰'通感'（Synaesthesia）。""耳中见色，眼里闻声，'风随柳转声皆绿''天上繁星啁啾'即是通感。"[②] 基于这样的思考，浙江美术馆的设计如果能吸取西湖山水之灵秀，融入中国古典诗词、传统书法及江南水墨画所传达的意境，并且能将现代美术馆所具有的新颖与活力都融合到设计之中，那么，这样的美术馆建筑是否也能如罗丹所说"像一把发出颤音的琴"，以它特有的旋律、调式、和声给人以高层次的美的感受？如何在这些不同的建筑语言、不同的艺术形式以及不同而又无关的事物之间获取"通感"，成为程院士设计思路的起点。

在反复的构思和杂乱无章的草图线条中，程院士逐渐理清了不同艺术形式之间的相通之处，通过抽象、提炼、转换的手法，从下面五个方面建立了通感：

（1）向湖面逐层跌落的建筑形体，暗示玉皇山麓的延伸。

（2）抽象变形的建筑屋顶组合，表达与"前卫"的艺术相似的形态构成。

（3）室外平台上自由镶嵌的钢构件组合，使人联想起现代雕塑。

（4）江南水墨画与传统建筑的黑白色调，组织成具有现代感的色块画面。

[①] 本节执笔者：文威、陈潇。

[②] 钱钟书. 钱钟书论学文选第四卷[M]. 广州：花城出版社，1994：141-142.

图 18-2-3-1　浙江美术馆构思铅笔手稿

（5）适当的玻璃色彩及反射率，在光线的投射下产生一种水墨效果。

在意象的提炼与转换过程中，建筑的形体逐渐清晰起来，由此产生了几组形象比较确定的铅笔草图，美术馆的雏形已现（图 18-2-3-1）。建筑造型上，考虑让建筑体量最大程度地与环境融合，建筑体形依山就势，从山麓向湖面层层跌落。层叠的平台上，四组玻璃坡屋顶的形式与中国古建筑的歇山顶"似而不同"，与周边的山形相契，同时也形成了结构清晰的视觉特征。建筑以大面积连贯的白墙为"底座"，层层收缩的体量作为"墙身"，异构的深色构架作为"屋顶"，延续了传统建筑三段式的立面构成关系。白墙与深色屋顶构件也回应了传统江南建筑粉墙黛瓦的色彩构成，如水墨画一般流露着江南韵味。简洁连贯的横向线条与异形的屋顶造型形成一组强烈的对比，使建筑极具美术馆应有的现代感和雕塑感（图 18-2-3-2）。建筑具有当代感却不失传统韵味，在"似与不似"之间巧妙地诠释了传统江南所特有的文化气质。

2. 功能布局

浙江美术馆建筑限高 15m，地上共 3 层，地下 1 层，总建筑面积约 31550m²。美术馆主要功能分为展陈、公共活动、馆藏区和辅助功能四大部分，另外还有一些媒体展示功能。面积的 1/3 用于陈列展示，另 1/3 为典藏、教育服务等功能，而公共空间包括中央大厅、休息厅（廊）以及服务设施等的比例也接近 1/3。整个美术馆约有一半的建筑面积被安排在了地下，以最大程度减小美术馆体量对西湖景区的影响。设置在地下的部分公共空间，通过下沉广场与场地相连，改善了建筑的采光和通风条件，同时使得地上地下的建筑联系得更为紧密。

建筑外轮廓较为方正，内部功能排布亦较为规整，以适应不同主题的展览需求。展陈部分结合公共中庭，较为平均地分布在各层。展厅布局区别于很多展馆一个大空间连接展厅的排布形式，采用了相对独立的展厅组合形式，可以避免大空间下展厅一览无余的无趣感，符合东方人"含蓄隐晦"的思路，有利于缓解连续参观带来的疲劳感。公共活动空间主要有通高的中庭空间、地下庭院以及休息空间等。公共活动空间也可临时用作展览空间，丰富了展陈空间的形式，为展陈提供了更多的可能性。馆藏和辅助空间位于建筑后方，与主要的参观流线分开，方便管理和使用（图 18-2-3-3）。

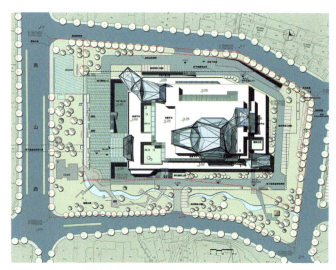

图 18-2-3-2　浙江美术馆总平面图

3. 流线设计

博览建筑主要的流线一般分为三类：参观流线、藏品流线以及后勤流线。浙江美术馆的参观流线主要有两条：一条从主入口进入中庭大厅，通过大厅内的楼梯和电梯来组织；另一条从次入口进入观光电梯。以第一条围绕中庭的参观流线为主，串联各个展陈空间。藏品流线从东侧货物入口进入，通过货梯进入地下的藏品库。根据布展的需要，通过货梯将展品送至各层展室。藏品流线清晰简洁，与参观流线互不交叉。后勤流线分为两部分，可从南侧或北侧进入，通过建筑内部的垂直交通空间到达各层的后勤空间，流线简洁方便（图 18-2-3-4）。

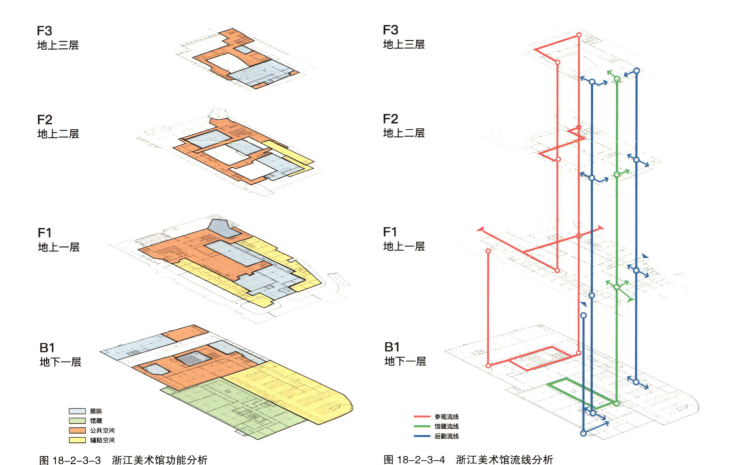

图 18-2-3-3　浙江美术馆功能分析

图 18-2-3-4　浙江美术馆流线分析

4. 材料与色彩

美术馆在建筑色彩的运用上，主要以"黑白灰"来展现江南建筑的淡雅和整体意境，同时试图营造出一幅水墨画的效果。外立面主要材料选用德国石灰石，颜色温润，仿佛宣纸一般，为建筑构建了一个纯净的白色基座。"灰"的部分则由玻璃来呈现。除了色彩的控制，为了最大化减少玻璃对周边环境的影响，玻璃的反光系数被严格控制在 0.14 以内。建筑西立面采用双通道玻璃幕墙来解决西晒问题。骨架清晰、挺拔的钢结构构件则形成了建筑的黑色调。干净有力，如黑色玄铁一般的线条，强化了建筑刚劲的风骨和异构屋顶的形态，成为这幅画的点睛之笔（图 18-2-3-5）。

程院士结合传统建筑特征，融合水墨风格和现代构成学的雕塑感，吸取中国书法韵味，并从中寻找通感，通过独特的建筑造型语言，使美术馆与自然环境、人文环境和现代审美取得了和谐统一。整个美术馆犹如一幅隐约可见的"水墨"生长于环境中，充分体现了"依山傍水，错落有致，虽为人造，宛如天开"[①]的设计理念。浙江美术

图 18-2-3-5　浙江美术馆建成实景

---

① 李雪凤. 与西湖对话的江南水墨——浙江美术馆 [J]. 广西城镇建设，2018（4）：71.

图 18-2-3-6 浙江美术馆室内实景

馆与自然环境、湖光山色同在，与古今隽永相通，已成为一处不容错过的景观（图 18-2-3-6）。

18.3 居住类建筑案例

18.3.1 朗诗杭州乐府绿色居住建筑案例[①]

1. 项目概况

绿色科技住宅是指通过多个"科技系统"如低温辐射系统、新风系统、可再生能源利用系统等共同作用来实现高舒适度、低能耗的住宅，可以提供"恒温、恒湿、恒氧"的健康舒适的居住环境。随着经济的发展及环境的恶化，绿色科技住宅愈发受到市场青睐。

朗诗杭州乐府项目位于杭州市下城区，是国内绿色地产领跑者——朗诗集团开发的高端绿色住宅小区（图 18-3-1-1~ 图 18-3-1-3）。它打破了传统科技住宅的集中能源+集中新风模式，打造了一款高端户式化控制模式的绿色科技产品，既可以保证住宅的健康舒适性，又具有按需调节的灵活性。项目总面积 8.1 万 m^2，于 2020 年竣工，取得了住房城乡建设颁发的绿色建筑设计三星标识及中国城市科学研究会颁发的健康建筑设计三星标识。

2. 绿色技术的集成与应用

作为全新产品线项目，朗诗杭州乐府在绿色技术的集成与应用方面均有较大的改变或提升，采用的主要绿色技术有：绿色设计软件辅助技术（如小区室外微环境模拟分析及优化，室内声环境、光环境及气流分析等）、高效的外围护结构、集"温度控制、湿度控制、提供新风、除霾"于一身的四效新风系统、室内家居智能化系统与小区智能化管理系统、高效节水器具及同层排水系统、装饰装修污染物控制、景观绿色专项等。

1）规划设计上的绿色要点

在方案阶段，借助绿色设计软件对总平面中的风环境、光环境、热环境、周边声环境及日照条件等进行模拟分析（图 18-3-1-4），选择最佳设计方案，营造良好的室外微环境。

图 18-3-1-1 项目区位图

图 18-3-1-2 项目鸟瞰图

图 18-3-1-3 单体透视图

---
① 本节执笔者：杨翀、宋迪。

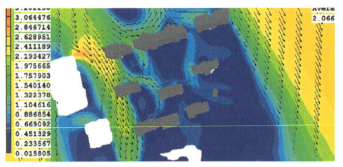
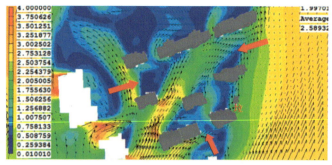
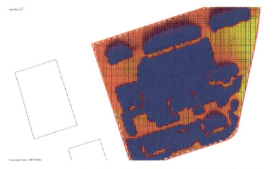

图 18-3-1-4　风环境、热环境及日照环境等模拟分析

2）建筑围护体系的绿色要点

坚持"先上建筑、后上设备"的原则，即注重遵循被动式建筑理念进行建筑设计，适当提高建筑外围护结构的保温性能，为绿色科技住宅的节能、环保创造先决条件，为其他设备、系统的高效运行奠定基础（表 18-3-1-1、表 18-3-1-2）。

（1）围护结构设计要点

围护结构设计要点表　　表 18-3-1-1

体形系数	在兼顾房型合理性的同时，将单体体形系数控制在 0.32~0.36
屋面保温	采用 100mm 厚挤塑聚苯板
外墙保温	采用 100mm 厚岩棉板；在干挂石材饰面与岩棉板之间设置金属板进行防水，以防止岩棉板吸水后失去保温功能
外窗	套内房间采用铝包木或断热金属型材、双中空双氩气玻璃窗；提高外窗气密性至 8 级，并在窗洞口四周使用防水透气膜以提高交接处的气密性；阳台采用提升推拉门以兼顾气密性及用户体验感
外窗遮阳	所有居室设置活动遮阳卷帘或利用外侧阳台进行水平遮阳；外窗玻璃遮阳系数≥0.6，可降低冬季供暖能耗并保证室内光线充足。用电动织物遮阳卷帘代替传统的金属遮阳卷帘，轻薄美观，卷帘盒则隐藏于石材幕墙内
其他围护体系	户间、户内与公共区域之间的隔墙两侧各粉刷 20mm 厚无机保温砂浆；户门传热系数为 2.0W/（m²·K）

（2）围护结构保温性能对比

3）新风与空调系统的绿色要点

新风、空调系统的应用，对住宅产品的健康舒适性

围护结构保温性能对比表　　表 18-3-1-2

参数		朗诗杭州乐府项目	当地居住建筑节能设计标准	单位
体形系数		0.32~0.36	0.40	
传热系数	屋面	0.40	0.80	W/（m²·K）
	外墙	0.50	1.50	
	外窗	1.5~1.8	2.40	
	分户墙	1.41	2.00	
	分户楼板	1.89	2.00	
	户门	2.00	2.50	

有着至关重要的作用。作为新产品线的首个案例，本项目采用了全新的"四效新风机 + 户式中央空调"系统，在控制的灵活性、增大房间净高以及内部装修的自由度等方面，都有着较大突破与创新。

（1）四效新风机

四效新风机为全新的研发产品，集温度控制、湿度控制、提供新风和除霾四项功效于一身，住户可以根据自身需求进行控制、调节，更加健康、舒适。同时，四效新风机自带独立外机，具有一定的制冷/制热能力，在过渡季节可独立承担户内冷热负荷而无需开启中央空调，并在运行时通过全热交换回收排风的冷热量，更加节能、环保。新风机设置于阳台顶部，与阳台的洗手盆、洗衣机等相结合，美观并且充分地利用了空间（图 18-3-1-5、图 18-3-1-6）。

（2）新风系统

四效新风机提供的新风经暗藏于吊顶内的送风管、

图 18-3-1-5　阳台装修图　　图 18-3-1-6　四效新风机

储藏间内的垂直风管送至地面新风分配器，再经铺设在木地板架空层内的新风管及新风口（图 18-3-1-7、图 18-3-1-8）送达起居室、餐厅、卧室等居室房间，构成新风（送风）系统。

（3）排风系统

卧室内的污浊空气经房门上部的通风槽（图 18-3-1-9）排至房间外的走道等公共区域，与起居室、餐厅、走道内的污浊空气一起，经厨房、卫生间房门上部的通风槽进入厨卫间，再经回风口排至风机进行热回收或直接排至室外，构成排风系统。

整个排风系统采用"地送顶回"的气流组织模式：新风（送风）气流低位、低速送出，可以优先满足住户日常行为高度内空气的健康度和新风量，排风口则设置于卫生间和厨房吊顶之上，可以有效排出余热、余湿及其他污染物。送风和排风风量智能可调。

4）智能化系统的绿色要点

智能化系统包含数字视频安防监控系统、可视访客对讲系统、智能家居系统、周界报警系统、门禁系统、车牌自动识别系统、人行摆闸系统、设备网系统以及小区综合管理平台等。在住宅户内借助"朗诗屏"显示室内温度、湿度、$PM_{2.5}$ 和甲醛浓度、穿衣指数等，并可以根据实时监测的室内环境数据，通过移动端 APP 对设备进行智能控制。

5）室内环境控制的绿色要点

在装饰装修污染物控制方面严格把关，空气质量控制方面达到了 $PM_{2.5}$ 过滤效率 95%，甲醛浓度 ≤ 0.03mg/m³，VOC 浓度 ≤ 0.3mg/m³，CO_2 浓度 ≤ 0.10%，放射性物质浓度 ≤ 200Bq/m³ 的高标准。

6）水系统的绿色要点

设置雨水回用系统用于绿化灌溉；采用高效节水器具、小降板方式同层排水等。

3. 结语

通过高效的建筑围护结构、特殊的新风空调系统以及智能化系统、室内装饰装修污染物控制、雨水回用系统等多种绿色技术的综合运用，朗诗杭州乐府为住户提供了一个健康、舒适、节能、环保、智慧、人文的居住环境，对国内绿色科技住宅的发展起到了有效的推动作用。

18.3.2　苏州同里中达低能耗住宅[①]

1. 项目概况

中达低碳住宅是以"2011 年台达杯国际太阳能建筑设计竞赛"一等奖作品"垂直村落"为基础，经过优化设计完成的。项目属于中达名苑（住宅）建设项目的一部分，位于地块的西北角，北邻江兴东路，东侧距同里湖 280m。项目总占地面积为 1320m²，总建筑面积为 2324.79m²（含阳台面积 283.75m²），地上 4 层，地下 1 层，建筑总高度为 13.35m。

1）设计理念

项目位于江苏省苏州市同里湖畔，在方案创作之初，首先要考虑怎样将水乡肌理反映到现代住宅建筑中，同时，基于低碳设计的理念，怎样把绿色低能耗技术和可再生能源技术结合到现代住宅建筑中。因为以上各种因素，所以方案设计中不仅要考虑技术手段，还应考虑

图 18-3-1-7　新风分配器、风管　　图 18-3-1-8　新风口　　图 18-3-1-9　通风槽

---

① 本节执笔者：鞠晓磊、杨维菊、唐高亮。

图 18-3-2-1 画中的江南水乡民居

与自然和人文环境的融合与呼应。在吴冠中先生的画中（图 18-3-2-1），画面上下的位置关系表达了建筑的远近。他将建筑简化为屋顶和白墙，用简单图形的堆叠描绘出了水乡的意境。

通过对江南水乡民居的实地调研，总结分析得出江南水乡住宅形态应该传承当地的白墙灰瓦的黑、白、灰的建筑符号，通过村落的意境描绘现代住宅的建筑风格（图 18-3-2-2）。

2）设计原则

（1）吸取江南传统建筑文化精髓，情调温馨和谐，造型具有文化品位。

（2）整体造型丰富、精致，以"粉墙黛瓦"为色彩基调，营造温暖的宜居氛围。住宅设计吸取国外先进的"环境共生住宅"设计思想，综合运用各种技术，保证居住的高舒适度、能源利用的高效性和节能性。

（3）与自然的高接触性：尽可能考虑方便住户与室外环境绿化的沟通，组织好住宅的通风和日照，充分利用平台绿化和垂直绿化技术。

（4）合理安排各功能的行为空间，按公私分离、食寝分离、干湿分离、洁污分离的原则，保证其居住的舒适性。重视家庭活动中心——起居厅和餐厅的合理设计。

（5）处理好住宅的隔声、通风、采光、遮阳和体形设计，并做好建筑的防水与隔热、保温的节能措施。

（6）厨卫部分进行整体设计，管线集中设置，促成成套产品的开发应用。

（7）综合住宅建材和产品价格的组织与策划，在住

（a）竞赛方案效果图

（b）实施方案效果图

图 18-3-2-2 2011 年台达杯国际太阳能建筑设计竞赛 1143 号作品

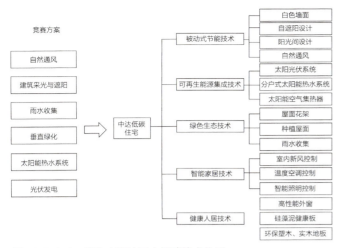

图 18-3-2-3 实施方案的五大低碳技术体系

图 18-3-2-4 被动式节能技术

宅设计中，通过优化设计，降低住宅成本。

2. 低碳技术应用

在由竞赛方案向实施方案的优化过程中，对竞赛方案中的节能设计、绿色设计、可再生能源应用的技术点进行归纳和拓展提升，针对本项目提出一套包括建筑设计和低碳技术两部分内容的应用体系，最终形成五大低碳技术体系（图 18-3-2-3、图 18-3-2-4）。

1）被动式节能技术

（1）建筑立面主要采用白色涂料墙面，在夏季减少对太阳辐射热的吸收，避免热量通过墙面传入室内。

（2）住宅的阳台采用折线形式（图 18-3-2-5），阳台外墙面与楼板成 ±63° 夹角，可以有效遮挡自 4 月 11 日至 8 月 31 日之间的阳光直射，并可有效地避免由于阳光直射造成的室内温度升高。另外，与楼板成 63° 夹角的墙面采用内遮阳帘进行夏季遮阳。在冬季，拉开内窗帘，可让阳光充分进入室内，提高室内温度。

（3）住宅平面采用南北通透式布局，以充分利用自然通风改善室内热环境和空气质量。

（4）在建筑地下设置停车库，形成架空层，避免地下潮气直接侵入室内，提高底层室内舒适度。

2）可再生能源技术

（1）建筑屋面上设置 19.52kWp 太阳能光伏组件（图 18-3-2-6），所发电直接用于本幢楼的楼道及地下车库照明，每年可发电 23952kWh。

（2）在阳台窗下墙部分设置太阳能集热板（图 18-3-2-7），联通阳台内的热水箱，为每户居住者提供生活热水，平均每天提供 55℃ 热水可达 100L。

（3）在阳台窗侧面安装太阳能空气集热器（图 18-3-2-8），其在冬季吸收南向房间的室内空气，经风机送入集热器加热后通过吊顶空间送入北向卧室、餐厅等（图 18-3-2-9），提高北向房间的室内温度，在不需供暖的季节，集热器开启外循环模式，利用热压原理将集热器内热量排出。

3. 生态可持续技术

1）屋面花架

本项目在屋顶除坐北朝南的北侧一边设置了太阳能

图 18-3-2-5 折线形设计的阳台图

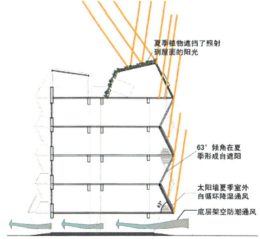

图 18-3-2-6　屋面太阳能光伏组件

图 18-3-2-7　太阳能集热板和太阳能空气集热器

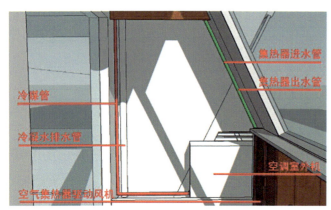

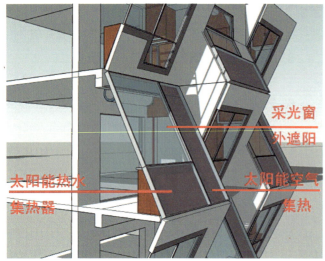

图 18-3-2-8　集热器设备及排布

光电板外,还在东边屋顶花园的上方设置了格栅花架和屋面绿化(图 18-3-2-10),格栅花架上的爬藤植物能阻挡夏季阳光直射到屋面上,减少屋面的热量,降低室内温度,提高室内的舒适度,冬季,阳光能透过格栅射向屋面,提高室内温度。

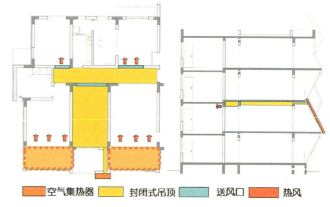

图 18-3-2-9　空气集热器加热的空气经吊顶送入北向卧室和餐厅

图 18-3-2-10　屋面花架

2)种植屋面

屋顶设置花坛并种植低矮绿色植物,既美化了环境,又可减少夏季阳光对屋面的直射,提高顶层住宅的室内热舒适度,同时,环境良好的屋顶花园也成为该幢居民室外活动的场地。

3)雨水收集

屋面雨水经过组织后存入地下储水罐,用于住宅周边景观浇灌。

4. 智能家居技术

在同里低能耗住宅中集成了楼宇智能化管理控制技术,将传统建筑的文化精髓与现代科学技术融为一体(图 18-3-2-11)。这样,既可以提高住户体验智能建筑的舒适度水平,又可以减少不必要的能源浪费。此外,还可以降低管理成本。

在项目中集成的智能控制系统包含:照明、空调、窗帘、新风、排风、温湿度感测、CO_2 感测、$PM_{2.5}$ 感测、VOC 感测、照度感测、人体移动感测、人体热量感测。

房间内安装有触摸屏,可以通过触摸屏集中控制(图 18-3-2-12),一键切换各类情景模式,更可由移动

图 18-3-2-11　智能家居技术

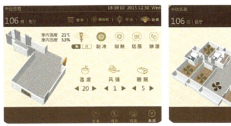

图 18-3-2-12　智能家居技术

设备进行控制，方便灵活。所有房间内均安装有人员存在传感器和照度传感器。当人进入房间后，房间内的灯光将会根据是否有人以及光照情况而自动调节亮度。也可以在进入房间前通过移动设备打开室内空调，提前营造好舒适的温度环境。

5. 人居环境健康技术

客厅墙面采用无辐射环保石材，以保持室内低辐射强度，阳台采用环保塑木地板和墙面，由再生塑料和回收木屑加工制成，健康无毒，不含甲醛、石棉等有毒物质，环保可回收（图 18-3-2-13）。

采用高性能隔声外窗，在保证气密性的同时，有效隔离室外噪声，营造安静的室内环境。

室内墙面采用硅藻泥健康板，可长期高效吸收室内甲醛、灰尘颗粒等污染物，净化室内空气，营造清洁、健

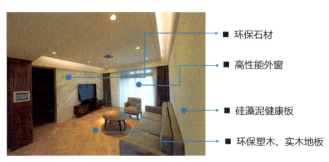

图 18-3-2-13　人居环境健康技术

图 18-3-2-14　建成现状

图 18-3-2-14 建成现状（续）

康的室内空气环境。

6. 建成情况

住宅于 2017 年正式通过国家验收，并通过绿色建筑二星级认证，近期作为同里湖大饭店的客房对外开放使用（图 18-3-2-14）。目前，同里低能耗住宅楼是江苏乃至全国最有示范性、技术含量最高的节能楼，也是传统理念与现代技术融合创新的新典范。

18.3.3 南京西堤国际住宅小区[①]

1. 项目概况

西堤国际住宅小区位于南京河西新城 CBD 新区，是奥体板块核心居住区，2009 年获江苏省绿色建筑创新奖，2011 年通过国家住房和城乡建设部绿色建筑示范工程验收。

小区周边地铁交通、中小学校、社区商业和超市、城市公园等基础配套设施齐全，形成了便捷、宜居的住区环境。城市规划的南北向恒山路、东西向牡丹江大街和新安江大街，将项目自然划分为六个相对独立的片区（图 18-3-3-1）。

项目规划用地面积为 28.8hm^2，总建筑面积为 62.1 万 m^2，由 53 栋纯高层（11+1 层和 18+1 层两种）钢筋混凝土剪力墙结构的住宅建筑组成，配建有社区商业、健身中心、9 班幼儿园一所、36 班小学一所等综合社区配套设施。

2. 绿色建筑设计理念和目标

我国绿色建筑评价标准中对绿色建筑的定义有三个层面的含义：一是节约能源和资源；二是创造健康、适用、高效的建筑空间；三是最大限度地实现人、建筑、自然和谐共生。

绿色建筑的风格表现可以是现代的或者是传统的，也可以是传承城市文脉的创新风格，但建筑内含的物理属性是一致的。江南传统建筑讲究"天人合一，里外相融"，这和人与建筑、自然和谐共生是相同的追求。

在国家绿色建筑设计及评价标准中含有以下的条文内容："因地制宜是绿色建筑建设的基本原则""以'以人为本'为核心""优先采用被动设计策略""强调场地和户内的自然通风及冬季的被动式采暖，并在标准中作为量化指标控制和评分""结合建筑所在地域的气候、环境、资源、经济和文化特点"等，显然，这些标准的要求和我国传统建筑营造提出的"逸其人，因其地，全其天"是一脉相承的。

西堤国际住宅小区建筑外形的现代风格是河西新城区"都市闲情"现代街区风格的延伸。在物理属性方面，从方案创作开始，小区平面规划、空间设计、园林景观设计等都抓住了建筑气候设计和本土人文特色的设计要素。在户型设计、围护结构节能设计中，巧妙地运用了被动式设计方法。充分利用现代材料和设备满足居民传统生活的习惯和对时尚生活的追求。把城市文脉、传统理念和建筑的现代风格融合起来，实现了国家要求的绿色建筑创新示范工程的目标。

在回访和设计总结中体会到，当全面执行了国家绿色建筑标准的要求，把握了规划设计绿色策略，认真完成中间细节，合理运用现代技术、材料和设备，将现代建筑风格展现的时候，传统建筑理念已经融入其中了。

[①] 本节执笔者：张瀛洲、肖鲁江、钱正超。

3. 总体规划设计中绿色营建和传统理念的融合

1）建筑场地气候设计

南京地处长江下游，濒江近海，属北亚热带湿润气候，四季分明，雨水充沛，也是典型的夏热冬冷气候区。江南传统建筑顺应自然、尊重环境，形成了"天人合一，内外相融"的理念，西堤国际在场地设计和单体建筑设计中遵循这一理念，实践了被动优先的绿色设计方法。

西堤国际小区的六个片区中，除西堤坊商业区建筑沿街平行布置外，其余建筑均为南向或南偏东方向布置，和市政道路形成40°左右夹角，夹角地块由透空矮围墙隔离，形成的小庭院与小区内绿化景观相通。

住宅楼南北朝向布置可以最大限度地享受阳光，为冬季被动式采暖创造了条件。另一个要素是讲究建筑场地的通透性，沿着城市道路看小区建筑有这样的效果：横见蓝天纵透空，高低错落南偏东，人车分流入口阔，庭院转换互连通。这样的建筑布置避免了场地出现静风区和涡旋区，在夏季和过渡季的东南主导风向下，为居民室外活动提供了舒适健康的风环境。"冬有阳光夏有风，暖阳和风伴我行"，这是小区业主十多年来的生活体验。有业主感悟：小区的风、水和阳光和自己的乡下老家一样让人舒心。

这里需要提到的是西堤国际住宅小区最初方案比选时，否定了在住宅楼下沿街布置商业店铺的方案。虽然沿街小商铺当时的房价是住宅的两倍多，开发商的利润空间大，但沿街商铺完全阻断了场地的自然通风，破坏了场地的风环境。同时，也否定了由外国建筑师提供的场地满铺钢筋混凝土架空住宅的方案，因为这种方案完全断掉了自然植物接地气的生态链接，和传统生活中的与自然相融合相去甚远。

2）节地设计

江苏是人口密度大的省区，在城市化高速发展的过程中，节约用地是我国绿色建筑的重要评价指标。南京河西新城区是人口高密度住区，作为高层建筑群，西堤国际规划指标为限高60m，建筑容积率1.75，要求以现代建筑风格和相邻的奥体中心及CBD金融办公区相协调。西堤国际住宅设计以88~140m²中小户型为主体，塔楼及联排相间布置，场地全部做地下一层设计，用于人防工程和机动车、非机动车停车。以中小户型为主的户型设计，在满足容积率的条件下提升了人口密度，满足了人均用地的绿色评价指标。

3）园林景观设计中现代风格和传统理念的融合

由近年来的生活体验得知，在城市高密度住区内，景观园林的规模和优化设计是影响室外环境的重要因素，住宅小区的高绿地率是重要指标。西堤国际住宅小区的绿地率达到47.6%，人均公共绿地2.1m²，远高于绿地率30%、人均公共绿地1.0m²的国家强制性标准规定，也获得了绿色评价中最高的得分，为营建健康宜居的花园住宅小区创造了条件。

（1）园林景观和建筑风格相协调

西堤国际住宅楼设计采用11+1和18+1两个高度（+1指顶层跃层）组成了塔楼和联排两种楼栋形式。大楼立面利用悬窗形成块状垂直排列，中空大玻璃外窗由浅米黄色面砖墙间隔，悬挑阳台的玻璃面上下贯通，仿木色铝合金遮阳栅板和深灰色铝材护板直达屋顶，和屋顶木色屋架相接，通过深浅两色形体的对比突出建筑挺拔的造型感，将玻璃、金属的现代感与木色构件的温馨感有机结合，形成了色彩明快、简洁大气的外观特征和高雅、温馨的现代建筑气质（18-3-3-2）。

图18-3-3-1 西堤国际住宅小区鸟瞰

图18-3-3-2 高层住宅建筑立面设计（实景照片）

（2）园林景观空间的转换、连通和延伸

在场地平面布置中，小区入口和主干道与对景呼应，在道路布置及植物配置中，营造室外大小空间的连通和转换。一区、二区、三区地块呈南北长之势，楼栋布置中，留出两个较大的室外平面，作为转换空间，西堤坊和商业街空间则用水面分隔，显得轻松、安静。三区、六区利用幼儿园和小学校园的低容积率大空间形成敞亮的室外效果。每个分区都安排一个或两个儿童游乐场，引进芬兰的乐普森游具，海盗船、宇宙飞船、动物形象等游具造型使小朋友享受科幻情趣。园林中的钢架玻璃亭、透空植物架、文化石造型也和建筑风格相呼应。

园林设计与现代建筑风格的呼应中蕴含了江南园林空间分隔转换、连通和延伸的多变氛围，形成了大园林、小庭院、多层次的景观效果。室外交流广场、水景喷泉、四季花境、儿童游乐场、健身步道及底层架空活动室把小区的人文活动融入大园林中，使住区生活静中有动、丰富多彩、充满活力。

（3）优化植物配置

小区绿化中，乔木的配置每100m²绿地超过了5株，落叶和常绿配合，业主可感受到主干道路旁大香樟树的四季翠绿，阳春三月的樱花盛景，秋天枫香树红叶飘落，金色银杏叶铺地……各色各样的灌木隆起在草地上，围拢在景石旁，植物景观随着空间的转换而变化。植物选择以本土植物为主，五十多个品种的选择中，从生态循环方面考虑，引进了快生、慢生、落叶、常青及浆果类、种子类植物，特意种植了引鸟植物，如樱桃、枇杷等，现在有多种鸟儿在小区内繁衍栖息，形成了鸟语花香的江南园林特色。西堤国际的园林由银城物业精心组织养护，浇水施肥、除草灭虫、修剪更换，实现了十年前的园林设计目标。

良好的室外风环境、夏季的树木遮阳、大面积的草灌乔绿化、渗透地面、雨水回收造景水面、四季花卉，形成了西堤国际住区良好的微气候环境。

小区园林结合合理的城市道路规划及长效管理，创造了今天西堤国际优美的宜居环境，置身于这样的时尚空间却能感受到蕴藏的传统生活理念和意境（图18-3-3-3）。

4. 完善的服务配套和绿色交通创造了业主的便捷生活

1）健全的生活配套设施

西堤国际的六个分区中：一区设有网球场，二区北部及三区有半篮球场，西堤坊有商业街、附设游泳馆的健身中心，三区有9班幼儿园，六区面积的一半是36班编制小学。一区南门外有20000m²的仓储式苏果超市，与西堤国际黄山路之隔有可以步行到达的中学。社区管理、传统菜市场与周围住区共享。500m以内，药店、医疗、洗衣、理发美容、水果饮食等有多家邻里店。这些体育文化、卫生保健、生活用品极大地方便了居民日常生活。

2）完善的绿色交通

在西堤国际附近，黄山路、庐山路、奥体大街、梦都大街有多处多路公交车车站，距南京地铁2号线奥体东站约800m，东部地铁5号线也即将开通运行。周围道路纵横有序，快车道、慢车道、人行道宽阔顺达。2006年小区设计完成时，恒山路、黄山路、牡丹江街、新安江街两侧的人行道建设加宽1m，由小区的围墙收缩让出，现在的人行道由围墙绿篱、盲道、人行道加行道树组成，沿路有树荫、花香，是放松、散步的好去处。在小区门口，我们看到有排列整齐的公共自行车，存取方便。这里的住户出门叫出租车很方便，因为交通便利，基本随叫随到，

图18-3-3-3　西堤国际一、二区局部实景

从家里出发去南京高铁南站仅20分钟车程,去禄口机场有40分钟车程,很少发生拥堵。

西堤国际的住户,中小学生都是步行去学校,幼儿园家长接送孩子也都是步行。在这里,人们感受到了绿色交通带来的便捷、健康和环保。

这里还要提到的是城市道路停车,西堤国际住宅小区全部为地下车库停车,有4000多个车位,满足每户一个车位,随着居民生活水平的提高,小车数量增加,交通管理划出了马路停车位,恒山路、牡丹江街和新安江街都安排了两行夜间停车,这样做,利用马路夜间空闲补充了小区停车位的不足,不妨碍交通又便利民众,是绿色共享的示范(图18-3-3-4)。

西堤国际住宅小区的交通和服务配套是十几年前完成的设计,用现行的《城市居住区规划设计标准》GB 50180-2018标准来衡量,完全满足"十分钟生活圈居住区"和"五分钟生活圈居住区"及"居住街坊"的生活配套需求,满足了2019版《绿色建筑评价标准》中"生活便利"的条文标准。西堤国际实现的步行、共享自行车绿色交通系统是传统生活方式和理念的回归,和城市大交通相结合是现代和传统的融合。

5. 住宅建筑绿色设计中时尚和传统的融合

安全耐久靠结构,生活便利谈配套,环境宜居看室外,健康舒适讲室内,资源节约达指标。绿色住宅是智慧生活,设计住宅就是设计生活,户型设计和创新是其重要的内容。这里除了要了解住户共同的传统生活习惯之外,还要前瞻追求时尚的需求。从方案比选开始,实现自然通风、被动式采暖、被动优先、主动优化以及健康、舒适、节能是绿色住宅建筑设计的原则。

1)室内环境质量

(1)住宅空间设计

在充分满足建筑功能的前提下,对建筑空间进行合理分隔,以改善室内采光,满足自然通风、采光及热环境要求。厨房、餐厅等辅助房间布置在北侧,形成北侧寒冷空气缓冲区,以保证主要居室的舒适温度。室内自然通风良好,设计中考虑通风开口的相对位置,形成"穿堂风"。

(2)住宅隔声减噪措施

小区合理配置植物群落,隔声降噪,营建安静、舒适的整体环境。建筑外窗采用断桥5+12A+5中空玻璃,采用平开窗系统,密闭性好,空气声隔声性能达到4级以上。电梯间与住宅相邻的隔墙采用轻钢龙骨纸面石膏板隔声墙,可减少振动,降低噪声。卧室、起居室在关窗状态下的噪声为:白天44dB,夜间34dB。楼板的空气声计权隔声量为50dB,分户墙的空气声计权隔声量为47dB,楼板的计权标准化撞击声压级为70dB,沿街外窗的空气声计权隔声量为31dB,均满足隔声标准的要求。

(3)住宅室内环境

在土建一体化装修中,西堤国际采用可调节手动铝合金卷帘外遮阳系统,防止夏季太阳辐射透过窗户玻璃直接进入室内。在保证外立面效果与小区总体风格协调的基础上,起到很好的保温隔热作用。

采用Ecotect 5.20辅助生态设计软件进行模拟分析,西堤国际典型户型的建筑门窗改善了室内的自然采光。建筑体形、朝向,楼距和窗墙面积比设计合理,使住宅获得了良好的自然采光;建筑室内没有非常明显的明暗

图18-3-3-4 恒山路夜间泊车、公共自行车站

对比,避免了眩光的产生;采光系数与室内照度的相对分布关系基本一致;室内大多数部位的采光系数在1.5%～8%之间,采光照度在50~350lx之间,其自然采光水平符合各相关标准的要求。

通向楼梯的中间户型,由于私密性要求,户门不便敞开,因此会影响穿堂风的形成,利用房间悬臂窗侧窗开启通风,可获得良好的效果。

2)节能与能源利用

(1)建筑围护结构热工设计

围护结构热工性能要求是居住建筑节能设计标准的重要内容,也属于被动式设计的范畴,包括外墙、屋顶、地面的传热系数,外窗的传热系数和遮阳系数,窗墙面积比以及建筑体形系数。在当时执行50%节能标准的情况下,西堤国际居住小区建筑热工设计已达到65%节能标准要求。

a. 外墙外保温系统

惠围®外墙外保温系统构造体系,以外墙专用挤塑板(FWB)为保温材料,采用粘钉结合方式将挤塑板固定在墙体外表面上,以耐碱玻纤网格布、增强聚合物砂浆做保护层,面砖饰面。外保温系统有效解决了外墙的冷热桥问题,相比内保温避免了增加室内使用面积,同时对外墙有保护作用,延长了建筑的使用寿命。

b. 倒置式屋面保温隔热系统

屋面采用40mm厚挤塑聚苯板倒置式保温隔热系统,使屋面防水层免受温差、紫外线和外界撞击的破坏,延长了防水层使用寿命。倒置式屋面保温隔热系统构造体系:以挤塑板为保温材料,将挤塑板置于屋面防水层之上,采用粘贴或干铺的方式施工,表面浇筑细石混凝土。屋面采用保温隔热系统,提高了顶层住户的居住舒适度。西堤国际是较早使用挤塑聚苯板倒置式保温隔热系统屋面的工程,为同类工程提供了示范。

c. 节能门窗、活动外遮阳技术

外门窗是影响室内热环境质量和建筑能耗的主要因素,夏热冬冷地区以被动式建筑自然舒适度为门窗形式的选择取向,适当提高南向窗面积,窗户开启面积大于30%,满足户内过渡季组织自然通风、夏季形成穿堂风、冬季被动采暖。

西堤国际项目门窗采用断热铝合金型材、5+12A+5中空玻璃窗。断热型材由PA66隔热条将内、外两部分金属材料通过特殊工艺连在一起,阻隔门窗框料的热通道,具有良好的隔热保温性能。根据门窗测试报告,传热系数在3.1以下。

遮阳设施是夏热冬冷地区满足夏季建筑室内热环境要求的重要措施之一,西堤国际采用铝合金活动卷帘外遮阳系统,在保证外立面效果与小区总体风格协调一致的基础上,能够将太阳辐射直接阻挡在室外,可以降低由于阳光直射室内而产生的空调负荷,节能效果好,可改善室内热环境,同时可以调节室内光线效果(图18-3-3-5)。

(2)被动式采暖

在户型设计中,小户型至少有两个房间朝南,大户型有三个以上房间朝南,楼栋单元中间户型的房间则全部朝南。由于围护结构系统(外墙、屋面、外窗、楼地面及隔墙)有良好的隔热保温性能,所以在冬季寒冷的气候条件下,不采用采暖设备时,室内气温不低于15℃。2020年冬季,南京遭遇极寒天气,听住户描述,在室外-6~8℃时,南向房间和阳台白天的温度会达到17℃。由于南向窗墙比设计较大,一般在0.4~0.6之间,封闭阳台则全玻落地,南京极寒天气时多为晴天,太阳高度角低,大玻璃窗透入大量短波辐射热到室内,转换为长波保

图18-3-3-5 西堤国际住宅小区建筑外窗及遮阳应用实景图

留在室内形成了暖阁。玻璃窗透过的紫外线更有杀菌作用，对健康是有利的。

（3）智能化系统

小区智能化安防系统先进、可靠，通过了相关验收。小区为保证智能化设施的正常使用，发挥其在物业管理、治安防范和便利生活等方面的重要作用，实施使用管理规定对住户装修、入住前后智能化系统的安装和使用以及注意事项等方面作了明确规定和要求。

小区智能化系统由三大系统和十四个子系统组成。

安全防范系统：周界防越报警子系统、闭路电视监控子系统、电子巡更子系统、智能家居子系统（含门禁、对讲、防盗）、消防报警子系统等。信息管理系统：公共背景音乐子系统、电子显示屏子系统、停车管理子系统、公共设备监控子系统等。信息网络系统：电话网络子系统、宽带网络子系统、有线电视网络子系统等。

在回访中我们看到，西堤国际小区的网络信息化建设已经超越了当初的设计标准和规模，宽带已经建成500兆和1000兆进户，每个分区都有一个业主和物业组成的微信群，设立了物业管理平台APP"家在银城"，住户家庭设备维修只需在平台报告即可得到回应，地下车库车辆进行自动扫码管理。智能化也带来了规范化和贴心服务，正如银城物业"logo"所示："银城物业，真情服务，美时美刻"。

6. 雨水回收和亲水景观营建

江南水乡是建筑和水的结合，营造出了灵秀、清新的生活场景。一组建筑，当和水面的映影结合在一起时，才能显示出具有灵性的完整的美（图18-3-3-6）。"上善若水"是古人把亲水喻为行道的观念，在传统理念中，"亲水"升华到了美和善的境界。我们生活中的节水是资源节约的要求，也是道德的约束。

雨水回收，控制场地径流是绿色建筑评价标准的指标之一。西堤国际六个分区设置了雨水回收装置，储水调节池总容积850m³，设计了大小景观水面，面积为15000m²，在各区的入口结合建筑小品设计了喷水池、跌水池，营造出了动静结合的亲水景观。景观水面、喷泉水雾还可以净化空气，润物降温，缓解热岛效应，优化小区的微气候环境。南京夏季高温天气时，水景旁边的地面温度比马路上的地表温度低10~15℃。

7. 结语

本节所述的传统生活理念是指具有地方特色的居住生活方式，即在长期生活中形成的利用自然气候条件和城市设施创造健康、舒适、便捷的生活环境，节约资源，保护生态环境，与自然和谐共生的生活理念。

西堤国际住宅小区取现代建筑风格和南京奥体板块的现代城市风格相协调。在场地规划及建筑气候设计中以"天人合一"为指导，在园林设计、亲水景观、户型设计、室内热环境、风环境、声光环境、生活配套及交通组织等方面全部融入了地方传统的生活理念。

根据最新版《绿色建筑评价标准》进行审视，在安全耐久、健康舒适、生活便利、资源节约、环境宜居等五个方面都可以得到高分评价，这已不是设计评价，而是经过十多年实践考验过的运行评价。

西堤国际虽有小的不尽如人意之处，但仍是人们向往的优秀住区。十多年来，这里的房价领涨南京河西楼市，从开盘的每平方米5000元涨到现在每平方米6万~8万元。有许多住户自信地说："西堤国际的风水好！"

居住风水好应该是绿色建筑崇尚的"人与自然、建筑的和谐共生"，是传统居住理念中的"天人合一"。

图18-3-3-6　西堤国际一区、二区水景局部

18.3.4 苏州相城乾唐墅——现代江南院墅的探索[①]

1. 项目概况

乾唐墅住区，位于江苏省苏州市相城区核心地带，基地东邻陆慕老街，上位规划提出尽可能保护并充分利用现存的历史文化资源，同时作为苏州中心城区北拓的关键节点，体现承前启后的理念，再现苏州传统空间肌理，传承城市历史记忆。项目总用地 6.6hm²，总建筑面积 5.9 万 m²，地上 2 层、地下 1 层，含 132 户别墅住宅。本着对江南传统设计理念进行传承与创新的思路，通过对路、院、绿、水、建筑的精心设计，既使住区达到了园与宅的和谐统一，也将江南传统建筑的设计理念加以传承，彰显了新江南别墅区的民族性和地域性特点。

2. 设计理念

乾唐墅的设计既提炼了传统江南空间的文化特性，又适应了现代城市生活的需求，其设计理念包含以下几个方面：

1) 有序的规划形态

传统中式民居的空间多讲究礼仪与等级的序列、轴线及其串联的层次关系，建筑布局严谨，井然有序，其规划布局遵从传统礼制，又富于变化，并利用建筑围合庭院，通过院落的空间尺度变化而使之产生不同的氛围和艺术效果。

2) 群落式的组团模式

江南的大多数传统单体建筑形式简单且定型化，建筑艺术效果主要依靠群体序列来取得。另一方面，单体建筑普遍具有构建规格化、设计模数化的特点，而其艺术的多样性则往往由群体序列的丰富变化来获得，实现了规格化与多样化的高度统一。苏州乾唐墅依从苏州古城的肌理，设计思路是以三种单体户型组合形成错落而延续的街区式布局，设计手法保留了里坊交错的特点（图 18-3-4-1）。

3) 内聚化的室内外场景

设计上外敛内张的中式传统生活哲学观衍生出传统建筑向心性的平面构成，整体布局讲究"静"和"净"，呈现出环境的平和与建筑的含蓄。规划中将建筑序列组合与生活密切结合，尺度宜人而不曲折。建筑内向，室内外空间变化丰富，建筑的尺度和形式不拘一格。中式空间常常强调"天人合一，园林宅第"，强调景致的高低错落，建筑与花木、山水结合，将自然景物融于建筑之中，自然衔接。

3. 设计原则

以上三点设计理念，被设计师贯穿在乾唐墅的规划、建筑、景观等各层面的设计中，将江南传统建筑的精髓巧妙地落实到新江南院墅设计中。

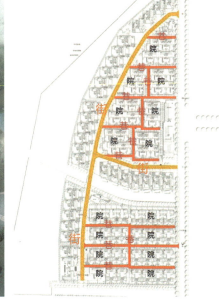

图 18-3-4-1 苏州乾唐墅鸟瞰图、街巷组团分析图

---

① 本节执笔者：荣嵘、俞佳春。

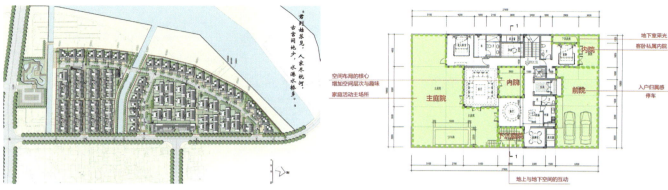

图18-3-4-2　乾唐墅总平面图

图18-3-4-3　乾唐墅院落分析

1）整体规划

在规划设计中传承了传统江南街区整体延续、里坊交错的街巷式布局特点（图18-3-4-2）。同时，也考虑了住区内交通、分区的合理性以及现代住区住户的其他需求。

（1）规划布局

苏州乾唐墅以多重空间构成有序的层次，由河道自然分隔出南北两区，纵向贯穿的主路又将整个住区划分为沿河与中心两部分，沿水景布置大户型，内部整体布局依从苏州古城肌理，延续中式街区的街—巷—院多层级布局，主街较宽，巷道窄，内院豁然开朗。同时，控制别墅的层数，强调亲地性。土地以庭院的形态有效分割至每一户，围合出独门独院的隐逸空间。

（2）街巷空间

住区内主要道路为6m宽的车行道，组团间"巷"一级的小路小控制在2.7~3m，以界定感明显的道路尺度打造适当而亲和的宅前空间，既保证私密性，又使巷道空间幽深而非压抑。花木葱郁的巷道拐角或入户空间，都留出略微开阔的铺装场地，供邻里之间作短暂停留、交谈问好，延续中式公共空间小中见大、小而精致的特点。

2）建筑设计

（1）院落空间

院落是传统江南空间组织的重要手段，以庭院为核心也传承至苏州乾唐墅的新江南院墅设计中，多层次的庭院空间（图18-3-4-3）作为别墅空间构成的最重要元素，创造了丰富的景观及家人活动空间，同时也达到了室内外通透的效果，外敛内张的中式宅院充满了温馨的人情味。

在乾唐墅的各个户型中，前院、后院、主庭院、内院、下沉庭院等多层次的院落空间相互串联。前院增强了入户归属感，在大户型中兼具停车作用；室内空间围合的小内院成为空间布局的核心，既增加了空间层次，又增添了活动空间和交往空间；主庭院成为家庭聚会、养花种草、接待朋友的地方；后院满足设备放置的需求；地下室下沉庭院利用采光板、采光罩达到自然采光，同时增加了地下的使用空间，提高了舒适度。在面积有限的情况下，设计师用各个层次的院落空间，以"小中见大"的方式，将府第及园林两大江南传统建筑的精华以现代手法进行结构重组，获得了丰富的居住体验。

（2）户型布局

乾唐墅的户型布局充分考虑了室内空间与庭院空间的互动性、室内空间的流动性及舒适性，满足了现代居住需求。借助院子的打造，使公共空间的开放性和卧室的私密性得以兼顾。同时，利用立体化设计增强空间感，通过客厅、家庭厅挑空及设计露台空间等方式增加住户的室外活动空间，又以围合院落的方式，创造开间大进深小、采光面充足的居住空间。

（3）建筑立面

立面风格采用所谓"中式装饰主义"（Artdeco）的做法，即延续传统江南建筑的地域特色，在整体上讲究古典别墅的秩序感，重视比例与尺度，通过变形、简化、几何拼接等方式，将古典装饰转译为现代装饰，营造具有传承意义的世家宅邸。在立面上主要采用现代抽象的建筑语汇，而局部以装饰主义进行加强，注意重点部位的刻画（图18-3-4-4）。

乾唐墅在建筑整体造型上抽取了檐、墙、院、廊等传统中式元素，并考虑了传统形式与现代材料的结合，在细节上保持中式情调。传统坡顶是江南建筑中非常重要的组成部分，群落式的屋檐起起伏伏，形成建筑的第一印象。传统建筑及园林中院墙、照壁等的处理，增加了内外渗透的空间体验。乾唐墅采用坡顶与平屋面相结合的方式，保留传统特点的同时丰富了形体变化，使其错落有

图 18-3-4-4 乾唐墅立面实景展示

致。立面贯通的落地门窗、干净利落的片墙,转译出传统建筑强烈的虚实对比。

(4)立面材料

苏州乾唐墅住区对于外立面(图18-3-4-5)材料的选择,充分考虑到了院墅的品质感以及新中式文化及建筑的美观与格调。从大的分类上来说,通常包括墙面、屋顶、门窗及其他部分,再细分,所涵盖的门类更多,如墙面包括石材、面砖、涂料、金属板,屋顶包括屋面瓦、檐口及屋脊的金属线脚,门窗系统又分为常规门窗、门窗套及装饰用的花格窗等。

苏州乾唐墅的设计中,对立面各部位材料作过详细的分析和研究。立面上,主要部位选择进口石灰石干挂,底色呈米色。墙面材质强调颜色及质感的温润醇和、纹理雅致,能与建筑风格相得益彰。材料拼接也比较考究,寻求规则中蕴含变化的中式韵味。立面上采用了较多金属线脚及构件,强化了立面细节,用统一的暖灰色调配合磨砂面氟碳喷涂工艺,与新江南风格相协调,也赋予建筑立面一种内敛的肌理,使建筑有一种亲和感和江南地域情调。

(5)建筑节点

本住区在建筑及景观院墙顶部采用压顶线的处理方式,勾勒出了"粉墙黛瓦"的江南特色。建筑屋顶檐口下方统一设计了回字纹装饰板以及标准的花格窗单元,这些作为建筑中模块化应用的装饰构件,增强了建筑的中式韵味。山墙面檐口下方三角形部位,设计师用仿木金属凹凸板强化建筑肌理的对比。通过各个建筑节点的处理、细部的刻画,乾唐墅的别墅建筑的立面语汇立体而鲜活地展现出传统与现代的融合(图18-3-4-6)。

3)景观与环境

传统江南空间讲究建筑与景观的融合,苏州乾唐墅的景观设计(图18-3-4-7、图18-3-4-8)为住户营造了雅致的感受,重视居住者的实际体验感,同时加强了整体化的系统设计。

(1)中式序列的居者体验

住区景观由主入口、入口序列、小区主要道路、组

图 18-3-4-5 乾唐墅立面檐口及细部

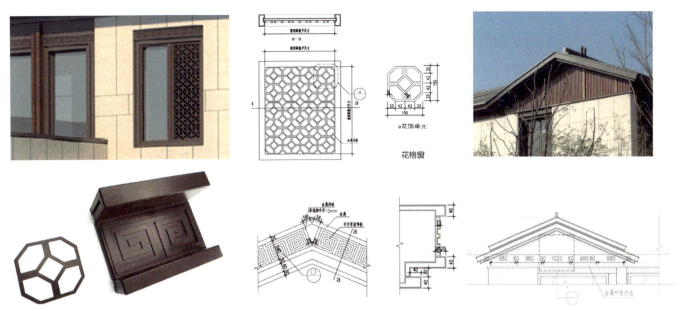

图 18-3-4-6　乾唐墅窗格、檐口节点及山墙面处理

图 18-3-4-7　乾唐墅小区道路景观

图 18-3-4-8　乾唐墅组团道路景观

团步行道路及各户庭院形成了从城市尺度到街、巷、院逐步私密化的小尺度的序列空间。

（2）主要视角及界面处理

景观系统重点关注入口大门、巷门、院门等住区主要视角空间，注重外围墙及院墙等控制界面。遵循传统江南空间以小中见大及内聚、内敛为特色，未采用大面积景观区域，而是选取重复出现的门头节点及围墙界面作为景观层面的重要因素，根据场地特点和建筑布局，结合主题融入"一街二桥三水九巷百院"的设计层次，在乾唐墅的江南韵味的体现以及序列感的形成方面起到重要作用（图 18-3-4-9）。

在传统中式门头中抽取设计元素，各层级的门头在统一的风格做法下，在尺度上又形成了合理的序列。同时，对户名及牌匾、铜门及灯饰进行了深入设计，采用纯铜或以铜收边制作，增强了细节感。院墙与建筑墙体形成

主入口	入口序列	小区主要道路	组团步行道路	各户庭院
城市印象	过渡空间	街	巷	院
强烈大气	序列	交流	亲切	私密

图 18-3-4-9　中式序列的居者体验

有序变化，在富含中式韵味的完整界面之后，隐隐约约可见含蓄内聚的内院场所（图 18-3-4-10）。

4. 结语

在苏州相城乾唐墅住区的现代江南别墅探索与研究中，我们试图将国人的传统居住文化、设计理念和手法与现代生活需求自然地结合与再现。设计目的不仅仅是体现江南的风貌，还要把中国文化的精华以及设计理念、手法渗透在园区规划、功能布局、空间实现中，并采用新技术、新材料，在方案设计中反映出时代的特点，把中国式

图 18-4-1-1　现代园区中的独墅湖会议酒店

图 18-3-4-10　乾唐墅示范区景观

的意境和诗情画意注入我们的生活之中，创造一个令人向往的幸福家园。

18.4　旅馆类建筑案例

18.4.1　独墅湖会议酒店[①]

1. 项目背景

2007年，冷泉港实验室[②]与苏州工业园区签订合作协议，在苏州独墅湖建立其百年历史上的第一个海外分支机构——冷泉港亚洲会议中心。独墅湖会议酒店正是为此而营建，专用于冷泉港医学和生物学国际学术会议及研讨。历次冷泉港亚洲会议都会吸引来自全球各地的科学家与学生近距离分享最新科研进展，也为展示苏州传统文化提供了一个绝佳的机会（图18-4-1-1）。

设计之初，建筑师专程前往纽约冷泉港实验室，拜访了诺贝尔生理学或医学奖获得者詹姆斯·杜威·沃森先生[③]（James Dewey Watson）。交谈中获悉冷泉港平等与自由的学术理念，也深感沃森先生的平易、亲和。冷泉港实验室最终落户苏州，也许正是因为冷泉港亚洲会议的初衷与苏州园林"天人合一"的哲学思想不谋而合。"舣而浩歌，踞而仰啸，野老不至，鱼鸟共乐。"苏州园林存在至今离不开文人雅士的推崇，大部分的迁客骚人都希望远离喧嚣与浮躁，享一帘幽静，构建自己的一片小天地——"私家园林"，与同道知交邀文宴酒，自得其乐。

因此，项目之初就决定设计一座苏州的学术交流中心，地域的也是现代的。

独墅湖会议酒店位于苏州工业园区月亮湾核心区，紧邻独墅湖，建筑面积约为68755m²。建筑主要由酒店主楼、VIP楼与会议中心三者构成，旨在营建一处园林式的行、望、居、游之所（图18-4-1-2~图18-4-1-5）。

[①]　本节执笔者：冯正功、唐蓝珂。

[②]　冷泉港实验室（The Cold Spring Harbor Laboratory，缩写CSHL），又译为科尔德斯普林实验室，是一个非营利性的私人科学研究与教育中心，位于美国纽约州长岛上的冷泉港。此机构的研究对象包括癌症、神经生物学、植物遗传学、基因组学以及生物信息学，其主要成就为分子生物学领域，该研究所一共诞生了8位诺贝尔奖得主。

[③]　冷泉港实验室的负责人詹姆斯·杜威·沃森先生是DNA双螺旋结构图的发现者之一，被称为DNA之父，诺贝尔奖得主，同时也是"国际人类基因组计划"的倡导者和实施者。冷泉港DNA学习中心是全球最有影响力的生命科学教育基地。

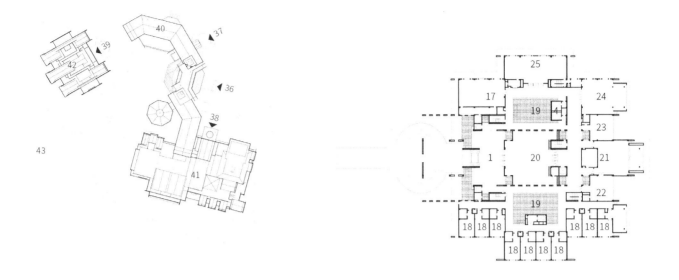

1 大堂	10 KTV	19 庭园	28 海报厅	37 酒店次入口
2 堂吧	11 舞厅	20 总统正厅	29 学术报告	38 会议中心主入口
3 办公室	12 化妆间	21 会见厅	30 茶亭	39 VIP楼主入口
4 卫生间	13 制作室	22 休息厅	31 宴会厅	40 酒店主楼
5 礼宾部	14 安保室	23 学术交流	32 包厢	41 会议中心
6 商务中心	15 更衣室	24 讨论室	33 前厅	42 VIP楼
7 消防控制	16 SPA	25 餐厅	34 早餐厅	43 独墅湖
8 商业	17 会议室	26 过厅	35 游泳池上空
9 服务台	18 客房	27 展厅	36 酒店主入口

图 18-4-1-2　总平面图　　　　　　　　　　　　图 18-4-1-3　VIP楼一层平面图

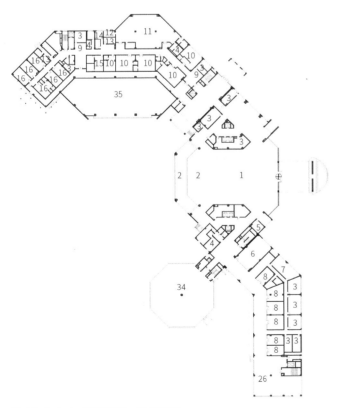

图 18-4-1-4　酒店主楼一层平面图

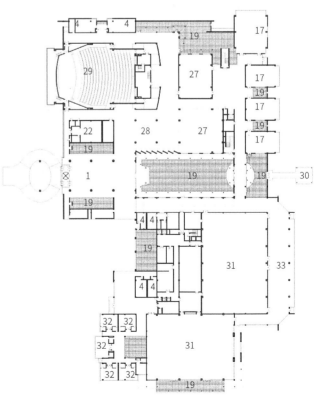

图 18-4-1-5　会议中心一层平面图

307

图 18-4-1-6 瑞雪映照下的独墅湖畔

2. 中而新、苏而新

1）相地

独墅湖并非位于姑苏婉约、别致的老城区，而是场所语境更加简洁、纯粹的工业园区。这所酒店应当与苏州老城意与境会，又与园区新城物与景合。场地的南面和西面紧邻独墅湖，北面与白鹭公园隔河相望。因独墅湖水系众多，土地起伏，宽阔有度，约束甚少，东面成为惟一能确定面向城市开设出入口的方向（图18-4-1-6）。

2）造园

相地观法，斟酌思量，故而确定营造之法：大的格局上形成东侧沿城市道路方向的入口园林以及西侧临湖的半围合式园林。

东侧入口园林巧妙利用进入酒店的主要道路，采用迂回以及微地形堆坡的手法，辟门开山，密植竹林，曲折有致，半隔半通，作为现代外向性园林完成城市到建筑内部的空间过渡。

西侧临湖景观园林营造开放式园景，而非被高墙深院封闭。通过挖池理水、叠石造山、筑岛搭桥等传统造园手法，使各建筑在此园均能找到很好的对景。同时，这些造园元素拉大了建筑之间的心理距离，正如跌水瀑布为酒店大堂平添的一丝灵气（图18-4-1-7~图14-4-1-9）。

3）营宅

园为"表"，酒店的建筑体量为"宅"，隐于叠山理水的园之"里"，"宅"的设计营建就围绕着这"表"与"里"的关系展开。独墅湖会议酒店的"宅"由三部分组成：会议中心、酒店主楼与贵宾楼呈"S"形排列分布于场地。其布局更以点和线的方式彼此咬合、错动，以求每处空间均有园景。这也应合了苏州古典园林造园营宅的最初愿景——将山水自然诗意地投射到现实的、具体的空间中。园的布局看似仅仅置于"宅"之"表"，与远山近水产生联系，而与城市凡尘相互隔离，实则渗透至每一处"宅"之"里"。独墅湖会议酒店在园宅的"表里"调度之间寻求平衡，最终形成了自然而然的现有格局（图18-4-1-10）。

4）兴院

冷泉港会议提倡的是一种自由的、随性的、无等级观念的交流与研讨模式，流动的展示空间以及各种相对独立的交流空间成为这种模式的响应。而在回应江南传统建筑理念方面，宅以院落的方式重新组织功能与流线复杂的酒店空间，给予空间层次的流动，这种苏州传统营宅之法尤以三处建筑体量中的会议中心呈现得最为淋漓尽致。

会议中心是一处规整的近对称宅院，主轴线拟合传统厅堂与宅院以序列式布陈，由北向南依次为入口门厅以及门厅两侧的院子、主庭院、连廊、石院、玻璃亭、沿湖带状园林。东侧为展示大厅的外部延伸，西侧与中餐厅前

图18-4-1-7 西侧临湖：开放式园景　　图18-4-1-8 竹院　　图18-4-1-9 庭院一隅

厅相互渗透，自由式布陈的庭院插接于不同尺度的会议室之间。最东侧利用宅与廊、宅与墙的围合，形成了功能、形状各异的庭院。或赏或游，会议之暇，可在大体量现代功能建筑中感受到传统园林的景致（图18-4-1-11）。

5）筑墙

独墅湖会议酒店根据建筑的高深与平远，设置了诸多高低、大小不一的苏式粉墙于建筑临街的外缘，独具地域风情。通过灰色玻璃、金属波纹板、槽钢等现代建材结合灰色石材、白色外墙涂料、黑色水泥瓦营建出传统苏式粉墙的神韵，在蔽与敞之间形成空间的收分，引导人循序探索。粉墙留有洞口，庭院绿植由洞口参差显现，也被洞口透出的光照耀出层次分明的投影。粉墙似是某种半透明的隔离，既创造"远观"的距离，又将距离置于可见的边界（图18-4-1-12）。

图18-4-1-10　独墅湖沿岸外观："宅"

图18-4-1-11　独墅湖会议酒店的"院"　图18-4-1-12　会议中心临湖外景

图 18-4-1-13　玻璃与粉墙形成对比

图 18-4-1-14　高低错落的苏式粉墙

6）屋檐

酒店的厅堂则采用通体透光的玻璃作为墙面与屋面，玻璃顶面上通过间距 400mm 左右排列的深灰色氟碳金属圆管隐喻传统的筒瓦效果，同时起到遮阳作用。贵宾楼与会议中心通过大小屋面的有机组合、功能空间的收放有度、墙垣廊屋的精巧布置形成了大小不同的院落空间。客房主楼采用重檐，高低错落，深灰色石材带与金属线条的分隔组合创造了尺度适宜、轻盈灵动之感。酒店以"度"和"色"把控设计营造的过程，并以身体尺度为据，在盛景之中获得"物心合一"（图 18-4-1-13、图 18-4-1-14）。

3. 结语

用现代手法对苏式建筑风格及江南园林重新进行诠释，是独墅湖会议酒店贯穿始终的设计理念。造园营宅中，努力做到"中而新、苏而新"。小桥流水、庭院深深、开合有度、布局巧妙，将古典与现代的完美结合尽显于粉墙黛瓦、亭台楼榭的别致雅韵之中，为世界各国的学者提供谈经论道的理想环境。

18.4.2　阿丽拉乌镇——当代水乡体验的新探索 ①

在人们的印象中，乌镇，是马头墙、石拱桥和乌篷船装点的风情图卷，而阿丽拉乌镇项目试图超越这一刻板联想，通过规划、建筑、室内、家具的一体化营造，在 21 世纪的乌镇塑造一座今日水乡（图 18-4-2-1）。

1. 限制与开放

乌镇拥有 1300 余年的历史，长江三角洲地区湿润的气候使这里逐渐形成了纵横交错的水网平原和以水运为主

图 18-4-2-1　阿丽拉乌镇实景

---

① 本节执笔者：陆皓、张迅、刘一霖、刘纲。

图 18-4-2-2 项目鸟瞰实景

图 18-4-2-3 建筑与自然环境联结为一个完整的体系

的交通体系，人们的生产生活也在漫长的时间中与自然景观交融在一起。因此，水乡意象的营造也成了该项目十分重要的内容。阿丽拉乌镇位于浙江省嘉兴市桐乡乌镇，基地面积 2.6 万 m²，功能为高端度假酒店。项目基地坐落在景区以东约 3km 处，从属于 32 万 m² 的规划开发用地。尽管位于水乡，但基地内的景观资源并不突出——基地偏离原生湿地，面向湿地的基地宽度只有 60m，北侧两块用地内没有水网，同时边界紧邻公路。有限的自然条件也促使建筑师突破原有设想，在不依赖天然景观资源的背景下，寻求一种塑造水乡体验的新思路（图 18-4-2-2）。

2. 秩序感与迷失感：风车形网格系统

最终方案选择在原始水系北侧重新营造场地，不再将原始水系作为水乡意象的核心，而选择从村落巷道中提取原型。首先，这个选择基于江南聚落空间的内向型特征而作，其街巷空间自成一体，富有魅力；其次，水依然是基地周围惟一可以借用的自然元素，因而我们在场地内营造宽 3~5m 的不同尺度的"水巷"。水巷景观系统与整座酒店的道路遵循同样的"风车形"网格布局结构，与街巷共同构成了一座自然的"迷宫"（图 18-4-2-3）。

"迷失感"作为空间的核心意象，来源于传统村落肌理的公共性空间及公共与私人空间的组织形式。本设计提取了水口、巷道、水渠等标志性的公共空间元素，并延续了传统街巷空间的尺度体系。

风车形的街巷网格使多条路径在 50m 半径范围内形成交汇，通过极少的空间层级建构出丰富的路径，还原传统街巷的组织状态。同时，整片场地也通过这一网格体系形成了多个均质的公共节点，每个节点既是漫游的休憩处，也因其自身的公共属性，而成为区域集散、摆渡车站点的空间布局依托，充分适应了现代酒店的需求（图 18-4-2-4）。

图 18-4-2-4 空间的疏密、聚散和光影变换

图18-4-2-5 泳池面向湿地打开延伸向无限的自然之中

3. 稳定与连续

设计强调塑造场地的整体性,因而整座酒店的高差控制在极小的范围内,使所有室内、室外空间能够平缓过渡,生硬的边界被消解,平和与稳定感便在连续的游走体验中产生(图18-4-2-5)。

方案将整座场地建立为一个可游走的序列:房子、水系与院墙共同界定出路径,构架出建筑室内与户外空间的转换,漫步于度假酒店中,人们可在连续的穿行中不断体验到聚落微妙的疏密、集散和光影变换。泳池、餐厅等公区空间面向自然景观最大限度地打开,消解人工与自然之间的界限。拷花亭是乌镇独具特色的人文景观,在传统的蜡染工艺中,染好的布匹要在拷花亭中晾晒,它具有鲜明的标志性,也界定出了人们聚集劳作的场所。方案在水院下沉酒吧中引用了这一意象,并不拘泥于传统形式的复原:设计选用柔软的金属网作为界面,抽象的形式同样能为人们构建出一片欢聚之所,成为开阔湖面上的精神象征(图18-4-2-6)。

水杉作为原生植物被保留下来,搭配香樟等常绿乔木和多种落叶小乔木,形成酒店内全年常绿、四季缤纷的景象。令人欣喜的是,由于生态环境得到改善,基地中开始出现白鹭栖息的身影,这也成了阿丽拉乌镇的一道动人风景(图18-4-2-7)。

4. 内与外

阿丽拉乌镇的建筑包含一层标准客房和二层客房,均强调室内外一体化的设计特征。一层标准客房强调室内与庭院的空间延续,通过入口庭院和放有户外坐榻的后院,塑造出每间客房内的"内""外"层次;室内踢脚线、家具线等横向线条延续到室外形成不同层次间的视觉延续感。同时,院墙上可开启的木窗在客房单元与周边组团、客房单元与周边街巷之间形成了一道可开启的界面,让聚落的感受更加强烈。二层客房同样设有入口庭院,并通过引入自然光和室内树池的设计实现了灰空间在垂直方向上的延续,模糊了内外分野。客房内外的地坪统一选取了水磨石这种既有天然特质又具有人工痕迹的材质,试图给人带来更具整体性的、中性的空间感知(图18-4-2-8、图18-4-2-9)。

5. 抽象与自然

阿丽拉乌镇的建筑仅保留白、灰两种色彩,抽象的几

图18-4-2-6 滨水酒吧的设计是传统拷花亭的现代转译

图 18-4-2-7　渐变花格墙为宁静的"村落"注入几分跃动的节奏　　图 18-4-2-8　客房室内实景

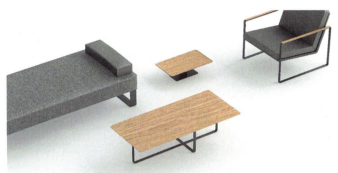 

图 18-4-2-9　阿丽拉乌镇的家具均由建筑师一体化设计

何形体呈现于天空、水面和水杉林之间。阿丽拉乌镇试图通过这样的方式，将水乡意象从建筑年代、风格等具体的符号中剥离，重新建立一种仅与自然有关的表达秩序。基地内的建筑均限制为两层以下，使中心水院以及各公共节点的开阔感得到强化，与入口处迂回的路径形成对比；抽象的建筑与其水中倒影呈现出传统村落中心所具有的某种含蓄的纪念性。建筑色彩延续了传统村落的建筑色彩系统，但材质却突破了对传统的模仿：深灰色铝合金与白色花岗石分别被用作公共区的屋顶和墙面用材，光洁的金属和人工石材赋予建筑更简洁、轻盈的构造，将人的关注点更集中于对空间本身的体验，而弱化传统的视觉装饰元素。同时，现代材料在通风、采光、节能方面的表现也更为优越。立面的渐变砌法作为一种提示，为连续流动的空间置入细微的变化，其渐变的肌理在砌筑逻辑上与传统的砖砌花格墙吻合，同时也改善了建筑的通风、采光性能，使其能够更好地适应现代起居需求（图 18-4-2-10、图 18-4-2-11）。

图 18-4-2-10　大堂简约的用色，将视线的焦点引向户外　　图 18-4-2-11　阿丽拉乌镇的家具均由建筑师一体化设计，大堂简约的用色，将视线的焦点引向户外

图 18-4-2-12　自然与人的静谧连接

6. 结语：时空交叠的体验

阿丽拉乌镇试图呈现的是一座属于现代人的迷宫。某种意义上，这更接近于一种对于时间的讨论——在这里，"传统"与"现代"都超越了特定时代风格所给予的定义，而归于抽象的语言。漫步中所获得的平和与安宁，也正是一种对水乡度假空间的探索（图 18-4-2-12）。

18.4.3　湘湖逍遥庄园——设计一种山居度假生活[①]

度假酒店作为一种场所，如同一个"日常"之外的"乌托邦"，将承载理想化的生活影像。得益于"村落式"布局相对自如的空间状态，建筑师对此地的山居度假生活展开想象。

位于杭城之郊的湘湖因"山秀而疏，水澄而深，景之胜若潇湘然"而得名。其景色比之西子湖更多一分郊野逸致。逍遥庄园选址于湘湖西北角的一处山谷之中，在主湖的咫尺之距享有一种天然静谧（图 18-4-3-1~图 18-4-3-3）。

作为大型度假酒店，庄园涵盖完整的住宿、餐饮、宴会、休闲及儿童游乐等五星级服务功能，客房共 318 间。大量的服务设施超越了国内一般性高端度假酒店的要求，实现了接轨国际顶级的行业配置。然而，相对于上述体量需求，基地形态并不理想——山麓陡峭、地块形状狭长，实际可以用于建造的面积并不充足。

"长山谷"与"大酒店"之间存在着矛盾与张力，如何将细致而繁杂的内容有机整合于严苛的地形条件之中？

1. 场景：村落的还原与重塑

浙江地区"七山二水一分田"的地域特征很快成为一个联想对象。通过对楠溪江古村、丽江宝山石头城等山

图 18-4-3-1　项目鸟瞰实景

图 18-4-3-2　逍遥庄园选址于湘湖西北角的一处山谷之中

[①] 本节执笔者程思，项目建筑师陈斌鑫。

图 18-4-3-3　总平面图（基地分布于狭长的山谷中）

图 18-4-3-4　项目沿山势建立起完整而有机的标高系统

地村落样本的系统研究，建筑师对 11.3 万 m² 场地进行了从地形、台基到建筑的整体规划。最终，在化整为零的设计策略下，酒店呈现为一个由诸多小体量构成的山地村落。整个项目沿山势建立起了完整而有机的标高系统，以山溪为东西向脉络、山坡为南北向脉络，形成了细腻、丰富的山地群落体验（图 18-4-3-4）。

在布局过程中建筑师没有选择在用地范围内均布建筑，而是对山体南麓进行了大段的留白。空出的南麓山景成了一处纯粹的自然景观对景（图 18-4-3-5）。

建筑师对公共区域与集中客房区域进行了前后错层安排。如此，公共区域活动的人群能近观内湖，而位于后排高处的客房住客在无视线干扰的情况下能够拥有私享的山水远景。随着高度的增加，客房住客的视线可抵达基地东面更为宽阔的湘湖湖面（图 18-4-3-6）。

位于东麓的公共区域也是酒店建筑群形态张力的高潮部分。宴会厅等大体量功能被藏于与山体融合的下方台基之中，大堂、客房等空间则作为一个个高低不同的双坡屋面体量散落其上。灵活错动的轴线关系令屋顶展现出极强的表现力（图 18-4-3-7、图 18-4-3-8）。

图 18-4-3-5　酒店呈现为一个由诸多小体量构成的山地村落

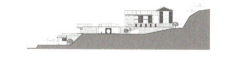

图 18-4-3-6　酒店东剖面图（上）与南立面图（下）

图 18-4-3-7　集中客房区域丰富的景观列序

图 18-4-3-8　庄园入口与自然环境对景

图 18-4-3-9　休憩交流空间实景——小木料的运用源自江南民居的传统建构特征

图 18-4-3-10　内庭院着意营造空间的有机感

2. 细部：乡土匠作与现代品质

山地建筑灵活的形态和空间往往最能反映地域性特征。长期以来，对既有的地域表达的识别与再创作是山地建筑中常常遇到的命题。

湘湖逍遥庄园的建筑形式着重强化民居木作的风貌，不同区块的建筑在立面风格处理上采用了不同的手法。公共区域及集中客房区域的建筑提取了"传统村落"中的木构元素。江南地区木料较小，靠小木料拼接而成的抬梁式或穿斗式结构塑造了江南民居的基本形象（图 18-4-3-9、图 18-4-3-10）。

小尺度别墅客房在材料做法上更加自由、灵活。通过大量采用瓦作、石作、夯土等地域特征鲜明的做法和材料，诠释山地之野趣。乡土材料的应用是一种"昂贵"的坚持，其手工工作量较之现代材料有着成倍的增加，建筑师在这一漫长的过程中需要对工地情况进行长期跟踪和把控。

3. 愿景：设计一种山居度假生活

设计酒店的终极目的，是设计一种度假生活体验。在湘湖逍遥庄园的创作中，"村落式"布局策略并非仅服务于形式，而更在于提供一种与自然相伴的山居生活状态的设想（图 18-4-3-11）。

庭院、檐廊、落地玻璃窗的设置强化了空间的透明性，实现了外部山水景观与室内空间的融合。景观不仅可视，而且真正融入了人们俯仰坐卧的各种活动之中。大量木材的使用与外部景观呼应，进一步强化出温馨、自在的氛围（图 18-4-3-12）。

餐饮区外长达 150m 的折线形水台构成了一个令人印象深刻的山居度假场景。曲折的水面、错落的屋宇、高差丰富的台基创造出动人的空间序列。人在这个序列中漫游、驻足，可体会到山与湖的千般景象。山、水、人、建筑组合为一个紧密的系统，铺陈出人与自然之间一段亲密的"伴随"关系。

正如项目定名为"庄园"而非"酒店"所投射出的意图，这座藏匿于山谷的度假酒店有着构建一种理想化的山居生活状态的初心，并以合理的设计手段高度完整地实现了（图 18-4-3-13）。

图 18-4-3-11　过厅内景——庭院、檐廊等设置强化了空间的透明性，实现了外部山水景观与室内空间的融合

图 18-4-3-12　餐厅内景——山水景观真正融入人们俯仰坐卧的活动之中

图 18-4-3-13 室内泳池

18.4.4 绿城小镇，山居安桃[①]

1. 项目介绍

浙江安吉桃花源山居小镇，地处安吉县灵峰山休闲度假区核心区块内。基地内山峦起伏，溪流潺潺，如同一幅绿水青山的水墨画卷。沿湖而立的桃花林，层层叠叠的茶园，散落隐蔽的粉墙黛瓦小院，良田、美池、桑竹，宛若现代桃花源——这便是山居小镇名称的由来。

整个小镇的定位，旨在这一片自然山水中留出一座世外桃源，精心培育起一个环境优美宜居的文旅小镇。整个小镇规划为 8000 余亩，历时十余载开发运营，仅使用 2000 余亩作为开发建设用地，其余则尽可能保留原生自然山水的状态（图 18-4-4-1）。

纵观安桃小镇的开发建设过程，亦是江南地区现代中式建筑传承与发展创新的缩影。其中，紫竹园、桂竹园、隐竹园等为传统中式风格合院建筑，悦榕庄酒店为以新中式风格为主的商业建筑；此外，未来山居则为现代风格合院建筑的样板（图 18-4-4-2、图 18-4-4-3）。

2. 山居建筑的发展——创新与传承

提及桃花源，便会使人想到《桃花源记》中的刻画："缘溪行，忘路之远近，忽逢桃花林，夹岸数百步，中无杂树，芳草鲜美，落英缤纷……"它清晰地传递着中国传统文化推崇的一个特性——隐逸。

这种特性在传统建筑的演绎中也往往有所体现。在江南传统民居建筑中，更是将这种风格发挥得淋漓尽致。与传统建筑设计手法不同，现代建筑设计注重体形的简洁与规整、流线的清晰与通畅以及空间的开放性等。这种让空间变得"隐逸"的设计手法在现代建筑里虽也有应用，但组合的方式有更多的变化和选择。

追溯此特性根源，一方面，离不开土地稀缺的因素，为在小空间内尽可能营造出更大的空间感，常会借助道路的曲折来完成此部分设计理念。同时，该特性也印证着中国传统文化中对于"含蓄、委婉"的需求。中国人无论做事还是做人，都讲究关系，而在关系中，最好的状态便是留有三分余地，似远又近，不可全现的神秘感。

故而中国的传统建筑总是藏在树木花丛下，在群山掩映中露出一点白墙。哪怕是在城内，也很难见到全貌，有时只见高墙之后流露出的两三枝红杏出墙、飞檐翘角的

图 18-4-4-1 安吉桃花源小镇

图 18-4-4-2 安桃小镇隐竹园中式合院　　图 18-4-4-3 安桃小镇悦榕庄新中式商业建筑（左一）、未来山居现代建筑（左二）

[①] 本节执笔者：张继良、江宽宏、蔡燕平、马永龙。

情景（图 18-4-4-4）。

这种文化也不仅仅局限在建筑整体规划中，随着时代及人们的审美不断发展，建筑设计师们在对庭院的设计中也将隐逸文化加以应用，使庭院营造在不断发展的过程中仍保持着民族性，这或许便是东方庭院与西方庭院之间最大的差异。西方庭院往往线条清晰、流畅明确，以庭院绿化衬托建筑的美感。而东方的庭院通过极具东方艺术性的园林营造，使得其自身便是能与建筑分庭相处的一个组成形式。同时，庭院的景观用于衬托建筑，建筑又与庭院互为表里，相互交融，相互衬托，好一番美景（图 18-4-4-5）。

近年来，随着中国经济的腾飞，文化复兴的需求也日益增长。在我们在充分汲取了现代建筑的理念与技术之后，中国传统"庭院精神"的回归也就成为一种理所当然的可能。

1）庭院的回归——中式合院传统中的建筑

在绿城产品体系中，合院从来都是尤为重要的项目门类。它与独栋别墅及联排别墅的状态不同：独栋别墅的建筑相对独立，庭院主要作为建筑与建筑之间的分隔与点缀；而联排别墅中虽然已出现了独立庭院的概念，但别墅的设计布局使得独立庭院的私密性较差。随着时代的进步，人民的居住需求和对东西方建筑的审美也在不断变化，一个不同于已有别墅类别的建筑形态——合院，由此衍生（图 18-4-4-6）。

虽然当合院初现时，建筑呈西方现代建筑形式，但其内核已回归传承东方庭院与建筑设计理念的层面。现阶段新建造的中式合院建筑楼群，除在外立面上强调传统元素的引入外，在设计中也开始重点强化中式庭院内外交融的设计氛围。

整体建筑立面中最为重要的那一面，也由此从沿街立面变为内部庭院所在的界面。以合院形态为基础，安桃小镇在设计中增加了檐廊形式的一层灰空间与部分连廊，以中式挑檐的手法强化一层与庭院的亲和性与可看性。建筑上延伸翘角设计，在绿色植被的掩映下，融为庭院之内本身的一处风景观赏点（图 18-4-4-7）。

而在庭院的设计中，设计团队也对以往欧式旱院的做法

图 18-4-4-4　安桃小镇传统中式民居

图 18-4-4-5　安桃小镇庭院与建筑

图 18-4-4-6　安桃小镇中式合院

图 18-4-4-7　安桃小镇中式沿街立面

图 18-4-4-8　安桃小镇中式连廊与庭院

作出了调整，通过传承江南传统建筑的同源模式，在有限的庭院空间中，缩小铺地面积，增添灵动的水池，以水、石、树木等自然元素的植入营造出多层景深（图 18-4-4-8）。

在面积较大的户型设计中，次一级的侧院也被赋予了更多的观景功能，而不只是采光与通风。侧院的景色既可通过全面敞开的建筑空间渗透到主院中，亦可借助屋顶的映衬，作为一个天然背景，在无形中延伸庭院观景效果。

该做法一方面将庭院的活动功能转移到灰空间中，使庭院本身更具有观赏性；另一方面也体现出了江南传统建筑文化思想：以园景与自然共融，尊重自然、回归自然的"天人合一"核心思想（图 18-4-4-9）。

图 18-4-4-9　安桃小镇中式侧庭院

图 18-4-4-10　安吉悦榕庄鸟瞰

图 18-4-4-11　安吉悦榕庄开放式庭院设计

安桃小镇对于江南中式住宅的构筑，是对中国传统人居生活在当代精神回归的思考。让建筑与庭院的功能性与边界在角色交换中变得浑然共融。庭院不仅是庭院，建筑也不仅是建筑。这是东西方建筑文化的交融，也是体现东方庭院的核心精神——在融合、创新中找到中国的民族性、本土性和时代性的中式建筑。

2）以庭院为核心的悦榕庄新中式建筑

悦榕庄度假酒店集餐饮、住宿、水疗、会务等功能为一体，它是整个安吉桃花源的主要配套公共建筑（图 18-4-4-10）。

酒店的公共区域，包括酒店大堂及配套用房，在设计和建造的过程中，主要考虑以中国传统建筑中"庭院"为主的建筑设计理念，无论是大堂区、水疗区、餐饮区、会议区还是别墅客房区，交通的组织都环绕着各自的庭院空间进行设计。在传承传统山地建筑设计手法的基础上加以创新。在院落设计中，结合具体的地势、地貌进行灵活的空间组合，并通过新中式建筑设计方法和技巧，对传统院落的封闭感加以改进，达到既可封闭，又可敞开，凸显出与众不同的个性特点（图 18-4-4-11）。

以酒店大堂院子的设计为例。从平面格局来看，这是一个普通的四水归堂院落，但设计师运用可折叠开启的门窗系统实现了前后空间既可打开又可分割的状态，同时也便于形成更大面积的灰空间。

已故普利兹克奖得主约翰·伍重先生曾说过："东方建筑的核心精神是屋顶下的灰空间，它应该是开放通透的，一处与自然对话的场所。"

这是西方人对东方建筑的理解。而作为东方人，从关系的角度而言，我们也更愿意保持一个与之对话的状态，而不是进入它。所以，建筑师在这处庭院的设计中采用了较大的水面设计来烘托建筑与室外水环境的相互呼应，这亦是在江南院落设计中常见的一种手法。

但开敞的大堂、宽阔的水面实则不是中国传统建筑风格的设计。当这样的设计发生在中式风格建筑内时，水面既替代了封闭的墙体，又在视觉上实现了内外空间的延伸，不仅从观感上予人一种空间的开阔之感，视线、声音都因此而有了距离感，形成了一种独特的朦胧意象（图 18-4-4-12）。

悦榕庄不仅有大片的水面，而且在建筑上还应用了大量的中国元素，酒店主体采用徽派建筑风格，但设计师又大胆引入了更多的现代庭院空间设计。但无论是运用传统还是现代设计技艺，最终还是通过整体空间与自然山水环境实现了经过传承融合发展的江南新建筑风格，也回归了传承与创新传统文化的探索之路。

3）顺应自然环境——未来山居现代建筑的创意

在安桃已建成的这三个不同类型的建筑群中，未来山居系列的别墅建筑是最有现代建筑风格的建筑群体。一方面，因为这个系列组团所在的山体相对陡峭，而传统的中式合院组合不太适于山地建筑的山势环境，如不考虑地势情况，对山体的损伤便会较大；另一方面，安桃小镇也期望在尊重传统与自然协调的基础上去尝试现代建筑风格（图 18-4-4-13）。

故而未来山居系列的设计便围绕"现代、环境、融合、创新"这个八个字展开，体现了安桃小镇对于未来山居这一现代建筑在规划设计中对本土文化、时代感和创新精神的考量。

图 18-4-4-12　安吉悦榕庄大堂院子——四水归堂

图 18-4-4-13　安桃小镇未来山居鸟瞰

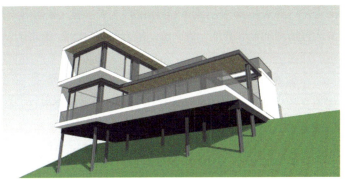

图 18-4-4-14　安桃小镇未来山居结构示意

图 18-4-4-15　安桃小镇未来山居外立面环境

图 18-4-4-16　安桃小镇未来山居室内空间

未来山居建筑本身采用了轻薄的大平台形式来消减建筑体量的厚重感，最后用吊脚楼的方式将建筑轻轻架设于山顶之上（图 18-4-4-14）。

其中，低反射大玻璃窗的使用意外地起到了融合山林的作用。对外，玻璃的反射模糊了边界，山林的影像在建筑立面上浮现，形成了你中有我、我中有你的一幅风景画，建筑的边界由此不再生硬，实现了建筑与自然山势的融合。对内，玻璃的透明消解了边界，大块的落地玻璃窗将山林引入室内，使人如入仙境之中，让人享受到了蓝天白云下的美景，获得了这种居住在山林的一种自豪感（图 18-4-4-15、图 18-4-4-16）。

未来山居除了建筑整体与山体环境的融合之外，在设计中也非常注重将江南传统建筑中的庭院空间的设计方法应用到新建筑中来，以承接传统院落"天人合一"、引入自然的思想。未来山居的庭院组合形式颇为丰富。交通核心区设有引用自然光的内庭院；轻薄的平台给居住者提供了很好的观景点；在吊脚楼的根部，巧妙地利用山地环境来扩大人与自然亲近、和谐的庭院空间（图 18-4-4-17）。

未来山居建筑从立面造型上看几乎与传统江南建筑没有相似之处，但是伴随着时代的发展、人们对美好生活的向往以及对中国传统文化的怀念和对江南传统建筑的意

图 18-4-4-17　安桃小镇未来山居庭院结构图

念，为满足居住者的心理需求，我们的设计在亲近自然、融合自然的实践中，仍然保持着江南传统建筑的营造理念和记忆。在自然景观非常丰富的山体环境中，利用自然的风光和原生的地势能形成开阔的视野，打造江南地区现代建筑，对于居者是一种更美的享受，这是现代建筑传承江南传统建筑文化和设计"利用山势，多层台阶"达到登高望远的目标所作出的经验总结，我们在传承创新的道路上将进行更深的探索和研究。

这样的设计，或许就是人类本身面对大自然时，无论何种人种与文化，都会展现出的一种天性：想要尽情地享受自然风光、拥抱自然，与自然融为一体才是最理想的状态。

3. 结语

中国传统文化的人文基因里，向来都有对"隐逸"

的追求。它是陶渊明的田园诗句中的趣、境、意，是明清文人营造园林宅邸的神、情、志，是人们对自然栖居的向往，从古至今从未消减。

但随着我国经济与科技的飞速发展，人们的生活方式与文化环境有了翻天覆地的变化，对于建筑本身而言，亦是如此，所以江南传统建筑也应不断地传承发展与创新。如果一味地"仿古"，反而会使得当代的中式建筑缺乏新意与时代感，如果一味地追求国外的建筑风格，模仿国外的造型，就会缺乏民族性建筑的本土性，这不是中国人的性格，我们有几千年的文明史，有很多前辈们的智慧、经验值得我们很好地传承、发扬，由此建造出中国式的现代新建筑。

所以我们对于中式建筑的设计创作、建筑技艺的传承和发扬，也不应只停留于传统建筑的表面形式，而需要我们在建筑创新上，实现对中国文化、情怀的传承，以构筑更加符合民族性、时代性的新中式建筑作品。

今天，从建筑创作理念、形式和目标来讲，时代的发展向设计师提出了更高的要求。特别是对于现代中式建筑，既需要满足现代建筑对于功能、造型与人们生活环境的向往需求，也需要传承中国建筑文化的精华，如"天人合一"、尊重自然的设计思想，同时也要求中国的建筑设计师投入更多精力去研究、探索当地的地域环境、民族文化、时代目标以及本土建筑材料的运用等，在传承中创新，设计和建造出更多适应地域环境的民族性、现代性中国式新作品。

18.5 商业综合体建筑案例

18.5.1 绍兴柯桥宝龙广场[①]

1. 文脉理解

绍兴，地处浙江山地丘陵与平原之间的过渡地带，绍兴的南部有会稽山、四明山、龙门山、天台山这四大山脉探入其中（图18-5-1-1），山地约占绍兴市总面积的一半。北部平原被水网缠绕，直到杭州湾。可以说，背山面水的绍兴传统建筑文化正是浙江水乡文化的起源。

在这里，有江南水乡最初的模型。虽然近代绍兴在浙江的政治、经济地位已经远远被杭州甩在了后面，但作

———
① 本节执笔者：徐光。

图 18-5-1-1　绍兴群山

图 18-5-1-2　水乡乌篷

为曾被《中国国家地理》杂志选为最具人气的江南水乡的城市（图18-5-1-2），它依旧是最能代表江南城市特性的存在。这里既有咿咿呀呀的乌篷船摇橹而过的水乡柔情，又有威严硬骨的会稽山千年屹立。

随着长三角地区"一小时经济圈"的实质形成，千年古城绍兴柯桥迎来了高速发展的契机，这个以纺织企业生态群为核心产业支撑的文化名城也在经历着新一轮城市发展的战略调整（图18-5-1-3）。

中国轻纺城在纺织产业转型升级后，将在全球纺织经济大舞台上占据重要席位。中国轻纺城中央商务区的建设将进一步提升中国轻纺城的世界影响力和美誉度，能更好地发挥中国轻纺城在绍兴现代服务业发展中的龙头作用，并将进一步发挥区域集聚力的辐射功能（图18-5-1-4）。

2. 整体规划布局

中国轻纺城中央商务区位于绍兴县中心区和北部工

图 18-5-1-3 绍兴柯桥纺织产业地图

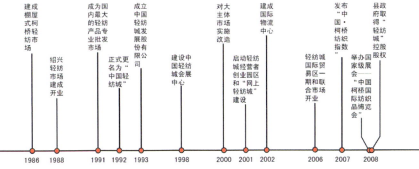

图 18-5-1-4 绍兴柯桥纺织产业发展轴

业区之间，是柯桥城区的北部门户，也是金柯桥大道新一轮城市规划的南起点。规划范围，东至瓜渚湖直江，南至新三江闸西干河，西至金柯桥大道，北至柯袍公路，规划用地面积约 80hm²。规划用地划分为四个地块，可用地块面积约 50hm²，规划总建筑面积约 127 万 m²。区域交通关系上，金柯桥大道北接杭甬高速公路路口，南连柯桥主城区；柯袍大道沟通萧山和宁波；杭甬高速铁路站距地块仅 1.5km。项目基地被新建的八座百米办公塔楼以及两栋超高层建筑环绕。绍兴柯桥宝龙广场作为一处集商业街、购物中心以及酒店式公寓、办公等商业形态于一体的新型城市商业目的地，为整个中央商务区提供商业活动支持（图 18-5-1-5）。

以纺织艺术为文化内容核心，建筑师的整体布局策略分别在宏观和微观两个维度展开。宏观上，基于水乡地貌和纺织文化主题，总体布局呈现出一种自由流淌的水乡肌理。建筑密度上疏密有别，仿佛一根毛细血管一样自西侧商业街渗透进入，在下沉广场和购物中心作口袋状收拢。

微观上，我们的策略是在总体符合商业运行和空间需求的前提下，沿流线方向，选取几处核心空间进行精细化/特征化的设计。这些闪光点也在业态上承载了与艺术展示融合互动的需求。

3. 顺应展开的情景序列

在规划上，整个中央商务区布局两座超高层建筑于场地西侧，所以本项目基地的西侧留出了大量的活动场地和景观层次用以缓冲集中办公人流带来的对于地面和地下交通的瞬时影响。相对低矮、空旷的商业入口广场，一方面提供了驻足仰望城市地标的场所，另一方面通过低层建筑群间的多路径选择，引导消费人员自西向东渗透，汇溪成河。低层建筑群由入口广场的一处具有地标性的回转艺廊统领三条线性商业街巷构成。线性商业街巷由统一的形体操作，即体块的错位叠置与搭接构成，这种布局形式使南北线连接成为可能，同时创造了退台，可向商户提供附加的商业价值。中部商业街体量则通过如彗星尾翼的连续金属屋面衔接至中央广场（图 18-5-1-6）。

项目场地中段呈环绕的趋势，围绕中央活动广场四

图 18-5-1-5 整体布局

图 18-5-1-6 项目总体顶视照片

323

图 18-5-1-7　建筑群环绕的下沉广场

图 18-5-1-8　商业街巷

周的商业体量呈现为多层的退台，形成了一种围合的聚焦和视线的注目，这种高度的设置正对应着节庆活动、快闪店等以活动策划驱动的商业场景对于整体运作的重要性。最主要的商业体量位于项目最东侧的购物中心，其室内空间布局顺应橄榄形的一字形建筑体量，中部形成宏大的全明中庭效果。天晴时，天棚结构的阴影好似一层薄纱落在浅色系的室内。两组不平行的大跨连桥交织了南北的商业动线。四组自动扶梯从东、西两端将顾客从地下一层一直引领到高区的电影院。在总图布局中，建筑师团队将项目的整体概念由外至内贯彻始终，甚至结合进内装的标识系统的设计中。建筑高度在东侧逐级升高并以两座 80m 高的服务式公寓结尾，其编织化的立面进一步在城市界面强化了项目的江南地域文化主题。高度的变化与布局的流动合力形成了一个情境丰富、场景各异的商业气氛。夜晚灯光下的商业中心，显得更加热闹、繁华，富有强烈的冲击感和现代感（图 18-5-1-7、图 18-5-1-8）。

4. 桥作为奇特的观察点

廊桥来自于座座江南古桥对于水乡交通的衔接功能和情景节点的特征。本案中，在三层设置了一处衔接购物中心和北侧体量的空中廊桥，在剖面关系上提供了俯视室外中心广场的最佳公共视角，并形成了 B1 广场、退台阶梯、地面环廊及空中廊桥这一系列带有城市流动性的观演剖面。廊桥，除交通用途外，设计中还赋予其微地形的变化，使其在未来还可具备承载艺术活动和表演的功能。这一融合在建筑体态中的构筑物，因其极具形态爆破力的创作而被业主戏称作"庆典之眼"。在面层处理上，建筑师通过展开的网络统一了天花和屋面铝板，并通过软膜天花点亮了眉眼位置，桥底则特别设置了点点星光，桥下被塑造出一片浪漫闪亮的星空，熠熠生辉（图 18-5-1-9、图 18-5-1-10）。

图 18-5-1-9　购物中心顶视照片

图 18-5-1-10　空中廊桥

5. 塔的异化

回转艺廊类比于常作为江南古镇中的场所节点的塔。这一现代建筑集群中也需要具有场所精神的号召力以及对外的文化投射载体。本工程作为绍兴柯桥科学城的综合性商业中心，又因紧挨高铁线，其传播效应将是跨城市级的。其中，回转艺廊位于绍兴柯桥宝龙广场的咽喉要道，既是艺术和商业的承载体，又是整个项目对外的标志性入口展示，从而使其具有了塔的功能和设计意义。正因为这个项目的背景，在立项之初，我们就意识到此处呼唤的是一个具有时代感，集商业设计创新和艺术感染力于一身的特殊构筑物。

设计的切入点主要是提供一个动态旋扭的展示舞台，通过弱压楼层的差别模糊室内外的界限。为了实现这样的空间体验，这一构筑物的几何原型采用了旋转曲面造型。当交通空间和使用空间重叠在一起时，人们的行走就不再是各个功能空间的点对点联系，而是连续的交通、展览与表演在同一种环绕的运动中呈现。我们习以为常的踏步行走的感知，在空间和时间上均被拉长放慢。这种变奏引领参观的人们拾级而上之时，延绵不绝的景象在眼前展示，不经意间就在室内与室外的风景、展物中穿梭而过。

出于对柯桥宝龙广场建筑形态概念的进一步加强，建筑外立面幕墙采用三角形弧形双层Low-E玻璃单元，尺寸为3m×2.3m×1.6m，包裹整个圆柱立面，达到隔热、保温的效果。我们除了为项目寻找契合的自身空间特性之外，还需对外进行最大程度的投射，于是光电幕墙成为最佳的选择。光电幕墙启动的瞬间，建筑作为一种功能性的体量完全消失了，对人们的视觉产生冲击的是一片耀眼的白色光芒以及立面流动着的变换各异的媒体图案，形成了完全不同的商业效果与节庆氛围，热烈而精彩（图18-5-1-11~图18-5-1-13）。

6. 柯桥宝龙广场与江南空间脉络

绍兴是我国著名的"水乡"，有"东方威尼斯"的美称，柯桥是闻名海内外的"纺织之乡"，早在明清时期就有"时闻机杼声，日出万丈绸"的盛誉。几百年前，绍兴人便自发地摇着绍兴传统的乌篷船，聚集在水乡的河边，迎接四面八方的商客；今天，绍兴柯桥正在全力打造"国际纺织之都"，自然要面对同江南空间脉络的对话与继承的关系。柯桥宝龙广场建筑群的设计从微观城市设计的角度出发，将传统建筑的水系、聚落、佛塔、拱桥等通过抽象的现代转译，转变成为能承载现代文化商业生活的载体，为进一步活化在地文化，推动历史与未来的联系，提出了一种可能。

18.5.2　上海复兴路SOHO商业广场

上海SOHO复兴广场位于上海内环的中心——繁华的淮海中路CBD商圈。项目占地约2万m²，规划总建筑面积约13.74万m²，其中地上建筑面积约7.2万m²，地下建筑面积约6.5万m²。项目包含一座27层100m的5A级办公楼和4座商业配套裙楼。

1. 总体布局

项目用地位于原上海法租界内，周边是密度较大的联排建筑群，即被称作石库门的里弄式住宅，也是近代上海建筑的代表。"里"意味邻里，"弄"是贯穿邻里的狭窄街巷，里弄空间是近代上海发展中衍生并遗留下来的一种独特的空间形态，街区内保留着传统的生活方式和气息，至今仍然生生不息，已经成为回忆近代上海最好的一张名片。

图18-5-1-11　回转艺廊

图18-5-1-12　回转艺廊局部

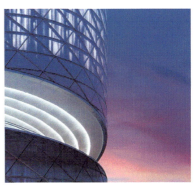

图18-5-1-13　回转艺廊局部

---

① 本节执笔者：陈潇、文威。

图 18-5-2-1　复兴路 SOHO 总平面布局

地处这样敏感的场地环境，SOHO 复兴广场的设计理念旨在吸收传统建筑的精髓，将原有的空间格局和肌理以现代的形态重新演绎，试图通过现代的立面手法和材质，营造嫁接历史与未来的当代都市新空间。设计将商业和办公融入一纵三横的里弄式布局中，还原了老上海的韵味，唤起了对传统上海空间的记忆，弥合了历史与当代的鸿沟，使这片新建筑巧妙地融入了场地环境。整个街区在尺度与街道走向布置上延续了周边街区的现状，同时也尊重了现存的历史建筑，在老街区与新街区之间展现了现代和传统相融的城市肌理。

街巷内部，一道中央轴线与巷陌串联，交织起商业空间，并通向一座中央广场，形成了一定的空间凝聚力。建筑综合体由 4 座建筑裙房形成九组坡屋面，以及 1 座脱颖而出的高层建筑组成。高 100m 的办公楼是整个项目的制高点，使得复兴广场融入了上海的天际线（图 18-5-2-1）。

2. 功能与流线

复兴广场是一座由办公空间、商业配套和餐饮设施构成的城市综合体，致力于为行业领先的新兴创业企业提供服务。商业配套设施设置在裙房内，办公空间则位于高层塔楼中。街区内部，一条中央轴线和数条里弄巷陌构成交通网络，所有的街道都通向中央广场。广场中心通过圆形的入口连接地下商业街和地铁站，不同功能和多种流线在场地内合理地引导和组织，形成活力高效的城市街区（图 18-5-2-2）。

3. 立面设计

结合总图布局，对建筑的长条形基底进行了不规则错动处理以适应现有的复杂的地段边界形状，由此形成了阶梯状沿街立面，创造了一种活泼的人性尺度，呼应了周边的传统城市环境。

建筑造型与立面设计摒弃了常用的仿古情怀式建筑语汇，通过玻璃幕墙与宽窄不一的石材幕墙的搭配，塑造出如同抽象画一般的建筑形象，很好地诠释了传统江南建筑形象如何在当下得到创造性运用这一当代性和历史性问题。高层办公塔楼的立面采用了 3 层高的竖条百叶，与低

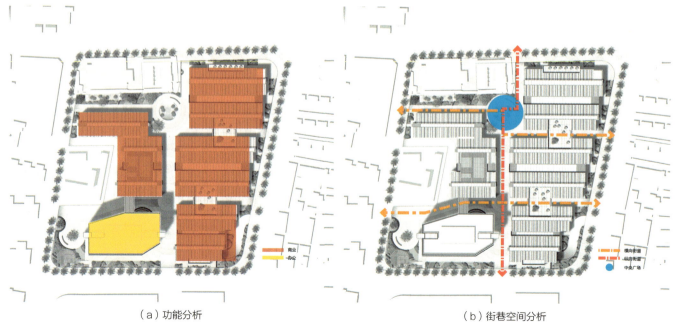

（a）功能分析　　　　　　　　　　　　（b）街巷空间分析

图 18-5-2-2　复兴路 SOHO 商业广场功能与街巷分析

（a）复兴路SOHO与周边环境的关系

（b）复兴路SOHO沿街界面

（c）复兴路SOHO内街尺度

（d）复兴路SOHO中央广场

图18-5-2-3 复兴路SOHO商业广场建成实景

区商业建筑立面形成不同的韵律，在整体中塑造出了相互呼应的两种不同的构图风格。

建筑尺度适宜，立面比例得当，SOHO复兴广场以现代的方式继承了传统建筑的空间精神，同时也强化了上海内环核心区的都市感和现代感（图18-5-2-3）。

18.6 办公类建筑案例

18.6.1 中衡设计集团研发中心[①]

1. 项目背景

项目选址于苏州工业园区副中心——月亮湾区域，东倚星湖街，西眺独墅湖，北邻月亮湾门户干道崇文路，南接城市公园。塔楼以简洁的体量置于地块最北侧，呼应北侧城市主干道的门户需求。裙房南向展开，最大化满足苏州地区对日照与通风的要求。塔楼地上23层，裙房地上5层，建筑整体地下3层。地上1~3层为配套设施及培训中心，4层以上为研发中心的主要办公场所。地下1层为员工餐厅等辅助设施，地下2、3层为车库。研发中心占地面积约1.4万m²，总建筑面积约7.7万m²，其中地上42380m²，地下32518m²。

中衡设计集团研发中心作为以被动式节能技术为主的低能耗示范项目，先后获得全国优秀工程勘察设计行业奖一等奖、中国建筑学会创作银奖和国家绿色建筑三星级设计标识、国家绿色建筑三星级运行标识、国家健康建筑

---

① 本节执笔者：高霖、陈婷。

图 18-6-1-1 研发中心垂直庭院系统

图 18-6-1-2 裙房的空间布局

三星级运行标识等荣誉。

2015年10月，中衡设计集团研发中心正式启用，是对中衡设计的第一座研发中心（原苏州工业园区设计研究院）对于园林与现代建筑融合的理想办公空间追求的延续。在第一座研发中心中，园林以不同的形态与现代工作空间相融，而第二座研发中心进一步体现了江南传统宅院与园林的现代诠释的空间策略和"被动优先、主动优化、品质为要"的绿色建筑设计理念（图18-6-1-1）。

2. 江南传统宅院与园林的现代诠释

1）江南传统宅院的现代诠释

（1）宅与院空间布局的形态转化

研发中心裙房的空间布局借鉴了江南传统民居的宅与院的空间关系，并根据办公建筑的体量和形体进行了巧妙的分组、整合和转化。

裙房以苏州传统的院落形式展开，自北而南，由东西两路（落）交错布置，东侧一落四进、西侧一落三进，五组不同主题的庭院中延续苏州园林的环境营造让员工在工作之余充分感知"四时之景"（图18-6-1-2）。

（2）备弄（夹道）的功能拓展

江南传统院宅中，各路（落）间以服务性交通空间——备弄（夹道）相联系。研发中心东西两路之间的备弄，叠加以现代办公所需的公共空间功能，被放大为多功能的共享中厅。

中厅南北以东侧之交通廊道相联系，二层连接东西两路的数条玻璃走道划分出空间的节奏，两侧"庭院"中挑出"亭台楼阁"以活跃空间，点缀以绿竹、藤蔓等绿色植物，显得生机勃勃。备弄的采光来自"壁弄间留出的小天井或壁弄屋顶上的天窗、亮瓦"，空间光影变化极具魅力。而在共享中厅顶部，结合现代技术的采光井和高窗采光，赋予空间一天24小时的光影变化（图18-6-1-3~图18-6-1-6）。

2）传统园林的立体化和外向化

（1）江南传统园林的立体化

江南园林由宅与园两部分构成，园是宅院的延续与扩大，是寻求"山水林泉之乐"的"城市山林"。然而，研发中心对江南传统园林的立体化诠释不在堆山置石之中，而是展开于建筑的不同高度之间（图18-6-1-7）。

图 18-6-1-3 共享中厅

图 18-6-1-4 共享中厅立面展开图

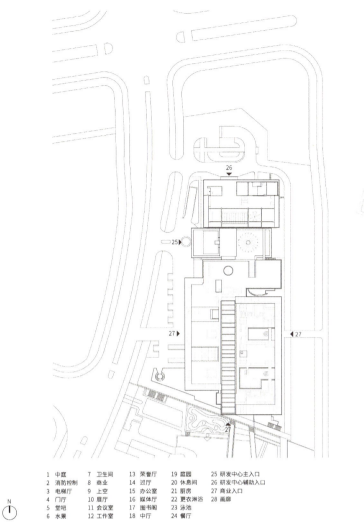

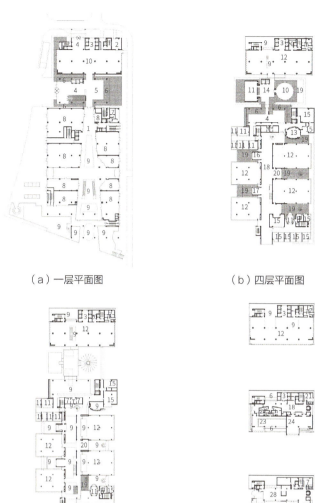

1 中庭	7 卫生间	13 荣誉厅	19 庭园	25 研发中心主入口
2 消防控制	8 商业	14 过厅	20 休息间	26 研发中心辅助入口
3 电梯厅	9 上空	15 办公室	21 厨房	27 商业入口
4 门厅	10 展厅	16 媒体厅	22 更衣淋浴	28 画廊
5 堂吧	11 会议室	17 图书阁	23 泳池	
6 水景	12 工作室	18 中厅	24 餐厅	

图 18-6-1-5 总平面图

（a）一层平面图　（b）四层平面图
（c）五层平面图　（d）塔楼标准层、十九层、二十一层平面图

图 18-6-1-6 平面图

图 18-6-1-7 立体化的园

在裙房中，苏州园林的自然环境和意境营造在横向展开的 5 个不同主题的院和屋顶花园中得到延续。"院"成为立体的空中花园，在垂直层面，通过空中廊桥、螺旋楼梯、通高两层的树木等元素增加上下层的空间联系，丰富院的内部空间层次，加强了空间的开放性与联系性。

西路北院取"亭台楼阁"之义，上下分别布置为研讨和舞台空间，下层以错动的"屋宇"意象为研讨提供文化场景，而上层借"亭台"意象向中厅伸出平台，提供表演场景。

西路南院取"藏书楼"之义，置入一座图书阁。在城市的喧嚣中，两侧木构书架为墙围合出静谧。书架一路延伸至顶部，将传统藻井的结构形式简化为菱形木框架天花，并放置同形状的特制"宫灯"，营造与烘托阅读的典雅氛围。从图书阁向外看，是与工作空间直接相连的室内

329

图 18-6-1-8　图书阁　　　　　　　　　　　　　　　　　图 18-6-1-9　图书阁阅读场景

庭园，再外，则是植被掩映的室外庭园和城市空间，丰富的空间层层渗透（图18-6-1-8、图18-6-1-9）。

东路北院设茶水间两层，在底层可直接步入庭院，院中以精心挑选之两层高大树为主景，以深蓝色玻璃隐喻水面，树在"水"中之倒影，若隐若现，进一步增添了水面的真实感。庭院四周铺以卵石，以防枯叶等杂物阻塞庭院排水。

东路南院上下两层，以红枫、绿竹、黄叶等随季节变换色彩之树木为前景，角落另有一株木樨，每至秋季，香远益清。以小型会议室为中景，棕红色的会议室以柔和的椭圆形伸入庭院，以木格栅为三面之墙，打开后，如置身一片树林之中；南侧的公共空间还设计有玻璃阳光房，为在此处小憩的员工引入冬日暖阳。以城市为远景，庭院外侧以空中的玻璃走廊而非实墙限定空间。漫步于廊道上，一侧是喧闹的城市，一侧是静谧的庭院（图18-6-1-10、图18-6-1-11）。

东路院落皆可通过螺旋楼梯直达屋顶花园，花园四周，以穿孔铝板隐喻坡顶院墙，隔而不断，围合空间的同时可通风透气。此外，屋顶花园在排水口设计上独具匠心，使用了富有江南传统特色的鱼状排水口，栩栩如生的鱼嘴形态与技术先进的主动式节能设备形成对比，碰撞出传统与现代的灵感火花。

卵石、踏步、四季之树等传统材料，亭台楼阁之传统意象，穿孔铝板、玻璃、钢材等现代材料，通过精心的设计，巧妙融合于研发中心，在"不可园也"的喧嚣中，成功地营造出一座城市现代办公之园。

（2）江南传统园林的外向化

传统的江南园林皆为私园，因而表现出强烈的边界性与内向性，"大隐隐于世"。《园冶》中，计成将喧闹的城市视作"市井""不可园也"。在"城市地"中的园林多以高墙为内外之界，园作为私宅之园，必须完全地隔离于城市。

然而，在现代的办公建筑中，园与城市的关系改变了，空中之"庭院"不再封闭，而是与城市环境相融合。东西两落庭院沿城市之界面，均以轻盈的玻璃廊桥代替了传统厚重的院墙。"外化"的处理方式让"宅院"同时也成了城市中的花园。空中之"庭院"作为建筑界面的一部分，以包容的形态与城市进行着传统与现代的对话（图18-6-1-12）。

3）适宜的绿色策略应用

与发达国家相比，我国的绿色建筑起步稍晚，但在国家政策的大力推动下发展较快。随着绿色建筑项目的快

图 18-6-1-10　东路南院春与秋　　　　　　　　　　　　　图 18-6-1-11　东路南院鸟瞰

图 18-6-1-12　外化的园林

速增加,在实践中出现了以下两种问题:其一,过度依赖评估系统,被动地贴上绿色建筑的"标签";其二,过度追求高科技,以高投入为特征的主动式技术堆砌。绿色建筑不应是高投入下的技术堆砌,也不该过度依赖被动的评估。绿色建筑应该在设计前期,从实际情况出发,因地制宜地采取"被动优先,主动优化,品质为要"的设计策略。

适应气候的建筑布局是江南建筑的传统,也是现代绿色建筑的基石。本案以传统江南宅院为鉴,综合考虑了研发中心的绿色方法。

其一,基于微气候调节的总体布局。在总平面布局中,较高的塔楼被置于场地中部偏北,裙房铺开于南侧,以有效利用苏州地区季风调节场地微气候。裙房采用"宅与院"的交错布置、"备弄"设置高侧窗和采光井。经 CFD 等专业软件模拟计算,在较低的能耗下,可获得优良的自然通风效果,同时为建筑内部提供了舒适的自然采光。地下一层的采光井巧妙结合地面景观进行布置,给予地下空间自然光照的同时,成为地面广场上的"小花园"(图 18-6-1-13、图 18-6-1-14)。

其二,基于整体气候性能的空间形态。研发中心多立体花园,有利于充分拓展建筑融入低能耗空间即自然气候的潜力,获得自然采光与通风。其备式中庭底层设置可完全打开的庭院通风口,顶部则设置可开启高侧窗,利用热压通风作用,促进室内空气快速流动。同时,室内打破传统的"格子"布局,减少了不必要的墙体,增大了流动空间,既服务于建筑交互与兼容的功能性要求,又利用流动空间增强了空气流动,增加了光线传导,降低了空间能耗。

其三,以性能优化为导向的建筑构造体系。建筑立面在保证幕墙效果的同时利用凹槽式幕墙侧开窗,实现自然通风,并根据不同的使用功能设置不同的遮阳系统。建筑屋面则采用全屋顶花园,可减少太阳热辐射,并在屋顶花园上设计了基于生物链管理的微生态系统,以实现建筑的自给自足(图 18-6-1-15、图 18-6-1-16)。

微生态系统设有太阳能集热板 $264m^2$,供员工食堂及健身房使用;雨水收集池收集屋面雨水,经处理后,回用于屋顶花园和空中花园的补水、绿化浇灌;3 台地源热泵机组可提供供暖与空调的冷热源,另配有 4 台冷却塔辅助供冷,大楼的空调制冷能耗较规范标准减少约 27%;屋顶农场的瓜果蔬菜的种植箱之间穿插设置风光互补并网发电系统 2 组,一年约可产出 4307 度电,约减少 6.16t CO_2 的排放(图 18-6-1-17)。

图 18-6-1-13　研发中心自然采光的各类空间

图 18-6-1-14 空间中的自然采光

图 18-6-1-15 构造体系

图 18-6-1-16 东部屋顶花园

图 18-6-1-17 西部屋顶农场

3. 结语

中衡设计集团研发中心将江南传统建筑和苏州古典园林的优秀特色延续到了现代办公建筑的设计中，江南传统宅院与园林的现代诠释塑造了研发中心的空间布局与空间品质。适宜的绿色建筑技术应用为江南传统建筑理念注入了新的活力，同时，江南传统建筑特色的应用也为具有中国特色的绿色建筑设计提供了实践路径的示范和参考。

说明：未特别标注的图表，均为作者自摄/自绘。

18.6.2 南京江北新区砂之船综合体项目绿色创新设计 [①]

1. 项目背景

项目位于南京市江北新区研创园—青奥中心组团内，北隔青奥北路与城南河紧邻，东邻横江大道，南邻城南河路。南农河自基地中间穿越而过，汇入城南河，将基地分隔为东西两个地块。

项目的两栋高层塔楼以挺拔、简洁的形体布局在基地东侧，呼应着横江大道作为城市主干道的门户需求。高层塔楼地上分别为 23 层、18 层，地下 2 层，功能分别为高端商务办公、高端酒店式公寓及展览展示等；裙楼地上 4 层，功能包括大型超市、主力店、次主力店、餐饮、影院等。本项目属于超大型商业综合体项目，项目总占地面积 5.1 万 m^2，总建筑面积约 22.6 万 m^2，其中地上 13.86 万 m^2，地下 8.74 万 m^2。

2. 绿色建筑设计理念及目标

西方学者艾默里·罗文斯在《东西方观念的融合：可持续发展建筑的整体设计》中将绿色建筑阐述为："绿色建筑不仅仅关注的是物质上的创造，而且还包括经济、文化交流和精神层面的创造。绿色设计远远超过了热能的损失、自然采光、通风等因素，它延续到寻求整个自然与人类社区的平衡等许多方面。"它寻求的是一种大同。中国传统建筑设计追求的是"天人合一"——一种整体的关于人、建筑与环境的和谐观念，而江南传统建筑"小桥流水人家"的意境更是体现了人、建筑与环境的和谐共生。

随着社会的进步和城市的发展，越来越多的新型建筑，如城市综合体、商业综合体等的出现，对我国绿色建筑的发展和传统建筑空间的融合与延续提出了新的挑战，也为新时代的建筑师提供了创新之地，尤其是位于长江中下游夏热冬冷地区的苏浙一带，如何在大体量建筑的创新设计中延续江南传统建筑的空间理念显得尤为重要。

江北新区砂之船综合体项目在建筑和空间设计上力求延续江南传统建筑空间和人居环境的生态理念，采用"被动优先、主动优化、品质提升"的绿色建筑设计思路，创作出一个具有气候适应性、文化传承创新、空间充分共享的园林式、院落式的商业建筑空间，把城市文脉、传统建筑理念和现代建筑风格融合起来，打造成南京江北新区的国家级绿色建筑创新示范工程。

---

① 本节执笔者：肖鲁江、张金水、张瀛洲。

3. 绿色规划策略

1）气候适应性总体布局

南京位于长江下游中部地区,四季分明、雨水充沛。地理坐标为:北纬32°04″,东经118°78″,属于夏热冬冷A区。

江南传统建筑多以水为轴展开,以园为主;内外空间环境的构建强调以人为本和生态人居,师法自然、共享共融。江北新区砂之船综合体的规划与建筑设计也遵从这一理念,实践被动优先的绿色设计策略。

结合地形特点,依据"绿色河谷"的概念,将项目跨越南农河形成规整的"日"字形布局,在大体量裙楼中央塑造了优美、动感的曲线,形成了多层次的露台、屋顶花园和广场空间,并保证了两个地块连通桥下空间的整体通透性,满足了日照与通风的需求。

南侧架空的跨河连桥及建筑内部的"绿色河谷"内院将南农河两边的蚕茧广场串联起来,蚕茧广场以绿坡、浅水、叠水、瀑布及空中水云环为主题,营造了亲切宜人的水环境;而环绕其周围的室外休闲平台、空中绿化、屋顶花园形成了一体化的建筑与景观空间。通过室外休闲平台,使建筑的商业空间与下沉广场、河道游船码头等开阔的室外地面空间形成了视觉上和空间上的互动及延伸（图18-6-2-1）。

在南侧河道处的架空设计将南农河的河道风引入绿谷内院,形成负压区域,使场地风环境得以优化。利用斯维尔软件对建筑及周边进行冬季和夏季的风环境模拟,通过模拟可知:冬季内院风速为1.0m/s;夏季内院最大风速为3.5m/s,营造了宜人的自然风环境,为超大型建筑室内空间的自然通风创造了有利条件。通过立面开启外窗和外门,可以有效地改善建筑内部风环境、光环境、视觉环境及人体感知的效果。

2）城市界面打造

根据城市上位规划及项目位于青奥中心片区的特殊地理位置,设计重点打造了三个城市界面:(1)朝向城南河路——展示项目的整体商业形象;(2)朝向横江大道——展示高层塔楼的主体形象;(3)朝向城南河——展示建筑与河道自然生态景观的互动与互融（图18-6-2-2）。

3）空间营造

（1）融合性

多样化的建筑功能空间与公共自然景观空间的有机融合,使建筑更加贴近自然环境,有助于提升空间品质,促进人与自然的共生。

（2）互动性

互动性空间可活跃气氛,使园区内各类人群更好地互动,为城市提供优质的交流场所,增加场所的活力。

（3）公共性

公共空间为市民提供了休憩、娱乐的活动场所,人性化尺度有利于提升项目的人气与公共价值,成为城市的标志性聚集地。

（4）生态性

多层次绿化与自然融合,将绿色层层引入建筑当中。对于生态环境更加友好,舒适、绿色的环境也为项目发展提供了长久的支持。

图18-6-2-1 项目总平面图

图18-6-2-2 各朝向设计效果

图 18-6-2-3 "绿色河谷"及水云环效果

（5）标志性

通过灵动、创新的空间形态，多层次、环绕式绿化，独特的材质细节等手法打造极具特色的建筑形体，使其成为园区的地标性建筑（图 18-6-2-3）。

4. 南京云锦文化艺术的记忆与创新

1）打造适应场地特色的环境

项目坐落于景观优美的城南河畔，南农河从两个地块中央穿越而过，在基地中形成了天然的河湾美景，此区域的景观在研创园与青奥中心片区中得天独厚且场地风貌独特。规划设计立足于场地区位条件，充分利用地理优势：以河谷绿洲为灵感来源，结合多层绿化及科技概念，打造自然、绿色、开放的城市特色建筑。

2）传承南京云锦的文化艺术魅力

在建筑表现中，对传统文化的传承与创新是建筑艺术的更高境界。南京云锦因其色泽光鲜灿烂，美如天上云霞而得名，于 2006 年被列入首批国家级非物质文化遗产名录，是江苏南京乃至全世界的文化瑰宝。

本项目以舞动的云锦丝绸为灵感来源，取其灵动与变幻的形态，加之"云"的现代科技意涵，塑造多维立体、独具艺术创新性的建筑形象（图 18-6-2-4、图 18-6-2-5）。

5. 建筑空间的地形利用和气候设计策略

本项目的绿色建筑设计在前期就注重结合气候条件、建筑的使用特点和地理位置现状，采用被动式节能技术优先、主动式节能技术优化、可再生能源和非传统水作为补充的绿色设计路线，遵循了中国传统的"因其地、全其天、逸其人"的建筑营建理念。

1）低碳的场地设计

结合地形、地貌、水体等进行统筹设计，充分利用项目北侧青奥北路的地形高差及穿越地块的河道空间，打

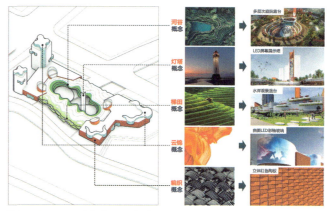

图 18-6-2-4 空间与立面概念

图 18-6-2-5 空间与立面概念

造商业出入口及室外活动广场，既实现了商业建筑的双首层概念，创造了经济价值，又减少了建筑开发对环境的破坏以及项目建成后修复过程中的资源浪费。

2）气候适应性建筑空间设计

项目的立体花园及观景平台有利于建筑遮阳和降低围护结构的能耗，发挥气候的潜力，并增强自然通风与自然采光。中心河谷绿洲的负压区则有助于建筑开窗后的热压通风，可促进室内空气的快速流动。同时，室内大空间布局，既可以减少功能调整导致的墙体拆改，又能提高空间的适应性，增强空气的流动性，利于降低能耗。

3）新型能源系统及可再生能源的利用

项目冷热源均由区域能源站获取，缩小了地下设备用房的面积，分布式能源系统有效地实现了能源的梯级利用，可使全系统燃料利用效率达到 70%~80%，有助于减少碳排放。

商业屋面设置有集中太阳能光伏板，可以提供 0.5%的项目总用电量；主楼屋面设置有 1000m² 的太阳能集热板，可以满足公寓的全部热水需求；雨水收集池收集的屋面和地面雨水，经处理后用于屋顶花园和空中花园的补水和绿化灌溉。

6. 结语

南京江北新区砂之船综合体项目利用场地地形、地貌，将江南传统园林和传统建筑空间布局延续到商业、办公及公寓等综合体设计中，在总体规划和建筑气候设计中，把传统理念和现代技术相融合，实现了建筑环境品质的绿色目标。

本项目用现代建筑技术表达了南京云锦文化艺术的建筑意蕴，为江南传统建筑理念的传承创新增加了新的范例，同时，江南传统建筑理念也为现代城市建筑设计的绿色创新注入了活力。

18.7 教育类建筑案例

18.7.1 苏州高新区第四中学[①]

1. 场地环境

苏州高新区第四中学坐落于苏州马运路与塔园路交叉口西南隅，周边邻近世界文化遗产京杭大运河及千年胜迹寒山寺，丰厚的历史文化气韵伴随寒山寺的钟声持续、深刻、潜移默化地影响、塑造了地段的文化脉络。周边包容了历史遗迹、运河遗产、20 世纪 90 年代拆迁小区及城市运动中营建的新建筑，丰富而多元的城市肌理和结构塑造了复杂、厚重的地段环境（图 18-7-1-1~图 18-7-1-3）。

2. 设计难点

如何在这种地段设计一所适应当代功能需求的中学，我们因循功能性与地域性去思索、解决问题。功能性提出了客观的现实需求，地域性则要求通过环境肌理循迹。校

图 18-7-1-1　总平面图

图 18-7-1-2　东侧鸟瞰

图 18-7-1-3　城市肌理与项目区位

园建筑的功能性对大空间、大跨度的需求同苏州传统街区建筑的小尺度产生了矛盾，如何在功能与需求间达到延续、传承以至融合，是这次设计的难点，在这个方面，我们进行了一些探索和实践。

3. 院的原型

院，空间组织由此展开。江南传统民居、苏州园林

[①] 本节执笔者：平家华。

中的院落空间为几何构图中心，功能空间大多围绕院落进行组织。院落是通过功能空间围合营造的一个具有多样化使用场景的非正式空间，与功能空间形成或实或虚的模糊界面。

1）由"院"组织功能

园林里的院落最是精彩，主人叠山理水、吟诗弄月、悠游其中，虽由人作，宛自天开。太湖畔的普通民居院落则更多是提供一个生产活动的空间。院落还解决了周边功能空间的自然采光、自然通风问题，改善了建筑的局部微气候。一进又一进的院落，不仅可增加空间的体验感，也使功能的分区更加合理，内与外、动与静、主与次，各种功能需求大多是通过院落去划分和限定的，现在来看，院落空间体系仍是极为科学的。拥有1700年历史的紫阳书院（苏州中学的旧址）的建筑布局形式也是围绕院落开展的。

整个建筑群根据功能的不同划分为教学院落、实验院落、图书院落及体育院落等。每个院落都采用了内聚的布局形式。一个核心院落位于所有功能的中心，链接其他的功能院落。多个院落单体之间还通过组群关系形成外院、边院等更加丰富的院落形式，进一步增加了功能衔接的层次。由院落及廊下空间为师生提供功能之外的多样使用场景。院落及设置于其中的铺地、植被和水系，为功能空间提供了良好的微气候条件（图18-7-1-4、图18-7-1-5）。

2）由"院"情感共鸣

江南民居，特别是苏州园林建筑中的院落空间透露着江南匠人处理人、自然、空间之间关系的哲思。游览在园中，生活在院里，"院"承载了太多江南地区寻常百姓对建筑与空间的初步认知的启蒙，是这座城市不可更替的符号和记忆，是四中方案设计自然而然的源泉，使得"院"顺理成章地成为此次方案设计的原型。

4. 地域表达

要满足苏州高新区第四中学的功能性与地域性融合共生的关系，我们必须深刻理解江南地区的传统文化、社会形态、历史发展及建筑风貌，解释在地域文化的影响下，建筑风貌特征形成的逻辑和本质。

1）延续地域肌理

江南民居聚落组织的形成是"自上而下"的过程，复杂的地域文化环境塑造了里巷串联合院式的民居，形成了诸如鱼骨巷、棋盘巷结构。方案设计中，我们则"自下而上"，由空间反推，以长廊、边院、外院、巷道等交通空间联系错动、连续的数个院落空间。在城市肌理上，与江南民居群落组团肌理相同（图18-7-1-6~图18-7-1-8）。

2）适应地域气候

气候是影响社会形态、行为方式及建筑特征的客观条件，整个人类建造历史的进程中气候都保持着相对稳定，并且不以人的意志为转移。因此，建筑的在地性设计要求建筑师关注地域气候条件，提出有效的设计手法来达到建筑与气候和谐共处。江南民居深远的建筑挑檐、狭窄的街巷尺度、高挑内向的围墙正适应了江南地区夏季炎热多雨的气候特征，提供了良好的遮阳避雨的条件，也能通过对微气候的调节，适应江南地域气候条件（图18-7-1-9）。

如何从传统建筑适应地域气候的方式中提取适于解决自然通风和采光遮雨问题的要素，是设计初期的重要考量。我们结合现代技艺，通过创新建构方式来实现传统方式的传承。

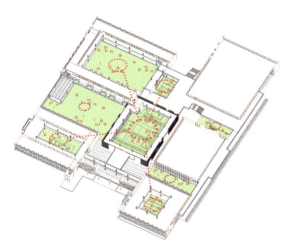

图18-7-1-4　院落组织关系

图18-7-1-5　中心院落

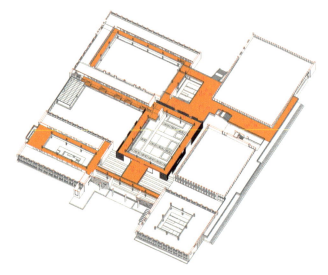

图 18-7-1-6 长廊空间

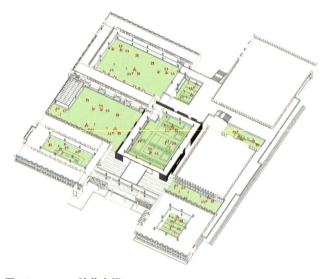

图 18-7-1-7 院落空间

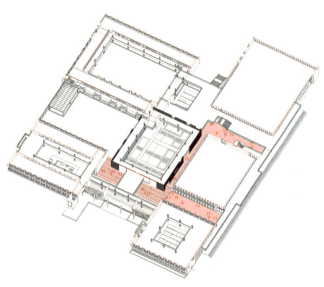

图 18-7-1-8 巷道空间

图 18-7-1-9 当代建筑功能性和传统江南建筑的适应性

整体建筑由内向的院落进行组合，构成本项目地域气候设计的核心，彼此间构成了外院和边院以及串联组织各部分组群的长廊空间，功能外围再设计宽达 4.5m 的外廊。由此形成了室内功能空间（黑）—廊下灰空间（灰）—室外院落空间（白）的空间层次，不仅可以通风采光，还能遮阳避雨，适应了更加广泛的气候条件。内向院落设置铺地和植被水系，促成了烟囱效应，夏季通过气压差将室内的热空气源源不断地引向院落，形成被动式通风，减少甚至避免空调的使用，达到建筑绿色节能的要求。在适应气候环境适应性设计的过程中，我们传承的传统要素不仅有院落还有长廊，方案设计中的廊形式多样，体验丰富，置身其中能够引发对"水廊""曲廊"和"复廊"的联想。无形中实现了对江南民居院落空间地域特色的继承，也是对江南地域气候特征的顺承。

3）传承民居空间

对于地域设计，我们没有拘泥于形式的延续，而是思索反推传统民居空间、功能、形式形成的逻辑，用传统智慧结合现代技艺，赋予院落空间、廊下空间、街巷肌理以新的特征，同时实现它们对于建筑空间品质提升的价值。

5. 材料色彩

江南四月烟雨中的粉墙黛瓦，是水墨画中经久不衰的意象，小青瓦的黑、粉墙的白以及斑驳的灰构成了独属江南的色谱。

1）解构材料

建筑采用了内坡屋面的形式，局部外墙采用屋顶中所用的水泥瓦以幕墙干挂的形式作为立面，瓦的灰色和墙的白色形成了局部的对比。为了达到对比协调，我们在延续传统民居建筑地域性材料的同时，尝试对其进行传承，当代功能空间的大尺度、大空间体系使我们设计的外立面尺度相比传统建筑放大许多，小青瓦已经不再适应大尺度的需求，加之小青瓦的烧制对黏土资源的需求量大，从建筑师对于资源环境保护的社会责任出发，大量小青瓦的使用显然违背当代的生态环保需求，所以在瓦的选取上选择了机械规模生产的水泥瓦，并且设计了新的节点，将瓦用于外墙的装饰，打破传统匠作工艺的同时，遵从和再现了传统地域建筑风貌（图18-7-1-10）。

2）理性色彩

建筑色调的选取关系到人的视觉感知，直接而显著地影响使用者的心理情绪和行为方式，整体偏冷的色调令人思维趋于沉静、形式偏向理性，这也是我们将其用于校园建筑，营造读书育人场所的原因。

6. 空间体验

1）序列

学校由南向北通过校前广场、前院、中心院落、后院，建立起了具有校园文化的仪式感的空间序列。一进一进的院落布局形成轴线，串联起整个学校中的主要交往空间。每个院落之间根据日照需求的不同，灵活布置间距，最大为25m，最小为4m。这种变化在集约用地的同时又正好丰富了院落形态和直接的空间体验，有开敞的活动场所，有比较狭长的一线天，多样的空间变化使行走在校园里面变得有趣，打破了单一、直白的走廊感受（图18-7-1-11~图18-7-1-18）。

2）交往

北轴线和中心院落构建了整个学校的交往空间体系和上下学的主要通道，不论从教学楼到图书馆、体育馆、实验楼，还是到食堂、行政楼等，都会经过这个交往空间体系，使学生、老师能在这里碰面、对望，从一个传统的线性走廊变成了一个核心交通、交流空间（图18-7-1-19）。

7. 情感

苏州自古以来文人辈出，其独特的地域环境孕育了无数优秀的人才。本项目按照当代的功能要求去塑造江南水乡的人文格局，营造出来的建筑环境更能使学生了解江南文化，体验江南文化，传承江南文化。它不仅在和周边环境对话，而且还在和文化对话，用新材料、新手法营造当代的书院气质。

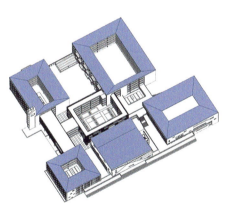
图18-7-1-10 屋顶形式

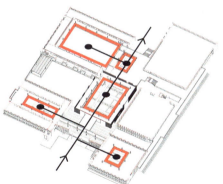
图18-7-1-11 院落轴线一

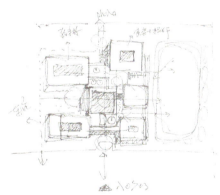
图18-7-1-12 院落轴线二

图18-7-1-13 图书馆与行政楼间院落一

图18-7-1-14 图书馆与行政楼间院落二

图18-7-1-15 体育馆西侧院落

图 18-7-1-16　体育馆与教学楼间院落

图 18-7-1-17　中心院落

图 18-7-1-18　实验楼东侧院落

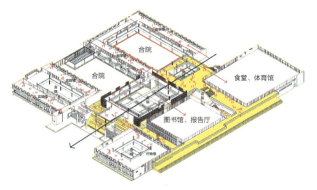

图 18-7-1-19　交流空间

18.7.2 "集中式"江南风格的学校建筑设计路径[①]

1. 新江南风格的两条路径

传统建筑与现代建筑的主要特征之一是建筑空间布局的集中与分散。江南传统建筑一般是低层、自由与围合的院落式建筑，基于气候、环境等的影响使得院落空间形态、尺度及组合方式呈现出通透、精巧、分散的特点（图 18-7-2-1）。现代建筑往往受到城市用地、功能、环境、规模要求等的约束，在空间形态组合上基本为集约型布局，多为多层或高层建筑，尺度较大。因此，我们在现代新江南风格建筑的空间形态塑造上可依据建设用地、环境、功能等客观条件的不同，采取分散或集中布局这两种实现的路径。

新江南风格建筑通常的建构方式是从符号学（semiotics）和空间句法入手，形态上将表皮、墙壁、屋顶、花窗等建筑符号解构重组，空间上以街巷、院落等手法组合形成分散连接的组织形式，材料上进行部分新质置换以获得一定的现代感。其意义在于经由符号的能指层面指向精神功能，以"青砖灰瓦马头墙，窄巷天井小空间"的句法诠释传统建筑，求之于形并培养我们的文化情感。

图 18-7-2-1　江南传统建筑的分散式布局

---

① 本节执笔者：张奕。

但新江南风格建筑,如果视之为现代主义的地域化,那么,功能上就是现代主义建筑,应具有相应的现代的功能和新设施(例如中央空调系统)等。故我们依据空间组合形式将新江南风格建筑分为分散式建筑和集中式建筑。

1)分散式江南风格建筑的路径

因地制宜、顺势而为一直是江南传统建筑适应地域条件的布局之道,因结构、材料、技术的限制,基本为低层建筑,规模化地以水平向展开,为适应地形、气候条件,基本采取分散式布局,通过建筑、连廊、灰空间等形成灵活、通透的院落空间,以地域典型特征造型组合获得群体建筑风格的认知。

现代建筑在传承传统建筑分散式院落空间布局的基础上,采用现代结构、材料与设备等,可以创造出更加丰富、舒适的建筑空间群落,较适合多个小体量建筑的组合,在新江南传统风格的塑造上也易契合传统建筑的空间尺度,可以更为精细与凝练,作为传统建筑的现代版,适合用地条件较好的区域建设(图18-7-2-2)。

2)集中式建筑的新江南风格探索

现代城市建设往往受到用地的约束及节地要求,并通过现代设备技术可以容易实现室内的舒适空间气候,一个紧凑的集中式建筑在能源节约和土地集约上具有价值和优势,故现实中的项目多因建设规模、用地、尺度及功能联系等要求,采用集中式布局的建筑。

集中式的建筑在江南风格的表达上具有一定的难度,因为建筑体量大,高度高,在空间上超出了江南传统建筑的一般尺度,较难实现江南建筑轻质化、小型化的特点。基于这一难点,需要我们更多地去探索与研究,以南京一座江南风格的教学综合楼设计项目为例,对体形、高度与空间等方面进行了设计研究与实践,使一个接近8000m²的6层单体"集中式"建筑看起来具有了江南"气质"(图18-7-2-3)。

2. 案例概况与设计方法

该项目位于南京东郊,是集教学、住宿于一体的教学培训综合楼建筑,占地2813m²,总建筑面积为7870m²。受到建设用地的限制,总体设计上将教学、培训与住宿的功能空间集成一体,倡导集约高效的教学模式,将教学与生活空间有机集合,同时以适应地域环境的传统设计风格引领的整体建设,建成抽象简洁、线条明晰

图18-7-2-2 分散式新江南风格建筑

图18-7-2-3 教学综合楼方案效果图

图 18-7-2-4　教学综合楼实景一

的江南地域风格建筑（图 18-7-2-4）。

建筑主要功能内容为教学、培训活动，提供功能完善的宿舍配套服务，同时包含展示空间、交流空间及多功能活动空间。建筑处于山地环境中，周围植被较好，在建筑与环境的形体设计上尤为重要。设计手法上，通过切割与消减的体形设计、远近多层次的立面与高度设计以及内部的疏密空间组合，体现出了"集中式"建筑的丰富形态；设计上充分应用被动式节能技术，将屋顶与太阳能集热系统有机结合，形成建筑与环境的融合，呈现出了江南建筑的"环境特质"。

1) 体形设计——切割与消减

规模化的大体量较难实现传统建筑风格的尺度对应感，为了打破过于厚重的体块，对建筑各体块进行不同方式的分割、变形与组合（图 18-7-2-5）。入口处理上，将坡顶玻璃体嵌入裙房体块，与雨篷坡顶及主楼坡顶形成连续、对应的递级向上的势态，构建了主入口的仪式感；主楼设计上采取连续退级的方法，将住宿区北向的房间逐层递减，使得厚实体块之间的连接变得轻盈，形成错落有致、虚实相间的体块组合；裙房的西侧也采用逐级退让的方式，消减了体量，与周边空间环境相协调（图 18-7-2-6）。

2) 高度设计——远与近

建筑屋顶相对周边环境处于最高位置，如简单处理大体量形体会造成区域环境中的突兀，考虑到周边植被与山体轮廓，在造型上须重视建筑屋顶的虚隐效果，弱化顶部的生硬感。设计上采用了退让、通透的传统坡顶构架形式，结合晾晒功能空间的需求，达到了形式生动、虚隐体量的顶部效果，与山体环境融为一体。

近观建筑，建筑入口、大厅、教室以及公共空间构成了裙楼前置，以连续、叠级的手法形成形体韵律，并利用不同材质的体块对比突出主入口；对条形主楼端部进行折角处理，对位主入口做成山花造型，同时在主体立面造型上作梯级跌落处理，弱化了高度和体量的压迫感；屋顶上的坡顶构架轻盈、开敞，形成通透的晾晒空间，成为立面造型序列的最高层次（图 18-7-2-7）。

江南传统风格一般适合于处理较小尺度或院落式

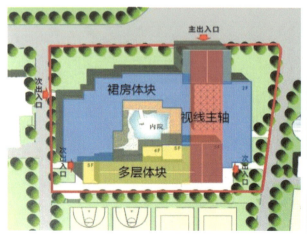

图 18-7-2-5　各功能体块的形体组合

图 18-7-2-6　形体立面中的递级变化

图 18-7-2-7　教学综合楼实景二

的空间，当项目建筑规模较大并采用集中式设计时，首先考虑的要素是尺度，应采用建筑造型设计手法处理庞大体量，分解体块并进行有机组合，形成利于塑造传统风格的尺度与比例。形体尺度与逻辑关系处理好了，传统符号才有依附性，江南风格的塑造才容易产生认同与共感。

3）空间设计——疏与密

建筑布局与功能需求密切相关，项目为综合型教学楼建筑，融合了教学、培训、活动、宿舍等功能，设计中应充分考虑培训人员的需求，方便教学过程管理，保证功能分区明确、流线便捷、生活配套完善等，满足建筑使用的高效、实用。裙房主要设置大厅、教室、培训与展览等大空间，是人员日常活动的主要场所，在空间设计上，将主楼与裙楼之间围合成一个江南园林庭院，有效提升了空间的品质，宽大的开敞空间有利于进行多种活动，同时将活跃度较低的宿舍、办公空间尽可能集约，使得在规模控制条件下做到空间配置疏密有致，便于使用和管理（图 18-7-2-8）。

4）节能技术——被动与主动

建筑设计中重视采用被动式的节能技术方法，充分结合环境地形与地域气候特点，规划上形成集中紧凑的内院式布局，有利于内部采光、气流贯通；宿舍日照充足、通风顺畅，可提供健康的生活环境；充分利用建筑的形体叠落形成屋顶绿化，营造多层次的立体花园，创造室外休闲环境；内部景观庭院区内侧布置阅读、展示、休闲等"静"空间，外侧布置教室、活动室等"动"空间，形成动静分区，减少内部噪声干扰（图 18-7-2-9）。

建筑屋顶上设置整体式太阳能集热系统，将集热板安装于建筑坡屋顶玻璃体区域，与建筑融为一体，配以辅助电加热系统，满足宿舍沐浴等热水用水需要（图 18-7-2-10）；建筑庭院内雨水采用集中收集的方式回用灌溉，节约用水。被动式节能技术的应用提高了建筑的使用效率，减少了主动能耗，节约了运行成本，提升了学习、生活的环境品质。

5）结语

江南风格的现代建筑形态设计，可以采用化整为零

图 18-7-2-8　建筑功能区的疏密组织

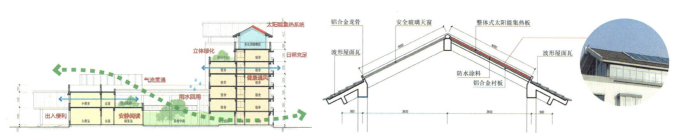

图 18-7-2-9　建筑绿色技术应用　　　图 18-7-2-10　屋顶太阳能集热系统应用

的分散式布局，也可采取推近至远的集中式构成方法。其生命力在于传统形式语言在现代建筑上的文化移植与诠释表达，以及凝练与创新。通过项目实践可知，在建筑设计中应深入研究功能与形式的统一、形态与环境的协调、传统与现代的融合，保持文化属性，营建可持续的江南地域特色建筑。

18.8　景观、园林与环境建筑案例

18.8.1　扬州竹院茶室[①]

1. 项目背景

扬州竹院茶室位于扬州郊区施桥的扬子津生态公园内，建于水上，几百平方米的茶室是整个公园内的配套建筑之一。我们初次踏勘场地时，公园里绿化虽未完全覆盖，但曲折的小径和富有野趣的植被反倒显示出了典型的扬州式的放松。空气里有湿土与草地的气味，水面微风习习，万籁俱寂（图18-8-1-1、图18-8-1-2）。

这里的业主是扬州西区开发区管委会，公园配套建筑的属性为茶室的选址和功能性的发挥都提供了充足的空间，希望给游园的人群提供一个休憩的场所，考虑到喝茶所需的安静与私密性，我们在茶室里设计了小房间，每一个房间附带一个安静的小庭院。

在勘测现场时我们就确定了让建筑和周围的水面及绿化结合的方向，同时，在周遭空旷的环境下解决看和被看的关系，也是这个小建筑需要被考虑的客观因素。该项目建成后获得了国际奖项 Architizer A+ Awards, AREA Awards, Restaurant & Bar Design Awards, World Architecture Festival，项目模型也曾有幸在英国皇家建筑师协会（RIBA）中展出（图18-8-1-3、图18-8-1-4）。

---

① 本节执笔者：孙炜、邬斌。

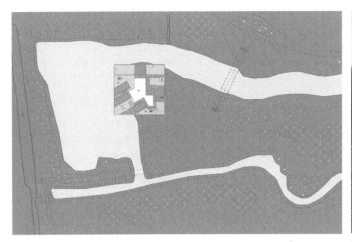

图 18-8-1-1　项目区位图

图 18-8-1-2　区位环境图

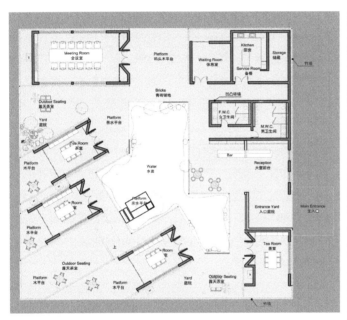

图 18-8-1-3　建筑平面图

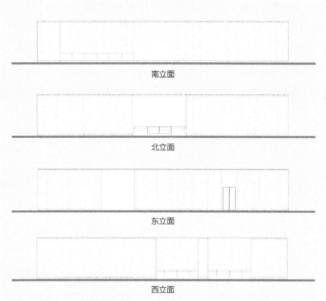

图 18-8-1-4　建筑立面图

2. 方案设计

1) 材料

（1）竹子的人文特色

本项目在屋顶设置格栅花架和屋面绿化，通过格栅花架上的爬藤植物能阻挡夏季阳光直射到屋面上，减少屋面的热量，降低室内温度，冬季，阳光能通过格栅射向屋面，提高室内温度。竹子自古兼具很高的实用与审美价值，它的自然物性中的某些特征与传统的人格道德中的某些范畴相契合，它生性挺拔，虚心有节，代表超然独立，长青万古。中国四大名园之一扬州"个园"与苏州园林齐名，园内60余种竹子便是它的主要特色，园林的名字"个"字也取自"竹"字的半边，这也是惟一以竹子命名的园林。"门前万竿竹，堂上四库书"，自古书香之家，门前松竹迎客，房中四库全书。竹也总与清香适意的茶有着千丝万缕的联系，文人墨客咏竹品茗，不可一日无此君。竹的"形、影、意"，都定义了这个坐落于竹之乡的扬州茶室所应有的性格（图18-8-1-5、图18-8-1-6）。

（2）竹子作为建造材料的特点

竹子作为很常见的造材，从古至今在造房、日用品及手工艺品制作中都发挥着重要的作用。竹子具备实用、坚固、快速增长且环保、易降解的重要特性，对于建筑和室内设计来说是丰富的材料库，在建造过程中，施工队也会使用毛竹来搭建脚手架，因为它取材方便，坚固耐用又搭建简单（图18-8-1-7）。

以竹造院，以竹为景。竹，成为本次设计中最重要的材料，也在空间的塑造上起到了重要的作用。由于建筑规范的约束，竹子本身不能作为结构支撑材料，所以本案的主体结构还是以砖墙和钢结构为基础，竹子更多地

图 18-8-1-5 个园

图 18-8-1-6 个园竹林

图 18-8-1-7 建造过程图

起到了辅助与装饰的作用，在空间中塑造并呈现了不同的形态。

建筑所使用的竹材全部是扬州本地种植的毛竹，经过防腐防蛀、高温杀菌和涂层处理，即使经日晒、风吹、雨打也可以保持竹的本色，坚实耐用。竹子本身在景观营造方面是很理想的材料，考虑到中国传统园林讲究移步换景、虚实结合，外部造型规整封闭，内部空间开放是很重要的特点。而现代建筑要求更多的外向型景观视野，与传统的内向型哲学有冲突，所以我们利用竹子的缝隙将内外空间和视觉有机贯穿，而茶室即是景观本身（图 18-8-1-8~ 图 18-8-1-10）。

2）空间

中国传统园林的特点是将起居空间与游玩空间相互结合，不偏不倚，兼顾它作为起居功能空间的物质性与作为游玩空间的精神性。

竹院茶室也吸取了传统园林的空间特点，让规整、序列化的起居空间与一步一景、多元化而无视觉灭点的游玩空间紧密咬合，以现代的设计语言表现这二者的结合。人们应该不希望在美好的天气下，经过郁郁葱葱的绿化，进入一个完全封闭的空间去喝茶。于是，让茶室这个单体建筑自身也成为一个园林式的空间，我们弱化了空间的尺度感，给予茶室"游观之美"，创造富有韵律的流动空间，让人在曲径通幽中游弋，近距离感受水面上吹拂而来的风与树林的气息（图 18-8-1-11~ 图 18-8-1-13）。

3）细节设计

我们打破了传统，在入口处与不锈钢结合设计了藤编造型，还原了传统的门户的样貌，又让茶室从入口开始便显得与众不同。竹子完成了建筑的整体形态，同时又分隔出内部的空间，撑起整个茶室的筋骨与血肉。我们让竹子与不同材料结合，以麻绳固定，保留了手工制作的质感。纵横交错的数千根竹子在整个竹院中营造出了纵向和横向上的视觉效果，在作为房屋外壁的同时，也似篱笆一般，将院内的风景转换于方寸之间，疏离了外面的喧嚣。室内空间也延续了竹子元素，如室内吊顶以及吧台上方的设计，从内到外表现出了竹子于空间与建筑之间的联结（图 18-8-1-14）。

传统扬州庭园习惯由朝内的凉亭来营造一个内部观景空间，茶室的方形平面布局也是通过房间与中央平台的组合来构成的，将一个个小空间分隔开来，营造出每一间茶室向内适宜静坐观赏庭院风光、向外可纵览湖面全景的惬意区域（图 18-8-1-15）。

环绕庭院水池一周的步行道，是内部观景的主要部

图 18-8-1-8 竹院茶室内景

图 18-8-1-9 竹院茶室窗近景

图 18-8-1-10　竹院茶室隔断近景

图 18-8-1-11　竹院茶室远景

图 18-8-1-12　竹院茶室内景

图 18-8-1-13　竹院茶室内景

图 18-8-1-14　竹院茶室内景

图 18-8-1-15　竹院茶室内景

分，我们特意将露天茶室与亲水平台散落地安置于这片区域，客人可以一边领略清韵野竹与茶香茶韵的相得益彰，一边在曲折蜿蜒的步行道上漫步赏景。

与竹的自然肌理相一致的是，连接各茶室的地板用了处理过的原木。另外的材料则是作为传统园林建材的砖，通过留有大量缝隙的竹帘结构与外墙开口的设计，夏

图 18-8-1-16　竹院茶室内景

天竹院里自然通风良好，不需空调也能感受到微风习习的舒爽，而厚实的砖墙设计则在冬天非常有用，可有效地抵御冷空气的侵袭。

夜晚灯火亮起，光线斑驳间，建筑本体的简洁线条会更加明显，与自然紧密贴合。古人茶会，多于白天，很少秉烛夜游，门灯与地灯的配置一应俱全，让竹院茶室的夜间景色也别具一格。其中门的设计最为特别，在金属门框之外的一圈竹篾边框制造出了灯光反射的效果，夜晚的茶室也显得别有韵味（图 18-8-1-16）。

18.8.2　上海松江方塔园何陋轩茶室 ①

上海方塔园是松江古城中一座以观赏历史文物为主的园林。总占地约 182 亩，园址原是唐宋时期的闹市中心，既是古代文人的汇聚地，也是松江遗址的缩影。方塔始建于宋熙宁至元祐年间（1068—1093 年），历经上千年的岁月，是整个园林的最好的历史见证者。1978 年上海市政府批准建设一个以方塔为中心的历史文物公园，同济大学冯纪忠先生负责整个园子的总体规划。规划以方塔为主体，保留邻近的明代大型砖雕照壁、宋代石桥和七株古树；从园外迁建明代楠木厅、湖石五老峰和美女峰、假山、清代天后宫大殿。何陋轩则是园子里新建一处茶室。

1. 创作构思

建筑设计应当遵循场地周边信息，自基地而萌发，看似简单的理念，实则包含多层含义。在一片未经谋划的基地中，不仅有场地特征、物质遗存，而且也蕴含着这片场地特定的文化与历史信息。设计的介入，需要通过一系列明晰的操作，将这些信息逐步揭示并呈现出来。

方塔园历经了千年的历史演化，现状并非想象中郁郁葱葱的园林以及有着亭台楼阁的建筑物，当时的它仅仅是松江郊区一处刚刚拆迁的不起眼的空地。然而，在冯纪忠先生的脑海里徘徊的是一湾水静如镜的池塘、树丛环绕的园路、围绕方塔的展示纪念空间等。那么，作为一个看似简单的茶室，它在园子里所承担的功能角色以及身处其中能观赏到什么样的景致是冯先生面临的最核心的问题。选址于园子的东南角，冯先生应该早已估计到，游客在偌大的方塔园中游览半日之后，临出门前需要一处休憩之地。用地周边有成片的树林环绕，是一处难得的静谧之地。由于地处园子的角落，从主景片区步行至此的长距离的观赏和空间节奏上，正好可以形成一处停顿和转折（图 18-8-2-1）。因此，"到那里就坐下"。但这并不是简单的坐下休息，而是"一坐就感到它的变动，一直到

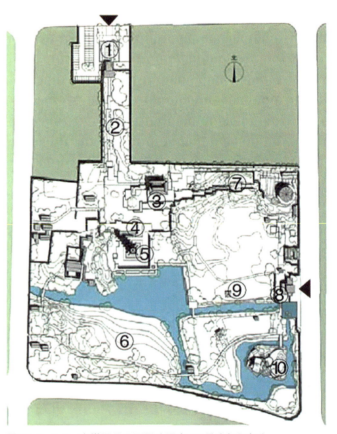

图 18-8-2-1　方塔园总平面图（图中 10 号为何陋轩）

---

① 本节执笔者：文威、陈潇。

走……"① 这样一种静止与欲动的关系并不是"从这个地方到那个地方",而是环岛景观在固定坐者的四周形成了一种意动状态。随着思路的展开,何陋轩从规划图中的庭院游廊逐渐转变为阴凉轩敞的一个"厅",游客身处其中,可以感受周边事物随着时间的不断变化,正是冯先生"空间意动"的设计理念。

经历了长距离的观赏,在空间节奏上停顿的分量,冯先生认为要与几个大的景点相符合。因此,何陋轩的体量大小基本参考天后宫的规模进行设计,其体量给人以一种宫殿般的感觉。何陋轩的建筑面积近250m²,按照中国传统建筑的三段式结构进行设计构图:台基、柱梁或木造部分和屋顶。台基由三块平台分别旋转30°、60°、90°错落布置,三个方向的尝试是为了寻找主体建筑合适的朝向。冯先生认为,三层转动的台基可把"变换的时间"固定下来,随着游览时间的流逝,游客来到何陋轩这里正好能停顿下来,这是他的"时空转换、空间意动"设计思想的体现。

2. 建筑形式

初识何陋轩,难免觉得形态拙朴,以致恍惚间真的来到了一处陋室。数根竹柱撑起的一个大棚,是很多人对何陋轩的第一印象。在中华人民共和国成立之初,经济困难,大学里不少校舍和辅助建筑都是用竹材搭建的,对于竹构大棚的搭建,冯先生应该非常熟悉。这一时期也是在建筑设计中探索"民族形式"的创新转译的热潮期,许多经典的民族形式建筑都出现在这一时期。或许正是这样的社会文化背景,造就了何陋轩的建筑形式。

何陋轩朝向正南,三开间、五进深的平面布局,平面柱的布置与民居相同,在中部形成大跨空间。大屋顶的形式看似歇山顶,却又不是,可以分解为三个部分:一个人字坡的主屋架和两侧的单坡附翼。人字坡南北侧不对称,不等长,南侧屋檐故意压低是"因为墙靠马路相当近,我不愿意让他一进门就看到很多外面的东西"。低垂的檐口带来了扁平的框景效果,将游客的视线集中在平台外静谧的水景及挡土墙段,形成了具有一定冲突的空间对景效果。冯先生后来回忆,何陋轩主体建筑造型是受到松江到嘉兴一带的乡间农舍的影响,那种屋脊"翘角,四落水"的屋顶形式在冯先生脑海中留下了深刻的印象(图18-8-2-2)。这种"四落水"近似庑殿顶的形式,乡间建筑一般不允许采用,而这一带的农舍的"四落水"确又是别的地方没有的。经过尝试,效果不太理想,最后改为近似歇山的顶。关于类似的棚屋,冯先生在回忆时,认为传统大棚屋有一种"亲地性":由于屋顶高度通常大于墙身或立柱的高度,显得屋顶如同匍匐于大地上。而传统官式建筑以及西方建筑的屋顶则有一种脱离大地的态势,冯先生认为这是传统棚屋区别于西方建筑的一个主要特征。回看曾经的几张草图,恰能充分地反映这样的构思。草图中的何陋轩屋顶的侧翼似乎通过斜向的拉索固定在地面上,屋顶的高度显然大过墙身和立柱,形成匍匐的态势,传达了所谓的"亲地性"。南北侧坡顶不对称的形式在草图中似乎也能体现(图18-8-2-3)。

3. 建筑材料

中国竹文化源远流长,竹所代表的高洁的品行是诗词中常用的表现题材,是传统知识分子的精神寄托。竹也因为自身特有的耐久性和韧性而成为较好的建筑材料。以竹为建筑材料,能产生自然的历史认同感,同时表达传统的建筑意蕴。

竹构建筑具有材料易得、加工简单、建造迅速等

(a)何陋轩茶室鸟瞰图

(b)何陋轩茶室透视图

图18-8-2-2 何陋轩茶室实景图

---

① 冯纪忠. 与古为新——方塔园规划[M]. 北京:东方出版社,2010:76-77.

特点，在中华人民共和国成立初期，经济不发达的时候，简直是不可多得的理想材料。虽然传统官式建筑和普通的民居一般采用木构体系，但是民间的竹构建筑往往能将竹材的性能发挥到极致，充分展现材料自身的美感。或许正是基于这样一些条件，使得冯先生选择了竹子作为何陋轩的结构材料。虽然材料选用竹材，但结构体系仍是类似木结构的框架体系。它们以一定的模数干净利落地布置在台基上，撑起建筑的大屋顶，一定程度上还原了传统建筑大殿的空间感。仔细对比何陋轩的图纸和现状，可以发现，建成的何陋轩中两根屋脊下的中柱被取消了。所以，看似三间五进的主屋架柱网，实则是三间四进。中部空间被打开，成为主要的休憩空间。为了增强竹构框架的稳定性，在节点处采用钢构件进行连接。接近台基的部分，则用螺栓、螺母、金属垫圈、橡胶垫片紧密配合，并保证竹材距地面有一定的空间，防止竹材受潮。冯先生对竹材的另一个创造性处理在于将它漆上两种颜色：在相交的节点漆上黑色来降低交接点的清晰度；杆件中段用白色则是为了强调竹结构的整体的解体感，使得白色的中段竹材在大空间里仿佛飘浮起来，有一种"反常合道为趣"的意味（图18-8-2-4、图18-8-2-5）。

何陋轩的屋顶是在竹椽上覆草顶，这样的材料结合，将体量带来的"宫殿感"瞬间消减，仿佛邻家的仓库大棚一般，让人好生亲近。不难让人想起半坡村复原的方形棚屋，巧妙地在现代与传统之间建立了联系。这应该也是所谓"亲地性"的一种体现了吧。

何陋轩屋身的竹构部分以及建筑的形式，是何陋轩最大的亮点及难点。这一创造性的实验探索，在当时虽然

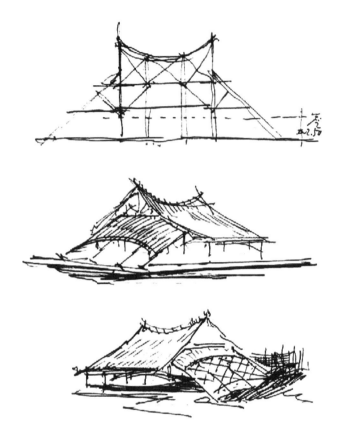

图 18-8-2-3 何陋轩茶室手绘草图

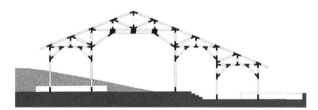

图 18-8-2-5 何陋轩剖面图

（a）何陋轩竹构拉接节点

（b）何陋轩竹构台基节点

（c）何陋轩竹构仰视图

图 18-8-2-4 何陋轩竹构节点

是基于低造价的无奈之举，却因此成就了一个传奇。整个何陋轩简洁大气，虽采用竹构与传统的屋顶形式，却处处散发着现代的气息，建于 1987 年的作品，时至今日，仍是一个现代风建筑的典范。

18.8.3　雨润苏州东山涵月楼[①]

雨润苏州东山涵月楼位于苏州市西南景色宜人的太湖之滨，属太湖三镇中的东山镇，距离市区约 30km。这里气候宜人，物产丰富，历史文化底蕴深厚。东山雕花楼、启园、紫金庵、陆巷古村等古建筑、古村落更使东山具有了浓重的人文气息和古典气息。项目用地枕山面湖，林深坞幽，环境静谧、秀丽。东侧紧邻东山公园，是安逸居所的绝佳之地。

基地总面积约 6.65hm²，总建筑面积约 21073.76m²，共有 56 栋独栋住宅，1 栋物业用房。于 2014 年 6 月开始设计，2016 年 9 月竣工并投入使用。

1. 设计理念

由于地形的原因，地块形状极其不规则，场地有着原始江南丘陵地貌的特点，缓坡起伏，自然景观资源丰富。地块内有 60 多棵古银杏树，上千棵橘树以及 3 个集水塔。用地东南侧为民宅和排水沟，东侧与雨花胜境风景区相连，西面及北面为学校用地。基地环境具有一种远离尘嚣的田园风情，让人不禁想起"采菊东篱下，悠然见南山"那样恬美的场景（图 18-8-3-1）。

基于这样得天独厚的自然环境，建筑师提出了"天为被，地为床，坐拥山林，栖居自然"的设计理念，这并非逃避现实的消极思维，而是一种寻求内心平和、从容、宁静致远的禅者般的境界，与当下儒商持重、稳健、自信与从容的心态相一致。旨在通过设计重塑人与自然的关系，营造人与自然"你中有我，我中有你"的形态，将建筑有机地融入环境，营造一处闹中取静的现代住区，营造一处净化心灵的场所。

2. 总体布局

小区总体布局充分挖掘场地与自然环境的关系，试图在总体布局中回应周边山体的峰、谷、脊线以及地形轮廓给予地块的一些暗示，最大限度地保护现状水资源，利用景观和植被资源，让建筑尽量远离道路，隐没在绿

图 18-8-3-1　传统山水画山居意境

---

① 本节执笔者：文威、王晶。

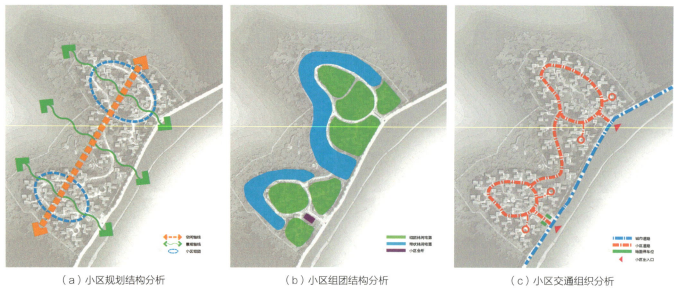

（a）小区规划结构分析　　　　　　　　（b）小区组团结构分析　　　　　　　　（c）小区交通组织分析

图 18-8-3-2　涵月楼项目分析图

化环境中，成为真正的悠然山居。小区规划结构根据地块形状及坡度划分出两个居住组团，形成依山就势的三条景观带，呈现出"三线、一轴、两组团"的规划布局（图 18-8-3-2）。

设计将整个小区当作一个大的山地园林，住宅以组团的形式呈细胞团状布置在园林中，有机地融入场地并形成有机的整体。公共空间是居民的主要交往空间及户外游憩的场所。每个组团内部，独栋住宅依山就势，自由布置在环境中，主要房间朝向正南，保证最佳的日照、采光条件。各住宅独享宽阔的山地院子，充分利用基地景观资源营造室外开放空间，可营造属于自己的一隅隐秘胜境，形成园林与宅院互相交融的景观。建筑与环境有机融合，相得益彰。居住组团之间有环路联系各单体住宅，组团环路相互联系，并与两个出入口相连。道路最大化地结合地形进行布置，以减少土方量，弧形的路网也增强了小区对山景的动态体验。基地内部保留的两条水系与山体及组团形成了三条绿轴，多重绿化网络，由此衍生出多个景观节点。西侧增补绿化带可形成山体的半围合感，同时可屏蔽学校噪声对小区的影响（图 18-8-3-3）。

3. 立面设计

涵月楼的居住建筑主要由 220m² 和 300m² 的独栋别墅组成。原有建筑方案追求现代简洁的立面设计，忽略了江南民居的传统建筑元素。

立面优化设计中，在保留原有单体平面的基础上，将立面改为传统江南民居风格，通过调整建筑材质——

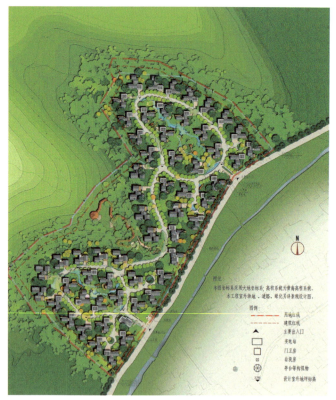

图 18-8-3-3　雨润苏州东山涵月楼项目总平面图

将铝镁锰板屋面改为小青瓦屋面等，优化立面细节——调整门窗比例及位置、选择更合适的门窗样式等手法强化室内外空间的过渡关系及立面构成关系，使得原有相对单调、简洁的建筑造型变得层次分明、错落有致。建筑主体色彩采用白色真石漆搭配小青瓦形成粉墙黛瓦的画面，一层局部采用小青砖贴面，以丰富建筑细

（a）原方案　　　　　　　　　　　　　　　（b）优化方案

图 18-8-3-4　200m² 典型户型调整前后效果图对比

（a）原方案　　　　　　　　　　　　　　　（b）优化方案

图 18-8-3-5　300m² 户型调整前后效果图对比

节，使建筑立面形成黑白灰组合的色彩关系。在细部造型的处理上，调整屋脊造型，局部增加挑檐、窗檐的细节，力求让建筑变得更加精致。增加入口门楼，形成入户灰空间，弱化室内外空间界限（图 18-8-3-4、图 18-8-3-5）。

4. 景观营造

小区景观设计与建筑立面呼应，融入苏式古典园林元素，结合地形巧妙地布置亭、台、楼、榭等，丰富室外景观环境层次。在室内外空间的关系上，重视视觉景观的组织，使得室外空间环境更加丰富与完整。小区环路两侧密植行道树，将各个景观联系起来。两条水景成为组团景观的中心，利用入口的对景关系，采用当地的山石材料，运用传统技艺，叠山理水，点缀小品，营造静谧的景观细节，营造传统园林的感觉。同时，借鉴苏州园林的框景、对景等造园手法，结合流线组织视觉景观。适度放大组团中心景观，扩大水面形成开阔的视野，凸显其在景观体系中的中心性与开放性。中心景观四周绿树环绕，园中小径深幽，宛如走进了自然的森林雾场，体会超凡脱俗的山林感觉。

传统宅院的高墙深宅是一种强调安全的封闭性的表达，也契合中国传统文化内敛的气质。而现代小区更提倡共享式的开放街区与空间，传递更现代的精神。本项目的设计中，适度打开围墙，一定程度上保证了景观的通透性，形成了更多的景观视觉通廊，产生了更宽阔的观景角度，为园与宅的融合进一步提供了可能。漫步其中，隔绝城市的热闹喧嚣，感受步移景异的园林景观，享受属于自己的一片宁静（图 18-8-3-6~图 18-8-3-8）。

造园是苏州人无法割舍的情结，园林意境与庭院生活体现了苏州人世代传承的世界观和生活观。借助园林空间，苏州人将自然情愫与日常生活关联到一起，人与自然和谐共存，并赋予其不同的诗情画意。雨润东山涵月楼基于特殊的地域文化背景及独有的山地地形条件，将园林空间与庭院生活巧妙融合在一起，满足了这一地区人们对功能、物质和精神文化等多方面的追求，传递了特定的场所精神。

（a）建成实景1

（b）建成实景2

（c）组团中央景观建成实景

图18-8-3-6 建成实景图片

图18-8-3-7 小区景观细节1

图 18-8-3-8 小区景观细节 2

18.9 医疗、养生建筑案例

18.9.1 锦溪人民医院暨昆山市老年医院建筑设计[①]

素有"满溪跃金，灿若锦带"之称的名镇锦溪坐落在江苏省昆山市西南部，是江南大地上一颗璀璨的明珠。该镇历史悠久，人文荟萃，不仅拥有美丽的水乡风貌，还拥有众多文化古迹（图 18-9-1-1）。始建于 1949 年，经历过多次改扩建的锦溪人民医院是当地的一所高水平乡镇卫生院，她不仅能提供内、外、妇、儿、预防保健、健康教育等医疗保健服务，还以中医、蛇咬伤等特色专科远近闻名。

由于医院的各项业务发展得很快，当地政府决定异地新建医院（图 18-9-1-2）。本工程为新医院的一期工程，包括 262 床的医院主楼及辅楼，二期拟建 500 床的老年护理院。本工程已于 2013 年 2 月投入使用，为我国的小康型乡镇卫生院的建设提供了示范。

1. 概念设计

1）平面布局

锦溪人民医院包括乡镇卫生院、保健所以及老年病专科医院等众多功能，由于乡镇普遍缺乏各类医护资源，因此有必要对上述功能进行重组并将其落实到建筑空间上。此时，重要的是须准确判断哪些功能宜组合设置，哪些功能宜分开设置。如图 18-9-1-5 所示，本工程将中医门诊与理疗针灸科及康复中心合为中医小区并靠近老年科病区设置；将妇产科门诊与妇女保健及计划生育手术室合为妇女小区；将健康教育用房邻近中医小区设置，兼作

图 18-9-1-1 锦溪古镇水乡风貌

[①] 本节执笔者：周颖。

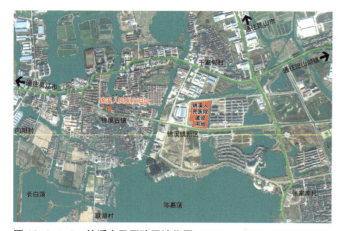

图 18-9-1-2 锦溪人民医院用地位置

孕妇教室。此外,根据患者数量将门诊划分为普通门诊、专家门诊、中医门诊三类,并结合相应的医技科室分区设置。

2)安全与安心

在江南水乡,大体量的建筑物会与当地居民的日常生活体验有很大的落差。此外,若设计时一味追求医院的功能与效率,冷冰冰的空间环境还容易造成患者的不安。为此,设计中主要通过体量控制、空间变化、色彩与景观的处理等手法来改善使用者的心情,并提高治疗效果。

3)风土与环境

为延续锦溪古镇的文脉,并与水乡环境协调,在保证流线紧凑、高效运营的前提下,医院布局还宜借鉴园林建筑的布局方法,适当引入江南民居的设计元素。

2. 设计手法

1)集中与分散

本工程的总建筑面积为 2.5 万 m^2,采用垂直交通组织住院部的流线,用水平交通组织门诊部的流线,这样可同时获得较高的效率和舒适度(图 18-9-1-3、图 18-9-1-4)。

另外,住院部每层设置了两个护理单元。优点:①可共用垂直交通以及餐厅、活动室、机械浴室等辅助设施,从而可节省建筑面积;②可减少住院部层数,从而缩短电梯等待时间并缓解垂直交通压力;③夜间遇到紧急情况时还便于两个护理单元之间相互支援。

(1)入口处理

本医院出入口较多,具体包括患者入口、工作人员入口、后勤供应入口及污物出口。患者入口又细分为门诊入口、急诊入口、住院入口、儿童保健入口及传染门诊入口。患者入口宜设在醒目的位置,并应按高峰流量及紧急度进行布局。通常,急诊的紧急度最高,门诊部的高峰流量大于住院部。患者入口间须保持彼此独立,并宜设入口小广场作为缓冲区。为便于患者识别,将门诊入口与急诊入口直接面向主干道长寿东路设置,并将住院入口与儿童保健入口稍作退后,再面向长寿东路设置(图 18-9-1-4)。传染门诊入口主要供传染疫情发作时使用。因该医院传染门诊的主要功能是发现传染病疑似患者并将其转往其他医院就诊,因此,在较偏僻处还设置了传染病疑似患者转移出口。

图 18-9-1-3 锦溪人民医院鸟瞰图

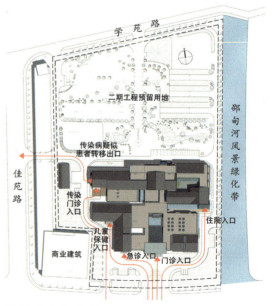

图 18-9-1-4 入口

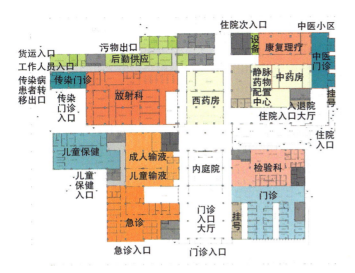

图 18-9-1-5　一层平面分区图

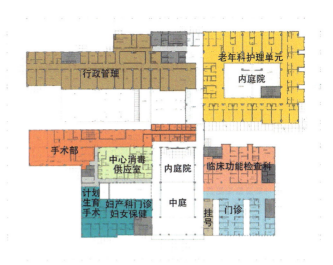

图 18-9-1-6　二层平面分区图

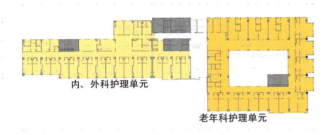

图 18-9-1-7　三、四层平面分区图

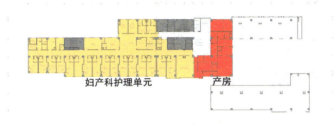

图 18-9-1-8　五层平面分区图

（2）分区与协作

为提高效率，按不同的颜色将医院各层平面划分为若干个区块（图 18-9-1-5~图 18-9-1-9）。各区块彼此独立且只设单一功能，再辅以公共空间的合理组织，可实现区块内功能并加强区块间的有效协作。

图 18-9-1-14 中左下角橘红色区块为急诊部，右下角蓝色区块为门诊部，两者间相距较近。即使急救部白天无医生留守，当急救患者运抵时，相关科室的门诊医生可迅速抵达急诊部。

中医门诊、康复、理疗、中药房虽分属于门诊部、保健所、医技部、后勤供应部这四个不同的部门，但因均属于中医治疗的范畴，因此将它们集中布置在一层平面的右上角，形成中医小区。

将门诊科室与所需的医技科室同层布置，这样，患者不需上下楼就能完成问诊、检查、再问诊等一系列医疗行为，不仅方便患者，也可缓解垂直交通的压力。

此外，将妇产科门诊与保健所的妇女保健及计划生育手术室并设在二层平面左下角（图 18-9-1-15），以共用医护资源。因此，虽该医院仅有少数几名妇产科医生，但也能同时开展门诊及保健服务。

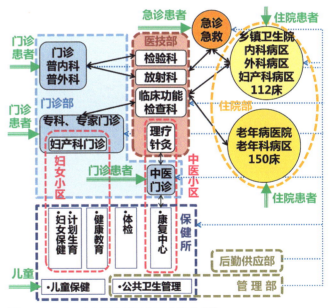

图 18-9-1-9　小康型乡镇卫生院功能模式图

（3）分区的细化

为更好地实现分区内的功能，进一步将各分区细化为办公区、操作区及患者区等若干个小区块。以检验科为例（图 18-9-1-10）：①将办公区独立设置，内设更衣室、卫生间、值班室、办公室、UPS 机房；②在操作区

内,将三项常规检验、生化检验及免疫检验集中设在一个大房间内,而将冷库、血库、标本接收、细菌培养实验室及HIV实验室均设为独立房间,并与大房间直连,血库靠近采血区;③在操作区的污物出口附近设置临时存放污物的污洗间;④患者卫生间与尿便检验区相邻,便于样本送检。同理,急诊科、放射科、输液室等科室均采用了分区细化的设计理念。

进行分区细化时还考虑了医护人员协作、候诊空间共用以及为患者及家属创造安心环境等诸方面。将成人输液室与儿童输液室相邻设置,两者共用护士站及办公区,不仅节省空间,还便于护士间互相支援(图18-9-1-11)。此外,在输液室、观察室及抢救室之间设观察窗,在输液室与观察室之间设门相通,既缩短了流线也便于护理观察,夜间仅需少数值班护士便能顺利完成该区块的护理工作。

共用候诊区有助于高效利用空间资源。一层门诊与检验科共用患者候诊区,二层门诊与临床功能检查科共用患者候诊区,中医小区的挂号、门诊、理疗、康复、取药共用等候区(图18-9-1-11、图18-9-1-12)。

家属等待区位于手术后患者搬运回病房的走道边,且与谈话室相邻。该区环境安静,可眺望远处景观,有利于患者家属稳定情绪,安心等待(图18-9-1-12)。

(4)流线

本医院的门诊流线以水平流线为主导,住院部流线以垂直流线为主导。如图18-9-1-13所示,住院患者与探视人员共用绿色流线,医护人员与后勤供应共用蓝色流线,住院部污物利用黑色流线。急诊设有方便的通路连接手术室。

a. 门诊流线

内科与检验科、外科与放射科设置在一层,感冒、发烧等常见病患者不需上楼就能完成挂号、交费、问诊、检查、再问诊、取药、输液等一系列就医行为。图中紫色流线为门诊患者挂号、问诊的路线,红色流线为患者付费、检验、再问诊的路线,蓝色流线为患者取药、输液、归宅的路线。上述流线行进方向均符合右行习惯,且不走回头路,因而较易维护人流秩序。如图18-9-1-14所示,中医小区中的流线也采用了相同的设计理念。

为了避免孕妇感染呼吸道疾病,孕妇进入门诊大厅后右拐就可乘电梯到达妇产科就诊。在二层设置派遣专家诊室,并就近设置B超、心电图、内视镜等临床功能检查科室。

b. 污物流线

二层平面中,将手术室、计划生育手术室及中心消毒供应室的污物流线集中通过污物提升梯通向室外(图18-9-1-15)。

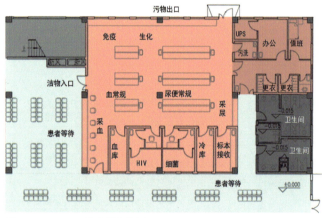

图18-9-1-10 检验科平面图

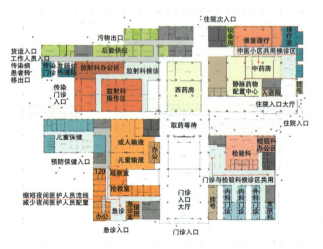

图18-9-1-11 一层平面图

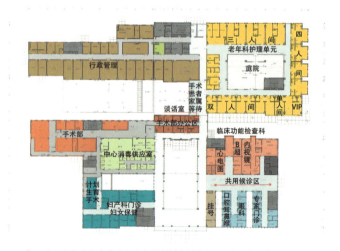

图18-9-1-12 二层平面图

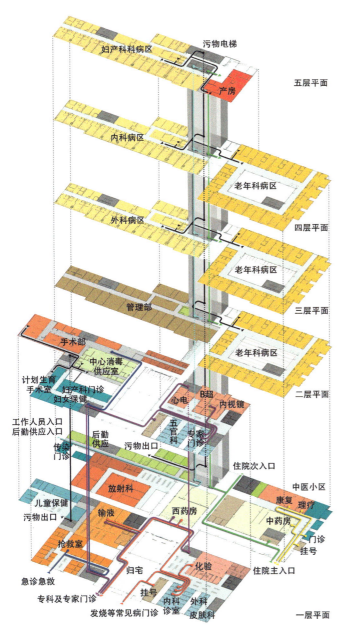

图 18-9-1-13 锦溪人民医院立体流线图

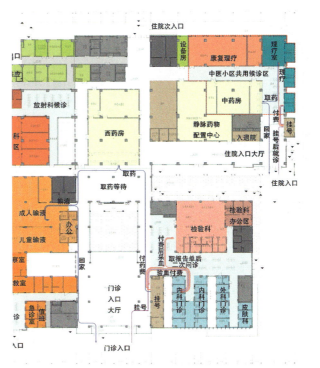

图 18-9-1-14 一层门诊流线图

图 18-9-1-15 二层污物流线及洁净物品供应流线图

（5）病室

针对老年患者住院时间长以及因身心状况及经济能力的差异所导致的疗养需求多样化的特点，设计了多种类型的病室。

在护士站附近设置了供长期卧床患者使用的三床病室（图 18-9-1-16），病床间的净距离大于 1.7m，卫生间进深 2m，开间 2.4m，门正对坐便器，为使用移位机搬运患者提供了足够的空间。

老年科病区东侧设置四床病室，每床各占一角，私密性良好，靠卫生间一侧的患者卧床时也能欣赏窗外景色（图 18-9-1-16）。病室内设干湿分离型卫生间，将洗手池、坐便器、淋浴间分开设置，可同时使用。卫生间的地面保持干燥，可有效防止患者滑倒。淋浴间较宽，以便护理人员照顾患者。

南侧设置二床病室、单人间和 VIP 病室，并配置了沙发、书桌等家具，可满足长期疗养的需要。

将内庭院北侧的走廊加宽至 5m，可方便老年患者就近展开康复训练。

2）形式与空间

（1）形体

图 18-9-1-25 为按平面及层高直接生成的体量图。借助墙体的凹凸及坡屋面的设置，将该大体量的建筑物分解为若干个小体量的组合，从而接近江南民居的宜人尺度（图 18-9-1-17~图 18-9-1-20）。

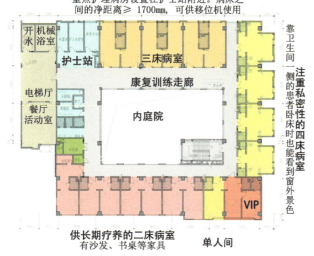

图 18-9-1-16　老年护理单元设计

（2）表皮

为获得"粉墙黛瓦"的艺术效果，整幢建筑以白色和灰色为主色调。在医院的表皮设计中还引入了江南民居的各种元素，使前来就诊的当地患者感到既熟悉亲切，又有所变化[2]。

在门诊部与住院部间，仿效锦溪古镇沿河廊道的手法，设置了室外的休息空间。在南楼2层北侧设置了当地常用的瓦砌花格，既避免了与北楼2层病室间产生视线干扰，又获得了较好的艺术效果（图 18-9-1-21~图 18-9-1-23）。

仿效当地常用的木质花格漏窗，设置了木质花格外遮阳，既发挥了节能的作用，也达到了装饰的效果。住院部采用了当地居民喜闻乐见的冰裂纹花窗

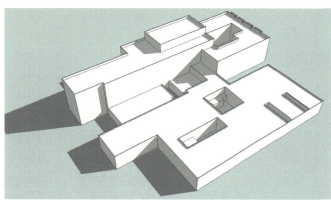

图 18-9-1-17　体量图

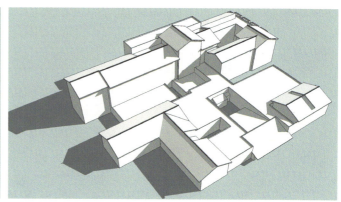

图 18-9-1-18　造型图

图 18-9-1-19　西南角效果图

图 18-9-1-20　东南角照片

图 18-9-1-21　苏州平江路瓦砌花格

图 18-9-1-22　瓦砌花格的运用

图 18-9-1-23　锦溪古镇沿河廊道

图 18-9-1-24　住院部冰裂纹花窗

图 18-9-1-25　中心庭院鸟瞰图

图 18-9-1-26　老年科病区内庭院效果图

图 18-9-1-27　老年科病区内庭院照片

图 18-9-1-28　住院部西南侧庭院照片

（图 18-9-1-24），不仅丰富了立面，还增强了建筑物的亲和力。

（3）空间

a. 中心庭院

借用江南园林中常用的对景设计手法，在门诊入口正对面设置中心水景庭院，种植了当地特产并蒂莲，并通过圆洞门的设置，使患者有置身于江南园林之感。该中心庭院有助于患者快速正确地辨认当前位置并明确方向，不仅能增强患者的安心感，还会提高医院的交通效率（图 18-9-1-25）。从门诊入口大厅至中心庭院，可充分感知空间的层次与变化，阳光从玻璃天窗倾泻而下，不仅带来光影的变化，而且给医院增添了温馨的感受。

b. 共有领域

在老年科病区中围合了三层共享的内庭院。作为半公共的共有领域，该内庭院既便于患者的日常利用，也方便患者之间的亲切交流，从而获得了浓郁的生活气息及安全安心的氛围（图 18-9-1-26、图 18-9-1-27）。

（4）景观

门诊及医技科室的候诊区、老年科病区四床病室、中医小区的候诊区、住院入口大厅都面向邵甸河风景绿化带设置，充分利用了当地的景观资源。

3. 结语

尽管医院建筑非常复杂，但同样可以设计得功能合理且丰富多彩（图 18-9-1-28）。因此，虽然医院建筑设计必须建立在坚实的科学根据之上，但本质上它更是一门艺术。

18.10　室内设计与装潢案例

18.10.1　苏州树山花间堂酒店[①]

1. 项目背景

苏州树山花间堂酒店位于苏州高新区树山生态村景区入口处，占地 3800m²。酒店所属的树山休闲商业街建于 2009 年，是集温泉养生、健康休闲、自在生活为一体的乐活养生街。树山生态村是远近闻名的旅游点，于苏州西北郊，虎丘区通安镇境内，太湖旁的田园之地，远离车马喧嚣，悠然闲适。该区域结合了本地特色的酒店集群，每年梨花开遍，遍野茶色，迎来送往诸多游客。这

[①] 本节执笔者：孙炜、邬斌。

里有翠冠梨、云泉茶、树山杨梅，坐拥苏南最好的温泉（图18-10-1-1、图18-10-1-2）。

花间堂品牌起源于云南丽江，近年在江浙沪壮大，以独居特色的花间美学将高端精品酒店的服务理念与地方民居、民俗等人文特色完美融合，以中国传统家文化之美为核心理念，传承及保护所在地自然人文特色的欢乐而美好的现代人间桃花源。花间堂的中国传统人文度假的品牌精神为本次改造项目提供了设计的导向性。设计团队希望通过设计来尽显项目本身的魅力，去和在地性产生对话，而不是抛掷一个独立的概念或以干涉的状态介入树山生态村。

2. 建筑规划

项目现状面临着几大弊端，如建筑整体空间局促，公区与休闲区分割不明，建筑外立面风格偏商业化，缺乏度假气氛以及酒店入口标志不够清晰等。一直以来以高端精品酒店的服务理念结合地方民居、民俗人文特色，开创文化精品度假酒店先河的花间堂，需要一个契合品牌理念又能反哺在地性的定制改造方案（图18-10-1-3）。

鸟瞰酒店建筑，白墙灰瓦，围合式建筑的结构让酒店更像是生长在树山生态村的聚落，创造并独享着属于自己的一片天地。酒店的建筑带有苏州古典园林的特点，让山池、花木、围墙、房屋、走廊，共同形成完整而有机的关系，并具备使用与观赏的双重作用（图18-10-1-4）。

项目团队在原有酒店建筑的基础上，通过建筑规划、景观、室内三合一的角度对酒店进行改造规划，重新梳理了入口与场地的关系，改造了酒店的动线流程，让客人流线与服务流线互不交叉，客人流线直接明了（图18-10-1-5）。

在景观设计上，设计保持了原有景观特色，优化整理了现有植被，营造出私密性与围合感。强调建筑单体之间的衔接，使内部景观与外部环境相互渗透、协调。此外，在防滑的铺贴材质以及景观灯具和小品上精心设计，与植被相互映衬，竭力打造舒适、便捷的景观空间（图18-10-1-6）。

图18-10-1-1　树山生态村

图18-10-1-2　树山生态村梨园

图18-10-1-3　项目原建筑外观

图 18-10-1-4 建筑鸟瞰渲染图

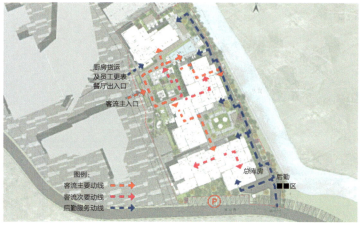
图 18-10-1-5 动线规划

图 18-10-1-6 景观设计渲染图

3. 室内设计的理念

在材料方面，设计团队选取了藤编、亚麻、竹、石子、硅藻泥、青砖等天然材料，将花间堂独特的美学理念，通过色彩和材质，灌输到每一个设计细节中。大堂区户外庭院打造了人与自然零距离接触的条件，舒适的客座区延伸至室外；中庭户外庭院还原了野外的自然景物，创造了围绕草地休闲小坐的气氛；温泉泳池及户外酒吧区为旅客提供了高品质的设施与技术上的配套服务，让旅客在郊外享受五星级的室外温泉（图 18-10-1-7）。

室内设计是改造方案中的一大挑战，优质的居住体验是构成酒店口碑最重要的因素，当居住者的视角从室外回归室内，又将是另外一种角度和体验，我们希望建筑与室内是里应外合的共同体，又能够超越常规。餐厅的设计围绕乡土餐厅的特色形成了一个别有风味的就餐区，大片落地窗为餐厅提供了最佳景观位。人造石、艺术涂料、木饰面、水泥砖、水磨石、石板砖作为室内及餐厅区的主要选材，同时我们提取了传统江南水乡建筑的元素，在室内构造了折线形的木构架装饰，并解构运

图 18-10-1-7 大堂室内渲染图

图 18-10-1-8 餐厅室内渲染图

图 18-10-1-9 包厢室内渲染图

用在庭院、建筑与室内。贴近田园生活的传统布艺和麻布布艺也融入了客座区的软装设计中（图 18-10-1-8、图 18-10-1-9）。

在客房区，设计师通过对空间布局的精细推敲，在保障私密性的同时，让室内空间与自然相互渗透，为客房配套一个独立的小院，私密而不封闭。天然的灰色涂料和木制地板，配以典雅、质朴的软装效果，硅藻泥的使用也考虑了其具备防潮吸湿的作用，并结合了隔声、灯光等技术上的配合，全方位打造悠然、恬静的卧室空间。"土地平旷，屋舍俨然，有良田美池桑竹之属。阡陌交通，鸡犬相闻。"《桃花源记》中描绘的大概就是树山村的景色了。没有城市的喧嚣，没有急切的行人，到访者所期望体验的是沉浸式的旅居生活，感受草木荣枯、四季变换、云起云落的人间仙境（图 18-10-1-10、图 18-10-1-11）。

图 18-10-1-10　房室内渲染图

图 18-10-1-11　客房庭院渲染图

18.10.2　大板巷里的鲤院[①]

1. 熙南里的大板巷

南京城南保存有国内面积最大、最完善的民居"甘熙故居",始建于清嘉庆年间,位于中山南路南捕厅15号、17号、19号及大板巷42号,所存建筑均为砖木结构,左右两组,各为五进,俗称"九十九间半",实则在百间以上,"青砖小瓦马头墙,回廊挂落花格窗"。其中,大板巷在改造中对街区内的古井、古树、断墙、残垣等尽可能加以保护,按照现状尺度设计道路宽度,形成了有南京特色、高品质的历史街区。这条新"古"巷,遵循传统院落的路网肌理,巷里的青石板路弯弯转转,拨弄出了老南京恰有的清隽质朴气,虽近秦淮却远脂粉,而鲤院就藏在这样的一条巷子里(图18-10-2-1、图18-10-2-2)。

2. 鲤院

鲤院位于大板巷的中部东侧(图18-10-2-3),周边的建筑因为建造年代的差异而形态各异,有小青砖墙坡顶、红砖墙坡顶、马头墙坡顶等江南传统民居式建筑,也有现代仿古建筑和简约风建筑(图18-10-2-4)。

鲤院原本是现代仿古建筑,占地面积约800m²,室内设计面积970m²,由一栋一层临街厢房和一栋二层厅房组成,高低错开,由一间三两步就能走过的过廊连接。小院入口在西南边角,入院便是280m²的内庭院,一览无余,而一棵孤单的梧桐微微展开枝叶,便到了他人家,人在其间,略感平白。俯视布局,空间层次单薄,使用起来略显局促。首先着手对空间布局进行重新梳理,基于建筑所在的城市地理环境和人文环境,继承传统江南民居样式,借用民居院落概念来延展空间布局,以求达到商业经

---

① 本节执笔者:黄勇、谢波。

图 18-10-2-1　熙南里街区

图 18-10-2-2　大板巷前世今生

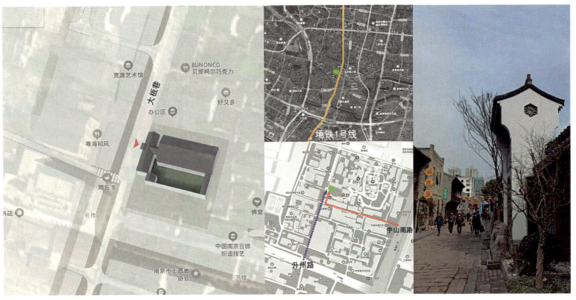

图 18-10-2-3　鲤院位置

图 18-10-2-4　鲤院周边建筑环境

营和建筑文化的共融（图 18-10-2-5）。

3. 空间变换

"厅堂"是传统建筑空间中的核心，常常是序列的开始，又是序列中的组织者。本案中为了增加内部空间的层次，采用"叠加法"来满足空间使用功能的需求，所谓"其大无外，其小无内"。

1）"主轴"加"副轴"

新入口门斗—前厅（前院）—过厅（廊桥）—主厅（包房），形成空间布置上的主轴。接待区（茶轩）—门厅—堂食区（零点），形成副轴线。

2）"围"加"合"

前厅区和主厅区加过厅围成一个半开敞空间——前院，加上玻璃顶，形成采光天井。堂食区、新走廊、听雨轩、茶室围成后院，结合院内景观设计，内外合二为一，是为水院。

3）"原真"加"仿真"

不拘泥于原有的结构形态，将真实结构的柱梁体系叠加上装饰仿制柱梁体系，在简单的空间里形成了丰富的江南传统屋架空间，强化了这种文化的表达。

4）"灰"加"白"

不同空间之间的渗透和穿插为"灰"，界面模糊。对功能空间的边界限定即为"白"，清晰直白。传统建筑中的花格漏窗、柱廊梁架与现代建筑中的玻璃、灯光等设计语言融合再现，并借物抒怀，借景象表达心境（图 18-10-2-6）。

4. 理念融合和创新

江南传统建筑低幽曲折，探望便可得穿透，环顾便体现洞天，说到底，与"江""南"两字分不开，"江"与水相关，"南"与茂盛相关，立意由外景的"青水、青石、青丛"深入到内间的"一梁、一柱、一格"，将茂盛点缀于清朗的江南建筑里，又让方寸之地点"石"成水，水中的红鲤便成为这洞天的仙子，这也是"鲤院"的由来。

文学作品对意境的描述引人入胜，建筑师借陶渊明在《桃花源记》中的描写，以期营造出"初极狭，复行数十步，豁然开朗"的院景，让宾客顿生"复前行，欲穷其林"的好奇心，获得美食美景"怡然自得"的消费感受，在这般思考下，原本的游览动线便自然而然地变顺序为倒序了（图 18-10-2-7、图 18-10-2-8）。

1）前院借景

建筑临街的一栋是单层建筑，类似于四合院的"倒

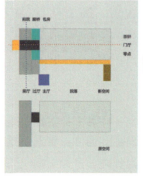
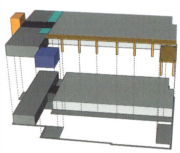

图 18-10-2-6　鲤院空间变化示意

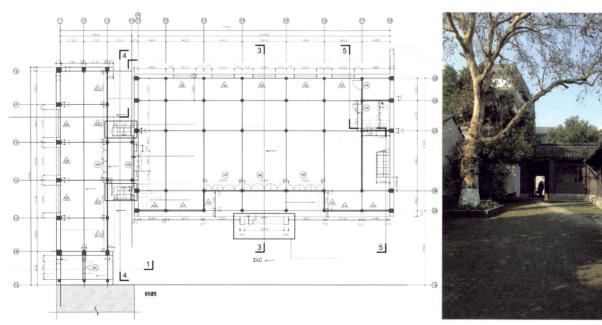

图 18-10-2-5　原建筑院落

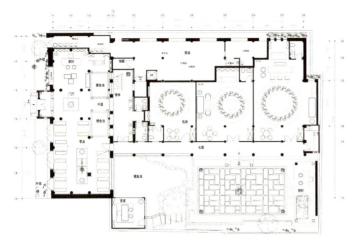

图 18-10-2-7　一层平面布置图

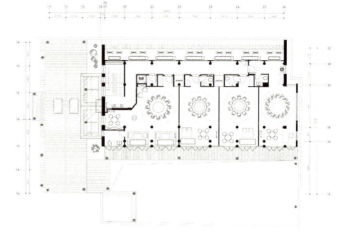

图 18-10-2-8　二层平面布置图

图 18-10-2-9　前院大门入口

图 18-10-2-10　从前院看廊桥中庭

图 18-10-2-11　前院前厅空间

座"，原先是比较封闭的状态。大板巷的街道改建后形成了丰富的人文景观，打开建筑临街的墙体，做成直棂花格落地窗，直接将街景氛围纳入其内，是为"前院"。前院的入口矗立着高大的"宅门"，并形成空间上的景深，犹如镜头，由外而内或由内而外捕捉着不同的热闹。同时，这样的前院为迈入豁然开朗的后院做满了铺垫（图 18-10-2-9）。

2）中庭洞天

中庭由原建筑的连廊改造而来——在水平序列中插入垂直建筑空间连接前后院，并加以围合，上以透光玻璃顶呈现，下以浅水锦鲤鱼池取意，继承于江南传统建筑中的四水归堂的天井，但不局限于此，又融入现代中庭的概念，满足了室内空间使用功能。在中庭，锦鲤第一次出现，凭栏听鱼，也像是在动与静之间停歇（图 18-10-2-10~图 18-10-2-12）。

3）鲤院赏雨

步过石桥便是后院主厅，上下两层，以七间餐厅包房为主，风格一致。包房对外采用传统木格门窗，排列规整，节奏严谨，不失禅静。窗外的檐口下，打上暗灯，将外檐口壁柱和窗棂的凹凸明暗烘托得更为立体。窗扇玻璃一律采用镀膜单反射玻璃，如镜面一样映射出四周景象，仿佛格子里面又是一处天地。原来的建筑内院改造为水院，那一池水，青得发腻，岸石都被衬托得发了白，特别是微醺阴雾下，亭台楼阁，朦胧烟雨，一处江南诗意。在这里，红鲤又出现了，它们在水中畅游，像极了丛里开出的花。客人们在室内也好，在水院也好，似乎都在模模糊糊地谈论着天南海北，倒是应了秦淮的十里春风之想、之境（图 18-10-2-13）。

4）水院四季

江南的建筑，怎么能没有水呢？在鲤院，宾客推杯换盏，一梁一柱、一桌一椅见证着日日更迭的故事，而窗外的水院却恰恰相反，独自演绎着她的春去秋来。

水院既要满足经营用途，又要呈现高低递进的错落感，出一方石地，入一室茶屋，这个动线就形成了一缕分隔线，线两侧也就形成了造景空间。

一侧是人工挖凿的红鲤青池，池边铺有防腐木地板，木地板的沉着好像是从整排格窗上自然流淌下来，而后再悄悄过渡着青水的柔腻和石地的硬朗，体量虽小，但对于这片色调的平衡来说，功不可没。另一侧是花坛，本就独有一棵梧桐，背靠青瓦白墙，大片的留白，则更显其挺拔，

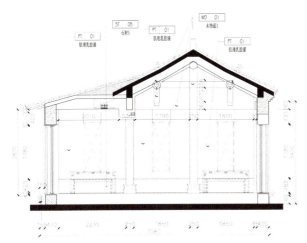

图 18-10-2-12　前院前厅剖立面

图 18-10-2-13　水院

对整个空间来说，这个角落空比满更写意，也许日子久了，青竹会有自己的茂盛，那时再与青池对望，又是一番景致。

整片石地沿平行于建筑长廊的方向呈矩形铺设，石地中的小块矩形青石板有纵有横，随机排列，每块之间留有指粗大小的土缝，土面略低于青石面。

这块青石地是水院中最热闹的区域，可以独步赏景，可以三两聚贤，抽抽烟，也可以聆听侧轩里的抚琴弄弦，如画鲤院，人一入画，移步易景。

不仅如此，建筑师还特意在石地土缝中留了草籽，让时间在此留下更多印迹。年年春天，小草生发，散步在石地上，怜惜的人也会情不自禁地多张望两眼，过些时日，小草的绿就会变得老道一些，夏天也就到了。

夏季纳凉时，见挎篮姑娘，提裳碎步，驻足水院间。江南传统建筑中，真是离不开这些女儿家的文化。秋梧桐，冬积雪，一池青水，一丛青竹，都会不浓不淡地告诉人们这个水院的四季故事。

水院虽小，但却把传统的"小中见大"的手法和"一花一天地"的禅意融入其中，以其叙说的故事性，表达出自己的寓意，那就是江南传统建筑中的含情脉脉（图 18-10-2-14~ 图 18-10-2-18）。

5. 细部设计

文化的感染力常借由细节处迸发。把原中廊的空间并入室内包房，由此形成更加舒适的使用体验，进而在屋架的处理上，采用传统建筑的不对称处理手法，按照顺势而

图 18-10-2-14　水院锦鲤池

图 18-10-2-15　水院长廊

图 18-10-2-16　水院长廊细部

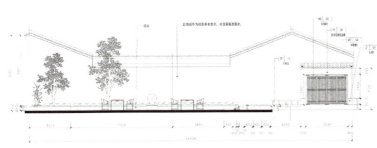

图 18-10-2-17　水院立面

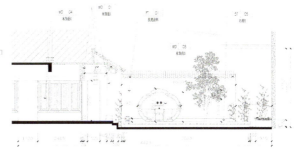

图 18-10-2-18　水院立面

为的思路，将纳入房间内的中廊顶面按木构架统一处理，该转折的地方转折，该平伸的地方平伸，顺着屋面走势处理完毕，一气呵成（图18-10-2-19、图18-10-2-20）。

原建筑外观是典型的硬山式建筑，清朗朴素。传统的硬山式木构架，是架梁托着瓜柱，瓜柱托着檩，檩托着椽，一层一层地叠加上去，形成一个"山"字形。如果是对称空间，可以这样设计，但这个包房空间是不对称的，所以建筑师对传统梁架形式进行了调整，将硬山式木构架基础上的瓜柱下延，直接与架梁相交，做出类似穿斗式的木构架式样，并形成方格，这一处理与门窗的方格元素呼应。同时，在传统特征中带有现代构成的意味，不显得呆板（图18-10-2-21、图18-10-2-22）。

江南气候湿润，雨水充沛，一场急雨下来，硬山建筑的山墙想像出檐一样把雨水抛送出去，也是心有余而力不足。若是能巧妙利用雨水，让雨水既来之，则安之，那鲤院赏雨，也是一场额外的收获。玻璃成了山墙的理想材质，中庭上空，边户包间，走廊尽头，凡是能够纳光的山墙面，尽量更换合适的透光玻璃，再腻的雨，再急的雨，都会在玻璃上留下它们的踪迹，岂不美哉？玻璃采用单向反射膜，屋里的人看过去，外景入画，屋外的人看到的多是镜面的反射（图18-10-2-23）。

传统栏杆多由花格组成，通透轻巧，但用在人来人往的楼梯间里会让原本紧凑的空间显得有些缭乱，也不符合原本的设计定位。那么应该用怎样的纹样来表达这里的栏杆呢？恰巧，一本《瓷器的故事》启发了思路。瓷器多为盘盆碟碗，与美食美酒意有联结，就用瓷器中的元素吧！于是，建筑师从与环境应合的色彩、纹样出发，最终选用了宋代定窑白釉印花菊凤纹盘的物象来表达（图18-10-2-24）。"盘敞口……圈足，口沿露胎无釉处镶铜口，通体施白釉，釉色白中泛灰外壁能明显见到拉坯留下的旋痕，以及蘸釉时留下的泪痕状垂釉。"圈足对矮踢脚线，铜口色对木质显纹褐色，通体白釉旋痕对素白乳胶漆肌理。最终呈现时，"栏杆"整体融合在素白墙面的视觉效果中，不繁琐、不突兀，反而增强了迂回曲折的景深感，恰到好处（图18-10-2-25）。

餐饮商业空间的重要特征是时尚性和体验性，核心是商业经营。对于空间中文化的表述，需要在既有文化的基础上融入社会阶段性需求。现在正值文化复兴时期，这种复兴进一步唤醒了大众的民族和历史情结。继承是主要的，创新应根据建筑现有的条件在继承的轨道上探索，这样设计出的空间氛围更易让人接受，更有利于达到空间主体本来的目的。

图18-10-2-19　顶棚

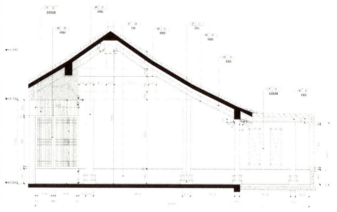

图18-10-2-20　高低顶棚衔接立面

图18-10-2-21　山墙架梁

图18-10-2-22　梁架与窗格的呼应

图18-10-2-23　窗的处理

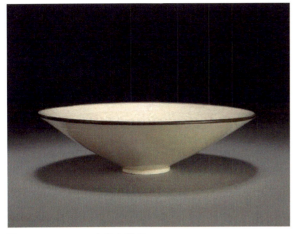

图18-10-2-24　定窑白釉盘　　　　　　　　　　　　　　　　　　　　　　图18-10-2-25　楼梯的设计

18.10.3　上海崇明海和院社区中心[①]

1. 溯源

被誉为"长江门户、东海瀛洲"的崇明岛，是长江三角洲东端长江口处的冲积岛屿，也是中国第三大岛屿。崇明岛地处北亚热带，气候温和湿润，年平均气温15.2℃，日照充足，雨水充沛，四季分明。崇明区水土洁净，空气清新，生态环境优良。

近年，崇明岛的旅游配套设施不断完善，休闲度假模式日趋多元，吸引来越来越多周边游玩和定居的人群。在不断深化全域旅游示范区建设的推动下，崇明岛持续发挥高端酒店、精品民宿、美丽乡村等资源优势，提升景区旅游能级，全力打造国际生态旅游度假区。在这样的背景下，建立一个能够彰显城市魅力的现代设计与地域性文化特点相结合的社区中心尤为重要。

坐落于上海市崇明岛的海和院社区中心，由仁恒置地与中信泰富合作开发，基地位于崇明东滩陈家镇板块的中心镇区——生态实验区东部，东邻上海崇明东滩湿地公园，南邻上海国际高尔夫俱乐部，西临沪陕高速。项目面积4000m²，离中央生态湖泊集中规划的生活配套和湿地绿楔仅一路之隔，是东滩距离上海城区直线距离最近的低碳生态居住示范区。日常生活配套和具有在地特色的生态度假娱乐项目环伺四周，是极好的生态休闲旅游度假地。在陈家镇规划的10个片区中，仅有4个中心镇区（国际实验生态社区、裕安现代社区、国际论坛商务区、东滩国际教育研发区），适宜居住的便是"国际实验生态社区"，海和院正落址于此。规划面积4.4km²，按"一核、二环、二楔、三片"结构布局，绿色生态、商业、娱乐、体育等配套环绕，绿地、水系相辅相成（图18-10-3-1）。

2. 设计思考

1）崇明本地的民居文化

崇明地处江海交汇处的长江口，三面环江一面临海。从唐朝武德年间露出水面的沙洲到现在成为祖国第三大岛，在1300多年沧海桑田的变迁过程中，也产生了颇有自己特色的几种民居。

（1）环洞舍式民居：将芦苇秆扎成环状，两端埋入土中，上罩芦辫，便成了一个简陋的"环洞舍"，洞前装

图18-10-3-1　海和院社区中心区位

[①] 本节执笔者：孙炜、邹斌。

一芦笆门,他们便在此露宿,进行围垦,因此"环洞舍"便成为崇明最早的民居。

(2)一窗一阖式民居:"一窗一阖"是指在侧厢屋面对场心的一侧墙上,安立一个门框,其宽相当于两扇单门的宽度,中间立一可以"探落"(崇明方言"取下之意")的立柱,柱头的一边,置一单门,另一边的上部装上既可开启又可关闭类似半扇门样的"窗"。下半部分置一扇一边固定在立柱上一边固定在门框上的"阖"。

(3)三进两场心四厅头宅沟式的民居:三进两场心四厅头宅沟式的民居,是崇明岛历史上最典型的富家住宅。它一般由前后三埭房屋组成,四周再圈围宅沟。埭与埭之间的两端,由侧厢房屋连接,其建筑平面图形为一个"日"字。住宅的进门一般设在东南角。这是因为中国民间历来崇尚风水,风水学上普遍认为东方和南方会给人带来福气和喜气(图18-10-3-2~图18-10-3-5)。

2)崇明民居文化对本案的设计启发

崇明岛民居特色具备了自然、质朴的民风,讲求实用与功能性的空间布局,宽敞、通透的空间感,偏好采光、通风,低密生态生活的合院形式,注重传统手工艺的传承与表现。本案通过对本地民居文化的了解,对传统崇明民居文化符号进行延续、变异、整合与超越,在材质方面,选用了木饰面、大理石、黑钛不锈钢、藤编、皮革等,代表生态岛的自然,源于民间的手工艺,融合现代的城市生活方式,希望呈现枕水而居、错落排列、院宅相生、紧凑实用、粉墙黛瓦、质朴天然、虚实有致的空间特点;吸取本地民居文化的精神与气韵,创造场所地标性与文化专属性,将地域文化、环保理念、空间功能与创新设计相结合(图18-10-3-6、图18-10-3-7)。

3. 室内设计

1)设计概念

崇明海和院社区中心将生态岛质朴和淳厚的气韵,结合现代的设计语言,以崇明岛的地理区位为先导来定义场地空间,量身打造一方去繁从简、返璞归真的岛居诗意栖居。"海上别院"是空间的设计主题,积聚了岛上水洁风清的特点,清寂与安然的气场与岛上的生态浑然天成,让自然生态与现代社区中心共融;把现代城市生活与自然山水联系在一起,带来自然、生态可持续的社区空间,唤醒人们在都市生活中的健康生活状态。

"羁鸟恋旧林,池鱼思故渊。暖暖远人村,依依墟里烟。"贴近自然,虫声鸟鸣,描述的恰是这里的意境,如同开辟一处城市的后花园,去拾我们记忆中失落已久的印象。项目围绕海和院的设计概念,也希望以此启发人们的

图18-10-3-2 海和院社区中心

图18-10-3-3 海和院社区中心前厅入口

图18-10-3-4 海和院社区庭院

图18-10-3-5 社区中心林荫道

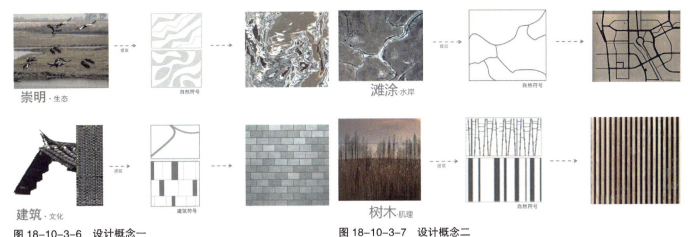

图 18-10-3-6 设计概念一
图注：从崇明岛特有的依山傍水和宽广辽阔的生态特色和崇明岛民居的建筑屋顶和建筑立面，提炼自然元素转化为抽象概念。

图 18-10-3-7 设计概念二
图注：滩涂、水岸、树木，从自然中提取灵感，用简约的造型与天然的材质，传达复杂和如诗般的意念，以现代手法演绎一个具有崇明地域特色的空间。

灵魂深处，唤醒对于真正美好的集体记忆，如若能在生活的点滴中增添一丝雅趣，贴近高古的意蕴，便是传统的破茧新生。城市的脉络和人的距离不停地被重组，郊外岛居，海上别院，也许正是人们现代城市生活的启示录。

2）设计元素

在整体设计理念中，设计团队将建筑与景观的自然元素延续到室内，以绿色生态为空间轴线，以自然之笔重塑空间，融合崇明岛的地域肌理"生态、树木、滩涂、水岸"，建筑肌理"屋顶、砖墙、窗"，以及"枕水而居、错落排列、院宅相生、紧凑实用、粉墙黛瓦、质朴天然、虚实有致"的特点，通过对"场地、功能、光、材料、自然、氛围、场景"这七个层面，开展有序的设计推敲和设计深化。

3）设计实践

踏入接待厅，层高开阔，顶面的选材采用和纸发光灯膜，拔高视线，带来了视觉上的震撼。墙面是平坦而无限延续的大地色，赋予空间天地与乾坤。木饰面的大面积铺陈，塑造出崇明岛天然生态、淳朴的空间印象。空间没有多余复杂的修饰，而是营造平衡与协调感，宁静深远。滩涂水岸与树木肌理中的自然符号，重现当代语境下的归园田居。

途经别有洞天的艺术前厅，进入洽谈区，座位区靠近庭院，径直往前通向远处的吧台。洽谈区阔落宽舒的视野，由玻璃幕墙环绕四周，消弭了室内外的界限感，与顶棚的设计，共同呈现了开阔、明朗的视野，仿若这片土地所带来的直观感受。纯净、淡雅的色调，贴近自然的质地，结合现代艺术的休闲沙发座椅，烘托出柔美、蜿蜒充满艺术气息的江南韵律。将景观引入室内，让自然的气息萦绕于室，在空间里创造可观、可游、可感的动态体验。

阅读区借助下层庭院的采光与景观优势，带来很好的阅读与休息的体验，阅读区的座位也根据长远考虑，可以灵活组合。梦游书院，传承千古故事。"叩院访学、翰墨书香、清谈论道、寓教于景、文人雅集、朗朗书声"每一个词都蕴含着千年书院文化里独特的书香氛围，这是我们千年沉淀下来的文化韵味，用简静的东方现代笔触，续写书香荡漾的书院空间。

庭院作为建筑与墙体围合的一个中间空地，本项目恰是将传统民居的院落概念进行提炼，借助庭院的过渡区，使室内与自然之间取得舒缓而亲密的互动。同时，庭院内引入现代感的外观，连接室内生活，提升自然景观的体验感（图18-10-3-8~图18-10-3-15）。

进入二层，迎来的是更私密的就餐区域，这里分为茶吧、全日制餐吧与私宴空间。空间顶面采用藤编墙纸材

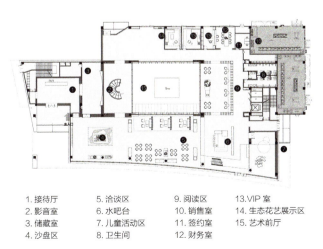

1. 接待厅　　5. 洽谈区　　9. 阅读区　　13. VIP室
2. 影音室　　6. 水吧台　　10. 销售室　　14. 生态花艺展示区
3. 储藏室　　7. 儿童活动区　11. 签约室　　15. 艺术前厅
4. 沙盘区　　8. 卫生间　　12. 财务室

图 18-10-3-8 一层平面图

料，结合崇明的地域风格，搭出木构结构，利用建筑的构成处理顶面和墙面的协调关系。清雅的木质与大理石大面积铺陈，贯穿于空间中，创造协调的视觉与触感，在细节上也呈现自然主义和艺术表达的张力，塑造室内与建筑和环境的关联性，将崇明岛宁静深远的气质吸纳于空间中（图 18-10-3-16~ 图 18-10-3-20）。

地下一层由泳池、健身房、储藏室、更衣室等多功能区域构成会所的空间。会所区以宽阔的泳池为核心，顶面采用铝格栅和发光灯膜模拟自然光，保证整体的发光照明；墙面采用石材与铝饰面，下层庭院的景观引入室内，成为会所天然的"背景墙"（图 18-10-3-21~图 18-10-3-22）。

图 18-10-3-9　接待厅

图 18-10-3-10　艺术前厅

图 18-10-3-11　休闲洽谈区 1

图 18-10-3-12　休闲洽谈区 2　图 18-10-3-13　水吧台

图 18-10-3-14　阅读区

图 18-10-3-15　VIP 室

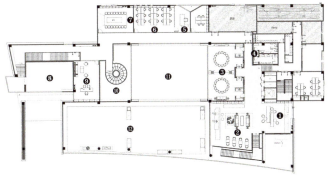

1. 茶吧
2. 全日制餐吧
3. 私宴
4. 卫生间
5. 策划办公室
6. 销售办公室
7. 会议室
8. 迎宾大堂上空
9. 营销总监办公室
10. 艺术前厅上空
11. 庭院
12. 洽谈区上空

图 18-10-3-16　二层平面图

图 18-10-3-17　全日制餐吧一

图 18-10-3-18　全日制餐吧二

图 18-10-3-19　走廊

图 18-10-3-20　私宴

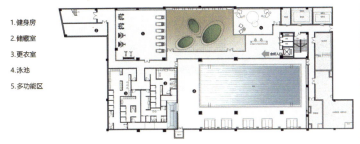

1. 健身房
2. 储藏室
3. 更衣室
4. 泳池
5. 多功能区

图 18-10-3-21　负一层平面图

图 18-10-3-22　泳池

4）小结

海和院社区中心是传统江南建筑的艺术意境在现代艺术形式与室内设计理念中获得更生的一次小小的实践，保留传统崇明居民建筑的淳朴、纯粹的自然主义情怀，去除更多人工雕琢的痕迹，寄情山水，释放自然。同时，社区中心的空间功能本质上以服务于人的需求而打造，呈现一个多元复合的生活体验馆，创造人、自然、文化与艺术的共生空间。在空间设计上也注重区域感的塑造，区域不一定是以实体的界面来分隔，透过沉浸式社交体验的操作，也就是让空间的平面布局与组成元素相互对话，满足动与静、开放与半开放的功能需求。

18.11 美丽乡村案例

18.11.1 漫耕三条垄田园慢村[①]

乡村是人类最古老的聚落形式，也是当代人居环境的重要组成部分，无论一个地区的城镇化发展水平多高，总会有相当数量的人口在农村居住和就业，在经济发展中，乡村建设是一个无论如何也绕不开的话题。然而，在城镇化高速发展的当下，乡村也面临着资源外流、活力不足、公共服务短缺、人口老龄化、村庄空心化、乡土特色受到冲击破坏等一系列问题和挑战。习近平总书记反复强调，农村绝不能成为荒芜的农村、留守的农村、记忆中的故园。如何让职业农民成长扎根、让特色农业发展壮大，如何传承发展乡村文化、留住乡愁记忆，让农村成为人们向往的家园，是我们需要去思考和努力的方向。

1. 村庄概况及改造设计思路

2017—2020年，我们进行了一个真正意义上的乡村改造实践——三条垄田园慢村。村庄位于高淳国际慢城南部，村域面积8.14km²，5个自然村，6个村民小组，总人口800余人，总面积12200亩。村庄地处丘陵地区，地势起伏明显，周边茶园、田林景观资源丰沛，区域附近连带的青山茶园更是号称"万亩茶园"，被誉为中国最美茶园之一，包括电视剧《人民的名义》在内的诸多影视剧也在此取景，吸引了众多游客慕名前来（图18-11-1-1、图18-11-1-2）。

相较于村庄优美的外部环境，村庄改造前的环境可谓另一番景象——随处可见的土路，局部主通道上的混凝土道路只够一辆车通行，无法环通，凌乱、纷杂的建筑立面伴随着村内垃圾的肆意堆放，形成了杂草丛生、破败老旧的生活环境以及脏乱萧条的村庄光景（图18-11-1-3）。

三条垄田园慢村经过一年多的初步改造建设之后，村庄的整体环境得到了全面的提升，旧貌换新颜，田林鸟叫、流水潺潺，乡野田园的美丽景象在这里呈现，乡愁追忆在这里得到延续（图18-11-1-4）。

三条垄田园慢村，在规划上重视的是传统村庄肌理的保护，延续乡村和自然融合的空间关系。先后梳通清理了村庄的道路交通和空间关系，实现了村内车道环通，雨污水集中收集、排放处理，杆线下地，燃气通户，新建停车场公厕以及公共活动空间，同时对村民的房屋院墙进行逐栋的改造处理，对原有色彩凌乱、破旧的建筑立面进行简化、统一，用沉稳、质朴的灰色调弱化建筑自身的体量感，让其退隐在自然绿化的背景之中，让人们走进村庄即

图18-11-1-1　高淳国际慢城

图18-11-1-2　漫耕农场

图18-11-1-3　改造前民房外景

图18-11-1-4　改造后村庄鸟瞰图

[①] 本节执笔者：史书森、杨时平、蒋萍、方源。

图 18-11-1-5　恬静、舒适的村庄

图 18-11-1-6　帮村民设计的经营性辅房

能体会一分恬静、舒适（图 18-11-1-5）。

实现乡村的复兴，除了做好基础设施和公共服务配套提升外，重要的是充分挖掘和利用好乡村自身的特色资源，其中产业是基础、文化是内核。农村的衰落很大程度上源于产业的不振，应首先保护好乡村的价值体系和集体情感记忆，以农民的获得感作为根本，做好这些后再去思考、去重构承载乡愁记忆、延续田园牧歌的生产生活方式。

在村庄建设规划中，一方面，我们需要做好村民的工作，帮助村民改造设计自己的可以用于经营的辅房空间（图 18-11-1-6），对于庭院则尊重村民原有晒稻谷的生活习惯，保留了原始的水泥地面。改造设计都以村民的获得感为根本。这些工作如果连村民都无法认同，那么最终乡村一定会失去活力。

2. 三条垄田园慢村建筑改造实例

1）导入休闲文旅产业

首先，我们帮助村庄导入产业，以休闲文旅作为村庄产业导入的方向，在建设初期，便在村口规划改造了一栋村民闲置用房，作为整个村庄的接待中心（图 18-11-1-7），承担游客的接待咨询以及运营办公后勤的功能，这也是村庄改造过程中最早完成的点位样板，村民看到样板之后便开始积极地配合后续的建设工作。

2）几处老房子的改造

三条垄田园慢村内有好几处 20 世纪七八十年代的老房子，充满了岁月的沧桑记忆，而房子实际上已经无法居住，随着时间的推移而闲置乃至废弃。老房子墙体都是黏土砖空斗墙，条件好的会用石灰膏码砌，条件差的还是直接用泥土砌起来。有的墙体已经开裂歪斜，有的木柱、椽子、檩条已经腐朽老化。在对此进行调研分析后，我们决定实施针对性的保护改造，将建筑的原始外墙保留修复，替换老旧的木门窗扇和内部羸弱的木结构体系，满足建筑的结构安全性之后，再对室内进行改造提升，出新如旧，最大限度地保留了村内原有老旧建筑的文脉记忆，让卖掉房子的村民可以继续长久地看到自己原来的房子在眼前留存、延续、焕发新的生机（图 18-11-1-8）。

我们希望能通过保留这些充满记忆的建筑，用旧瓶装新酒的方式，将老房修复之后植入各类文创相关的二产、三产业态，再随着二、三产的成长带动一产的发展融合，让人们到村里来不是走马观花，而是可以伴随这些业态在这里体验、游乐、休闲、居住（图 18-11-1-9）。人们可以在这里品一杯香浓的咖啡，可以亲自动手学做一

（a）游客服务中心外部

（b）游客服务中心内部

图 18-11-1-7　游客服务中心

（a）改造后的老房屋外景　　　　　　　　　　　（b）改造后的老房屋内景

图 18-11-1-8　改造后的老房屋

块简单的木雕，可以带孩子体验炒茶、制茶的乐趣，可以和朋友体验茶叶印染的成功感，可以和家人在一个宁静的小村安然、闲适地住上些时日，带着孩子看看花田、采摘水果，一边在水畔听听流水潺潺、一边静待夕阳的余晖发呆。一切都是儿时乡间的味道，我们要营造的乡愁生活，也会成为现在孩子们以后的乡愁记忆。

3）隐舍书室——一栋夯土建筑的改造

村庄内有一栋仅存的夯土建筑，墙体已经歪斜，无法保留，建筑需要重建，但我们依旧想办法选择了其中一道质地较好的山墙进行局部保留，拆除其余墙体，将旧墙的老土回收利用，重新夯砌土墙墙体，让新墙两头夹紧一段老墙，同时，墙体基础用混凝土及卵石进行覆盖加固，这样就实现了新旧墙体的完美融合。另外，增加了大面积的天窗和混凝土窗套折角包边，在传统建筑中融入了现代元素（图 18-11-1-10）。

夯土建筑被改造为"隐舍书室"（图 18-11-1-11）。建筑内部用于支撑的木结构体系采用传统的排架式木结构榫卯连接方式，并对当地传统的木结构方式进行改良，缩减内部木柱数量，使传统老房的空间利用率大大提高，为日后公共运营提供了充裕的空间。

4）拆除和新建

对于村庄内确实无法保留的建筑，我们选择了拆除后在原址新建。面对新建建筑，我们不希望再去复原老建筑的立面，简单的仿旧无法做出真正岁月磨砺下的美感，但新建建筑在风貌上需要和之前的村庄改造风貌整体统一。对于新建筑元素，我们更多地希望延续村庄改造中使

图 18-11-1-9　游客休闲、读书、娱乐场所

图 18-11-1-10　夯土建筑改造后　　　　图 18-11-1-11　隐舍书室

用的混凝土色、青砖、夯土、竹木等元素，来延续并演变乡村质朴、粗犷的风貌特征（图18-11-1-12）。

5）新建餐饮建筑

村庄的整体运营中少不了餐饮，餐厅的新建便显得尤为重要。村庄打造过程中，我们选取一处相对宽松的用地空间，进行了村庄餐厅的新建设计。设计上尽可能营造乡土、内敛却又不失张扬的气质，通过建筑形体的围合错动，构造了表现丰富的五个立面。餐厅屋顶搭出的露台与建筑内部的美人靠呼应，组织出不同区域的人员活动空间，形成一种回望对看的空间趣味（图18-11-1-13）。

6）凡涧民宿建设

我们选了一栋无法保留的老房，用来建造民宿，同时作为凡涧设计的工作室（图18-11-1-14）。建筑的选址被大树包围覆盖，一层是起居、工作、交流空间，在二层

图 18-11-1-12　新建建筑

的设计上，我们希望跟周边葱郁的林木产生自然的对话。空间被设计成一个星空房，星空房外围用大面积的穿孔锈板包裹，锈板上的孔洞打出树的形状。白天阳光从孔洞射入，听到风拂过树梢的声音，晚上玻璃房内的灯光顺着孔洞透出来，形成树形的光斑，充分和自然产生美妙的关系，成为村庄里与众不同的存在，也是村里最受欢迎的民宿。

7）公厕建造

村内的公厕是新建的，设计上力求生态自然，营造浓厚的乡土气息，建筑立面采用纯自然材料的卵石垒砌，同时搭配木结构排架，烘托其自然质朴的形象，同时营造一种自然之下的序列感。公厕正立面上木排架的设计，一改以往公厕正面直接进入的方式，使入口前厅形成虚掩，不直接对外，从而由两侧走道过渡后进入公厕（图18-11-1-15）。

在进入公厕后，前厅的洗手池也是由砖码砌，水泥砂浆抹面，水池设计成斜面，通过两端的高低差形成自然流向，也形成了方便儿童盥洗的高度。建筑屋顶则通过透空木屋架的方式形成自然的空气对流和阳光引入，用最接地气的手法高效地降低公厕能耗。外墙卵石的留缝通过拌入草籽的泥土填塞，慢慢长出了自然的草和苔藓；室内的地面和墙面采用裸露的混凝土砂浆原色，所表达的正是不经人为外来粉饰的一种原始感受，原木色的竹灯衬托着原始的卵石墙体，延续着整个建筑从里到外的自然淳朴的特色，让人们真正体验不一样的乡村原生态公厕

图 18-11-1-13　村里食堂

（a）凡涧民宿外部　　　　　　　　　　　　　　（b）凡涧民宿内部

图 18-11-1-14　凡涧民宿

图 18-11-1-15　乡村公厕外部　　　　　　　图 18-11-1-16　乡村公厕内部

（图 18-11-1-16）。

8）隐舍民宿的现代内装设计

村庄内还有一栋隐舍民宿，设计初期有运营人员提出想要引入钢铁侠模型，便在硬装设计上有意尝试将乡土与现代进行融合，内部裸露的屋面木望板及竹编灯，搭配白色的简洁装饰面，通过极富线条感的装饰光带，融合形成了新的视觉感受。内部的挑空空间和框景的设置，将外部景观引入室内，产生了丰富的空间感受（图 18-11-1-17）。

3. 结语

近三年来，通过漫耕的整体投资运营，村庄的产业得到了切实的导入，村庄聚拢了一批爱好文艺的青年客群，在这里开设工作室、民宿、展厅等，越来越多的游客慕名前来，农民的收入也在这个过程中逐渐得到了提升，使得村庄成了南京乃至江苏乡村振兴的示范项目。漫耕三条垄田园慢村先后获得了江苏省住房和城乡建设厅颁发的"江苏省特色田园乡村""江苏人居环境范例奖""首批江苏省传统村落"以及文化和旅游部颁发的国家级"全国旅游重点村"等诸多荣誉（图 18-11-1-18）。

漫耕三条垄田园慢村取得的阶段性成果体现了党的新农村政策的正确性与优越性。我们要坚持习近平总书记对农村提出的"绿水青山就是金山银山"的指示，遵循党

图 18-11-1-17　隐舍民宿内部

图 18-11-1-18　所获荣誉

的十九大提出的"产业兴旺、生态宜居、乡风文明、治理有效、生活富裕"的方针,结合国情,开拓国际视野,建设好具有中国特色的美丽乡村,造福人民,为国家的产业化发展贡献力量。

18.11.2　昆山无象归园[①]

1. 项目背景

1）计家墩理想村

计家墩理想村位于昆山锦溪镇,与青浦商榻一水而望,与淀山湖相连的自然水系将整个村子环抱。村子四周为农田,整村约有130栋民居,面河而建,背田而居,前院后屋、白墙灰瓦、高低错落、曲折有情,处处能感受到村民朴素的生活智慧与生活热情。计家墩作为乡伴文旅第一个理想村,吸引了一批向往乡村生活的城市人来到村里。目前已有11家主题民宿开业,木工房、陶艺坊、自然农场、乡村书店、正念禅修中心等业态相继对外开放,慢慢成了上海近郊城市人回归乡野的实践基地（图18-11-2-1）。

2）无象归园

无象归园位于计家墩村北侧,共由四个宅基组成,南侧临河,北接农田,占地约1100m²,定位为"新乡村生活空间",功能包括杂货铺、接待大厅、田园餐厅、茶空间、茶书房、禅房、多功能会议空间以及10间客房,总建筑面积约1200m²（图18-11-2-2）。

2. 设计理念

随着物质生活水平的不断提高,人们对居住空间的品质追求也越来越高。作为新乡村生活空间,无象归园是对当下"过度精致的生活"的反思。我们希望通过使用真诚的、自然的,甚至有些粗糙的材料以及"无设计"的施工工艺唤醒人们本来的觉知,感知真实,感受轻松与自在,回到"本真的日常生活"。

建筑,或者更准确地说,空间是生活的容器,故而

图 18-11-2-1　计家墩原始村落照片

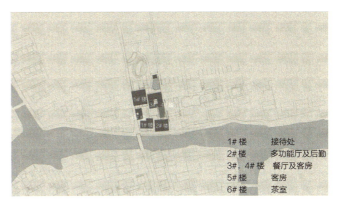

图 18-11-2-2　无象归园总平面图

图 18-11-2-3　无象归园实景航拍

设计建筑与空间实则是设计生活的场景。作为无象归园的使用者与设计师,孩提时代乡村生活的记忆与从事设计工作以后印象深刻的空间场景自然而然地迸发。设计的重心回到了对生活中的日常行为以及由此带来的体验的思考（图18-11-2-3）。

---

① 本节执笔者：邢永恒。

图 18-11-2-4　无象归园院落空间分析图

图 18-11-2-5　无象归园顶视航拍图

3. 建筑空间

1）布局构思

在计家墩原有村落肌理、空间尺度的基础上，结合中国传统低密度院落居住场景营造出适合现代人旅居的生活空间是无象归园规划布局的重要关注点。在 1100m² 的场地内，我们通过对 6 个房子的体量、朝向、场地高差的研究与推敲，在南北轴线上规划出三进院落，即前院、南院、北院（图 18-11-2-4、图 18-11-2-5）。

2）空间留白

《论语》中的"绘事后素"体现着中国传统美学的"留白"精神。江南民居的白墙固然是"留白"在建筑立面上的呈现，而传统堪舆学中的"意犹未尽，曲折有情"则是对"空间的留白"的自然阐述。"前院"作为无象归园主入口的玄关空间，试图营造记忆中江南村落布局中弄堂的空间场景。长长的老条石会唤起儿时等待父母归来的场景。"南院"通过"T"形的木纹清水混凝土墙体界定了三个不同标高、不同属性、不同尺度的"次院"；每个"次院"通过台阶及坡道与南门、西门、东门、北院发生不同尺度的联结。站在南院，你几乎看不到空间的尽头，吸引着你去探索那个"意犹未尽"。"北院"作为主体建筑与田野自然空间的过渡，通过两个方向的"亭子"界定了"内与外"，并将这种"虚实"向自然的田野无限延展（图 18-11-2-6~图 18-11-2-10）。

图 18-11-2-6　无象归园院子实景照片

图 18-11-2-8　无象归园南入口实景照片

图 18-11-2-9　无象归园巷子空间实景照片

图 18-11-2-7　无象归园玄关照壁实景照片

图 18-11-2-10　无象归园水边廊亭实景照片

3）建筑形式

建筑立面以白墙为主，基本根据功能与外部的景观开设不同高度与宽度的窗户。最大限度地将三个院子的景观通过开窗进行串联，形成一个"大"的透明院落空间。

南院西侧的 6 号楼采用了浙东山区传统夯土墙工艺，在周围白色墙体的映衬下成了整个空间的大雕塑，自然山土与老的砖石及老木头述说着"时间与空间"。

屋顶是传统建筑形式中的重要组成部分，无象归园采用双层顶的做法，在传统坡屋顶完成保温防水层之后，通过预埋件架设主次木龙骨配以金属波纹瓦，营造出传统意象的屋面形式（图 18-11-2-11~图 18-11-2-13）。

4）空间质感

庭院铺地与造景使用自然山峰石与老石板、老青砖、老木头等，让空间变"重"，让时间"凝固"，与钢结构以及大玻璃窗的通透轻盈互为映衬，共同演绎着时间与空间（图 18-11-2-14、图 18-11-2-15）。

4. 室内空间

无象归园的室内空间是庭院空间的延续，"有之以为利，无之以为用"。设计的重点在于内部空间与外部景观

图 18-11-2-11　无象归园大厅实景照片

图 18-11-2-12　无象归园 6 号楼实景照片

图 18-11-2-13　无象归园院子实景照片

图 18-11-2-14　无象归园院子实景照片

图 18-11-2-15　无象归园北院亭子实景照片

图 18-11-2-16　无象归园客房阳台实景照片

图 18-11-2-17　无象归园客房实景照片

图 18-11-2-18　无象归园客房实景照片

图 18-11-2-19　无象归园客房实景照片

及庭院的呼应，空间设计完全去除装饰，用真实的、有时间痕迹的、环保的材料把空间做"空"，营造出真诚的生活。内部空间采用质朴的白色"无机砂浆"作为墙面主材，以清水混凝土（加固化剂并研磨抛光）及柚木作为地面主材（图 18-11-2-16~ 图 18-11-2-19）。

18.11.3　句容市天王镇东三棚特色田园乡村规划设计与实践①

1. 引言

振兴产业、兴旺产业是乡村振兴的重点与难点，乡村改革 40 多年的发展历史告诉人们，产业振兴是一项长期而复杂的工作，需要从根本上提升乡村对人才与资金的吸引力。国内外乡村发展的大量成功经验同样表明，推进乡村发展的关键是打造满足村民需求及与农村现状条件相匹配的多元化乡村产业[19]。2017 年 6 月，江苏省率先开展特色田园乡村建设，这不是单纯的固守传统、照搬复制，而是挖掘"乡村特色"，延续乡村文脉，传承乡村精神，以乡村现有的生态空间为载体，探索当下乡村发展的产业模式，重塑乡村吸引力[20]。如何在产业发展的基础上实现乡村振兴，解决村民贫穷落后的问题是此番乡村规划关注的重点内容，需要展开积极的探索并不断完善相应的规划编制。下文将以句容市天王镇东三棚乡村实践为例，探索并践行多元价值理论对农业主导型乡村发展所具有的理念启发和实践指引作用。

2. 东三棚特色田园乡村概况

东三棚村位于句容市天王镇东、南京 1 小时都市圈内，区位优势明显。东三棚是唐陵村下属的自然村，由丁棚、王棚与东棚构成，占地面积 55hm²，常住村民 105 户（图 18-11-3-1）。

东三棚属于典型的丘陵坡地，全村呈西高东低，远处茅山山脉绵延。村内池塘众多，水系丰富，土地肥沃。该村依托苗木产业发展起来，林木资源丰富，总体自然生态环境良好：远处山峦起伏，近有碧水清渠，风景迷人。然而，局部环境仍有待整治，如池水较为浑浊，堤岸建造粗糙，略显生硬，视觉效果欠佳；局部河流由于植被遭到破坏，导致水土流失、土地暴露问题严重。村内道路及沟渠荒废，环境杂乱（图 18-11-3-2）。

图 18-11-3-1　东三棚现状总体鸟瞰

---

① 本节执笔者：徐小东、徐宁、刘梓昂、王伟。

村民住宅主要呈组团式布局，树林环抱；村庄道路结构清晰，路面材料以硬质为主，伴有少量的尽端路。村内配套公共建筑和基础设施不够完善，缺乏组团层级的公共交往空间，停车位数量不足。另外，村里建筑风格较为单一，一些建筑日益荒废，庭院及立面缺乏精心设计（图18-11-3-3）。

3. 东三棚特色苗木产业的现状与问题

苗木产业是东三棚的立足之本，这是现代农业的重要部分。总体上，该村属于典型的以农业为主导的产业村。近年来，随着城市化进程的加快以及居民生活水平的普遍提升，东三棚苗木产业迅速发展，享有江南"绿色银行"的美誉。目前，大型花木市场——木易园工程已建成，位于东三棚北侧，在其带动下，实现年销售额近亿元，村民人均纯收入已达到36000元，生活水平得到显著提高。近年，大量村民回乡就业，积极投身到与苗木相关的产业中去。

东三棚在苗木产业发展的同时，一些问题也开始逐步显露出来。一方面，苗木种植空间布局有待优化提升，村庄外围部分路段因运输量巨大，常造成交通拥堵、扬尘污染以及停车难等问题；另一方面，村内已有一些旅游配套设施，但与观光旅游的目标还有一定距离，缺少成熟的旅游产品，游客参与体验度不够。

4. 多元价值导向下的东三棚产业发展策略

1）强化"多彩苗木"品牌，夯实产业基础

基于多元价值导向的农业产业化延伸，充分挖掘东三棚的苗木产业的多元价值，强化"多彩苗木"的特色品牌，提供从生产、销售、包装、运输到售后的综合优质服务，从而形成完整的产业体系。

针对上述目标，规划设计中需具体明确东三棚特色种植业的发展定位，与周边村镇联动，优势互补，避免同质化。在生产方面，因地制宜，合理规划种植区域，丰富花木品种，重点发展技术含量高、能凸显当地特色的中高档观赏苗木。进一步规划花木研发中心、花木展览中心等带有研究和宣传功能的产业设施，加快科技成果转化，提升东三棚苗木产业的竞争力。在物流运输方面，升级现有运输道路，避免与村内生活道路交叉，产生干扰；以东三棚为核心，初步完成苗木物流配送基站和网络的建设。此外，在销售方面，进一步加强木易园的市场影响力，打造花卉苗木销售线上平台，融入智能技术，不断收集行业内信息，提供给行业用户，以引领产业发展（图18-11-3-4、图18-11-3-5）。

2）拓展"花木体验"旅游，形成综合多元的产业链

随着东三棚苗木产业的多元发展，苗木特色产业与旅游产业不断融合，已形成一定的先发优势，成为产业链整合的重要环节。在新一轮规划设计中，针对"花木体验"旅游的发展目标，围绕"绿植观赏""缤纷花海""乐活休闲""文化体验""深氧健康"等不同主题展开。

第一，打造主题鲜明的旅游线路——深氧慢行道串联起村内主要景点，游客可以以步行或骑自行车等环保的方式领略整个乡村的风貌。结合优化后的种植结构，重点建设樱花园、梅花园、紫薇园、葵花园、海棠园、桂香深氧区及彩叶种植园等一系列主题园区，四季特色各异。在不同园区间设置人行步道，实现互通。在园区制高点设置生态景观塔，使游客能亲近树木的树冠层，一览整个村庄的全貌，多角度接近大自然（图18-11-3-6）。第二，

图18-11-3-2　村内环境现状

图18-11-3-3　现有建筑风貌状况

图 18-11-3-4 东三棚总平面图

图 18-11-3-5 东三棚总体鸟瞰图

将五彩缤纷的花卉苗木产业与婚庆产业相结合，将多种多样的观赏花卉作为大地景观，打造一个充满七彩浪漫童话氛围的花卉婚庆休闲园区。依靠各大主题园区的生态资源，定期举办"樱花节""梅花节"等特色节庆活动，加强文化体验，吸引来自全国各地的游客。第三，改善水系生态，创造良好、舒适的生活环境（图 18-11-3-7）。拓展水植苗圃产品，开发陆上传统采摘与水上创意活动，结合泛舟、赏荷、采菱及垂钓等项目，吸引年轻人群。利用村庄南侧集中河塘资源，设计亭台楼榭、滨水花海，形成良好的对景关系，美化滨水空间，也为滨水活动广场创造优质的休闲环境。

3）延续东三棚"水、林、村"生态格局，打造"深氧宜居"环境

东三棚总体呈现出"水、林、村"的生态格局。规划设计中重点针对村庄形态进行优化提升，将其改造为花园组团式结构，并借此发挥苗木产业的生态价值。大面积林地可以美化环境，提升空气质量，同时，村内沟渠池塘水系丰富，景观良好，因此，东三棚拥有打造"深氧宜居"乡村环境的天然禀赋与优势。针对东三棚水系分布现状，采取贯通现状水体、扩大较小水面及恢复水体自然形态等一系列措施，既保证了水系统的良好循环和水生动植物的生存环境，也丰富了滨水空间[21]。同时，选择乡土水生植物、地方石材和木桩等对驳岸进行生态化改造，塑造更加自然的水岸景观。此外，还能通过雨污分流、河道清淤、设立污水处理站、设置生物净化池和生态浮岛等措施进行水污染整治。

鉴于目前东三棚林地的分布状况，在控制苗木种植面积的同时，结合村庄的开放空间布局，保留天然林地和绿地，以实现保护生物多样性的目标。在村庄外围的公路两侧种植高大乔木，可起到一定的防风、防尘、防噪作用；针对村庄内部环境，对主要道路、广场进行升级改造，路面尽可能使用环保可渗水材料；同时，清除杂物，增植绿化，优化铺装，以增加乡土趣味。宅间道路采用地方特色石材、碎石拼花或青砖来铺设（图 18-11-3-8）。通过以上一系列策略，创造绿色宜居的环境，让更多人愿意在此驻留。

图 18-11-3-6 生态景观塔

图 18-11-3-7 自然生态河岸整治

图 18-11-3-8　村间生态步道

4）满足配套设施需求，塑造"苗木村庄"风貌

针对东三棚村生活设施的改善，首先，应提升现有的电力、通信、供水、排水等基础设施配置水准；其次，重点打造村内公共空间节点。活动广场及停车场宜采用渗水性较强的透水混凝土、地方石材来替代传统混凝土，在适当区域使用嵌草砖、碎石铺地，有利于增强地表渗水性，减少夏季热辐射，避免内涝发生。在滨水广场规划乡村大舞台，在丰富村民文娱活动的同时，也为文化节庆活动提供了必要的场所，见图 18-11-3-9（a）。选用水缸、陶罐、磨盘等回收的旧物件来增强乡土景观特色，增加主要节点的绿量。同时，进一步清除宅前屋后的杂树乱草，采用青砖、毛石、篱笆等乡土材料对围墙门头进行改造，见图 18-11-3-9（b）、图 18-11-3-9（c），并选用爬藤等立体植物装饰村民住宅的墙面，既可遮挡阳光，降低温度，也能从整体上美化农宅，且与东三棚花木景观相结合，共同营造"苗木村庄"风貌。

进一步完善东三棚旅游服务功能，结合东三棚"花木体验"的总体规划，增加住宿、餐饮、接待等旅游服务设施，并在村庄入口处按需求增设停车场。避免大拆大建，将有条件的农宅改造为特色民宿；深氧木屋拟建于绿色深氧区，在优美的环境之中为游客提供停留休憩之地，与大自然零距离接触。对现有公厕进行改造，改善卫生设施，提升乡村形象。在村核心位置，结合新四军纪念馆等设置游客服务中心，可为村民及游客提供便利（图 18-11-3-10）。

5. 结语

产业发展是乡村振兴的基础与核心，其中农业作为基础产业在乡村经济发展中起到重要的推动作用。本节以农业主导型的产业村为研究对象，以农业多元价值为导向，总结了产业村规划设计的一般策略和方法。在此基础上，以句容市天王镇东三棚特色田园乡村规划建设为例，结合该村产业特点，实现苗木经济价值提升，挖掘生态、社会、文化领域的多元价值，针对性提出强化"多彩苗木"品牌、拓展"花木体验"旅游、打造"深氧宜居"环

（a）乡村大舞台　　　　　　　　　　　　（b）村中景墙一　　　　　　　　　　（c）村中景墙二

图 18-11-3-9　村内生活设施的改善

图 18-11-3-10 句容新四军纪念馆和游客服务中心

境及营造"苗木村庄"风貌等规划策略,以有效解决该村的产业发展问题,达到乡村振兴的总体要求。

18.12 既有建筑改造项目案例

18.12.1 朗诗·新西郊 ①

居住建筑设计对其所在地区气候的响应,正是其鲜明的地域特征的重要来源之一。在没有空调的时代,不同地域的传统民居为营造最优的室内环境,发展出了各种精巧的手段,也因而呈现出了多姿多彩的建筑形态。

江南地域属于夏热冬冷气候区,四季分明,日照充足,雨水充沛。当地最大的气候痛点在于全年高企的空气湿度:冬季湿冷、夏季闷热,另有较长时间的梅雨季节。朗诗集团开发的科技住宅社区"朗诗·新西郊"充分响应江南地域的特殊气候,专注解决当地气候痛点,是江南绿色居住建筑的典范之作。

1. 项目概况

朗诗·新西郊项目用地面积 13433m²,包括 3 栋五层的住宅及少量配套用房,共计 75 户,建筑面积 15787m²,项目位于上海市长宁区青溪路,毗邻著名的西郊国宾馆。项目在改造前是涉外公寓,于 2000 年交付使用,2015 年被朗诗集团收购(图 18-12-1-1)。

朗诗集团始终贯彻以人为本、因地制宜的设计理念,通过业主的亲身体验传递健康、舒适、节能、低碳、智慧、人文的绿色人居价值。项目实行建筑师负责制,整合规划、建筑、机电、室内和景观诸专业,实施一体化设计。作为成果,朗诗·新西郊项目安装了"辐射+新风"的科技系统,同时对小区景观、建筑外立面、围护结构、户型设计、室内装修等方面实施全面提升改造,使建筑形象、建筑节能、室内空气品质与居住舒适度均得到大幅度提升。

项目荣获中国健康建筑三星级认证、WELL 金级认证与 Construction 21 既改项目健康建筑解决方案全球第 1 名。

2. 建筑设计

由于项目建成年代较早,存在建筑品质低、外立面老化、配套少、公共设施陈旧、景观品质低等缺陷。此外还有诸多限制条件:设计应尽量不破坏原有结构;层高较矮,1~4 层为 2.8m,5 层为 2.9m,人居有压抑感,增加暖通设备难度较大。对此,建筑设计中采取的对策是:改进小区总平面布置,优化原有建筑轮廓,完善室内功能空间,重新定义配套用房。

在现有场地情况下,停车位设置在建筑的非景观面,留出中央景观庭院以及尽可能多的绿化面积和活动空间,降低车行噪声。原有地面停车改为集中式立体停车,车位由原先的 75 个增加到 88 个。

建筑平面设计尽可能保持建筑原有结构。首层入户大堂焕然一新,并且纳入天井的自然采光。公共走廊转变为开放式,配合景观设计打造楼内交往空间。内部天井空间得到充分利用,入户电梯和设备平台皆置于其中。天井内设置垂直绿化,减少设备和电梯对楼内环境造成的影响(图 18-12-1-2)。

建筑外立面设计整体简约、低调,省去了无用装饰。

---

① 本节执笔者:谢远建、杨翀。

图 18-12-1-1　朗诗·新西郊建成实景图　　图 18-12-1-2　住宅楼改造前后对比

外立面的主要材料是陶板和金属。陶板是环保的天然材料。四种相近色彩的陶板采用简洁的模数化设计，搭配白色的横向金属线条，营造了低调、宁静的奢华感。客厅、卧室采用落地窗，增加了自然采光面。设计还利用现状建筑的面宽特点，打造了法式阳台，使其成为室内外共享的风景线。

3. 建筑性能解决方案

高品质的建筑性能解决方案是本项目的最大特色。建筑性能包含"节能低碳"和"健康舒适"两个方面。20年来，朗诗集团应用国际先进的建筑科技手段，通过高额的研发投入与大量的项目实践，已经建立起独有的健康低碳人居体系。

朗诗·新西郊项目的主要性能品质体现为：

（1）在实现相同舒适度的前提下，比现行65%节能住宅更节能30%；

（2）室内气温：夏季22~26℃、冬季20~24℃；

（3）全年室内相对湿度30%~60%；

（4）新风$PM_{2.5}$过滤效率达到95%；

（5）室内背景噪声昼间小于40dB（A），夜间门窗关闭时小于30dB（A）；

（6）室内环境数据可视化；

（7）比肩芬兰S1级标准的健康装修；

（8）设置厨房补风；

（9）生活热水5秒出水；

（10）净水、软水、直饮水入户。

上述性能品质的实现由多种技术系统来保证，其中最关键的是被动式建筑系统、温湿度独立控制的暖通系统、室内装修污染控制与全屋信息控制屏。

1）被动式建筑系统

被动式建筑适应气候特征，把自然通风、自然采光、自然得热等被动节能手段与保温、隔热性能良好的围护结构相结合，以提高建筑气密性能，采用高效新风热回收技术，最终实现在显著提高室内环境舒适性的同时降低建筑主动输入的能耗（图18-12-1-3）。

朗诗·新西郊项目被动式建筑系统的主要配置有100mm厚挤塑板屋面外保温、100mm厚岩棉带外墙外保温、被动式铝包木系统窗、断桥铝合金提升推拉门、电动外遮阳百叶等。外门窗整体传热系数达到1.1~1.3W/（m²K）。实测建筑整体气密性达到$n_{50} \leq 1.5h^{-1}$。

2）温湿度独立控制的暖通系统

温湿度独立控制的暖通系统是指室内温度和湿度分别由一套系统的两个模块控制：新风模块在处理室内空气新鲜度和洁净度的同时还处理室内空气湿度，温控模块仅处理室内温度。新风模块与温控模块联动配合、各司其职，除湿不降温，调温不除湿。通过这样的暖通系统打造的室内环境具有恒温、恒湿、恒氧的特点，江南湿热气候的人居痛点可完美消除：黄梅天室内不再发霉，人也不会再得"空调病"。由于室内温度和湿度分别得到精准控制，能源利用效率也显著提高，从而降低了建筑运行能耗。

本项目的暖通系统以集中式空气源热泵为冷热源，以毛细辐射为户内温控末端，以集中式新风系统实现除湿。

每栋住宅楼都设置两台空气源热泵，分别为辐射系统和新风系统提供冷、热水。

户内采用顶棚毛细管辐射系统控制室内温度。每户顶棚内预置毛细水管，冬季加热楼板，向室内辐射热量；

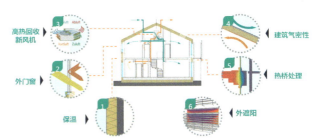

图 18-12-1-3　被动式建筑的核心组成要素

夏季冷却楼板，向室内辐射冷量。用顶棚辐射调节室温，房间温度均匀性较好且波动很小，没有太多温差、梯差及温度死角，更没有空调的吹风感，达到四季如春的效果。

新风系统采集室外新鲜空气，经过三级过滤净化，再通过封闭管井送入各户室内。与毛细辐射末端搭配，新风系统会对进入室内的空气进行湿度调节，夏季除湿、冬季加湿，使室内空气相对湿度始终保持在舒适范围内。

由于原有层高较矮，不适合作地面送风。朗诗集团创新性地采用了踢脚线送风：新风从主管井内的风管引出，通过在分室隔墙内敷设的新风支管，从设置在踢脚线上的风口送出。相比地面送风系统，踢脚线送风可节省80mm面层厚度，提高地面装饰完成面的整体性。风口部位由室内设计师统筹设计，与整个室内设计融为一体。

废旧空气经卫生间及厨房排风口排出。送风和排风的管道彼此独立，无混合、无交叉，保证室内空气的健康、安全。

厨房间设置补风口，在压差作用下引入室外新风对厨房进行补风。补风口为常闭风口，油烟机运行时联动开启。如此实现的厨房通风微循环可一举解决中国特色烹饪习惯造成的油烟污染、厨房舒适度欠佳以及油烟机运行负压等一系列问题（图18-12-1-4）。

3）室内装修污染控制

随着生活水平的提高以及室内装修的日趋复杂，人工合成材料所含的甲醛等有毒有害物质也大量进入人居空间，对健康造成了极大的危害。朗诗集团通过严格的材料控制和过程管理，从源头上解决了使用化学建材导致的室内空气污染问题。朗诗地产精装项目的甲醛控制可实现比肩全球最严苛的芬兰S1级标准（室内甲醛浓度 ≤ 0.03mg/m³）。

4）全屋信息控制屏

全屋信息控制屏系统即"朗诗屏"，由环境监测系统与控制终端组成。它整合了室内外环境数据显示和智能家居控制，集环境监测、灯光控制、遮阳控制、暖通系统控制与可视对讲于一身，既可直观显示温湿度及CO_2浓度、$PM_{2.5}$浓度等各项室内环境品质指标，又可实现起床、离家、回家、聚会和睡眠等不同居家场景的一键切换（图18-12-1-5）。

4. 室内设计

室内设计遵循以人为本的理念，规避原有不利因素，增加了多处可提升使用舒适度和环境舒适度的人性化设计（图18-12-1-6）。

室内设计保留原有分户墙，重新打造户内空间：设置开放式客餐厅，使起居空间更加敞亮；设置西厨，增添客厅情趣；设置落地窗，开阔视野；设置法式阳台，把自然引入建筑。设计师根据5种不同房型（A1、A2、B1、B2、C）的特点，分别设计出了"现代时尚""现代简约""现代都会""现代轻奢"和"现代典雅"5个个性主题。

人性化设计理念被贯彻到所有细节之中。踢脚线上设置智能移动插座。卫生间地面作防滑处理，提升安全性；主卫采用双台盆设计，可满足男女主人同时使用的需求。玄关也充满人性化细节：配置伞架滴水盘；设计隐形鞋柜把手，防止小孩乱翻；设置USB充电插座，方便业主进门充电、出门带走；设置一键开关，可把家里灯具一

图18-12-1-4 朗诗·新西郊科技系统的作用机制（左）以及踢脚线送风成品效果（右）

图 18-12-1-5 朗诗 21 寸大屏

图 18-12-6 C 户型"现代典雅"风格客厅效果（左）与智能移动插座设计（右）

图 18-12-1-7 小区景观鸟瞰

图 18-12-1-8 中央庭院实景

起断电，但是保留冰箱、电视和插线板正常工作。

5. 景观设计

作为改造项目，原场地存在植被遗留、围墙遗留、车行噪声污染以及住户私密性不足等问题。本项目以因地制宜、以人为本的设计理念，以融合日式、东南亚式和中式的新亚洲景观风格，重塑西郊腹地雅苑（图 18-12-1-7）。

园区内设置景观屏障，以减小西北季风的影响。考虑到场地条件，机动车通道和机械停车都设置在建筑北侧阴影区域；人行道路、活动区域和景观座椅则布局在南侧阳光较好的纯步行区域，避免车辆干扰。

中央景观庭院是社区内业主休憩、社交的重要场所。230m 长的环形慢跑小径串联起各景观节点，为业主提供家门口的健身空间。园区西南角设置 420m² 儿童活动区，引进了专业的儿童活动设施（图 18-12-1-8）。

景观设计尽量保留生长状况良好的原有乔木，并且通过多层次的植物设计丰富景观效果。植物的环保作用也得到了最大化的发挥：种植净化能力强的植物，吸收有害气体；利用冠大而浓密的植物实现滞尘效果；丰富立体植被，形成多层次的空间隔离，进一步达到静音降噪的效果。

18.12.2 苏州运河浒墅关老镇区改造[①]

1. 运河文脉的袅袅余音

古时候的苏州城外，绵延数千里的京杭大运河是江南地区最繁华的景象，从北津桥到南津桥串联起来的运河两岸的上下塘就是浒墅关。当年的浒墅关依运河而建，上下两侧行市，店铺林立，人群往来络绎不绝（图 18-12-2-1）。让当年的浒墅关享誉世界的是它的蚕种场，并在今天形成了江南独特的桑蚕轻工业文化。为弘扬运河文明，塑造理想城市空间，苏州市政府自 2015 年起就拟定方案对浒墅关地区进行规划改造，其中的核心项目就是"蚕里"（图 18-12-2-2）。

作为浒墅关老镇复兴的先导项目，蚕里街区占地面积 15 亩，建筑面积 9400m²，保留的建筑总面积为

---

① 本节执笔者：孙磊磊、郭烁。

图 18-12-2-1　大运河商贸往来

图 18-12-2-2　浒墅关镇改造总规划

5300m²，新建4100m²，由苏州九城都市建筑设计有限公司完成改造设计。整体改造以原有蚕种场为基地，在保留了原有历史建筑的基础上进行扩建，引入新的城市元素，促进老镇区向工业遗产主题社区的转型。

2. 传统现代的铮铮对话

首先，浒墅关老镇区的整体改造理念是通过"显关""露水""护绿"等手段来强化"古镇意象"[22]，并以此为基础重新构建镇区的空间组织结构。同样，蚕里的整体规划也配合整个片区在原有镇区公共设施的基础上更新和增设，利用运河水系，使沿河景观最大化，通过将街景向内部延伸，拓展绿色空间，形成有机的城市复合功能体，沟通周边地区经济与文化。

从蚕种场到蚕里的古今演义是蚕里改造项目不同于其他片区的特色之处。该片区内有5栋民国时期重要的工业建筑遗存（图18-12-2-3），包括蚕种场办公楼、女子蚕业学校遗址等，在改造时保留了5栋民国建筑，新建的4栋建筑也都延续了民国风情。从整体的角度来看，新的设计尊重现有的建筑布局，突出表现公共空间在原有建筑环境中的重置，一方面将其作为社区活动场所，激发以物为核心的蚕种场的空间场所活力，带动产业建筑的多功能商业业态的发展，另一方面，将街巷、庭院等公共空间作为零散产业建筑之间的重要沟通，重塑高密度、小尺度的街区肌理，形成一个完整的城市空间（图18-12-2-4）。

在建筑的整体设计上，采用"化整为零"的设计策略。通过穿插的体块、苏州传统的坡屋顶形制以及民国建筑的立面造型等让整体建筑以一种谦和的姿态融入周边的历史环境。位于运河岸一侧的一栋坡屋顶组合建筑是蚕里改造项目中经典的部分，该建筑的西立面空间层次丰富，沿河新建筑采用与相邻老厂房相似的坡顶与体量形成连续的界面（图18-12-2-5）。在虚实空间的处理上，虚空间利用木质顶棚形成支撑结构，在灯光的作用下，其简化

图 18-12-2-3　蚕里民国建筑遗存

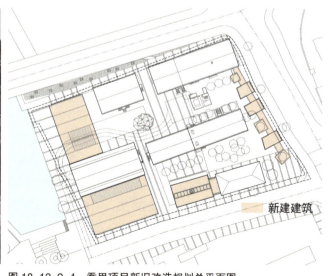

图 18-12-2-4　蚕里项目新旧改造规划总平面图

装饰的几何线条感十分震撼（图18-12-2-6）。实空间通过相似的立面处理手法呈现出韵律感，整体风格既彰显了民国的浪漫，又富有现代建筑的理性审美。同时，改造过程中注重新旧的相容性，在用材方面，墙面选择以青灰色砖砌筑，楼梯栏杆等用青色石材搭建，建筑顶棚及窗框等均采用木质材料，体现出了以暖色系为主、青色调衬托的民国建筑风格特点。

3. 古镇生活的欣欣向荣

蚕里项目于2019年4月完工，旨在打造小资及优雅的生活空间。片区主体建筑共有3层，包含了时尚餐饮、文创书院、咖啡茶所、酒店民宿等业态，这些品牌商铺的入驻是将蚕里打造为浒墅关城市会客厅的良好契机。原有的建筑因完整性较好，主要用作主题餐厅、茶室、工艺作坊、民宿等功能（图18-12-2-7）。新建筑主要作为零售商铺、餐饮、接待等开放性较强的功能使用。

另外，在东侧加建的蚕廊体验区也结合当地传统小吃商铺形成了步行街的商业模式。同时，蚕里还配备了休闲广场，不仅为商业提供了很好的推广平台，还帮助塑造了河、街、平台、广场一体化的城市肌理，将游憩与生活结合，为浒墅关的人们提供丰富、充实的城市生活。

4. 工业遗产的价值重现

在城市建设面临千篇一律的问题的今天，人们越来越意识到工业遗产对打造特色城市意象空间具有重要的历史文脉价值。国际工业遗产保护协会将工业遗产定义为"由工业文化的遗留物组成，这些遗留物拥有历史的、技术的、社会的、建筑的或者是科学上的价值"[23]。近年来，以文创产业为主的"艺术园区"模式的工业遗产保护利用逐渐成为城市更新发展的主流方向[24]。京杭大运河的自然生态环境和工业遗产景观形成了运河城市独具特色的城市风光，苏州蚕里项目在对旧工业建筑进行更新改造的过程中，将工业遗产的历史文化价值、建筑价值与现代的城市商业元素相结合，赋予其新的经济价值和艺术价值，并作为工业遗产廊道保护的重要一环对实现京杭大运河一体化工业遗产价值重现、生态环境与保护、文脉挖掘与传承具有重要的实践意义。

图18-12-2-5 运河沿岸立面效果

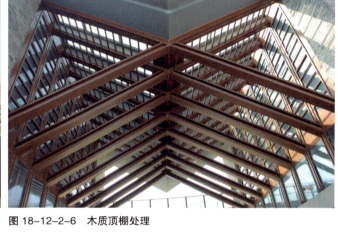

图18-12-2-6 木质顶棚处理

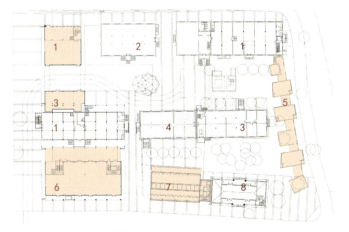

图18-12-2-7 蚕里项目平面图

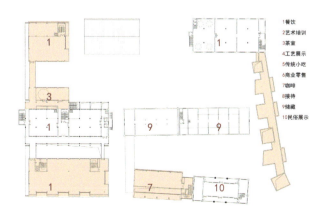

18.12.3 苏州双塔市集改造 [①]

1. 日渐衰败的菜场

苏州双塔菜场位于苏州古城区的双塔景区附近，距离平江路等苏州多个著名景点只有几分钟的路程。作为苏州古城区核心地带的主要采购场所，这里从20世纪90年代就开始营业，同时也与其他的传统菜场一样，面临着"脏乱差"的问题（图18-12-3-1）。其内部设施比较简陋，空间功能单一，采光与通风都不能满足公共场合的舒适需求，在菜场的周边也经常出现自行车与电瓶车停放不便造成的交通堵塞现象。随着网络时代的发展，电商的兴盛为人们的生活提供了极大的便利，同时也对线下市场造成了巨大冲击。双塔菜场的消费群体结构单一，多以菜场周边社区的中老年人为主，而随着古城区居民的迁移，这里的营收状况也愈发困难[25]。市场的萎缩，空间活力的缺失，这些亟待解决的问题无一不考验着双塔菜场的未来。2019年，受邀于东方卫视一档家装改造节目《梦想改造家》，沈雷、陈彬、赖旭东、孙华锋、谢柯五位设计师联手，对位于苏州老城区的双塔菜场进行了为期五个月的改造。

2. 内部空间的重新整合

总设计师沈雷希望将原本封闭、杂乱的菜场变成一个更加开放的场所，能够吸引到周边的年轻消费人群。于是，他拆除了菜场四周的围墙，重新规划了双塔菜场的出入口，从原来西面的三个出入口增加到了西面与南面共七个出入口，南面与西面部分临街墙面向内移动，退让出一定的灰空间，让市民出入菜场的路线更加灵活（图18-12-3-2）。双塔菜场是一个以生鲜为主的集市，在改造前，菜场内部排布着阵列分明的方形小摊，规整但是难免无趣。为了给双塔菜场增加活力，设计师将内部空间分成两个部分，一个是维持原有功能的生鲜区域，南部则隔出了一定的面积作为美食区。美食区的临街部分设置了一面可以转动的木墙，关闭时仿佛是一面完整的木质墙体，而营业时打开，内部空间就能与外部的空

图 18-12-3-1　双塔菜场的原状

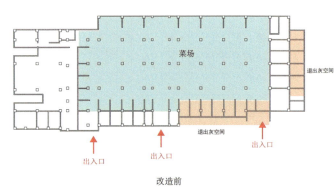
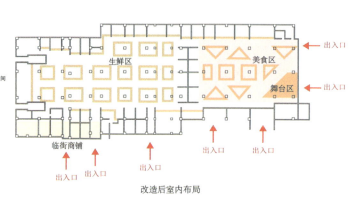

图 18-12-3-2　双塔市集内部改动对比图

[①] 本节执笔者：孙磊磊、顾重苏。

间进行良好的交流，整面墙都被打通，使入口空间更加开阔。双塔市集的内部流线更加开放、通透，提高了市集的可行性和游客的便利程度，人们不仅可以逛菜场，还可以逛商场。设计师在市集的西面设置了一排临街商铺，包括钥匙铺、裁缝铺、杂货铺等带着传统记忆的典型小商铺，临街商铺与内部的生鲜区之间以卷帘门的形式隔开。到了晚上，菜场的生鲜区关闭，卷帘门放下，而临街的商铺还可以继续营业到深夜。为了配合生鲜区与美食区的功能分布，设计师特意设计了生鲜区排水与小吃区排水两套系统，两者互不干扰，生鲜区排水系统连接着沉淀池，而小吃区的排水系统则接入隔油池，最终与市政系统结合。面对菜场固有的垃圾处理问题，双塔菜场引入了大容量的垃圾处理设备，再通过中央空调、新风系统和排风系统解决人流量大增而带来的通风问题。

在美食区，设计师希望人们能够在屋檐下享受苏州特色美食，所以特意在部分美食区的上方增加了横梁屋瓦的构建，以此形式呈现出苏州古建筑木构屋檐的视觉效果，古色古香又别具内涵。美食区的摊位设计采用三角形元素，以曲折的路径打破室内空间的动线格局。三角形摊位的外沿都设置有长桌与椅子，供游客休憩与进餐，不管坐在哪里，交错的视线都能吸引人群的流动，达到活跃空间的目的。人们穿梭在美食区，在重屋叠瓦的空间内，仿佛就游走在姑苏古城的繁华街市中，两旁烟火缭绕的美食诠释着苏州的生活风味（图18-12-3-3）。为提高空间功能的丰富性，美食区的南部一角设立三角状的舞台区域，上演戏曲、评弹、乐队、魔术等多种类型的表演（图18-12-3-4），兼顾各个年龄层，游客们可以一边享受美食一边观看表演，让菜场的行程变成了一种文化娱乐的体验与享受。

3. 美食文创添活力

美食和文创是双塔菜场改造的两大主题线，也是这次改造中激发菜场新活力的重点。双塔市集的美食区特别选定了卤味、凉拌、杂食、面点、蒸煮等14个档口，上百种口味的精致小食，以苏州美食的名义带动年轻消费群

图18-12-3-3　风味美食区

图18-12-3-4　舞台区的表演

体的回流。菜场不再只是大爷大妈们每天购买食材的去处，也成了亲朋好友聚会闲谈的场所。美食中藏着的不仅是温饱，更是苏州千百年来传承的文化和底蕴，是最贴近生活的古城脉络。用美食的魅力，给市集空间增加了丰富的属性，更给游客提供了停留、游玩、交流、聚会的场所。市集中间区域专门设立文创区，为文化创意展览提供了平台。设计师沈雷还在市集河边的区域增加了露天集市，以手工艺、书店、咖啡厅等功能形式吸引更多的游客前来游玩，集吃、喝、玩、乐为一体，满足游人的各种需求。这次的全面升级改变了原有的市场定位，由菜场转变成了市集，承载着更多的功能，大幅增加了社区空间的活力，呈现出商业多业态、综合化的特点。双塔市集赋予生活美感，提升居民的生活品质，更传承着苏州的传统文化。

除了双塔市集本身格局的改造设计，设计师们对其平面视觉的研究也是大费心思。"双塔"两字的logo灵感来源于苏州码子，这是明清时期商业上使用的记载账务和表示价码的数字符号[26]，应用在各类私钞与账目上，结构笔画体现着苏州的风骨与韵味，是一种正在逐渐消亡的中国传统文化，具有重要的历史价值。而在视觉色彩设计上，他们提取了苏州桃花坞年画中的鲜明色彩，以缤纷的色彩呈现了双塔市集的惬意潇洒，如桃花坞一般怡然自得（图18-12-3-5）。双塔市集的升级改造还体现在种种细节之上（图18-12-3-6），专门调整的灯光衬托着蔬菜的色泽，蔬菜以堆叠的形式摆放在桌台上，摊位的上方设置镜面，丰富了其视觉效果，大大增加了游客购物的乐趣。

历时5个月的改造，双塔菜场升级成为双塔市集，完成了一场完美的华丽蜕变，也为周边的苏州居民刷新了生活方式。菜场原本是一个充满人文气息的地方，为在古城区域生活的人们提供着便利，它藏着美食的记忆，也藏着人情的美好，是邻里生活的典型缩影，同时具有经济属性与社会属性。本项目通过对菜场进行改造设计，激发了城市社区的活力，是历史街区更新中一次充满人文情怀的成功尝试，以菜场这种典型的社区空间作为切入口，对古城更新的问题进行回应[27]。双塔市集的改造并不是简单、传统的拆旧建新，而是在保留原有功能的基础上，兼顾苏州传统文化元素和现代生活元素，用有

图18-12-3-5 双塔市集的logo与色彩设计

图18-12-3-6 内部改造的细节

机更新的理念为古城的发展注入活力。双塔市集通过适应性改造,增加了活动形式,让菜场的功能不再单一化,延续社区空间的生命力,对生活习俗与传统文化进行现代设计的转化,用细节规划与文化输出将"双塔"打造成一个体系完整的文化品牌,既保留了苏州特色生活的情感与生活方式,也体现出了最真实、纯粹的邻里关系和理想化的生活场景,创造出了一个开放的、充满活力的、适于交往的社区空间。

18.13 传统村镇保护与发展

18.13.1 南京漆桥古村落整治更新规划设计 ①

1. 规划背景及调研分析

1)项目背景

漆桥古村落位于江苏南京高淳区东北部,占地 0.27km²,北与宁高线、双望路公路相连,西邻宁宣公路,交通十分便捷(图 18-13-1-1)。

漆桥自汉代起就是金陵古驿道的必经之地,是连接苏南、皖南的交通要道。据当地《孔氏宗谱》和《民国高淳县志》所载:漆桥汉代前称"南陵"。西汉晚期,在南陵地溪河上构木桥通行,为防腐朽在桥上施以丹漆,俗称"漆桥",1953 年改筑三拱石桥。明清时,沿驿路伸展的商业市镇格局和街巷建筑已经形成。

据《孔氏宗谱》记载,元朝时期(约 1310 年左右),孔氏五十四代子孙文昱公来漆桥定居,至今已达八十四世左右。祖祖辈辈,繁衍子孙已达三十世,在附近各村有 2 万多人,是孔子后裔较大居住地之一。

漆桥村现存历史建筑主要集中在漆桥老街,有孔氏宗祠(遗址)、各类商铺以及豆腐制作、打铁等传统工艺作坊。重要街巷包括漆桥老街、三美头巷、娘娘巷等,另有古井、古树等文物古迹。2013 年,漆桥入选第二批"中国传统村落名录"(图 18-13-1-2)。漆桥村落的建筑更新和环境整治如何在保护的基础上,实现提升和活化,是本次规划设计的主要目标。

图 18-13-1-1 漆桥整治更新规划总平面图

图 18-13-1-2 特色要素分析图

---

① 本节执笔者:唐军。

2）上位规划及相关规划解读

根据《历史文化名城名镇名村保护条例》的规定，历史文化名城、名镇、名村应当整体保护，保持传统格局、历史风貌和空间尺度，不得改变与其相互依存的自然景观和环境。规划首先梳理了相关规划对于漆桥的各项要求（表18-13-1-1）。从中可以解读出，漆桥应通过保护村落风貌、整治和改善环境、加强旅游功能，成为多功能的古村旅游文化区。

3）建筑及环境要素调查分析

规划首先对漆桥村包括传统建筑群落在内的356座建筑，如民居、供销社、会堂以及街巷、牌坊、古井、桥、埠头、码头等要素作了现场调查与测绘，对其年代、层高、风貌、结构、质量、功能等现存状况进行了数据登录与分析。同时，规划对村落以水为主体的景观要素与格局以及历史名人、传统手工艺、特色物产、民俗艺术等作了分析（图18-13-1-3、图18-13-1-4）。

在景观格局上，漆桥四面环水，各民居组团周边均围绕水系，河流与人居构成自然、有机的特色水岛形态。在街巷结构上，漆桥以古驿道形成的南北主街与各东、西支巷形成了鱼骨形态。在自然环境上，漆桥呈现出了河塘和圩田交织，旱田、水田、蟹塘星罗棋布的圩区农林景观。传统建筑群落、街巷空间、古驿道、宗祠、关口、桥

上位规划分析表　　表18-13-1-1

相关规划	《南京市高淳区城乡总体规划修编》2013—2030	《南京市高淳区城乡总体规划修编》（2013—2030）	《南京市高淳区漆桥新市镇城市设计》	《南京市高淳区漆桥古村落保护规划》
涉及内容	定位要求：漆桥村作为六大新市镇之一，靠近中心城区，村落整体被划定为文物古迹用地，外围包围水系及公园用地，承担着重要的商业商贸、文化旅游及公共服务功能。同时，漆桥位于全区重要的生态廊道中，周边有丰富的水系及绿色基底，生态价值优良。	定位要求：划定漆桥村为文物古迹用地。空间要求：总体规划中划定漆桥古村落西部为火车站。	定位要求："四区"之一，古村旅游文化区。功能定位：对漆桥镇赋予以下功能定位：①江南孔家名镇；②高溧商贸综合区；③高淳生态宜居新市镇。	定位要求：文化教育、艺术欣赏、历史研究、科学考察等多功能为一体的旅游区。保护规划原则：全面保护传统风貌，重点改善居住环境，重点整治古迹周边，适度调整旅游用地，合理拆除不协调建筑。
图纸				

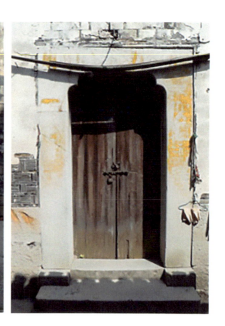

图18-13-1-3　传统建筑群落、街巷空间

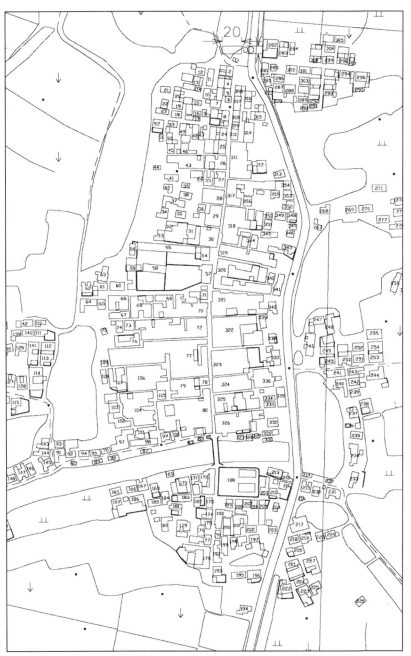

(a)建筑编号　　　　　　　　　　　　　　（b)地块调研

图18-13-1-4　现状调研图

梁、水系、农田等要素充分体现了江南传统村落建设的智慧和力量，表现出了村落聚居环境和自然生态的高度结合，其景观可以总结为"驿""书""水""村"四个典型特征。

2. 规划设计目标

规划在保护漆桥水村相融的整体形态、主次分明的街巷结构、丰富细腻的空间肌理的基础上，为村庄建筑的整治、修缮以及改建、重建，景观环境的改造，服务设施的增设，基础设施的提升，功能业态的发展提供指导和依据，从而挖掘村落的景观价值，完整呈现村落的传统风貌和凸显村落的文化特质，以期实现漆桥传统村落的活化和可持续发展（图18-13-1-5）。

3. 整治更新措施

1）保护街巷结构形态

针对漆桥村落最具特色的街巷结构，规划严格保护以南街、北街为南北轴线，各条支巷东西发散，26条历史街巷共同构成的鱼骨状空间格局。规划在对南北主街空间界面沿线建筑逐一测绘的基础上，从维持宜人的高宽比出发，对漆桥主街沿线新建的3、4层建筑进行降层或遮挡处理，保证沿街建筑高度与街巷宽度之比控制在0.5~1

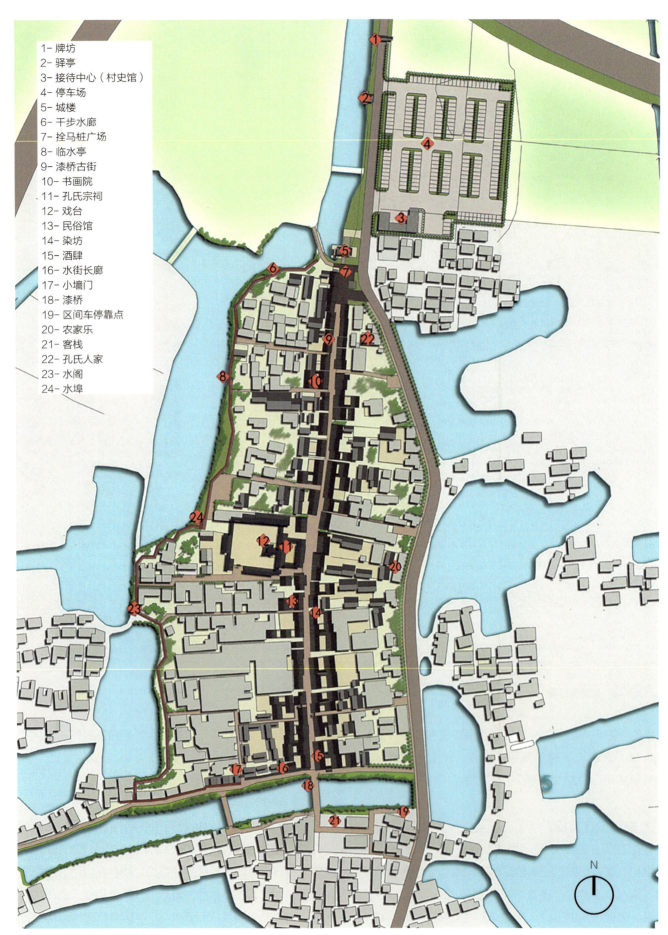

图 18-13-1-5 一期平面总图

之间，对支巷沿线建筑高度与街道宽度之比控制在 1~3 之间。为保持街巷的有机形态，规划要求重建、修缮的建筑在平面的尺度、线形和朝向上顺应街巷的连续性，保持并恢复历史街巷两侧传统建筑界面及沿街巷的传统山墙和院墙。对临街新建建筑立面过于平直的问题，规划采用局部增加披檐等手段，塑造临街建筑高低错落的檐口组合，同时增加店招、照明灯具等小品，烘托传统街巷生活的氛围（图 18-13-1-6）。

2）分类整治更新建筑

结合风貌保持和空间生产的多元需求，规划将漆桥村的建筑分为以下几类：

（1）保留修缮建筑：包括 5 处文物保护单位、29 处不可移动文物，按照相关法律、法规对其进行保护与修缮。对主街上 36 间建筑风貌较好的沿街店铺，予以保留。适当增加店招、灯笼等装饰。

（2）修整改善建筑：对与传统风貌相协调，且建筑质量较好的现状建筑，从增强风貌特征出发，修整及适当增加具有历史文化价值的细部构件或装饰，其内部允许进行改善和更新，以满足当代居住和使用要求。

（3）整治改造建筑：对采用白瓷砖外墙、大面积玻璃窗、欧艺铁栏杆等构件，但建筑质量较好的现状建筑，采取适当降层，局部拆除，增加披檐、檐廊、外立面木装修等改造措施，使其与传统风貌相协调。

（4）拆除重建建筑：对于建筑质量差，残破无法修复的无保留价值的现状建筑，拆除以扩大公共空间或院落空间，或根据规划予以重建以满足居民生产生活需要，并恢复传统院落肌理（图 18-13-1-7）。

对于村落中需要修整、重建和新建的民居，规划从高度、平面肌理和风貌三个层面作了相应的细致要求，并编制了相应的导则。

在高度上，要求村落范围内新建、改建建筑均不得超过 2 层。在核心保护区范围内，檐口高度不得超过

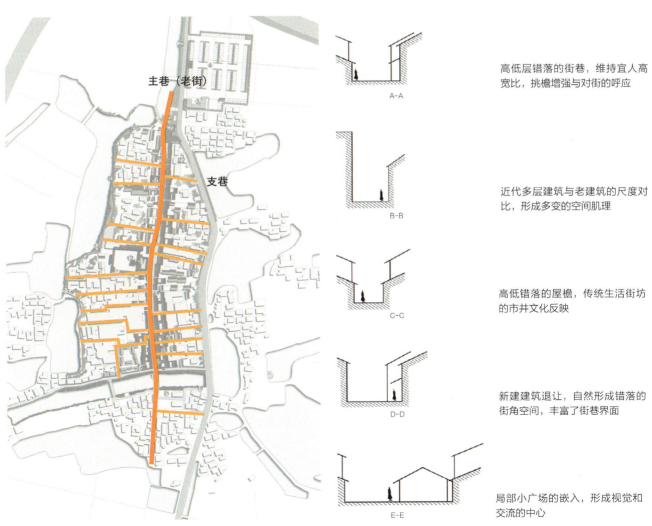

图 18-13-1-6　村落街巷整治意见图

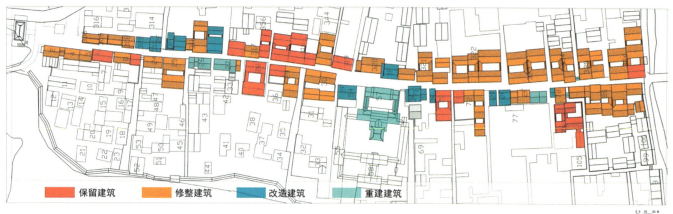

保留建筑

修整建筑

改造建筑

重建建筑

图 18-13-1-7 建筑保护更新方式规划

5.27m，屋脊高度不超过 8.04m，坡屋面坡度控制在 23°~32°，现状不符合上述规定的建筑予以降层整治或拆除。其他新建、改建建筑则要求檐口高度不得超过 6.6m，屋脊高度不超过 9.7m。

在平面肌理上，规定核心保护区范围内，单栋建筑的尺度要求开间不超过 3 间，通面阔不超过 10.4m，明间面阔不超过 3.8m，次间面阔不超过明间，进深不超过 8.4m。村落范围内，新建单栋建筑尺度要求开间不超过 3 间，通面阔不超过 12m，明间面阔不超过 4m，次间面阔不超过明间，进深不超过 10.8m（图 18-13-1-8~

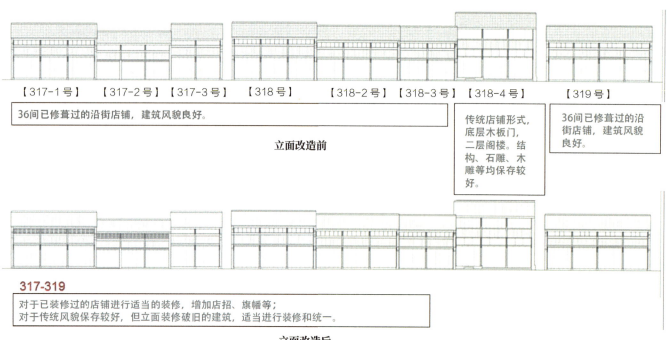

图 18-13-1-8 沿街立面改造

图18-13-1-9 318-2号建筑现状及改造效果图

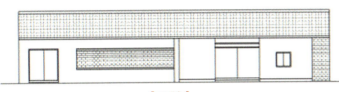

图18-13-1-10 57号建筑现状及重建效果图

图18-13-1-10）。

在风貌上，要求建筑屋顶、檐口、门窗及门头、墀头、装饰采用漆桥地方传统样式，或与之相协调的现代形式。建筑墙面则要求以青砖清水墙和以水墨画装饰的低纯度白粉墙为主，局部可采用原色或栗色木板、青灰色石材、粉刷装饰。建筑屋面以小青瓦为主，檐口、屋脊、墀头等处可以白色、青灰色粉刷装饰。门窗、栏杆以栗色或本色木构和低反射透明玻璃为主（表18-13-1-2、表18-13-1-3）。

3）修复增设公共空间

规划在北关口重建城楼的基础上，设置北村口广场，保护并展示北关口柱础遗址，从漆桥村古驿站的历史特质出发，放置景观小品，强化北关门的意象。为拓展村落旅游服务功能，规划在村北核心保护范围之外新建游客中心和公交车站、公共厕所，并设置停车场服务旅游团队和散客，兼顾本村居民公交、停车需求，形成漆桥旅游服务的主入口（图18-13-1-11）。

依据周边交通条件的变化，规划结合漆桥河景观设

风貌控制引导要求 表 18-13-1-2

控制类别	控制要素	控制要求
强制性控制要求	屋顶	两坡屋顶，坡高比≥1：2，举折
	屋面	小青瓦屋面
	高度（层数控制）	二层层高：檐口高度≤6.6m
		一层层高：檐口高度≤3.6m
	墙面	白色涂料墙面，石墙基≥300mm
	门窗	传统样式木色（木质）门窗格栅，可提供样式选择
	建筑后退	建筑退后道路≥2m
	高院墙（≥1800mm）	两坡顶
	山墙	砖（石）博风板
	门/窗套	砖（石）/仿石喷涂门套/窗套
	室外机	木格栅空调室外机箱
引导性控制要求（7选3）	墀头	两侧山墙伸出屋面，衔接山墙与房檐瓦
	门头	砖/石门头装饰
	门窗玻璃	双层中空铝合金玻璃
	披檐	单坡，青瓦铺面
	墙裙	一层青砖，二层木质
	阳光栏杆	传统式样木色栏杆
	檐口	木质椽子
	装饰	木雕/砖雕/素色彩画
	矮院墙（≤1200mm）	竹篱
禁止性控制要求	瓷砖、不锈钢、欧风柱式、欧式栏杆、红砖、彩瓦、金色镀膜玻璃、彩色涂料等与中式传统风貌不协调的材料及做法	

风貌控制引导要求示意 表 18-13-1-3

编号	控制要素	示意图片	
1	屋顶	 	小青瓦屋面， 硬山两坡顶， 山墙面高窗可增加披檐
2	门窗	 	简化门窗木装修样式， 增大玻璃采光面
3	高院墙	 	黑灰色小青瓦压顶， 白色墙面粉刷

续表

编号	控制要素	示意图片	
4	山墙		毛石基座， 灰色青砖或仿石喷涂墙基， 墙面采用白色乳胶漆粉刷
5	门/窗套		简化门套窗套样式， 增大玻璃采光面
6	室外机箱/阳台		室外平台采用木装修； 隐藏室外机箱
7	墀头		山墙出檐增加墀头装饰， 青灰色粉刷
8	门头		成品门头装饰 样式简化
9	檐口		立面出檐 可采用椽头装饰
10	装饰		成品砖雕装饰/ 墨色油漆彩画

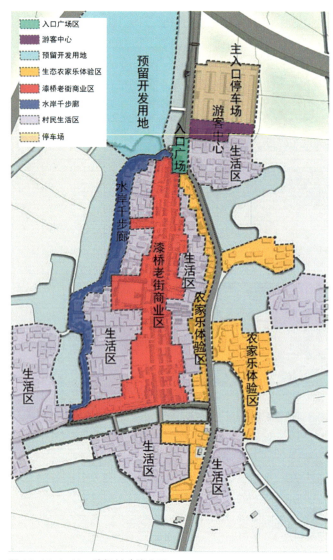

图 18-13-1-11　漆桥村功能分区

置村落西侧公共入口。同时，利用漆桥河的自然景观和历史元素，沿着两侧河岸增设旅游服务空间，满足村庄游憩和旅游接待能力发展的需要，与漆桥桥头公共空间、南北主街共同形成村落游赏空间的十字主轴。

在主街中段，根据历史文献和地基勘探情况，局部恢复孔氏宗祠主体建筑，各殿堂用作孔氏家族历史文化展示和宗亲会活动场所，恢复戏台和宗祠广场用作节庆活动和日常村民娱乐表演场所。保留和改造原乡政府的办公楼、广播站、小学用房，展示书院文化并赋予旅游服务功能。结合孔氏宗祠局部复建工程，扩大主街该节点一侧的开敞空间，形成街巷空间的节奏变化和视觉中心。

4）活化丰富产业业态

根据漆桥南北主街商业店面的历史信息和旅游发展的需要，恢复部分商业业态，植入新的业态，从商业逻辑出发，分段分区地布置以历史文化体验和商业零售为主的店面，将不同功能业态合理分置于不同的街巷空间段落中，促进老街的活化。

对于核心保护区之外的民宅，从旅游产业体系化的角度，结合游线和道路的重新组织，在旅游环线的沿线增设乡土餐饮、品茗、咖啡、农家民宿等功能业态。在村落东侧的外围地带，结合水质改善和景观环境的提升，将以安墩头为代表的水利技术历史遗存和漆桥孔家特有的书院文化作为文化特质，在符合传统空间肌理与建筑风貌的前提下，结合民居改造，增建部分院落式的功能空间，导入高端度假业态，打造特色书院主题酒店。营造集文化体验、美食、休闲、住宿、度假等于一体的，传统风貌与现代功能相融合的江南水乡村落的新画卷（图 18-13-1-12～图 18-13-1-15）。

5）古树名木保护与种植景观

规划对村落已有的古树名木进行等级划分，严格执行相关保护措施。在维持村落周边水田、旱地、池塘、果林等整体植物景观格局的基础上，在村落周边闲置农田、河岸空地等处打造油菜花景观，展现自然朴实的田园风光。

同时，结合村落外围新建道路、小广场、改造建筑的绿化景观的营造，对沿线杂乱的院落、废弃的角落空间、凋敝的绿化种植进行整治，形成具有村落景观特色风貌的绿化风光带。对于建筑内部院落空间的景观，规划引导村民对各自的庭院和花园作改造提升，塑造丰富而优美的村落庭院景观（图 18-13-1-16）。

图 18-13-1-12 业态植入

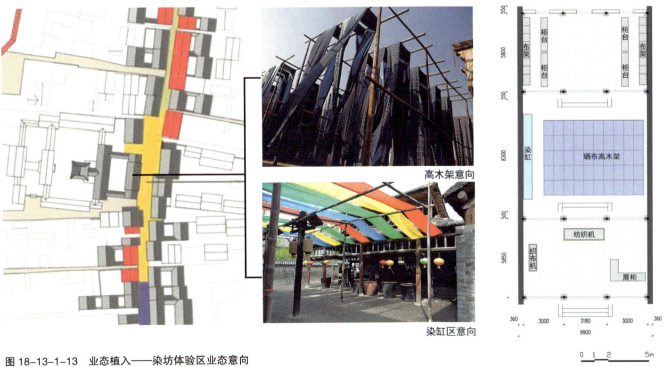

图 18-13-1-13 业态植入——染坊体验区业态意向

地块编号		006
建筑分类		重建建筑
规模		原有宅基地规模
环境区位		道路转角处
控制要求	屋顶	硬山坡屋顶，坡高比 > 1 : 2
	剖面	建筑檐口高度一层 ≤ 3.6m，二层 ≤ 6.6m
	层数	二层
	建筑后退	建筑退后道路 ≥ 3m
	墙面	白色涂料墙面，青砖、石墙基，仿石喷涂门窗套
	细部	传统样式木色（木质）门窗，栏杆，加门罩、披檐
功能定位		居住（可兼农家乐）
特色引导	平面	长列式，平面方向沿路做分段变化
	空间	山墙面及正立面均对道路开敞，长向分段处理，避免开间过大，结合观景需求二层留出露台

改造意见

现状图

效果图

■ 民俗、客栈、养生馆
■ 农家乐、酒楼

图 18-13-1-14　业态植入——农家乐体验区业态意向

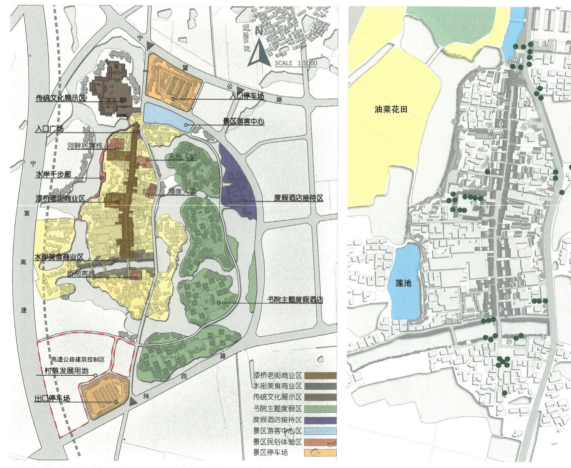

图 18-13-1-15　漆桥二期——书院主题酒店规划设计

图 18-13-1-16　漆桥村种植规划

18.13.2 沙家浜唐市古镇的保护与发展[①]

1. 常熟沙家浜唐市古镇概况

沙家浜镇于2008年初被公布为中国历史文化名镇，其中最重要的历史文化资源唐市古镇是目前常熟市惟一的一个保存相对较完整的古镇，这里自明朝起就已是全国有名的商贸集散中心，素有"东乡十八镇，唐市第一镇""金唐市"等美誉。现保留完好的古镇石板街两旁古朴的明、清时代建筑群，依然可观往日繁华景象[②]。尤泾河由北向南贯穿古镇，旧时河东形成了以石板街（今繁荣街）为核心的商业区，石板老街蜿蜒其中，明清店铺鳞次栉比，热闹异常（图18-13-2-1）；河西形成了以河西街（今中心街）为中心的住宅区，私家园林曲折幽深，廊亭池榭宛若天成，静谧自然；金桩浜、鱼涟泾东西向接于尤泾河，单孔拱桥沟通南北，居住区设有商店，住户众多。

唐市古镇由沙家浜旅游度假区管委会统一扎口管理，距沙家浜风景区约5km，历史镇区规划范围22.65hm²（折339.75亩，东至华阳桥—金桩路一线，南至南新桥—中环路，西至繁华街—语溪里，北至北新桥—河北街沿线），按保护界线划定为三个层次：核心保护区5.68hm²（折85.2亩）、建设控制区4.89hm²（折73.35亩）和环境协调区12.08hm²（折181.2亩）。唐市古镇区历史资料丰富，有历史建筑、文保单位、传统风貌建筑共1.5万多平方米，核心保护区现有省级文保单位1处，市级文保、控保单位19处，核心区域石板街两侧建筑以明清、民国时代的建筑为主，华阳桥、北新桥等都具有重要的历史价值（图18-13-2-2）。

1）空间布局形式

江南水乡地区的村镇发展都与水有关，唐市古镇也不例外。古镇内的主要河流有尤泾河、连泾河、渔连泾、金桩浜河，尤泾河上有北新桥、万安桥、南新桥，金桩浜河上有繁荣桥、华阳桥，还有一座老繁荣桥。

自明朝起这里就以水运为依托而逐渐发展成为全国有名的商贸集散中心，布局形态则顺应河流很自然地形成了条状与团状相结合的形式。古镇内部水、路、桥相交融，建筑依河而筑，并刻意近水，形成了极为丰富而生动的空间层次（图18-13-2-3）。在古镇的整个空间系统的结构中，路、街、巷作为基本骨架，起到了组织人们日常生活和交通联系的脉络作用。河道是古镇水上交通的要道，同时也是居民日常洗衣、聚集、交流的公共场所。陆路街巷只作为辅助系统，顺应河道布置，构成主路—支路—小巷的多级网络系统，具有强烈的方向感、序列感和节奏感。

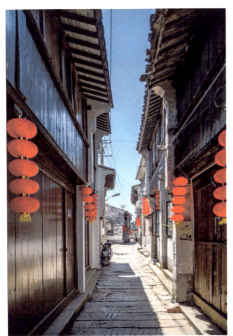

图18-13-2-1　石板街商业

图18-13-2-2　与沿河民居及古桥

[①] 本节执笔者：唐高亮、杨维菊。

[②] 唐市古镇简介，常熟市住建局村镇科提供。

河与沿水街巷相互补充、相互联系，共同构成了平行、并列的舟行和步行的两套交通系统，在大环境上，形成了独特的江南水乡集镇风貌，是古镇空间形态的重要载体，从而呈现出水系、古镇和村落交融一体的空间结构特色（图18-13-2-4）。

2）石板街的形态与布局

唐市石板街位于沙家浜镇唐市尤泾河东岸，由繁荣街、北新街组成，南北走向，长约370余米，宽1.4~2.5m，街道由长约1.2m，宽约30cm的石板拼铺而成，原街道两侧多为明、清建筑，现留存部分清代及民国时期建筑（图18-13-2-5）。今街道两侧仍有日杂百货、副食点和化肥农药等店铺及民居，这条老街仍是当地居民重要的生产生活资料的采购点。

同时，该石板街较为完好地保存了明清时期的众多商铺建筑，为研究古代常熟唐市地区的商业发展提供了很好的早期材料，对研究明清时期常熟商业建筑风格也具有重要的意义。该街道目前为市级文物保护单位。现保护范围：东至街东28m，南至南新桥，西至尤泾河，北至文化站大门。

3）街坊形态与布局

古镇内的街坊由街、巷围合组成，并由若干院落充实，院子多为南北向，连接院落的巷道多为东西向。街坊依其布置内容及河街关系，分为合院式住宅前后临街、临水型住宅前街后河、面水型住宅隔街面河等类型（图18-13-2-6）。通常，街坊会向纵向大进深发展，力争每户面宽较小，从而使更多的住户获得面街临河、水陆皆达的便利，这种街坊布局与古镇的地理环境以及"运输依靠河道，步行利用街道"的生活方式关系十分密切，显示出"亲水"的鲜明特征。街坊的这种布局又具有私密性特点，可营造出舒适、优雅、宁静的居住环境。

4）唐市古镇住宅、民宅的建筑特点

（1）唐市老宅楼

该住宅楼位于唐市飘香园内，是一座二层小楼，硬山顶，砖木结构，通面阔3间14.3m，通进深7架9.8m，

图18-13-2-3　早期的水运交通

图18-13-2-4　古镇、水系和村落交融空间组合

门窗具有民国时期的风格，二楼设外廊，围栏雕花。

这幢二层老宅楼建筑小巧、精致，具有浓郁的民国特色，目前保存完好，院内还有一个古式的亭子和连廊，绿树成荫，环境优美（图18-13-2-7），对研究常熟市区居住建筑发展史有一定的参考价值。该建筑目前为市级文保单位。

图18-13-2-5　唐市石板街

图18-13-2-6　古镇沿水街坊布局

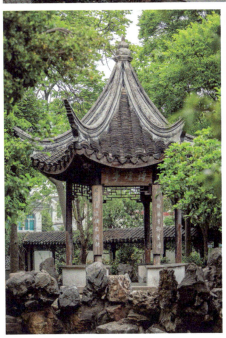

图18-13-2-7　唐市古街老宅楼现状

（2）石板街36号民居

石板街36号民居为清代建筑，属于私人住宅，位于石板街中段，沿街为商铺，二楼用于居住。石板街两侧建筑基本上都是这种布局。36号建筑是政府在2015年时统一修缮的，建筑面积在120m²左右。该建筑为木结构，木柱、木梁、木楼梯、木门窗，是典型的江南水乡民居的做法。在平面布局上，为了考虑通风、采光，中间设有天井，是唐市古镇传统民宅采用生态技术的典型案例（图18-13-2-8）。

（3）唐市繁荣街51号

唐市繁荣街51号位于沙家浜唐市繁荣街（俗称"唐市石板街"），坐西向东，背靠尤泾河，为清代建筑。现存房屋两进，走马楼，占地面积约208m²。第一、二进房屋样式完全相同，两层楼，硬山顶，砖木结构，面阔3间，南侧单间双层辅房，通面宽18.5m，通进深18.2m，飞檐，雀替雕花，立柱础。两楼之间设置回廊相通，并设廊轩（图18-13-2-9）。该建筑为常熟市区现存较为完整的清代商业建筑，其用料考究，结构合理，建造精美，对于研究清代常熟市区商业的发展及古代商业建筑的布局有着一定的价值。该建筑为市级文物保护单位。

2. 唐市古镇的建筑与民居的结构、用材与施工技术

唐市古镇内的沿街建筑与传统民居是古镇空间组成的实体，也是体现古镇、古村传统历史风貌的最基本元素。唐市古镇的建筑多采用木结构做法，砖墙不承重，墙体主要起围护作用；其屋架形式一般为穿斗与抬梁混合式（图18-13-2-10）。

建筑的形制，如开间、进深、屋架、斗栱、屋顶形式等，都有一定的规格，屋顶的常用构造做法：木屋架上放木檩条、木椽子，上面铺木板条、铺防水油毡，最上面铺小蝴蝶瓦，外墙基本采用空斗填充墙，建筑层数多为1~2层。建筑外观朴素，建筑与建筑之间通过有规律的组合形成高低错落、粉墙黛瓦的建筑群体（图18-13-2-11）。

另外，为满足江南水乡古镇典型空间组合的要求，在唐市的河面上建有好几座不同式样、不同建筑材料的古桥，其中有砖石雕饰，不仅造型优美，而且融合了民间的工艺技术和文化艺术，因材施用，将实用性与艺术性巧

图18-13-2-8　石板街36号民居

商铺

内部天井

沿街商铺

图18-13-2-9　唐市繁荣街51号

图 18-13-2-10　木结构屋架形式　　　　　图 18-13-2-11　传统民居坡屋顶造型

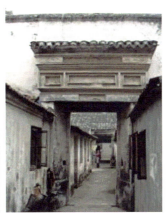

图 18-13-2-12　古镇传统民居和砖雕　　　　图 18-13-2-13　西洋建筑拱券和传统石雕

妙结合。同时，在传统民居建筑上也有不少砖塑、石刻（图 18-13-2-12），还有一些院子在入口处采用西洋建筑中的拱券、山花等做法（图 18-13-2-13）。

3. 唐市古镇的保护价值与对策

今天，随着社会的发展，特别是进入城市化快速发展之后，唐市古镇居民的生活水平已在不断提高，人们的观念和生活方式发生了很大的变化，加之现代施工工艺和新材料、新技术的应用，传统的居住模式已难以适应需要。20 世纪 80 年代初，古镇附近民宅就出现了"瓦房翻楼房"，但时间不久，很快就被控制住了，80 年代末，又有一部分居民进行了住宅更新，新建的住宅多为二层，砖木、水泥混合结构（图 18-13-2-14）。最近几年，在主城外又出现了别墅住宅，建筑格局与传统住宅有很多不同之处，如果按这样发展下去，长期延续的古镇传统空间形态就会出现变化，为了保护古镇的江南水乡特色，沙家浜镇作了以下几方面工作：

图 18-13-2-14　改造后的民居

1）唐市古镇前阶段保护策略

为了使古镇的建筑适应社会需求，在 21 世纪初就进行了修缮和改造工作，由于年代久远，古镇的传统建筑都已老化，常出现墙体外粉刷脱落，墙身裂缝，屋面瓦片下滑，屋面漏水等情况，特别是传统居住建筑中未设置保温、隔热构造措施，对今天的气候变化已不能适应。所以，在古镇旧宅改造中，在保留江南传统建筑立面风格的基础上分批进行改造，对围护结构采取现代隔热、保温措施，原有的布局得以保存，结构基本上都得到了修缮和保护，河道两边的居民住宅区建筑外貌基本完好（图 18-13-2-15）。

2）唐市古镇保护的价值

通过对古镇的保护和修复、整理工作，使古镇保留了传统建筑风貌，特别是对清代商业建筑以及古代商业的布局研究都有一定的参考价值。对古镇一些民国时期的房屋也进行了一些修缮保护，现在仍保留着那个年代的建筑风格，而且沿河修建的码头颇有特色，对于研究当时镇上居民的生产、生活和活动以及研究晚清时期沙家浜区的建筑风格、建造工艺与材料都有一定的价值（图 18-13-2-16）。同时，也加快了唐市古镇的基础设施建设，改善了古镇周围居民的生活质量，提高了居民生活水平与环境氛围。

3）唐市古镇的经济价值

唐市古镇是中国传统建筑文化表现中的一个点，有着重要的旅游经济价值。随着城市化进程的推进，越来越多的城里人在节假日都喜欢到能休闲、风景好、有情调的特色古镇来游玩，以缓解工作压力。这种休闲需求是古镇旅游业发展的新动力，同样，古镇的乡情、建筑的特色、水乡的韵味吸引了不少周围城市的工作人员和外地旅游者来古镇过周末、度假考察等。这样一来，古镇就需要提供餐饮和各种娱乐活动场所及各种服务行业人员和设施，同时这也给唐市古镇带来了新的经济增长点，可为年轻人提供就业岗位，发展和振兴的古镇，使人民生活更加美好！

4）制定古镇综合保护的策略

沙家浜镇政府为了把江南水乡古镇的优秀建筑文化传承下去，已邀请相关的建筑师、规划师对古镇进行综合性的规划设计和控制，在古镇近期规划方案中，现有的总平面被分为核心区、控制区、风貌协调区（图 18-13-2-17）。

图 18-13-2-15　唐市古镇现保留的沿河建筑风貌

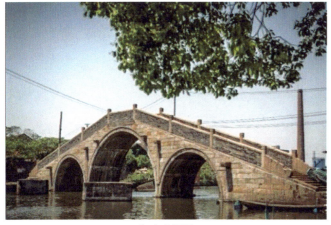

(a)北新桥　　　　　　　　　　(b)繁荣桥现状

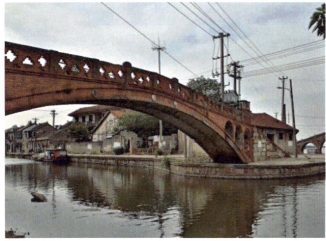

(c)红桥现状　　　　　　　　　(d)南新桥现状

图 18-13-2-16　唐市古镇的桥梁

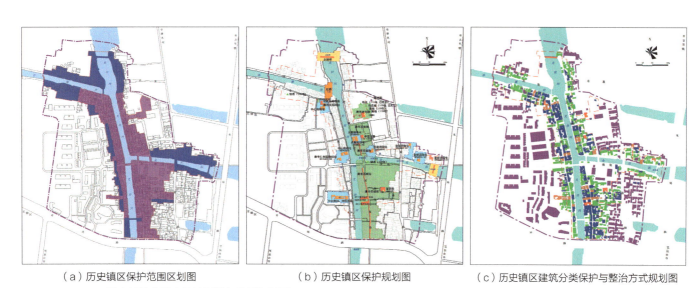

(a)历史镇区保护范围区划图　　(b)历史镇区保护规划图　　(c)历史镇区建筑分类保护与整治方式规划图

图 18-13-2-17　沙家浜镇传统古镇的保护与发展规划图

（1）核心区的建筑基本上由政府把关进行房屋修缮，现在住在里面的人也可以改造，但要保持原来的建筑风格，有些原是政府部门的房子就由政府负责收回并进行修缮。

（2）控制区建筑应保持原有江南水乡的建筑风格，修缮翻新方案要得到建筑主管部门论证通过后才允许实施。

（a）唐市古镇水岸商业鸟瞰效果图　　　　（b）唐市古镇水岸商业效果图　　　　（c）唐市古镇水岸商业效果图

图 18-13-2-18　唐市古镇效果图

（3）风貌协调区的住宅，居民可以自行建造，但式样、立面风格及平面组合的方案要按镇政府要求确定，遵循江南水乡粉墙黛瓦的特点，屋面应采用小瓦铺成的坡屋顶，但建筑平面布置允许有几种组合形式，老百姓要造房子，可在镇政府提供的方案中挑选自己满意的设计方案进行施工。这些新建的住宅要注意外环境的设计，如设有小桥流水、小院巷弄、沿河的街坊等，内外延伸的空间可设计成小商店、茶座等，还可设置沿河绿化风景带，并考虑与传统建筑呼应，以激起人们对水乡传统古镇的乡情和依恋之情。

2020 年开工建设，启动 1.2 万 m² 商业用房项目。2021 年启动古镇修缮。目前，古镇修缮的设计、施工已全面展开，商业用房项目整体已施工至地上二层，其中文创展示中心及水院已对外开放。计划到 2021 年底，古镇修缮完成约 2 万 m²，商业用房项目整体完成封顶，商业用房改建项目开工建设。未来项目建成后，唐市古镇旅游业将涵盖餐饮、旅游商品、休闲娱乐、客栈民宿及特色民俗演艺等，并借助沙家浜风景区的水陆客源导入，把唐市古镇逐步打造成苏州、上海乃至长三角地区市民的周末游憩地和休闲度假目的地。经过政府组织的综合修缮和保护，现唐市古镇基本保留了江南水乡的特色。

4. 沙家浜镇与唐市古镇的发展

随着城镇化的快速发展和变迁，古镇发展机制与社会经济环境发生了巨大的变化，因此，古镇的保护政策就不能仅仅停留在保护规划编制的表面形式上，而是落实到具体的建筑规划和建造中。更为重要的是，应将古镇保护融入快速城镇化的总体政策框架中。基于区域城乡关系变迁的大背景，从更为广泛、综合的社会经济角度对古镇的保护、延续与发展进行科学定位。应在保护古镇历史文化遗产的基础上进一步完善古镇内部的公共服务设施和优化古镇的空间结构，切实改善和提高古镇的生态环境。要达到以上的目标，应通过管理和技术措施梳理古镇的水网空间，使古镇生活环境更美，真正体现古镇水乡的田园风光。为了应对村镇发展需要，常熟市沙家浜镇人民政府对唐市古镇的发展做了大量的工作，已设计完成《常熟沙家浜历史文化名镇的保护规划——保护范围规划图》（上海同济城市规划设计研究院），近几年编制了《常熟市沙家浜镇总体规划（2016—2030 年）》，做了三个规划图（图 18-13-2-17）。今后，唐市古镇将在保护中传承江南的传统建筑水文化特色，在发展中求创新。

5. 唐市古镇在传承发展中应保持古镇传统低能耗生态技术应用

江南水乡村镇在传统民居中采用了不少被动式低能耗技术和生态策略，如在民宅的选址规划中一般会考虑"尊重自然""顺应自然""依山傍水""天人合一"的生态设计理念与思想。在处理建筑通风问题时，考虑顺应主导风向，因势利导，局部调整和改造，以创造出完美的居住空间和景观。其次，在建筑营造技艺上还注重了微气候的调节，特别是利用水体、植被和组织自然通风来改善建筑的舒适度。在建筑选材上，基本都选用本土化的材料，包括很多天然建筑材料，如生土、木材、石材、竹子等，充分契合生态建筑的理念，同时结合建材的特性，强调建材重复利用、再回收的做法，并利用各种气候缓冲空间来改善住区的室内热环境。这些生态智慧在唐市古镇早先遗留下的建筑中到处可见，所以，我们在唐市古镇的改造和新建筑的营造中，要保持、继承唐市传统建筑的设计理念，使新旧建筑风格融合统一，加强对古镇的空间格局，水网、街巷的关系和行为空间的考虑。我们要把这些遗产、财富传承发展下去，以达到进一步的创新，把唐市古镇打造成江南的明星古镇（图 18-13-2-18）。

参考文献

[1] 张宏,齐康.环境的感悟——南京钟山干部疗养院新疗养楼设计[J].新建筑,2000(3):30-32.

[2] 朱成山,朱蓝蕗.承载历史记忆建构民族精神——论中国抗战类博物(纪念)馆的建设与作用[J].日本侵华史研究,2014:1-7.

[3] 齐康.构思的钥匙——记南京大屠杀纪念馆方案的创作[J].新建筑,1986(2):3-7.

[4] 朱成山.用建筑语言表达南京大屠杀历史的人[J].日本侵华史研究,2011:3:1-6.

[5] 周海玲.群体记忆、审美仪式与治理性——以侵华日军南京大屠杀遇难同胞纪念馆和渡江战役纪念馆新馆为例[J].马克思主义美学研究,2010:13:252-264.

[6] 何镜堂,倪阳,包莹,等.胜利纪念与城市生活的交融——南京大屠杀遇难同胞纪念馆三期设计思考[J].建筑学报,2016(5):53-55.

[7] 何镜堂,倪阳,刘宇波.突出遗址主题 营造纪念场所——侵华日军南京大屠杀遇难同胞纪念馆扩建工程设计体会[J].建筑学报,2008(3):10-17.

[8] 齐康.构思的钥匙——记南京大屠杀纪念馆方案的创作[J].新建筑,1986(2):3-7,2.

[9] 钟敏仪.对现代纪念性建筑特性的探讨——以侵华日军南京大屠杀遇难同胞纪念馆三期扩容工程为例[J].低碳世界,2020,10(3):95-96.

[10] 齐康.象征不朽精神 寄托无尽思念——淮安周恩来纪念馆建筑创作设计[J].建筑学报,1993,2(3).

[11] 金俊,叶菁,齐康.传承纪念、续写丰碑——淮安周恩来纪念馆生平业绩陈列馆设计[J].建筑与文化,2011,4(11).

[12] 韩晓冬.相由心生——以创作孙中山先生像为例浅谈纪念性雕塑的创作[J].荣宝斋,2019,3(11).

[13] 诺伯格-舒尔茨.建筑——存在、语言和场所[M].刘念雄,吴梦姗,译.北京:中国建筑工业出版社,2013.

[14] 陈鑫.江南传统建筑文化及其对当代建筑创作思维的启示[D].南京:东南大学建筑学院.2016.

[15] 程泰宁,王大鹏.通感·意象·建构——浙江美术馆建筑创作后记[J].建筑学报,2010(6):66-69.

[16] 王天锡.贝聿铭[M].北京:中国建筑工业出版社,1990.

[17] 周颖.手把手教您绘制建筑施工图[M].北京:中国建筑工业出版社,2013.

[18] 徐小东,刘梓昂,徐宁,等.多元价值导向下的产业型乡村规划设计策略——以东三棚特色田园乡村为例[J].小城镇建设,2019(5):40-48.

[19] 韩长赋.大力实施乡村振兴战略[J].中国农技推广,2017,33(12):69-71.

[20] 彭锐,杨新海,芮勇."陪伴式"乡村规划与实践——以苏州市树山村特色田园乡村为例[J].小城镇建设,2018,36(10):27-33.

[21] 徐小东,沈宇驰.新型城镇化背景下水网密集地区乡村空间结构转型与优化[J].南方建筑,2015(5):70-74.

[22] 徐辉,曾惠芬.苏州高新区浒墅关老镇改造整合规划设计[J].江苏城市规划,2014(11):26-28.

[23] 刘伯英,冯钟平.城市工业用地更新与工业遗产保护[M].北京:中国建筑工业出版社,2009.

[24] 许晶晶,姜雷,丁文.城市文脉视角下江苏运河沿线工业遗产廊道构建路径探析[J].江苏建筑,2019(4):17-19+32.

[25] 孔令扬,傅凯.附设式菜市场功能设计与空间活力的联系——以苏州双塔市集为例[J].城市建筑,2020,17(2):96-97.

[26] 张建昌.一种珍贵商业文化遗产的解读与应用构想[J].商业研究,2007(4):211-213.

[27] 李逸斐.文化生产场域理论与历史街区改造设计的原真性——以苏州"平江路菜场"概念设计与"双塔市集"为例[J].艺术设计研究,2020(4):93-98.

第 19 章　江南传统与现代建筑的融合与创新

19.1　江南传统建筑理念的传承价值

江南传统建筑是我国的文化瑰宝，也是我国悠久历史的证明，更是中国传统建筑中的优秀代表。江南传统建筑的文化特色及其生态理念在现代仍具有借鉴意义，对中国现代建筑的发展具有积极的利用价值[1]。江南传统建筑，经过千百年的发展，不但形成了精致、典雅、小巧的建筑风格，也包含着丰富、深邃、利生的建筑理念。今天我们要实现对江南传统建筑与现代建筑的融合与创新的研究，首先要认识到江南传统建筑所蕴含的传承价值。

19.1.1　文化价值

在中国儒家思想的深刻影响下，中国传统建筑以其形态表达、阐释着人与自然共生的关系，同时因所处地域及历史环境的不同特点，形成了形式多样、内容丰富的中国传统建筑[1]。这些宝贵的精神文化财富，遗留保存至今，很值得我们去探讨研究传统建筑文化与现代文化的内在关系，也是我们在建筑领域研究开拓和创新实践中的必要一环。

江南传统建筑乃至于中国传统建筑，在悠久的历史长河中浸润了中国传统的文化态度和宗教信仰等。江南地区的传统建筑以静态的介质保存了文明的结果和知识的积淀，作为江南文化的物质形态而存在。分析江南传统建筑时，我们不难透过现象看到江南特有的地域传统以及精神文化特质。粉墙黛瓦、依水而居等江南建筑的特色（图19-1-1、图19-1-2），无一不彰显了"天人合一"的哲学内涵，和以崇尚自然之美为审美情趣的人居环境观。朴

图 19-1-1　苏州平江路

图 19-1-2　苏州同里水乡美景

本章执笔者：杨维菊。

素的儒道文化、和谐的自然文化是江南地区居民多年的生活积淀，不断地与江南建筑文化产生有机融合。"天人合一""道法自然"的哲学思想，"象天法地"的城市规划思想，"因地制宜"的建筑风水观，可持续发展的技术观等思想共同构成了江南传统建筑设计理念。

江南地区交通便利，水网密布，耕植历史悠久，经历了千年的历史变迁，由原来孤立分散的市场格局，逐步形成了现今平均间隔1km的水乡经济网络圈结构体系。历史上，达官贵人、富商、文人雅士等纷纷选择在江南地区建宅安居，随着亭、台、楼、阁的增多，形成了诸多各具特色，又有文化修养的私家大宅、庙宇、书院、园林建筑等。继承与发展传统建筑文化这项事业，具有多方面的文化价值。首先体现在对传统建筑文化的保护上，传统建筑的形式、风格、制作工艺以及精神内涵等，是一个区域中有着共同文化价值取向、共同文化归属的人群的集体信仰；其次体现为有助于在深挖中华文化精髓的基础上树立正确的文化自信；最后不仅体现在历史特性和传播特性上，还体现在艺术审美和情感特性上[1]。

19.1.2 艺术价值

江南传统建筑的美，从建筑本体的建造美学，到群体空间有机呼应的构成美，再到人工与自然环境相结合，相映成趣、天人合一的美，我们将其概括为三点：建筑美、空间美、意境美。

1. 建筑美

江南传统建筑的建造凝聚了一代代工匠的巧思，目前我们看到的典型江南古镇如甪直、同里古镇等，虽各具特色，其建筑仍呈现出一种建造的普遍范式，是工匠技艺成熟而后定型的结果。造型上，曲直结合的立面线条、轻盈的飞檐翘角赋予建筑造型以动态美；色彩上，黑、白、灰的普遍使用让建筑呈现出一派粉墙黛瓦的朴雅美；装饰上，玲珑剔透的各类隔扇使内外空间相互融通；细节上，各类构件尺度小巧，其连接构造层次分明，在构造关键处或造型点睛处予以装饰处理，典型的如蝴蝶瓦满铺的瓦屋面及其檐口的瓦当和滴水，与屋脊正中和两端的各式造型。这些特点使江南传统建筑不同于北方皇家建筑的富丽堂皇、庄重严谨，而独具一种清灵雅致的风格。

2. 空间美

江南传统建筑空间美学的典型特征体现为点、线、面等元素在建筑环境中的有机结合。

"点"在江南传统建筑中主要表现为各有自身形态和空间艺术特色，但又互相联系构成整体布局的亭、台、楼、阁、榭。各类场景要素都结合其所处环境，以本身所具有的内涵与周围环境共同渲染氛围（图19-1-3）。

"线"在江南传统建筑中主要体现为街巷和水系的形式，以交通便捷为目的，建筑多整体沿河布置，形成线形和带状簇群。时间的积累带来建筑数量的膨胀，不再仅仅依凭一条河流无限延伸，更扩展为包括周围支、干流的复杂街网，城镇演化的先后次序和城镇化序列形成的过程，便蕴藏在这沿着密布水网形成的街市之中（图19-1-4）。

"面"在江南传统建筑中主要体现为庭院式的空间组合以及以院落为单位扩张而形成的片状群落。江南传统民居的空间布局是庭院空间的放大，从我国的发展情况来看，南北各地的民居、聚落、园林、宫殿建筑群，乃至城市规划都是如此[1]（图19-1-5）。

3. 意境美

江南建筑的单体设计和群体设计都讲究因应自然环境，有机结合山水。大者依山傍水，碧波万顷，一阁耸出，亭台作配；小者临河枕水，曲径通桥，人家毗邻，门前蓊郁。无论是云雾掩映的山水楼台，还是小桥流水的古镇人家，都甚少以建筑的富丽或奇绝争艳，而是与自然人文环境结合，谦逊端庄，烘托出一派灵动、优美的意境，也彰显着江南独具一格的审美情趣。

图19-1-3 点元素的运用（南浔古镇）

图19-1-4 线元素的运用（苏州同里）

图19-1-5 面元素的运用（温州林坑古村）

19.1.3　经济价值

在当前我国社会主义城乡发展建设中，大力发展江南水乡的建筑，尤其是保护各地古镇的传统格局与修缮传统建筑，不仅具有文化价值，而且还具有重要的经济价值。

历史上，富庶的江南，作为国家经济文化的重心，繁荣的工商业和发达的农业相辅相成，形成了基于原材料和商品的集散中心，市场经济显著地推动了商业和城市的大发展，涌现出大批的手工业、商业市镇。以丝织闻名的有：吴江的盛泽、震泽，湖州的乌镇、南浔；以棉布加工闻名的有：松江的朱泾、枫泾、七宝；以米市闻名的朱家角；以刺绣闻名的下沙、光福……这些市镇和城市连接，互联成网，形成牢固的产业链，成为城乡经济繁荣的基础，在江南形成了一个繁荣、发达的市场网络，从而对中国近代的经济发展产生了积极的影响，在中国经济史上具有突出的地位和作用[2]。

近年来，江南水乡不仅经济发达，而且带动了旅游事业的飞速发展。疫情期间，国家提倡的国内游也给江南水乡古镇带来了新的生机，使其经济收入猛增。来自全国各地的游客络绎不绝，外国友人也日益增多，不仅带动了国内经济发展，也促成了国内外文化交流和"一带一路"的新景象。江南地区建立了国际文化和旅游交流中心，打开了江南对世界开放的大门，这在无形中对推动国内外经济交流和发展起到了巨大的作用。江南地区为国家的经济、旅游、学术交流作出了巨大贡献，也给江南带来了更大的经济效益和发展前景。

19.1.4　历史价值

江南传统建筑是我国宝贵的文化财富，这些建筑物就是我们重要的历史记忆。保留这些地方性特色，也是建立民族自信心的重要依据。保护这些建筑有助于促进国家统一、强化民族形象、提高人民素质，也有利于传承民族文化，守护民族精神家园。2013年12月，习近平主席在中央城镇化工作会议上讲过："要体现尊重自然、顺应自然、天人合一的理念，依托现有山水脉络等独特风光，让城市融入大自然，让居民望得见山、看得见水、记得住乡愁。"首先要把"乡"留下，而中国广阔大地上各个地方的建筑物就是祖辈为我们留下的重要历史记忆，如果把古镇都清除，家人回来后什么都看不到，还有什么乡愁？守住民族的精神家园，修复江南历史古镇及建筑，把根留住，是中华民族复兴刻不容缓的重要任务[3]。

江南传统古镇建筑承载着上千年的历史地方精神，蕴含着生活中演绎发展而来的多彩的民间文化，并通过一代又一代人的传承，充实、涵养着这些历史城镇各自独特而丰富的人居环境，从而维系着中国优秀的传统文化精神。

江南水乡古镇传承着中国传统思想的文化底蕴与艺术特性，完美地结合了经济发展规律，展现着中国人文明、富足、诗意、和谐的理想居住环境。其在中国文化发展史和经济发展史上的重要价值，其小桥、流水、人家的城镇格局和建筑艺术，形成了独特的地域文化现象，在中国建筑史上具有重要的地位和价值，是传承与展现中华民族传统人居文化和建筑艺术的重要领域。

19.2　江南传统建筑文化的传承与发展

在国际化、全球化的今天，一个国家的建筑要想屹立于世界民族之林，并占有一席之地，除具有独创性之外，还必须具有本土文化特色。诚如鲁迅先生所说，"越是民族的，才越是世界的"[4]。我们必须注重传统文化价值和民族特色的传承，才能让中国的建筑在未来世界更具竞争性和生命力。就江南传统建筑而言，其"天人合一"的人文自然观、其富有代表性的色彩与装饰、其营造技艺中包含的匠心，是我们传承与发展的三个切入点。

19.2.1　传统民居"天人合一"建筑理念的传承

传统的江南民居，无论是建筑类型空间特色、立面造型，还是风格色彩的运用，都体现了中国传统文化的内涵和韵味，是儒道互补的哲学体系及与之相配的"天人合一""师法自然、和谐共生、厚德载物"的价值观的重要载体，其核心观念是"和谐"。和谐观念认同世间万物在保持其独特性、多样性的基础上应建立恰当的良性互动关系，以达到"和而不同"的境界，这是中华文明各个层面的共同文化理想和价值取向[5]。

1. 传统民居的设计特点

传统民居的设计思想就是崇尚自然、"天人合一"，人与自然和谐相处的建筑文化观。在这方面，民居聚落采

图 19-2-1 桐庐深澳古村

取的策略是"依山傍水",与所处自然环境相结合,居住的房屋大多是沿着河流和原有的地势、山势修建,"择水而居""缘河而筑",其显著特征是自然性。在建筑选址、设计、施工以及拆除、维护等一切建筑活动中,始终把环境作为首要考虑的因素,从而实现人与自然、人与环境的和谐共生(图19-2-1)。

2. 民居水文化设计理念的传承

水是江南民居的纽带和灵魂,正是因为有了水的环抱,才有水景中各式各样的小桥和河流中大大小小的交通船舶,才烘托出了江南水乡空间如此美不胜收、美妙动人的景象,才让小桥、流水、人家的景色美得如此让人陶醉(图19-2-2)。

传统民居的单体设计按照规模分为大、中、小三类,同时考虑到所处环境特征的差别,又可以分为面水(图19-2-3)、临水(图19-2-4)和山区建筑(图19-2-5)。江南传统民居孕育在中国南方的土地上,气候温和、温湿度合宜,是很好的人居之所。

3. 民居合院空间与人文孝道观念的传承

江南传统民居在平面布局上自有其固定的模式——平面布局紧凑、院落占地面积较小,以适应当地气候和人多地少的特点。

一般民居多采用一层或两层楼来进行设计,大户人家和富商的宅邸常为合院式,依着大门中轴线,按照家族伦理的秩序来安排房舍,尊卑有序,长幼有别。轴线上规模最大、装饰最为精致的房屋是厅堂(图19-2-6),是阖家团聚、问寒问暖,体现孝道与礼仪的场所。四面房舍

图 19-2-2 南浔古镇水系空间、浙江嘉兴嘉善县西塘古镇

图 19-2-3 面水民居(南浔古镇民居)

图 19-2-4 临水民居(乌镇)

图 19-2-5　山区民居（温州林坑古村）

图 19-2-6　厅堂（浙江衢州廿八都毛氏祖祠）

图 19-2-7　天井（浙江杭州桐庐县狄铺村老宅）

围合的庭院称为"天井"（图 19-2-7），是一座合院的灵魂所在，是礼拜祖先、天地的场所，也是将室外自然景色引入室内的空间。合院地面铺有石子小路，四周设有围墙，墙上很少对外开窗，院内与外界相对隔绝。这座天井小院绿树成荫，除供家人聊天外，还为室内提供采光、通风，并具有排水功能，四面的雨水顺屋顶内侧坡面向天井汇集，赋予这种传统民居布局"四水归堂"的美称。传统合院的设计理念，在生活环境上体现人与自然的和谐共生，在人文精神上紧扣传统社会的家庭道德伦理，具有规训意义。

无论社会如何发展，人的精神最深处渴求的都是本民族的文化滋养。现在的住宅设计将传统的合院变成了功能具体的客厅、卧室、厨房、阳台等单元，在一定程度上模糊了人们对场所的辨别，同时遗落了传统民居敦亲睦族的居住形态和礼仪伦理的传统文化，也失去了场所精神。我们只有对传统合院精神所形成的背景空间结构进行深层次的研究，才能让今天的住宅建筑启发人们的文化联想，使人对本民族的居住需求和居住空间产生特殊的情感[6]。

19.2.2　江南传统民居的色彩和装饰

江南地区具有优越的地理环境，山水相宜、气候湿润、树木繁盛、四季花香。从江南地区云层上空可以鸟瞰不少古镇村落散布在河泽湖畔，隐现在江南云烟缭绕的青山绿水之间，这里是中国传统文化精华之所在。江浙一带最有名的六大古镇——周庄、同里、甪直、西塘、乌镇、南浔就坐落在这里（图 19-2-8~图 19-2-13），还有中

图 19-2-8　周庄

图 19-2-9　甪直

图 19-2-10　同里

图 19-2-11　南浔

图 19-2-12　西塘

图 19-2-13　乌镇

国最著名的"苏州园林"。我们深切地体会到,在江南这方水土上,在中国传统文化的氛围中熏陶出来的建筑,其"黑与白"的独特外表是那么朴素、灵动而又明快,其精巧、繁复的装饰,是那么富有形式美与象征美。

1. 江南传统建筑色彩格局

江南独特的地域特点,使建筑呈现出一片粉墙黛瓦的黑白世界。在绘画艺术中,黑与白处于色彩的两极,对应中国传统文化中的阴阳两界、天地象征,将黑、白色广泛、整体地运用在建筑外观上,恰好成为江南传统建筑最为贴切、质朴的外衣,是古人成功的创造性运用。然而,为什么只有在江南古建筑群落中才会形成这种大规模的粉墙黛瓦格局?可以结合中国传统文化的儒、道哲学和《周易》中的阴阳观来探寻其真正的根源[7]。

道家以清净无为思想为基础,在色彩缤纷的大千世界里,道家独选黑、白这两种最为朴素的莫能与之争美的色彩作为其精神象征。儒家提倡"天人合一",把人居建筑放在天地之间进行思考,则朴素的黑白色彩最能表现烟雨江南的地域风貌。更有《周易》的阴阳观,把黑白二色当作太极八卦图中阴阳符号的色彩,成为中国美学的核心[7]。古代文人士大夫便以水墨画表现山川万物,在江南建筑的粉墙黛瓦间寄托精神、理想。江南传统建筑因之而呈现为具有水墨灵韵、天人合一的理想世界,以黑白两色为地域肤色的江南传统建筑,在世界建筑史上特色鲜明,独一无二。

2. 江南传统建筑装饰

中国传统建筑的装饰,在室内主要体现为家具、灯具、天花、藻井等。对传统陈设的运用,并非选择几件家具简单地进行堆砌,而是以审美观来打造富有传统韵味的室内环境,同时也展示传统元素创造性的魅力[8]。

高超的装饰艺术是中国传统建筑不可缺少的灵魂,而江南传统民居的装饰,以轻便、灵巧的样式最为常见,在构图上通常加以美化,赋予吉祥的寓意或表达人的情感、愿望、趣味等,内容丰富多彩,是一种具有艺术性的表现手法。传统民居装饰中雕刻艺术最让人惊叹不已,活灵活现,反映出了艺人的高超技艺和艺术水平。雕刻艺术作品分为木雕、砖雕、石雕三类(图 19-2-14),其内容和技艺都有一套完整的表现手法,做工极其复杂。经过雕刻艺术美化的建筑看上去更加华丽、富贵,同时带给人美的体验。对这类艺术的表现和追求,也是值得我们在现代建筑设计中传承和发展的重要方面。

图 19-2-14　浙江东阳木雕、砖雕、石雕

19.2.3 营造技艺与工匠精神的传承

中国传统营造技艺之所以能够流传千年，其中蕴含着丰富的传统文化信念、精湛的营造技艺和强大的适应能力。所谓适应性，是涵盖了社会、经济、自然与文化等多方面因素，进行综合调整的能力，这是中国传统木结构建筑得以在不同地域存在并以不同形式呈现的合理化原因，也是江南传统营造技艺在吴地传承发展的绿色营造思想之本源[9]。

1. 江南传统建筑的营造技艺

江南传统建筑营造不事张扬，专长于工艺，不仅建筑技艺精湛，而且注重建筑构件的细部节点变化，雕饰简洁精美，具备工艺细腻、构件轻巧雅致的技术特点与装饰特征。各地区均形成了具有代表性的流派，如苏南的"香山帮"，皖南的徽派，浙江的婺派，营造技艺呈现出丰富的地域多样性，工种齐备，建造力量强大。"香山帮"匠人还对营造技艺进行了系统的归类与解析，形成了《营造法原》，被称为南方建筑的"惟一宝典"，打破了匠人仅依赖家族的世袭罔替和师徒之间、匠人之间的"口传"的惯例，体现出了江南工匠的"工匠精神"[9]。

2. 江南传统建筑营造技艺中的工匠精神

江南传统建筑各部构造层次精巧、考究，并通过油漆的运用、防潮防腐措施等，对建筑构件进行保护，提高其使用年限；又有可替换构件的运用，充分考虑到了建筑全生命周期的维护，并在许多方面体现出了绿色营造思想。所谓绿色营造思想，指的是顺应自然环境、技术环境以及人文环境，在利用自然、改造自然的过程中追求一种更理想的状态。在现代绿色建筑的内涵中，越来越关注人的身心健康、舒适程度，也更加注重建筑环境给人带来的影响[9]。作为当代人，继承和发展江南民居营造技术、传承宝贵的民族文化遗产是我们的责任，在现代江南新建筑中，应将现代建筑设计的观念、方法与传统民居的营造观念及技艺相结合，运用现代新技术、新材料、新的设计手法进行演绎，从而将传统与现代建筑技艺完美地融合，这样的新建筑才具有长久不衰的生命力。

19.3 江南传统建筑的保护与创新

江南地区的传统建筑记载了江南人世世代代在建筑上辛勤劳动的成果和智慧，所遗存的历史建筑展示了江南建筑的空间形态和建筑技艺，在历史发展中形成了独特的文化性、地域性以及时代性。

在20世纪80年代初，江南地区也出现过不少传统建筑由于城市建设、旧房改造的需要被拆除以及建筑多年经受日晒雨淋、局部破损，城市面貌受到严重破坏的事例。近年来，在相关管理部门的多方干预和努力下，这类乱拆乱建的现象得到遏止。同时，在新建筑与老建筑交汇之处，设计人员越来越注重结合江南传统文脉和江南地域风格进行设计，通过白墙黑瓦等元素进行了新旧之间的协调。保护建筑文化遗产，尊重地域性、民族性文化和强调城市文脉的设计理念，应成为当代规划师、建筑师们的历史使命。

19.3.1 江南传统建筑改造中的保护与创新

江南传统建筑是江南文化最具象的载体，是几代人智慧的结晶，是传承和展示中华民族传统文化与建筑艺术的重要内容。即使在今天，江南传统建筑仍不断续写着鲜活生动的地域文化篇章[2]。我们应当在传统建筑改造中秉承修旧如旧的原则，保留传统街区固有的文脉，留住传统文化的根；在保护的前提下进行适当的创新，同时在新建筑设计中传承传统建筑精神与生态理念，用现代手法设计出具有地域性、时代性的建筑，在保护的基础上发展，在发展的基础上创新[10]。

近二十多年来，苏、杭等地在建筑保护中寻求突破，在改造中追求创新，通过形式的复原、元素的提取、符号的引申、尺度的呼应、工艺的进化等多种手段，将传统建筑的精神延续到新时代。以下几个案例在传统街区、传统民居改造等方面做出了重要表率，并在传统建筑的商业化改造方向上有所创新。

1. 苏州平江路的改造

苏州是江南传统建筑的集聚地，平江路传统街区的保护、改造与利用，不仅仅要凸显传统建筑的功能性、美观性和经济性，同时还要把人文关怀融入其中，以人为本，把居住者、使用者的需求和感受作为最终的实施目标。

平江路地处苏州古城东北隅，东起外环城河，西至临顿路，南起干将路，北至白塔东路，面积约为$116.5 hm^2$，作为完整保存了公元前514年吴国阖闾大城水陆并行双棋盘的独特城市格局的历史街区，平江路是苏州古城迄今为止传统城市格局、建筑风貌、生活习俗保存最完整的一个区域，有"苏州古城的缩影"的美称（图19-3-1）。

图 19-3-1　平江路 1　　　　　　　　　图 19-3-2　平江路 2

作为苏州古城的一部分，平江路现存的整体格局已历经千年之久，仍然保持着"小桥流水、粉墙黛瓦"的江南水城风貌，积淀着深厚的文化底蕴，汇聚了相当丰厚的历史遗存和人文景观。区域内有世界文化遗产——耦园，人类口述和非物质文化遗产代表作昆曲的展示区——中国昆曲博物馆，文物保护单位 9 处，控制保护建筑 43 处，还有名人故居 20 处，古牌坊 2 座，古井 10 口及散落其间的古树，如同一座露天的江南城市建筑博物馆（图 19-3-2）。

平江路历史街区的整治保护始终坚持"策划先行、规划引领"的原则，启动风貌保护整治工程后，相继实施了房屋修缮、河道清淤、码头修整、驳岸压顶、绿化补种、路面翻建、管线入地等基础性工程，并根据历史资源条件，制定了三维空间发展的产业定位（图 19-3-3）。2005 年，平江路获得联合国教科文组织颁发的亚太地区文化遗产保护奖；入选文化部、国家文物局"首批中国十大历史文化名街"；荣获"国家古城旅游示范区"称号……平江路为传统街区改造作出了重要表率。

平江路商业街经过数次修缮改造，如今已是苏州重要的历史街区与商业游览区。整个街区既保留了传统建筑形式与集市的传统风貌，也体现了现代商业的布局。今天的平江路商业气氛浓郁，商品琳琅满目，同时也充分考虑到了人的行为空间需求，以沿街两边商铺凹凸式的平面布局、中间道路宽度的放大和缩小，形成了街心道路宽度的收放。这样的布局可以满足购物旅客的行走方便和心理需求，同时便于形成旅客集散的街心广场并通过小桥将旅客引向深处的民居（图 19-3-4）。

2. 传统民居的改造

传统民居的改造以修缮保护为主，还原其历史风貌，更全面生动地展现古宅的文化底蕴，并借助旧宅的重新装修，将现代科技设备和新材料与古宅巧妙融合，使其更适应现代人的生活需求。对更新后的建筑，将结合其自身特色进行活化利用，焕新居者的文化生活体验。

中张家巷 29 号民居位于平江路历史街区的建筑控制地带，是一处文物登录点，占地面积 218m²，建筑总面积 270m²，主体分为前、中、后三进，整体为砖木结构。建

图 19-3-3　平江路街巷空间改造

图 19-3-4　平江路街巷空间

筑存在长期空置、陈旧破烂、私搭乱建、管线杂乱等问题。

29号民居院落修缮后，彰显了其自身作为文物建筑的价值。修缮后的老宅既维持了旧貌，又具备了现代化的使用功能。建筑修缮完全遵循不改变文物原状和最小干预的原则，采用传统工艺、材料、手法，着重于"修"。在保留住文化底蕴的同时，将新产业、新业态和新功能"装"进古宅，智能再现传统书香生活场景，拓宽文化体验渠道，焕新姑苏人家的生活情趣（图19-3-5）。

图 19-3-5　中张家巷 29 号民居

3. 传统建筑的商业化改造

"君到姑苏见，人家尽枕河。古宫闲地少，水巷小桥多。"苏州姑苏小院东花里精品酒店选择隐匿在苏州老城区的小规模古宅建筑中，将酒店搬进苏州寻常街巷，使旅客融入市民生活，体验地道的江南韵味和人间烟火，吸引了对江南有别样情怀的人们（图19-3-6）。通过室外白色钢楼梯或室内的水磨石楼梯上到二楼，透过室外平台或房间内设置的东向取景窗，可以感受到平江路历史街区的老街尺度。北侧对着相邻的屋顶新建一处围墙，以形成狭长的种满竹子的室外空间，补充了一楼房间的采光，框定了一个相对整齐的古城天际线视野。西侧对着隔壁荒废的老宅院，就利用其斑驳的老院墙作为背景，设置取景窗和主景石榴树，形成局部小景，使人沉浸在浓厚的江南韵味中，别有一番情调。

位于杭州西湖区的青芝坞村舍改造，是一项大范围的村庄改造。建筑原是20世纪90年代的民居，改造后将具有酒吧、茶室、餐饮、民宿等现代功能。设计团队借鉴了江南杭派的钱塘风格，既为这些村舍赋予了地方传统的灵魂，又不失时代感，与西湖风景区融为一体，亦为西湖增添了新的景点（图19-3-7）。

"湛湛玉泉色，悠悠浮云身"，白居易笔下的青芝坞，如今成了现实。入口处的青柳塘，曲桥、亭廊、荷花池、景观驳坎、临水平台等细节小品错落布局，精雕细琢，缕缕微风轻拂水面，芙蓉仰面含笑点头，夹岸垂柳随风轻扬，如临曲院风荷，再配上灌木苍翠的梅影潭、潺潺而过的清溪，秀美湖山间，宛然一幅山水画卷。而走在整齐、平坦的郊野小路上，两旁白墙黑瓦的农家小楼鳞次栉比，清雅别致；各家门前开放式的小庭院，竹篱含翠，自有一番田家风味。青芝坞的改造成功不仅为杭州市民和外地游客提供了一个新的休闲地，也是一项富民工程[10]。

19.3.2 传统江南园林的营造理念对现代建筑的影响

中国传统园林的造园理念与技艺源远流长，"虽由人作，宛自天开""巧于因借，精在体宜"凝聚了尊重自然、追求意境、善用环境与和谐共处的营造理念，是中国传统"天人合一"哲学思想的精要体现。江南园林崇尚"道法

图19-3-6 姑苏小院

图 19-3-7　青芝坞村舍改造

自然""诗情雅趣"的造园创作，采用掇山、叠石、理水等营造技巧，创造出蕴涵儒释道思想的山水诗画境界与自然天成之美。江南园林重视人、建筑与自然的关系，体现出合宜、相融的情感与追求，水涧石径、松柳竹兰、亭榭廊槛的诗画意境构筑，是江南园林山水、植物、建筑融合一体的艺术体现。

1. 江南园林中的营造理念

天然山水园和人工山水园是组成中国古典园林谱系的两大分支，人工山水园中则以江南私家园林最为典型。江南地处平原，造园规模较小，而这较小的空间需由造园者运用一些特殊的技艺，浓缩自然、转译自然、象征自然于其中，以此营造出具有江南特色的山水园林（图 19-3-8）。童寯教授在《江南园林志》中提出了园林"三境界"[11]：第一，疏密得宜；其次，曲折尽致；第三，眼前有景。明代计成在《园冶》中提出了"虽由人作，宛自天开"的园林创作原则[12]，表明了造园的精妙之处在

图 19-3-8　拙政园

图 19-3-9 南浔古镇

于"本于自然"又"高于自然"。

对传统江南园林的营造理念，我们从山水构建、植物配置、园林建筑三个方面，结合生态设计的评价方法进行分析。

1）山水构建

园林中的山、水、植物等要素相互关联，组成了小型立体式的生态环境，造园者用一系列生态措施使环境具有一定的生态调节能力，形成了多样性的生物链。

2）植物配置

造园者赋予草木以情趣，使之不仅能够满足生态功能，更为园林作品增加人情味。植物常根据园林的地形特点、光照情况等进行栽种，多种植物遵从生态合理性进行搭配组合。

3）园林建筑

造园以抵达人与自然高度和谐的理想境界为目标，建筑的布局经营原则上以自由分散布置为主，与山水植物等环境要素相呼应，讲究因地制宜、因山就水地设置建筑，从而让建筑与环境和谐共存、人工与自然相映成趣。在空间处理上，将建筑的亭、台、楼、阁与自然中的山石花木联系为一个整体，达到居住和精神上的双重愉悦（图 19-3-9）。

另外值得一提的是，古时的园林主人注重控制环境容量，保证园林良好的生态环境与可持续发展。与此相对，现代居住区的开发往往注重经济效益，硬质景观比例增大，动植物种类减少，导致生态系统脆弱，同时由于居住人口密度居高不下，环境问题愈发严重。我们需要思考如何合理开发居住地块，增加绿化面积，从而改善城市景观环境。

2. 现代建筑对园林营造理念的继承

随着社会对于生态环境的日益关注与人民生活水平的逐渐提高，园林的设计经营得到了重视，城市建设加强了景观设计，在增加城市绿地与提高生态多样性的同时，也为居民提供了愉悦身心的场所。在与都市共享的社区主题下，居住社区不再封闭，社区绿地空间开放吸纳市民，融入都市节奏，同时城市公园也逐步启动了改造工程。

1）杭州白荡海人家居住小区

运用土地雕塑的手法，模拟自然环境中坡地起伏、湖泊绵延的风貌，将湖水与建筑群连成一体，景观设计采用传统江南园林中的借景、渗透等手法，着意塑造具有诗情画意的人工山水园林[13]。

建筑设计中，设计师同样注重景观因素和自然意境的延续，杭州西子湖四季酒店选址曾是金沙港文化村，此地曾修建盆景园、布山水花木，后逐渐荒废。设计以山水为核心，以林园为设计目标，利用丰富的景观资源——南高峰与北高峰，形成景观主轴，保留水系和绿化，保护原有植被，控制建筑体量，餐饮宴会区顺应内湖东侧布置游廊，步移景异（图 19-3-10）。作为酒店核心部分的中心客房区和餐饮宴会区围绕内部叠石山水展开，继承了传统园林的基本格局，园林之志，在此得彰[14]。

2）南京涵碧楼

在设计之初就考虑到了金陵的元素，通过抽象语言向金陵古都致敬。建筑位于河西长江边，看上去是一座体量较大的现代宾馆，可以远眺江心洲远景和长江的大片水域，风景优美，处处传递出现代气息，而又含有丰富的中国传统文化元素符号（图 19-3-11）。

建筑最大的亮点是中国园林设计理念。走廊左侧的通高大玻璃落地窗将内院的水景、竹林尽收眼底。水池的另一侧设有下沉式的休息廊及空间，可近距离观看花园美景。建筑外立面高耸，线条简练，垂直透明，为利用自然光的变化及夜间的人工照明，在每个砌块之间特意留出了

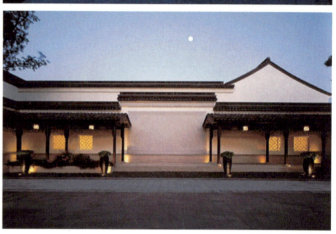

图 19-3-10　杭州西子湖四季酒店

图 19-3-11　南京涵碧楼 1

缝隙,室内外光影自然通过,展现出极具美感的光之演出。在室内空间中,设计师也充分利用中国元素和符号,展现了中国传统文化神韵;阳光透过玻璃窗和建筑外立面上设置的空隙进入室内,更为空间增添了一分层次感,发挥了光影的诗意效果(图 19-3-12)。

3)杭州木守西溪

设计基址地处西溪国家湿地公园西南角龙舌嘴入口的尽端,南望缓丘山峦,北邻水网平原,依水径、通陆路,原生植被青郁环绕,是湿地环境典型的生态特征。该作品希望向来访者演绎西溪湿地"冷、静、孤、野、幽"的自然美态,通过建筑语言使人与原始自然产生共鸣(图 19-3-13)。

酒店建筑采用了场地内的 5 座原有建筑,并进行了现代改造。摆在设计师面前的首要问题是怎样在保证现代酒店经营需求的前提下做到生态性最优。经过一系列的现场调研,设计师创造性地提出了以极小规模介入来完成结构改造和综合系统布局的方案,从而延续了环境中建筑与林木、水系的关系(图 19-3-14)。

"时间"赋予建筑历久弥新的魅力,建筑材料随气候变迁而演变的色泽与质感,可以在空间中刻入"时间"的概念。回廊的主材选择了回收的旧木板、锈蚀钢板和水冲面大理石。同样地,依照生态优先原则,回收的旧木板和湖石在加工过程中产生的边料"石皮"成为三面临水的餐厅室内设计的主材。

湿地的原始地貌赋予水路流线设计以灵感,对于现代旅人来说,陆上抵达显然不如沿古水道前往酒店来得诗意。在摇橹船徐徐的桨波中,旅人得以从另一种视角观察西溪湿地。生态性第一的设计理念贯穿景观设计的始终,小尺度、点式并置的手法,使自然与人工相得益彰。西溪

图 19-3-12　南京涵碧楼 2

图 19-3-13　杭州木守西溪 1

图 19-3-14　杭州木守西溪 2

湿地这片原始自然的诗意，不仅蕴含在古老的林水间，亦在隐身其间的"木守西溪"里。

19.3.3　江南传统建筑的元素对新建筑创作的影响

"江南传统建筑元素"是体现江南地域文化的建筑空间、材料、结构及装饰等方面的元素或符号，是江南传统建筑最生动、最直观的表现形式。在既有建筑改造与新建筑设计中，借鉴传统建筑的空间布局、立面造型、细部处理等，有助于更好地传承与创新传统建筑文化，让传统建筑理念焕发生机[8]。

在新建筑创作中，传统建筑元素的应用大致可以分为以下三个层面：

图 19-3-15　平江路街区　　　　　　　　　　　　　　图 19-3-16　苏州博物馆

图 19-3-17　建德新叶村古宅装饰构件　　图 19-3-18　浙江富阳古宅装饰构件

1. 城市片区、建筑群体层面应用

在城市片区、建筑群体层面，对传统建筑元素的关注可以从空间布局、色彩、整体造型入手。就旧城改造而言，本着保留传统特色的目的，应尽量保持原有的空间布局，依照原有的建筑风貌，恰当地整修各色建筑外立面（图 19-3-15）。在这方面有许多例子，尤其是近年来乘着特色步行街旅游之风，许多地方兴建了传统风貌商业街，采用民族的或地区的传统建筑形式，以发挥地方特色。以苏州平江路街区为例，该案例为基于一片较完整的老城区进行的商业街改造，对原有的历史街道尺度及粉墙黛瓦、小桥流水等江南特色建筑元素均作了保留，改造后富有江南水乡韵味，街巷格局空间层次丰富，尺度亲切宜人，为居民营造了古色古香的生活环境，为访客营造了原汁原味的体验空间。

2. 空间布局、建筑造型层面应用

在现代建筑设计中，可以提取传统建筑元素应用在空间布局、建筑造型上。例如苏州博物馆采用中国传统院落的串联式组织建筑布局（图 19-3-16），使得室内外空间相互渗透，新建筑与周围的历史建筑融为一体。建筑延续了北侧拙政园的空间秩序，宛如拙政园的现代版诠释，新旧园景笔断意连，你中有我，我中有你，二者浑然一体。不同于西方建筑，中国人的理想建筑模式一直是庭院式的围合。将传统庭院融入现代建筑的苏州博物馆，融合了室内空间与外部环境，是对传统庭院式布局的延伸与重构。

3. 建筑构件、色彩装饰层面应用

在建筑构件的尺度上，宜以现代的审美观，基于传统建筑的各种构件、装饰、色彩等最基本的建筑构成元素进行创作，从而打造富有传统韵味的室内环境（图 19-3-17、图 19-3-18）。参考前面对粉墙黛瓦所蕴含的"天人合一"理念的阐释，可以发现色彩是体现中国传统建筑意象的重要载体，不同的色彩具有其特定的象征意义。要做出体现民族特色的现代设计，也应在色彩上下功夫，例如提取传统建筑室内外的典型色彩，以现代审美的理解将其重新排序组合，以获得富有新意的效果，从而建立新的色彩体系。

19.4　传统建筑文化与江南现代建筑创新

19.4.1　探索研究中国建筑传统文化的精粹与内涵

中国传统建筑文化历史悠久、源远流长，有着光辉灿烂的成就。在漫长的文明发展中，中国建筑逐渐发展出了深沉高迈的文化哲理，重情知礼的人本精神与天人合一的环境观念，成为中国传统建筑文化的精髓，而其最集中的体现便是早期的礼制建筑。在几千年的历史进程中，随着中国传统建筑的文化哲学更加成熟，更具有普遍性，礼制建筑成为中国建筑文化史中的一大特色，也是世界建筑史中的一大奇观。不同的建筑都有其不同的含义：故宫建筑反映了封建社会皇权至上的统治模式（图19-4-1、图19-4-2）；天坛以"天"为主题（图19-4-3），表达了中国人"天圆地方"的哲学思想……从宫殿、寺庙建筑，直至普通民居、园林，莫不充满丰富多彩的哲学意识，其建筑形态表象背后蕴藏着深层次的思维理念、心理结构，如人生观、宇宙观等[15]。

建筑作为社会文化最庞大的物化形式和空间载体，既是时代特征的综合反映，又是民族文化品格的集中体现。我们从遗留的中国传统建筑中可以看到，无论是城市、宫殿还是民居都以儒家思想所确立的伦理观念为基础。建筑的本质在于表述营造者的艺术精神和文化哲学观念以及他们对人生观、宇宙观的把握和理解。中国建筑文化对于建筑的哲学定义更明确、更深刻地揭示了这一点[15]。

虽然处于不断变化发展之中，但由于历史的文化背景不同，中国建筑并不像西方建筑那样具有明显的阶段性，但不同类型的建筑各具特色，城市、宫殿、住宅的布局和形式大体遵循一定的典章制度，充分体现了基于儒家思想所确定的伦理观念，既具有城市化特点，又因时、因

图19-4-1　故宫鸟瞰

图19-4-2　故宫

图 19-4-3 天坛

地、因人而千变万化。园林、民居、聚落则更加崇尚自然、尊重环境,并具有很大的灵活性和随机性,特别是古典园林,不仅在布局和手法上不拘一格,而且还刻意营造环境氛围,追求意境,从而达到诗情画意般的境界。与西方古典园林艺术相比,中国园林更重在抒情,特别是自然美和意境美方面[16]。

19.4.2 创造具有时代性和地域性的新建筑

在漫长的文化长河里,建筑存在于一定的时间、空间之中,承载了当时当地的文化,因此,我们在建筑设计中应当继承地域文化并且体现时代精神。不善于继承,就没有创新的基础;而离开创新就缺乏继承的动力,就会使我们陷入保守和复古[5]。近年来,在对中国建筑发展前景和创造具有时代性和地域性的新建筑这一重要议题的讨论中,众多知名专家和学者都有各自不同的见解,他们的看法和观点可归纳为以下几个方面:

1. 西方建筑思潮对中国建筑的冲击

在中国几千年悠久历史的进程中,中国的劳动人民和能工巧匠建造了不计其数的具有中国特色的各类建筑,反映出了中国人的勤劳、智慧,从中孕育了尽善尽美的艺术形式,并通过群体空间营造出了有机统一的整体境界。这些设计理念,经一代代匠师千锤百炼,在设计手法、构图原理、造型形式、艺术表现上,日臻成熟、规范,充满了既理性又浪漫的艺术精神,展现了东方文化的智慧和创新精神,彰显了中国建筑的个性与艺术的魅力。

直到20世纪80年代初,城乡各地大多还保存着历史传统的风貌,留存着珍贵的建筑遗产,在江浙地区,粉墙黛瓦、小桥流水构成了江南水乡独有的建筑风貌。在后来的一段时间,由于外来建筑文化的冲击,建筑形式和设计逐渐向西方靠近,西方建筑风格不断冲击着传统的城乡风貌[3],开始出现纯西式的建筑形式与简单的中国符号相堆砌的现象。个别城市、乡村在其改造和发展进程中搞大拆大建,无序的更新所带来的不同建筑形式的并置造成了江南地域风貌的乱象,使老建筑的传统性和新建筑的地域性逐渐减弱。这不仅会使地区失去独特的建筑个性和风貌,也会导致现代人居生活中对民俗民风的认识紊乱。

2. 创造具有时代性和地域性的新建筑

中国传统建筑有其自身的艺术与智慧,对于外来的建筑思潮与流行风格的干扰,我们需要谨慎地看待。忽略我国本土国情,模仿、抄袭西方的建筑形式和风格,即使从表面上看貌似新颖、先进,时隔不久便会自行枯萎。这是因为我们没有对自己国家的文化体系和经济人文诉求形成系统的认识,仅仅通过生搬硬套做出的建筑自然就失去了根脉,成为无源之水、无本之木。

一种富有生命力的观点是,在学习西方的建筑,学习国外的先进技术、先进设计理论和设计手法的同时,必须做到古为今用、洋为中用,取其精华、去其糟粕,立足于中国的文化传统与血脉,采用新材料、新技术、新理念、新的设计方法,在我们自己的国土上创作具有时代性、民族性、地域性的建筑,让现代文化在中国的土地上生根发芽、开花结果。

中国是未来世界的精英和技术大国,中国建筑要走向世界,这是历史发展的必然趋势。齐康院士在本书开始的题词中强调:"江南传统建筑是民族的,也是世界的。"这就告诉我们传统建筑与地域文化是今日建筑设计的灵感源泉。真正优秀的、兼具时代性与地域性的建筑,不仅仅是对地域特征的符号进行机械的模仿与复现,更是深入发掘、总结、创新地域特征之中隐含的文化传统，并结合能代表时代精神的新技术与新形式[10]。在当代建筑设计中，重新认识传统建筑，积极挖掘传统建筑所蕴含的文化价值，并进一步促进其现代性转向，已成为今天建筑师必须承担的神圣责任与历史使命[4]。

19.4.3 剖析江南新建筑的典范工程

近十几年来，建筑学界对江南建筑特色进行了不懈的探索、总结和研究，利用现代理念对传统建筑文化进行现代演绎，创作出了许许多多富有地域性与时代性的优秀作品，它们反映了江南地区新建筑的创作思想、理念与设计手法，反映了现代新技术、新材料与新的智能化应用。更引人注目的是他们在新建筑设计中体现了传统建筑文化的脉络，使传统建筑的美学观念及其生态设计理论得以发扬，成为江南乃至全国新建筑的榜样和典范，值得学习与借鉴。下面重点介绍几项江南的典范工程。

1. 苏州博物馆

苏州博物馆是现代建筑大师贝聿铭主持设计的作品。幼年的贝聿铭曾在"狮子林"中度过一段时光，潜移默化地受到了江南传统建筑中小桥流水人家的影响，为日后将中国传统文化融入现代建筑的设计手法中埋下了伏笔。在苏州博物馆的设计中，贝聿铭先生结合了苏州古城历史文化街区中传统民居的粉墙黛瓦、坡屋顶、庭院意象，延续了苏州传统园林的山水格局（图19-4-4）。苏州博物馆由此成为新时代苏州的新名片[17]。

苏州博物馆新馆坐落在历史文化街区中。新馆建筑平面布局采用分散式设计手法，将新建筑融入既有环境中。建筑群体由中、东、西三块组成，主要交通空间在中部，主展区在西部，次展区和办公区在东部。北侧的拙政园与新馆的主庭院隔墙相邻（图19-4-5），从新馆望去，拙政园的高大古树随风摇曳，新旧园景笔断意连。新馆展厅还将"忠王府"纳为其一部分。新老建筑和谐相处，相得益彰。

粉墙黛瓦的黑白建筑意象，是苏州传统建筑在无数人心中的记忆点。贝氏的苏州博物馆新馆仍以苏州传统建筑的黑、白、灰作为建筑色彩，延续了苏州古城的美学风格。但在建造层面，采用现代的构造工艺，如屋面材料以"中国黑"片石取代了传统的小青瓦，以菱形石质瓦片层层干挂的方式模拟传统坡屋面小青瓦的层层叠压，同时免除了传统瓦屋面的出檐，更符合现代建筑的形体操作逻辑。

设计师清晰的几何学操作赋予了苏州博物馆简洁明快的建筑形象。将正八边形内接以正方形，再内接以菱形，得到了入口大厅的造型；从外正方形、正十字形和内正方形的几何关系中，得到了两个主展厅的造型（图19-4-6）。通过几何体切削的手法得到了坡屋顶的形式，采用黑色花岗石板或玻璃作为屋面材料，出檐的免除维护了形体的严整性。为强化几何构成而在外立面体量交接处进行的勾线处理看似闲闲一笔，却将

图19-4-4 苏州博物馆一

江南传统建筑的清秀婉约刻画到了这座新馆的骨子里（图19-4-7）。

通过形体切削而得到屋顶的立体几何形框架，金字塔形玻璃天窗就嵌在框架内，时断时续，富有节奏的韵律感。光线是赋予建筑灵性的魔法师，在观展的流线中，它时时出现，烘托着空间的氛围，展厅内的天窗与高侧窗便是依据各处展览对自然光线的需求而设计的。为使光线柔和而不刺眼，木纹金属遮光条广泛布置在大厅、走廊顶面、玻璃屋顶处、展厅天窗及高窗部位，带来了传统建筑中的材料质感和朦胧的美学体验（图19-4-8）。

图 19-4-5　苏州博物馆二

图 19-4-6　苏州博物馆入口（左）
图 19-4-7　苏州博物馆入口顶棚（右）

图 19-4-8　苏州博物馆的天窗样式

苏州博物馆的片石假山设计与博物馆建筑和景观相互呼应。利用相邻拙政园的一面白墙作为画纸，对泰山石进行切割重构，将层峦叠嶂、崇山峻岭的意境以象征的方式传递出来。若以白墙为卷，则石块、绿植、水体共同组成了一幅宋代山水画；若以水面为卷，则倒影中的山峦轮廓更显气势。这一幅山水画卷是苏州博物馆中国山水元素的突出体现（图19-4-9）。

2. 2010年上海世博会中国馆

世博会中国馆以华南理工大学建筑设计研究院的"中国器"方案为主，由何镜堂院士担任联合设计团队的总建筑师（图19-4-10）。何院士在多年的建筑创作实践中，深耕于文化传承和建筑创新领域，总结阐发了"两观三性"的建筑创作理论，即建筑要坚持"整体观"和"可持续发展观"，建筑创作要体现"地域性、文化性、时代性"的和谐统一，这是何院士从事建筑创作的一个基本点。

以"城市发展中的中华智慧"为世博会中国馆的文化主题，设计师在创作中对中国传统文化进行了当代演绎。灵感是来自多方面的：以中国传统的和谐观为基础，以中国的"文化符号"和国宝级鼎冠文物造型为象征形式，从中国传统的城市、建筑和园林中获得空间意象的启发，以现代材料、技术为手段，融入可持续发展的环保理念，通过设计师团队的综合领会、整合、提炼，构成空间立体的"东方之冠"建筑造型，体现中国哲理思想，整合多元中国元素，融汇现代科技特色，表达中国文化精神[18]（图19-4-11）。

图19-4-9 苏州博物馆片石假山

图19-4-10 世博会中国馆一

中国传统中代表喜庆、在近代中国代表光荣与变革的色彩"中国红"是外立面形象设计的不二之选。以"体现红色经典、夜晚红色透亮、诠释现代科技、保证安全可行"为目标，经过对外墙挂板的材质与色彩、构造与灯光效果的综合考量（图19-4-12），设计团队从几十份方案中确定了目前的"中国红"外立面设计方案，该方案充分地体现了中国文化"和而不同"的文化理念和视觉形象。

将节能环保技术融入建筑设计，是这个时代摆在建筑师面前的重要课题。中国馆建筑设计结合了被动式节能措施和主动式生态节能技术，包括自遮阳体系、自然通风采光、太阳能屋面、冰蓄冷技术等，为提高中国建筑设计的环保意识和科技含量作了榜样（图19-4-13）。

2010年上海世博会中国馆以"东方之冠，鼎盛中华"为构思主题，表达了中国文化的精神与气质。展馆演绎出了中国城市发展实践的独特内涵，展现了一幅伟大的中国城市文明图。建筑以极高的智慧将中国传统文化与现代建筑相结合，融合了社会发展所需求的低碳节能技术，引领了当代中国城市与建筑的发展方向，展现

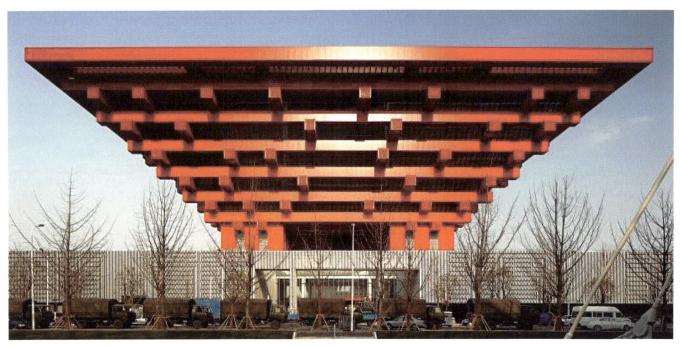

图19-4-11　世博会中国馆二

图19-4-12　世博会中国馆夜景

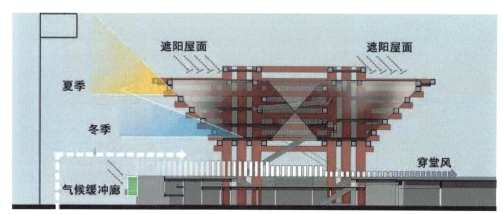

图 19-4-13　世博会中国馆三

了一个属于城市、服务大众、面向世界的中国盛世和谐之舞台。

3. 浙江美术馆

浙江美术馆由程泰宁院士主持设计。在理论与实践中，程院士始终秉持着"天人合一""理象合一""情景合一"的中观层次建筑创作理论。如程院士自己所言："建筑学研究最关键的就是'化'，要融通中外，转换提升，化入心中。"

浙江美术馆坐落在杭州西子湖畔，背靠苍翠的玉皇山麓，建筑依山傍水，环境得天独厚。从中国古代文人艺术——书法、水墨画，到江南传统建筑的意象，中国传统文化为设计师提供了基于自然与人文环境的设计灵感；而西方的雕塑与构成艺术，赋予了设计师现代的审美理念。

设计师要让这两方面取得和谐统一，以现代建筑手法营造烟雨江南的别样意蕴。在建筑与山水的关系上，采用了依山形展开并向湖面层层跌落的建筑体量，建筑轮廓起伏有致，如同山体的延伸，自然地融入环境背景中。在建筑的人文意象上，化用江南传统建筑的坡屋顶，以西方构成手法穿插入实体体量来完成造型，并赋予这两部分以青黑色玻璃和大片白墙的材质对比，令人联想到江南传统建筑的粉墙黛瓦，然而一切又都在"似与不似之间"，如水墨画般流露着江南文化的气质韵味，传达出清新脱俗而又灵动洒脱的文化品位（图 19-4-14）。

美术馆共有地下 1 层、地上 3 层，既负有作为美术馆常规的征集典藏、陈列展示、教育推广职能，应时代发展需求，也要扩展学术研究、对外交流、休闲服务等板

图 19-4-14　浙江美术馆一

图 19-4-14　浙江美术馆一（续）

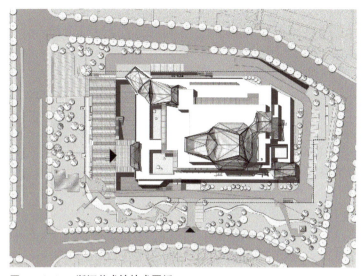
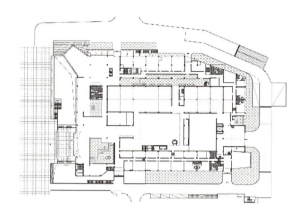

图 19-4-15　浙江美术馆技术图纸

块，由此使得建筑功能与流线比较复杂（图 19-4-15）。针对不同的功能，设计对流线进行了有效的分离与整合：参观人员主要出入口设在南山路，贵宾接待出入口靠近建筑南面的天桥，相对独立；办公人员出入口位于建筑东南角，并且靠近后勤服务和对外交流区域。公共空间以中央大厅为枢纽，合理有序地穿插在典藏和各个展室之间，使得观众在参观时既能灵活选择参观流线，又能判断自己的位置所在，特别是这些尺度和形态不同的公共空间与庭院相结合，使室内空间显得十分丰富[19]。

钢构架、中空夹胶玻璃、石材等现代材料与技术的运用，由坡顶转化而成的屋顶锥体与水平体块的穿插组合，又耦合于现代艺术的立体构成，使建筑极富现代感与雕塑感，实现了古典与现代的细腻对话，人工与天巧的完美结合（图 19-4-16）。

图 19-4-16　浙江美术馆二

图 19-4-16 浙江美术馆二（续）

粉墙黛瓦，坡顶穿插，黑白构成，江南流韵
依山傍水，错落有致，虽为人造，宛如天开

从实践上看，成功的作品往往能够将相反的方面融会贯通。程泰宁院士在设计过程中强调感性与理性的统一，重视环境与功能分析，并且经常用现代建筑的比例理论对传统建筑进行形体控制。浙江美术馆如同一幅一气呵成的现代水墨画，在江南的烟雨迷蒙中，诉说着现代中国的审美理念（图 19-4-17）。

以上江南地区新建的三个典范工程，向我们展现了各自富有个性特色和民族特点的精品建筑，是当代中国传承传统文化的设计典范，其设计理念和方法值得我们学习和借鉴。我们可以看到贝聿铭先生将中国江南粉墙黛瓦的建筑意象与山水画意境完美结合而设计的"苏州博物馆"，看到何镜堂院士借鉴中国传统构件斗栱的构造，将其打散重构、融创、再生之后设计的"2010 年上海世博会中国馆"以及程泰宁院士巧妙结合山形地势，将"情"与"理"合一，以现代设计手法营造出了烟雨江南的别样意蕴的"浙江省美术馆"。

图 19-4-17 浙江美术馆三

三个工程案例，都是对中国传统建筑元素进行提炼与演绎，以现代手法与技术手段诠释出传统建筑文化的深厚内涵，在"古"与"今"，"形"与"神"方面达到了活化民族精神、展现民族特点的效果，完全没有生硬照搬古典形式的拼凑迹象。

通过对作品的解读，让我们感受到设计者们之所以能创造出如此优秀的将传统与现代相结合的作品，重要的是他们不仅具有深厚的中国传统文化积淀与深悟的理解，且不断以创新的现代手法去实现。应当今时代的发展要求，传承中国传统文化是当代建筑师的义务与责任，应当更多地学习和积累中国建筑的传统文化精髓，不断在设计中创新与应用，创作出更多传统与现代结合的典范之作。

结束语

21世纪的今天，中国已进入一个科技高速发展的新时代，赶超世界先进水平、攀登世界科学高峰，已是中国人的决心和奋斗目标。在这个大的形势背景下，中国现代建筑的未来之路应如何走？中国建筑师应如何去探索具有中国特色的现代新建筑？这个问题值得我们深思和考虑。

（1）中国有五千年的历史，在这条历史长河中，中国传统建筑历经长期的发展，形成了特有的文化内涵和营造特点，先辈们利用聪明才智与本土的材料和技艺建造了大量的精美建筑以及整个城市，给我们留下了宝贵的精神财富和建筑遗产，这些对我们未来的新建筑文化发展产生了深刻的影响。

（2）中国传统建筑文化独创一格、特点鲜明，充满了丰富多彩而又含蓄深沉的哲学意识，其建筑形态表象中蕴含着深厚的思维理念、心理结构以及人生观和自然观的体验，从而使得我们更加深刻地体会到传统建筑的天然本质和人文内涵，进一步证明了中国建筑文化的博大精深，这是历史的验证，无可比拟[16]。

（3）通过近年的探索和研究，我们更清楚地了解到中国传统建筑无论是经验、理论还是技艺的应用，对我们都给予了莫大的引领和启发，深有感触，特别是在早期的建筑营建策划中，古人在建筑设计的方法以及建筑组合的整体意识上都非常有智慧。我们可以从古代都城的规划，民居的"院落"设计，建筑的营造工程中看到他们的设计匠意；又如"天人合一""崇尚自然"的自然观、价值观、美学观等方面，都体现了中国传统建筑的哲学经典和人文精华，使我们受益终生。

（4）江南传统建筑区域文化特色浓厚，与水结缘，与山相伴。江南水乡建筑韵味无穷，老街、茶馆、水埠、各式拱桥，随处可见。江南民居依山傍水，小桥流水处处有人家，其风貌各异，各具特点，加上河道四通八达，整个江南水乡建筑空间真是美轮美奂，美不胜收。今天，这些美好的情感还完好地保存在水乡文化场景中，需要我们去吸收与继承这些优秀的传统文化。江南水乡的居住形态和城镇布局中包含着中国传统文化精髓，因地制宜、天人合一、自然融合的哲学思想，构建了人、社会与自然和谐的生存与发展理念。我们要珍惜和完好保存这些优秀的文化遗产，维系好江南水乡的生活形态与传统风貌，在保护中传承，在发展中创新，弘扬中国传统文化，这将有利于巩固社会主义核心价值观和民族自信心。

在当今世界文化日益多样化的发展进程中，文化的个性正普遍地受到尊重和推崇，如何在现代建筑发展中使民族文化的血脉得到延伸，是中国建筑师不容推卸的责任。

随着中国经济的腾飞，建设速度与规模日益加大，建筑呈现出多元化的发展趋势，但同时也存在建筑设计千城一面的情况，需要当代建筑师在新形势下的现代建筑设计体现出中国传统建筑文化的内涵和精神，用富有传统文化特征的建筑构件、材料、符号等来表达自己对现代建筑的理解，将传统建筑文化蕴含在现代建筑创作中，使新建筑更多地体现出传统的延续性与现代的创造性。同时，现代建筑设计应该学习中国传统建筑的营造技艺与美学手法以及对建筑材料的运用与对环境的塑造，营造出中国传统建筑中极具特色的文化风貌与空间意境。

建筑师还应在地区传统中不断寻根求源，发掘有益的"基因"，并与现代科学技术相结合，使现代建筑地域化、本土化，实现中国传统建筑文化的传承，这才是建筑师真正广阔的创作空间，也是建筑师取之不尽的文化源泉。

未来的中国现代建筑是由一代代建筑师，尤其是一代代年轻的建筑师传承和创新的，要创建出更具民族性、地域性、时代性的光辉灿烂的中国新建筑。

参考文献

[1] 王欣怡. 传统建筑文化在现代建筑设计中的传承与发展 [J]. 城市建筑, 2019, 16 (5): 102-104.

[2] 阮仪三, 袁菲, 陶文静. 论江南水乡古镇历史价值和保护意义 [J]. 中国名城, 2012 (6): 4-8.

[3] 阮仪三, 肖建莉. 留住乡愁, 不要假古董 [J]. 城市规划学刊, 2017 (6): 113-118.

[4] 陈高明, 董雅. 从历史中建构未来——论中国传统建筑设计文化的传承与再生 [J]. 天津大学学报 (社会科学版), 2014, 16 (3): 217-220.

[5] 何镜堂. 文化传承与建筑创新 何镜堂院士同济大学大师讲坛简介及访谈 [J]. 时代建筑, 2012 (2): 126-129.

[6] 钱靓. 传统江南民居建筑文化传承思考 [J]. 现代装饰 (理论), 2016, 11: 186-187.

[7] 钟磊. 论江南传统建筑粉黛色彩的文化根源 [J]. 新美术, 2005 (3): 82-83.

[8] 章柏源, 沈瑜. 传与创新——浅析中国传统建筑元素在现代建筑设计中的应用 [J]. 建筑与文化, 2013 (8): 55-56.

[9] 张金菊. "香山帮"传统营造技艺的绿色思想研究 [D]. 苏州: 苏州大学, 2020.

[10] 青芝坞: 世外桃源的美丽"蜕变"[EB/OL]. (2013-06-25) [2021-12-28].

[11] 童寯. 江南园林志 [M]. 北京: 中国建筑工业出版社, 1984.

[12] 陈植. 园冶注释 [M]. 北京: 中国建筑工业出版社, 1988.

[13] 申丽萍, 张凯. 新江南民居——全球化思潮下的地域建筑探索 [J]. 华中建筑, 2005 (1): 64-66.

[14] 方晓风, 蒋嘉菲, 吴倩. 山水情怀, 不薄古今——杭州西子湖四季酒店 [J]. 世界建筑, 2014 (9): 136-139.

[15] 李先逵. 中国建筑文化三大特色 [J]. 文化月刊, 2015 (16): 84-97.

[16] 彭一刚. 传统建筑文化与当代建筑创新 [J]. 中国科学院院刊, 1997 (2): 85-87.

[17] 贡达, 宋语嫣. 浅析贝聿铭苏州博物馆设计的中国山水元素 [J]. 新型建筑材料, 2020, 47 (1): 161-162.

[18] 何镜堂, 张利, 倪阳, 等. 2010 年上海世博会中国馆 [J]. 城市环境设计, 2018 (2): 42-51.

[19] 程泰宁, 王大鹏. 通感·意象·建构——浙江美术馆建筑创作后记 [J]. 建筑学报, 2010 (6): 66-69.

图片来源

图 19-1-1 来源: 文威摄

图 19-1-2、图 19-1-4、图 19-2-9、图 19-3-4、图 19-3-11、图 19-3-12、图 19-3-15、图 19-4-5、图 19-4-6、图 19-4-8、图 19-4-9 来源: 杨维菊摄

图 19-1-3、图 19-1-5、图 19-2-1、图 19-2-5~图 19-2-7、图 19-2-10、图 19-2-11、图 19-2-13、图 19-3-7、图 19-3-9、图 19-3-17 来源: 方绪明摄

图 19-2-2、图 19-2-3 来源: 邵建明

图 19-2-4 来源: 王晨摄

图 19-2-8 来源: 王晶摄

图 19-2-12 来源: 杨维菊摄

图 19-2-14、图 19-3-18、图 19-4-2 来源: 黄小明摄

图 19-3-1、图 19-3-3 来源: 苏州平江路街景保护整治规划

图 19-3-2 来源: 文威摄

图 19-3-5、图 19-3-8 来源: 吴杰摄

图 19-3-6 来源: 融景园林设计营造公众号

图 19-3-10、图 19-3-13、图 19-3-14 来源: 大象设计摄

图 19-3-16、图 19-4-4、图 19-4-7 来源: 李国强摄

图 19-4-1、图 19-4-3 来源: 网络

图 19-4-10、图 19-4-12、图 19-4-13 来源: 华南理工大学建筑设计研究院

图 19-4-11 来源: 杨叔庸摄

图 19-4-14、图 19-4-16、图 19-4-17 来源: 中联筑境

图 19-4-15 来源: 中联筑境绘